수학 좀 한다면

디딤돌

최상위를 위한 특별 학습 서비스

상위권 학습 자료

상위권 단원평가+경시 기출문제(디딤돌 홈페이지 www.didimdol.co.kr)

문제풀이 동영상

HIGH LEVEL 전 문항 및 LEVEL UP TEST 80%

최상위 초등수학 6-2

펴낸날 [개정판 1쇄] 2022년 11월 15일 [개정판 5쇄] 2024년 7월 15일
펴낸이 이기열
펴낸곳 (주)디딤돌 교육
주소 (03972) 서울특별시 마포구 월드컵북로 122 청원선와이즈타워
대표전화 02-3142-9000
구입문의 02-322-8451
내용문의 02-323-9166
팩시밀리 02-338-3231
홈페이지 www.didimdol.co.kr
등록번호 제10-718호
구입한 후에는 철회되지 않으며 잘못 인쇄된 책은 바꾸어 드립니다.

최상위 수학 6·2 학습 스케줄표

짧은 기간에 집중력 있게 한 학기 과정을 학습할 수 있도록 설계하였습니다.
방학 때 미리 공부하고 싶다면 8주 완성 과정을 이용하세요.

공부한 날짜를 쓰고 하루 분량 학습을 마친 후, 부모님께 확인 check☑를 받으세요.

1주	월 일	월 일	월 일	월 일	월 일
	1. 분수의 나눗셈				
	10~13쪽 ☐	14~16쪽 ☐	17~19쪽 ☐	20~22쪽 ☐	23~25쪽 ☐

2주	월 일	월 일	월 일	월 일	월 일
	1. 분수의 나눗셈		2. 소수의 나눗셈		
	26~28쪽 ☐	29~30쪽 ☐	34~39쪽 ☐	40~42쪽 ☐	43~45쪽 ☐

3주	월 일	월 일	월 일	월 일	월 일
	2. 소수의 나눗셈				3. 공간과 입체
	46~48쪽 ☐	49~51쪽 ☐	52~54쪽 ☐	55~56쪽 ☐	60~65쪽 ☐

4주	월 일	월 일	월 일	월 일	월 일
	3. 공간과 입체				
	66~68쪽 ☐	69~71쪽 ☐	72~74쪽 ☐	75~77쪽 ☐	78~80쪽 ☐

공부를 잘 하는 학생들의 좋은 습관 8가지

매일매일 규칙적인 학습 시간 계획을 세워요.

과제에 대한 시간 관리를 잘 해요.

책상 정리정돈을 잘 해요.

열심히 공부한 다음 적당한 휴식을 가져요.

자르는 선 ✂

8주 완성

	월 일	월 일	월 일	월 일	월 일
5주	**3. 공간과 입체**	**4. 비례식과 비례배분**			
	80~82쪽 ☐	86~91쪽 ☐	92~94쪽 ☐	95~97쪽 ☐	98~100쪽 ☐

	월 일	월 일	월 일	월 일	월 일
6주	**4. 비례식과 비례배분**			**5. 원의 넓이**	
	101~103쪽 ☐	104~106쪽 ☐	107~108쪽 ☐	112~117쪽 ☐	118~121쪽 ☐

	월 일	월 일	월 일	월 일	월 일
7주	**5. 원의 넓이**				**6. 원기둥, 원뿔, 구**
	122~125쪽 ☐	126~128쪽 ☐	129~131쪽 ☐	132~134쪽 ☐	138~143쪽 ☐

	월 일	월 일	월 일	월 일	월 일
8주	**6. 원기둥, 원뿔, 구**				
	144~147쪽 ☐	148~151쪽 ☐	152~154쪽 ☐	155~157쪽 ☐	158~160쪽 ☐

등, 하교 때 자신이 한 공부를 다시 기억하며 상기해 봐요.

모르는 부분에 대한 질문을 잘 해요.

수학 문제를 푼 다음 틀린 문제는 반드시 오답 노트를 만들어요.

자신만의 노트 필기법이 있어요.

자르는 선

초등 6·2

상위권의 기준

최상위 수학

수학 좀 한다면

디딤돌

구성과 특징

MATH TOPIC

엄선된 대표 심화 유형들을 집중 학습함으로써 문제 해결력과 사고력을 향상시키는 단계입니다.

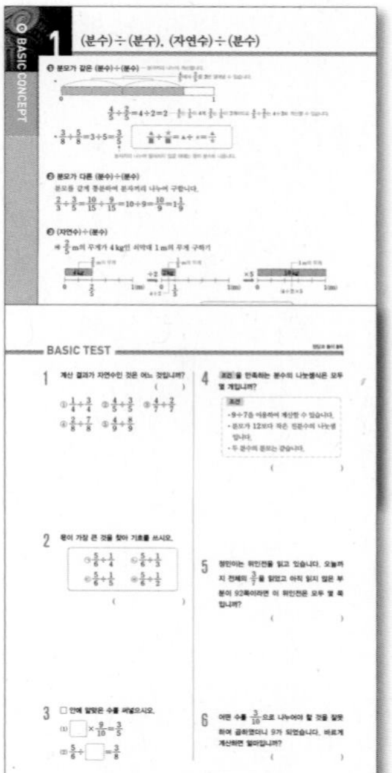

BASIC CONCEPT

개념 설명과 함께 구성되어 있습니다.
교과서 개념 이외의 실전 개념, 연결 개념, 주의 개념, 사고력 개념을 함께 정리하여 심화 학습의 기본기를 갖출 수 있게 하였습니다.

BASIC TEST

본격적인 심화 학습에 들어가기 전 단계로 개념을 적용해 보며 기본 실력을 확인합니다.

HIGH LEVEL

교외 경시 대회에서 출제되는 수준 높은 문제들을 풀어 봄으로써 상위 3% 최상위권에 도전하는 단계입니다.

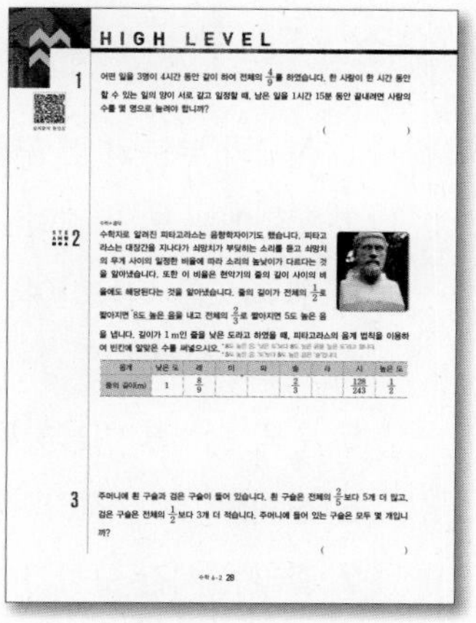
HIGH LEVEL

웟 단계로 올라가는 데 어려움이 없도록 **BRIDGE 문제**들을 각 코너별로 배치하였습니다.

LEVEL UP TEST

대표 심화 유형 외의 다양한 심화 문제들을 풀어 봄으로써 해결 전략과 방법을 학습하고 상위권으로 한 걸음 나아가는 단계입니다.

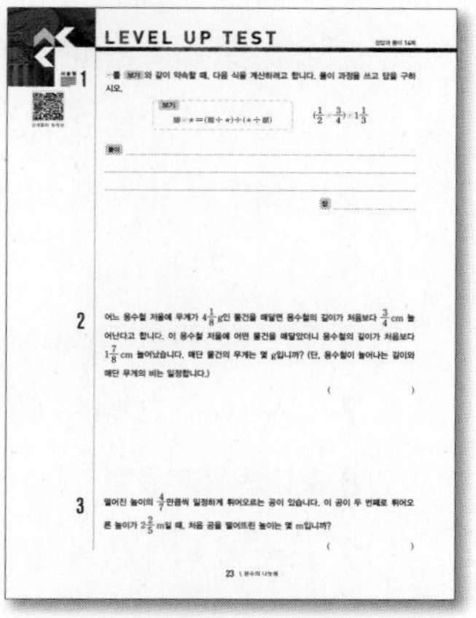
LEVEL UP TEST

차례

분수의 나눗셈

대표심화유형

1 전체와 부분의 양 구하기
2 도형에서 변의 길이 구하기
3 수 카드를 이용하여 나눗셈식 만들기
4 어떤 수 구하기
5 수의 관계를 이용하여 문제 해결하기
6 전체를 1로 생각하여 문제 해결하기
7 걸리는 시간 구하기
8 조건을 만족하는 수 구하기
9 분수의 나눗셈을 활용한 교과통합유형

1

그림으로 이해하는 분수의 나눗셈

분모가 같은 (분수)÷(분수)

물뿌리개에 물 $\frac{8}{9}$L를 채워서 화분에 물을 주려고 합니다. 한 화분에 물을 $\frac{2}{9}$L씩 주면 몇 개의 화분에 물을 줄 수 있을까요? $\frac{8}{9}$은 $\frac{1}{9}$이 8개이고, $\frac{2}{9}$는 $\frac{1}{9}$이 2개라는 것을 알면 굳이 식을 세워 계산하지 않아도 '4개'라는 답을 구할 수 있습니다. 8에서 2를 4번 덜어낼 수 있으므로 $\frac{8}{9}$에서 $\frac{2}{9}$를 4번 덜어낼 수 있으니까요. 즉 $\frac{8}{9}\div\frac{2}{9}$의 몫과 $8\div2$의 몫은 4로 같습니다.

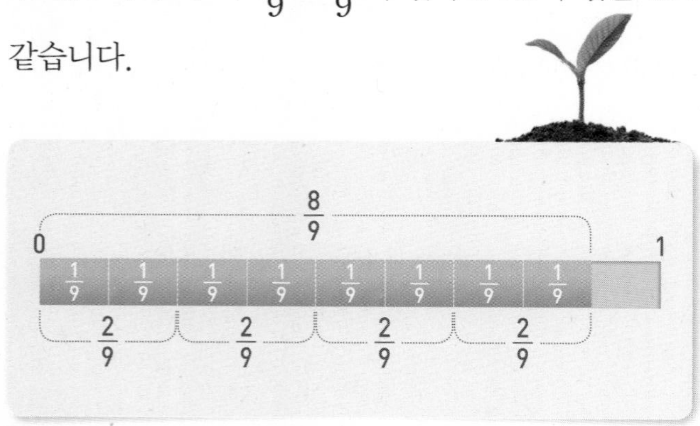

$\frac{8}{9}\div\frac{2}{9}$의 몫과 $8\div2$의 몫이 같은 것처럼 $\frac{7}{9}\div\frac{2}{9}$의 몫은 $7\div2$의 몫과 같아요. 따라서 $\frac{7}{9}\div\frac{2}{9}$의 몫은 $7\div2=\frac{7}{2}=3\frac{1}{2}$입니다. 즉 분모가 같은 분수끼리의 나눗셈은 분자끼리의 나눗셈으로 이해하면 쉬워요. 분모가 서로 다를 경우에는 통분하여 분모를 같게 한 다음 계산하면 됩니다.

(자연수)÷(분수)

굵기가 일정한 철근 2m의 무게가 8kg이라면 이 철근 1m의 무게는 $8 \div 2 = 4$(kg)입니다. 철근 2m의 무게인 8kg의 절반이 철근 1m의 무게니까요. 그렇다면 굵기가 일정한 철근 $\frac{4}{5}$m의 무게가 8kg일 경우에 철근 1m의 무게는 몇 kg일까요? 같은 방법으로 구하려면 $8 \div \frac{4}{5}$라는 식이 만들어져요. 이 식은 어떻게 계산해야 할까요?

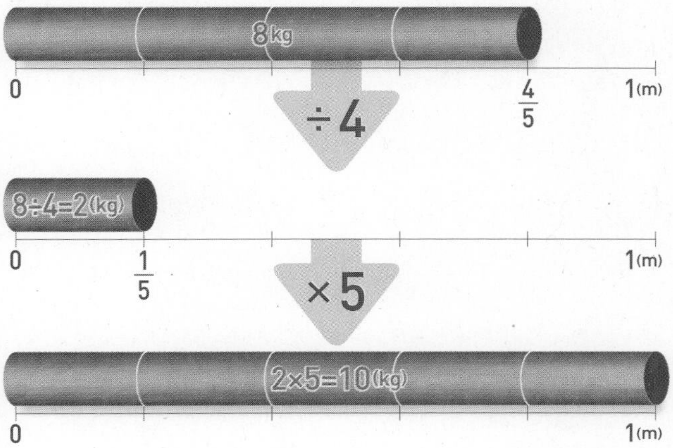

$$8 \div \frac{4}{5} = (8 \div 4) \times 5$$

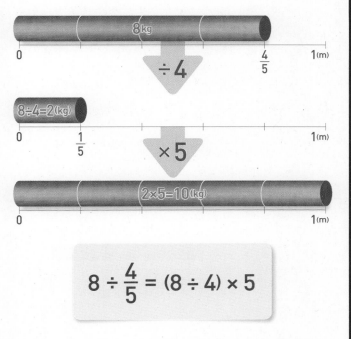

$\frac{4}{5}$는 $\frac{1}{5}$이 4개이므로 철근 $\frac{4}{5}$m의 무게를 4로 나누면 철근 $\frac{1}{5}$m의 무게를 알 수 있어요. 즉 철근 $\frac{1}{5}$m의 무게는 $8 \div 4 = 2$(kg)입니다. $\frac{1}{5}$의 5배가 1인 건 알고 있죠? 따라서 철근 $\frac{1}{5}$m의 무게를 5배 하면 철근 1m의 무게가 됩니다.

곱셈으로 바꾸어 나눗셈 하기

전체의 $\frac{2}{3}$만큼을 채우는 데 물 $\frac{6}{7}$L가 필요한 물병이 있습니다. 이 물병을 가득 채우려면 물이 얼마나 필요할까요? 이 문제의 답은 $\frac{6}{7} \div \frac{2}{3}$의 몫과 같아요. 이렇게 분모가 다른 분수끼리의 나눗셈은 어떻게 계산해야 할까요?

$\frac{2}{3}$는 $\frac{1}{3}$이 2개이므로 $\frac{1}{3}$은 $\frac{2}{3}$의 절반이에요. 전체의 $\frac{2}{3}$만큼을 채우는 데 물이 $\frac{6}{7}$L 필요하므로 전체의 $\frac{1}{3}$만큼을 채우는 데는 물이 $\frac{6}{7} \div 2 = \frac{3}{7}$(L) 필요합니다. $\frac{1}{3}$의 3배가 1이 된다는 사실만 알면 그 다음은 쉽게 계산할 수 있어요. $\frac{1}{3}$만큼을 채우는 데 물이 $\frac{3}{7}$L 필요하므로 물병을 가득 채우는 데 필요한 물의 양은 $\frac{3}{7} \times 3 = \frac{9}{7} = 1\frac{2}{7}$(L)입니다.

$$\frac{6}{7} \div \frac{2}{3} = \left(\frac{6}{7} \div 2\right) \times 3 = \frac{6}{7} \times \frac{3}{2}$$

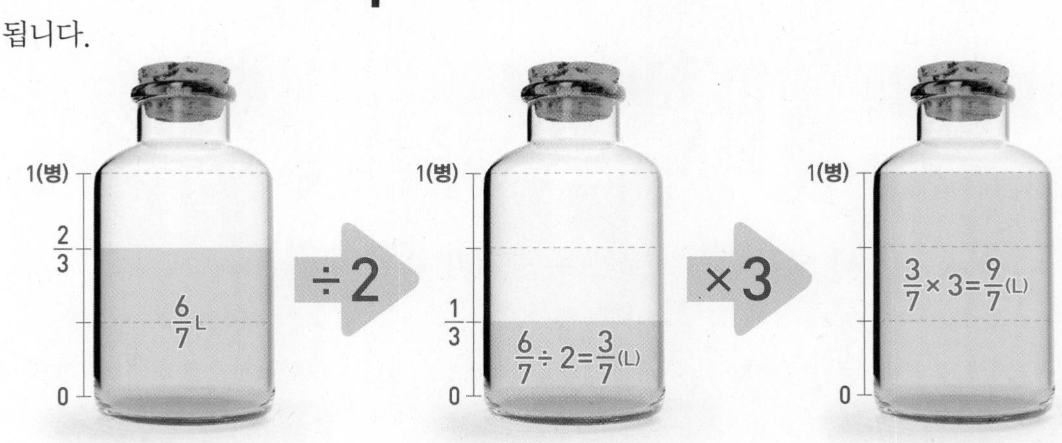

1 (분수)÷(분수), (자연수)÷(분수)

❶ 분모가 같은 (분수)÷(분수) — 분자끼리 나누어 계산합니다.

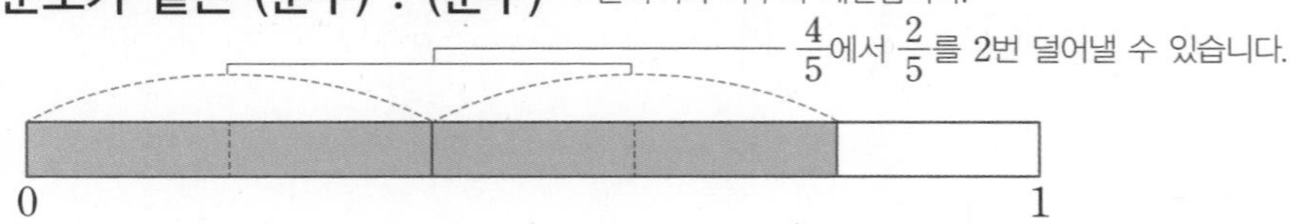

$\frac{4}{5}\div\frac{2}{5}=4\div2=2$ — $\frac{4}{5}$는 $\frac{1}{5}$이 4개, $\frac{2}{5}$는 $\frac{1}{5}$이 2개이므로 $\frac{4}{5}\div\frac{2}{5}$는 $4\div2$로 계산할 수 있습니다.

- $\frac{3}{8}\div\frac{5}{8}=3\div5=\frac{3}{5}$

  ↑ 분자끼리 나누어떨어지지 않을 때에는 몫이 분수로 나옵니다.

$\frac{▲}{■}\div\frac{★}{■}=▲\div★=\frac{▲}{★}$

❷ 분모가 다른 (분수)÷(분수)

분모를 같게 통분하여 분자끼리 나누어 구합니다.

$\frac{2}{3}\div\frac{3}{5}=\frac{10}{15}\div\frac{9}{15}=10\div9=\frac{10}{9}=1\frac{1}{9}$

❸ (자연수)÷(분수)

예 $\frac{2}{5}$ m의 무게가 4 kg인 쇠막대 1 m의 무게 구하기

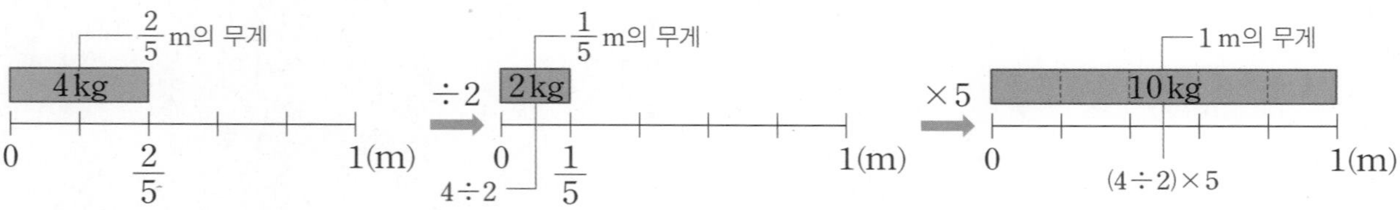

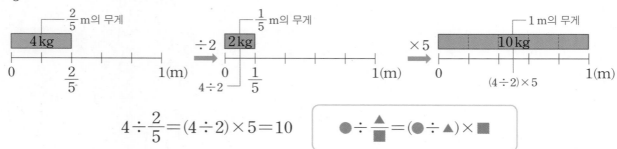

$4\div\frac{2}{5}=(4\div2)\times5=10$

●÷$\frac{▲}{■}$=(●÷▲)×■

실전 개념

❶ 몫의 크기 비교하기

- 나누는 수가 같을 때 나누어지는 수가 클수록 몫은 커집니다.

  $\frac{3}{5}\div\frac{1}{2}$과 $\frac{2}{5}\div\frac{1}{2}$의 크기 비교 ➡ $\frac{3}{5}>\frac{2}{5}$이므로 $\frac{3}{5}\div\frac{1}{2}>\frac{2}{5}\div\frac{1}{2}$ — $\frac{3}{5}\div\frac{1}{2}=1\frac{1}{5}>\frac{2}{5}\div\frac{1}{2}=\frac{4}{5}$

- 나누어지는 수가 같을 때 나누는 수가 클수록 몫은 작아집니다.

  $\frac{6}{7}\div\frac{3}{5}$과 $\frac{6}{7}\div\frac{2}{5}$의 크기 비교 ➡ $\frac{3}{5}>\frac{2}{5}$이므로 $\frac{6}{7}\div\frac{3}{5}<\frac{6}{7}\div\frac{2}{5}$ — $\frac{6}{7}\div\frac{3}{5}=1\frac{3}{7}<\frac{6}{7}\div\frac{2}{5}=2\frac{1}{7}$

❷ 곱셈식, 나눗셈식에서 모르는 수 구하기 — 곱셈과 나눗셈의 관계를 이용합니다.

- ●×□=★ ➡ □=★÷●
- □×▲=★ ➡ □=★÷▲
- ⊙÷□=★ ➡ □=⊙÷★
- □÷◆=★ ➡ □=★×◆

BASIC TEST

1 계산 결과가 자연수인 것은 어느 것입니까?

( )

① $\frac{1}{4}\div\frac{3}{4}$ ② $\frac{4}{5}\div\frac{3}{5}$ ③ $\frac{4}{7}\div\frac{2}{7}$
④ $\frac{2}{8}\div\frac{7}{8}$ ⑤ $\frac{4}{9}\div\frac{8}{9}$

2 몫이 가장 큰 것을 찾아 기호를 쓰시오.

㉠ $\frac{5}{6}\div\frac{1}{4}$ ㉡ $\frac{5}{6}\div\frac{1}{3}$
㉢ $\frac{5}{6}\div\frac{1}{5}$ ㉣ $\frac{5}{6}\div\frac{1}{2}$

( )

3 □ 안에 알맞은 수를 써넣으시오.

(1) $\square\times\frac{9}{10}=\frac{3}{5}$

(2) $\frac{5}{6}\div\square=\frac{3}{8}$

4 조건 을 만족하는 분수의 나눗셈식은 모두 몇 개입니까?

조건

- $9\div7$을 이용하여 계산할 수 있습니다.
- 분모가 12보다 작은 진분수의 나눗셈입니다.
- 두 분수의 분모는 같습니다.

( )

5 정민이는 위인전을 읽고 있습니다. 오늘까지 전체의 $\frac{3}{7}$을 읽었고 아직 읽지 않은 부분이 92쪽이라면 이 위인전은 모두 몇 쪽입니까?

( )

6 어떤 수를 $\frac{3}{10}$으로 나누어야 할 것을 잘못하여 곱하였더니 9가 되었습니다. 바르게 계산하면 얼마입니까?

( )

2 (분수)÷(분수) 계산하기

❶ (분수)÷(분수) 계산하기

• $\frac{5}{9} \div \frac{7}{9}$

방법 1 분자끼리 나누어 구합니다.

$$\frac{5}{9} \div \frac{7}{9} = 5 \div 7 = \frac{5}{7}$$

방법 2 (분수)×(분수)로 나타내어 계산합니다.

$$\frac{5}{9} \div \frac{7}{9} = \frac{5}{\cancel{9}_1} \times \frac{\cancel{9}^1}{7} = \frac{5}{7}$$

• $3\frac{1}{2} \div 1\frac{2}{3}$

방법 1 대분수를 가분수로 고친 후 통분하여 분자끼리 나누어 구합니다.

$$3\frac{1}{2} \div 1\frac{2}{3} = \frac{7}{2} \div \frac{5}{3} = \frac{21}{6} \div \frac{10}{6} = 21 \div 10 = \frac{21}{10} = 2\frac{1}{10}$$

방법 2 대분수를 가분수로 고친 후 (분수)×(분수)로 나타내어 계산합니다.

$$3\frac{1}{2} \div 1\frac{2}{3} = \frac{7}{2} \div \frac{5}{3} = \frac{7}{2} \times \frac{3}{5} = \frac{21}{10} = 2\frac{1}{10}$$

실전 개념

❶ $1 \div 2$와 $1 \div \frac{1}{2}$의 비교

$1 \div 2$ ➡ 1을 2로 나누었을 때의 하나의 크기 ➡ $1 \div 2 = \frac{1}{2}$

(사과 1개를 2명이 똑같이 나누어 먹으면 $\frac{1}{2}$개씩 먹을 수 있습니다.)

$1 \div \frac{1}{2}$ ➡ 1에서 $\frac{1}{2}$을 덜어낼 수 있는 횟수 ➡ $1 \div \frac{1}{2} = 1 \times 2 = 2$

(사과 1개를 $\frac{1}{2}$개씩 나누어 먹으면 2명이 먹을 수 있습니다.)

❷ 일정한 단위량 구하기

예 $\frac{5}{6}$ L의 휘발유로 $6\frac{2}{3}$ km를 가는 자동차의 경우

(1 L의 휘발유로 갈 수 있는 거리)
=(간 거리)÷(사용한 휘발유의 양)

$$= 6\frac{2}{3} \div \frac{5}{6} = \frac{20}{3} \div \frac{5}{6} = \frac{\cancel{20}^4}{\cancel{3}_1} \times \frac{\cancel{6}^2}{\cancel{5}_1} = 8\ (\text{km})$$

(1 km를 갈 때 사용하는 휘발유의 양)
=(사용한 휘발유의 양)÷(간 거리)

$$= \frac{5}{6} \div 6\frac{2}{3} = \frac{5}{6} \div \frac{20}{3} = \frac{\cancel{5}^1}{\cancel{6}_2} \times \frac{\cancel{3}^1}{\cancel{20}_4} = \frac{1}{8}\ (\text{L})$$

예 $2\frac{3}{5}$ m^2의 벽을 칠하는 데 $3\frac{1}{4}$ L의 페인트를 사용하는 경우

(1 m^2의 벽을 칠하는 데 사용한 페인트의 양)
=(사용한 페인트의 양)÷(칠한 벽의 넓이)

$$= 3\frac{1}{4} \div 2\frac{3}{5} = \frac{\cancel{13}^1}{4} \times \frac{5}{\cancel{13}_1} = \frac{5}{4} = 1\frac{1}{4}\ (\text{L})$$

(페인트 1 L로 칠할 수 있는 벽의 넓이)
=(칠한 벽의 넓이)÷(사용한 페인트의 양)

$$= 2\frac{3}{5} \div 3\frac{1}{4} = \frac{\cancel{13}^1}{5} \times \frac{4}{\cancel{13}_1} = \frac{4}{5}\ (\text{m}^2)$$

BASIC TEST

1 $\frac{3}{4} \div \frac{4}{5}$를 두 가지 방법으로 계산하시오.

방법 1

방법 2

2 다음은 분수의 나눗셈을 잘못 계산한 것입니다. 계산이 잘못된 이유를 찾고 바르게 고쳐 계산하시오.

$$1\frac{2}{5} \div \frac{2}{3} = 1\frac{2}{5} \times \frac{3}{2} = 1\frac{3}{5}$$

잘못된 이유

옳은 계산

3 삼각형의 넓이는 $16\frac{2}{3}\,\mathrm{cm}^2$입니다. 높이가 $6\frac{1}{4}\,\mathrm{cm}$일 때, 밑변의 길이는 몇 cm입니까?

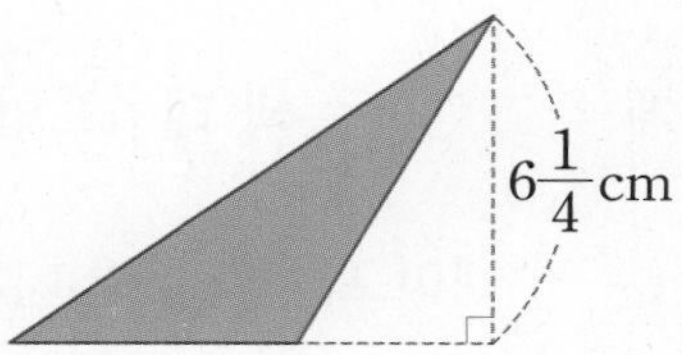

(　　　　　　　　)

4 몫이 $1\frac{2}{3}$보다 큰 것을 모두 골라 ○표 하시오.

$1\frac{2}{3} \div \frac{8}{7}$	$1\frac{2}{3} \div \frac{9}{10}$
$1\frac{2}{3} \div \frac{7}{5}$	$1\frac{2}{3} \div \frac{3}{4}$

5 다음 중 두 수를 골라 몫이 가장 큰 나눗셈식을 만들 때, 몫을 구하시오.

$\frac{8}{9}$　$2\frac{1}{4}$　$1\frac{1}{6}$　$3\frac{1}{5}$　$\frac{6}{7}$

(　　　　　　　　)

6 고무관 $\frac{4}{5}\,\mathrm{m}$의 무게가 $\frac{2}{9}\,\mathrm{kg}$입니다. 고무관 $1\,\mathrm{m}$의 무게는 몇 kg입니까?

(　　　　　　　　)

전체와 부분의 양 구하기

건창이는 가지고 있던 돈의 $\frac{2}{5}$로 학용품을 샀습니다. 학용품을 사는 데 쓴 돈이 1760원이라면 남은 돈은 얼마입니까?

● 생각하기 전체의 $\frac{■}{★}$를 사용한 것이 ●라면 (전체)$\times\frac{■}{★}$=● ➡ (전체)=●$\div\frac{■}{★}$입니다.

● 해결하기 **1단계** □를 이용하여 곱셈식 만들기

건창이가 처음에 가지고 있던 돈을 □원이라 하면 □$\times\frac{2}{5}=1760$입니다.

2단계 □의 값 구하기

$\square=1760\div\frac{2}{5}=\overset{880}{\cancel{1760}}\times\frac{5}{\underset{1}{\cancel{2}}}=4400$

(남은 돈)$=4400-1760=2640$(원)

답 2640원

1-1 하성이네 반 학생 수의 $\frac{3}{5}$은 여학생이고, 여학생은 21명입니다. 하성이네 반 남학생은 몇 명입니까?

(　　　　　　　　　)

1-2 지영이는 가지고 있던 밀가루의 $\frac{2}{3}$를 빵을 만드는 데 사용하고, 나머지의 $\frac{2}{5}$를 과자를 만드는 데 사용하였더니 밀가루가 $1\frac{1}{2}$ kg 남았습니다. 지영이가 처음에 가지고 있던 밀가루는 몇 kg입니까?

(　　　　　　　　　)

1-3 혜성이는 가지고 있던 색 테이프의 $\frac{5}{9}$를 근후에게 주고, 남은 색 테이프의 $\frac{6}{7}$을 사용하였더니 $2\frac{2}{7}$ m가 남았습니다. 혜성이가 근후에게 준 색 테이프는 몇 m입니까?

(　　　　　　　　　)

심화유형 2 도형에서 변의 길이 구하기

오른쪽은 넓이가 $16\frac{2}{3}$ cm^2인 직사각형입니다. 이 직사각형의 둘레는 몇 cm입니까?

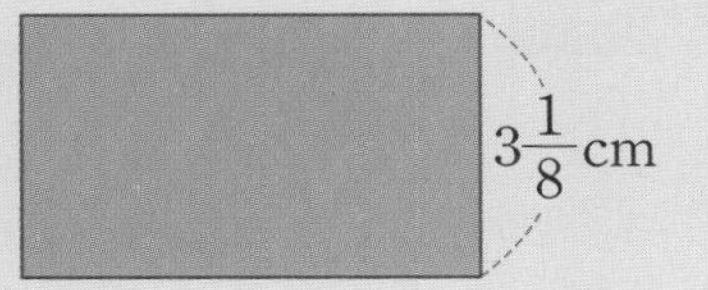

● 생각하기 ●=■×▲에서 ■=●÷▲입니다.

● 해결하기 1단계 직사각형의 넓이와 가로, 세로의 관계를 이용하여 가로 구하기

(직사각형의 넓이)=(가로)×(세로)이므로 (가로)=(직사각형의 넓이)÷(세로)입니다.

$$(가로)=16\frac{2}{3}\div3\frac{1}{8}=\frac{50}{3}\div\frac{25}{8}=\frac{\overset{2}{\cancel{50}}}{3}\times\frac{8}{\underset{1}{\cancel{25}}}=\frac{16}{3}=5\frac{1}{3}\ (cm)$$

2단계 직사각형의 둘레 구하기

$$(둘레)=((가로)+(세로))\times2=(5\frac{1}{3}+3\frac{1}{8})\times2=(5\frac{8}{24}+3\frac{3}{24})\times2$$

$$=8\frac{11}{24}\times2=\frac{203}{\underset{12}{\cancel{24}}}\times\overset{1}{\cancel{2}}=\frac{203}{12}=16\frac{11}{12}\ (cm)$$

답 $16\frac{11}{12}$ cm

2-1 넓이가 $4\frac{3}{8}$ cm^2인 사다리꼴이 있습니다. 윗변의 길이가 $1\frac{5}{6}$ cm이고 높이가 $2\frac{1}{3}$ cm일 때, 이 사다리꼴의 아랫변의 길이는 몇 cm입니까?

(　　　　　　)

2-2 오른쪽은 밑변의 길이가 $8\frac{4}{5}$ cm인 삼각형입니다. 이 삼각형의 높이는 변하지 않게 하고 밑변의 길이만 처음 길이의 $\frac{1}{4}$만큼 줄였더니 넓이가 $12\frac{1}{10}$ cm^2가 되었습니다. 오른쪽 삼각형의 높이는 몇 cm입니까?

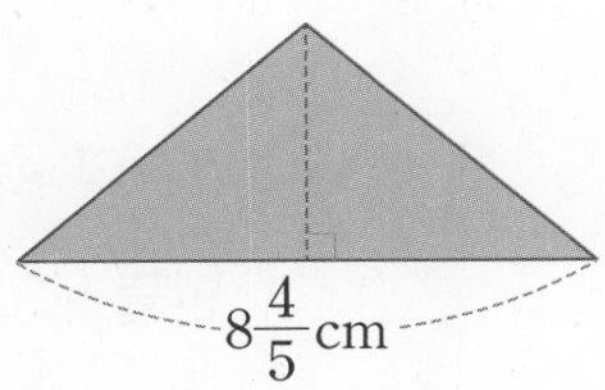

(　　　　　　)

2-3 오른쪽과 같은 직사각형 모양의 꽃밭이 있습니다. 이 꽃밭의 넓이는 변하지 않게 하고 꽃밭의 가로를 1 m 늘이려면 세로는 몇 m 줄여야 합니까?

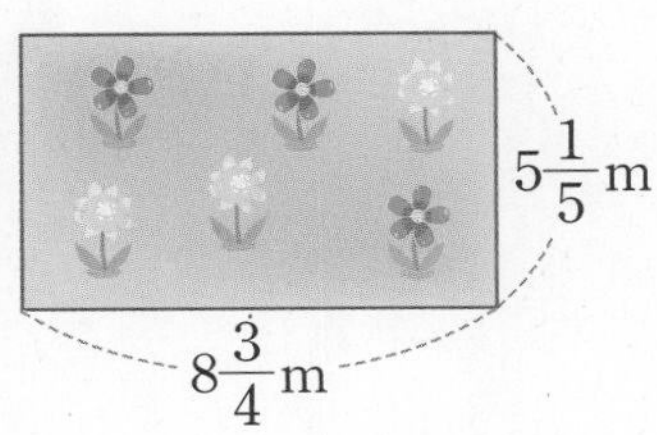

(　　　　　　)

MATH TOPIC

3 심화유형 수 카드를 이용하여 나눗셈식 만들기

성일이는 수 카드 [2], [3], [4]를, 지원이는 수 카드 [5], [6], [7]을 각각 한 번씩 사용하여 대분수를 만들려고 합니다. 두 사람이 만든 두 대분수로 몫이 가장 큰 나눗셈식을 만들 때, 몫을 구하시오.

● 생각하기 나눗셈의 몫을 가장 크게 하려면 나누어지는 수는 가장 크게, 나누는 수는 가장 작게 합니다.

● 해결하기 1단계 성일이와 지원이가 만든 대분수 구하기

지원이의 수가 성일이의 수보다 크므로 지원이는 가장 큰 대분수를, 성일이는 가장 작은 대분수를 만들어 나눗셈을 합니다.

만들 수 있는 가장 큰 대분수는 $7\frac{5}{6}$, 가장 작은 대분수는 $2\frac{3}{4}$입니다.

2단계 나눗셈식을 만들고 계산하기

(가장 큰 대분수)÷(가장 작은 대분수)

$$=7\frac{5}{6}\div2\frac{3}{4}=\frac{47}{6}\div\frac{11}{4}=\frac{47}{\cancel{6}_{3}}\times\frac{\cancel{4}^{2}}{11}=\frac{94}{33}=2\frac{28}{33}$$

답 $2\frac{28}{33}$

3-1 예원이는 1, 2, 3을, 승철이는 4, 5, 6을 각각 한 번씩 사용하여 대분수를 만들려고 합니다. 두 사람이 만든 두 대분수로 몫이 가장 작은 나눗셈식을 만들 때, 몫을 구하시오.

(   )

3-2 4장의 수 카드 [1], [4], [5], [9]를 한 번씩만 사용하여 (자연수)÷(대분수)의 식을 만들려고 합니다. 나올 수 있는 몫 중에서 가장 큰 몫을 구하시오.

(   )

3-3 5장의 수 카드를 한 번씩만 사용하여 (대분수)÷(진분수)의 식을 만들려고 합니다. 나올 수 있는 몫 중에서 가장 작은 몫을 구하시오.

[1] [2] [5] [7] [9]

(   )

MATH TOPIC

정답과 풀이 9쪽

4 심화유형 어떤 수 구하기

$\frac{8}{11}$의 분모와 분자에서 각각 어떤 수를 뺀 후 $1\frac{1}{3}$을 곱하였더니 $\frac{5}{6}$가 되었습니다. 어떤 수를 구하시오.

● 생각하기 ■×▲=●에서 '='의 양쪽을 ▲로 나누면 ■=●÷▲가 됩니다.

● 해결하기 1단계 □를 이용하여 곱셈식 만들기

어떤 수를 □라 하면 $\frac{8-\square}{11-\square}\times 1\frac{1}{3}=\frac{5}{6}$입니다.

2단계 나눗셈식으로 바꾸어 □의 값 구하기

$$\frac{8-\square}{11-\square}=\frac{5}{6}\div 1\frac{1}{3}=\frac{5}{6}\div\frac{4}{3}=\frac{5}{\cancel{6}_{2}}\times\frac{\cancel{3}^{1}}{4}=\frac{5}{8}$$

$\frac{8-\square}{11-\square}=\frac{5}{8}$에서 $8-\square=5$, $11-\square=8$을 만족하는 □는 3입니다.

답 3

4-1 $\frac{3}{5}$의 분모와 분자에 각각 어떤 수를 더한 후 $1\frac{4}{5}$를 곱하였더니 $1\frac{2}{7}$가 되었습니다. 어떤 수를 구하시오.

( )

4-2 어떤 수를 $\frac{3}{5}$으로 나눈 다음 15를 뺐더니 어떤 수의 $\frac{5}{8}$가 되었습니다. 어떤 수를 구하시오.

( )

4-3 어떤 수에 그 수의 $1\frac{1}{4}$배를 더하고 $1\frac{1}{5}$을 뺀 다음 $3\frac{1}{8}$을 곱하였더니 $7\frac{1}{2}$이 되었습니다. 어떤 수를 구하시오.

( )

MATH TOPIC 5 심화유형

수의 관계를 이용하여 문제 해결하기

㉠$=$㉡$\div\frac{2}{3}$이고 ㉡$=8\frac{1}{3}\div$㉢입니다. ㉢$=1\frac{1}{4}$일 때, $\frac{㉠}{㉢}$의 값을 구하시오.

● 생각하기 ●$=$■$\div$▲, ■$=$★$\div$◎ ➡ ●$=$★$\div$◎$\div$▲ (★$\div$◎ → ■)

● 해결하기 **1단계** ㉠을 ㉢이 있는 식으로 나타내기

㉡$=8\frac{1}{3}\div$㉢이므로 ㉠$=$㉡$\div\frac{2}{3}$의 ㉡ 대신 $8\frac{1}{3}\div$㉢을 넣으면

㉠$=8\frac{1}{3}\div$㉢$\div\frac{2}{3}=8\frac{1}{3}\div1\frac{1}{4}\div\frac{2}{3}=8\frac{1}{3}\div\frac{5}{4}\div\frac{2}{3}=\frac{\overset{5}{\cancel{25}}}{\underset{1}{\cancel{3}}}\times\frac{\overset{2}{\cancel{4}}}{\underset{1}{\cancel{5}}}\times\frac{\overset{1}{\cancel{3}}}{\underset{1}{\cancel{2}}}=10$

2단계 $\frac{㉠}{㉢}$의 값 구하기

$\frac{㉠}{㉢}$ ➡ ㉠$\div$㉢$=10\div1\frac{1}{4}=10\div\frac{5}{4}=\overset{2}{\cancel{10}}\times\frac{4}{\underset{1}{\cancel{5}}}=8$

답 8

5-1 ㉠$=$㉡$\times\frac{5}{9}$, ㉠$=$㉢$\times\frac{2}{3}$입니다. ㉡은 ㉢의 몇 배입니까?

(　　　　　　　　)

5-2 삼각형 가, 나, 다가 있습니다. 가의 넓이는 나의 넓이의 $\frac{3}{4}$이고, 나의 넓이는 다의 넓이의 $\frac{2}{5}$입니다. 가의 넓이가 $4\frac{1}{5}$ cm^2일 때, 다의 넓이는 몇 cm^2입니까?

(　　　　　　　　)

5-3 세 자연수 ㉠, ㉡, ㉢의 관계가 다음과 같을 때, ㉠$\div$㉢의 값을 구하시오.

㉠$\div$㉡$=\frac{5}{6}$　　㉢$\div$㉡$=2\frac{1}{2}$

(　　　　　　　　)

심화유형 6

전체를 1로 생각하여 문제 해결하기

정음이는 동화책을 어제까지 전체의 $\frac{5}{8}$를 읽었고, 오늘은 어제까지 읽고 남은 부분의 $\frac{3}{5}$을 읽었습니다. 아직 12쪽을 읽지 못했다면 이 동화책은 모두 몇 쪽입니까?

● 생각하기 동화책의 전체 쪽수를 1로 생각합니다.

● 해결하기 1단계 오늘까지 읽고 남은 동화책의 양 구하기

동화책의 전체 쪽수를 1로 생각하면

어제까지 읽고 남은 동화책의 양은 전체의 $1-\frac{5}{8}=\frac{3}{8}$이므로

오늘까지 읽고 남은 동화책의 양은 전체의 $\frac{3}{8}\times(1-\frac{3}{5})=\frac{\cancel{3}}{\cancel{8}_{4}}\times\frac{\cancel{2}^{1}}{5}=\frac{3}{20}$입니다.

2단계 동화책의 전체 쪽수 구하기

동화책의 전체 쪽수를 □쪽이라 하면

$\square\times\frac{3}{20}=12$, $\square=12\div\frac{3}{20}=\cancel{12}^{4}\times\frac{20}{\cancel{3}_{1}}=80$입니다.

답 80쪽

6-1 재호는 숙제를 하는데 지금까지 45분 동안 전체의 $\frac{3}{10}$을 했습니다. 같은 빠르기로 이 숙제를 계속한다면 앞으로 몇 시간을 더 해야 숙제를 마칠 수 있습니까?

( )

6-2 어떤 일을 끝내려면 효주가 혼자서 하면 $3\frac{1}{2}$시간이 걸리고, 지솔이가 혼자서 하면 $4\frac{2}{3}$시간이 걸립니다. 이 일을 효주와 지솔이가 각각 같은 빠르기로 함께 한다면 일을 끝내는 데 몇 시간이 걸립니까?

( )

6-3 민성이는 할머니 댁에 갔습니다. 집에서 할머니 댁까지의 거리의 $\frac{5}{12}$는 버스를 타고, 나머지의 $\frac{5}{7}$는 지하철을 타고 갔습니다. 나머지 $\frac{7}{10}$ km는 걸어서 갔다면 민성이네 집에서 할머니 댁까지의 거리는 몇 km입니까?

( )

MATH TOPIC 7 심화유형

걸리는 시간 구하기

길이가 15 cm인 양초가 있습니다. 이 양초는 일정한 빠르기로 $2\frac{1}{4}$시간 동안 $5\frac{2}{5}$ cm가 탄다고 합니다. 같은 빠르기로 양초가 모두 타는 데 걸리는 시간은 몇 시간입니까?

● 생각하기 (한 시간 동안 타는 양초의 길이)=(탄 길이)÷(탄 시간)

● 해결하기 1단계 1시간 동안 타는 양초의 길이 구하기

(1시간 동안 타는 양초의 길이)$=5\frac{2}{5}\div2\frac{1}{4}=\frac{27}{5}\div\frac{9}{4}=\frac{\overset{3}{\cancel{27}}}{5}\times\frac{4}{\underset{1}{\cancel{9}}}=\frac{12}{5}=2\frac{2}{5}$ (cm)

2단계 양초가 모두 타는 데 걸리는 시간 구하기

1시간 동안 $2\frac{2}{5}$ cm가 타므로 15 cm가 모두 타는 데 걸리는 시간은

$15\div2\frac{2}{5}=15\div\frac{12}{5}=\overset{5}{\cancel{15}}\times\frac{5}{\underset{4}{\cancel{12}}}=\frac{25}{4}=6\frac{1}{4}$(시간)입니다.

답 $6\frac{1}{4}$시간

7-1 10분 동안 $11\frac{1}{4}$ km를 가는 자동차가 있습니다. 이 자동차가 같은 빠르기로 60 km를 가는 데 걸리는 시간은 몇 시간입니까?

(　　　　　　　　)

7-2 60 mL의 알코올이 들어 있는 알코올램프에 불을 붙이고 5분이 지난 후 알코올램프의 알코올의 양을 재어 보았더니 $43\frac{1}{3}$ mL였습니다. 남은 알코올이 모두 연소되는 데 걸리는 시간은 몇 분입니까? (단, 알코올은 일정한 빠르기로 연소됩니다.)

(　　　　　　　　)

7-3 길이가 3 cm인 양초에 불을 붙이고 2분 48초가 지난 후 길이를 재어 보니 $2\frac{3}{5}$ cm였습니다. 같은 빠르기로 처음 양초 길이의 $\frac{2}{3}$만큼 타는 데 몇 분이 걸리겠습니까? (단, 양초는 일정한 빠르기로 타고 있습니다.)

(　　　　　　　　)

정답과 풀이 9쪽

8 심화유형 조건을 만족하는 수 구하기

오른쪽 나눗셈의 계산 결과가 자연수일 때, □ 안에 들어갈 수 있는 1보다 큰 자연수를 모두 구하시오.

$$\frac{15}{\square} \div \frac{5}{9}$$

● 생각하기 나눗셈을 곱셈으로 고치고 식을 간단하게 한 후 분모를 1이 되게 하는 □를 찾습니다.

● 해결하기 1단계 분수의 나눗셈을 분수의 곱셈으로 바꾸어 식 정리하기

$$\frac{15}{\square} \div \frac{5}{9} = \frac{\overset{3}{\cancel{15}}}{\square} \times \frac{9}{\underset{1}{\cancel{5}}} = \frac{27}{\square}$$

2단계 □ 안에 들어갈 수 있는 1보다 큰 자연수 구하기

$\frac{27}{\square}$이 자연수가 되려면 □는 27의 약수이어야 하므로 □ 안에 들어갈 수 있는 수 중에서 1보다 큰 자연수는 27의 약수인 1, 3, 9, 27 중 3, 9, 27입니다.

답 3, 9, 27

8-1 오른쪽 식에서 ●와 ▲가 자연수일 때, 오른쪽 식을 만족하는 ●와 ▲에 알맞은 수는 모두 몇 쌍입니까?

$$3 \div \frac{●}{4} = ▲$$

(　　　　　　)

8-2 오른쪽 나눗셈의 몫이 자연수일 때, □ 안에 들어갈 수 있는 자연수를 모두 구하시오. (단, $\frac{\square}{9}$는 기약분수입니다.)

$$2\frac{2}{3} \div \frac{\square}{9}$$

(　　　　　　)

8-3 두 식을 모두 만족하는 자연수 ㉠, ㉡을 구하시오.

$$\frac{3}{8} \div \frac{9}{㉠} \div \frac{1}{㉡} = 1 \qquad ㉡ - ㉠ = 5$$

㉠ (　　　　　　), ㉡ (　　　　　　)

9 심화유형 분수의 나눗셈을 활용한 교과통합유형

STE AM형

수학+체육

비만이란 *체지방이 기준치보다 많은 상태를 말하며 비만도는 비만의 정도를 표현하는 방법입니다. 비만은 각종 질병의 원인이 될 수 있으므로 적절한 운동과 균형 있는 영양소 섭취를 통해 비만을 예방해야 합니다. 비만도는 다음과 같이 키와 몸무게를 이용하여 측정할 수 있습니다. 키가 140 cm인 학생이 비만도가 정상이려면 몸무게는 몇 kg 이상 몇 kg 미만이어야 합니까?

- (비만도)$=$(몸무게)$\div\dfrac{(\text{표준 몸무게})}{100}$
- (표준 몸무게)$=$(키-100)$\div 1\dfrac{1}{9}$

*체지방: 몸속에 있는 지방의 양

비만도	수치	비만도	수치
저체중	90 미만	경도 비만	120 이상 130 미만
정상	90 이상 110 미만	중등도 비만	130 이상 150 미만
과체중	110 이상 120 미만	고도 비만	150 이상

● 생각하기 먼저 표준 몸무게를 알아야 합니다.

● 해결하기 1단계 표준 몸무게 구하기

$(\text{표준 몸무게})=(140-100)\div 1\dfrac{1}{9}=40\div 1\dfrac{1}{9}=40\div\dfrac{10}{9}=\overset{4}{\cancel{40}}\times\dfrac{9}{\underset{1}{\cancel{10}}}=36\ (\text{kg})$

2단계 구하려는 몸무게를 □kg으로 하여 나눗셈식 만들기

구하려는 몸무게를 □kg이라 할 때

비만도가 정상이려면 비만도 수치가 90 이상 110 미만이어야 합니다.

$\square\div\dfrac{36}{100}=90$일 때, $\square=\overset{18}{\cancel{90}}\times\dfrac{\overset{9}{\cancel{36}}}{\underset{5}{\underset{\cancel{25}}{\cancel{100}}}}=\dfrac{162}{5}=32\dfrac{2}{5}\ (\text{kg})$

$\square\div\dfrac{36}{100}=110$일 때, $\square=\overset{22}{\cancel{110}}\times\dfrac{\overset{9}{\cancel{36}}}{\underset{5}{\underset{\cancel{25}}{\cancel{100}}}}=\dfrac{\square}{5}=\square\ (\text{kg})$

따라서 비만도가 정상이려면 몸무게는 $32\dfrac{2}{5}$ kg 이상 □ kg 미만이어야 합니다.

답 $32\dfrac{2}{5}$ kg 이상 □ kg 미만

9-1 대호의 키는 150 cm이고 몸무게는 48 kg입니다. 위 표를 보고 대호의 비만도는 어디에 속하는지 구하시오.

(　　　　　　　　　)

정답과 풀이 14쪽

서술형 **1**

문제풀이 동영상

⊙를 보기 와 같이 약속할 때, 다음 식을 계산하려고 합니다. 풀이 과정을 쓰고 답을 구하시오.

보기

■⊙★=(■÷★)÷(★÷■)

$(\frac{1}{2} \odot \frac{3}{4}) \odot 1\frac{1}{3}$

풀이

답

2 어느 용수철 저울에 무게가 $4\frac{1}{8}$ g인 물건을 매달면 용수철의 길이가 처음보다 $\frac{3}{4}$ cm 늘어난다고 합니다. 이 용수철 저울에 어떤 물건을 매달았더니 용수철의 길이가 처음보다 $1\frac{7}{8}$ cm 늘어났습니다. 매단 물건의 무게는 몇 g입니까? (단, 용수철이 늘어나는 길이와 매단 무게의 비는 일정합니다.)

(　　　　　　　　)

3 떨어진 높이의 $\frac{4}{7}$만큼씩 일정하게 튀어오르는 공이 있습니다. 이 공이 두 번째로 튀어오른 높이가 $2\frac{2}{5}$ m일 때, 처음 공을 떨어뜨린 높이는 몇 m입니까?

(　　　　　　　　)

서술형 **4** 의진이는 지점토 $3\frac{1}{3}\,\mathrm{kg}$을 가지고 인형을 만들고 있습니다. 인형 한 개를 만드는 데 지점토 $\frac{2}{5}\,\mathrm{kg}$이 필요하다면 의진이는 인형을 몇 개까지 만들 수 있고, 지점토는 몇 kg이 남는지 풀이 과정을 쓰고 답을 구하시오.

풀이

답 ,

5 어떤 일을 의란이가 12일 동안 혼자서 하면 전체의 $\frac{6}{13}$을 할 수 있고, 길호가 10일 동안 혼자서 하면 전체의 $\frac{15}{26}$를 할 수 있습니다. 이 일을 의란이가 혼자서 8일 동안 한 후 길호가 혼자서 나머지 일을 끝내려고 합니다. 길호는 며칠 동안 일해야 합니까?

(단, 두 사람이 각각 하루 동안 하는 일의 양은 일정합니다.)

( )

6 색 테이프를 3도막으로 잘랐습니다. 한 도막은 전체의 $\frac{1}{3}$보다 5 cm 더 길게, 다른 한 도막은 전체의 $\frac{1}{3}$보다 2 cm 더 짧게 잘랐더니 나머지 한 도막의 길이가 10 cm가 되었습니다. 자르기 전 색 테이프의 길이는 몇 cm입니까?

( )

7 어떤 삼각형의 밑변의 길이를 처음 길이의 $\frac{4}{5}$로 줄이고 높이를 처음 길이의 $\frac{5}{7}$로 줄였더니 넓이가 $2\frac{2}{5}\,\mathrm{cm}^2$가 되었습니다. 처음 삼각형의 넓이는 몇 cm^2입니까?

(　　　　　　　)

8 길이가 $25\frac{5}{9}\,\mathrm{m}$인 기차가 일정한 빠르기로 길이가 $474\frac{4}{9}\,\mathrm{m}$인 터널을 완전히 통과하는 데 $8\frac{1}{3}$초가 걸렸습니다. 이와 같은 빠르기로 이 기차는 10분 동안 몇 km를 달릴 수 있습니까?

(　　　　　　　)

9 동민이네 학교 여학생 수는 남학생 수의 $\frac{7}{9}$입니다. 여학생이 남학생보다 18명 더 적을 때, 동민이네 학교 학생은 모두 몇 명입니까?

(　　　　　　　)

경시 기출 문제 **10** 다음 식을 만족하는 $\frac{㉡}{㉠}$의 값을 구하시오.

$$1 \div \frac{1}{2} \div \frac{2}{3} \div \frac{3}{4} \div \frac{4}{5} \div \cdots\cdots \div \frac{㉡}{㉠} = 10$$

(   )

11 승희의 수학 점수는 과학 점수의 $1\frac{1}{6}$배이고, 사회 점수는 수학 점수의 $1\frac{1}{7}$배입니다. 수학, 과학, 사회 점수의 평균이 84점이라면 과학 점수는 몇 점입니까?

(   )

12 어느 공장에서는 똑같은 기계 5대로 $1\frac{1}{2}$시간 동안 작업을 하면 페인트 $43\frac{3}{4}$ t을 만들 수 있다고 합니다. 똑같은 기계 3대를 더 들여와서 페인트 70 t을 만들려면 몇 시간이 걸리겠습니까?

(   )

수학+과학

STEAM형 13

여름에는 낮의 길이가 밤의 길이보다 길고, 겨울에는 밤의 길이가 낮의 길이보다 깁니다. 그 이유는 지구의 *자전축이 기울어진 채로 태양의 주변을 돌기 때문인데 이로 인해 계절의 변화가 생기고 낮과 밤의 길이가 달라집니다. 어느 여름 날의 밤의 길이가 낮의 길이의 $\frac{19}{29}$라고 할 때, 이 날의 밤의 길이는 몇 시간 몇 분입니까? * 자전축: 지구의 남극과 북극을 수직으로 연결한 축

( )

14

$\frac{7}{12}$로 나누어도, $\frac{5}{6}$로 나누어도 계산 결과가 자연수가 되는 분수 중에서 가장 작은 분수를 구하시오.

( )

15

빈 물병에 전체 들이의 $\frac{5}{8}$만큼의 물을 넣고 그 무게를 재어 보니 $650\,g$이었습니다. 넣은 물의 $\frac{3}{4}$만큼을 마신 후 다시 무게를 재어 보니 $470\,g$이 되었다면 빈 물병의 무게는 몇 g입니까?

( )

1 어떤 일을 3명이 4시간 동안 같이 하여 전체의 $\frac{4}{9}$를 하였습니다. 한 명이 한 시간 동안 할 수 있는 일의 양이 서로 같고 일정할 때, 남은 일을 1시간 15분 동안 끝내려면 사람의 수를 몇 명으로 늘려야 합니까?

문제풀이 동영상

(　　　　　　　　　　)

수학+음악

STEAM형 **2** 수학자로 알려진 피타고라스는 음향학자이기도 했습니다. 피타고라스는 대장간을 지나다가 쇠망치가 부딪히는 소리를 듣고 쇠망치의 무게 사이의 일정한 비율에 따라 소리의 높낮이가 다르다는 것을 알아냈습니다. 또한 이 비율은 현악기의 줄의 길이 사이의 비율에도 해당된다는 것을 알아냈습니다. 줄의 길이가 전체의 $\frac{1}{2}$로 짧아지면 *8도 높은 음을 내고 전체의 $\frac{2}{3}$로 짧아지면 *5도 높은 음을 냅니다. 길이가 1 m인 줄을 낮은 도라고 하였을 때, 피타고라스의 음계 법칙을 이용하여 빈칸에 알맞은 수를 써넣으시오.

* 8도 높은 음: '낮은 도'보다 8도 높은 음을 '높은 도'라고 합니다.
* 5도 높은 음: '도'보다 5도 높은 음은 '솔'입니다.

음계	낮은 도	레	미	파	솔	라	시	높은 도
줄의 길이(m)	1	$\frac{8}{9}$			$\frac{2}{3}$		$\frac{128}{243}$	$\frac{1}{2}$

3 주머니에 흰 구슬과 검은 구슬이 들어 있습니다. 흰 구슬은 전체의 $\frac{2}{5}$보다 5개 더 많고, 검은 구슬은 전체의 $\frac{1}{2}$보다 3개 더 적습니다. 주머니에 들어 있는 구슬은 모두 몇 개입니까?

(　　　　　　　　　　)

4 세 분수 $\frac{2}{5}$, $1\frac{1}{3}$, $\frac{8}{15}$을 똑같은 분수로 나누려고 합니다. 될 수 있는 대로 큰 분수로 나누어 몫이 모두 자연수가 되게 하려면 어떤 분수로 나누어야 합니까?

( )

서술형 **5** 야구 경기를 보러 온 사람들이 경기가 끝나자 전체의 $\frac{2}{9}$는 버스를 타고 가고, 전체의 $\frac{1}{3}$은 지하철을 타고 갔습니다. 그리고 남은 사람의 $\frac{9}{10}$는 걸어서 집으로 갔습니다. 아직 야구장에 196명이 남아 있다면 야구 경기를 보러 온 사람은 모두 몇 명인지 풀이 과정을 쓰고 답을 구하시오.

풀이

답

경시 기출 문제 **6** 계산 결과가 모두 자연수일 때, ●의 값이 될 수 있는 수 중에서 가장 작은 수를 구하시오.

$\frac{1}{2} \div \frac{1}{●}$ $\frac{1}{3} \div \frac{1}{●}$ $\frac{1}{4} \div \frac{1}{●}$ $\frac{1}{5} \div \frac{1}{●}$ $\frac{1}{6} \div \frac{1}{●}$

( )

경시 기출 문제 7

주머니에 구슬이 들어 있습니다. 이 구슬을 시원, 경인, 성종이가 차례로 전체의 $\frac{1}{5}$, $\frac{1}{3}$, $\frac{7}{15}$씩 나누어 가지면 성종이는 시원이보다 구슬을 16개 더 많이 가지게 됩니다. 이 구슬을 다시 주머니에 넣고 시원, 경인, 성종이가 차례로 전체의 $\frac{1}{4}$, $\frac{1}{3}$, $\frac{5}{12}$씩 나누어 가지면 경인이는 시원이보다 구슬을 몇 개 더 많이 가지게 됩니까?

(　　　　　　　　)

경시 기출 문제 8

수 카드 3, 4, 5, 7 을 한 번씩만 사용하여 오른쪽과 같은 나눗셈식을 만들 때, 계산 결과가 1보다 큰 식은 모두 몇 개입니까?

$\frac{\square}{\square} \div \frac{\square}{\square}$

(　　　　　　　　)

9

㉮ 물통에는 들이의 $\frac{3}{4}$만큼, ㉯ 물통에는 들이의 $\frac{2}{3}$만큼 물이 들어 있습니다. 이 두 개의 물통에서 같은 양의 물을 덜어내었더니 ㉮ 물통에는 들이의 $\frac{1}{2}$만큼, ㉯ 물통에는 들이의 $\frac{1}{6}$만큼 물이 남았습니다. 처음에 두 물통에 들어 있던 물의 양의 합이 39 L일 때, ㉯ 물통의 들이는 몇 L입니까?

(　　　　　　　　)

소수의 나눗셈

대표심화유형

1 어떤 수를 구하여 문제 해결하기
2 넓이를 이용하여 길이 구하기
3 나눗셈식 만들고 계산하기
4 반복되는 소수점 아래의 숫자 알아보기
5 가격 구하기
6 양초에 관한 문제 해결하기
7 나누어 주고 남는 양 알아보기
8 반올림한 몫의 범위 알아보기
9 소수의 나눗셈을 활용한 교과통합유형

2

소수점을 옮겨라

자릿수가 같은 (소수)÷(소수)

350 L의 물을 여러 개의 수조에 50 L씩 나누어 담으려면 수조가 모두 몇 개 필요할까요? 350÷50=7이므로 7개 필요합니다. 35 L의 물을 수조에 5 L씩 나누어 담는 경우는 어떨까요? 35÷5=7이므로 역시 수조가 7개 필요합니다. 35에서 5씩 7번을 덜어 낼 수 있으니까요. 두 나눗셈을 비교해 보면 나누어지는 수와 나누는 수가 각각 $\frac{1}{10}$배가 되었지만, 몫은 그대로예요.

$$350 \div 50 = 7$$

$$\downarrow \times\frac{1}{10} \qquad \downarrow \times\frac{1}{10}$$

$$35 \div 5 = 7$$

$$\downarrow \times\frac{1}{10} \qquad \downarrow \times\frac{1}{10}$$

$$3.5 \div 0.5 = 7$$

이번에는 3.5 L의 용액을 여러 개의 비커에 0.5 L씩 나누어 담아 볼게요. 이 경우에는 3.5÷0.5의 몫을 구해야 합니다. 소수를 소수로 나누는 나눗셈이 낯설다면 3.5에서 0.5씩 덜어내 보면 됩니다.

$$3.5-\underbrace{0.5-0.5-0.5-0.5-0.5-0.5-0.5}_{7번}=0$$

3.5에서 0.5씩 7번 덜어내야 하므로 3.5÷0.5의 몫도 35÷5의 몫과 같은 7이 돼요. 두 식을 비교해 보면 나누어지는 수 35와 나누는 수 5가 3.5와 0.5로 각각 $\frac{1}{10}$배가 된 것을 알 수 있어요. 위에서 알아본 관계와 똑같죠?

자릿수가 다른 (소수)÷(소수)

3.5 L의 용액을 0.05 L씩 나누어 담을 경우에는 비커가 몇 개 필요할까요? 이 경우에는 3.5÷0.05의 몫을 구해야 하는데, 이때 나누어지는 소수와 나누는 소수의 자릿수가 다릅니다. 하지만 두 소수에 같은 수를 곱해서 (자연수)÷(자연수)의 몫을 구하는 원리는 같습니다.

$$3.5 \div 0.05 = 70$$

×100 ×100

$$350 \div 5 = 70$$

3.5와 0.05에 각각 10을 곱하면 35÷0.5가 되어 나누는 수가 여전히 소수입니다. 그래서 이 경우에는 두 소수에 각각 100을 곱해서 만든 나눗셈식 350÷5의 몫을 구해요. 350÷5의 몫이 70이므로 3.5÷0.05의 몫도 70이 됩니다. 이처럼 자릿수가 다른 소수의 나눗셈을 할 때는 나누는 수가 자연수가 되도록 바꾸어 계산하는 것이 좋습니다.
이 계산을 세로셈으로 나타내면 다음과 같아요.

```
        7 0
0.05 ) 3.5 0
       3 5 0
       -----
           0
```

이처럼 나누어지는 소수와 나누는 소수의 소수점을 같은 자리만큼 옮기면 어떤 형태의 소수의 나눗셈이라도 쉽게 몫을 구할 수 있답니다. (소수)÷(소수)뿐만 아니라 (자연수)÷(소수)의 계산도 같은 방법으로 할 수 있어요.

나누어떨어지지 않는 몫

36 mL의 용액을 6개의 시험관에 똑같이 나누어 담으면 한 시험관에 정확히 6 mL씩 담깁니다. 하지만 36 mL의 용액을 7개의 시험관에 똑같이 나누어 담으면 한 시험관에 담기는 용액의 양을 간단한 소수로 나타낼 수 없어요. 36÷7의 몫은 나누어떨어지지 않기 때문입니다.

```
     5.1428……
7 ) 36
    35
    ----
     1 0
       7
    ----
      30
      28
    ----
       20
       14
    ----
        6
        ⋮
```

몫의 소수점 아래 자리가 계속되는 경우에는 몫을 어림하여 나타냅니다. 이 경우 몫을 반올림하여 소수 둘째 자리까지 나타내면 5.14 mL가 되고, 몫을 반올림하여 소수 셋째 자리까지 나타내면 5.143 mL가 됩니다.

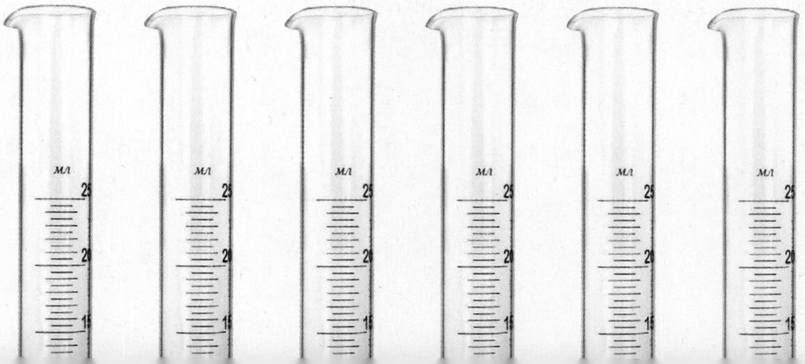

BASIC CONCEPT

1 (소수)÷(소수)

❶ 자릿수가 같은 (소수)÷(소수)

• $7.2 \div 0.8$ — 7.2÷0.8의 몫 어림하기 0.8을 9배 하면 7.2가 되기 때문에 몫은 9가 될 것 같습니다.

방법 1 분수의 나눗셈으로 바꾸어 계산하기

$$7.2 \div 0.8 = \frac{72}{10} \div \frac{8}{10} = 72 \div 8 = 9$$

방법 2 자연수의 나눗셈을 이용하여 계산하기

$7.2 \div 0.8 = 9$ (10배) → $72 \div 8 = 9$ — 나누는 수와 나누어지는 수를 똑같이 10배씩 하여 (자연수)÷(자연수)로 계산합니다.

방법 3 세로로 계산하기

$0.8\overline{)7.2}$ ➡ $0.8\overline{)7.2}$ (소수점 옮기기) ➡ $8\overline{)72}$ 몫 9, 72, 0 — 나누는 수와 나누어지는 수를 똑같이 10배씩 하므로, 소수점을 각각 오른쪽으로 한 자리씩 옮겨서 계산합니다.

❷ 자릿수가 다른 (소수)÷(소수)

• $3.75 \div 1.5$ — 3.75÷1.5의 몫 어림하기 3.75를 4로 생각하고 1.5를 2로 생각하여 계산하면 몫은 2에 가까울 것 같습니다.

$3.75 \div 1.5 = 2.5$ (100배) → $375 \div 150 = 2.5$

$1.50\overline{)3.75}$ ➡ $150\overline{)375.0}$ 몫 2.5, 300, 750, 750, 0

소수점을 옮겨서 계산한 경우, 몫의 소수점은 옮긴 위치에 찍어야 합니다.

나누는 수와 나누어지는 수의 소수점을 똑같이 옮겨야 합니다.

$3.75 \div 1.5 = 2.5$ (10배) → $37.5 \div 15 = 2.5$

$1.5\overline{)3.75}$ ➡ $15\overline{)37.5}$ 몫 2.5, 30, 75, 75, 0

실전 개념

❶ 3.6÷0.4와 3.6÷1.2의 몫 비교하기

$3.6 \div 0.4 = 9$ — 나누는 수가 1보다 작으면 몫은 나누어지는 수보다 크게 됩니다. ➡ $9 > 3.6$

$3.6 \div 1.2 = 3$ — 나누는 수가 1보다 크면 몫은 나누어지는 수보다 작게 됩니다. ➡ $3 < 3.6$

❷ ■÷●에서 몫의 범위

■>● ➡ ■÷●>1

■<● ➡ ■÷●<1

예 $9.6 \div 4.8$에서 $9.6 > 4.8$이므로 $9.6 \div 4.8 = 2 > 1$

$4.8 \div 9.6$에서 $4.8 < 9.6$이므로 $4.8 \div 9.6 = 0.5 < 1$

1 $693 \div 3 = 231$을 이용하여 □ 안에 알맞은 수를 써넣으시오.

$6.93 \div 0.03 =$ □

2 계산 결과가 큰 것부터 차례대로 기호를 쓰시오.

㉠ $7.2 \div 0.6$	㉡ $7.8 \div 1.3$
㉢ $7.14 \div 0.42$	㉣ $7.48 \div 3.74$

(　　　　　　　　)

3 잘못 계산한 곳을 찾아 바르게 계산하시오.

```
      0.2 7
1.4) 3.7 8
     2 8
     ----
       9 8
       9 8
       ---
         0
```

➡

```
1.4) 3.7 8
```

4 다음은 넓이가 $37.18\ cm^2$이고 밑변의 길이가 $8.45\ cm$인 평행사변형입니다. 높이는 몇 cm입니까?

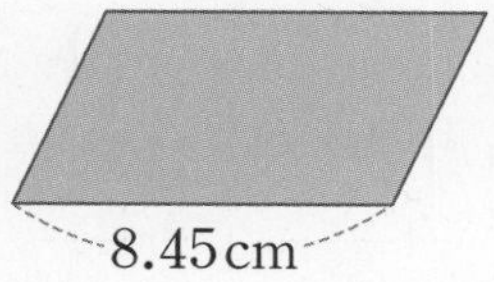

(　　　　　　　　)

5 공 던지기를 하여 예진이는 $22.14\ m$를, 수지는 $8.2\ m$를 던졌습니다. 예진이가 던진 거리는 수지가 던진 거리의 몇 배입니까?

(　　　　　　　　)

6 조건 을 만족하는 나눗셈식을 찾아 계산하시오.

조건
- $429 \div 3$을 이용하여 풀 수 있습니다.
- 나누는 수와 나누어지는 수를 각각 10배 하면 $429 \div 3$이 됩니다.

식 ....

2 (자연수)÷(소수), 몫을 반올림하여 나타내기

❶ (자연수)÷(소수)

• $7 \div 1.75$

방법 1 분수의 나눗셈으로 바꾸어 계산하기

$$7 \div 1.75 = \frac{700}{100} \div \frac{175}{100} = 700 \div 175 = 4$$

방법 2 자연수의 나눗셈을 이용하여 계산하기

$7 \div 1.75 = 4$ → (100배) $700 \div 175 = 4$ (100배)

방법 3 세로로 계산하기

$1.75\overline{)7}$ ➡ $1.75\overline{)7.00}$ ➡ $175\overline{)700}$, 몫 4, 700, 나머지 0

소수점 아래 0을 내려 계산합니다.

❷ 몫을 반올림하여 나타내기

```
    2.2 8……
7)1 6.0 0
  1 4
  ───
    2 0
    1 4
    ───
      6 0
      5 6
      ───
        4
```

몫을 반올림하여 나타낼 때에는 나타내려는 자리의 바로 아래 자리까지 몫을 구한 후 반올림합니다.

• 몫을 반올림하여 자연수로 나타내기 — 몫의 소수 첫째 자리에서 반올림합니다.

$16 \div 7 = 2.2 \cdots\cdots$ ➡ 2

• 몫을 반올림하여 소수 첫째 자리까지 나타내기 — 몫의 소수 둘째 자리에서 반올림합니다.

$16 \div 7 = 2.28 \cdots\cdots$ ➡ 2.3

실전 개념

❶ 속력, 거리, 시간의 관계 이용하기

속력은 물체가 단위시간 동안 일정한 빠르기로 이동한 거리를 말합니다.

속력, 거리, 시간은 다음과 같은 관계를 이용하여 구할 수 있습니다.

(간 거리)=(속력)×(걸린 시간) ➡ (걸린 시간)=(간 거리)÷(속력), (속력)=(간 거리)÷(걸린 시간)

예 1시간 30분 동안 117 km를 달리는 자동차는 한 시간 동안 $117 \div 1.5 = 78$ (km)를 달리는 셈입니다. (1시간 30분=1.5시간)

❷ 몫의 소수 ■째 자리 숫자 구하기 — 몫의 소수점 아래 숫자가 반복되는 규칙을 찾습니다.

예 7÷37의 몫의 소수 20째 자리 숫자 구하기

$7 \div 37 = 0.189189 \cdots\cdots$

➡ $20 \div 3 = 6 \cdots 2$이므로 몫의 소수 20째 자리 숫자는 몫의 소수 둘째 자리 숫자와 같은 8입니다.

(3: 반복되는 숫자의 개수, 6: 반복되는 횟수, 2: 반복되는 숫자 중 둘째 숫자)

1 □ 안에 알맞은 수를 써넣으시오.

(1) $24 \div 8 = \square$

$24 \div 0.8 = \square$

$24 \div 0.08 = \square$

(2) $1.92 \div 0.08 = \square$

$19.2 \div 0.08 = \square$

$192 \div 0.08 = \square$

2 계산 결과가 <u>다른</u> 하나는 어느 것입니까?

( )

① $53.72 \div 6.8$ ② $537.2 \div 68$
③ $5372 \div 680$ ④ $5.372 \div 6.8$
⑤ $5.372 \div 0.68$

3 몫의 소수 10째 자리 숫자를 구하시오.

$4 \div 15$

( )

4 계산 결과를 비교하여 ○ 안에 >, =, < 를 알맞게 써넣으시오.

(1) $53 \div 7$의 몫을 반올림하여 자연수로 나타낸 수 ○ $53 \div 7$

(2) $6.5 \div 9$의 몫을 반올림하여 소수 첫째 자리까지 나타낸 수 ○ $6.5 \div 9$

5 무게가 다음과 같은 배구공과 탁구공이 있습니다. 배구공의 무게는 탁구공의 무게의 몇 배인지 반올림하여 자연수로 나타내시오.

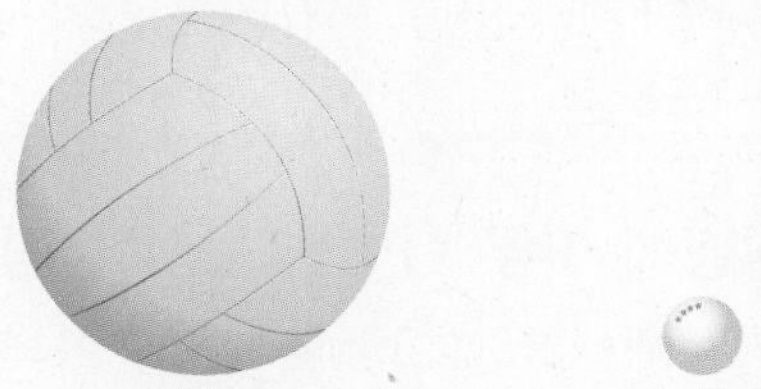

275g 2.7g

( )

6 자동차가 1시간 12분 동안 105.5 km를 달렸습니다. 이 자동차는 한 시간에 몇 km를 달린 셈인지 반올림하여 소수 첫째 자리까지 나타내시오.

( )

3 나누어 주고 남는 양 알아보기

❶ 나누어 주고 남는 양 알아보기

예 색 테이프 8.5 m를 한 사람에게 2 m씩 나누어 줄 때 나누어 줄 수 있는 사람 수와 남는 색 테이프의 길이 구하기 ─ 나누어 줄 수 있는 사람 수 어림하기 2 m씩 4명에게 나누어 주면 2×4=8 (m), 5명에게 나누어 주면 2×5=10 (m) 필요하므로 최대 4명에게 나누어 줄 수 있을 것 같습니다.

방법 1 똑같이 빼어서 구하기

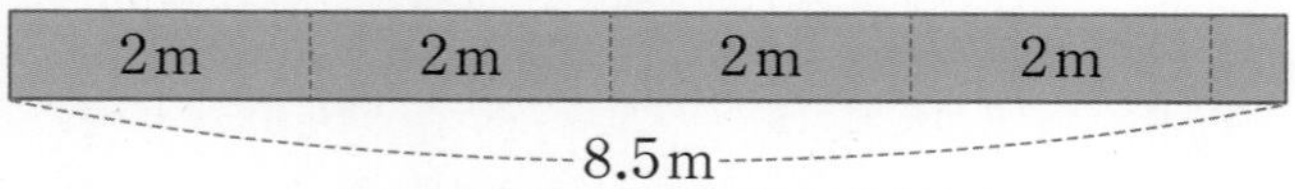

8.5−2−2−2−2=0.5

8.5에서 2를 4번 뺄 수 있습니다.

➡ 2 m씩 4명에게 나누어 줄 수 있습니다.
나누어 주고 남는 색 테이프는 0.5 m입니다.

8.5에서 2를 4번 빼면 0.5가 남습니다.

방법 2 세로로 계산하기

사람 수는 소수가 아닌 자연수이므로 몫을 자연수까지만 구해야 합니다.

```
한 사람이 가지는 색 테이프의 길이     4     ← 나누어 줄 수 있는 사람 수: 4명
                               ②) 8.5
                                  ⑧
나누어 주는 색 테이프의 길이          0.5   ← 나누어 주고 남는 색 테이프의 길이: 0.5 m
```

• 바르게 구했는지 확인하기

나누어 주는 색 테이프의 길이 (m)	8
나누어 주고 남는 색 테이프의 길이 (m)	0.5
합계 (m)	8.5

➡ 합계가 처음 색 테이프의 길이와 같으므로 바르게 구했습니다.

❶ 상황에 따른 나눗셈 몫의 올림과 버림 활용하기

• 몫의 일의 자리 미만을 올리는 경우

액체를 병에 나누어 모두 담을 때 필요한 병의 최소 개수, 물건을 트럭에 나누어 모두 실을 때 필요한 트럭의 최소 대수 등을 구하는 경우

예 주스 68.5 L를 1.5 L 들이 병 여러 개에 모두 담으려면
68.5÷1.5=45.6……이므로 병은 최소 45+1=46(개)가 필요합니다.

예 모래 15 t을 3.5 t까지 실을 수 있는 트럭 여러 대에 모두 실으려면
15÷3.5=4.2……이므로 트럭은 최소 4+1=5(대)가 필요합니다.

• 몫의 일의 자리 미만을 버리는 경우

포장지나 끈으로 포장할 수 있는 상자의 최대 개수, 물건을 나누어 줄 수 있는 최대 사람 수 등을 구하는 경우

예 상자 한 개를 포장하는 데 끈이 3.15 m 필요할 때 52 m의 끈으로 상자를 포장하면
52÷3.15=16.5……이므로 상자를 최대 16개까지 포장할 수 있습니다.

예 찰흙 450 g을 한 사람에게 35.5 g씩 나누어 주면
450÷35.5=12.6……이므로 찰흙을 최대 12명까지 나누어 줄 수 있습니다.

BASIC TEST

1 설탕 21.5 kg을 한 봉지에 4 kg씩 나누어 담으려고 합니다. □ 안에 알맞은 수를 써넣으시오.

```
      □
4 ) 2 1.5
    2 0
    ────
      □
```

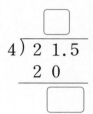

나누어 담을 수 있는 봉지 수: □봉지

남는 설탕의 양: □ kg

2 물 9.4 L를 한 사람에게 2 L씩 나누어 줄 때 나누어 줄 수 있는 사람 수와 남는 물은 몇 L인지 알기 위해 다음과 같이 계산했습니다. 잘못 계산한 사람을 찾아 이름을 쓰고, 그 이유를 설명하시오.

대호의 방법

```
     4.7
2 ) 9.4
    8
    ───
    1 4
    1 4
    ───
      0
```

사람 수: 4명

남는 물의 양: 0.7 L

병호의 방법

```
      4
2 ) 9.4
    8
    ───
    1.4
```

사람 수: 4명

남는 물의 양: 1.4 L

(　　　　　　　)

이유 ....

....

3 선물 상자 한 개를 묶는 데 리본 2 m가 필요하다고 합니다. 리본 17.8 m로 똑같은 모양의 선물 상자를 묶을 때, 선물 상자는 몇 개를 묶을 수 있고 남는 리본은 몇 m입니까?

(　　　　　　,　　　　　　)

4 900 kg까지 실을 수 있는 엘리베이터가 있습니다. 이 엘리베이터에는 몸무게가 60.3 kg인 사람이 최대 몇 명까지 탈 수 있습니까?

(　　　　　　)

5 다음과 같은 직사각형 모양의 벽을 칠하는 데 페인트 한 통이 필요하다고 합니다. 넓이가 358.2 m^2인 벽을 모두 칠하는 데는 페인트가 최소 몇 통 필요합니까? (단, 한 통에 들어 있는 페인트의 양은 같습니다.)

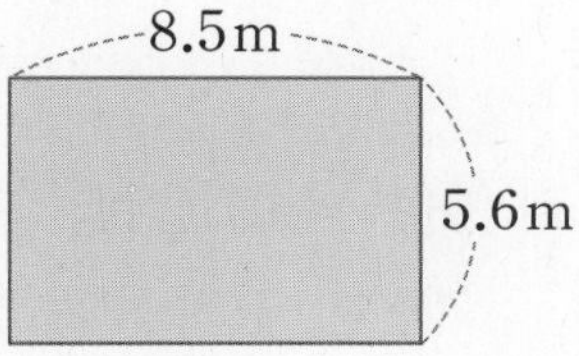

(　　　　　　)

어떤 수를 구하여 문제 해결하기

어떤 수를 21.6으로 나누어야 할 것을 잘못하여 21.6을 어떤 수로 나누었더니 4로 나누어떨어졌습니다. 바르게 계산한 몫을 구하시오.

생각하기 ●÷□=▲ ➡ □=●÷▲

해결하기 1단계 어떤 수 구하기

어떤 수를 □라 하면 21.6÷□=4입니다.
따라서 □=21.6÷4=5.4입니다.

2단계 바르게 계산한 몫 구하기

어떤 수는 5.4이므로 바르게 계산한 몫은 5.4÷21.6=0.25입니다.

답 0.25

1-1 어떤 수를 1.8로 나누어야 할 것을 잘못하여 1.8을 곱하였더니 4.86이 되었습니다. 바르게 계산한 몫을 구하시오.

( )

1-2 어떤 수를 1.2로 나눈 후 2.4를 곱해야 할 것을 잘못하여 2.4로 나눈 후 1.2를 곱하였더니 12가 되었습니다. 바르게 계산한 값은 잘못 계산한 값의 몇 배입니까?

( )

1-3 어떤 수에 25를 곱해야 할 것을 잘못하여 0.25를 곱하였더니 바르게 계산한 값과 잘못 계산한 값의 차가 297이 되었습니다. 어떤 수를 구하시오.

( )

정답과 풀이 24쪽

심화유형 2 넓이를 이용하여 길이 구하기

오른쪽 삼각형의 넓이는 76.608 cm²입니다. 밑변의 길이가 16.8 cm일 때, 높이는 몇 cm입니까?

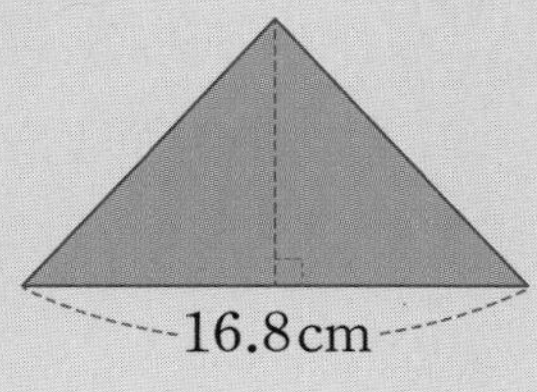

● 생각하기 (삼각형의 넓이)=(밑변의 길이)×(높이)÷2 ➡ (높이)=(삼각형의 넓이)×2÷(밑변의 길이)

● 해결하기 1단계 □를 이용하여 식 만들기

삼각형의 높이를 □cm라 하면

(삼각형의 넓이)=(밑변의 길이)×(높이)÷2이므로 16.8×□÷2=76.608입니다.

2단계 삼각형의 높이 구하기

□=76.608×2÷16.8=153.216÷16.8=9.12

답 9.12 cm

2-1 넓이가 14.606 cm²이고 한 대각선의 길이가 6.7 cm인 마름모가 있습니다. 이 마름모의 다른 대각선의 길이는 몇 cm입니까?

(　　　　　　)

2-2 오른쪽 삼각형 ㄱㄴㄷ의 넓이는 7.84 cm²입니다. 선분 ㄴㄹ의 길이가 선분 ㄹㄷ의 길이의 2.5배일 때, 선분 ㄹㄷ의 길이는 몇 cm입니까?

(　　　　　　)

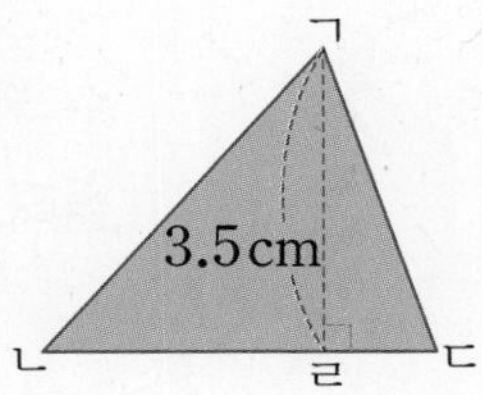

2-3 하연이는 가로가 5.6 cm, 세로가 4.5 cm인 직사각형을 그렸습니다. 수민이는 하연이가 그린 직사각형보다 가로가 2.1 cm 짧은 직사각형을 그리려고 합니다. 두 사람이 그린 직사각형의 넓이가 같으려면 수민이는 세로를 몇 cm로 그려야 합니까?

(　　　　　　)

3 심화유형 나눗셈식 만들고 계산하기

수 카드를 한 번씩 모두 사용하여 몫이 가장 크게 되는 (소수 두 자리 수)÷(소수 한 자리 수)의 나눗셈식을 만들고, 몫을 구하시오.

1 2 5 6 7

● 생각하기 나누어지는 수가 클수록, 나누는 수가 작을수록 나눗셈의 몫이 커집니다.

● 해결하기 1단계 가장 큰 소수 두 자리 수, 가장 작은 소수 한 자리 수 만들기

수 카드 3장을 골라 만들 수 있는 가장 큰 소수 두 자리 수는 7.65,
남은 수 카드 2장으로 만들 수 있는 가장 작은 소수 한 자리 수는 1.2입니다.

2단계 나눗셈식 만들고 계산하기

몫이 가장 크게 되는 식을 만들고 계산하면 $7.65 \div 1.2 = 6.375$입니다.

식 $7.65 \div 1.2 = 6.375$ 답 6.375

3-1 수 카드를 한 번씩 모두 사용하여 몫이 가장 작게 되도록 다음 나눗셈식을 완성하고, 몫을 구하시오.

1 7 4 8 9

□.□) □□.□

( )

3-2 수 카드를 한 번씩 모두 사용하여 (소수 두 자리 수)÷(소수 두 자리 수)의 나눗셈식을 만들려고 합니다. 나올 수 있는 몫 중에서 가장 작은 몫을 구하시오.

9 7 5 4 3 2

( )

3-3 수 카드 2, 7, 8, 4를 모두 사용하여 오른쪽과 같은 나눗셈식을 만들려고 합니다. 나올 수 있는 몫 중에서 가장 큰 몫을 구하시오.

□□÷□.□

( )

심화유형 4 반복되는 소수점 아래의 숫자 알아보기

다음 나눗셈에서 몫의 소수 45째 자리 숫자를 구하시오.

$17 \div 33$

● 생각하기 ■.▲●▲●▲●……에서 소수점 아래에 ▲와 ●가 반복되는 규칙입니다.

● 해결하기 1단계 $17 \div 33$의 몫 알아보기

$17 \div 33 = 0.5151\cdots\cdots$

2단계 몫의 소수점 아래 숫자에서 반복되는 규칙 알아보기

몫의 소수점 아래 숫자에서 5, 1이 반복되므로 몫의 소수점 아래 자릿수가 홀수이면 5, 짝수이면 1인 규칙이 있습니다.

3단계 몫의 소수 45째 자리 숫자 구하기

45는 홀수이므로 몫의 소수 45째 자리 숫자는 5입니다.

답 5

4-1 $25 \div 13.2$를 계산하였을 때, 몫의 소수 60째 자리 숫자를 구하시오.

( )

4-2 다음 나눗셈에서 몫의 소수 110째 자리 숫자를 구하시오.

$49.7 \div 1.85$

( )

4-3 나눗셈의 몫을 반올림하여 소수 11째 자리까지 나타내었을 때, 몫의 소수 11째 자리 숫자를 구하시오.

$15.6 \div 2.2$

( )

MATH TOPIC 5 심화유형

가격 구하기

굵기가 일정한 철근이 있습니다. 이 철근 1.5 m의 무게는 19.2 kg이고, 1 m의 값은 9000원입니다. 이 철근 134.4 kg의 값은 얼마입니까?

● 생각하기 (철근 1 m의 무게)=(철근의 무게)÷(철근의 길이)

● 해결하기 1단계 철근 1 m의 무게 구하기

(철근 1 m의 무게)=19.2÷1.5=12.8 (kg)

2단계 철근 134.4 kg의 길이 구하기

철근 1 m의 무게가 12.8 kg이므로

(철근 134.4 kg의 길이)=134.4÷12.8=10.5 (m)

3단계 철근의 값 구하기

철근 1 m의 값이 9000원이고 철근 134.4 kg의 길이는 10.5 m이므로

(철근 134.4 kg의 값)=(철근 10.5 m의 값)

=(철근 1 m의 값)×10.5=9000×10.5=94500(원)

답 94500원

5-1 넓이가 4.2 m^2인 벽을 모두 칠하는 데 페인트 0.8 L가 필요하다고 합니다. 페인트 1 L의 값이 5000원일 때, 넓이가 126 m^2인 벽을 모두 칠하는 데 필요한 페인트의 값은 얼마입니까?

( )

5-2 ㉮ 가게에서는 포도음료를 1.5 L당 1440원에 팔고, ㉯ 가게에서는 같은 포도음료를 0.8 L당 780원에 팔고 있습니다. 같은 양의 포도음료를 산다면 어느 가게가 더 쌉니까?

( )

5-3 1.5 km를 가는 데 휘발유 0.12 L가 필요한 자동차가 있습니다. 휘발유 1 L의 값이 1400원일 때, 이 자동차로 270 km를 가는 데 필요한 휘발유의 값은 얼마입니까?

( )

정답과 풀이 24쪽

6 심화유형 양초에 관한 문제 해결하기

길이가 25.4 cm인 양초가 있습니다. 이 양초는 일정한 빠르기로 3분에 0.36 cm가 탑니다. 이 양초에 불을 붙인 지 몇 시간 몇 분 후에 양초의 길이가 12.2 cm가 되겠습니까?

● 생각하기 (줄어든 양초의 길이)=(처음 양초의 길이)−(타고 남은 양초의 길이)

● 해결하기 1단계 1분 동안 타는 양초의 길이 구하기

(1분 동안 타는 양초의 길이)=0.36÷3=0.12 (cm)

2단계 줄어든 양초의 길이 구하기

(줄어든 양초의 길이)=25.4−12.2=13.2 (cm)

3단계 양초의 길이가 12.2 cm가 되는 때 구하기

양초에 불을 붙인 후 양초의 길이가 12.2 cm가 될 때까지 걸리는 시간은 13.2÷0.12=110(분)입니다.

110분은 1시간 50분이므로 양초에 불을 붙인 지 1시간 50분 후에 양초의 길이가 12.2 cm가 됩니다.

답 1시간 50분 후

6-1 길이가 23.8 cm인 양초가 있습니다. 이 양초는 일정한 빠르기로 1분에 1.8 mm가 탑니다. 이 양초에 불을 붙인지 몇 분 후에 양초의 길이가 14.8 cm가 되겠습니까?

( )

6-2 길이가 20 cm인 양초가 있습니다. 이 양초는 일정한 빠르기로 탑니다. 양초에 불을 붙이고 30분이 지난 후 양초의 길이를 재어 보았더니 15.2 cm였습니다. 이 양초가 다 타려면 앞으로 몇 시간 몇 분 동안 더 타야 합니까?

( )

6-3 일정한 빠르기로 1분에 0.8 cm가 타는 양초가 있습니다. 이 양초에 불을 붙이고 18분이 지난 후에 양초의 길이를 재어 보니 처음 양초의 길이의 0.6이었습니다. 처음 양초의 길이는 몇 cm입니까?

( )

MATH TOPIC 7 심화유형

나누어 주고 남는 양 알아보기

밀가루 26.5 kg을 한 사람에게 3 kg씩 나누어 주려고 합니다. 밀가루를 남김없이 모두 나누어 주려면 밀가루는 적어도 몇 kg 더 필요합니까?

생각하기 사람의 수는 자연수입니다.

해결하기 1단계 나누어 줄 수 있는 사람 수와 남는 밀가루의 양 구하기

사람 수는 자연수이므로 나눗셈을 계산할 때 몫을 자연수까지만 구합니다.

$$\begin{array}{r} 8 \\ 3\overline{)\,26.5} \\ 24 \\ \hline 2.5 \end{array}$$

이므로 밀가루는 한 사람에게 3 kg씩 8명에게 나누어 줄 수 있고 2.5 kg이 남습니다.

2단계 더 필요한 밀가루의 양 구하기

나누어 주고 남는 밀가루의 양은 2.5 kg이므로 남김없이 모두 나누어 주려면 밀가루는 적어도 $3-2.5=0.5$ (kg) 더 필요합니다.

답 0.5 kg

7-1 땅콩 170.4 kg을 한 자루에 12 kg씩 담아 판매하려고 합니다. 이 땅콩을 남김없이 자루에 모두 담아 판매하려면 땅콩은 적어도 몇 kg 더 필요합니까?

(　　　　　　　　)

7-2 쌀 30.6 kg은 한 봉지에 4 kg씩, 보리 31.9 kg은 한 봉지에 5 kg씩 나누어 담으려고 합니다. 될 수 있는 대로 많은 봉지에 담을 때, 나누어 담고 남는 쌀과 보리는 모두 몇 kg입니까?

(　　　　　　　　)

7-3 쌀 64.5 kg을 한 통에 5 kg씩 될 수 있는 대로 많은 통에 담은 후 남는 쌀은 한 봉지에 800 g씩 될 수 있는 대로 많은 봉지에 나누어 담으려고 합니다. 800 g씩 몇 봉지에 담을 수 있고, 남는 쌀은 몇 kg입니까?

(　　　　　　　　,　　　　　　　　)

MATH TOPIC

정답과 풀이 24쪽

심화유형 8

반올림한 몫의 범위 알아보기

오른쪽 나눗셈의 몫을 반올림하여 일의 자리까지 나타내면 3입니다. ㉠에 알맞은 수를 구하시오.

㉠.15÷0.7

● 생각하기 반올림하여 일의 자리까지 나타내면 ★이 되는 수의 범위는 (★−0.5) 이상 (★+0.5) 미만입니다.

● 해결하기 1단계 반올림하여 일의 자리까지 나타내면 3이 되는 수의 범위 알아보기

반올림하여 일의 자리까지 나타내면 3이 되는 수의 범위는 2.5 이상 3.5 미만이므로
㉠.15÷0.7=2.5, ㉠.15÷0.7=3.5에서
㉠.15의 범위는 (2.5×0.7) 이상 (3.5×0.7) 미만입니다.

2단계 조건에 알맞은 수 찾기

2.5×0.7=1.75, 3.5×0.7=2.45이므로 ㉠.15는 1.75 이상 2.45 미만인 수입니다.
1.75 이상 2.45 미만인 수 중에서 □.15인 수는 2.15뿐이므로 ㉠=2입니다.

답 2

8-1 다음 나눗셈의 몫을 반올림하여 일의 자리까지 나타내면 4입니다. ㉠에 알맞은 수를 구하시오.

㉠.53÷0.9

(　　　　　　　)

8-2 다음은 소수 한 자리 수끼리의 나눗셈식입니다. 몫을 반올림하여 소수 첫째 자리까지 나타내면 5.9입니다. □ 안에 들어갈 수 있는 수는 모두 몇 개입니까?

31.□÷5.3

(　　　　　　　)

8-3 다음 나눗셈의 몫을 반올림하여 소수 둘째 자리까지 나타내면 0.43입니다. □ 안에 들어갈 수 있는 수 중에서 가장 큰 수를 구하시오. (단, 43.45□는 소수 세 자리 수입니다.)

43.45□÷99.9

(　　　　　　　)

심화유형 9 소수의 나눗셈을 활용한 교과통합유형

STE AM형

수학+과학

자동차를 타고 가다 보면 터널 안의 불빛이 노란색인 경우를 자주 보게 됩니다. 터널 속에는 우리가 일상 생활에서 쓰는 것과는 다른 노란색 빛을 내는 등이 달려 있습니다. 이 등은 나트륨등이라고 하는데 등에서 나오는 빛이 단색 빛이기 때문에 일반 조명용으로는 적합하지 않으나, 안개나 배기가스가 많은 터널에서는 멀리까지 밝혀 주어 사용하기 적합합니다. 길이가 4600 m인 터널의 입구부터 출구까지 11.5 m 간격으로 터널 천장을 기준으로 양쪽에 나트륨등을 1개씩 단다면 등은 모두 몇 개가 필요합니까? (단, 터널의 입구와 출구에는 등을 달지 않고, 등의 폭은 생각하지 않습니다.)

● 생각하기 등 사이의 간격이 ■군데이면 필요한 등은 (■−1)개입니다.

● 해결하기 **1단계** 등 사이의 간격이 몇 군데인지 알아보기

터널의 입구와 출구에도 등을 단다면

(터널 한쪽의 등 사이의 간격 수)=(터널 길이)÷(등 사이의 간격)

=4600÷11.5=☐(군데)

2단계 등 사이의 간격 수와 등의 개수 사이의 관계 구하기

터널 입구와 출구에도 등을 단다면 필요한 등의 개수는

(등 사이의 간격 수)+☐입니다.

그런데 터널 입구와 출구에는 등을 달지 않으므로 필요한 등의 개수는

(등 사이의 간격 수)−1입니다.

3단계 필요한 등의 개수 구하기

터널 한쪽에 등을 달 때 필요한 등은 400−☐=☐(개)이므로

터널 양쪽에 등을 달 때 필요한 등은 ☐×2=☐(개)입니다.

답 ☐개

9-1 길이가 33.8 km인 도로의 양쪽에 650 m 간격으로 가로등을 세우려고 합니다. 도로의 시작 지점과 끝 지점에도 가로등을 세운다면 가로등은 모두 몇 개가 필요합니까? (단, 가로등의 두께는 생각하지 않습니다.)

(　　　　　)

서술형

문제풀이 동영상

1 금 $3\,cm^3$의 무게는 $57.9\,g$이고, 은 $9.5\,cm^3$의 무게는 $99.655\,g$입니다. 같은 부피에서 금의 무게는 은의 무게의 몇 배인지 반올림하여 소수 둘째 자리까지 구하려고 합니다. 풀이 과정을 쓰고 답을 구하시오.

풀이 ....

....

....

....

답 ....

2 삼각형 ㄱㄴㄷ은 직각삼각형입니다. 변 ㄴㄷ의 길이는 몇 cm입니까?

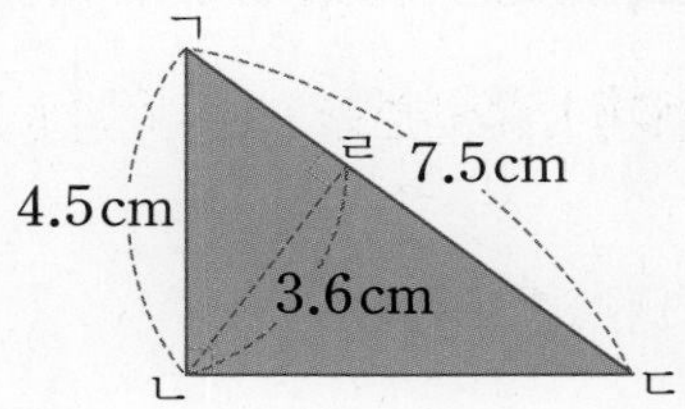

(　　　　　　　　)

3 ㉠은 ㉡의 몇 배입니까?

$386.61 \div ㉠ = 15.78$　　　$38.661 \div ㉡ = 157.8$

(　　　　　　　　)

4 45분 동안 184.5 km를 달리는 한국고속철도(KTX)가 있습니다. KTX가 오전 8시 30분에 ㉮ 역을 출발하여 같은 빠르기로 430.5 km를 달려 ㉯ 역에 도착했습니다. KTX가 ㉯ 역에 도착한 시각을 구하시오.

(　　　　　　　　　　)

5 민주의 현재 몸무게는 1년 전 몸무게의 1.4배인 43.75 kg입니다. 수진이의 1년 전 몸무게는 38.1 kg이었고, 현재 몸무게는 42.3 kg입니다. 1년 전 몸무게와 현재 몸무게를 비교할 때, 민주의 늘어난 몸무게는 수진이의 늘어난 몸무게의 몇 배인지 반올림하여 소수 둘째 자리까지 나타내시오.

(　　　　　　　　　　)

6 4분 30초 동안 156.6 L의 물이 나오는 ㉮ 수도와 3분 45초 동안 175.5 L의 물이 나오는 ㉯ 수도가 있습니다. 두 수도를 동시에 틀어서 505.92 L의 물을 받으려면 몇 분 몇 초 동안 물을 받아야 합니까? (단, ㉮ 수도와 ㉯ 수도에서 나오는 물의 양은 각각 일정합니다.)

(　　　　　　　　　　)

7 다음 나눗셈에서 몫의 소수 66째 자리 숫자와 소수 77째 자리 숫자를 차례로 쓰시오.

$63 \div 14.8$

(,)

8 삼각형 ㄱㄴㄷ의 넓이는 삼각형 ㅁㄴㄹ의 넓이의 0.75입니다. 선분 ㄷㄹ의 길이는 몇 cm입니까?

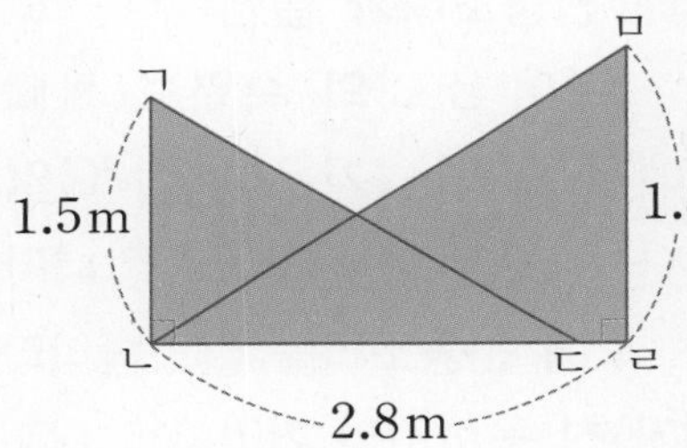

( )

9 어느 서점에서 동화책 한 권당 480원의 이익이 남도록 정가를 정하였습니다. 이 서점에서 정가의 0.15만큼을 할인하여 12권을 팔았더니 3060원의 이익을 얻었습니다. 이 동화책 한 권의 원가는 얼마입니까?

( )

10 나눗셈의 몫을 소수 20째 자리까지 나타내었을 때, 나타낸 몫의 각 자리 숫자의 합을 구하시오.

$14 \div 27$

( )

수학+과학

STEAM형 **11** 천둥번개는 소나기와 함께 번개(빛)와 천둥(소리)이 나타나는 경우를 말합니다. 천둥번개가 칠 때는 항상 번개가 번쩍 한 뒤에 천둥소리가 들립니다. 그 이유는 공기 중에서 빛의 속력이 소리의 속력보다 빠르기 때문입니다. 공기 중에서 소리는 기온이 □℃일 때 1초에 (331.5＋0.61×□) m를 이동한다고 합니다. 혜인이는 번개가 친 지 3초 후에 천둥소리를 들었습니다. 혜인이가 있는 곳에서 번개가 친 곳까지의 거리가 1021.2 m라면 현재 기온은 몇 ℃인지 반올림하여 자연수로 나타내시오. (단, 번개와 천둥은 동시에 쳤고, 번개의 속력은 생각하지 않습니다.)

( )

12 어떤 자연수를 9.6으로 나누어야 할 것을 잘못하여 6.9를 곱하였더니 158.7보다 크고 172.5보다 작은 수가 되었습니다. 바르게 계산한 몫을 구하시오.

( )

경시 기출 문제 **13**

어떤 수를 0.8로 나눈 몫을 반올림하여 소수 첫째 자리까지 나타내면 26.8입니다. 어떤 수가 될 수 있는 수 중에서 가장 큰 소수 두 자리 수를 구하시오.

(　　　　　　　　)

서술형 **14**

가로가 5.4 cm, 세로가 4.25 cm인 직사각형이 있습니다. 이 직사각형의 가로를 10 % 늘이고, 세로를 20 % 줄여 새로운 직사각형을 만들었습니다. 새로 만든 직사각형의 넓이는 처음 직사각형의 넓이의 몇 배인지 풀이 과정을 쓰고 답을 구하시오.

풀이 ....

....

....

....

답 ....

15

[　　] 안의 수는 [1.4]=1, [10.6]=11과 같이 반올림하여 자연수로 나타내고, <　　> 안의 수는 <4.24>=4.2, <24.382>=24.4와 같이 반올림하여 소수 첫째 자리까지 나타낼 때, 다음을 계산하시오.

<[34.8÷4.75]÷<9.42÷0.65>>

(　　　　　　　　)

수학+과학

STEAM형 1

문제풀이 동영상

연비는 같은 양의 연료로 자동차가 얼마나 이동할 수 있는지를 표시하는 수치로 연료 1 L로 갈 수 있는 거리를 km로 나타낸 것입니다. 다음은 어느 해 신형 자동차의 간 거리와 사용한 휘발유의 양을 나타낸 것입니다. 연비가 가장 높은 자동차를 타고 서울에서 부산까지의 거리 443.7 km를 왕복하려고 합니다. 휘발유 1 L의 값이 1480원일 때, 필요한 휘발유의 값은 얼마입니까?

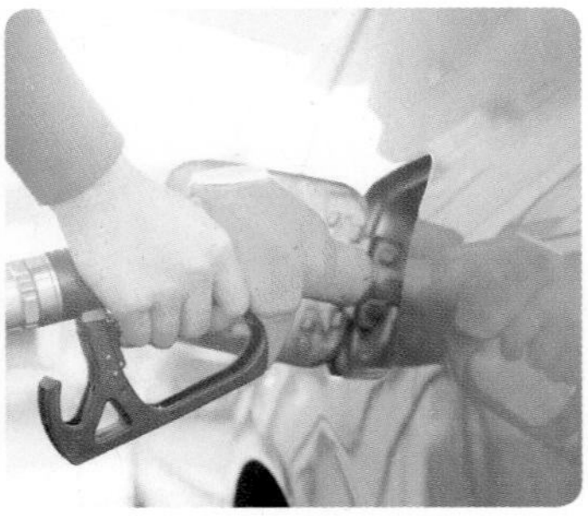

자동차	간 거리 (km)	사용된 휘발유의 양 (L)
A	405.48	32.7
B	362.5	25
C	633.6	48
D	398.95	50.5

(　　　　　　　　　　)

2

1에서 9까지의 자연수 중에서 보기 의 조건을 모두 만족하는 ●에 알맞은 수를 구하시오.

보기
- ●.●÷1.32의 몫은 한 자리 자연수입니다.
- ●는 같은 수입니다.

(　　　　　　　　　　)

3

흐르지 않는 물에서 1시간에 35.2 km를 가는 배가 있습니다. 강물이 일정한 빠르기로 1시간 30분에 25.5 km를 흐른다면, 이 배가 강물이 흐르는 방향으로 313.2 km를 가는 데 몇 시간이 걸리겠습니까?

(　　　　　　　　　　)

서술형 **4** 합이 11.36, 차가 2.24인 두 수가 있습니다. 두 수 중 큰 수를 작은 수로 나눈 몫을 반올림하여 소수 둘째 자리까지 나타내면 얼마인지 풀이 과정을 쓰고 답을 구하시오.

풀이

답

5 효주, 재호, 종욱이가 몸무게를 재었더니 효주와 재호의 몸무게의 평균은 38.6 kg, 재호와 종욱이의 몸무게의 평균은 40.1 kg, 종욱이와 효주의 몸무게의 평균은 39 kg입니다. 가장 무거운 사람의 몸무게는 가장 가벼운 사람의 몸무게의 몇 배입니까?

( )

6 ㉠, ㉡, ㉢은 모두 소수입니다. 다음 조건을 모두 만족하는 수 ㉢을 구하시오.

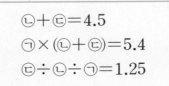

㉡+㉢=4.5
㉠×(㉡+㉢)=5.4
㉢÷㉡÷㉠=1.25

( )

7 어떤 소수를 자연수 부분과 소수 부분으로 나누어 자연수 부분을 ■, 소수 부분을 ●로 나타내었습니다. $0.5\times$■$+0.5\times$●$=4.74$일 때, ■$\div$●의 값을 구하시오.

(단, ●<1입니다.)

(　　　　　　　　)

8 굵기와 길이가 서로 다른 두 개의 양초가 있습니다. 두 양초는 각각 일정한 빠르기로 탑니다. 길이가 $24\,\text{cm}$인 양초는 1분에 $0.28\,\text{cm}$가 타고, 길이가 $30\,\text{cm}$인 양초는 1분에 $0.52\,\text{cm}$가 탄다고 합니다. 이와 같은 빠르기로 탄다면 두 양초의 길이가 같아지는 때는 두 양초에 동시에 불을 붙이고 몇 분 후입니까?

(　　　　　　　　)

9 한 장의 길이가 $15\,\text{cm}$인 색 테이프를 그림과 같이 $1.5\,\text{cm}$씩 겹치게 길게 이어 붙였더니 이어 붙인 전체 길이가 $244.5\,\text{cm}$가 되었습니다. 이어 붙인 색 테이프는 모두 몇 장입니까?

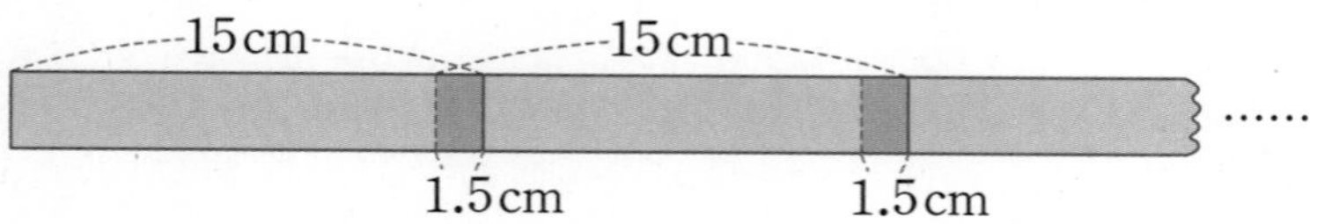

(　　　　　　　　)

3 공간과 입체

대표심화유형

1 여러 방향에서 본 모양 찾기
2 쌓기나무의 개수 구하기
3 사용한 모양 찾기
4 층별로 나타낸 모양 알아보기
5 쌓기나무의 최대, 최소 개수 구하기
6 색칠된 쌓기나무의 개수 구하기
7 쌓기나무를 쌓는 방법의 가짓수 구하기
8 쌓기나무로 쌓은 모양의 겉넓이 구하기
9 공간과 입체를 활용한 교과통합유형

3차원을 열어주는 과학

사람의 눈을 따라잡는 3D 영상

우리가 사물을 정확한 입체로 인식할 수 있는 이유는 사람의 두 눈이 조금 떨어져 있기 때문입니다. 손으로 한쪽 눈을 가리고 물체를 보면 왼쪽 눈으로 본 모습과 오른쪽 눈으로 본 모습이 서로 달라요. 우리가 양쪽 눈으로 봤을 때 인식하는 입체적인 모습은 두 눈으로 본 두 가지 상을 뇌에서 조합한 결과입니다. 그래서 양쪽 눈으로 볼 때 정확한 거리를 파악할 수 있답니다.

3D 영화를 본 적 있나요? 안경만 썼을 뿐인데 화면 속 사람들이 바로 내 눈 앞에 있는 것처럼 생생하게 움직입니다. 2차원인 화면에 비춰지는 영상을 3차원으로 볼 수 있는 이유는 한 화면에서 서로 다른 두 가지 영상이 겹쳐서 나오기 때문입니다. 이때 한 가지 영상은 왼쪽 눈에만, 다른 한 가지 영상은 오른쪽 눈에만 보이도록 만든 거예요. 두 가지 영상을 만드는 방법은 바로 두 대의 카메라를 약간 떨어트려 놓고 동시에 촬영하는 것입니다. 각도가 미세하게 다른 이 두 영상을 합쳐서 내보내면 우리가 보는 3D 영화의 화면이 됩니다.

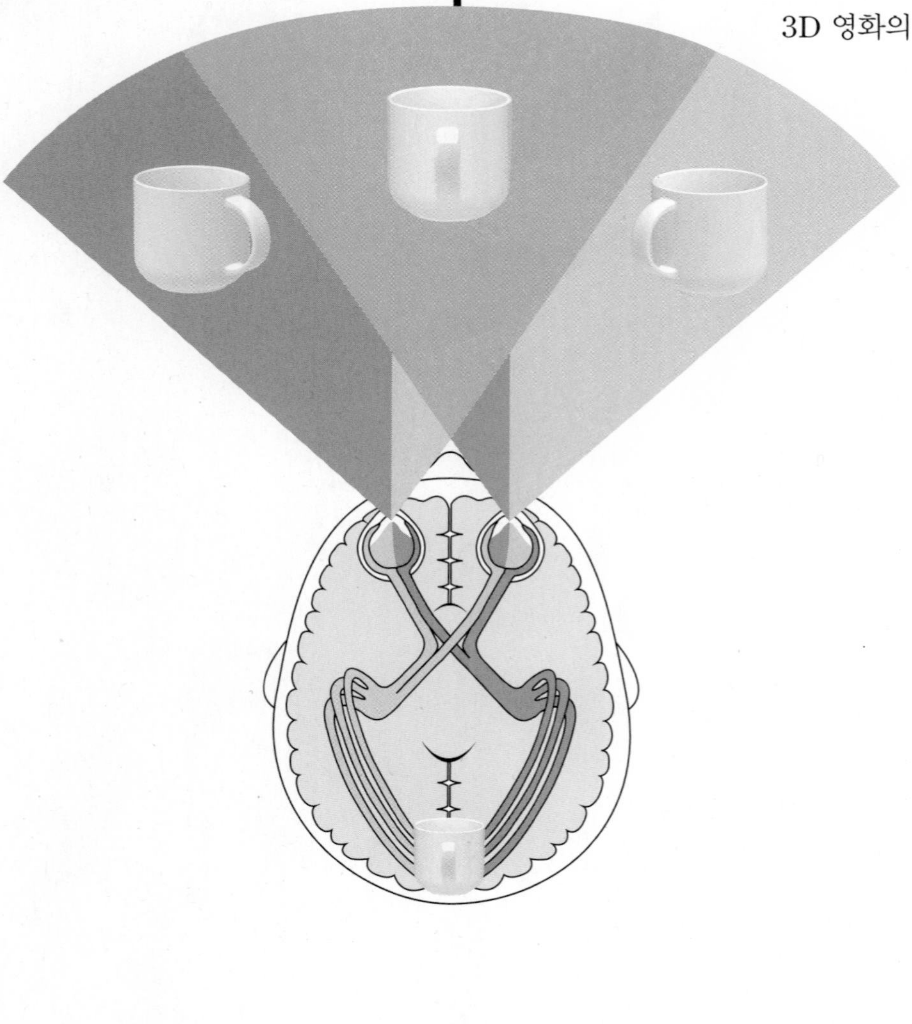

3D 영화를 볼 때는 특수 안경을 쓰는데, 가장 흔하게 접할 수 있는 것은 '적청 안경'입니다. 적청 안경은 이름처럼 한 쪽에는 빨간색, 다른 한 쪽에는 파란색 필터가 끼워져 있어요. 다른 각도에서 촬영한 두 영상에도 각각 빨간색과 파란색을 입히는데, 빨간색 필터를 통해서 보면 빨간색으로 처리한 쪽 영상이 보이지 않고, 파란색 필터를 통해서 보면 파란색으로 처리한 쪽 영상이 보이지 않는 원리예요. 두 가지 화면이 서로 다른 영상으로 인식되어야 입체로 인지할 수 있기 때문에 보색 관계에 있는 빨간색과 파란색을 사용합니다.

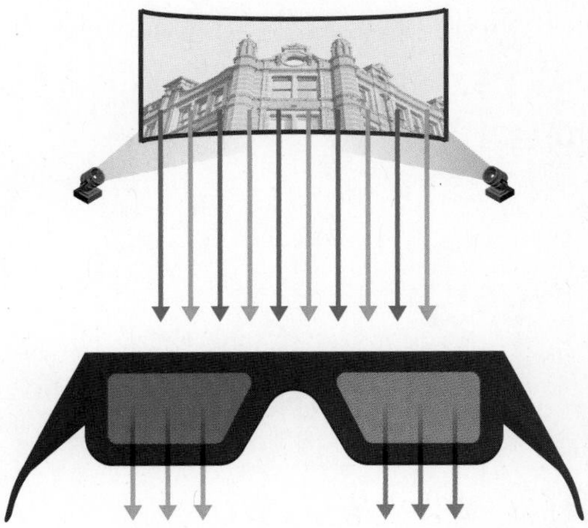

영화관에서 사용하는 3D 안경은 적청 안경에서 진화된 형태인 '편광 안경'입니다. 양쪽 눈에 서로 다른 영상이 보이게 하는 원리는 같지만, 파장의 방향 차이를 이용하여 두 영상을 구분하도록 한 안경이에요. 빛은 사방으로 진동하는데 편광 필터를 통해 보면 한 방향으로 진동하는 파장만 눈에 보이게 돼요. 편광 안경에는 한쪽에는 세로 편광 필터, 다른 쪽에는 가로 편광 필터가 끼워져 있어요. 그래서 편광 안경을 끼고 보면 양쪽 눈에 서로 다른 영상이 들어와 3D 화면으로 인식됩니다.

입체를 뽑아내는 3D 프린터

가까운 미래에 가장 각광받을 3D 기술은 3D 프린터입니다. 우리가 쓰는 프린터는 종이 위에 원하는 화면을 찍어내는 기계로 2차원, 즉 평면 프린터라고 할 수 있어요. 3D 프린터는 이름 그대로 3차원 입체도형을 만들어내는 기계입니다. 평면 프린터가 가로와 세로 두 축을 이용해 좌표를 파악한다면, 3D 프린터는 가로와 세로 그리고 높이까지 세 가지 방향의 좌표를 처리합니다.

인쇄하려는 물체를 3D 스캐너에 통과시키면 3차원 데이터를 얻는데, 3D 프린터는 얻은 3차원 좌표대로 플라스틱, 세라믹 등을 재료로 하는 입체도형을 만듭니다. 한 층 한 층 필요한 부분을 쌓아올려 입체를 구성하거나, 재료 덩어리에서 필요 없는 부분을 깎아내는 원리로 작동돼요. 필요한 경우 인쇄된 결과물에 색을 칠하거나 사포로 연마하기도 하고요.

물론 지금까지 출시된 3D 프린터는 제작 속도가 느리고 제품의 표면이 매끄럽지 못하다는 단점이 있습니다. 하지만 앞으로 기술이 다듬어져 상용화 되면, 다양한 제품의 모형은 물론이고 인공 장기까지도 만들어 낼 수 있습니다. 무궁무진한 가능성을 가진 3D 프린터의 미래에 주목해야 될 때입니다.

1 여러 방향에서 본 모양, 쌓은 모양과 쌓기나무의 개수 (1)

❶ 어느 방향에서 보았는지 알아보기 — 보는 위치와 방향에 따라 보이는 부분이 달라집니다.

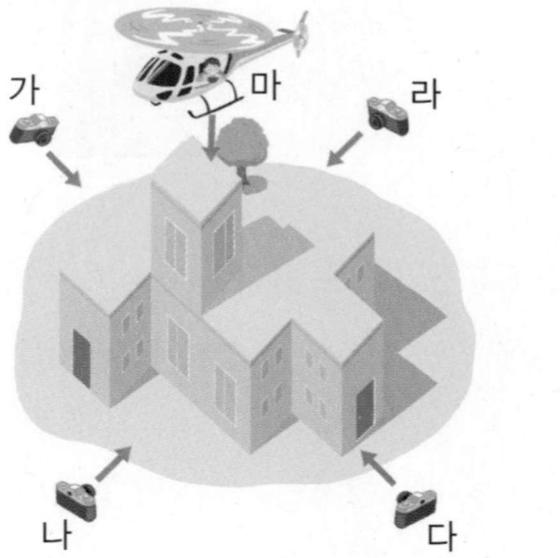
가
마
라
나
다

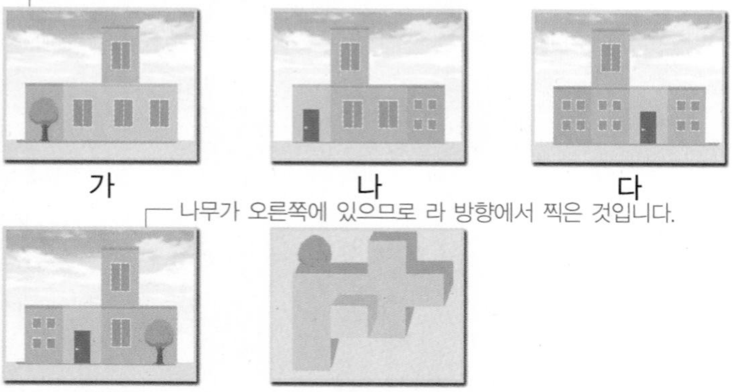
나무가 왼쪽에 있으므로 가 방향에서 찍은 것입니다.
가
나
다
나무가 오른쪽에 있으므로 라 방향에서 찍은 것입니다.
라
마
위에서 본 모양이므로 마 방향에서 찍은 것입니다.

❷ 쌓은 모양과 위에서 본 모양을 보고 쌓기나무의 개수 알아보기

• 위에서 본 모양은 1층의 모양과 같습니다.

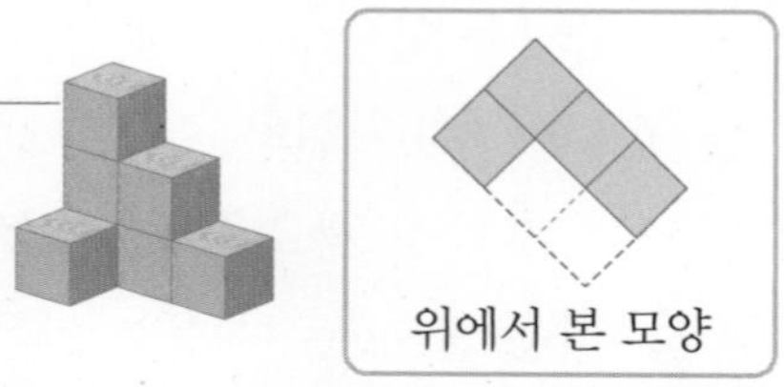
위에서 본 모양

위에서 본 모양과 쌓은 모양에서 보이는 위의 면들이 같으므로 쌓은 모양은 1가지입니다.

1층 4개
2층 2개
3층 1개 ➡ $4+2+1=7$(개)

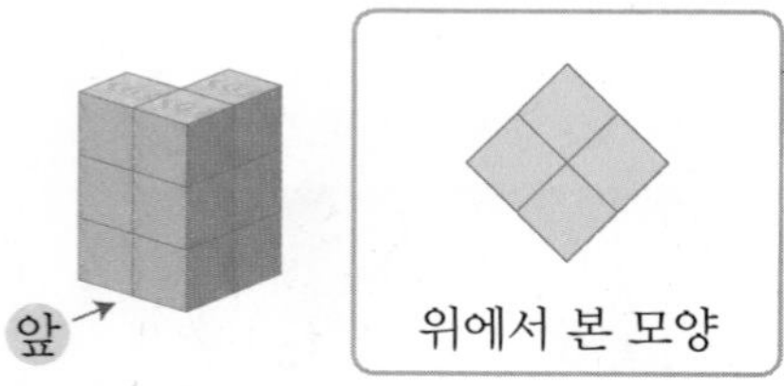
앞
위에서 본 모양

위에서 본 모양과 쌓은 모양에서 보이는 위의 면들이 다르므로 뒤에 숨겨진 쌓기나무가 있습니다.

뒤에서 본 모양이 될 수 있는 경우

$4+3+3=10$(개) $4+4+3=11$(개)

사고력 개념

❶ 색칠된 면의 개수 알아보기

• 쌓기나무 27개로 쌓은 정육면체의 바깥쪽 면을 모두 색칠했을 때, 색칠된 면의 개수

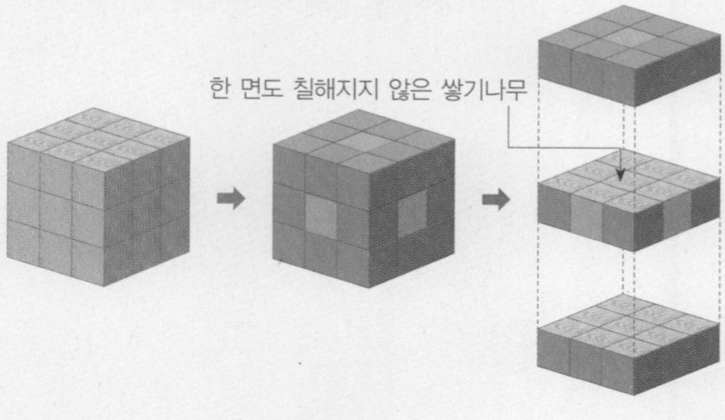
한 면도 칠해지지 않은 쌓기나무

색칠된 면	개수
한 면(빨간색)	6개 — 각 면의 가운데
두 면(파란색)	12개 — 각 모서리의 가운데
세 면(초록색)	8개 — 꼭짓점
없다	1개 — 정육면체 속의 보이지 않는 쌓기나무

BASIC TEST

정답과 풀이 35쪽

1 보기 와 같이 컵을 놓고 사진을 찍었습니다. 어느 방향에서 찍은 것인지 기호를 쓰시오.

보기

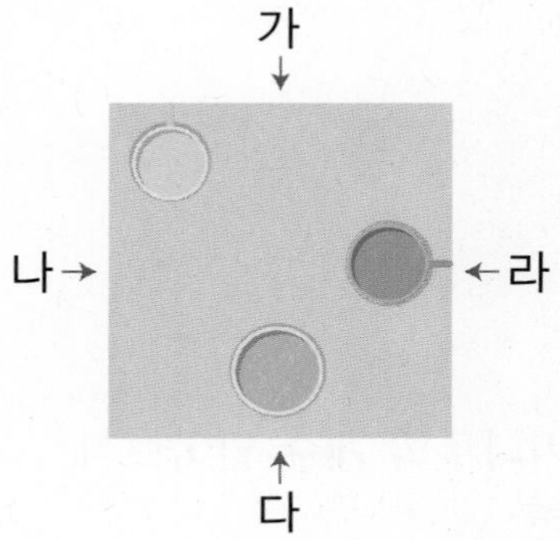

(1) 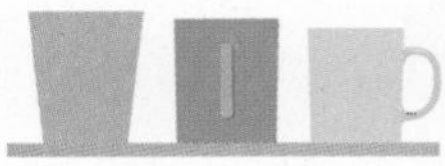 (2) 

( ) ( )

2 어느 마을을 위에서 본 모습입니다. 사진을 찍을 때 나올 수 없는 사진을 찾아 기호를 쓰시오.

가  나 

다  라 

( )

3 쌓기나무를 오른쪽과 같은 모양으로 쌓았습니다. 돌렸을 때 오른쪽 그림과 같은 모양을 만들 수 없는 경우를 찾아 기호를 쓰시오.

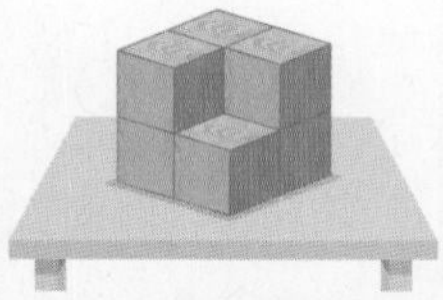

가  나  다 

( )

4 주어진 모양과 똑같이 쌓는 데 필요한 쌓기나무는 모두 몇 개입니까?

 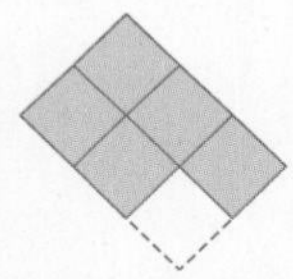

위에서 본 모양

( )

5 왼쪽 모양을 위에서 내려다본 모양을 찾아 ○표 하시오.

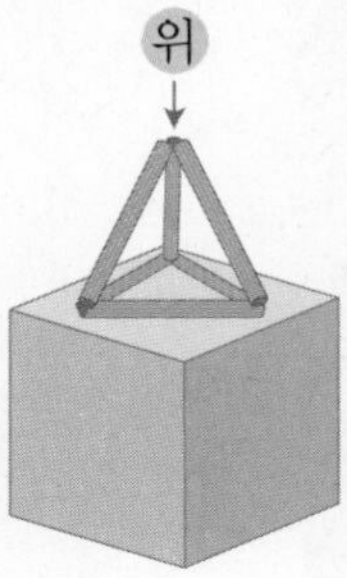

가  나 

( ) ( )

다 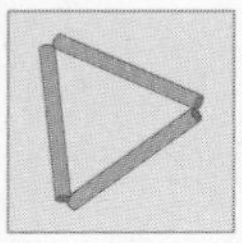 라 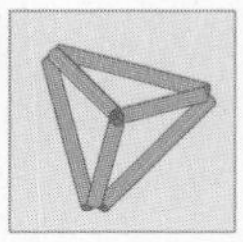

( ) ( )

2 쌓은 모양과 쌓기나무의 개수 (2)

❶ 쌓기나무로 쌓은 모양과 위에서 본 모양을 보고 앞과 옆에서 본 모양 그리기

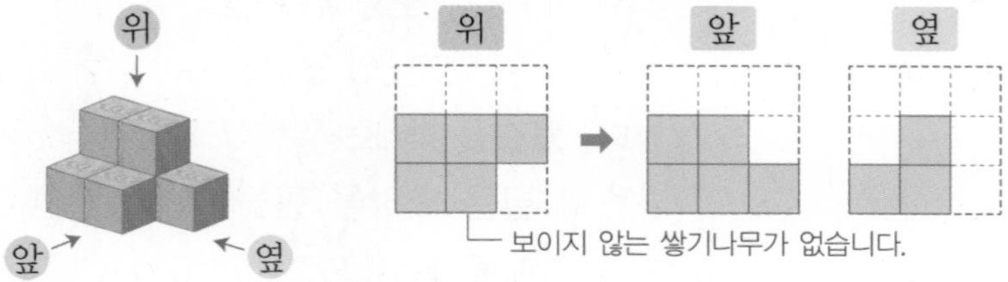

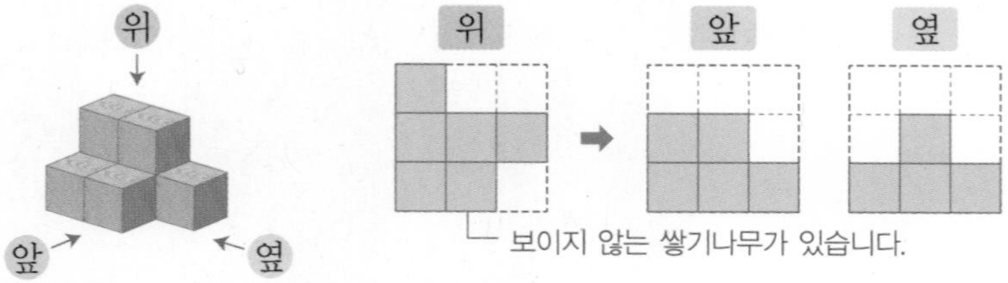

❷ 위에서 본 모양에 수를 쓰는 방법으로 쌓은 모양과 쌓기나무의 개수 알아보기

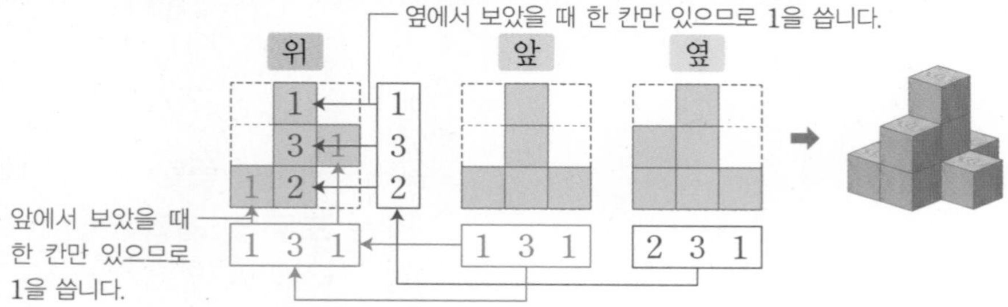

(쌓기나무의 개수)=1+3+1+1+2=8(개)

❶ 쌓기나무의 최대 개수와 최소 개수 구하기

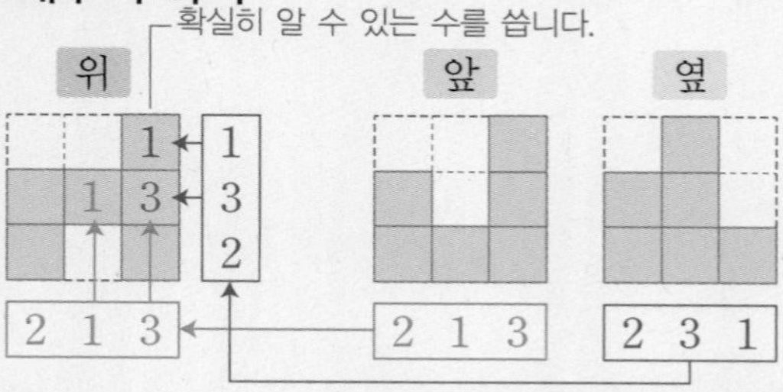

- 쌓기나무의 최대 개수 ─ 쌓기나무가 가장 많은 경우는 ㉠=2, ㉡=2, ㉢=2

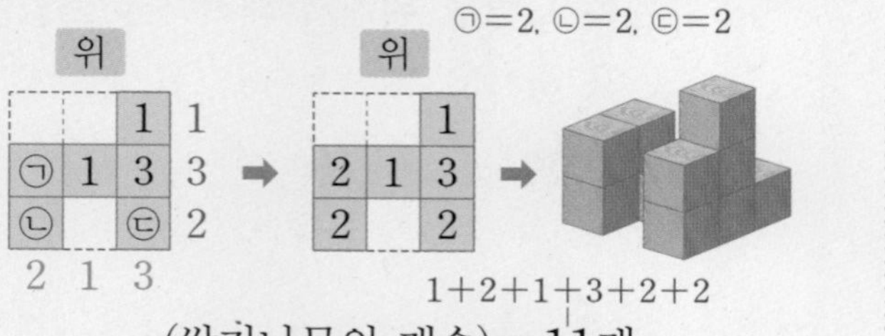

(쌓기나무의 개수)=11개

- 쌓기나무의 최소 개수 ─ 쌓기나무가 가장 적은 경우는 ㉠=1, ㉡=2, ㉢=1

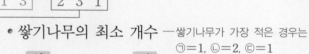

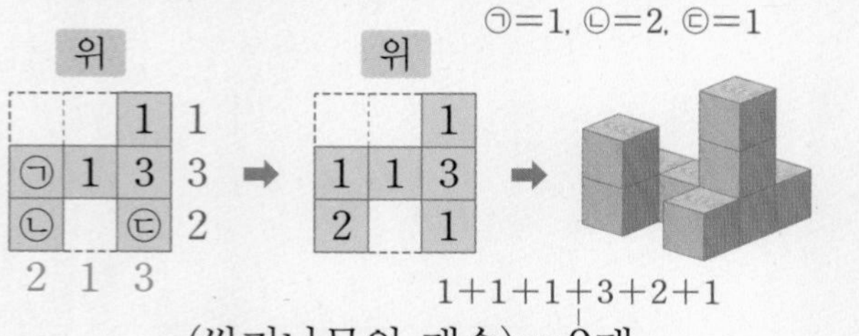

(쌓기나무의 개수)=9개

- 이 밖에 가능한 경우 ─ 쌓기나무의 개수: 10개

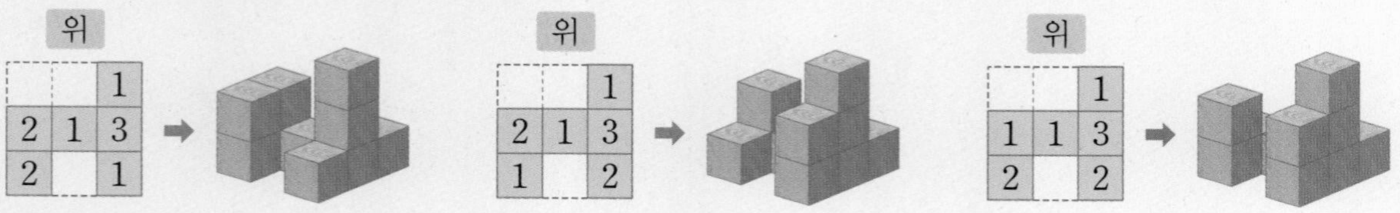

1 쌓기나무 7개로 쌓은 모양을 위, 앞, 옆에서 본 모양입니다. 가능한 모양을 모두 찾아 기호를 쓰시오.

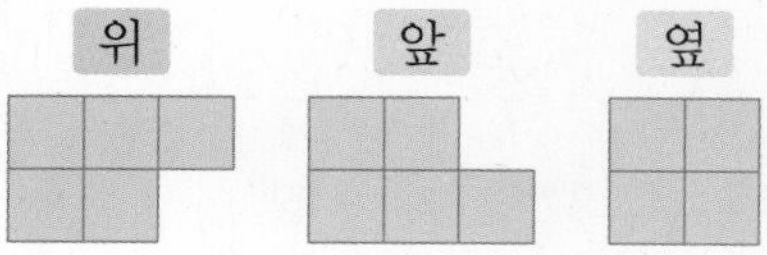

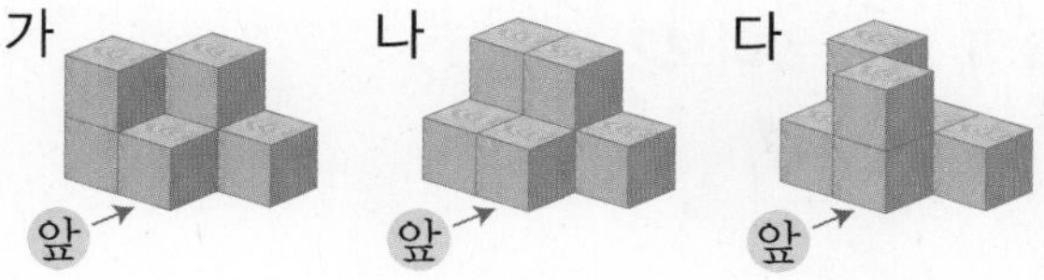

( )

2 오른쪽과 같은 구멍이 있는 상자에 쌓기나무를 붙여서 만든 모양을 넣으려고 합니다. 넣을 수 있는 모양을 찾아 기호를 쓰시오.

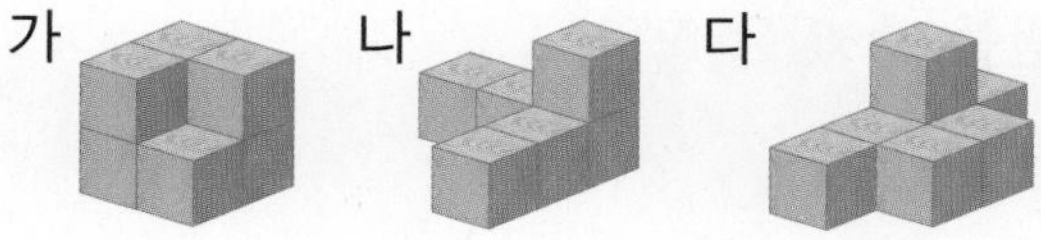

( )

3 쌓기나무로 쌓은 모양을 보고 위에서 본 모양에 수를 썼습니다. 관계있는 것끼리 선으로 이으시오.

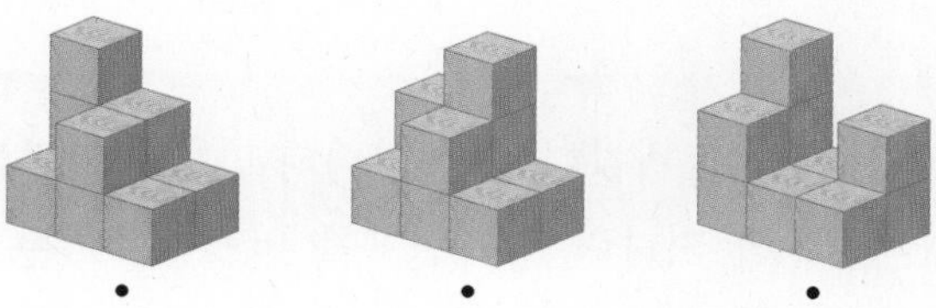

2	3	1
1	2	1

3	1	2
2	1	1

3	2	1
1	2	1

4 쌓기나무를 7개씩 사용하여 조건 을 만족하도록 쌓았습니다. 쌓은 모양을 위에서 본 모양에 수를 쓰는 방법으로 나타내시오.

조건
- 가와 나의 쌓은 모양은 서로 다릅니다.
- 위, 앞, 옆에서 본 모양이 각각 서로 같습니다.

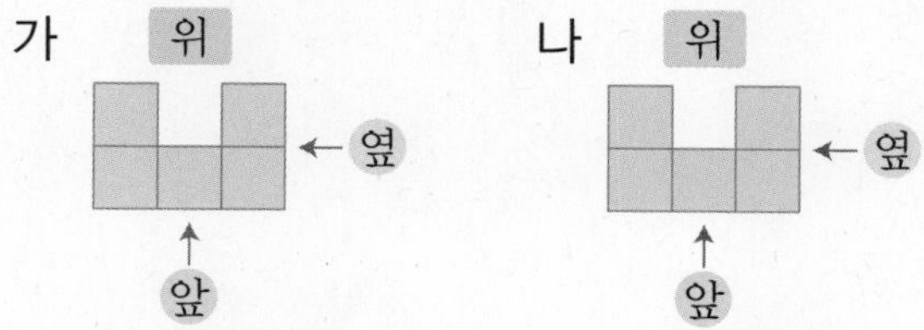

5 쌓기나무로 쌓은 모양을 위, 앞, 옆에서 본 그림입니다. 쌓기나무를 가장 적게 사용할 때, 똑같은 모양으로 쌓는 데 필요한 쌓기나무는 몇 개입니까?

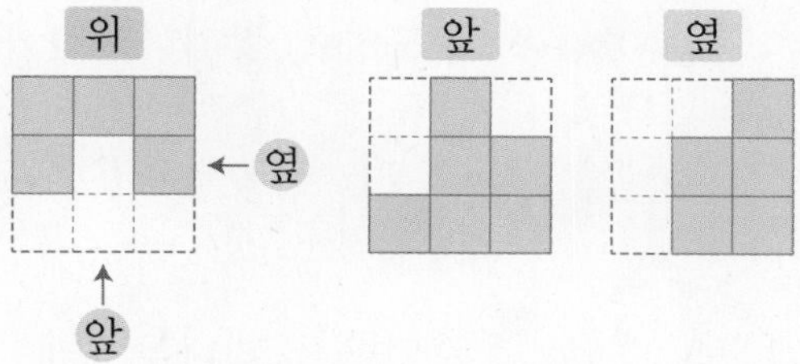

( )

6 쌓기나무로 쌓은 모양을 위, 앞, 옆에서 본 그림입니다. 똑같은 모양으로 쌓는 데 필요한 쌓기나무는 최대 몇 개입니까?

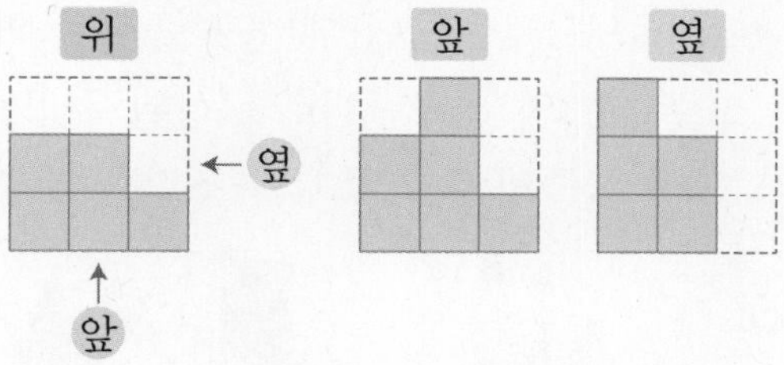

( )

3 쌓은 모양과 쌓기나무의 개수(3), 여러 가지 모양 만들기

❶ 층별로 모양 그리기 — 쌓은 모양을 정확히 알 수 있습니다.

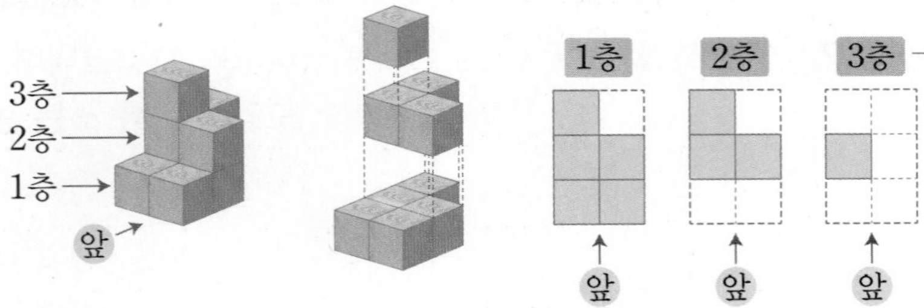

— 층별로 칸의 위치를 맞추어야 합니다.

❷ 층별로 나타낸 모양을 보고 쌓은 모양과 쌓기나무의 개수 알아보기 — 각 층의 모양과 개수를 정확히 알 수 있습니다.

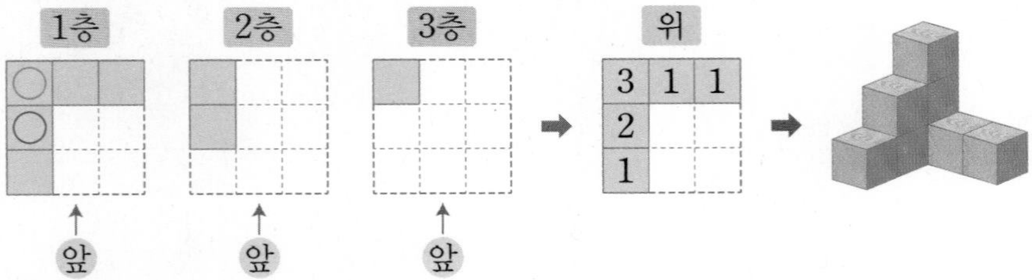

쌓기나무가 ◯ 부분은 3층까지, ◯ 부분은 2층까지 있습니다.

(쌓기나무의 개수)$=3+1+1+2+1=8$(개)

❸ 여러 가지 모양 만들기

• 쌓기나무 4개로 만들 수 있는 서로 다른 모양

쌓기나무 3개로 만들 수 있는 모양에 쌓기나무 1개를 붙여 가며 만듭니다. — 만든 모양을 뒤집거나 돌려서 모양이 같으면 같은 모양입니다.

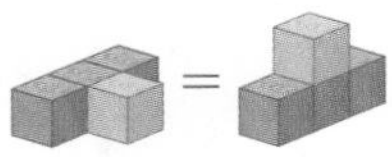

① 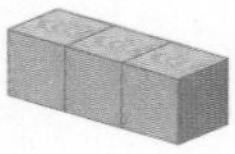 모양에 쌓기나무 1개를 더 붙여서 만들 수 있는 모양

 ➡ 3가지

②  모양에 쌓기나무 1개를 더 붙여서 만들 수 있는 모양

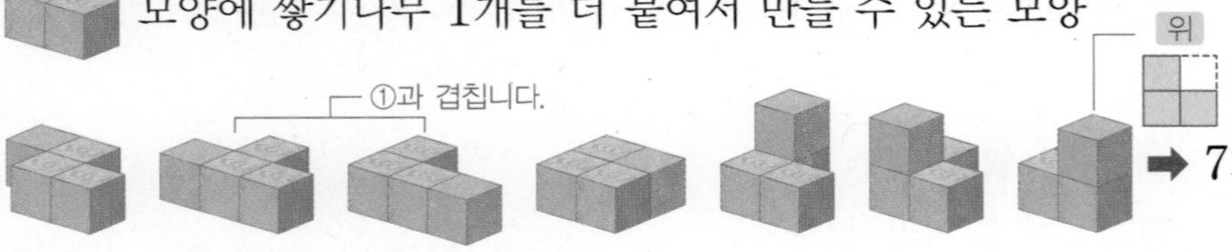

➡ 7가지

➡ 쌓기나무 4개로 만들 수 있는 서로 다른 모양은 8가지입니다.
└ $3+7-2=8$(가지)

배경지식

• 소마큐브: 1933년 덴마크 출신인 피에트 하인(Piet hein)이 개발한 퍼즐입니다. 면끼리 붙은 3개 또는 4개의 정육면체로 구성된 7개의 조각을 이용하여 좀 더 커다란 정육면체를 만들 수 있는 3차원 입체 퍼즐입니다. 7개의 조각들로 수천 종류의 모양들을 만들 수 있습니다.

1 쌓기나무로 쌓은 모양과 1층 모양을 보고 2층과 3층 모양을 각각 그리시오.

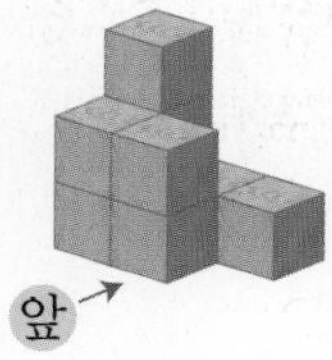

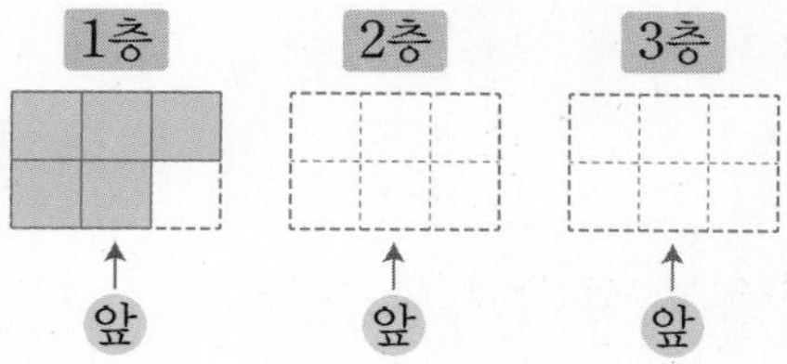

2 쌓기나무로 쌓은 모양을 층별로 나타낸 모양입니다. 위에서 본 모양에 수를 쓰는 방법으로 나타내고, 똑같은 모양을 쌓는 데 필요한 쌓기나무는 모두 몇 개인지 구하시오.

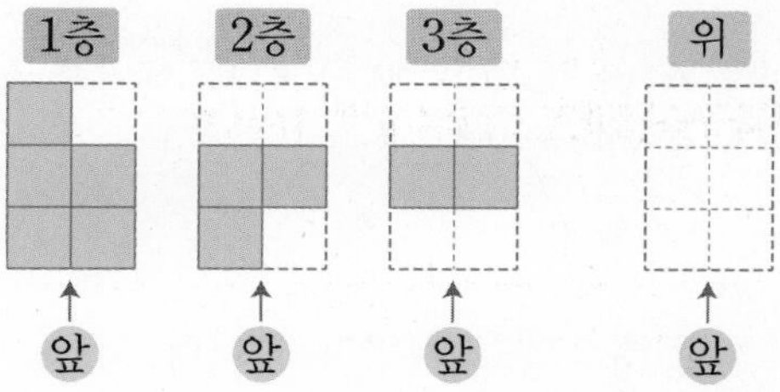

(　　　　　　　　　)

3 쌓기나무로 1층 위에 2층과 3층을 쌓으려고 합니다. 1층 모양을 보고 2층과 3층으로 알맞은 모양을 각각 찾아 기호를 쓰시오.

(단, 각 층의 모양은 모두 다릅니다.)

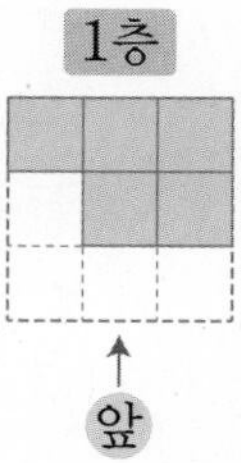

2층 (　　　　) 3층 (　　　　)

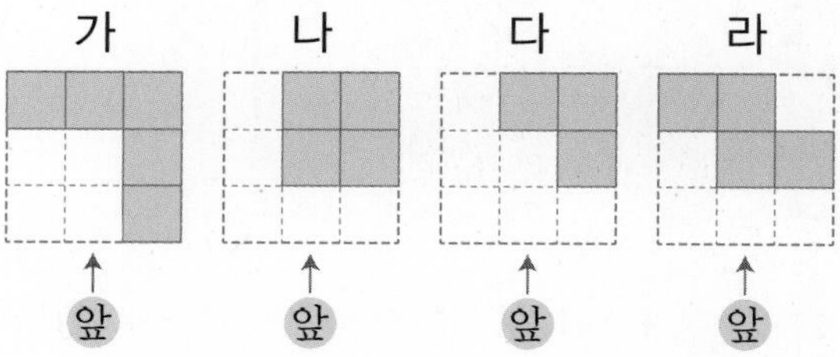

4 보기 의 모양에 쌓기나무 1개를 붙여서 만들 수 있는 모양이 아닌 것은 어느 것입니까? (　　　)

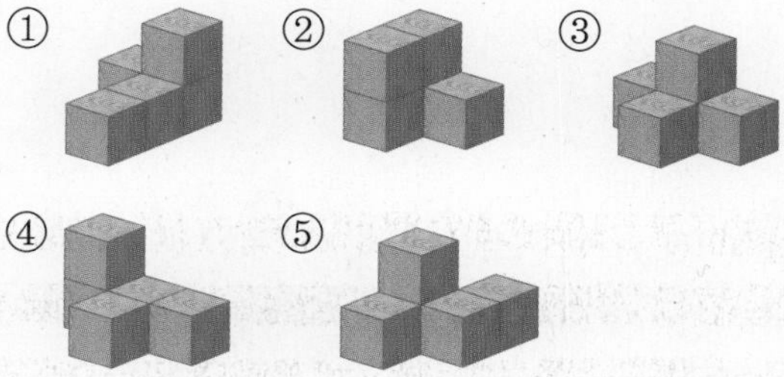

5 쌓기나무를 각각 4개씩 붙여서 만든 두 가지 모양을 사용하여 새로운 모양을 만들었습니다. 사용한 두 가지 모양에 ○표 하시오.

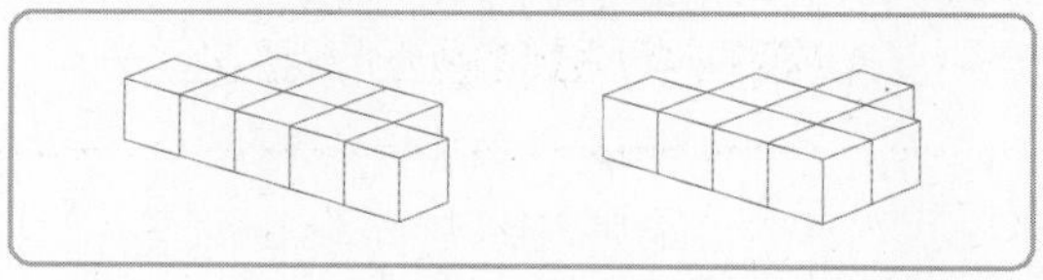

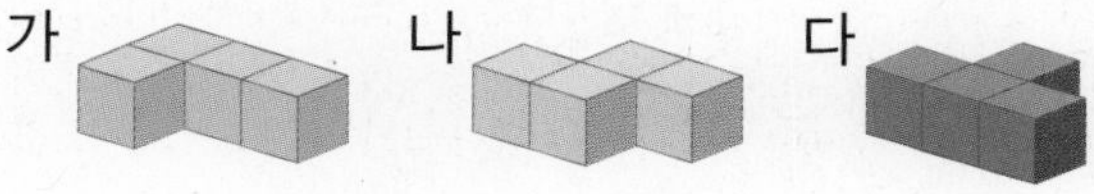

(　　　) (　　　) (　　　)

6 쌓기나무를 각각 4개씩 붙여서 만든 두 가지 모양을 사용하여 새로운 모양을 만들었습니다. 어떻게 만들었는지 구분하여 색칠하시오.

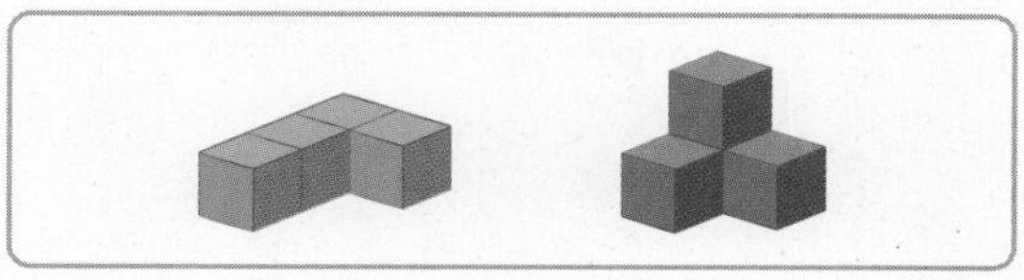

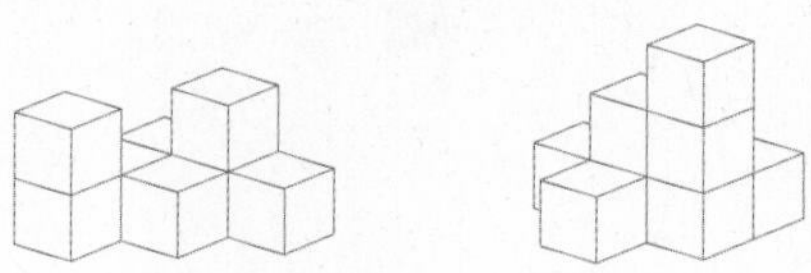

MATH TOPIC 1 심화유형

여러 방향에서 본 모양 찾기

오른쪽과 같은 조형물의 사진을 각 방향에서 찍을 때, 가능하지 않은 사진을 찾아 번호를 쓰시오.

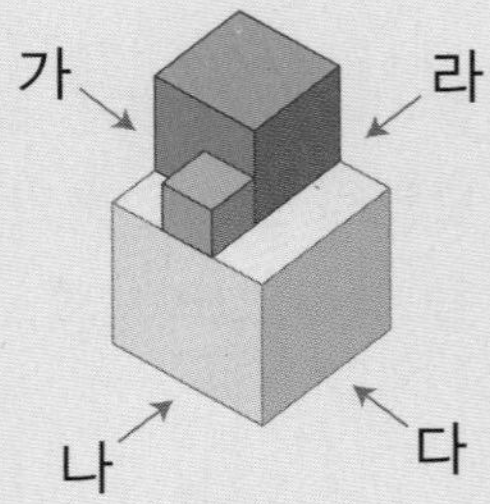

● 생각하기 여러 방향에서 찍은 모양을 추측해 봅니다.

● 해결하기 1단계 각 방향에서 찍은 사진 알아보기

가 방향에서 찍은 사진은 왼쪽 위에 초록색, 오른쪽 위에 빨간색 조형물이 찍힌 ②번입니다.

같은 방법으로 추측하면 나 방향에서 찍은 사진은 ①번, 다 방향에서 찍은 사진은 ④번, 라 방향에서 찍은 사진은 ③번입니다.

2단계 가능하지 않은 사진 찾아보기

⑤번처럼 빨간색 조형물이 초록색 앞에 찍히려면 나 방향에서 찍어야 합니다.

나 방향에서 찍으면 ①번처럼 찍히므로 가능하지 않은 사진은 ⑤번입니다.

답 ⑤

1-1

여러 방향에서 사진을 찍었습니다. 각 사진은 어느 방향에서 찍은 것인지 찾아 (　　) 안에 알맞은 기호를 써넣으시오.

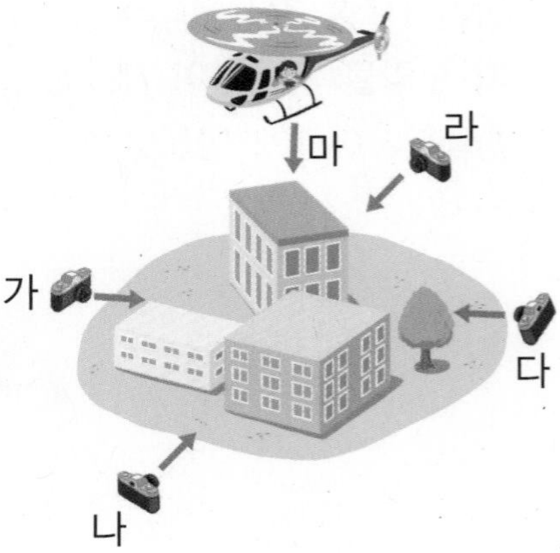

(1)

(　　)

(2)

(　　)

(3)

(　　)

(4)
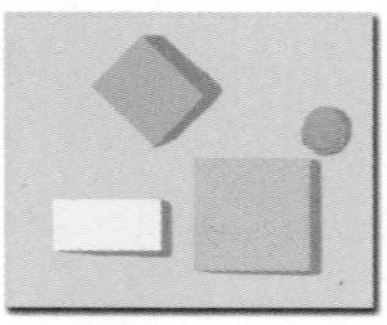
(　　)

(5)

(　　)

MATH TOPIC

정답과 풀이 36쪽

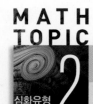

심화유형 2 쌓기나무의 개수 구하기

오른쪽은 쌓기나무로 쌓은 모양을 보고 위에서 본 모양에 수를 쓴 것입니다. 1층에 놓인 쌓기나무를 빼내면 몇 개의 쌓기나무가 남습니까?

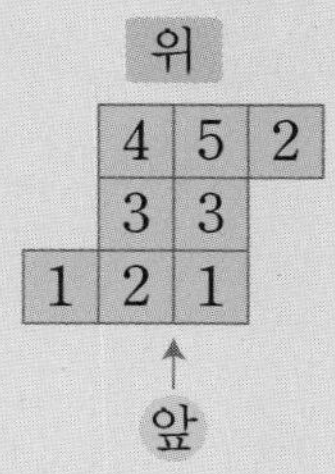

생각하기 위에서 본 모양의 각 자리에 쓴 수는 그 칸에 쌓은 쌓기나무의 개수입니다.

해결하기 1단계 각 층에 놓인 쌓기나무의 개수 알아보기

각 층에 놓인 쌓기나무의 개수는 색칠한 부분의 수와 같습니다.

1층: 8개 2층: 6개 3층: 4개 4층: 2개 5층: 1개

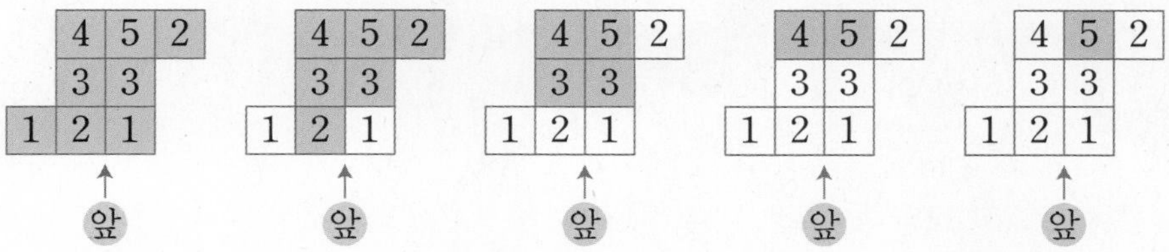

2단계 2층부터 5층까지 놓인 쌓기나무의 개수 구하기

1층에 놓인 쌓기나무를 빼내면 남는 쌓기나무의 개수는 2층부터 5층까지 놓인 쌓기나무의 개수와 같으므로 6＋4＋2＋1＝13(개)입니다.

답 13개

2-1 **다음은 쌓기나무로 쌓은 모양을 보고 위에서 본 모양에 수를 쓴 것입니다. 2층에 놓인 쌓기나무가 많은 순서대로 기호를 쓰시오.**

가
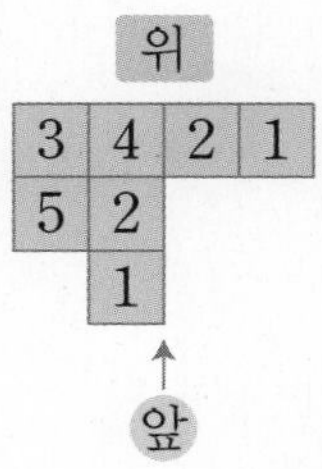

나
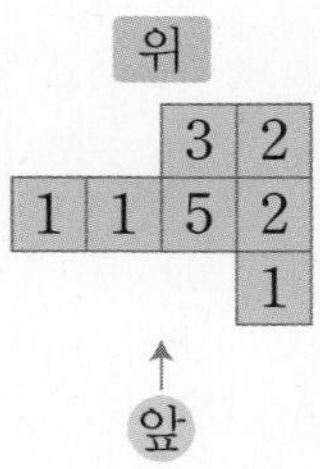

다
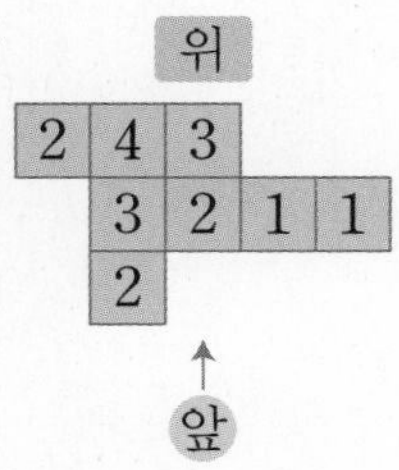

( )

2-2 **가는 쌓기나무로 쌓은 모양을 보고 위에서 본 모양에 수를 쓴 것입니다. 가와 같이 쌓은 모양에서 쌓기나무 몇 개를 빼내었더니 나와 같이 되었습니다. 빼낸 쌓기나무는 몇 개입니까?**

가
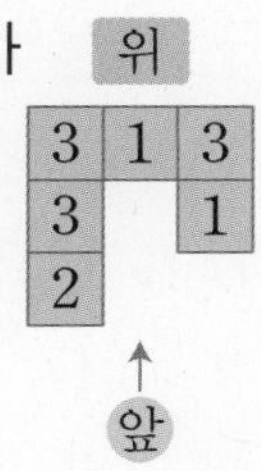

나
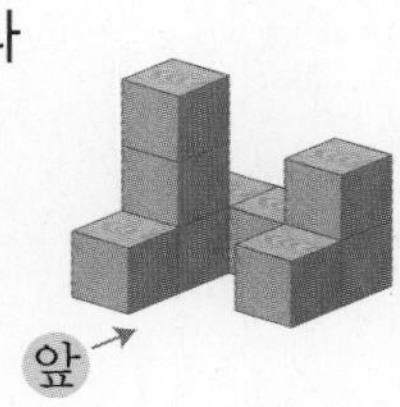

( )

MATH TOPIC

심화유형 3

사용한 모양 찾기

왼쪽 모양을 만들기 위해 사용한 두 가지 모양을 찾아 기호를 쓰시오.

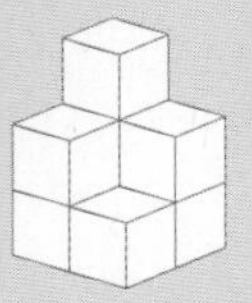

위에서 본 모양

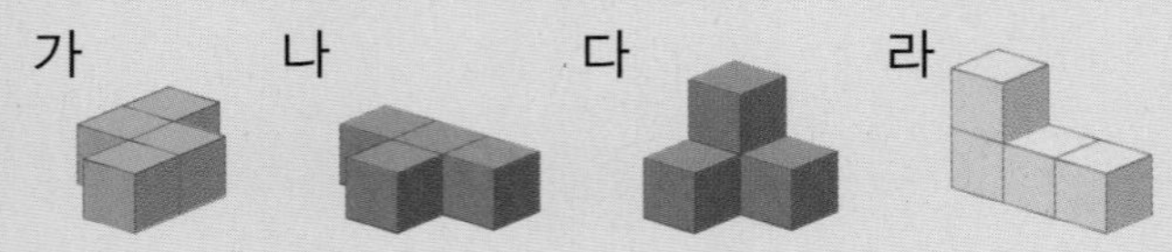

● **생각하기** 사용한 모양 중 한 가지를 예상한 후, 다른 모양이 들어갈 위치를 생각합니다.

● **해결하기** **1단계** 각각의 모양이 들어갈 위치를 예상한 후, 다른 모양이 들어갈 수 있는지 찾기

• 가를 사용한 경우

➡ 다가 들어가면 완성

• 나를 사용한 경우

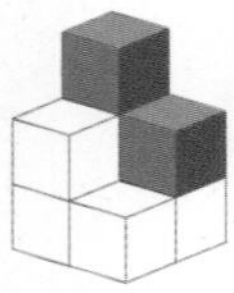

➡ 들어갈 수 있는 모양 없음.

• 라를 사용한 경우

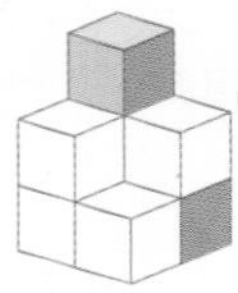

➡ 들어갈 수 있는 모양 없음.

2단계 사용한 두가지 모양 찾기

사용한 두 가지 모양은 가와 다입니다.

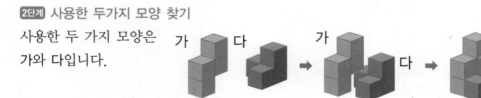

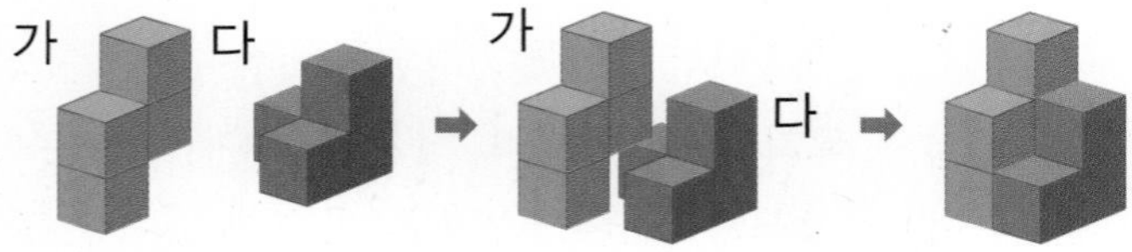

답 가, 다

3-1

왼쪽 모양을 만들기 위해 사용한 두 가지 모양을 찾아 기호를 쓰시오.

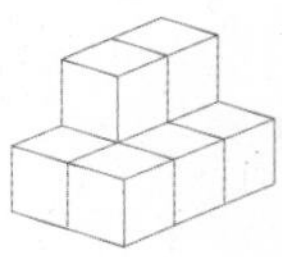

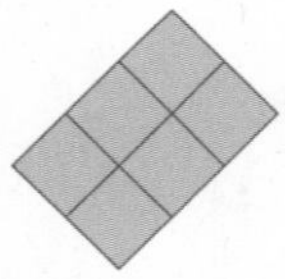

위에서 본 모양

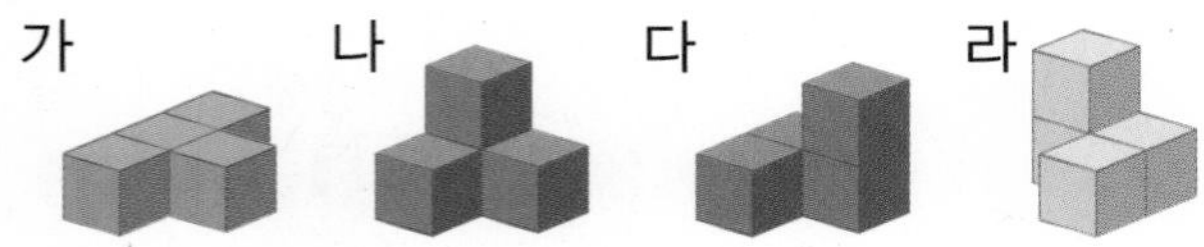

(   )

3-2

왼쪽 모양을 만들기 위해 사용한 3가지 모양을 찾아 기호를 쓰시오.

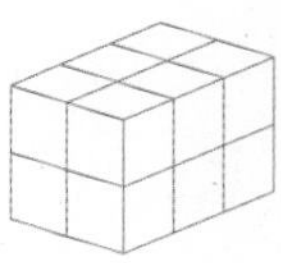

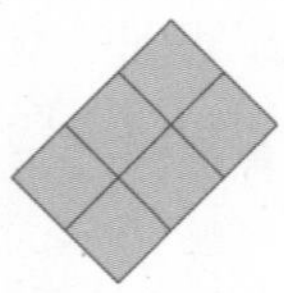

위에서 본 모양

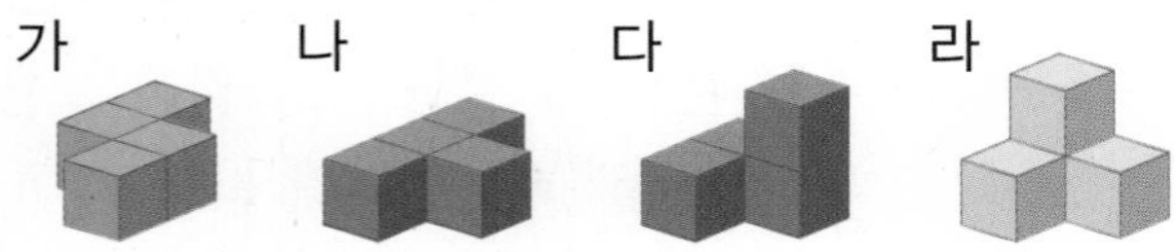

(   )

정답과 풀이 36쪽

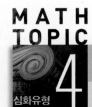

4 심화유형 층별로 나타낸 모양 알아보기

쌓기나무로 쌓은 모양을 층별로 나타낸 모양입니다. 쌓은 모양을 앞과 옆에서 본 모양을 바르게 짝지은 것을 찾아 기호를 쓰시오.

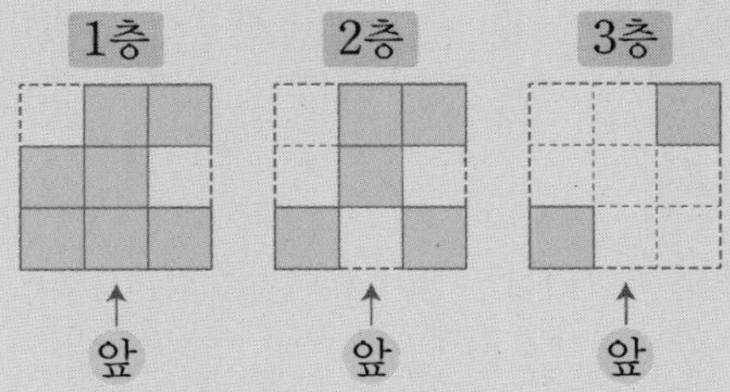

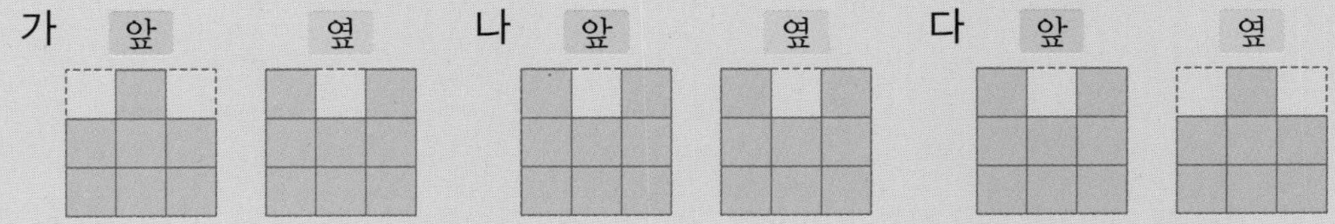

● 생각하기 1층의 모양은 위에서 본 모양과 같습니다.

● 해결하기 1단계 위에서 본 모양에 수를 쓰는 방법으로 나타내기

쌓기나무를 층별로 나타낸 모양에서 1층의 ○ 부분은 2층까지, ○ 부분은 3층까지 쌓여 있으므로 위에서 본 모양에 수를 쓰는 방법으로 나타내면 오른쪽과 같습니다.

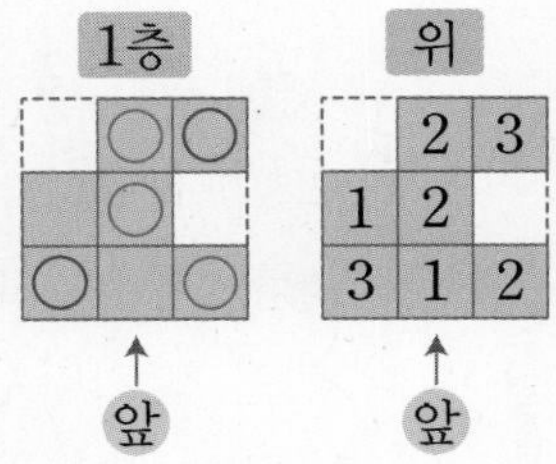

2단계 앞과 옆에서 본 모양 알아보기

앞과 옆에서 본 모양은 각 줄의 가장 높은 층의 모양과 같으므로 앞과 옆에서 본 모양을 바르게 짝지은 것은 나입니다.

답 나

4-1 쌓기나무로 쌓은 모양을 위, 앞, 옆에서 본 모양입니다. 2층과 3층의 모양을 각각 그리시오.

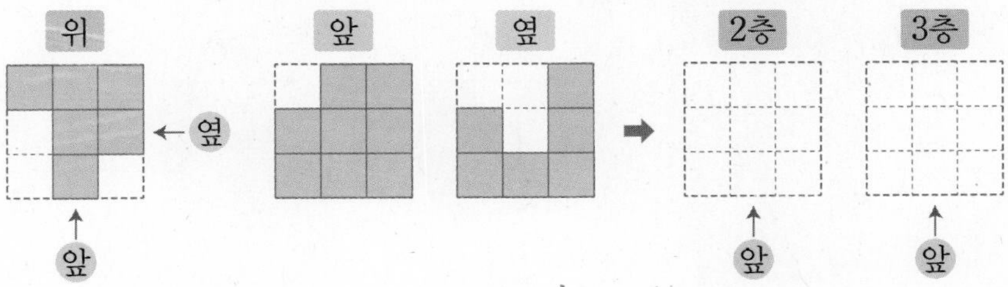

4-2 쌓기나무로 쌓은 모양을 층별로 나타낸 모양입니다. 쌓은 모양을 앞과 옆에서 본 모양을 각각 그리시오.

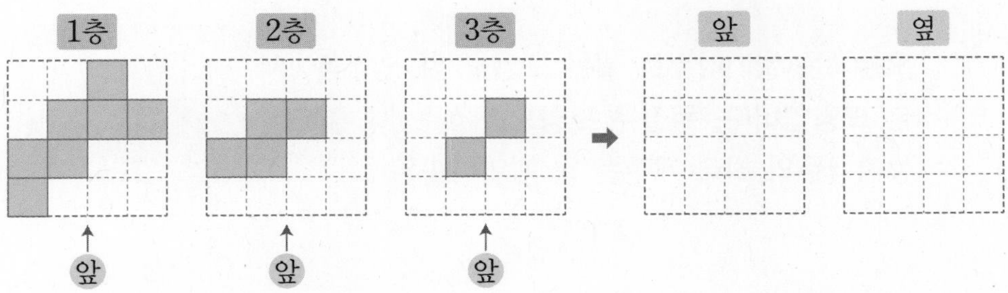

MATH TOPIC 5 심화유형

쌓기나무의 최대, 최소 개수 구하기

위, 앞, 옆에서 본 모양이 각각 다음과 같도록 쌓기나무를 쌓으려고 합니다. 쌓은 쌓기나무가 가장 많은 경우와 가장 적은 경우의 쌓기나무의 개수를 차례로 구하시오.

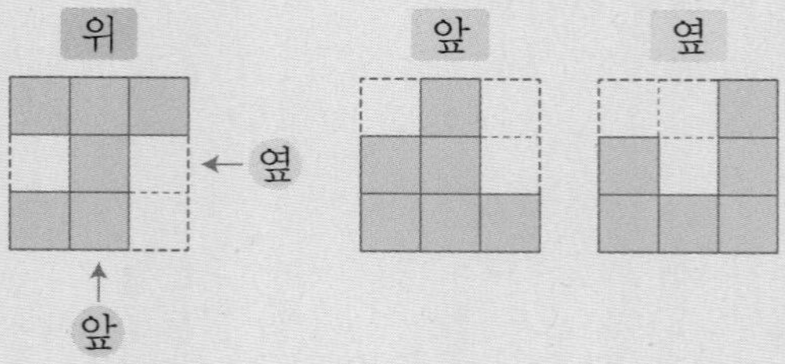

● 생각하기 위에서 본 모양에 수를 쓰는 방법으로 쌓기나무의 개수를 알아봅니다.

● 해결하기 **1단계** 위에서 본 모양의 각 자리에 확실히 알 수 있는 쌓기나무의 개수 쓰기

앞과 옆에서 본 모양을 보고 위에서 본 모양의 각 자리에 확실히 알 수 있는 쌓기나무의 개수를 쓰면 오른쪽과 같습니다.

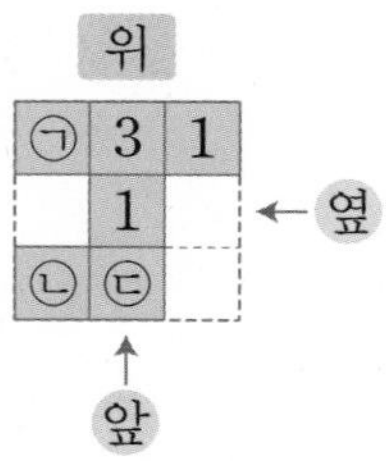

2단계 쌓은 쌓기나무가 가장 많은 경우와 가장 적은 경우의 개수 구하기

쌓은 쌓기나무가 가장 많은 경우는 ㉠에 2개, ㉡에 2개, ㉢에 2개를 쌓는 경우이므로 쌓기나무는 $2+3+1+1+2+2=11$(개)입니다.

쌓은 쌓기나무가 가장 적은 경우는 ㉠에 1개, ㉡에 2개, ㉢에 1개를 쌓는 경우이므로 쌓기나무는 $1+3+1+1+2+1=9$(개)입니다.

답 11개, 9개

5-1 위, 앞, 옆에서 본 모양이 각각 다음과 같도록 쌓기나무를 쌓으려고 합니다. 쌓은 쌓기나무가 가장 적은 경우의 쌓기나무의 개수를 구하시오.

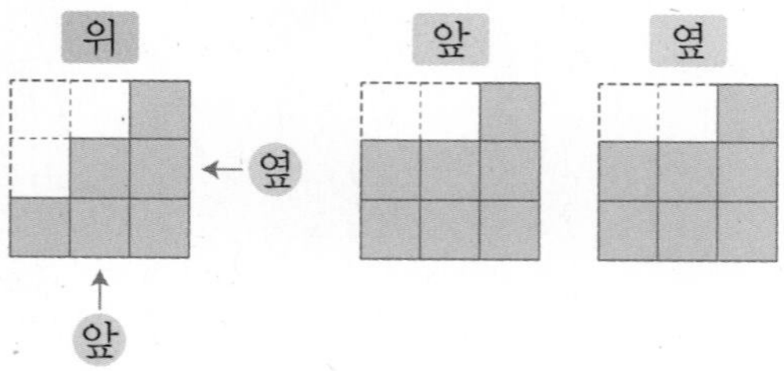

(   )

5-2 오른쪽은 쌓기나무로 쌓은 모양을 위, 앞, 옆에서 본 모양입니다. 똑같은 모양으로 쌓는 데 필요한 쌓기나무의 최대 개수는 몇 개입니까?

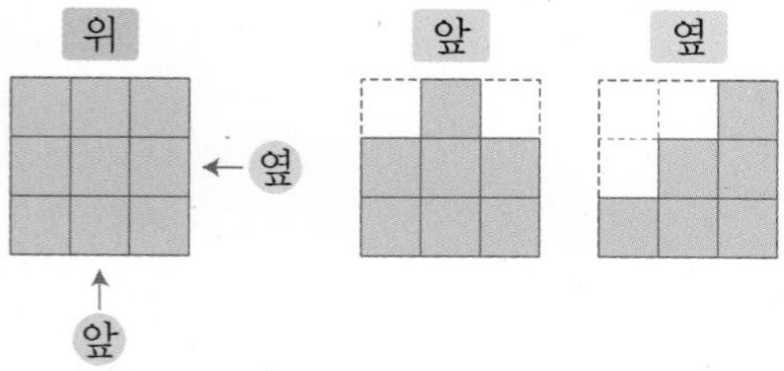

(   )

정답과 풀이 36쪽

심화유형 6

색칠된 쌓기나무의 개수 구하기

오른쪽과 같이 정육면체 모양으로 쌓기나무를 쌓고 바깥쪽 면에 페인트를 칠했습니다. 2개의 면이 칠해진 쌓기나무는 모두 몇 개입니까? (단, 바닥면도 칠합니다.)

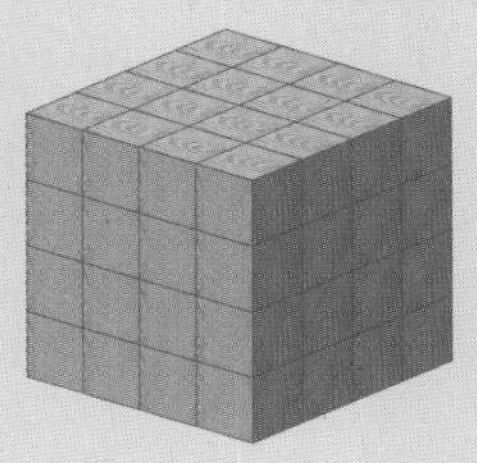

● 생각하기 2개의 면에 페인트가 칠해진 쌓기나무의 위치를 찾아봅니다.

● 해결하기 1단계 페인트가 칠해진 면의 수 알아보기

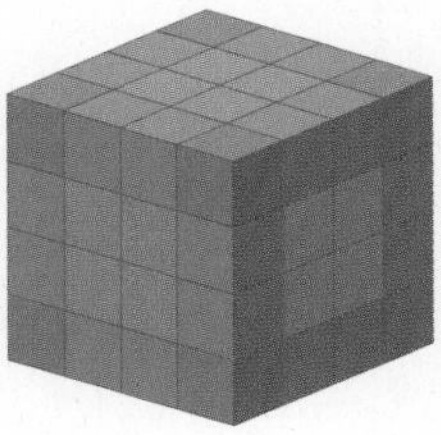

- 한 면도 칠해지지 않은 경우: 정육면체 속의 보이지 않는 쌓기나무
- 한 면만 칠해진 경우: 각 면의 가운데에 있는 쌓기나무 (보라색)
- 두 면만 칠해진 경우: 각 모서리의 가운데에 있는 쌓기나무 (초록색)
- 세 면만 칠해진 경우: 각 꼭짓점에 있는 쌓기나무 (파란색)

2단계 2개의 면이 칠해진 쌓기나무의 개수 알아보기

2개의 면이 칠해진 쌓기나무는 각 모서리에 2개씩 있고, 정육면체의 모서리는 12개이므로 모두 $2 \times 12 = 24$(개)입니다.

답 24개

6-1 한 모서리의 길이가 2 cm인 쌓기나무를 쌓아서 한 모서리의 길이가 14 cm인 정육면체를 만들었습니다. 만든 정육면체의 바깥쪽 면에 파란색을 칠했을 때, 한 면도 파란색이 칠해지지 않은 쌓기나무는 모두 몇 개입니까? (단, 바닥면도 칠합니다.)

(   )

6-2 쌓기나무 55개로 다음과 같은 모양을 만들고 바닥을 제외한 모든 바깥쪽 면에 파란색 페인트를 칠했습니다. 세 면에 페인트가 칠해진 쌓기나무는 모두 몇 개입니까?

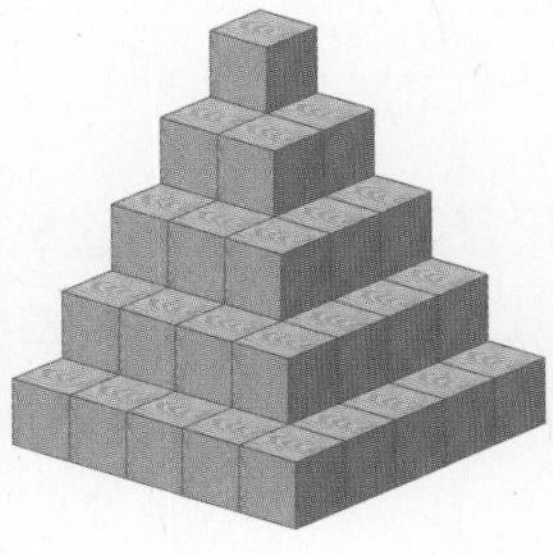

(   )

MATH TOPIC 7 심화유형

쌓기나무를 쌓는 방법의 가짓수 구하기

위, 앞, 옆에서 본 모양이 오른쪽과 같도록 쌓기나무를 쌓으려고 합니다. 모두 몇 가지를 만들 수 있습니까?

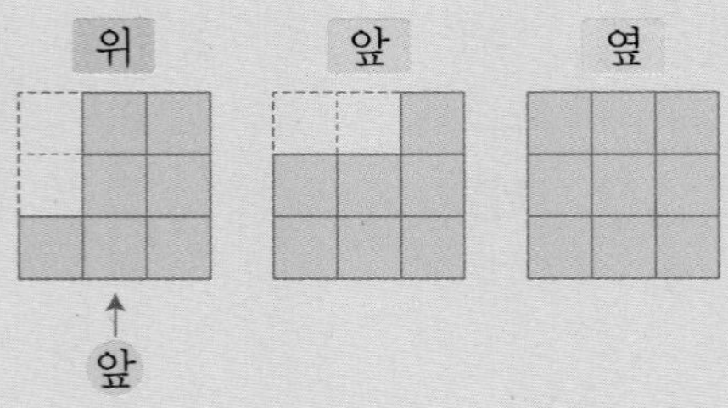

● **생각하기** **위에서 본 모양에 수를 쓰는 방법으로 쌓기나무의 개수를 알아봅니다.**

● **해결하기** **1단계** 위에서 본 모양의 각 자리에 확실히 알 수 있는 쌓기나무의 개수 쓰기

위에서 본 모양의 각 자리에 확실히 알 수 있는 쌓기나무의 개수를 쓰면 오른쪽과 같습니다.

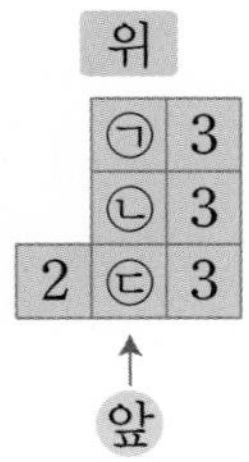

2단계 ㉠, ㉡, ㉢에 쌓을 수 있는 쌓기나무의 개수를 생각하여 가짓수 구하기

앞에서 본 모양에 의해서 ㉠, ㉡, ㉢ 중 한 곳은 쌓기나무가 반드시 2개이고 나머지는 2개 이하입니다.

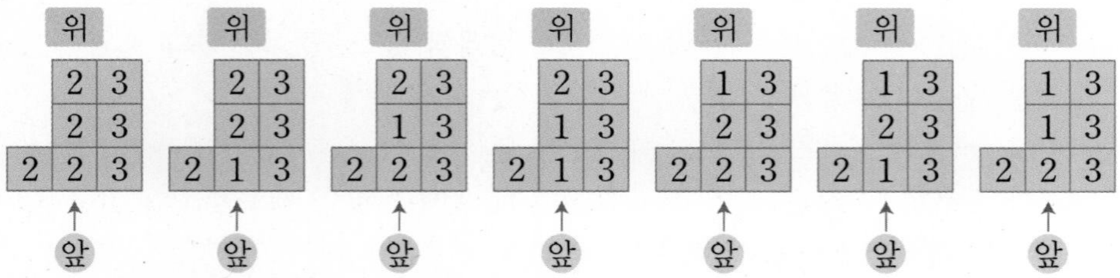

따라서 모두 7가지를 만들 수 있습니다.

답 7가지

7-1 **위, 앞 옆에서 본 모양이 오른쪽과 같도록 쌓기나무를 쌓으려고 합니다. 모두 몇 가지를 만들 수 있습니까?**

( )

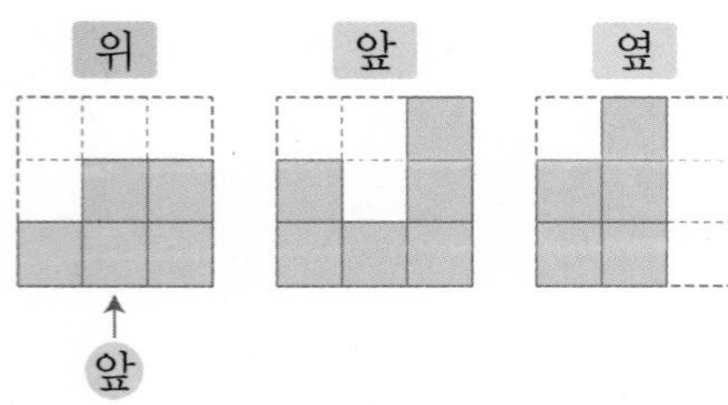

7-2 **위, 앞, 옆에서 본 모양이 오른쪽과 같도록 쌓기나무를 쌓으려고 합니다. 모두 몇 가지를 만들 수 있습니까?**

( )

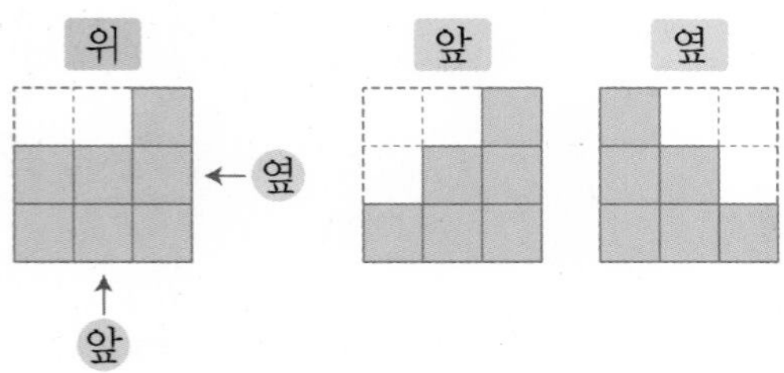

정답과 풀이 36쪽

심화유형 8 쌓기나무로 쌓은 모양의 겉넓이 구하기

오른쪽은 한 모서리의 길이가 1 cm인 쌓기나무로 쌓은 모양과 이를 위에서 본 모양입니다. 쌓기나무로 쌓은 모양의 겉넓이는 몇 cm^2입니까?

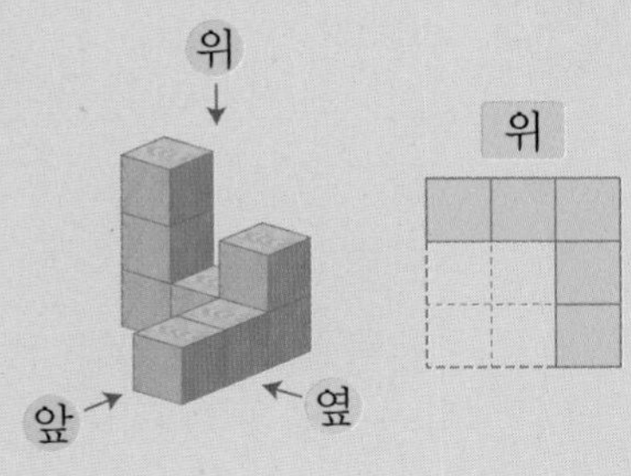

● 생각하기 위, 앞, 옆에서 본 모양의 쌓기나무 면의 수에 2배를 하고, 보이지 않는 쌓기나무 면의 수를 더합니다.
└모양을 둘러싼 면 중 위와 아래, 앞과 뒤, 오른쪽 옆과 왼쪽 옆에서 보았을 때 보이지 않는 면의 수

● 해결하기 1단계 앞과 옆에서 본 모양 그리기

쌓기나무로 쌓은 모양을 앞과 옆에서 본 모양은 오른쪽과 같습니다.

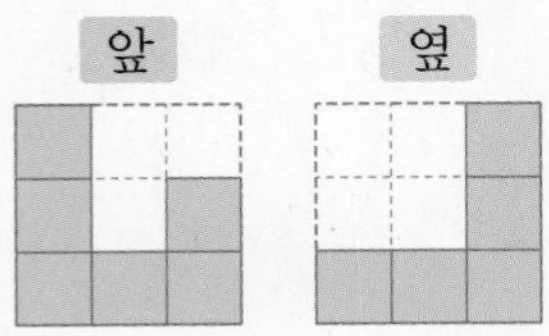

2단계 모양을 둘러싼 쌓기나무 면의 수 구하기

(위와 아래, 앞과 뒤, 오른쪽 옆과 왼쪽 옆에서 보이는 쌓기나무 면의 수)

$=$(위, 앞, 옆에서 보이는 모양의 쌓기나무 면의 수)$\times 2$

$=(5+6+5)\times 2=32$(개)

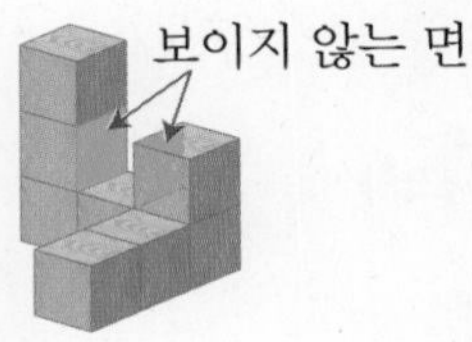

위와 아래, 앞과 뒤, 오른쪽 옆과 왼쪽 옆 어느 방향에서도 보이지 않는 쌓기나무 면은 2개이므로 모양을 둘러싼 쌓기나무 면은 모두 34개입니다.

3단계 겉넓이 구하기

쌓기나무 한 면의 넓이가 1 cm^2이므로 주어진 모양의 겉넓이는 34 cm^2입니다.

답 34 cm^2

8-1 오른쪽은 한 모서리의 길이가 1 cm인 쌓기나무 9개로 쌓은 모양입니다. 쌓기나무로 쌓은 모양의 겉넓이는 몇 cm^2입니까?

(　　　　　　　　　　)

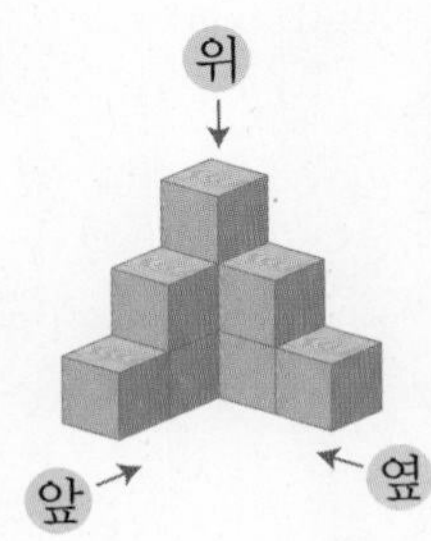

8-2 오른쪽은 한 모서리의 길이가 2 cm인 쌓기나무로 쌓은 모양과 이를 위에서 본 모양입니다. 쌓기나무로 쌓은 모양의 겉넓이는 몇 cm^2입니까?

(　　　　　　　　　　)

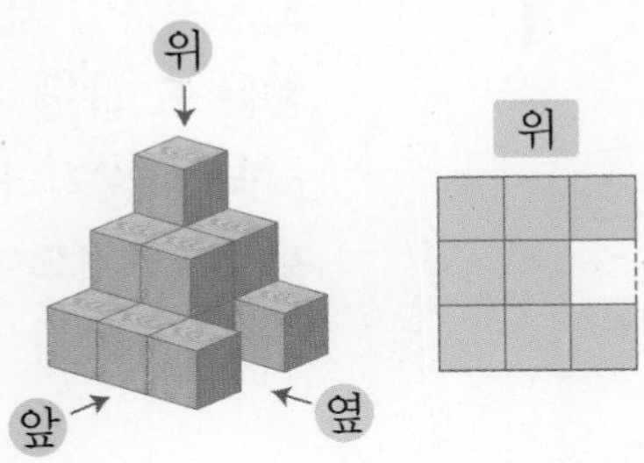

정답과 풀이 36쪽

공간과 입체를 활용한 교과통합유형

STEAM형

수학+과학

3D 프린팅이란 특정 프로그램으로 그린 3차원 설계도를 보고 입체적으로 물건을 인쇄하는 것을 말합니다. 입체적으로 인쇄하기 위해서는 실제 물체를 촬영하여 3차원 스캔을 해야 합니다. 3차원 스캔은 물건을 여섯 방향에서 촬영하여 합성한 데이터로 얻을 수 있습니다. 다음은 3차원 스캔 데이터를 얻기 위해 쌓기나무로 쌓은 모양을 위와 옆에서 촬영한 것입니다. 촬영한 쌓기나무의 모양으로 알맞은 것을 찾아 기호를 쓰시오.

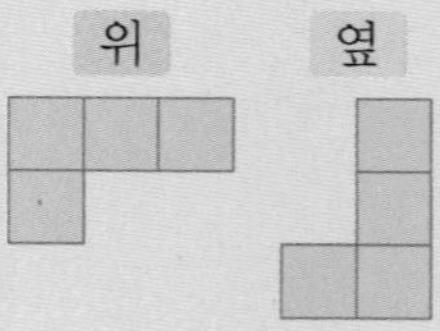

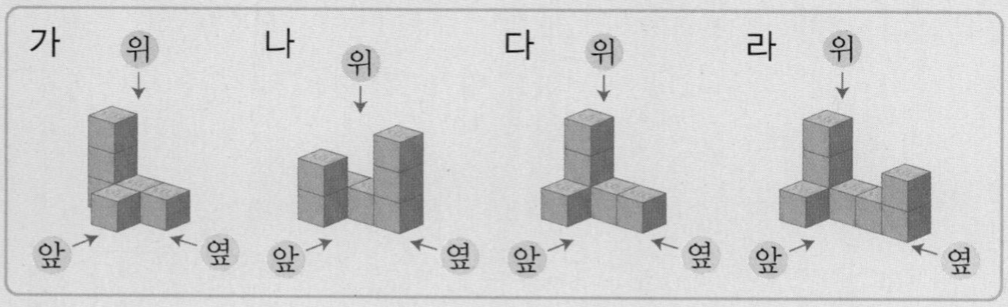

● 생각하기 각 모양의 위와 옆에서 본 모양을 각각 알아봅니다.

● 해결하기 1단계 위에서 본 모양 알아보기

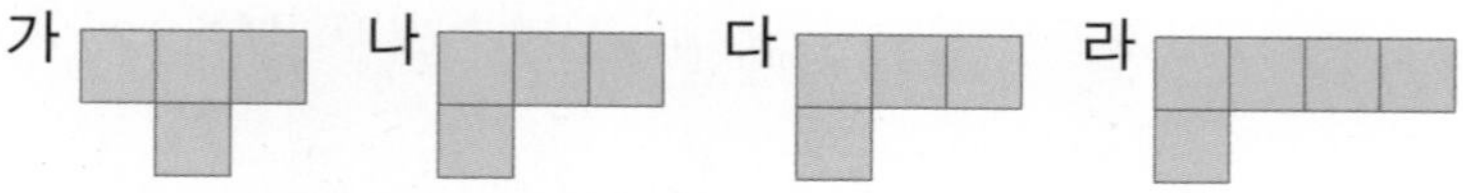

위에서 본 모양이 주어진 모양과 같은 것은 나와 ☐입니다.

2단계 옆에서 본 모양 알아보기

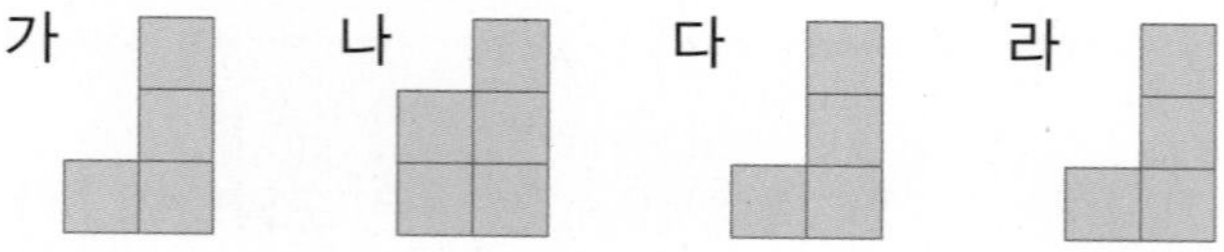

옆에서 본 모양이 주어진 모양과 같은 것은 가, ☐, ☐입니다.

따라서 위와 옆에서 본 모양이 주어진 모양과 같은 것은 ☐입니다.

답 ☐

수학+과학

9-1 오른쪽은 3차원 스캔을 하기 위해 쌓기나무로 쌓은 모양을 위, 앞, 옆에서 촬영한 것입니다. 촬영한 쌓기나무의 개수가 가장 많은 경우와 가장 적은 경우의 개수의 차를 구하시오.

( )

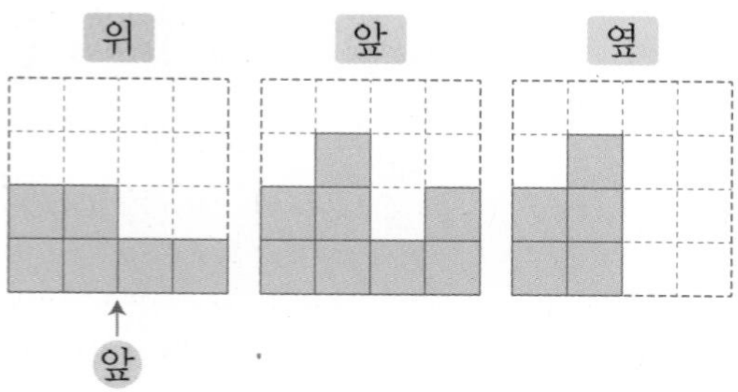

문제풀이 동영상

수학+게임

STEAM형 **1** 보드게임은 판 위에 말이나 카드를 놓고 일정한 규칙에 따라 진행하는 게임을 말합니다. 보드게임의 한 종류인 브릭 바이 브릭(Brick by Brick)은 5가지 모양의 벽돌 조각을 이용하여 주어진 카드에 있는 모양을 완성하는 것입니다. 다음과 같이 색이 다른 5가지 벽돌 조각을 이용하여 오른쪽 모양을 쌓으려고 합니다. 알맞게 색칠하시오. (단, 벽돌 조각을 돌리거나 뒤집어도 됩니다.)

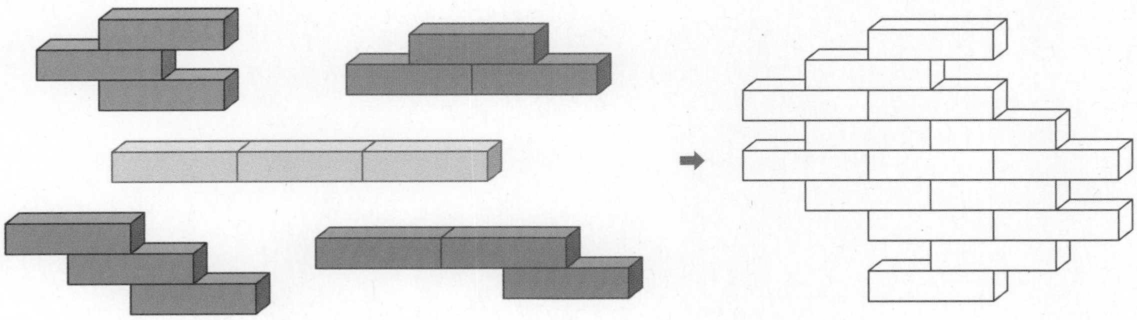

2 쌓기나무로 쌓은 모양입니다. 이 모양에 쌓기나무를 ㉠ 자리에 2개, ㉡ 자리에 1개를 더 쌓아 올렸을 때, 옆에서 본 모양을 그리시오.

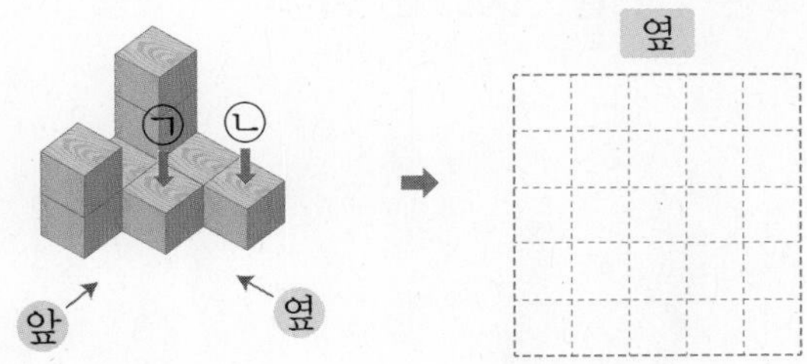

3 쌓기나무로 쌓은 모양을 위, 앞, 옆에서 본 모양입니다. 쌓은 모양을 앞에서 볼 때, 보이지 않는 쌓기나무는 모두 몇 개입니까?

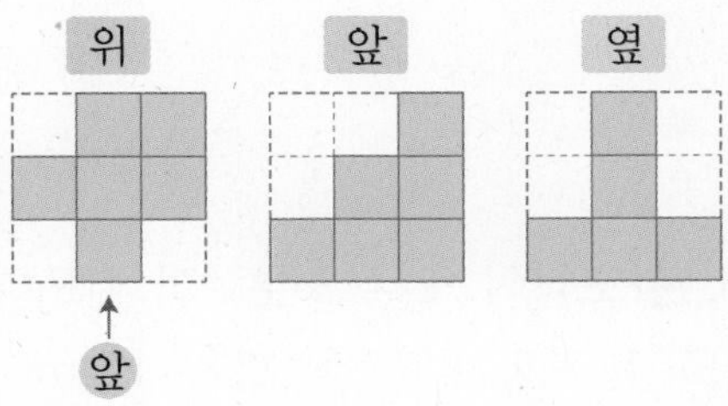

(　　　　　　　　　　)

서술형 **4** 오른쪽은 쌓기나무로 쌓은 모양을 보고 위에서 본 모양에 수를 쓴 것입니다. 2층에 놓인 쌓기나무는 3층에 놓인 쌓기나무보다 몇 개 더 많은지 풀이 과정을 쓰고 답을 구하시오.

위

2	3	5	
	4	4	3
	2	1	
	1		

풀이

답

5 쌓기나무를 왼쪽과 같이 직육면체 모양으로 쌓은 후, 쌓은 모양에서 쌓기나무 몇 개를 빼내었더니 오른쪽과 같은 새로운 모양이 되었습니다. 빼낸 쌓기나무는 몇 개입니까?

위에서 본 모양

(　　　　　　　)

6 위, 앞, 옆에서 본 모양이 모두 오른쪽과 같도록 쌓기나무를 쌓으려고 합니다. 쌓기나무는 적어도 몇 개가 필요합니까?

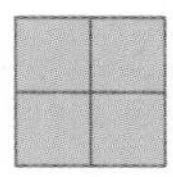

(　　　　　　　)

7 오른쪽은 쌓기나무로 쌓은 모양과 이를 위에서 본 모양입니다. 쌓은 모양에서 쌓기나무 1개를 빼낼 때, 쌓기나무를 빼내어도 앞과 옆에서 본 모양이 둘다 변하지 않는 쌓기나무를 모두 찾아 기호를 쓰시오.

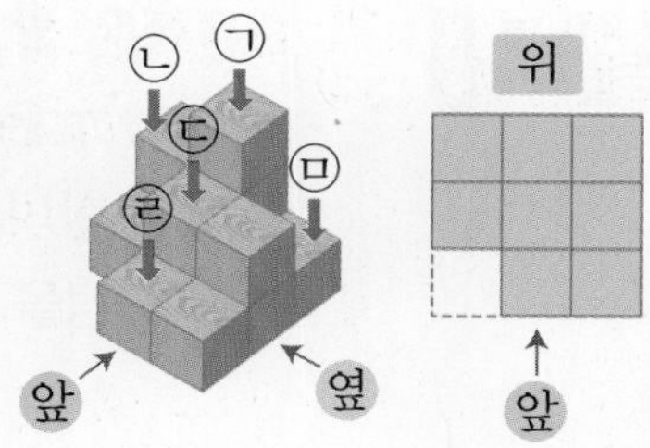

(　　　　　　　　　　)

8 쌓기나무를 각각 4개씩 붙여서 만든 두 가지 모양 가, 나를 사용하여 새로운 모양 다를 만들었습니다. 나가 될 수 있는 모양을 모두 고르시오. (단, 모양을 돌리거나 뒤집어도 됩니다.)

(　　　　)

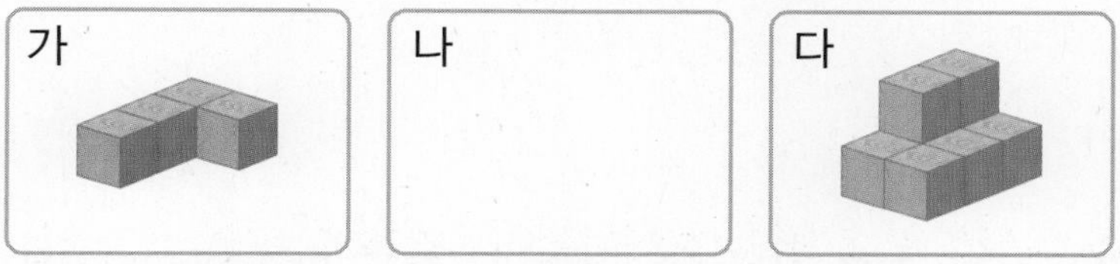

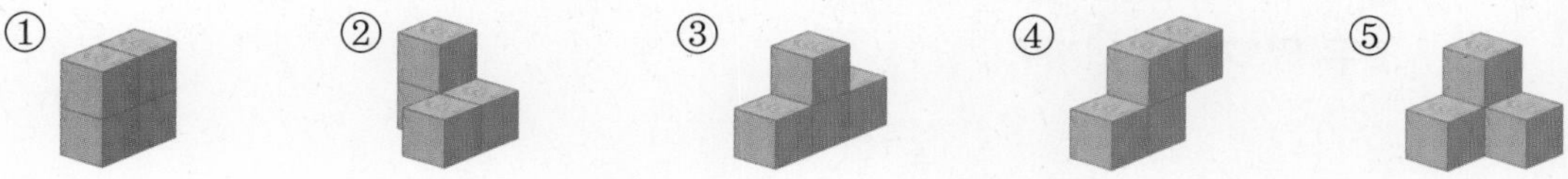

경시 기출 문제

9 위, 앞, 옆에서 본 모양이 다음과 같도록 쌓기나무를 쌓으려고 합니다. 쌓은 쌓기나무가 가장 많은 경우와 가장 적은 경우의 쌓기나무 개수의 차는 몇 개입니까?

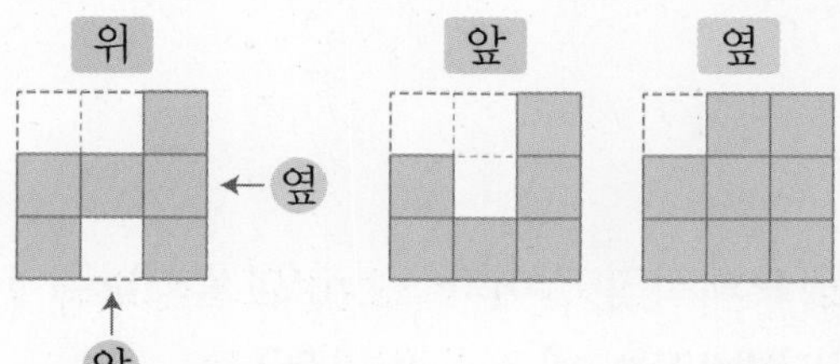

(　　　　　　　　　　)

서술형 **10** 오른쪽은 쌓기나무로 쌓은 모양과 이를 위에서 본 모양입니다. 쌓은 모양에 쌓기나무를 더 쌓아 정육면체를 만들려고 합니다. 쌓기나무는 적어도 몇 개 더 필요한지 풀이 과정을 쓰고 답을 구하시오.

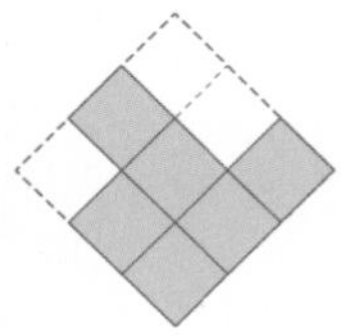

위에서 본 모양

풀이 ....

....

....

....

답 ....

11 쌓기나무 6개를 사용하여 조건 을 모두 만족하는 모양을 만들 때, 만들 수 있는 모양은 모두 몇 가지입니까?

조건
- 쌓기나무로 쌓은 모양은 3층입니다.
- 각 층의 쌓기나무의 개수는 모두 다릅니다.
- 위에서 본 모양은 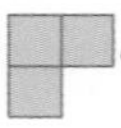입니다.

(   )

12 오른쪽은 한 모서리의 길이가 1 cm인 쌓기나무 15개로 쌓은 모양입니다. 쌓은 모양의 겉넓이는 몇 cm^2입니까?

(   )

경시 기출 문제 **13** 위, 앞, 옆에서 본 모양이 다음과 같도록 쌓기나무를 쌓으려고 합니다. 모두 몇 가지 모양을 만들 수 있습니까?

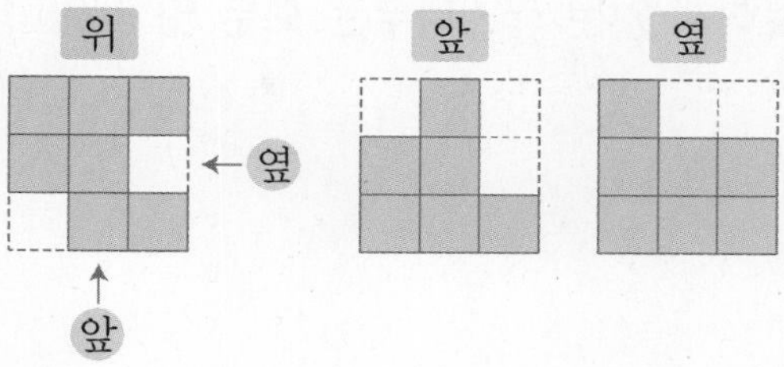

( )

14 가 모양에 쌓기나무를 더 쌓아 위에서 본 모양은 변하지 않고 옆에서 본 모양은 나와 같게 하려고 합니다. 쌓기나무를 최대 몇 개까지 더 쌓을 수 있습니까?

( )

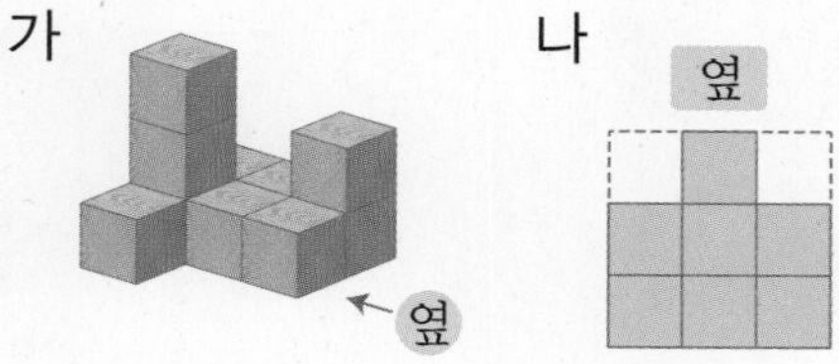

15 네 가지 색의 쌓기나무를 같은 색끼리 붙여서 오른쪽과 같은 모양을 만들었습니다. 이 모양들을 모두 사용하여 새로운 모양을 만든 후 층별로 나타내었더니 다음과 같았습니다. 만든 모양을 앞에서 본 모양을 그리고 색칠하시오.

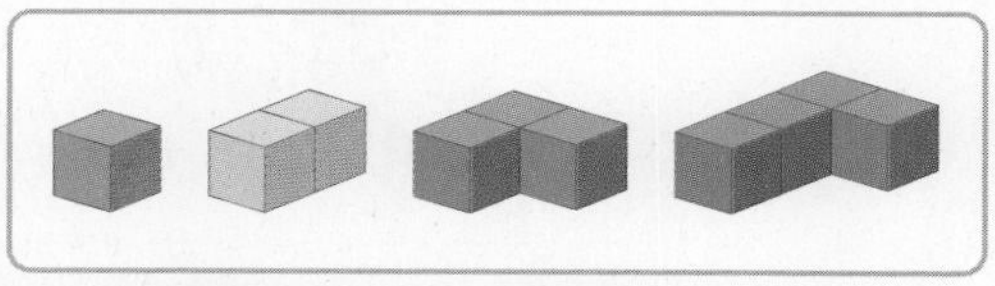

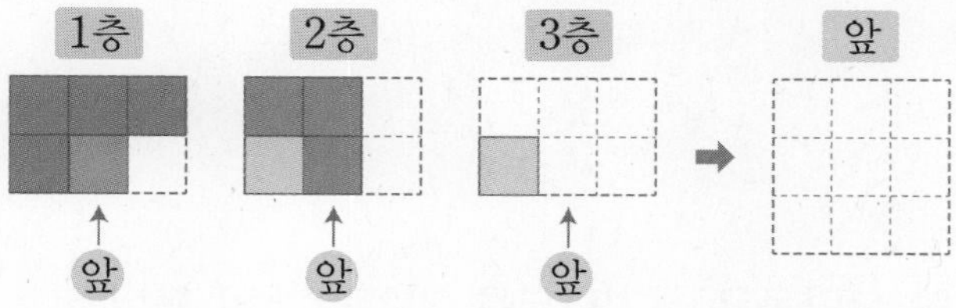

16 오른쪽은 한 모서리의 길이가 1 cm인 쌓기나무 27개를 붙여 만든 정육면체에서 가운데를 완전히 뚫어 만든 모양입니다. 이 모양의 겉넓이는 몇 cm^2입니까?

( )

HIGH LEVEL

1 오른쪽과 같은 규칙으로 쌓기나무를 쌓았습니다. 쌓은 모양에서 위와 아래, 앞과 뒤, 왼쪽 옆과 오른쪽 옆 어느 방향에서도 보이지 않는 쌓기나무는 모두 몇 개입니까?

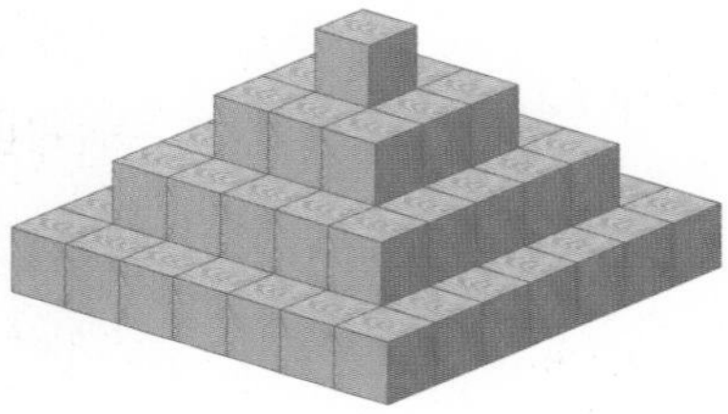

문제풀이 동영상

(　　　　　　　　　　)

수학+게임

STEAM형 2 소마큐브는 1933년 피에트 하인이 개발한 3차원 퍼즐로 아래와 같이 3개 또는 4개의 정육면체로 구성된 7개의 조각을 말합니다. 소마큐브를 이용하여 $3\times3\times3$의 정육면체를 만드는 방법은 240여 가지나 있을 뿐 아니라 7개의 조각만으로 수천 개의 다양한 입체도형을 만들 수 있습니다.

다음은 쌓기나무 8개로 쌓은 모양입니다. ②, ⑥ 두 조각을 이용하여 만들 수 있는 모양을 모두 찾아 기호를 쓰시오.

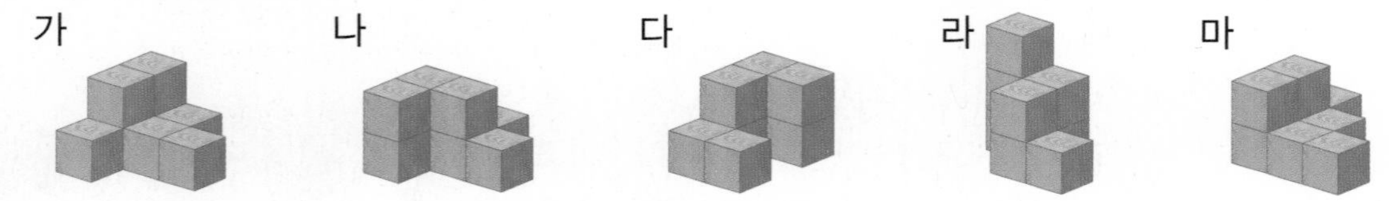

(　　　　　　　　　　)

3 보기 의 모양들은 쌓기나무를 각각 4개씩 붙여서 만든 모양입니다. 이 중 두 가지 모양을 사용하여 오른쪽 모양을 만들려고 합니다. 사용할 수 있는 두 가지 모양은 모두 몇 쌍입니까? (단, 모양을 돌리거나 뒤집어도 됩니다.)

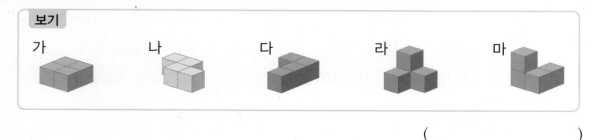

보기

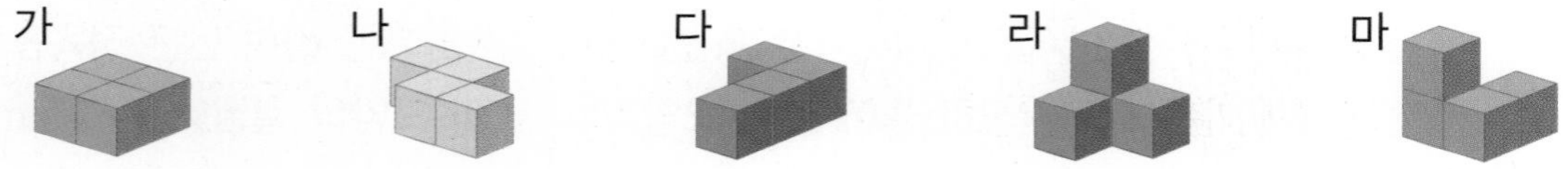

(　　　　　　　　　　)

서술형 **4** 쌓기나무 20개를 오른쪽과 같이 쌓은 후 바닥면을 포함한 모든 바깥쪽 면을 색칠하였습니다. 색칠한 쌓기나무를 모두 떼어 놓았더니 색칠된 면의 넓이의 합이 384 cm^2이었습니다. 색칠되지 않은 면의 넓이의 합은 몇 cm^2인지 풀이 과정을 쓰고 답을 구하시오.

풀이

답

5 층별 모양이 다음과 같도록 쌓기나무를 3층으로 쌓았습니다. 쌓은 모양을 앞과 옆에서 본 모양을 그리시오. (단, 빨간색 쌓기나무끼리 만나도록 쌓았습니다.)

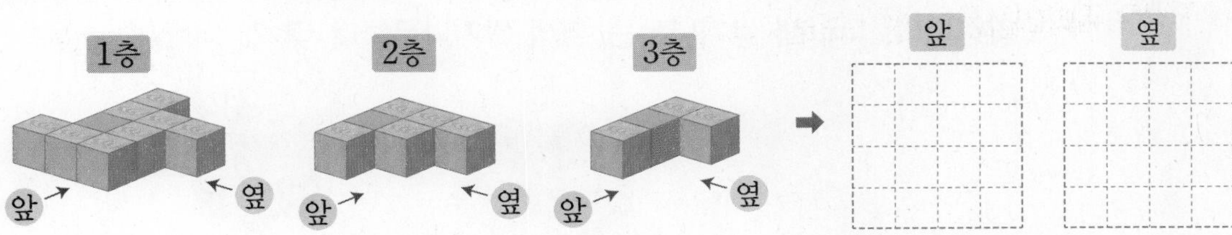

6 한 면의 넓이가 1 cm^2인 쌓기나무로 쌓은 모양을 층별로 나타낸 것입니다. 쌓은 모양의 겉넓이는 몇 cm^2입니까?

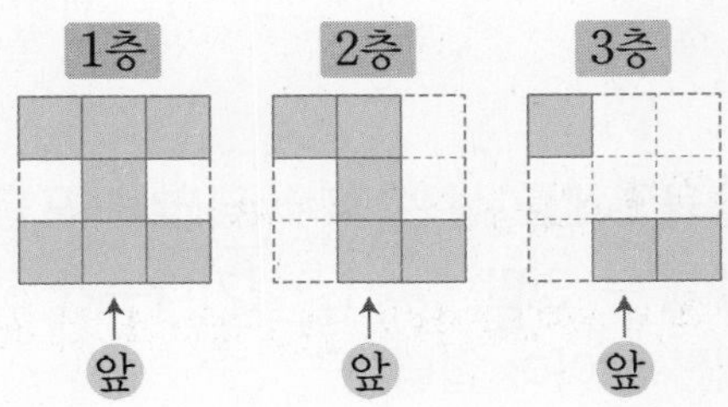

(   )

경시 기출 문제 **7** 다음은 쌓기나무 27개를 쌓아 정육면체를 만든 후 마주 보는 두 면의 한가운데를 완전히 뚫어 제거하고 남은 20개의 쌓기나무를 나타낸 것입니다. 쌓기나무 125개를 쌓아 정육면체를 만든 후 같은 방법으로 마주 보는 두 면의 한가운데를 완전히 뚫어 제거하면 쌓기나무는 몇 개가 남습니까?

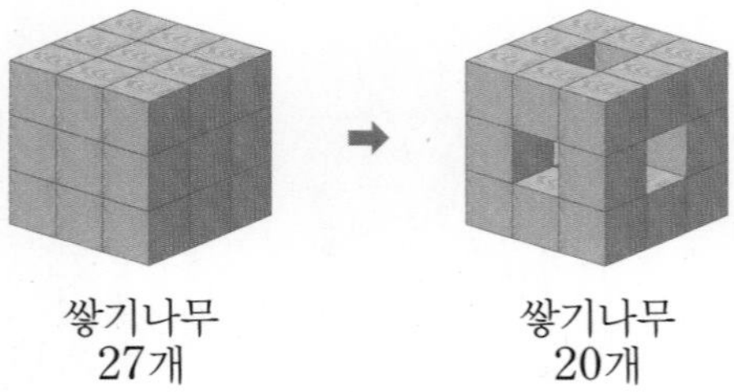

(   )

8 흰색과 파란색 쌓기나무를 같은 색 면끼리는 맞닿지 않도록 쌓은 모양과 이를 위에서 본 모양입니다. 파란색 쌓기나무는 흰색 쌓기나무보다 몇 개 더 많습니까?

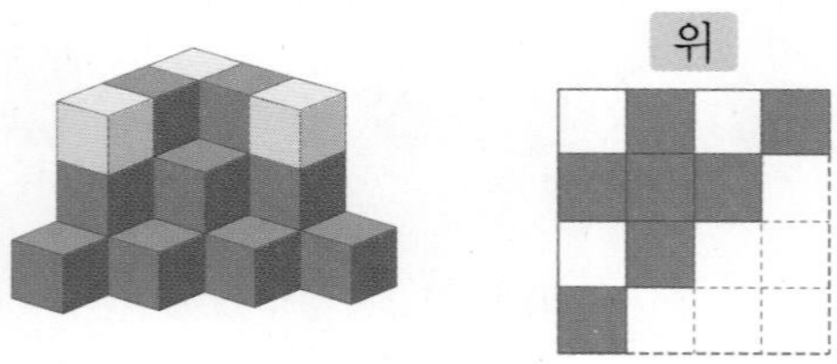

(   )

9 쌓기나무로 정육면체를 쌓은 후 바닥면을 포함한 바깥쪽 면을 모두 색칠하고 각각 떼어 놓았을 때, 색이 두 면만 칠해진 쌓기나무가 60개가 되도록 하려고 합니다. 쌓기나무 몇 개로 정육면체를 쌓아야 합니까?

(   )

비례식과 비례배분

대표심화유형

1 비의 성질 이용하기
2 전체의 양 구하기
3 톱니바퀴의 톱니 수 또는 회전수 구하기
4 겹쳐진 두 도형의 넓이의 비 구하기
5 곱셈식을 비례식으로 나타내어 문제 해결하기
6 넓이의 비를 이용하여 길이 구하기
7 바뀐 비를 이용하여 문제 해결하기
8 이익금 비례배분하기
9 비례식과 비례배분을 활용한 교과통합유형

4

역사를 바꾼 비례식

막대 하나로 잰 피라미드의 높이

고대 이집트 시대에 10만 명의 사람들이 20년에 걸쳐 쌓아 올렸다는 피라미드. 그러나 피라미드가 만들어지고 나서도 거대한 피라미드의 높이를 잰 사람은 아무도 없었어요. 여기에 문제 해결사 탈레스가 나섰습니다.

탈레스는 고대 그리스의 수학자로, 어린 시절부터 주변을 주의 깊게 관찰해 주변을 깜짝 놀라게 하는 일이 많았습니다. 당시 이집트 왕이 탈레스에게 피라미드의 높이를 구해달라고 하자, 그는 2*큐빗 정도 되는 막대를 하나 가지고 왔습니다. 그리고 그 막대를 피라미드 근처에 수직으로 세운 후 막대의 그림자와 피라미드의 그림자 길이를 쟀습니다.

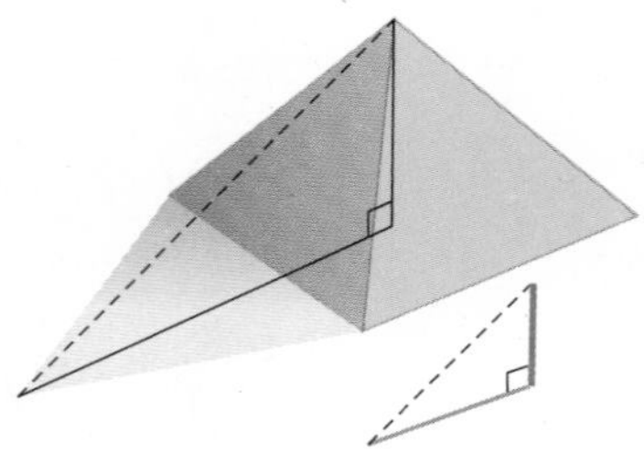

탈레스는 막대와 막대의 그림자 길이가 비례하는 만큼, 피라미드의 높이와 피라미드의 그림자 길이가 비례할 것이라고 생각했습니다. 같은 시각에는 태양이 같은 높이에 있으니 그림자가 같은 비율로 드리워지기 때문이죠. 탈레스는 곧바로 비례식을 세워 피라미드의 높이를 계산했답니다. 당시 탈레스가 계산한 피라미드의 높이는 실제 피라미드의 높이와 2m밖에 차이가 나지 않을 정도로 정확했답니다. 거대해서 잴 수 없다고만 생각했던 피라미드의 높이는 그림자와 비례식에 의해 간단하고도 정확하게 밝혀졌습니다.

* 큐빗: 팔꿈치에서 손끝까지의 길이로, 약 46 cm입니다.

지구의 둘레를 구하는 비례식

그리스의 수학자이자 철학자인 에라토스테네스는 시에네 마을을 여행하다 우물을 보고 깜짝 놀랐어요. 하짓날 정오가 되자 햇빛이 깊은 우물 속까지 비치는 것이었어요. 햇빛이 우물 바로 위에서 수직으로 내리쬐었기 때문이죠. 에라토스테네스가 그 시각 우물 가까이 막대를 수직으로 세워 보니 역시 막대의 그림자가 생기지 않았지요.

또한 시에네 마을에서 925 km 떨어진 알렉산드리아 마을에서는 하짓날 정오에 막대를 수직으로 세우자 그림자가 생겼습니다.

"하짓날 정오에 알렉산드리아에 세운 막대의 그림자를 이용해서 지구 둘레를 예측할 수 있을 거야!"

에라토스테네스는 하짓날 정오에 시에네의 우물에 햇빛이 수직으로 비칠 때, 알렉산드리아 마을에 막대를 세웠어요. 그리고 막대 끝과 그림자 끝을 연결한 선분과 막대가 이루는 각도를 쟀습니다. 두 선분 사이의 각도는 약 7.2°. 막대 끝과 그림자 끝을 연결한 선분은 태양 광선과 평행하기 때문에, 시에네와 지구의 중심을 연결한 선분과 알렉산드리아와 지구의 중심을 연결한 선분이 이루는 각도도 약 7.2°임을 추측할 수 있었죠. 에라토스테네스는 지구의 중심각이 360°임을 이용하여 비례식을 세워 지구의 둘레를 구해냈어요.

그가 계산한 지구 둘레는 46250 km로 실제 지구 둘레인 약 40074 km와 비교하면 매우 가까운 값입니다.

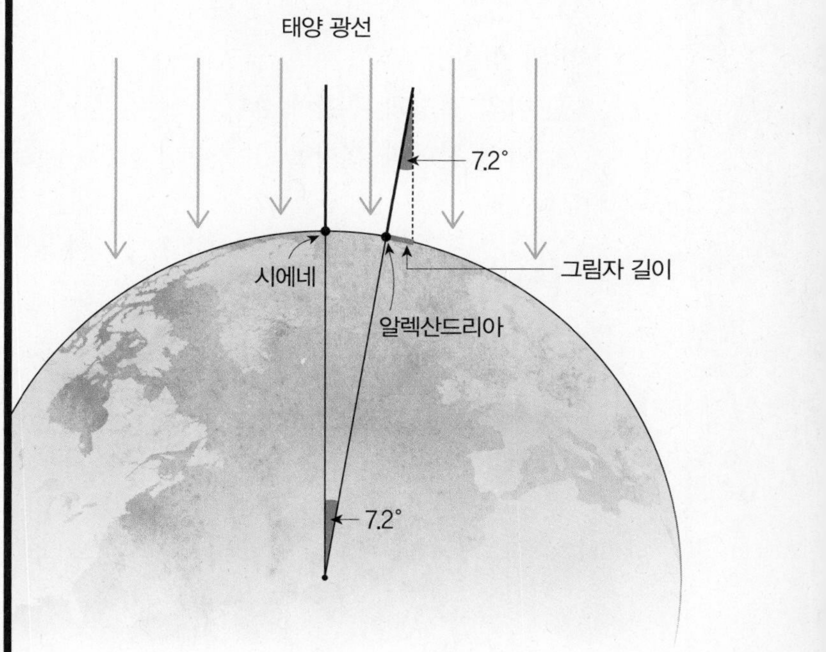

$$7.2^\circ : 360^\circ = 925 : \square$$

$$\square = \frac{360^\circ \times 925}{7.2^\circ}$$

$$\square = 46250\,(\text{km})$$

BASIC CONCEPT

1 비의 성질, 간단한 자연수의 비로 나타내기

❶ 비의 성질

• 비 2 : 3에서 기호 ':' 앞에 있는 2를 전항, 뒤에 있는 3을 후항이라고 합니다.

2 : 3
전항 후항
앞에 있는 항 / 뒤에 있는 항

전항(前項－앞 전, 항목 항)
후항(後項－뒤 후, 항목 항)

• 비의 성질

① 비의 전항과 후항에 0이 아닌 같은 수를 곱하여도 비율은 같습니다.

② 비의 전항과 후항을 0이 아닌 같은 수로 나누어도 비율은 같습니다.

예 1 : 2 → (×2, ×2) → 2 : 4 　 4 : 12 → (÷4, ÷4) → 1 : 3

❷ 간단한 자연수의 비로 나타내기

(소수) : (분수), (분수) : (소수)는 소수를 분수로 고치거나 분수를 소수로 고쳐서 (분수) : (분수) 또는 (소수) : (소수)와 같은 방법으로 간단한 자연수의 비로 나타냅니다.

• (소수) : (소수) ➡ 전항과 후항에 10, 100, 1000……을 곱합니다.
• (분수) : (분수) ➡ 전항과 후항에 두 분모의 최소공배수를 곱합니다.
• (자연수) : (자연수) ➡ 전항과 후항을 두 수의 최대공약수로 나눕니다.

예 0.4 : 0.7 → (×10, ×10) → 4 : 7 　 $\frac{1}{4}:\frac{2}{5}$ → (×20, ×20) → 5 : 8 　 16 : 40 → (÷8, ÷8) → 2 : 5

배경지식

❶ 비와 비율

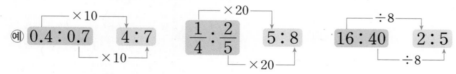

• 비: 두 수를 나눗셈으로 비교하기 위하여 기호 :을 사용하여 나타낸 것

예 ● : ■ ➡ ● 대 ■, ●의 ■에 대한 비, ■에 대한 ●의 비, ●와 ■의 비
(● 비교하는 양, ■ 기준량)

• 비율: 기준량에 대한 비교하는 양의 크기

$$(\text{비율})=(\text{비교하는 양})\div(\text{기준량})=\frac{(\text{비교하는 양})}{(\text{기준량})}$$

➡ (비교하는 양)＝(비율)×(기준량)
　 (기준량)＝(비교하는 양)÷(비율)

주의개념

❶ 비의 전항과 후항에 0을 곱하거나, 비의 전항과 후항을 0으로 나눌 수 없는 이유

• 전항과 후항에 0을 곱한 경우

예 2 : 5＝(2×0) : (5×0)＝0 : 0 ➡ 모든 비가 0 : 0으로 되어 처음 2 : 5와 달라집니다.

• 전항과 후항을 0으로 나눈 경우

예 2 : 5＝(2÷0) : (5÷0) ➡ 모든 수는 0으로 나눌 수 없습니다.

따라서 비의 전항과 후항에 0을 곱하거나 0으로 나누는 것은 생각하지 않습니다.

BASIC TEST

1 비의 성질을 이용하여 $8:12$와 비율이 같은 비를 2개 쓰시오.

( )

2 $1.7:1\frac{1}{2}$을 간단한 자연수의 비로 나타내려고 합니다. 각각의 방법으로 나타내시오.

(1) 후항을 소수로 바꾸어 간단한 자연수의 비로 나타내시오.

$1.7:1\frac{1}{2}$

➡ $1.7:\square$ ➡ $\square:\square$

(2) 전항을 분수로 바꾸어 간단한 자연수의 비로 나타내시오.

$1.7:1\frac{1}{2}$

➡ $\frac{\square}{10}:\frac{3}{2}$ ➡ $\square:\square$

3 가로와 세로의 비가 $4:3$과 비율이 같은 직사각형을 모두 찾아 기호를 쓰시오.

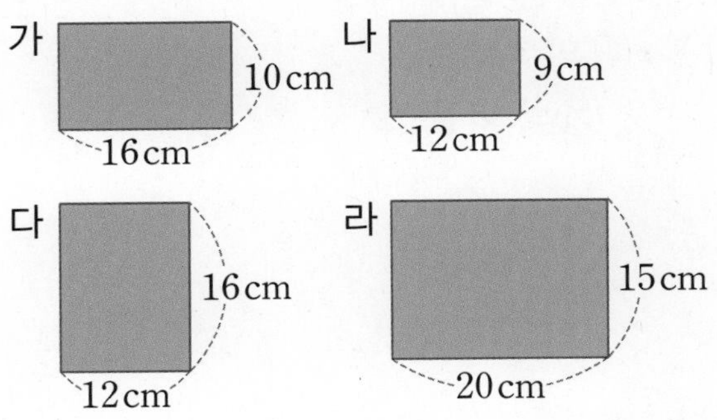

( )

4 가장 간단한 자연수의 비로 나타내시오.

(1) $0.4:1.5$ ( )

(2) $40:32$ ( )

(3) $\frac{1}{2}:\frac{4}{15}$ ( )

5 동준이네 학교 6학년 학생은 225명이고 그중 남학생은 117명입니다. 남학생 수와 여학생 수의 비를 가장 간단한 자연수의 비로 나타내시오.

( )

6 의란이와 길호는 다음과 같이 각각 꿀과 물을 넣어 꿀물을 만들었습니다. 두 사람이 사용한 꿀의 양과 물의 양의 비를 가장 간단한 자연수의 비로 나타내고, 두 꿀물의 진하기를 비교하시오.

	꿀의 양	물의 양
의란	0.5 L	2.5 L
길호	$\frac{3}{10}$컵	$1\frac{1}{2}$컵

의란 ....

길호 ....

비교 ....

BASIC CONCEPT

2 비례식

❶ 비례식 — 비례식은 비율이 같은 두 비를 기호 '='를 사용하여 나타낸 식이므로 비례식으로 나타낼 때에는 비의 순서를 같게 해 주어야 합니다.

• 비례식: 비율이 같은 두 비를 기호 '='를 사용하여 $2:3=4:6$과 같이 나타낸 식

외항 — 바깥쪽에 있는 두 항

$$2 : 3 = 4 : 6$$

내항 — 안쪽에 있는 두 항

내항(內項 — 안 내, 항목 항)
외항(外項 — 바깥 외, 항목 항)

❷ 비례식의 성질

• 비례식에서 외항의 곱과 내항의 곱은 같습니다.

$$\overset{3\times15}{3:5=9:15}\ \underset{5\times9}{} \Rightarrow \text{같습니다.}$$

❸ 비례식의 활용하기

(1) 구하려고 하는 것을 □라 놓습니다.

(2) 문제의 조건에 맞게 비례식을 세웁니다.

(3) 비례식의 외항의 곱과 내항의 곱은 같다는 성질을 이용하여 □의 값을 구합니다.

(4) 구한 답이 맞는지 (2)의 비례식에 □ 대신 구한 수를 넣어 확인합니다.

실전 개념

❶ 크기가 같은 두 비율을 비례식으로 나타내기

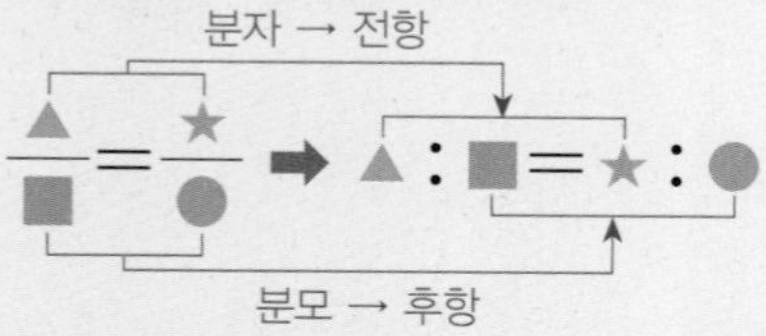

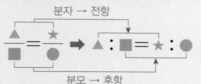

예 $\dfrac{3}{7}=\dfrac{15}{35} \Rightarrow 3:7=15:35$

❷ 곱셈식을 비례식으로 나타내기

• 두 곱을 각각 외항의 곱과 내항의 곱으로 생각하여 비례식으로 나타냅니다.

예 $\underbrace{㉠\times3}_{\text{외항의 곱}}=\underbrace{㉡\times2}_{\text{내항의 곱}}$일 때 $\overset{\text{외항}}{㉠:\underbrace{㉡=2}_{\text{내항}}:3}$

❸ 톱니바퀴의 톱니 수와 회전수의 관계

• 맞물려 돌아가는 두 톱니바퀴 ㉮와 ㉯의 움직인 톱니 수는 같습니다.

(㉮의 톱니 수)×(㉮의 회전수)=(㉯의 톱니 수)×(㉯의 회전수)

➡ (㉮의 톱니 수) : (㉯의 톱니 수)=(㉯의 회전수) : (㉮의 회전수)

연결 개념

고 1 연계

❶ 비례식의 여러 가지 성질

• $a:b=c:d$일 때, 다음 등식이 성립합니다.

① $\dfrac{a}{b}=\dfrac{c}{d}$ ② $\dfrac{a+b}{b}=\dfrac{c+d}{d}$ ③ $(a+b):b=(c+d):d$

BASIC TEST

1 비율이 같은 두 비를 찾아 비례식을 세우시오.

2 : 3	3 : 4	12 : 9	15 : 20

(   )

2 옳은 비례식을 모두 고르시오. (   )

① 21 : 15=7 : 5   ② 6 : 8=12 : 4
③ 20 : 30=15 : 25   ④ 4 : 3=24 : 18
⑤ 4 : 7=6 : 9

3 비례식의 성질을 이용하여 □ 안에 알맞은 수를 써넣으시오.

(1) □ : 4=60 : 48

(2) 0.4 : 0.5=□ : 10

(3) $\frac{1}{6}$: □=3 : 2

4 다음 수 카드 중에서 4장을 골라 비례식을 세우시오.

2 3 4 5 6 7

□ : □=□ : □

5 건창이네 반 학생 중에서 25 %가 안경을 씁니다. 안경을 쓴 학생이 7명이라면 건창이네 반 학생은 모두 몇 명입니까?

(   )

6 ㉠와 ㉡의 곱이 300보다 작은 9의 배수일 때, □ 안에 들어갈 수 있는 가장 큰 자연수를 구하시오.

5 : ㉠=㉡ : □

3 비례배분

❶ 비례배분

- 비례배분: 전체를 주어진 비로 배분하는 것
- ▲를 가 : 나=● : ■로 나누기

가: $▲\times\frac{●}{●+■}$, 나: $▲\times\frac{■}{●+■}$

예 18을 1 : 2로 나누기

$18\times\frac{1}{1+2}=18\times\frac{1}{3}=6$, $18\times\frac{2}{1+2}=18\times\frac{2}{3}=12$

❷ 비례배분을 이용하여 문제 해결하기

예 갑이 90000원, 을이 60000원을 투자하여 이익금 50000원을 얻었을 때, 투자한 금액의 비로 이익금을 비례배분하기

➡ 갑과 을이 투자한 금액의 비를 가장 간단한 자연수의 비로 나타내면

$90000 : 60000$ ➡ $3 : 2$ (각각 $\div 30000$)

갑이 가지게 되는 금액: $50000\times\frac{3}{5}=30000$(원)

을이 가지게 되는 금액: $50000\times\frac{2}{5}=20000$(원)

배경지식

❶ 비례배분의 사전적 의미

비례배분은 영어로 'proportional distribution'입니다. 'proportional'은 '~에 비례하는', 'distribution'은 '배분, 나눔'을 의미하므로 'proportional distribution'은 '비례하게 나눔'의 뜻이 있습니다. 즉 비례배분은 어떤 수나 양을 주어진 비와 같아지도록 배분하는 것입니다.

실전개념

❶ 전체의 양 구하기

(부분의 양)=(전체의 양)×(전체에 대한 부분의 비율)

➡ (전체의 양)=(부분의 양)÷(전체에 대한 부분의 비율)

예 갑과 을의 용돈의 비가 3 : 4이고 갑의 용돈이 9000원일 때, 갑과 을의 용돈의 합 구하기

(갑의 용돈)=(갑과 을의 용돈의 합)$\times\frac{3}{3+4}$

➡ (갑과 을의 용돈의 합)=$\underbrace{9000}_{\text{갑의 용돈}}\div\frac{3}{7}=21000$(원)

BASIC TEST

1 ▢ 안의 수를 주어진 비로 나누어 [,] 안에 쓰시오.

(1) 63 2 : 7 ➡ [,]

(2) 95 3 : 2 ➡ [,]

(3) 260 8 : 5 ➡ [,]

2 귤 36개를 효주와 지솔이가 5 : 4로 나누어 먹으려고 합니다. 각각 귤을 몇 개씩 먹으면 됩니까?

효주 ( )
지솔 ( )

3 삼각형 ㄱㄴㄷ은 직각삼각형입니다. ㉠과 ㉡의 각도의 비가 2 : 3일 때, ㉡의 각도를 구하시오.

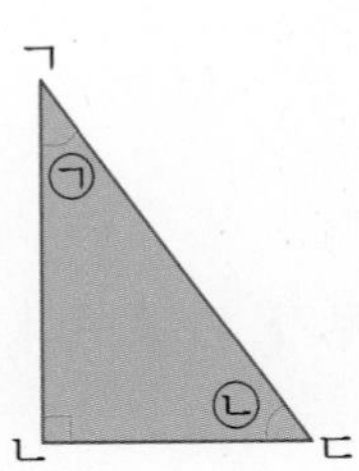

( )

4 병호네 가족과 정후네 가족이 함께 텃밭에서 수확한 배추 40포기를 가족 수에 따라 나누어 가지려고 합니다. 병호네 가족은 3명, 정후네 가족은 5명일 때, 배추를 몇 포기씩 나누어 가져야 합니까?

병호네 가족 ( )
정후네 가족 ( )

5 한 묶음이 10장인 색종이 13묶음을 슬기와 예린이가 7 : 6의 비로 나누어 가졌습니다. 누가 색종이를 몇 장 더 많이 가졌습니까?

(,)

6 길이가 112 cm인 끈을 겹치지 않게 모두 사용하여 가로와 세로의 비가 13 : 15인 직사각형을 한 개 만들었습니다. 만든 직사각형의 넓이는 몇 cm^2입니까?

( )

MATH TOPIC 1 심화유형

비의 성질 이용하기

전항과 후항의 차가 6이고, 가장 간단한 자연수의 비로 나타내면 9 : 7이 되는 비가 있습니다. 이 비의 전항과 후항의 합을 구하시오.

● 생각하기 전항과 후항에 0이 아닌 같은 수를 곱해 봅니다.

● 해결하기 1단계 비의 성질을 이용하여 전항과 후항의 차가 6이 되는 비 찾기

$9:7$ (×2) $18:14$ ➡ $18-14=4$ (×) $9:7$ (×3) $27:21$ ➡ $27-21=6$ (○)

2단계 전항과 후항의 합 구하기

조건을 만족하는 비는 $27:21$이므로 (전항)+(후항)$=27+21=48$입니다.

답 48

1-1 전항과 후항의 합이 33이고, 가장 간단한 자연수의 비로 나타내면 5 : 6이 되는 비를 구하시오.

(   )

1-2 올해 시원이와 어머니의 나이의 비는 3 : 10이고, 나이의 합은 52살입니다. 시원이는 몇 살입니까?

(   )

1-3 가로와 세로의 비가 3 : 5인 직사각형이 있습니다. 세로가 가로보다 8 cm 더 길 때, 이 직사각형의 둘레는 몇 cm입니까?

(   )

정답과 풀이 48쪽

2 전체의 양 구하기

심화유형

바구니에 사과와 배의 수가 $6:7$의 비로 들어 있습니다. 그중에서 사과가 18개라면 바구니에 들어 있는 사과와 배는 모두 몇 개입니까?

● 생각하기 배의 수를 □개라 하고 비례식을 세웁니다.

● 해결하기 1단계 비례식을 만들어 배의 수 구하기

배의 수를 □개라 하면

$6:7=18:\square$, $6\times\square=7\times18$, $6\times\square=126$, $\square=21$

2단계 바구니에 들어 있는 사과와 배의 수의 합 구하기

(바구니에 들어 있는 사과와 배의 수의 합)$=18+21=39$(개)

답 39개

2-1 색종이를 희재와 교림이가 $2\frac{1}{7}:2.5$의 비로 나누어 가졌습니다. 희재가 가진 색종이가 30장이라면 처음에 있던 색종이는 모두 몇 장입니까?

( )

2-2 감나무에 달려 있던 감의 25 %가 태풍에 의해 떨어졌습니다. 떨어지지 않은 감이 54개일 때, 처음에 감나무에 달려 있던 감은 모두 몇 개입니까?

( )

2-3 지영이네 집에서 생산한 배추 생산량에 대한 무 생산량의 비율이 $\frac{3}{5}$입니다. 배추 생산량이 1200 kg이면 지영이네 집에서 생산한 배추와 무는 모두 몇 kg입니까?

( )

MATH TOPIC 3 심화유형

톱니바퀴의 톱니 수 또는 회전수 구하기

맞물려 돌아가는 두 톱니바퀴 ㉮와 ㉯가 있습니다. ㉮의 톱니는 15개이고, ㉯의 톱니는 18개입니다. ㉮가 12바퀴를 도는 동안 ㉯는 몇 바퀴를 돕니까?

● 생각하기 톱니 수의 비가 ■ : ●일 때, 회전수의 비는 ● : ■입니다.

● 해결하기 1단계 회전수의 비 알아보기

톱니바퀴 ㉮와 ㉯의 톱니 수의 비는 15 : 18 → 5 : 6이므로 (15÷3 : 18÷3)

㉮와 ㉯의 회전수의 비는 6 : 5입니다.

2단계 ㉮가 12바퀴 도는 동안의 ㉯의 회전수 구하기

㉮가 12바퀴 도는 동안 ㉯가 □바퀴 돈다고 하면

6 : 5 = 12 : □, 6 × □ = 5 × 12, 6 × □ = 60, □ = 10입니다.

따라서 ㉮가 12바퀴를 도는 동안 ㉯는 10바퀴를 돕니다.

답 10바퀴

3-1 맞물려 돌아가는 두 톱니바퀴 ㉮와 ㉯가 있습니다. ㉮가 16바퀴를 도는 동안 ㉯는 28바퀴를 돕니다. ㉯의 톱니가 32개일 때, ㉮의 톱니는 몇 개입니까?

(   )

3-2 맞물려 돌아가는 두 톱니바퀴 ㉮와 ㉯가 있습니다. ㉮의 톱니는 20개이고 ㉯의 톱니는 12개입니다. ㉯가 25바퀴를 도는 동안 ㉮는 몇 바퀴를 돕니까?

(   )

3-3 맞물려 돌아가는 두 톱니바퀴 ㉮와 ㉯가 있습니다. ㉮는 4분 동안 24바퀴를 돌고 ㉯는 3분 동안 24바퀴를 돕니다. ㉮의 톱니가 24개일 때, ㉯의 톱니는 몇 개입니까?

(   )

4 심화유형 겹쳐진 두 도형의 넓이의 비 구하기

직사각형 가와 나가 오른쪽과 같이 겹쳐져 있습니다. 겹쳐진 부분의 넓이는 가의 넓이의 $\frac{3}{4}$이고, 나의 넓이의 40 %입니다. 가와 나의 넓이의 비를 가장 간단한 자연수의 비로 나타내시오.

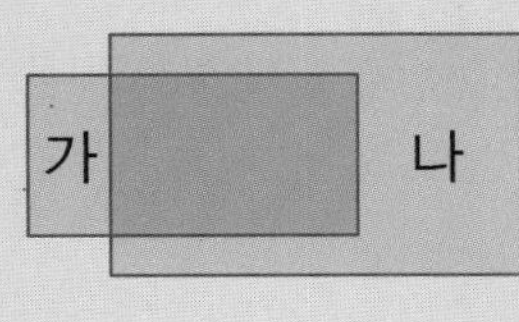

● 생각하기 두 도형에서 겹쳐진 부분의 넓이는 서로 같습니다.

● 해결하기 1단계 겹쳐진 부분의 넓이를 이용하여 알맞은 곱셈식 만들기

40 % ➡ $\frac{40}{100}=\frac{2}{5}$이므로 (가의 넓이)$\times\frac{3}{4}=$(나의 넓이)$\times\frac{2}{5}$

2단계 넓이의 비를 가장 간단한 자연수의 비로 나타내기

(가의 넓이) : (나의 넓이) $=\frac{2}{5}:\frac{3}{4}$ ➡ 8 : 15 (×20, ×20)

답 8 : 15

4-1 삼각형과 사다리꼴이 오른쪽과 같이 겹쳐져 있습니다. 겹쳐진 부분의 넓이는 삼각형의 넓이의 $\frac{1}{4}$이고, 사다리꼴의 넓이의 $\frac{2}{7}$입니다. 삼각형과 사다리꼴의 넓이의 비를 가장 간단한 자연수의 비로 나타내시오.

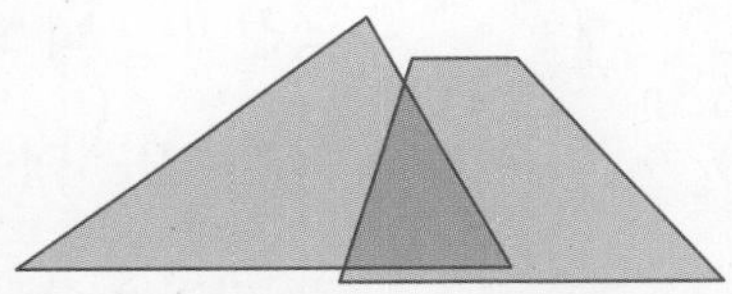

(   )

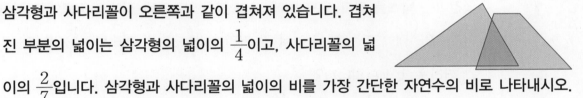

4-2 원과 정사각형이 오른쪽과 같이 겹쳐져 있습니다. 겹쳐진 부분의 넓이는 원의 넓이의 25 %이고 정사각형의 넓이의 $\frac{1}{3}$입니다. 원의 넓이가 64 cm^2일 때, 정사각형의 넓이는 몇 cm^2입니까?

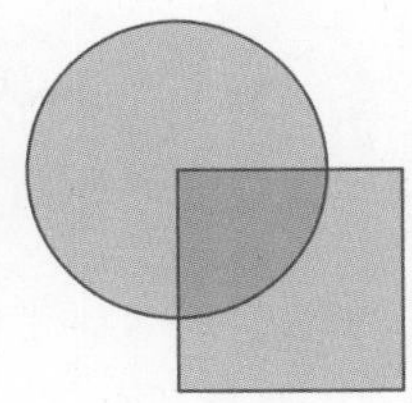

(   )

4-3 원 가와 나가 오른쪽과 같이 겹쳐져 있습니다. 가와 나의 넓이의 비는 15 : 16이고 겹쳐진 부분의 넓이는 가의 넓이의 $\frac{2}{5}$입니다. 겹쳐진 부분의 넓이는 나의 넓이의 몇 %입니까?

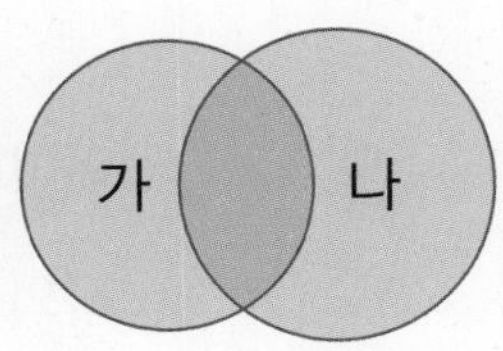

(   )

MATH TOPIC

심화유형 5

곱셈식을 비례식으로 나타내어 문제 해결하기

시원이네 학교 학생 396명 중에서 남학생 수는 여학생 수의 $\frac{5}{6}$입니다. 시원이네 학교 여학생은 몇 명입니까?

● 생각하기 ●＝▲×■ ➡ ●×1＝▲×■이므로 ●：▲＝■：1

● 해결하기 1단계 남학생 수와 여학생 수의 비 구하기

(남학생 수)＝(여학생 수)$\times\frac{5}{6}$이므로

(남학생 수)：(여학생 수)$=\frac{5}{6}:1$ ➡ 5：6입니다.

2단계 여학생 수 구하기

(여학생 수)$=396\times\frac{6}{5+6}=396\times\frac{6}{11}=216$(명)

답 216명

5-1 의건이는 버스를 타고 고모 댁에 갔습니다. 의건이네 집에서 고모 댁까지의 거리는 6 km이고 고모 댁에 가는 데 걸어서 간 거리는 버스로 간 거리의 $\frac{1}{11}$입니다. 의건이가 걸어서 간 거리는 몇 km입니까?

( )

5-2 상우와 동생의 나이의 합은 18살이고 상우의 나이는 동생의 나이의 2배입니다. 또 형의 나이는 상우의 나이보다 3살이 더 많습니다. 형과 동생의 나이의 비를 가장 간단한 자연수의 비로 나타내시오.

( )

5-3 어머니께서 사 오신 고구마, 감자, 당근의 무게의 합은 12 kg입니다. 고구마의 무게는 감자의 $1\frac{1}{4}$배이고 감자의 무게는 당근의 $1\frac{1}{3}$배일 때, 고구마의 무게는 몇 kg입니까?

( )

정답과 풀이 48쪽

6 심화유형 넓이의 비를 이용하여 길이 구하기

오른쪽 평행사변형을 두 개의 사다리꼴 가와 나로 나누었습니다. 가와 나의 넓이의 비가 2 : 3일 때, ㉠의 길이는 몇 cm입니까?

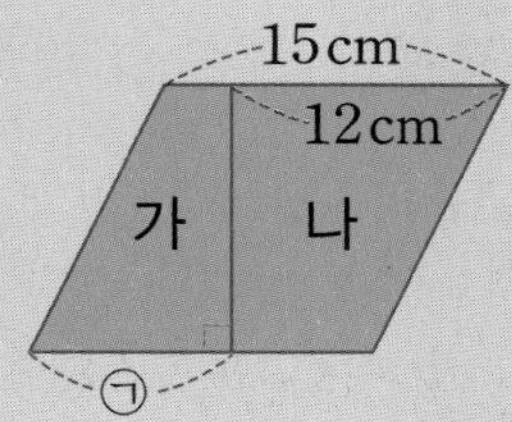

● 생각하기 높이가 같은 두 사다리꼴의 넓이의 비는 윗변과 아랫변의 길이의 합의 비와 같습니다.

● 해결하기 1단계 가의 윗변과 아랫변의 길이의 합 구하기

가와 나의 윗변과 아랫변의 길이를 모두 더하면 $15+15=30$ (cm)입니다.
높이가 같은 두 사다리꼴의 넓이의 비는 윗변과 아랫변의 길이의 합의 비와 같으므로 사다리꼴 가와 나의 윗변과 아랫변의 길이의 합의 비는 2 : 3입니다.

(가의 윗변과 아랫변의 길이의 합) $=30\times\frac{2}{2+3}=30\times\frac{2}{5}=12$ (cm)

2단계 ㉠의 길이 구하기

(가의 윗변의 길이) $=15-12=3$ (cm)이므로 (㉠의 길이) $=12-3=9$ (cm)입니다.
(㉠: 가의 아랫변)

답 9 cm

6-1 오른쪽 그림에서 평행한 두 직선 사이에 있는 두 삼각형 가와 나의 넓이의 비는 3 : 5입니다. 삼각형 가와 나의 밑변의 길이의 비를 구하시오.

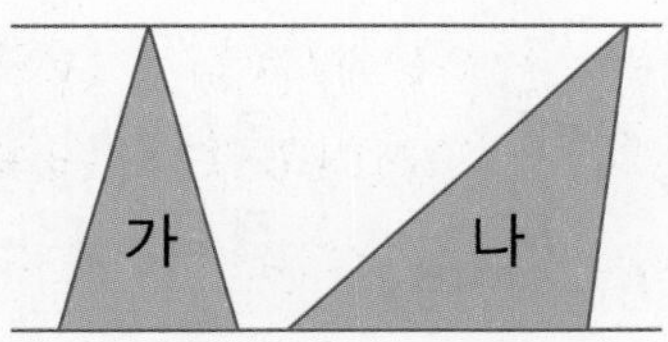

(　　　　　　　　)

6-2 오른쪽 삼각형 ㄱㄴㄷ을 넓이의 비가 3 : 4가 되도록 두 삼각형 가와 나로 나누었습니다. 삼각형 ㄱㄴㄷ의 넓이가 168 cm^2일 때, 선분 ㄴㄹ의 길이는 몇 cm입니까?

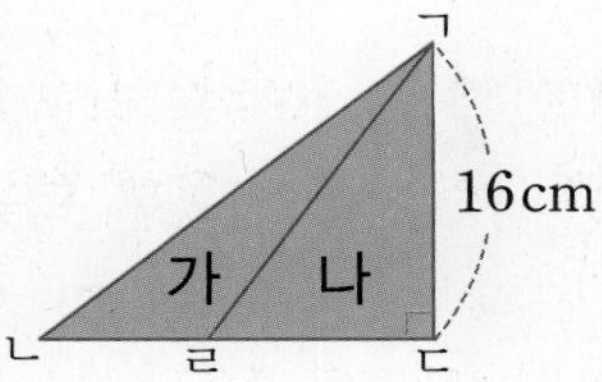

(　　　　　　　　)

6-3 오른쪽 그림에서 직선 가와 직선 나는 서로 평행합니다. 삼각형과 사다리꼴의 넓이의 비가 4 : 5일 때, ㉠의 길이는 몇 cm입니까?

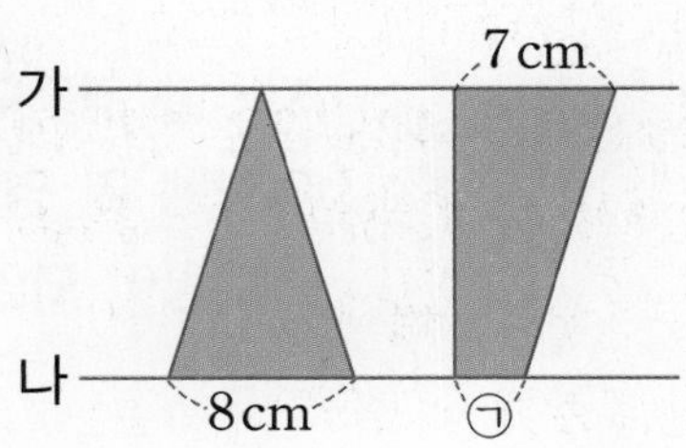

(　　　　　　　　)

MATH TOPIC

7 심화유형 바뀐 비를 이용하여 문제 해결하기

현희와 원태가 가지고 있던 우표 수의 비는 5 : 3입니다. 현희가 가지고 있던 우표 25장 중 몇 장을 원태에게 주었더니 현희와 원태의 우표 수의 비가 11 : 9가 되었습니다. 현희가 원태에게 준 우표는 몇 장입니까?

● 생각하기 두 사람의 우표 수의 합은 변하지 않습니다.

● 해결하기 1단계 처음에 원태가 가지고 있던 우표 수 구하기

처음에 원태가 가지고 있던 우표 수를 □장이라 하면

5 : 3=25 : □, 5×□=3×25, 5×□=75, □=15

2단계 원태에게 우표를 준 후 현희의 우표 수 구하기

처음에 두 사람이 가지고 있던 우표는 25+15=40(장)이고 두 사람의 우표 수의 합은 변하지 않았으므로

원태에게 우표를 준 후 현희의 우표는 $40\times\frac{11}{11+9}=40\times\frac{11}{20}=22$(장)입니다.

3단계 현희가 원태에게 준 우표 수 구하기

(원태에게 준 우표 수)=25−22=3(장)

답 3장

7-1 은정이와 현미는 카드를 각각 40장씩 가지고 있었습니다. 은정이가 현미에게 카드를 몇 장 주었더니 은정이와 현미의 카드 수의 비가 3 : 5가 되었습니다. 은정이는 현미에게 카드를 몇 장 주었습니까?

(   )

7-2 봉지에 딸기맛 사탕과 포도맛 사탕이 5 : 7의 비로 들어 있었습니다. 그중 포도맛 사탕 몇 개를 먹었더니 딸기맛 사탕과 포도맛 사탕 수의 비가 4 : 5가 되었고 사탕은 45개가 남았습니다. 먹은 포도맛 사탕은 몇 개입니까?

(   )

7-3 지난달 경인이네 학교 6학년 남학생 수와 여학생 수의 비는 6 : 7이었습니다. 이번 달에 여학생 몇 명이 전학을 와서 남학생 수와 여학생 수의 비가 5 : 6이 되었고 6학년 학생은 198명이 되었습니다. 이번 달에 전학을 온 여학생은 몇 명입니까?

(   )

정답과 풀이 48쪽

심화유형 8 이익금 비례배분하기

갑, 을 두 사람이 각각 100만 원, 140만 원을 투자하여 얻은 이익금을 투자한 금액의 비로 나누어 가졌습니다. 갑이 받은 이익금이 30만 원이라면 전체 이익금은 얼마입니까?

● 생각하기 전체 이익금을 □원이라 하고 비례배분하는 식을 세웁니다.

● 해결하기 1단계 두 사람이 투자한 금액의 비를 가장 간단한 자연수의 비로 나타내기

(갑이 투자한 금액) : (을이 투자한 금액) = 100만 : 140만 ➡ 5 : 7 (각 항을 ÷20만)

2단계 전체 이익금 구하기

전체 이익금을 □만 원이라 하면

$\square\times\frac{5}{5+7}=30$, $\square\times\frac{5}{12}=30$, $\square=30\div\frac{5}{12}=30\times\frac{12}{5}=72$이므로

전체 이익금은 72만 원입니다.

답 72만 원

8-1 갑, 을 두 사람이 각각 42만 원, 70만 원을 투자하여 얼마의 이익금을 얻었습니다. 두 사람이 투자한 금액의 비로 이익금을 나누어 가지면 을은 20만 원을 받게 됩니다. 전체 이익금은 얼마입니까?

(　　　　　　　　)

8-2 ㉮ 회사는 150만 원, ㉯ 회사는 100만 원을 투자하여 50만 원의 이익금을 얻었습니다. 얻은 이익금을 투자한 금액의 비로 나누어 가진 다음, 같은 비율로 다시 투자를 하려고 합니다. 다시 투자했을 때 ㉮ 회사가 받을 수 있는 이익금이 50만 원이 되려면 ㉮ 회사는 얼마를 다시 투자해야 합니까? (단, 투자한 금액에 대한 이익금의 비율은 항상 일정합니다.)

(　　　　　　　　)

8-3 갑은 240만 원, 을은 400만 원을 투자하여 얻은 이익금을 투자한 금액의 비로 나누어 각자의 투자금과 함께 돌려받기로 했습니다. 갑이 돌려받을 금액이 270만 원일 때, 을이 돌려받을 금액은 얼마입니까?

(　　　　　　　　)

심화유형 9

비례식과 비례배분을 활용한 교과통합유형

STEAM형

수학+사회

고대 그리스에서는 비가 1 : 1.618일 때 가장 안정감 있고 균형 있다고 생각하여 이 비를 황금비라고 불렀습니다. 황금비는 고대의 건축, 회화, 조각 등에 많이 적용되었으며 그 예로 아테네의 파르테논 신전, 밀로의 비너스 상 등이 있습니다. 우리 주변에서 흔히 볼 수 있는 직사각형 모양 신용카드도 이러한 황금비에 따라 만들어졌습니다. 한 신용카드의 세로와 가로의 비가 황금비에 가까운 1 : 1.6이고, 세로가 5.4 cm일 때, 이 신용카드의 둘레는 몇 cm입니까?

▲ 파르테논 신전

● 생각하기 세로와 가로의 비가 1 : 1.6임을 이용하여 비례식을 세워 봅니다.

● 해결하기 1단계 신용카드의 가로 구하기

신용카드의 가로를 □cm라 하면

1 : 1.6=5.4 : □, 1×□=1.6×5.4, □= [ ]

2단계 신용카드의 둘레 구하기

직사각형의 둘레는 가로와 세로의 길이의 합의 2배이므로

(신용카드의 둘레)=(5.4+[ ])×2=[ ]×2=[ ] (cm)

답 [ ] cm

수학+미술

9-1 프랑스 루브르 박물관에 전시되어 있는 밀로의 비너스는 기원전에 만들어진 고대 그리스의 조각으로 1820년 밀로 섬에서 밭을 갈던 농부에 의해 발견되었습니다. 우아한 몸매의 이 비너스 상의 신체는 오른쪽과 같이 배꼽을 기준으로 상체와 하체를 5 : 8로 나누고, 무릎을 기준으로 하체를 8 : 5로 나눌 수 있습니다. 높이가 $84\frac{1}{2}$ cm인 밀로의 비너스상 축소 모형에서 ㉠ 부분의 길이는 몇 cm입니까?

( )

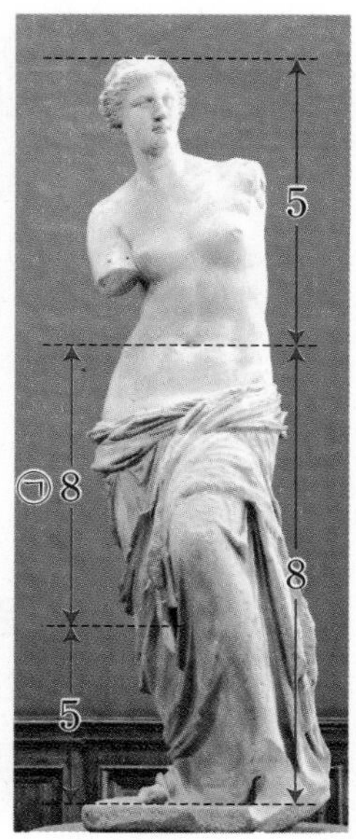

서술형 **1**

문제풀이 동영상

어떤 일을 승철이가 혼자 하면 16일이 걸리고, 예원이가 혼자 하면 20일이 걸립니다. 승철이와 예원이가 하루에 하는 일의 양의 비를 가장 간단한 자연수의 비로 나타내려고 합니다. 풀이 과정을 쓰고 답을 구하시오. (단, 두 사람이 하루에 하는 일의 양은 일정합니다.)

풀이 ....

....

....

답 ....

2

㉮의 $60\ \%$와 ㉯의 0.75는 같습니다. ㉯에 대한 ㉮의 비율을 소수로 나타내시오.

(　　　　　　　　)

3

축척이 $1:20000$인 어느 공원의 안내 지도입니다. 근후는 공원 입구에서 식물원을 거쳐 편의점까지 갔습니다. 공원 입구에서 식물원을 거쳐 편의점까지의 거리를 재어 보고 근후의 실제 이동 거리는 몇 km인지 구하시오.

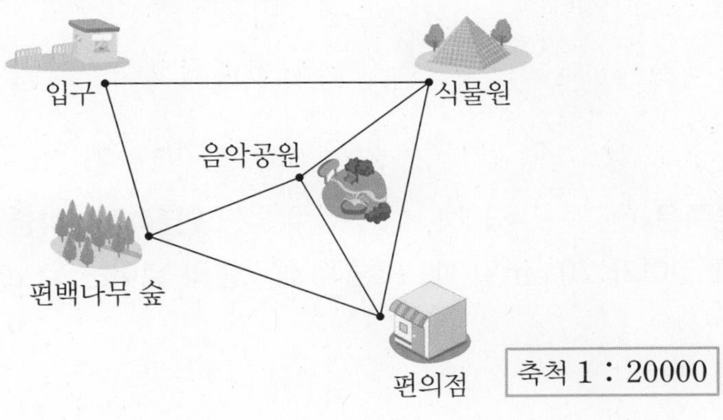

(　　　　　　　　)

4 시계에서 분침이 시계를 1바퀴 돌 때 시침은 시계의 큰 눈금 한 칸을 움직입니다. 시계에서 분침이 20분 움직이는 동안 시침은 몇 도를 움직입니까?

(　　　　　　　　)

서술형 **5** 맞물려 돌아가는 두 톱니바퀴 ㉮와 ㉯가 있습니다. ㉮가 28바퀴를 도는 동안 ㉯는 42바퀴를 돈다고 합니다. ㉮의 톱니가 21개일 때, ㉮와 ㉯ 중 어느 것의 톱니가 몇 개 더 많은지 풀이 과정을 쓰고 답을 구하시오.

풀이 ....

....

....

답 .... , ...

6 오른쪽은 ㉠ : ㉡ = 3 : 4, ㉠ : ㉢ = 3 : 5인 직각삼각형입니다. 가장 긴 변의 길이가 20 cm일 때, 오른쪽 삼각형의 넓이는 몇 cm^2입니까?

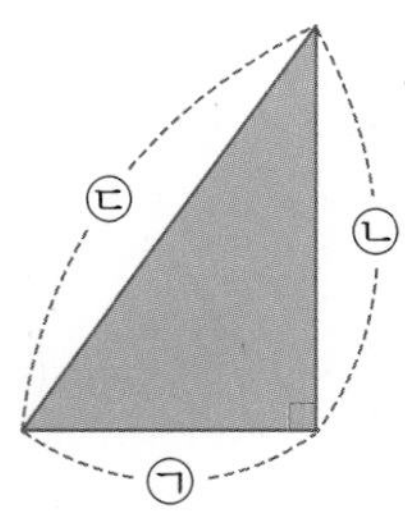

(　　　　　　　　)

STEAM형 **7**

수학+과학

지구를 둘러싸고 있는 공기는 태양열을 직접 받아서 가열되는 것이 아니라 태양열을 받아 뜨거워진 땅에서 나오는 열에 의해 데워집니다. 그래서 땅에 가까울수록 기온이 높고, 위로 올라가 땅에서 멀어질수록 기온이 낮아집니다. *해발고도가 $100\ \mathrm{m}$ 상승할 때마다 기온은 $0.6\ ^\circ\mathrm{C}$씩 낮아집니다. 해발고도가 $200\ \mathrm{m}$인 어느 지역의 기온이 $21\ ^\circ\mathrm{C}$라면 이 지역에서 기온이 $0\ ^\circ\mathrm{C}$가 되는 곳은 해발고도가 몇 m인 곳입니까?

* 해발고도: 기준점이 되는 해수면에서 측정하는 곳까지의 높이

(　　　　　　　　)

8

오른쪽 그림과 같이 정사각형 가와 나가 겹쳐져 있습니다 겹쳐진 부분의 넓이는 가의 넓이의 $\frac{4}{9}$이고 나의 넓이의 $25\ \%$입니다. 가와 나의 넓이의 합이 $75\ \mathrm{cm}^2$일 때, 가와 나의 넓이의 차는 몇 cm^2입니까?

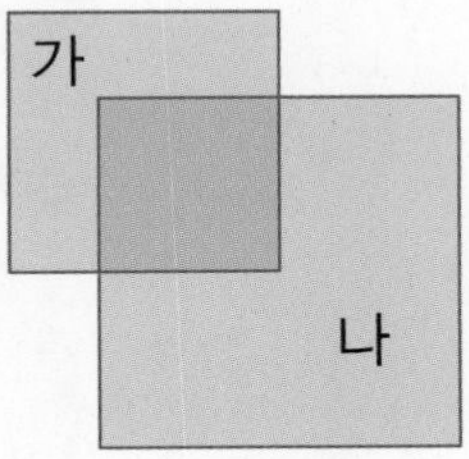

(　　　　　　　　)

9

하루에 3분씩 늦어지는 시계가 있습니다. 오늘 오전 9시에 이 시계를 정확히 맞추었다면 내일 오후 5시에 이 시계는 몇 시 몇 분을 가리키겠습니까?

(　　　　　　　　)

10 정사각형 가와 나의 한 변의 길이의 비는 $4:5$입니다. 나의 넓이가 $120\,\text{cm}^2$일 때, 가의 넓이는 몇 cm^2입니까?

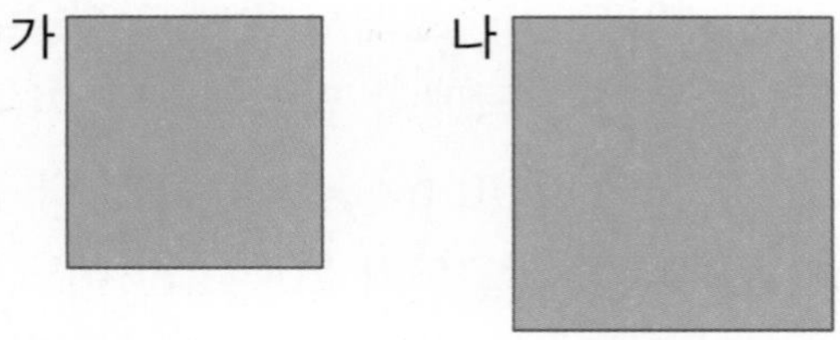

(　　　　　　　　)

11 오른쪽 삼각형 ㄱㄴㄷ에서 선분 ㄴㅁ과 선분 ㅁㄷ의 길이의 비는 $3:2$이고, 선분 ㄴㄹ과 선분 ㄹㅁ의 길이의 비는 $4:5$입니다. 삼각형 ㄱㄴㄷ의 넓이가 $180\,\text{cm}^2$일 때, 삼각형 ㄱㄴㄹ의 넓이는 몇 cm^2입니까?

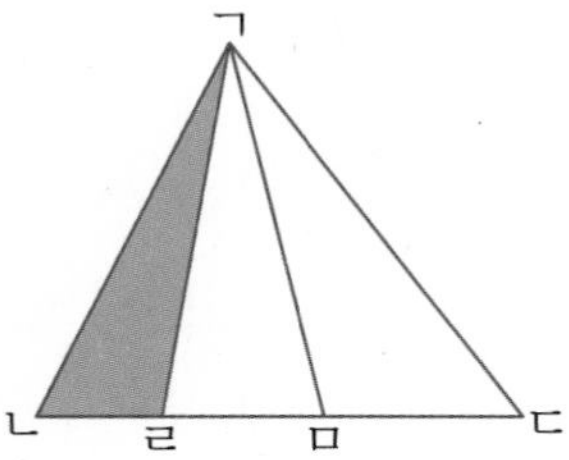

(　　　　　　　　)

12 물과 소금의 비가 $4:1$인 소금물 $200\,\text{g}$에서 물이 증발하여 물과 소금의 비가 $3:1$인 소금물이 되었습니다. 이때 증발한 물의 양은 몇 g입니까?

(　　　　　　　　)

13 두 상품 ㉮와 ㉯가 있습니다. ㉮ 상품을 정가의 $15\ \%$만큼 할인한 금액과 ㉯ 상품을 정가의 $15\ \%$만큼 인상한 금액이 같다고 합니다. ㉮ 상품과 ㉯ 상품의 정가의 비를 가장 간단한 자연수의 비로 나타내시오.

( )

14 갑은 240만 원, 을은 갑의 $1\frac{1}{6}$배만큼을 투자하여 얻은 이익금을 투자한 금액의 비로 나누어 각자의 투자금과 함께 돌려받기로 했습니다. 을이 돌려받을 금액이 350만 원일 때, 전체 이익금은 얼마입니까?

( )

15 오른쪽과 같이 가, 나, 다로 나누어진 땅이 있습니다. 가의 넓이는 전체 넓이의 $45\ \%$이고, 나와 다의 넓이의 비는 $4 : 7$입니다. 나의 넓이가 $92\ cm^2$일 때, 가의 넓이는 몇 cm^2입니까?

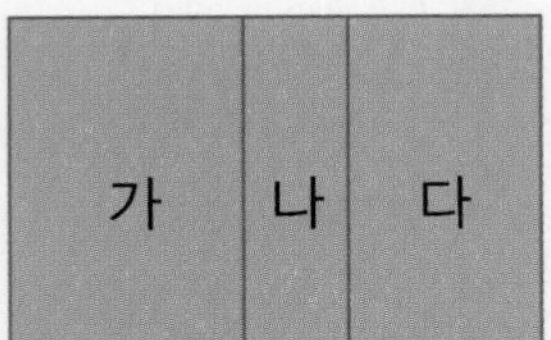

( )

HIGH LEVEL

경시 기출 문제 **1** 가로와 세로의 합이 21 cm인 작은 직사각형 7개를 오른쪽과 같이 겹치지 않게 이어 붙여 큰 직사각형 1개를 만들었습니다. 이와 같이 만든 직사각형의 가로와 세로의 합은 몇 cm입니까?

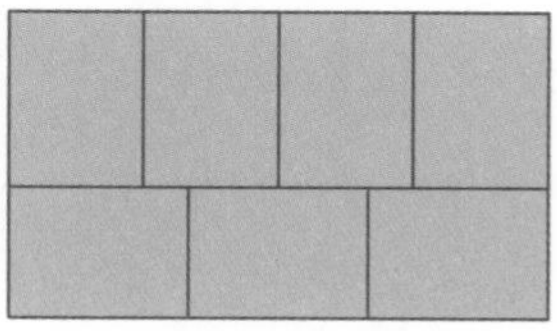

문제풀이 동영상

(　　　　　　　　)

2 조건을 모두 만족하는 두 수 ㉠과 ㉡을 구하시오.

- ㉠의 $\frac{1}{4}$은 ㉡의 $\frac{3}{5}$과 같습니다.
- ㉠과 ㉡의 평균은 68입니다.

㉠ (　　　　　　　　), ㉡ (　　　　　　　　)

서술형 **3** 사과와 배를 합하여 20개 사고 그 값으로 18600원을 냈습니다. 산 사과와 배의 개수의 비는 3 : 2이고 사과 한 개와 배 한 개의 가격의 비는 5 : 8입니다. 사과 한 개의 가격은 얼마인지 풀이 과정을 쓰고 답을 구하시오.

풀이

답

4 우영이는 어머니 일을 도와 드리고 일을 한 만큼 용돈을 받기로 하였습니다. 12일 동안 일을 하고 받는 용돈으로 학용품을 사면 5100원이 남고, 7일 동안 일을 하고 받는 용돈으로 같은 학용품을 사면 600원이 남는다고 합니다. 학용품의 가격은 얼마입니까?

(단, 매일 도와 드리는 일의 양은 같습니다.)

(   )

5 일정한 빠르기로 달리는 기차가 있습니다. 이 기차가 길이가 250 m인 터널을 완전히 통과하는 데는 11초가 걸리고, 길이가 930 m인 터널을 완전히 통과하는 데는 31초가 걸린다고 합니다. 이 기차의 길이는 몇 m입니까?

(   )

6 오른쪽과 같이 직사각형을 사다리꼴 가와 나로 잘랐습니다. 가와 나의 아랫변의 길이는 4 cm, 3 cm이고 넓이의 비는 2 : 3입니다. 가와 나의 윗변의 길이의 비를 가장 간단한 자연수의 비로 나타내시오.

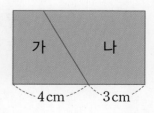

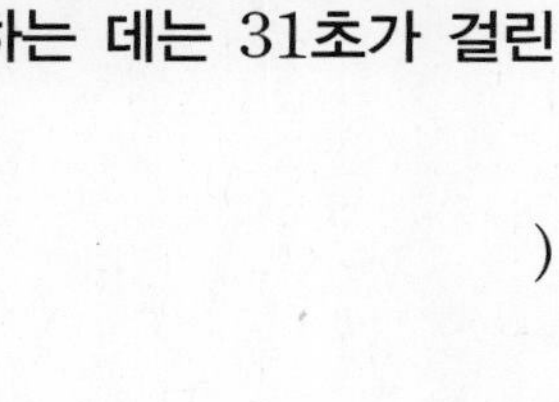

(   )

경시 기출 문제 **7**

재호와 종욱이는 퀴즈 대회에서 같은 수의 문제를 모두 풀었습니다. 재호와 종욱이의 맞힌 문제 수의 비는 $3:4$이고 틀린 문제 수의 비는 $2:1$입니다. 재호가 12문제를 맞혔을 때, 종욱이가 틀린 문제는 몇 문제입니까?

(　　　　　　　　)

8

점 ㄷ은 선분 ㄱㄴ을 $5:4$로 나눈 점이고, 점 ㄹ은 선분 ㄱㄴ을 $11:7$로 나눈 점입니다. 선분 ㄷㄹ의 길이가 3 cm일 때, 선분 ㄱㄴ의 길이를 구하시오.

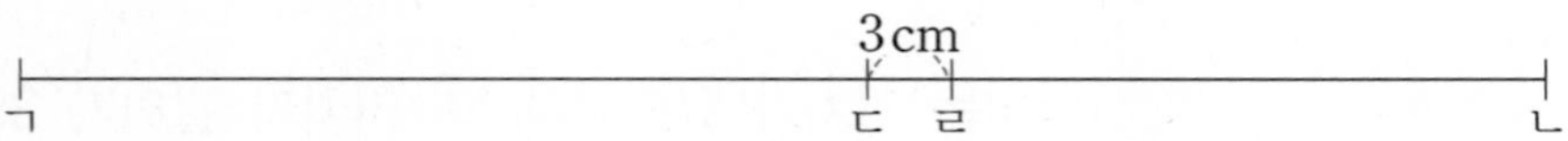

(　　　　　　　　)

STEAM형 **9**

수학+과학

*반구는 지구를 어떤 기준으로 나누냐에 따라 남반구와 북반구 또는 육반구와 수반구 등으로 나눌 수 있습니다. 남반구와 북반구는 적도를 기준으로 남쪽과 북쪽으로 지구를 반으로 나눈 것이고, 육반구는 육지의 넓이가, 수반구는 바다의 넓이가 각각 최대가 되도록 지구를 반으로 나눈 것입니다. 육반구에서 육지와 바다의 넓이의 비는 $12:13$이고, 수반구에서 육지와 바다의 넓이의 비는 $1:9$입니다. 지구 전체에서 육지와 바다의 넓이의 비를 가장 간단한 자연수의 비로 나타내시오.

* 반구: 지구 중심을 지나는 평면에 의하여 지구를 두 쪽으로 나눈 한 부분

(　　　　　　　　)

원의 넓이

대표심화유형

1 원주 이용하기
2 색칠한 부분의 둘레 구하기
3 색칠한 부분의 넓이 구하기
4 둘레(넓이)를 이용하여 넓이(둘레) 구하기
5 끈의 길이 구하기
6 원이 지나간 자리의 넓이 구하기
7 중심각을 이용하여 색칠한 부분의 둘레 구하기
8 겹쳐진 부분의 넓이 구하기
9 원의 넓이를 활용한 교과통합유형

5

한눈에 보는 원주율의 역사

원의 둘레와 지름 사이의 특별한 관계

원은 반지름에 따라 크기만 달라질 뿐 모양은 같습니다. 원의 둘레와 원의 지름의 비율은 원의 크기에 관계없이 항상 같은데, 이 값이 바로 원주율입니다. 즉 원주율은 원의 둘레가 지름의 몇 배가 되는지를 나타냅니다. 그렇다면 원주율은 얼마쯤일까요?

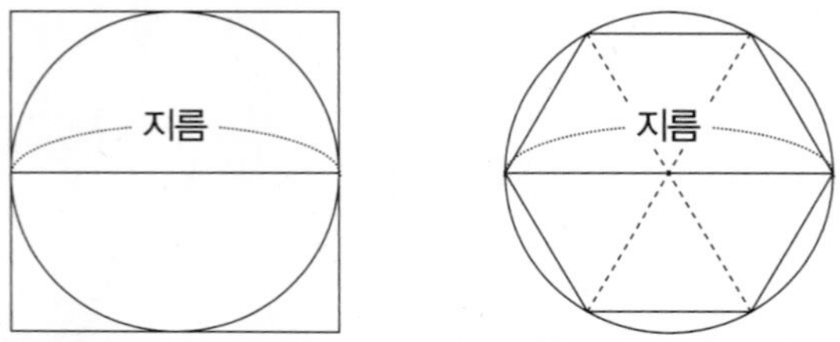

(정사각형의 둘레) = (원의 지름)×4　(정육각형의 둘레) = (원의 지름)×3

원의 바깥쪽에 원과 맞닿게 정사각형을 그리면 정사각형의 둘레는 원의 지름의 4배가 됩니다. 또한 원의 안쪽에 원과 맞닿게 정육각형을 그리면 정육각형의 둘레는 원의 반지름의 6배, 즉 원의 지름의 3배가 됩니다. 따라서 원주율은 3보다 크고 4보다 작다는 것을 예측할 수 있어요.

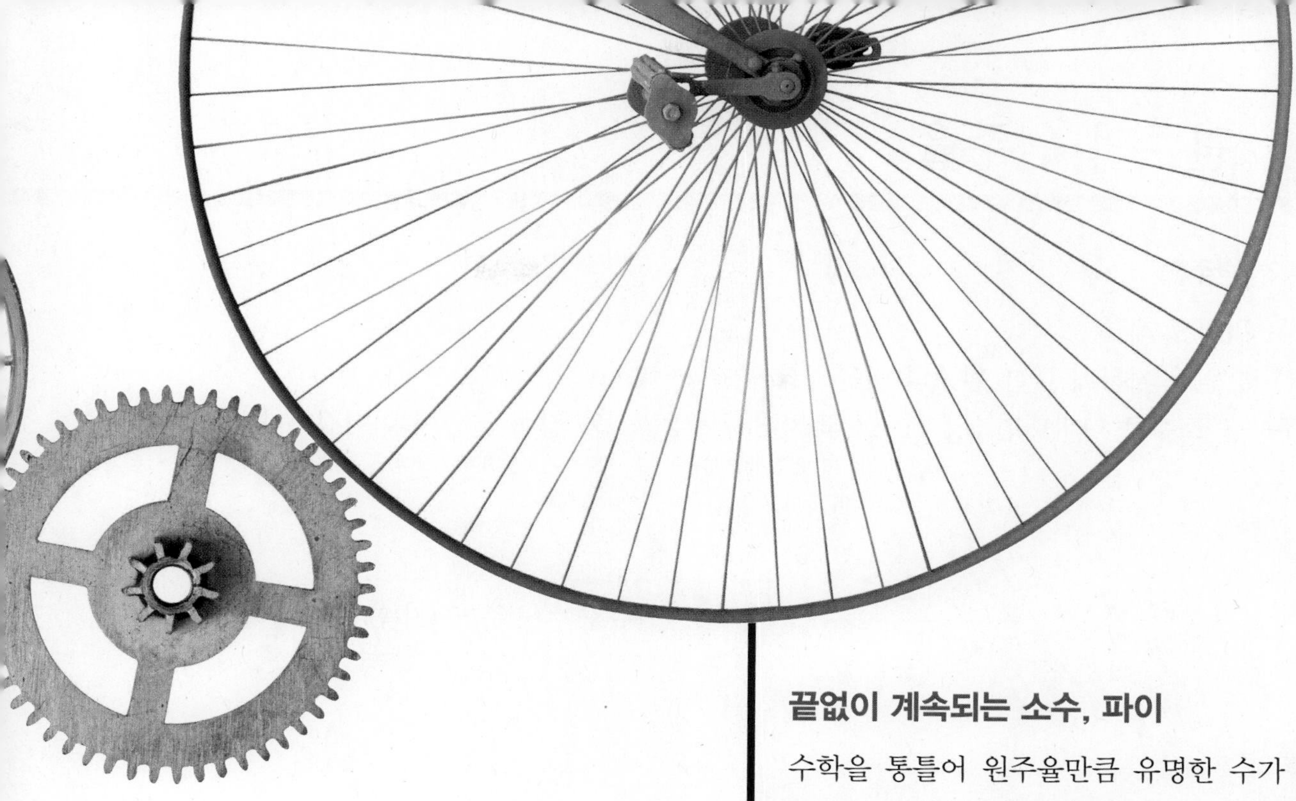

원주율을 찾아서

원주율이 밝혀지기 시작한 건 언제부터일까요? 고대 바빌로니아에서는 원주율을 약 3.125로 계산했다는 기록이 있습니다. 이 기록을 남긴 시기는 무려 기원전 2000년경으로 추정됩니다. 또한 구약성서에는 '바다를 부어 만들었으니 그 직경이 10큐빗이요. 그 모양이 둥글며 주위는 30큐빗이다.'라는 구절이 있습니다. 둥근 모양의 지름이 10큐빗이며 그 둘레가 30큐빗이라고 했으니 원주율을 어림잡아 3으로 계산한 것이지요.

그리스의 수학자 아르키메데스는 역사상 처음으로 원주율을 소수 둘째 자리까지 정확하게 구했습니다. 원의 안쪽에 정다각형을 그려 원주율을 예측한 사람이 바로 아르키메데스입니다. 그는 원 안에 정96각형까지 그려 가며 원주율을 계산한 결과 원주율의 범위가 $\frac{223}{71}$ 보다 크고 $\frac{22}{7}$ 보다 작다는 것을 밝혔습니다. 두 분수를 소수로 나타내면 소수 둘째 자리까지 일치하며, 일치하는 부분은 3.14예요.

끝없이 계속되는 소수, 파이

수학을 통틀어 원주율만큼 유명한 수가 있을까요? 원주율을 보통 'π'라고 표시하는데, 이 표시는 18세기 수학자 오일러가 둘레를 뜻하는 그리스어에서 첫 글자 π를 따와 나타내면서 널리 사용되었습니다. 소수점 아래에 표시해야 하는 숫자들이 너무 많기 때문에 정확한 숫자가 아닌 문자로 표기하기 시작한 것입니다. π는 3.141592……로 시작해서 소수점 아래 숫자가 반복되지 않고 끊임없이 이어지는 소수입니다.

480년 중국의 수학자 조충지는 π값을 3.1415926과 3.1415927 사이로 정확히 계산했습니다. 원주율을 소수점 아래 7째 자리까지 계산한 것은 세계 최초였답니다. 1596년 독일의 수학자 루돌프는 원주율을 소수점 아래 35째 자리까지 알아냈습니다. 그는 계산기나 컴퓨터 없이 오롯이 종이와 펜만으로 원주율을 계산했다고 해요. 원주율을 구하기 위해서 평생을 바쳤다고 해도 과언이 아니죠.

원주율의 정확한 값을 구하기 위한 노력은 지금도 계속되고 있습니다. 2005년 일본 도쿄대학의 가네다 교수는 컴퓨터로 원주율을 소수 1조 2411억째 자리까지 구하였고, 2009년 일본 쓰쿠바대학의 계산과학연구센터에서는 컴퓨터로 원주율을 소수 2조 5769억 8037만째 자리까지 구했습니다. 2019년 현재 기네스북에는 원주율이 소수점 아래 31조째 자리까지 기록되어 있답니다.

1 원주와 원주율

❶ 원주와 원주율

- 원주: 원의 둘레
- 원주율: 원의 지름에 대한 원주의 비율 — 원의 크기와 관계없이 원주율은 일정합니다.

원주율을 소수로 나타내면 3.1415926535897932……와 같이 끝없이 이어집니다.
└ 필요에 따라 3, 3.1, 3.14 등으로 어림하여 사용하기도 합니다.

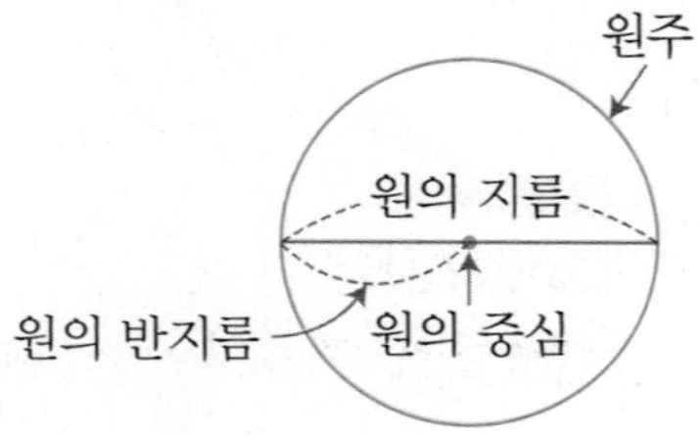

(원주율)=(원주)÷(지름)

❷ 원주율을 이용하여 원주와 지름 구하기

(원주율)=(원주)÷(지름)

➡ (원주)=(지름)×(원주율)=(반지름)×2×(원주율)
(지름)=(원주)÷(원주율)

배경 지식

❶ 원의 성질

① 원의 지름은 무수히 많습니다.
② 원의 반지름은 무수히 많습니다.
③ 원의 지름은 원의 반지름의 2배입니다.
④ 원의 지름은 원의 중심에 의해 이등분됩니다.

실전 개념

❶ 바퀴가 굴러간 거리

(바퀴가 굴러간 거리)
=(바퀴가 한 바퀴 굴러간 거리)×(바퀴가 굴러간 횟수)
바퀴가 한 바퀴 굴러간 거리는 바퀴의 원주와 같으므로
(바퀴가 굴러간 거리)
=(바퀴의 원주)×(바퀴가 굴러간 횟수)입니다.

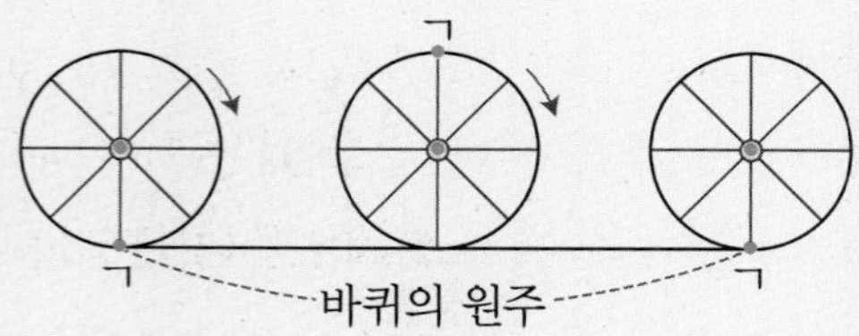

연결 개념

중1 연계

❶ π(파이) 알아보기

원주율을 소수로 나타내려면 3.1415926535897932……와 같이 끝없이 써야 합니다.
그렇기 때문에 중학교 과정에서는 원주율을 π(파이)라는 기호로 나타냅니다.

예 (반지름이 10 cm인 원의 원주)$=10\times2\times\pi=20\times\pi$ (cm)
(지름이 10 cm인 원의 원주)$=10\times\pi=10\times\pi$ (cm)

BASIC TEST

1 **설명이 맞으면 ○표, 틀리면 ×표 하시오.**

(1) 원의 크기가 달라도 원주율은 같습니다. (　　)

(2) 원의 지름이 커져도 원주는 변하지 않습니다. (　　)

(3) 원주가 지름의 몇 배인지를 나타낸 것이 원주율입니다. (　　)

2 **지름이 2 cm인 원의 원주와 가장 비슷한 길이를 찾아 기호를 쓰시오.**

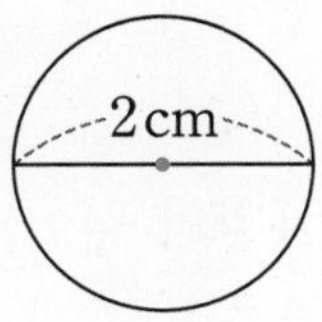

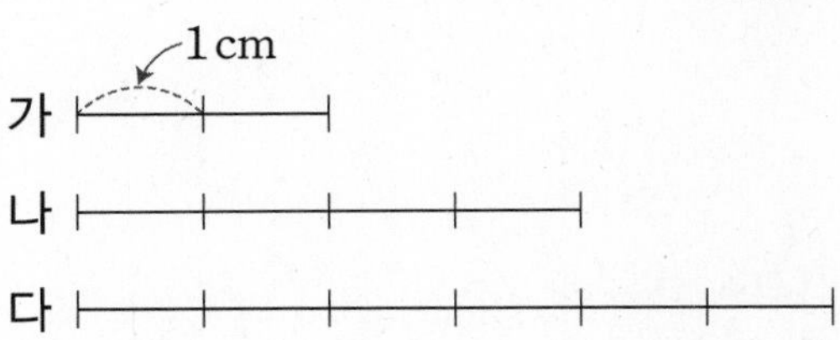

(　　　　　)

3 **여러 동전의 지름을 나타낸 표입니다. 10원짜리 동전과 100원짜리 동전의 둘레의 차는 몇 mm입니까? (원주율: 3)**

동전	10원	50원	100원	500원
지름(mm)	18	21.6	24	26.5

(　　　　　)

4 **원주가 50.24 cm인 원 모양의 시계를 다음과 같이 밑면이 정사각형 모양인 사각기둥 모양의 상자에 담으려고 합니다. 상자의 밑면의 한 변의 길이는 적어도 몇 cm이어야 합니까? (단, 상자의 두께는 생각하지 않습니다.) (원주율: 3.14)**

(　　　　　)

5 **반지름이 45 cm인 훌라후프를 바닥에 수직으로 세운 채로 앞으로 12바퀴 굴렸습니다. 훌라후프가 굴러간 거리는 몇 m입니까? (원주율: 3.1)**

(　　　　　)

6 **양 옆이 반원 모양인 트랙이 있습니다. 지호가 이 트랙을 따라 한 바퀴 달렸을 때, 지호가 달린 거리는 몇 m입니까? (원주율: 3)**

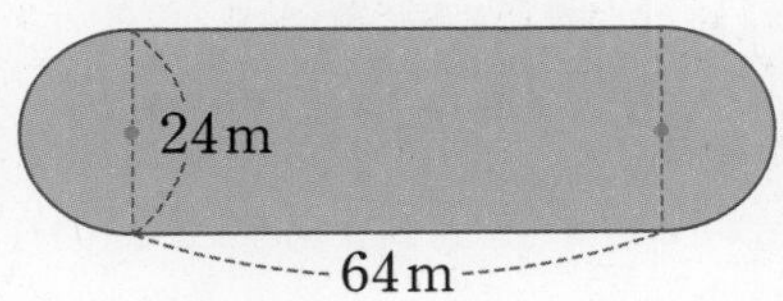

(　　　　　)

2 원의 넓이

❶ 반지름이 10 cm인 원의 넓이 어림하기

• 원 안과 밖에 있는 정사각형의 넓이를 비교하여 어림하기 — 원 안에 있는 정사각형의 넓이는 원의 넓이보다 작고, 원 밖에 있는 정사각형의 넓이는 원의 넓이보다 큽니다.

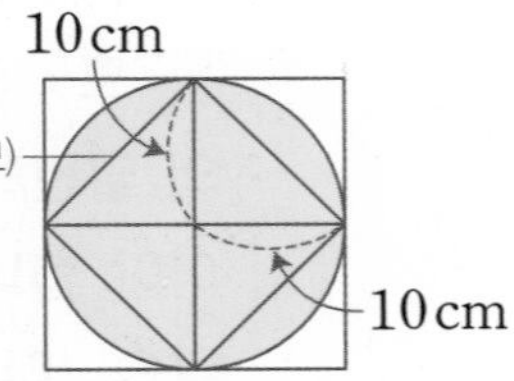

원 안에 꼭 맞게 들어가는 정사각형(마름모)
(원의 지름)=(마름모의 대각선)

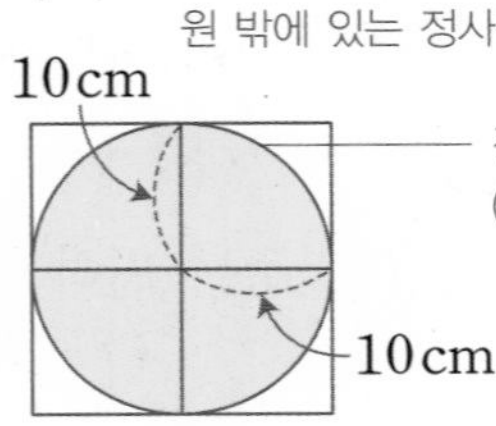

정사각형 안에 꼭 맞게 들어가는 원
(원의 지름)=(정사각형의 한 변)

$\underline{200\ \text{cm}^2}$<(원의 넓이), (원의 넓이)<$\underline{400\ \text{cm}^2}$

└ 원 안에 있는 정사각형(마름모)의 넓이: $20\times20\div2=200\ (\text{cm}^2)$

└ 원 밖에 있는 정사각형의 넓이: $20\times20=400\ (\text{cm}^2)$

• 모눈의 개수를 세어 원의 넓이 어림하기

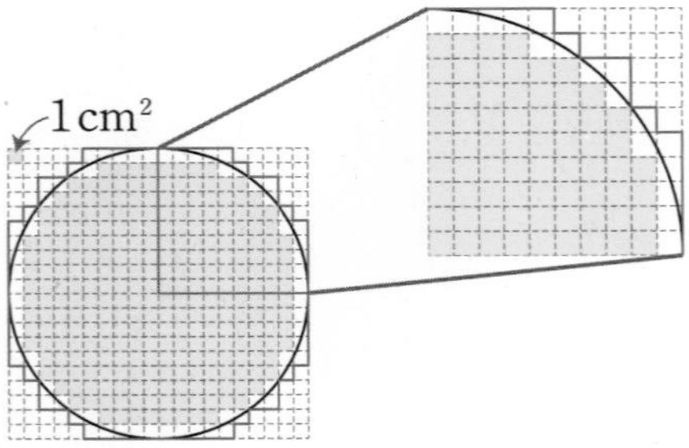

$\underline{276}\ \text{cm}^2$<(원의 넓이), (원의 넓이)<$\underline{344}\ \text{cm}^2$

└ 노란색 모눈의 수

└ 초록색 선 안쪽 모눈의 수

❷ 원의 넓이 구하기

원을 한없이 잘라 이어 붙이면 직사각형에 가까워집니다.

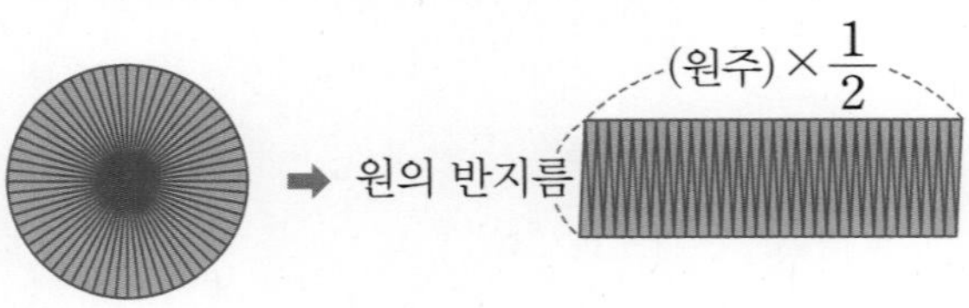

(원의 넓이)=(원주)$\times\frac{1}{2}\times$(반지름)

=(원주율)×(지름)$\times\frac{1}{2}\times$(반지름)

=(원주율)×(반지름)×(반지름)

사고력 개념

❶ 사다리꼴, 정사각형, 원의 넓이 비교

둘레가 같을 때 원 모양에 가까울수록 도형의 넓이가 넓습니다.

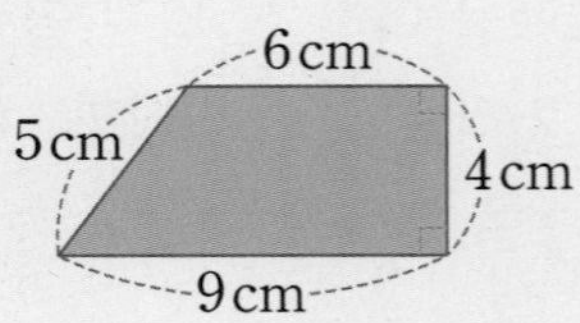

둘레: $6+5+9+4=24\ (\text{cm})$

넓이: $(6+9)\times4\div2=30\ (\text{cm}^2)$

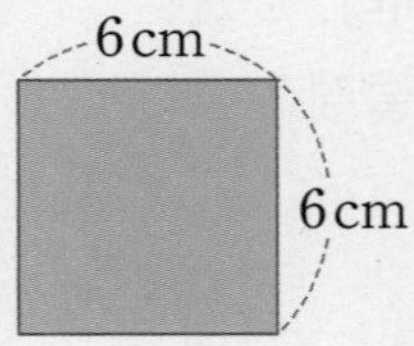

둘레: $6\times4=24\ (\text{cm})$

넓이: $6\times6=36\ (\text{cm}^2)$

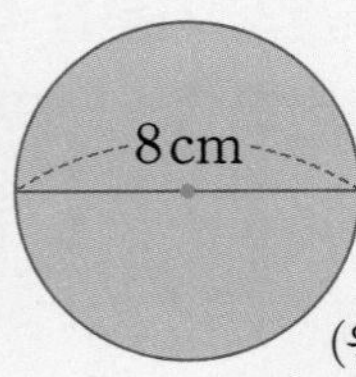

(원주율: 3)

둘레: $8\times3=24\ (\text{cm})$

넓이: $4\times4\times3=48\ (\text{cm}^2)$

정답과 풀이 60쪽

1 **정육각형의 넓이를 이용하여 원의 넓이를 어림하려고 합니다. 삼각형 ㄱㅇㄷ의 넓이가 $20\ \mathrm{cm}^2$, 삼각형 ㄹㅇㅂ의 넓이가 $15\ \mathrm{cm}^2$일 때, 원의 넓이를 어림해 보시오.**

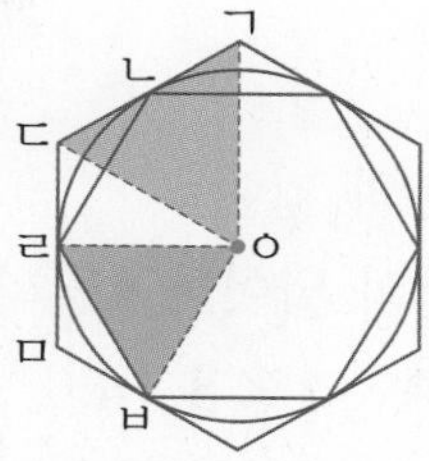

(1) ○ 안에 >, =, <를 알맞게 써넣으시오.

(원 안의 정육각형의 넓이) ○ (원의 넓이)

(원의 넓이) ○ (원 밖의 정육각형의 넓이)

(2) 원의 넓이를 어림해 보시오.

□ cm^2 < (원의 넓이)

(원의 넓이) < □ cm^2

2 **한 변이 $10\ \mathrm{cm}$인 정사각형 안에 꼭 맞게 원을 그렸습니다. 원의 넓이는 몇 cm^2입니까? (원주율: 3.14)**

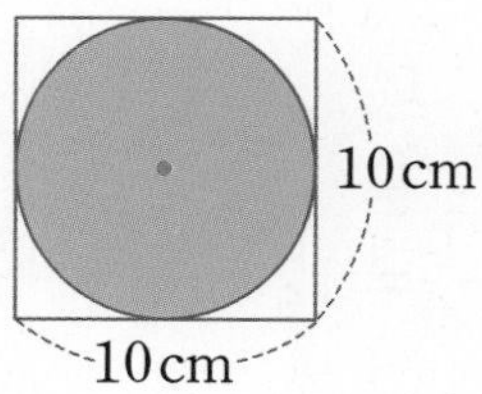

(   )

3 **원의 지름은 몇 cm입니까? (원주율: 3)**

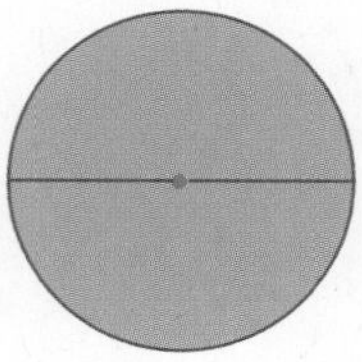

넓이: $192\ \mathrm{cm}^2$

(   )

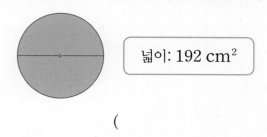

4 **다음과 같은 끈을 겹치지 않게 붙여서 원을 만들었습니다. 만들어진 원의 넓이는 몇 cm^2입니까? (단, 끈의 굵기는 생각하지 않습니다.) (원주율: 3.1)**

(   )

5 **넓이가 넓은 것부터 차례로 기호를 쓰시오. (원주율: 3)**

㉠ 반지름이 6 cm인 원
㉡ 원주가 54 cm인 원
㉢ 지름이 14 cm인 원

(   )

6 **다음과 같은 직사각형 모양의 종이에 그릴 수 있는 가장 큰 원의 넓이는 몇 cm^2입니까? (원주율: 3.1)**

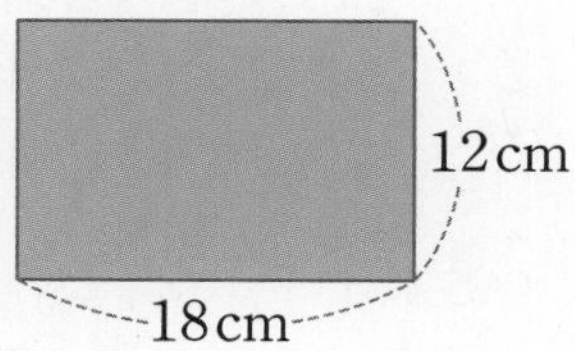

(   )

3 여러 가지 원의 넓이

❶ 색칠한 부분의 넓이 구하기

• 다각형과 원의 넓이의 차로 구하기

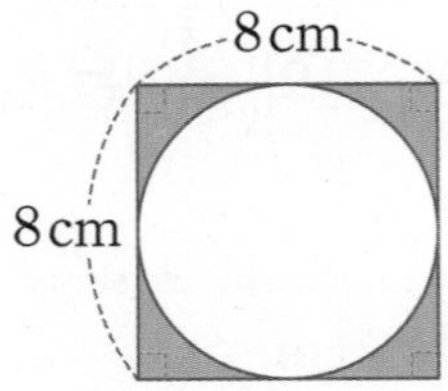

(원주율: 3.14)

(색칠한 부분의 넓이)
=(정사각형의 넓이)−(원의 넓이)
$=8\times8-4\times4\times3.14$
$=64-50.24=13.76\ (\mathrm{cm}^2)$

• 구하려는 부분의 일부를 옮겨서 구하기

작은 반원 부분을 옮기면 큰 반원이 되므로 큰 반원의 넓이를 구합니다.

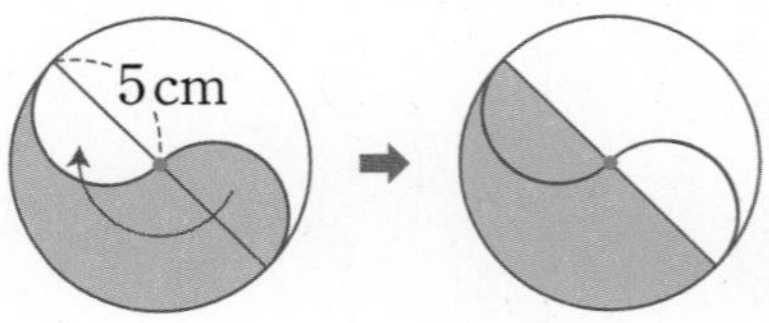

(원주율: 3.1)

(색칠한 부분의 넓이)
=(큰 반원의 넓이)
$=5\times5\times3.1\times\frac{1}{2}=38.75\ (\mathrm{cm}^2)$

반원 부분을 반으로 나누어 옮기면 직사각형이 되므로 직사각형의 넓이를 구합니다.

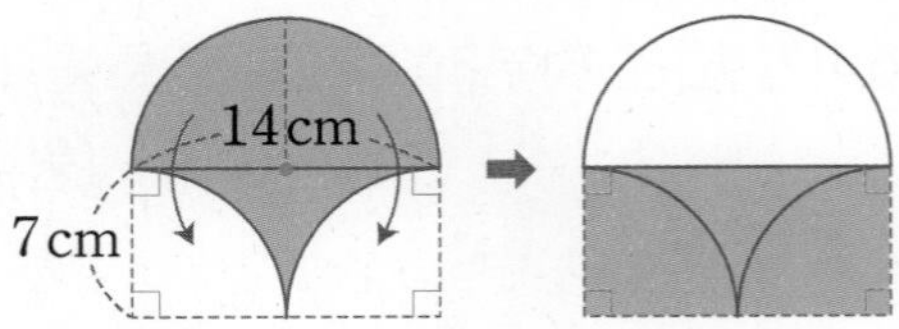

(색칠한 부분의 넓이)
=(직사각형의 넓이)
$=14\times7=98\ (\mathrm{cm}^2)$

❷ 원의 일부분의 넓이 구하기

• 주어진 도형이 원의 몇 분의 몇인지를 알아봅니다.

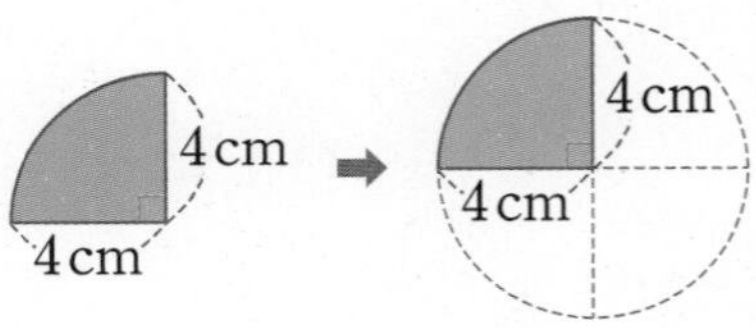

(원주율: 3)

(도형의 넓이)
$=(\text{원의 넓이})\times\frac{1}{4}$
$=4\times4\times3\times\frac{1}{4}=12\ (\mathrm{cm}^2)$

사고력 개념

❶ 부채꼴의 중심각과 넓이

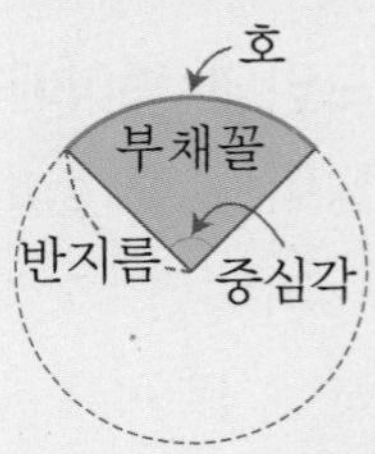

• 호: 원 위의 두 점을 양 끝으로 하는 원의 일부분
• 부채꼴: 호와 두 반지름으로 이루어진 도형
• 부채꼴의 중심각: 부채꼴에서 두 반지름이 이루는 각
• 부채꼴의 넓이는 부채꼴의 중심각의 크기와 비례합니다.

└ 한쪽이 늘어나는 것에 대하여 다른 쪽도 늘어납니다.

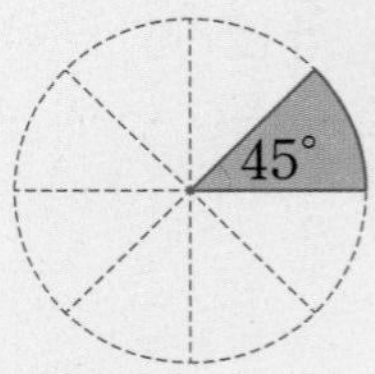

예 (중심각이 45°인 부채꼴의 넓이)

$=(\text{원의 넓이})\times\frac{45^\circ}{360^\circ}=(\text{원의 넓이})\times\frac{1}{8}$

└ 원의 중심각은 360°이므로 주어진 모양은 원의 $\frac{45^\circ}{360^\circ}=\frac{1}{8}$입니다.

BASIC TEST

1 반지름이 $12\,\mathrm{cm}$인 원의 일부입니다. 이 도형의 넓이는 몇 cm^2입니까? (원주율: 3)

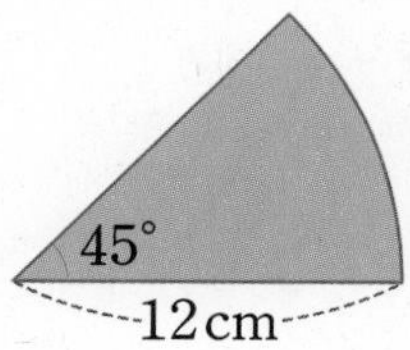

(　　　　　　　　)

2 색칠한 부분의 넓이는 몇 cm^2입니까? (원주율: 3)

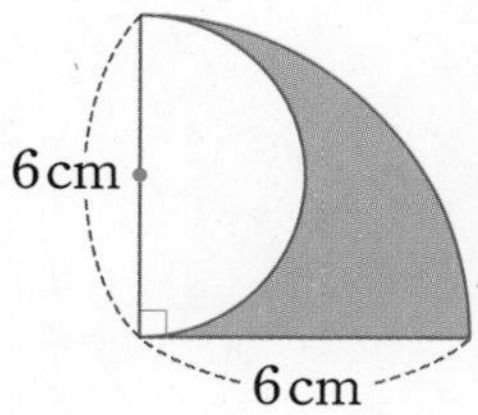

(　　　　　　　　)

3 반지름이 $6\,\mathrm{cm}$인 원의 일부를 잘라내고 남은 도형입니다. 이 도형의 넓이는 몇 cm^2입니까? (원주율: 3)

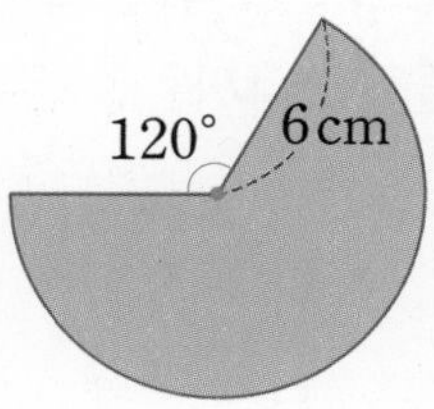

(　　　　　　　　)

4 정사각형 안에 원의 일부를 그린 것입니다. 색칠한 부분의 넓이는 몇 cm^2입니까? (원주율: 3.1)

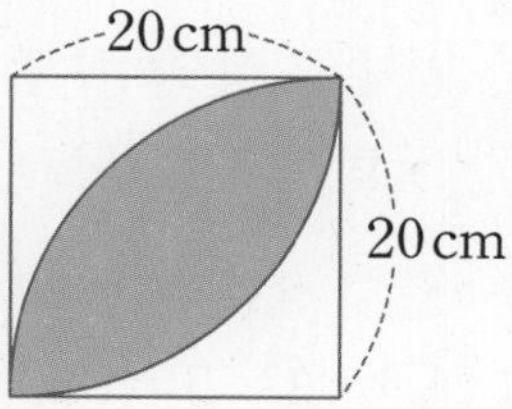

(　　　　　　　　)

5 가장 작은 원의 지름이 $8\,\mathrm{cm}$이고 반지름이 $4\,\mathrm{cm}$씩 커지도록 과녁을 만들었습니다. 파란색이 차지하는 부분의 넓이는 몇 cm^2입니까? (원주율: 3.14)

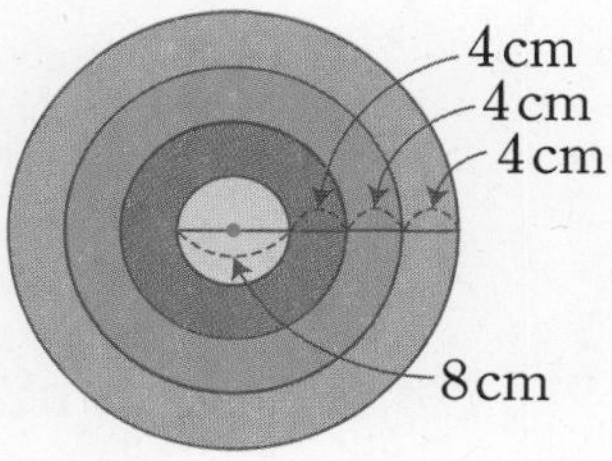

(　　　　　　　　)

6 한 변이 $8\,\mathrm{m}$인 정사각형 모양의 울타리 안에 소가 있습니다. 이 울타리의 한 꼭짓점에 길이가 $8\,\mathrm{m}$인 끈으로 소를 묶어 놓았다면 울타리 안의 소가 움직일 수 없는 부분의 넓이는 몇 m^2입니까? (단, 소의 크기는 생각하지 않고 원주율은 3.14입니다.)

(　　　　　　　　)

MATH TOPIC 1 심화유형

원주 이용하기

효주는 원 모양의 굴렁쇠를 굴렸습니다. 굴렁쇠는 정확히 5바퀴를 구르고 쓰러졌습니다. 이 굴렁쇠가 굴러간 거리가 900 cm일 때, 굴렁쇠의 지름은 몇 cm입니까? (원주율: 3)

● 생각하기 (굴렁쇠가 한 바퀴 굴러간 거리)=(굴렁쇠의 둘레)

● 해결하기 1단계 굴렁쇠의 지름을 □cm라 하여 식 만들기

굴렁쇠의 지름을 □cm라 하면 (굴러간 거리)=□×3×5=900입니다.

2단계 굴렁쇠의 지름 구하기

□×3×5=900, □×15=900, □=900÷15, □=60

따라서 굴렁쇠의 지름은 60 cm입니다.

답 60 cm

1-1 재호는 원 모양의 굴렁쇠를 굴렸습니다. 굴렁쇠는 정확히 4바퀴 반을 구르고 쓰러졌습니다. 이 굴렁쇠가 굴러간 거리가 558 cm일 때, 굴렁쇠의 반지름은 몇 cm입니까? (원주율: 3.1)

(　　　　　　　　)

1-2 반지름이 25 mm인 원 모양의 고리를 바닥에 몇 바퀴 굴렸더니 235.5 cm를 굴러갔습니다. 이 고리는 몇 바퀴 굴렸습니까? (원주율: 3.14)

(　　　　　　　　)

1-3 지름이 25 cm인 바퀴 두 개와 전체 길이가 3 m인 벨트가 그림과 같이 연결되어 돌고 있습니다 바퀴 한 개가 24바퀴 돌 때, 벨트는 몇 바퀴 돌겠습니까? (원주율: 3)

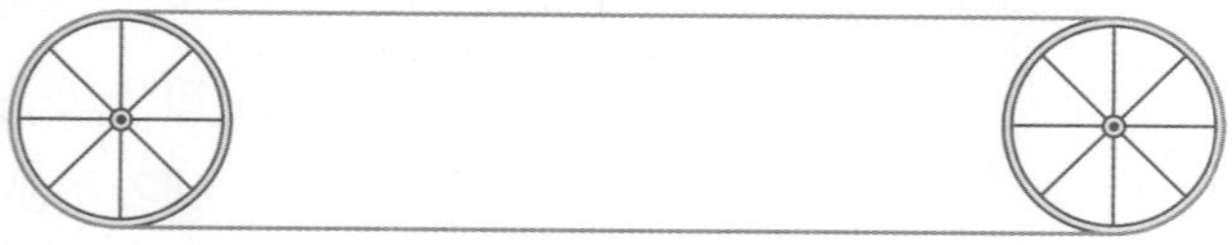

(　　　　　　　　)

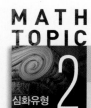

2 심화유형 색칠한 부분의 둘레 구하기

오른쪽 도형에서 큰 원의 지름은 12 cm입니다. 색칠한 부분의 둘레는 몇 cm입니까? (원주율 3.14)

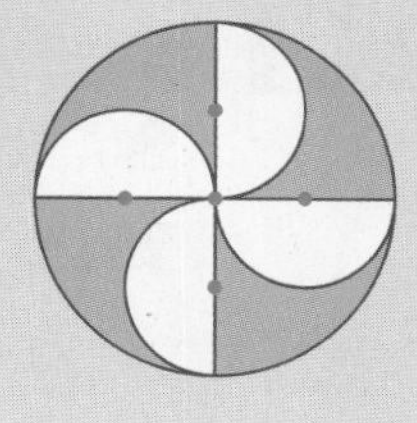

● 생각하기 곡선 부분과 직선 부분으로 나누어 생각합니다.

● 해결하기 1단계 곡선 부분과 직선 부분의 길이 구하기

곡선 부분의 길이는 지름이 12 cm인 원의 원주와 지름이 6 cm인 원의 원주의 2배입니다.

(곡선 부분의 길이) $=12\times3.14+6\times3.14\times2=37.68+37.68=75.36$ (cm)

직선 부분의 길이는 큰 원의 지름의 2배입니다.

(직선 부분의 길이) $=12\times2=24$ (cm)

2단계 색칠한 부분의 둘레 구하기

(색칠한 부분의 둘레) = (곡선 부분의 길이) + (직선 부분의 길이)

$=75.36+24=99.36$ (cm)

답 99.36 cm

2-1 **지름이 24 cm인 원 모양의 피자 한 판을 오른쪽과 같이 똑같이 12조각으로 나누었습니다. 피자 한 조각의 둘레는 몇 cm입니까? (원주율: 3.14)**

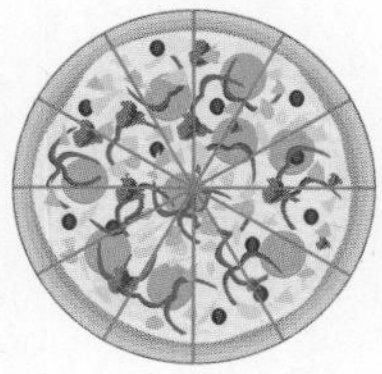

(　　　　　　　　)

2-2 **오른쪽 도형에서 색칠한 부분의 둘레는 몇 cm입니까? (원주율: 3.1)**

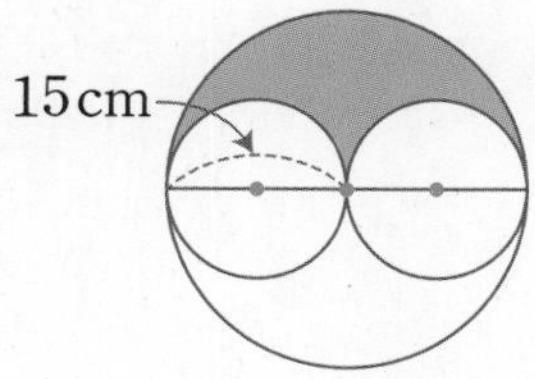

(　　　　　　　　)

2-3 **오른쪽은 정사각형 안에 원의 일부를 그린 것입니다. 색칠한 부분의 둘레는 몇 cm입니까? (원주율: 3)**

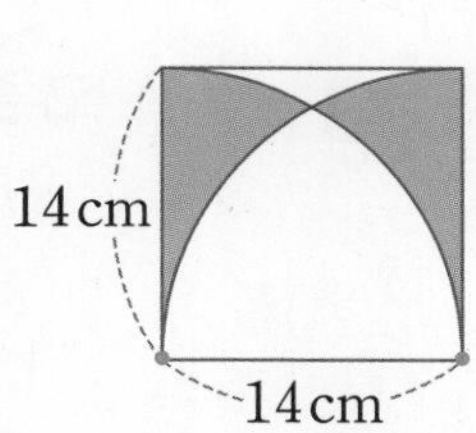

(　　　　　　　　)

3 심화유형

색칠한 부분의 넓이 구하기

오른쪽은 한 변이 6 cm인 정사각형 안에 꼭 맞게 원을 그리고, 원 안에 꼭 맞게 정사각형을 그린 것입니다. 색칠한 부분의 넓이는 몇 cm^2입니까? (원주율: 3.14)

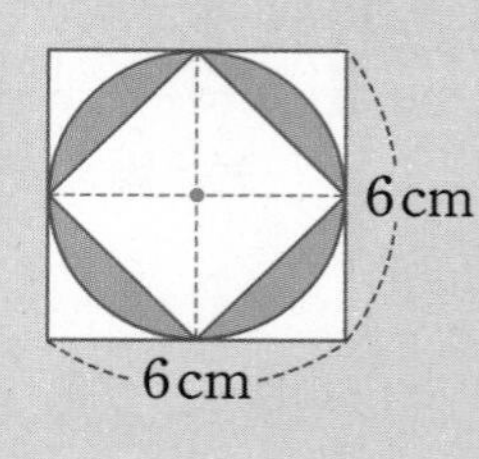

● 생각하기 큰 정사각형의 한 변의 길이는 원의 지름과 같습니다.

● 해결하기 1단계 원의 넓이와 원 안의 정사각형의 넓이 구하기

원의 지름은 6 cm이고, 원 안의 정사각형은 두 대각선이 각각 6 cm인 마름모와 같습니다.

(원의 넓이)$=3\times3\times3.14=28.26$ (cm^2)

(원 안의 정사각형의 넓이)$=6\times6\div2=18$ (cm^2)

2단계 색칠한 부분의 넓이 구하기

(색칠한 부분의 넓이)=(원의 넓이)−(원 안의 정사각형의 넓이)

$=28.26-18=10.26$ (cm^2)

답 10.26 cm^2

3-1 오른쪽 도형에서 색칠한 부분의 넓이는 몇 cm^2입니까? (원주율: 3)

( )

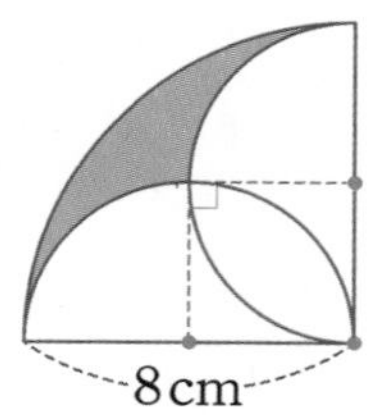

3-2 오른쪽은 정사각형 안에 원의 일부를 그린 것입니다. 색칠한 부분의 넓이는 몇 cm^2입니까? (원주율: 3.1)

( )

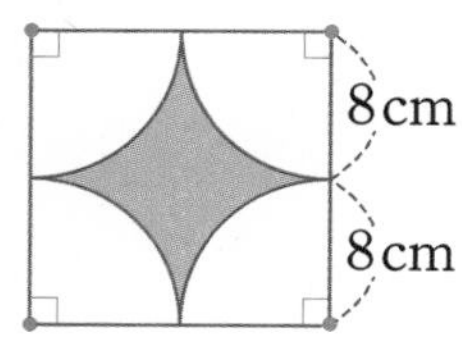

3-3 오른쪽 도형에서 색칠한 부분의 넓이는 몇 cm^2입니까? (원주율: 3)

( )

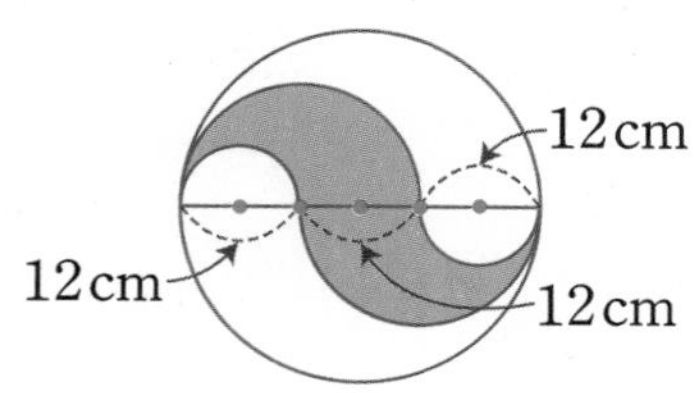

정답과 풀이 62쪽

4 심화유형

둘레(넓이)를 이용하여 넓이(둘레) 구하기

오른쪽 도형의 둘레는 12.28 cm입니다. 이 도형의 넓이는 몇 cm^2입니까? (원주율: 3.14)

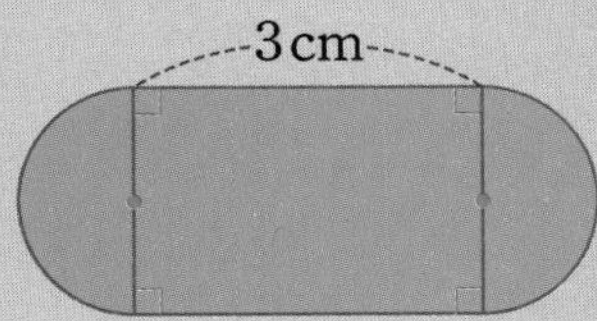

● 생각하기 도형에서 곡선 부분의 길이의 합은 원주와 같습니다.

● 해결하기 1단계 곡선 부분의 지름을 □cm라 하여 식 만들기

곡선 부분의 지름을 □cm라 하면

(도형의 둘레)=(지름이 □cm인 원의 원주)+3×2

□×3.14+3×2=12.28, □×3.14+6=12.28, □×3.14=6.28, □=2

2단계 도형의 넓이 구하기

(도형의 넓이)

=(지름이 2 cm인 원의 넓이)+(가로 3 cm, 세로 2 cm인 직사각형의 넓이)

=1×1×3.14+3×2=3.14+6=9.14 (cm^2)

답 9.14 cm^2

4-1 오른쪽 도형에서 큰 원의 원주는 36 cm입니다. 작은 원의 넓이는 몇 cm^2입니까? (원주율: 3)

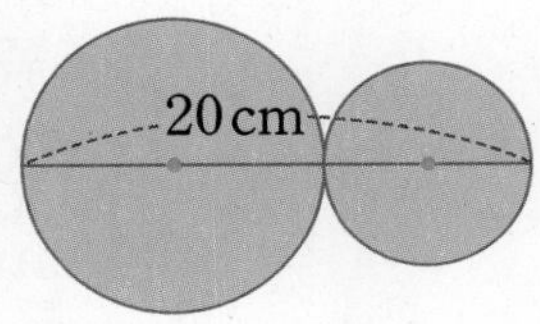

(　　　　　　　　)

4-2 오른쪽은 정사각형 안에 원주가 31.4 cm인 원 4개를 그린 것입니다. 색칠한 부분의 넓이는 몇 cm^2입니까? (원주율: 3.14)

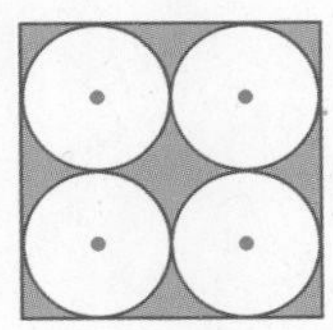

(　　　　　　　　)

4-3 오른쪽 도형에서 색칠한 부분의 넓이는 24 cm^2입니다. 색칠한 부분의 둘레는 몇 cm입니까? (원주율: 3)

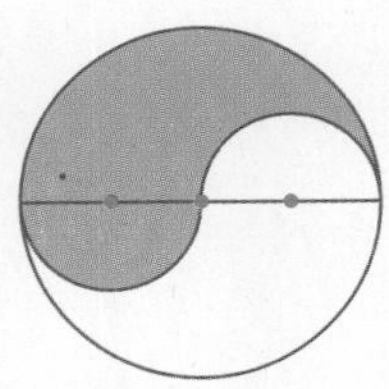

(　　　　　　　　)

MATH TOPIC

5 심화유형 끈의 길이 구하기

오른쪽과 같이 똑같은 통조림 캔 3개를 나란히 놓고 끈으로 한 번 묶었습니다. 사용한 끈은 몇 cm입니까? (단, 끈의 두께와 끈을 묶는 데 사용한 매듭의 길이는 생각하지 않습니다.) (원주율: 3.14)

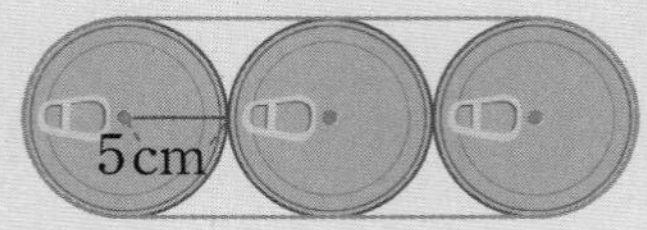

● 생각하기 여러 개의 통조림 캔을 묶은 끈은 곡선 부분과 직선 부분으로 나누어집니다.

● 해결하기 1단계 곡선 부분의 길이와 직선 부분의 길이 구하기

(곡선 부분의 길이)=(반지름이 5 cm인 원의 원주)

$=5\times2\times3.14=31.4$ (cm)

(직선 부분의 길이)=$(5\times4)\times2=20\times2=40$ (cm)

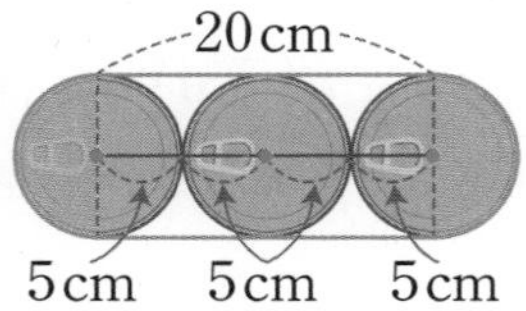

2단계 사용한 끈의 길이 구하기

(사용한 끈의 길이)=(곡선 부분의 길이)+(직선 부분의 길이)

$=31.4+40=71.4$(cm)

답 71.4 cm

5-1 오른쪽과 같이 똑같은 음료수 캔 2개를 겹치는 부분이 없이 테이프로 한 번 묶어 판매하려고 합니다. 한 묶음을 묶는 데 필요한 테이프의 길이는 몇 cm입니까? (원주율: 3.14)

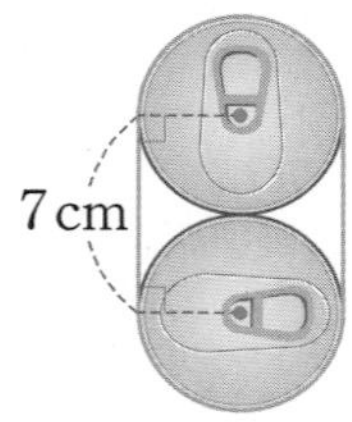

(   )

5-2 오른쪽과 같이 똑같은 통조림 캔 4개를 끈으로 한 번 묶었습니다. 사용한 끈은 몇 cm입니까? (단, 끈의 두께와 끈을 묶는 데 사용한 매듭의 길이는 생각하지 않습니다.) (원주율: 3)

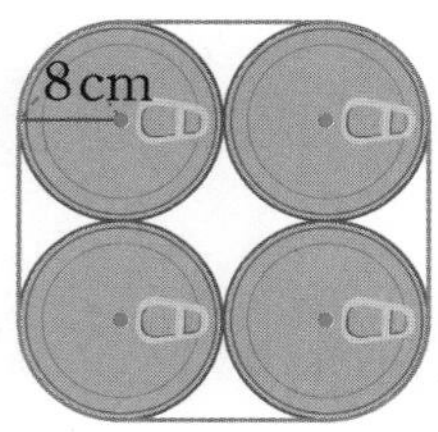

(   )

5-3 오른쪽과 같이 똑같은 통조림 캔 3개를 끈으로 한 번 묶었습니다 매듭을 짓는 데 사용한 끈의 길이가 15 cm일 때, 통조림 캔을 묶는 데 사용한 끈은 몇 cm입니까? (단, 끈의 두께는 생각하지 않습니다.) (원주율: 3.1)

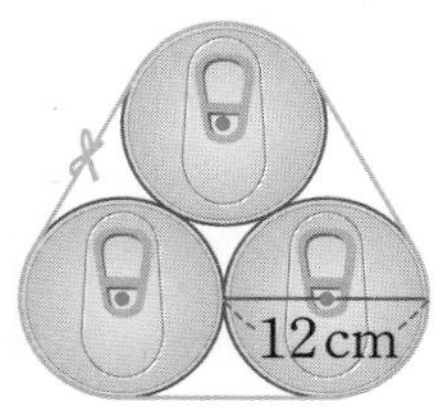

(   )

정답과 풀이 62쪽

심화유형 6 원이 지나간 자리의 넓이 구하기

반지름이 $10\,\text{cm}$인 원이 직선을 따라 2바퀴 굴러 이동하였습니다. 이때, 원이 지나간 자리의 넓이는 몇 cm^2입니까? (원주율: 3.14)

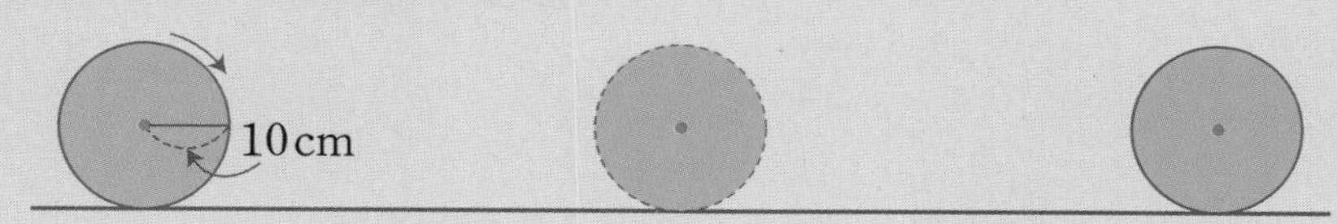

● 생각하기 원이 지나간 자리를 그려 보면 원과 직사각형으로 나누어집니다.

● 해결하기 1단계 원이 지나간 자리를 그려 보고 각 부분의 넓이 구하기

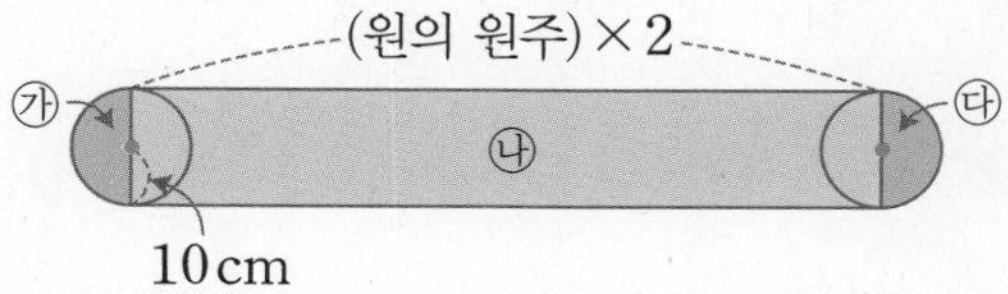

(㉮와 ㉰의 넓이의 합)=(반지름이 10 cm인 원의 넓이)$=10\times10\times3.14=314\ (\text{cm}^2)$
(직사각형 ㉯의 넓이)=(원의 원주)×2×(원의 지름)
$=(10\times2\times3.14)\times2\times(10\times2)=2512\ (\text{cm}^2)$

2단계 원이 지나간 자리의 넓이 구하기
(원이 지나간 자리의 넓이)$=314+2512=2826\ (\text{cm}^2)$

답 $2826\,\text{cm}^2$

6-1 **반지름이 $4\,\text{cm}$인 원을 일직선으로 $20\,\text{cm}$ 움직였습니다. 원이 지나간 자리의 넓이는 몇 cm^2입니까? (원주율: 3.1)**

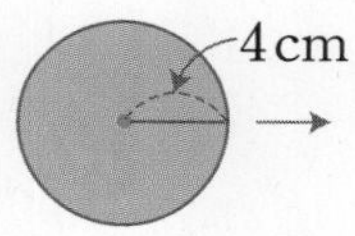

(　　　　　　　　)

6-2 **반지름이 $4\,\text{cm}$인 원이 오른쪽과 같이 한 변이 $20\,\text{cm}$인 정사각형의 둘레를 한 바퀴 돌 때, 원이 지나간 자리의 넓이는 몇 cm^2입니까? (원주율: 3)**

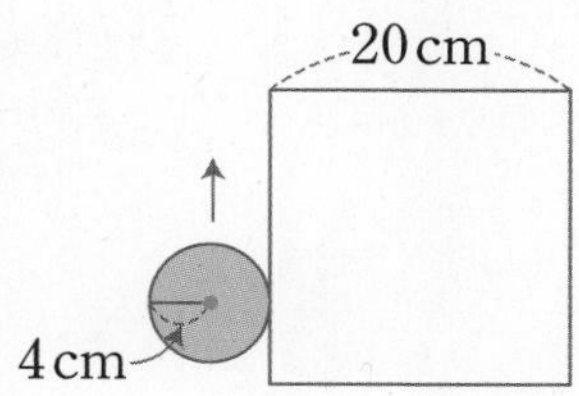

(　　　　　　　　)

6-3 **지름이 $2\,\text{cm}$인 원이 오른쪽과 같이 한 변이 $10\,\text{cm}$인 정삼각형의 둘레를 한 바퀴 돌 때, 원이 지나간 자리의 넓이는 몇 cm^2입니까? (원주율: 3.1)**

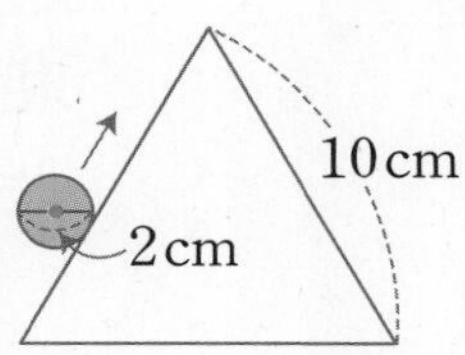

(　　　　　　　　)

MATH TOPIC 7 심화유형

중심각을 이용하여 색칠한 부분의 둘레 구하기

오른쪽 도형에서 색칠한 부분의 둘레는 몇 cm입니까? (원주율: 3)

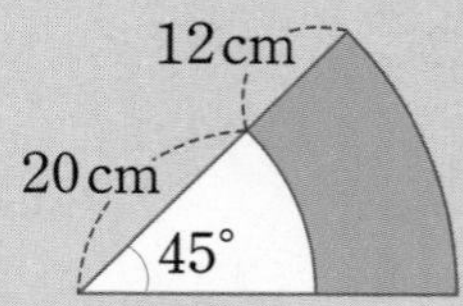

● 생각하기 곡선 부분의 길이는 원주의 몇 분의 몇인지 알아봅니다.

● 해결하기 1단계 ㉠과 ㉡의 길이 구하기

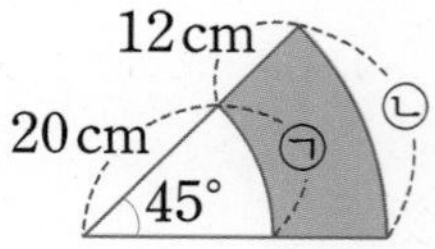

㉠과 ㉡은 각각 반지름이 20 cm인 원과 반지름이 32 cm인 원의 원주의 $\frac{45°}{360°}=\frac{1}{8}$입니다.

(㉠의 길이)$=20\times2\times3\times\frac{1}{8}=15$ (cm), (㉡의 길이)$=32\times2\times3\times\frac{1}{8}=24$ (cm)

2단계 색칠한 부분의 둘레 구하기

(색칠한 부분의 둘레)$=\underset{㉠의 길이}{\underline{15}}+12+\underset{㉡의 길이}{\underline{24}}+12=63$ (cm)

답 63 cm

7-1 오른쪽 도형에서 색칠한 부분의 둘레는 몇 cm입니까? (원주율: 3)

( )

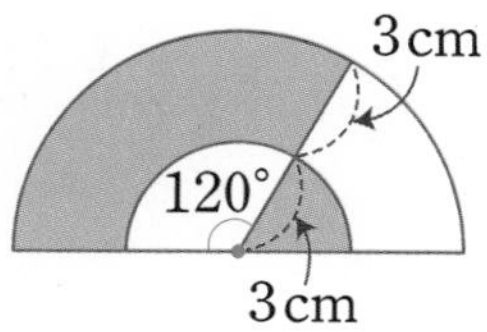

7-2 왼쪽과 같은 삼각자를 오른쪽과 같이 놓고 점 ㄱ을 중심으로 회전시켰습니다. 점 ㄷ이 움직인 거리는 몇 cm입니까? (원주율: 3.14)

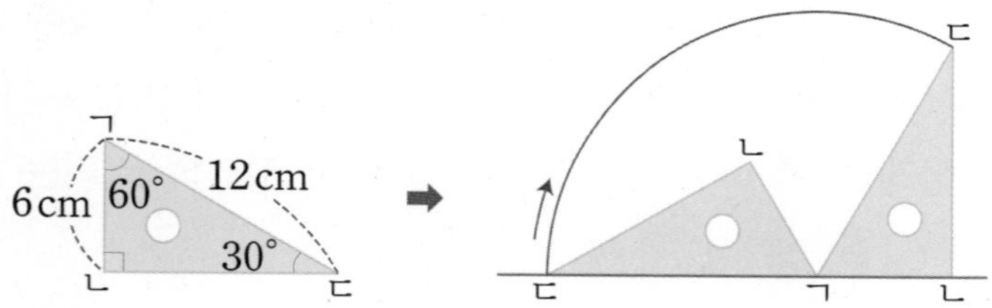

( )

7-3 오른쪽은 정삼각형 안에 정삼각형의 세 꼭짓점을 각각 원의 중심으로 하는 반지름이 5 cm인 원의 일부를 그린 것입니다. 색칠한 부분의 둘레는 몇 cm입니까? (원주율: 3.14)

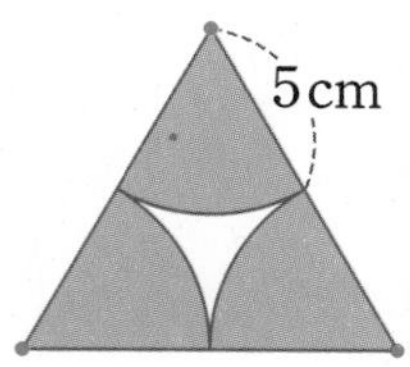

( )

정답과 풀이 62쪽

8 심화유형 겹쳐진 부분의 넓이 구하기

반지름이 8 cm인 원 두 개가 오른쪽과 같이 겹쳐 있습니다. 겹쳐진 부분의 넓이는 몇 cm^2입니까? (원주율: 3)

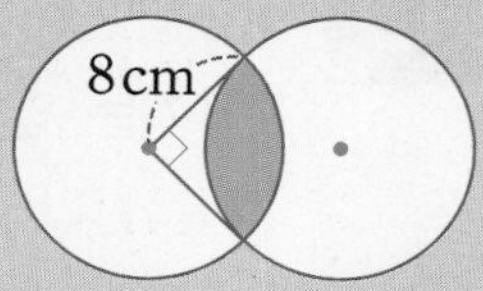

● 생각하기 중심각이 $90°$인 부채꼴의 넓이는 반지름이 같은 원의 넓이의 $\frac{1}{4}$입니다.

● 해결하기 1단계 부채꼴의 넓이와 직각삼각형의 넓이 구하기

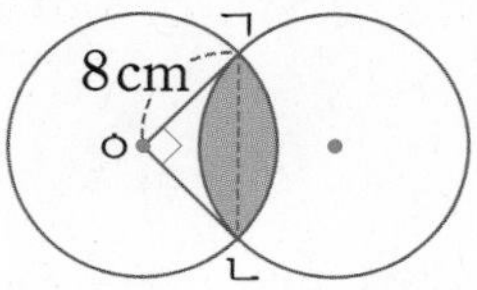

(부채꼴 ㄱㅇㄴ의 넓이)$=8\times8\times3\times\frac{1}{4}=48$ (cm^2)

(직각삼각형 ㄱㅇㄴ의 넓이)$=8\times8\div2=32$ (cm^2)

2단계 겹쳐진 부분의 넓이 구하기

(겹쳐진 부분의 넓이)$=(48-32)\times2=16\times2=32$ (cm^2)

48: 부채꼴의 넓이, 32: 직각삼각형의 넓이

답 32 cm^2

8-1 오른쪽 그림에서 반지름이 6 cm인 원과 직사각형 ㄱㄴㄷㄹ의 넓이가 같을 때, 색칠한 부분의 넓이는 몇 cm^2입니까? (원주율: 3)

(　　　　　　　　　)

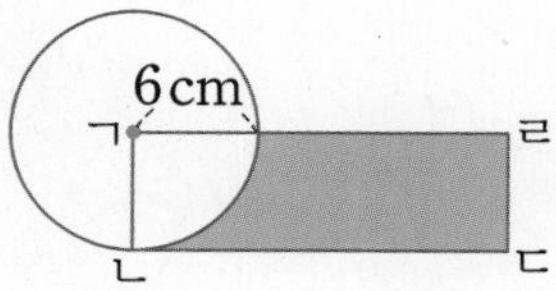

8-2 오른쪽과 같이 지름이 12 cm인 원과 정삼각형, 정사각형이 겹쳐 있습니다. 색칠한 부분의 넓이는 몇 cm^2입니까? (원주율: 3.14)

(　　　　　　　　　)

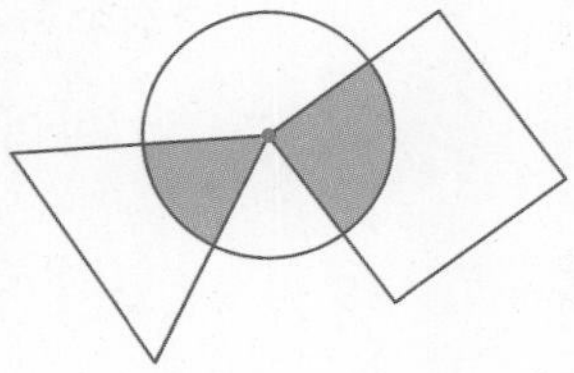

8-3 지름이 16 cm인 원 3개가 오른쪽과 같이 겹쳐 있습니다. 색칠한 부분의 넓이는 몇 cm^2입니까? (원주율: 3)

(　　　　　　　　　)

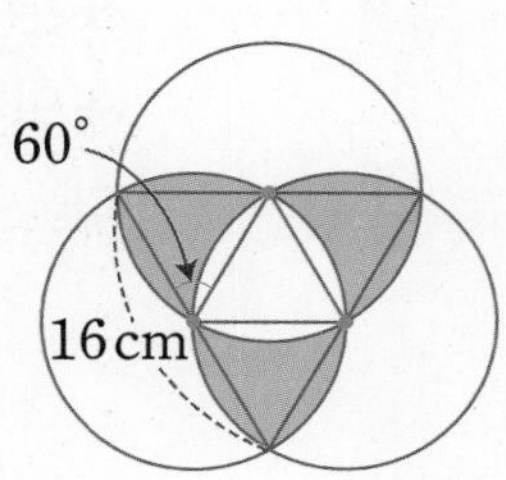

MATH TOPIC

심화유형 9 원의 넓이를 활용한 교과통합유형

STEAM형

수학+과학

공기는 압력이 높은 고기압에서 압력이 낮은 저기압으로 이동합니다. 청소기는 공기의 압력 차를 이용한 것으로 청소기의 안쪽 기압을 바깥쪽 기압보다 낮게 만들어 주변의 공기가 청소기 안으로 빨려 들어오면서 먼지도 함께 들어오게 합니다. 지름이 40 cm인 원 모양의 로봇 청소기를 작동시켜 한 변이 3 m인 정사각형 모양의 빈 방을 청소하려고 합니다. 이 로봇 청소기가 지나갈 수 있는 자리의 넓이는 몇 cm^2입니까? (원주율: 3.14)

생각하기 (청소기가 지나갈 수 있는 자리의 넓이)=(방의 넓이)−(청소기가 지나갈 수 없는 부분의 넓이)

해결하기 **1단계** 청소기가 지나갈 수 없는 한 부분의 넓이 구하기

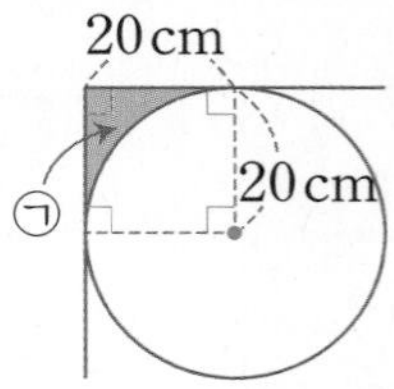

청소기의 반지름은 20 cm이므로
청소기는 방의 구석인 ㉠ 부분을 지나갈 수 없습니다.
(㉠ 부분의 넓이)
=(한 변이 20 cm인 정사각형의 넓이)
−(반지름이 20 cm인 원의 넓이의 $\frac{1}{4}$)
$=20\times20-(20\times20\times3.14\times\frac{1}{\square})$
$=400-\square=\square$ (cm^2)

2단계 청소기가 지나갈 수 있는 자리의 넓이 구하기

정사각형 모양의 방에는 ㉠ 부분과 같은 곳이 4군데 있으므로
(청소기가 지나갈 수 있는 자리의 넓이)
=(방의 넓이)−(㉠ 부분의 넓이)×□
$=300\times300-86\times\square=90000-\square=\square$ (cm^2)

답 □ cm^2

9-1

오른쪽은 한 변의 길이가 2 cm인 정사각형의 둘레에 정사각형의 꼭짓점을 각각 중심으로 하는 원의 일부를 그린 것입니다. 오른쪽 도형의 넓이는 몇 cm^2입니까? (원주율: 3)

(　　　　　　　　)

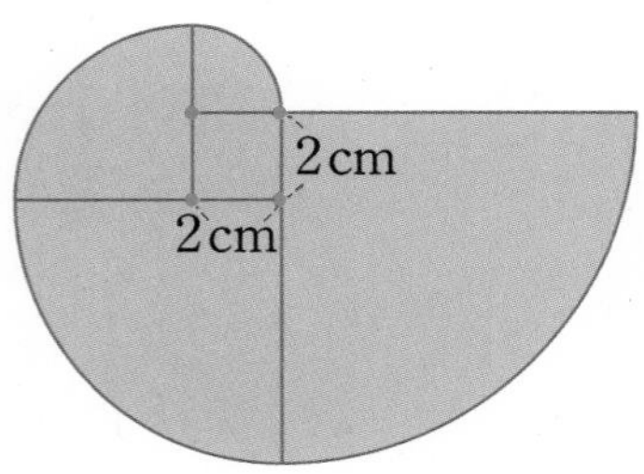

문제풀이 동영상

1 오른쪽 도형에서 색칠한 부분의 둘레는 몇 cm입니까? (원주율: 3.1)

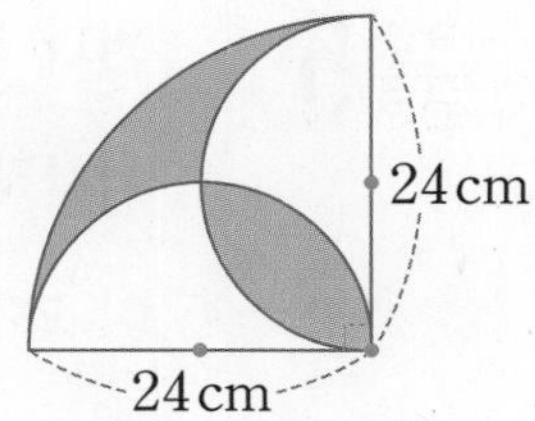

(　　　　　　　　)

수학+사회

STEAM형 **2** 오른쪽 그림은 구두를 만드는 사람들이 사용하는 구두장이의 칼입니다. 수학에서도 '구두장이의 칼'이라고 불리는 도형이 있습니다. 선분 ㄱㄴ 위에 원의 중심이 모두 있고 세 개의 반원 모양으로 둘러싸인 도형을 구두장이의 칼이라고 부릅니다. 색칠한 부분의 넓이는 몇 cm^2입니까? (원주율: 3.14)

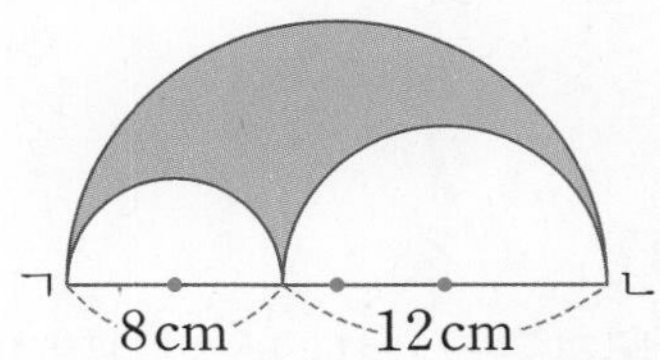

(　　　　　　　　)

3 오른쪽 그림은 직각삼각형 ㄱㄴㄷ의 각 변을 지름으로 하는 반원을 그린 것입니다. 색칠한 부분의 넓이는 몇 cm^2입니까? (원주율: 3)

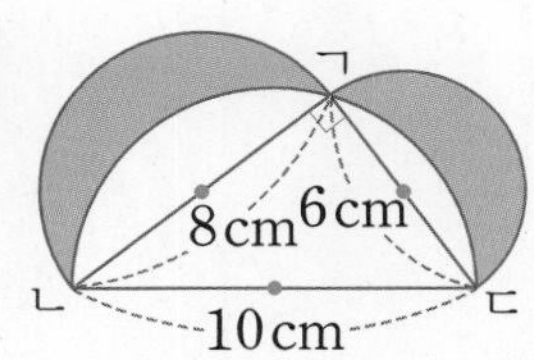

(　　　　　　　　)

4 오른쪽 도형에서 색칠한 부분의 넓이는 몇 cm^2입니까? (원주율: 3)

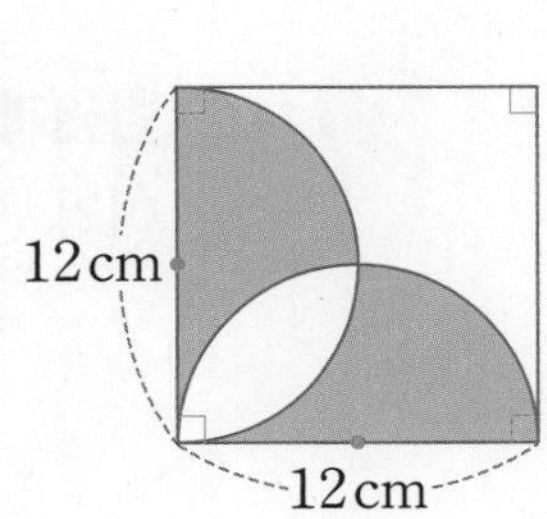

(　　　　　　　　)

서술형 **5**

원과 직사각형이 오른쪽과 같이 겹쳐 있고 겹쳐진 부분의 넓이는 직사각형의 넓이의 $\frac{4}{15}$입니다. 직사각형의 가로는 몇 cm인지 풀이 과정을 쓰고 답을 구하시오. (원주율: 3)

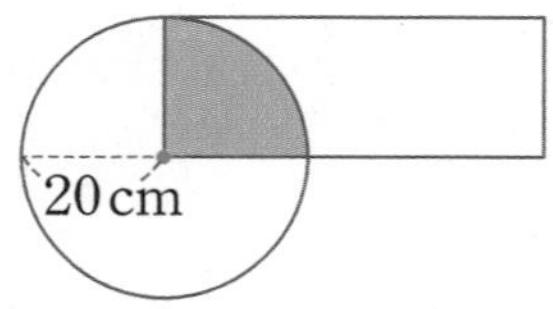

풀이 ……………………………………

……………………………………

……………………………………

……………………………………

답 ……………………

수학+과학

STEAM형 **6**

레이더는 전파를 목표물로 보내서 반사되어 오는 전파를 수신하여 목표물의 위치를 알아내는 장치로, 구름이나 태풍의 위치 등을 알아내기도 하고 군사 목적으로 사용되기도 합니다. 오른쪽 레이더 영상에서 밝은 부분은 중심각의 크기가 45°인 부채꼴 모양입니다. 레이더 판에서 가장 큰 원의 둘레가 124 cm일 때, 밝은 부분의 넓이는 몇 cm^2입니까?

(원주율: 3.1)

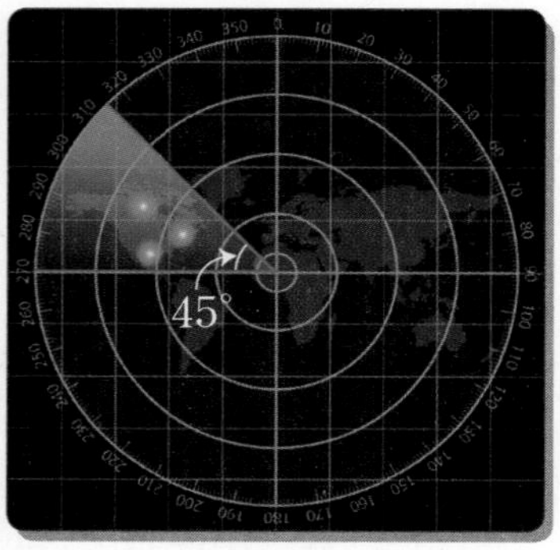

(　　　　　　　　)

7

반원과 직각삼각형이 오른쪽과 같이 겹쳐 있습니다. ㉮와 ㉯의 넓이가 같을 때, 변 ㄱㄷ의 길이는 몇 cm입니까? (원주율: 3.14)

(　　　　　　　　)

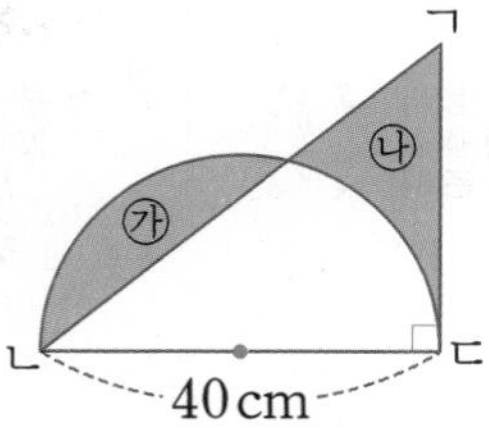

서술형 **8**

직사각형 안에 원주가 24.8 cm인 원 8개를 오른쪽과 같이 그린 후 색칠하였습니다. 색칠하지 않은 부분의 넓이는 몇 cm^2인지 풀이 과정을 쓰고 답을 구하시오. (원주율: 3.1)

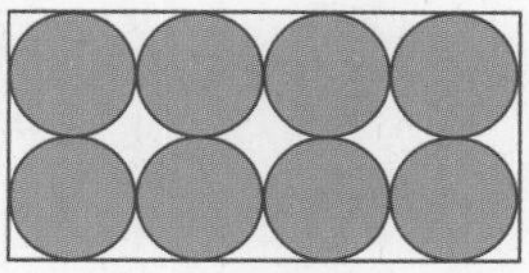

풀이

답

9

오른쪽 도형에서 색칠한 부분의 넓이는 몇 cm^2입니까? (원주율: 3.14)

(　　　　　　　　)

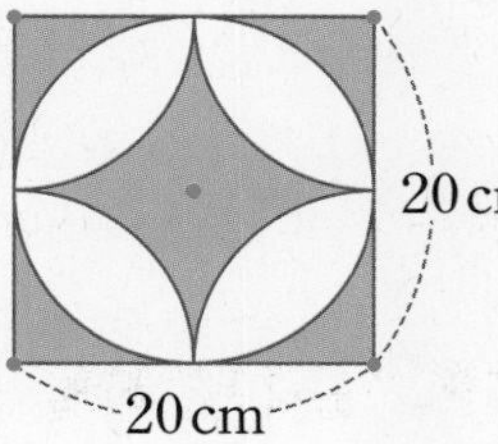

경시 기출 문제 **10**

오른쪽은 정사각형 안에 꼭 맞게 원을 그린 것입니다. 색칠한 부분의 넓이는 정사각형의 넓이의 몇 %입니까? (원주율: 3)

(　　　　　　　　)

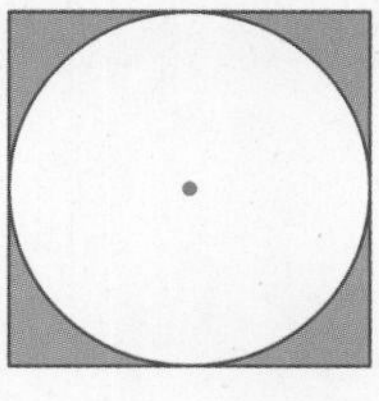

11 오른쪽은 똑같은 음료수 캔 5개를 끈으로 한 번 묶은 것입니다. 매듭을 짓는 데 끈 25 cm를 사용했다면 사용한 끈은 몇 cm입니까? (단, 끈의 두께는 생각하지 않습니다.) (원주율: 3)

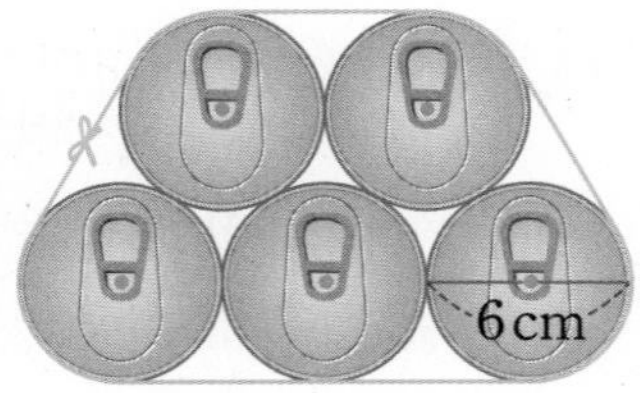

( )

12 오른쪽은 넓이가 78.5 cm^2인 원 안에 꼭맞게 정사각형을 그리고, 그린 정사각형의 각 변의 가운데 점을 이어 또다른 정사각형을 그린 것입니다. 색칠한 부분의 넓이는 몇 cm^2입니까? (원주율: 3.14)

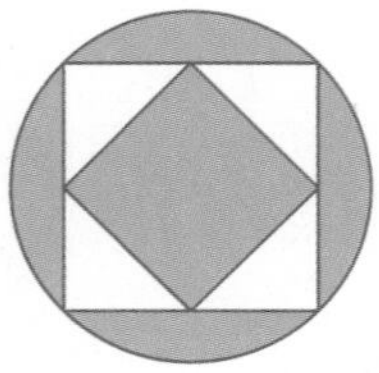

( )

경시 기출 문제 **13** 한 변이 4 cm인 정육각형을 그린 후 정육각형의 각 꼭짓점을 중심으로 하는 반지름이 1 cm, 3 cm인 원을 번갈아가며 그린 것입니다. 색칠한 부분의 넓이는 몇 cm^2입니까? (원주율: 3)

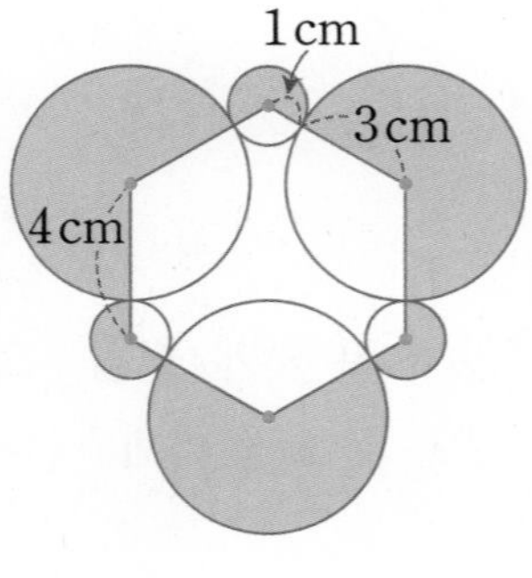

( )

경시 기출 문제 **14**

오른쪽과 같이 원을 하나 그린 후 그린 원과 중심은 같고 반지름이 더 긴 원 하나를 더 그렸더니 새로 그린 원의 원주가 처음에 그린 원보다 12.4 cm만큼 더 길었습니다. 새로 그린 원의 넓이가 77.5 cm^2일 때, 두 원의 반지름의 차는 몇 cm입니까? (원주율: 3.1)

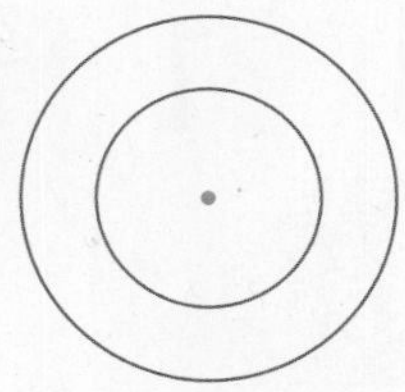

(　　　　　　　　)

15

오른쪽 그림은 반지름이 16 cm인 원의 원주를 12등분하여 점을 찍은 것입니다. 12등분한 점 중 세 점을 각각 점 ㄱ, 점 ㄴ, 점 ㄷ이라 할 때, 색칠한 부분의 넓이는 몇 cm^2입니까? (원주율: 3)

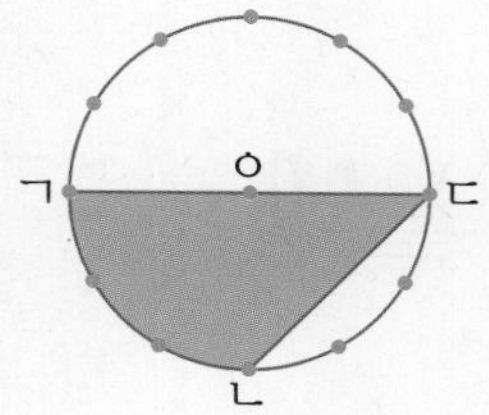

(　　　　　　　　)

16

오른쪽은 한 변이 16 cm인 정사각형 안에 원의 일부를 그린 것입니다. ㉮와 ㉯의 넓이의 차는 몇 cm^2입니까? (원주율: 3)

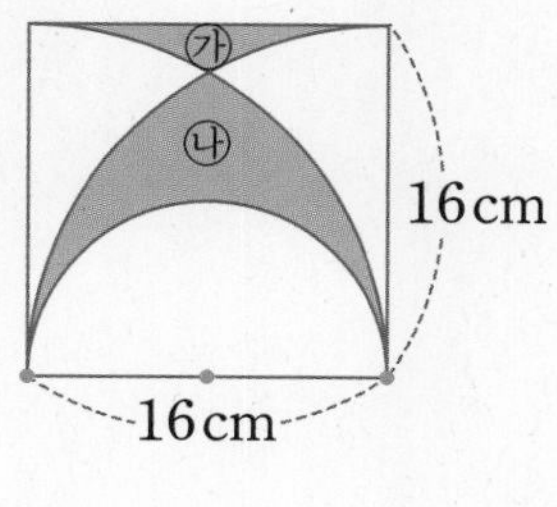

(　　　　　　　　)

17

오른쪽 도형에서 색칠한 부분의 넓이는 몇 cm^2입니까? (원주율: 3.14)

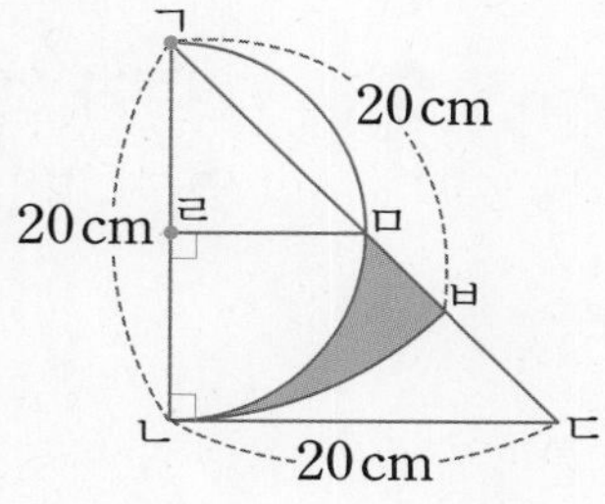

(　　　　　　　　)

문제풀이 동영상

1 오른쪽 도형에서 색칠한 부분의 넓이는 몇 cm^2입니까? (원주율: 3)

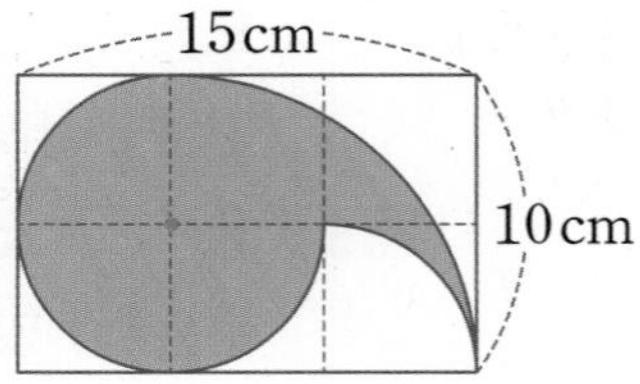

(　　　　　　　　　　)

서술형 **2** 반지름이 각각 21 cm, 35 cm인 두 바퀴가 오른쪽과 같이 길이가 4.5 m인 벨트로 연결되어 있습니다. 두 바퀴의 회전수의 합이 80번일 때, 벨트의 회전수는 몇 번인지 풀이 과정을 쓰고 답을 구하시오. (원주율: 3)

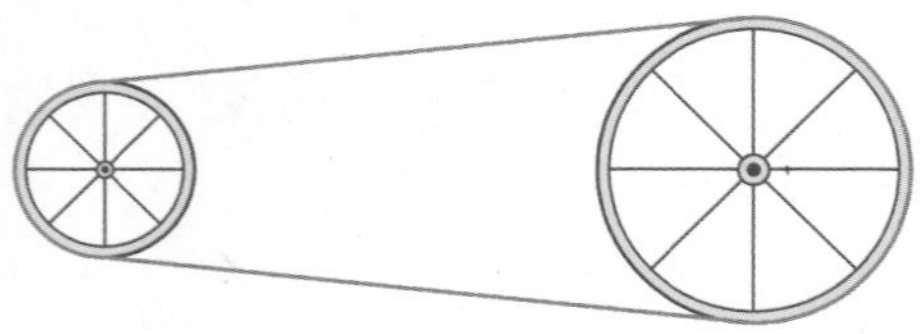

풀이 ....

....

....

....

답 ....

3 원주가 30 cm인 원 4개를 오른쪽과 같이 서로 겹치지 않게 붙였습니다. 빨간색 선으로 표시된 부분의 길이는 몇 cm입니까? (원주율: 3)

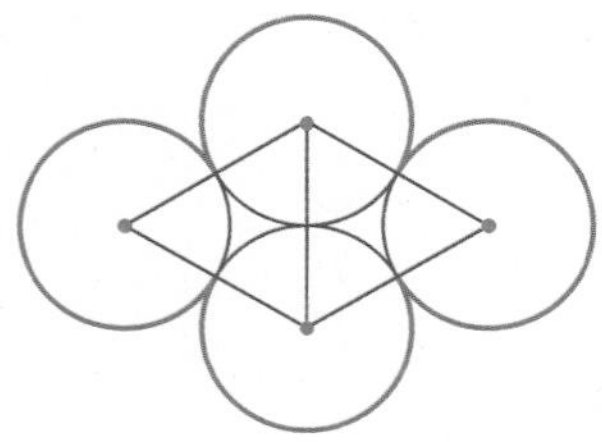

(　　　　　　　　　　)

수학+체육

STEAM형 **4** 육상 경기장 트랙은 다음과 같이 직선 구간과 반원 모양의 곡선 구간으로 되어 있습니다. 8번 레인으로 갈수록 곡선 구간이 길어지므로 트랙을 한 바퀴 도는 400 m 육상 경기를 할 때는 레인마다 출발선의 위치가 다릅니다. 각 레인의 폭이 1.22 m이고 레인의 중간 부분의 거리를 재어 출발선을 그린다고 할 때, 8번 레인의 출발선은 1번 레인의 출발선보다 몇 m 앞에 그려야 합니까? (원주율: 3)

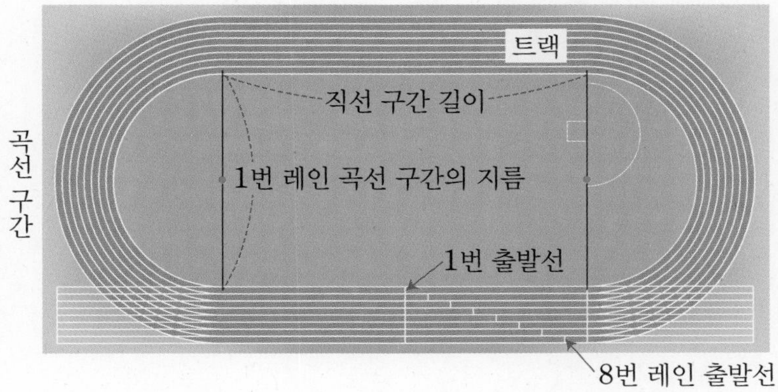

(　　　　　　　　)

5 오른쪽 도형에서 점 ㄱ은 큰 원의 중심입니다. 선분 ㄱㄴ과 선분 ㄴㄷ의 길이의 비가 2 : 1일 때, ㉮의 넓이는 ㉯의 넓이의 몇 배입니까? (원주율: 3.1)

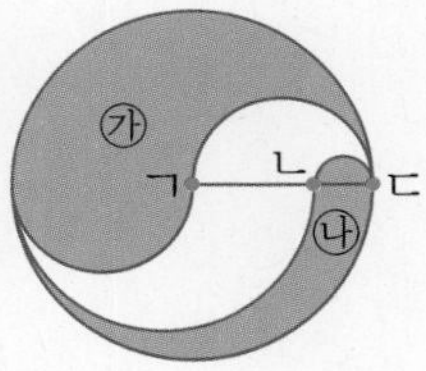

(　　　　　　　　)

6 다음과 같이 한 변이 3 cm인 정삼각형의 한 꼭짓점 ㄱ에 길이가 9 cm인 실을 붙여 정삼각형을 한 바퀴 감으려고 합니다. 실의 한쪽 끝은 점 ㄱ에 고정되어 있고 다른 한 쪽 끝인 점 ㄹ은 선분 ㄱㄷ의 연장선 위에 있습니다. 실을 팽팽히 당기면서 화살표 방향으로 삼각형 ㄱㄴㄷ의 둘레를 한 바퀴 감을 때, 점 ㄹ이 움직인 길이는 몇 cm입니까? (원주율: 3)

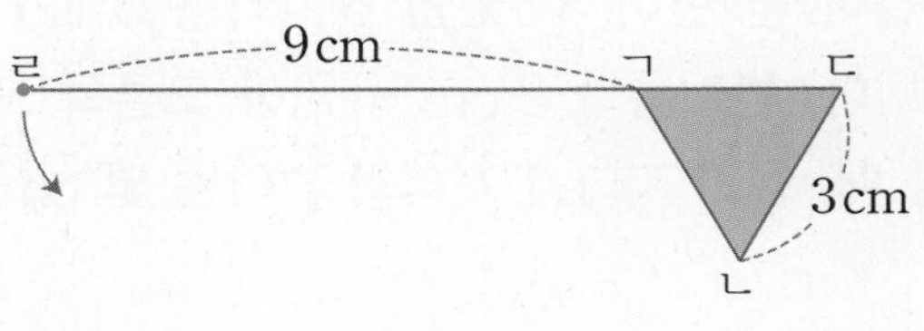

(　　　　　　　　)

경시 기출 문제 **7**

반지름이 같은 원 9개를 오른쪽과 같이 붙였습니다. 색칠한 부분의 둘레가 62.8 cm일 때, 색칠한 부분의 넓이는 몇 cm^2입니까?

(원주율: 3.14)

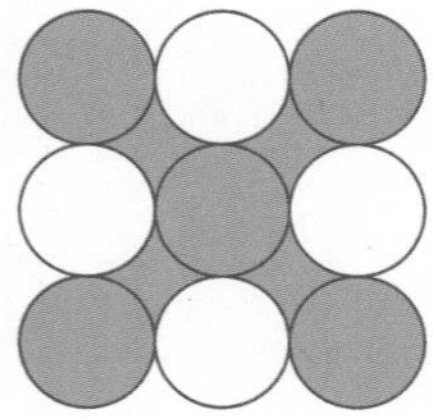

(　　　　　　　　　　)

8

오른쪽 그림과 같이 중심이 같고 반지름이 각각 ㉠ cm, ㉡ cm인 두 원이 있습니다. 두 원의 원주의 차는 12 cm이고 넓이의 차는 60 cm^2일 때, 작은 원의 넓이는 몇 cm^2입니까? (단, ㉠, ㉡은 자연수이고 원주율은 3입니다.)

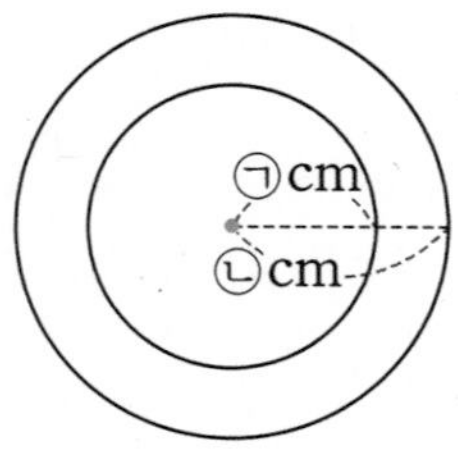

(　　　　　　　　　　)

경시 기출 문제 **9**

오른쪽과 같이 한 변이 8 cm인 정사각형 3개가 겹치지 않게 붙어 있습니다. 반지름이 2 cm인 원이 오른쪽 도형의 둘레를 한 바퀴 돌 때, 원이 지나간 자리의 넓이는 몇 cm^2입니까?

(원주율: 3)

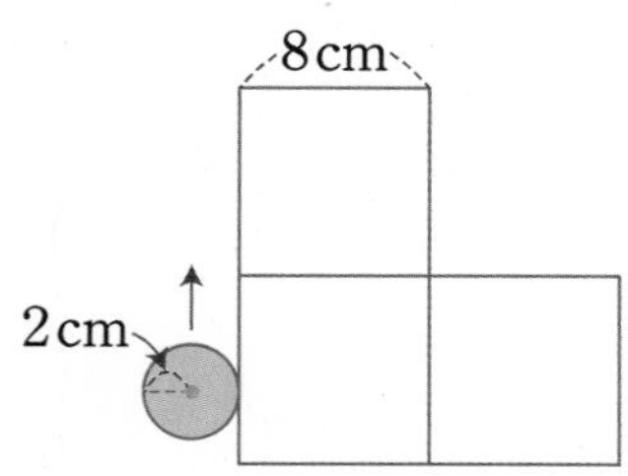

(　　　　　　　　　　)

원기둥, 원뿔, 구

대표심화유형

1 원기둥의 전개도에서 둘레 구하기
2 입체도형을 앞에서 본 모양의 둘레(넓이) 구하기
3 돌리기 전의 평면도형의 넓이(둘레) 구하기
4 원뿔 이해하기
5 원기둥의 전개도를 보고 겉넓이 구하기
6 원기둥의 높이 구하기
7 입체도형의 겉넓이 구하기
8 입체도형의 부피 구하기
9 원기둥을 활용한 교과통합유형

6

원을 품은 입체도형 삼총사

원기둥, 원뿔, 구

캔, 고깔, 공. 이 세 가지 물체에서 공통적으로 찾을 수 있는 도형은? 바로 원입니다. 음료수 캔을 세워 놓았을 때 서로 평행하고 합동인 두 원이 밑면이에요. 밑면은 평평하지만 옆면은 굽어 있어서 옆면이 바닥에 닿게 굴리면 굴러가죠. 이런 형태의 입체도형을 원기둥이라고 합니다.

고깔에는 원 모양의 밑면이 하나뿐이고 뾰족한 꼭짓점이 있어요. 고깔과 같은 모양을 원뿔이라고 하고 원뿔의 옆을 둘러싼 굽은 면을 옆면, 뾰족한 곳은 원뿔의 꼭짓점이라고 합니다. 원뿔 역시 옆면을 대고 굴리면 굴러가지만, 원기둥과 달리 원뿔은 제자리에서 원을 그리며 굴러요.

어느 방향에서 보아도 원 모양인 입체도형은 구라고 해요. 구는 3차원 공간에서 한 점으로부터 거리가 일정한 점들의 모임이라고 정의할 수도 있어요. 구의 가장 안쪽 점을 구의 중심이라고 하는데, 구의 면 위에 어떤 점을 찍어도 구의 중심으로부터 그 점까지의 거리는 같습니다. 즉 구의 반지름은 모두 같고 무수히 많아요.

돌려서 만들 수 있는 입체도형

형태는 다르지만 원기둥, 원뿔, 구는 모두 굽은 면으로 둘러싸여 있어요. 평면도형을 한 바퀴 회전해서 얻을 수 있는 모양이기 때문이에요. 직사각형 모양의 종이를 나무젓가락에 붙여서 한 바퀴 돌려 보면 원기둥처럼 보여요. 직각삼각형 모양의 종이를 한 바퀴 돌리면 원뿔처럼 보이고, 반원 모양의 종이를 한 바퀴 돌리면 구처럼 보여요.

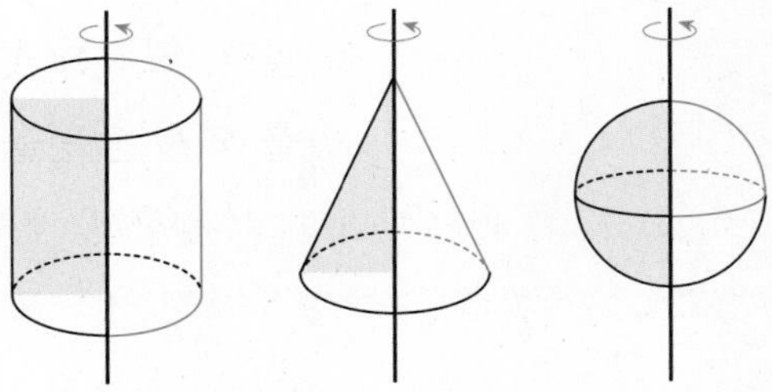

재밌는 사실 또 한 가지! 원기둥을 밑면에 수직인 방향으로 자르면 자른 면이 직사각형이 되고, 원뿔을 밑면에 수직인 방향으로 자르면 자른 면이 이등변삼각형이 돼요. 그리고 구는 어느 방향으로 잘라도 자른 면이 원이 됩니다.

아르키메데스의 묘비

죽는 순간까지 도형을 놓지 않았던 수학자 아르키메데스의 묘비에는 그가 생전에 원했던 대로 특별한 도형이 새겨졌습니다. 바로 원기둥 안에 구와 원뿔이 꽉 차게 들어가 있는 그림이었습니다.

묘비에 그려진 원기둥과 원뿔은 밑면의 크기와 높이가 같고, 구의 반지름은 원기둥의 밑면의 반지름과 같습니다. 이렇게 꼭 들어맞는 원뿔, 구, 원기둥의 부피를 비로 나타내면 1:2:3이 됩니다. 그는 생전에 원기둥, 원뿔, 구 사이의 부피 관계를 밝혀낸 후 매우 뿌듯해 했다고 해요.

세 입체도형의 부피 관계는 실험을 통해서 확인할 수 있어요. 원기둥 모양 그릇에 꼭 들어맞는 구를 넣고 물을 가득 채운 다음 부은 물의 양을 재 보면, 물의 높이가 원기둥 높이의 $\frac{1}{3}$만큼이라는 것을 알 수 있답니다. 즉 원기둥 안에 꼭 맞게 들어가는 구의 부피는 원기둥 부피의 $\frac{2}{3}$입니다. 또한 원기둥 그릇 안에 꼭 맞는 원뿔을 집어넣고 같은 방법으로 실험해 보면 원뿔의 부피가 원기둥 부피의 $\frac{1}{3}$이라는 사실도 알 수 있습니다.

1 원기둥

❶ 원기둥

• 원기둥: , 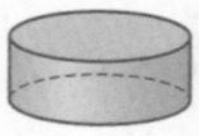,  등과 같은 입체도형

❷ 원기둥의 구성 요소

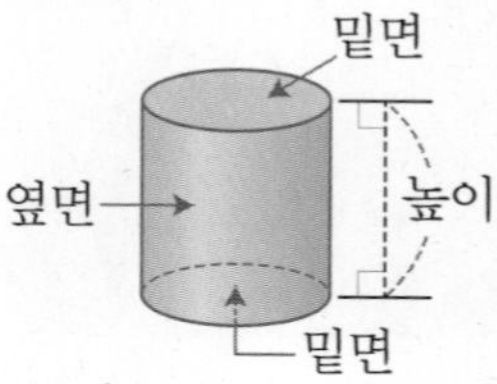

• 밑면: 서로 평행하고 합동인 두 면
• 옆면: 두 밑면과 만나는 면 — 굽은 면입니다.
• 높이: 두 밑면에 수직인 선분의 길이

• 직사각형 모양의 종이를 한 변을 기준으로 한 바퀴 돌리면 원기둥이 됩니다.

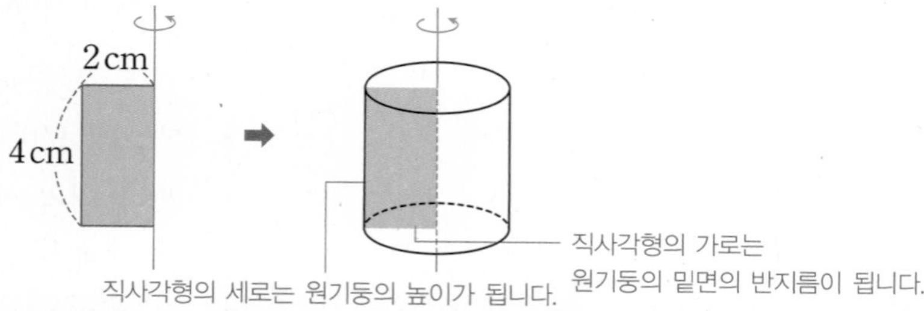

실전 개념

❶ 원기둥과 각기둥의 비교

입체도형	공통점	차이점
원기둥 	• 밑면이 2개입니다. • 기둥 모양의 입체도형입니다. • 두 밑면이 서로 평행하고 합동입니다. • 앞과 옆에서 본 모양이 직사각형입니다.	• 밑면은 원, 옆면은 굽은 면입니다. • 꼭짓점과 모서리가 없습니다. — 굽은 면이 있습니다. • 위에서 본 모양은 원입니다.
각기둥 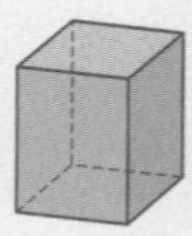		• 밑면은 다각형, 옆면은 직사각형입니다. • 꼭짓점과 모서리가 있습니다. — 굽은 면이 없습니다. • 위에서 본 모양은 다각형입니다.

연결 개념

중등 연계

❶ 회전체와 회전축

• 회전체: 평면도형을 한 직선을 축으로 하여 돌렸을 때 만들어지는 입체도형
• 회전축: 축으로 사용한 직선

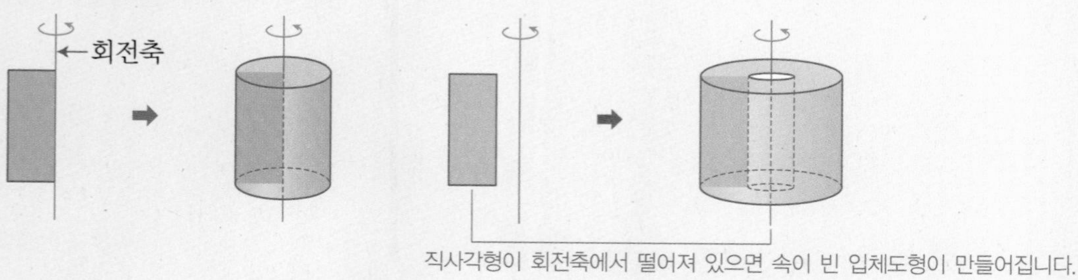

BASIC TEST

1 원기둥에 대한 설명으로 잘못된 것을 찾아 기호를 쓰시오.

㉠ 두 밑면은 서로 평행합니다.
㉡ 밑면은 원이고, 옆면은 굽은 면입니다.
㉢ 옆에서 본 모양은 직사각형입니다.
㉣ 두 밑면에 수직인 선분의 길이는 모서리입니다.

( )

2 원기둥의 높이는 몇 cm입니까?

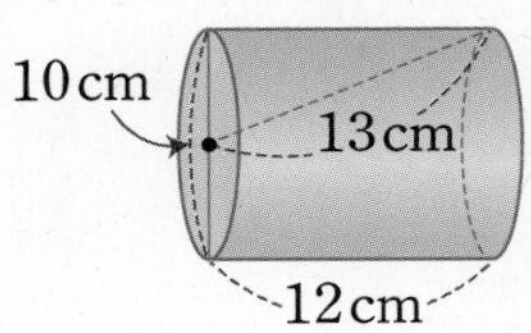

( )

3 다음 입체도형이 원기둥이 아닌 이유를 쓰시오.

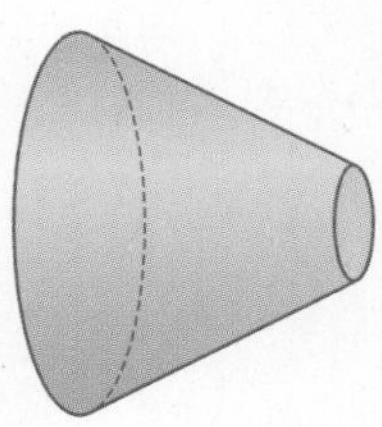

이유

4 직사각형 모양의 종이를 한 변을 기준으로 돌리면 어떤 입체도형이 되는지 쓰고, 겨냥도를 완성하시오.

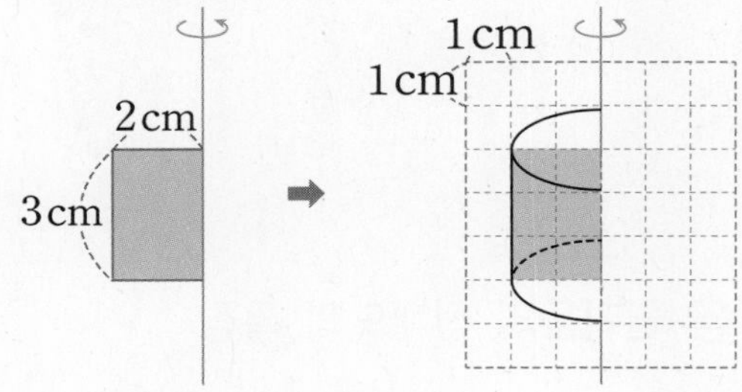

( )

5 오른쪽 원기둥에 대한 설명입니다. 밑면의 지름과 높이는 몇 cm인지 차례로 쓰시오.

• 위에서 본 모양은 반지름이 5 cm인 원입니다.
• 앞에서 본 모양은 정사각형입니다.

(,)

6 두 입체도형의 공통점과 차이점을 한 가지씩 쓰시오.

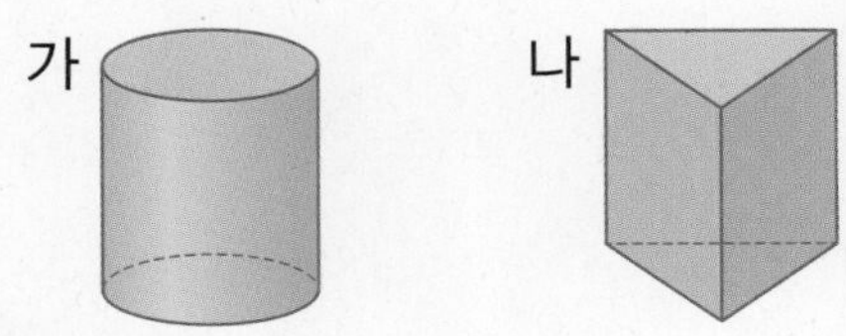

공통점

차이점

2 원기둥의 전개도

❶ 원기둥의 전개도

• 원기둥의 전개도: 원기둥을 잘라서 펼쳐 놓은 그림

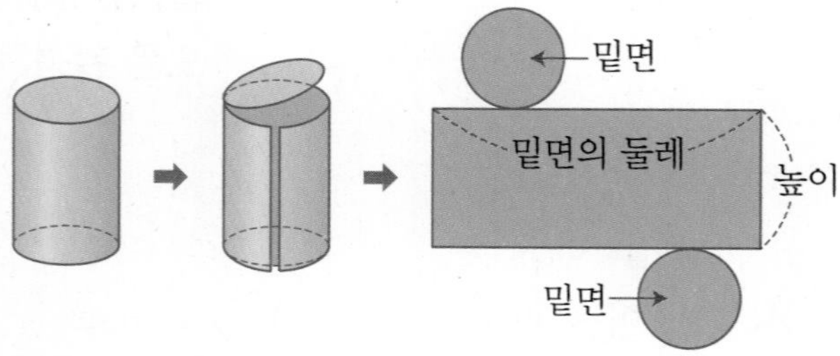

❷ 원기둥의 전개도의 특징

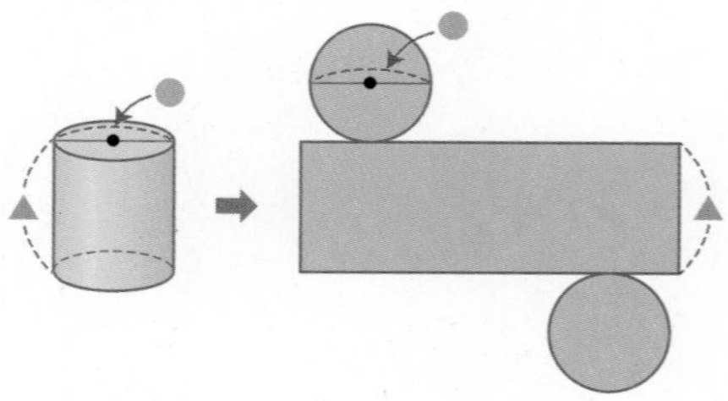

• (옆면의 세로)=(원기둥의 높이)
• (옆면의 가로)=(밑면의 둘레)
• (원기둥의 전개도의 둘레)
=(밑면의 둘레)×2+(옆면의 둘레)
=(밑면의 둘레)×4+(옆면의 세로)×2

(옆면의 둘레) ← (옆면의 가로)×2+(옆면의 세로)×2, (옆면의 가로) ← 밑면의 둘레

중등 연계

❶ 원기둥의 겉넓이

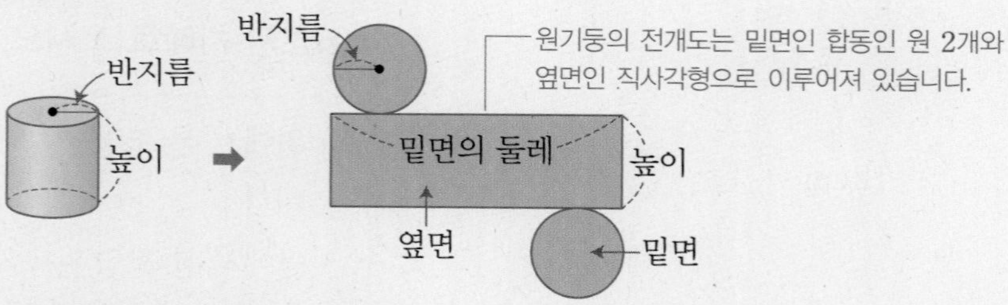

• (원기둥의 겉넓이)=(한 밑면의 넓이)×2+(옆면의 넓이)
• (한 밑면의 넓이)=(원의 넓이)=(원주율)×(반지름)×(반지름)
• (옆면의 넓이)=(직사각형의 넓이)=(밑면의 둘레)×(원기둥의 높이)

(밑면의 둘레) ← 옆면의 가로, (원기둥의 높이) ← 옆면의 세로

❷ 원기둥의 부피

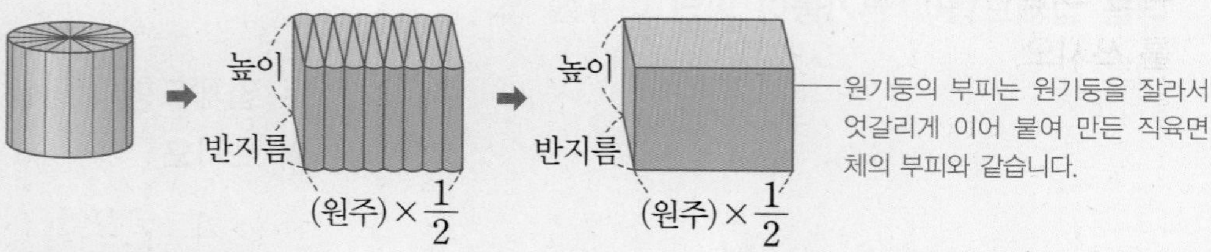

(원기둥의 부피)=(직육면체의 부피)

$=(\text{원주})\times\frac{1}{2}\times(\text{반지름})\times(\text{높이})$

$=(\text{원주율})\times(\text{지름})\times\frac{1}{2}\times(\text{반지름})\times(\text{높이})$

$=(\text{원주율})\times(\text{반지름})\times(\text{반지름})\times(\text{높이})=(\text{밑면의 넓이})\times(\text{높이})$

1 원기둥의 전개도에서 밑면의 둘레와 같은 길이의 선분을 모두 찾아 쓰시오.

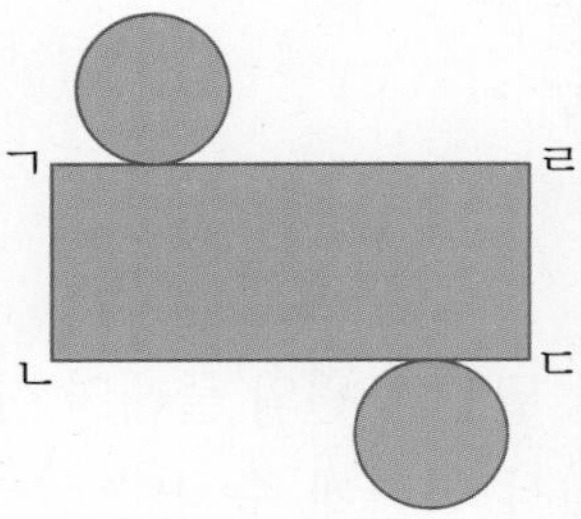

(　　　　　　　　　　　　)

2 원기둥과 원기둥의 전개도를 보고 □ 안에 알맞은 수를 써넣으시오. (원주율: 3.1)

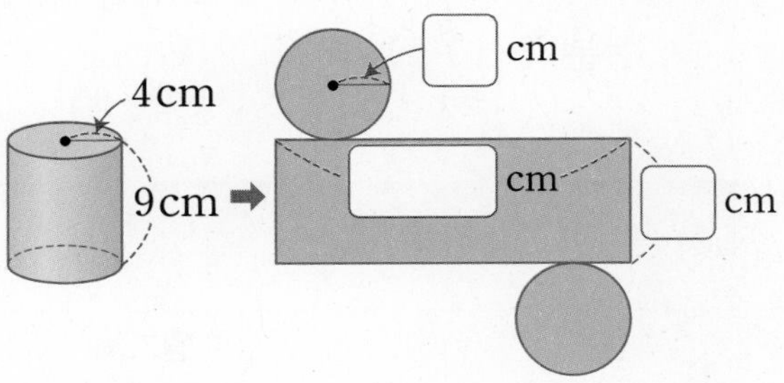

3 다음 그림이 원기둥의 전개도가 아닌 이유를 쓰시오.

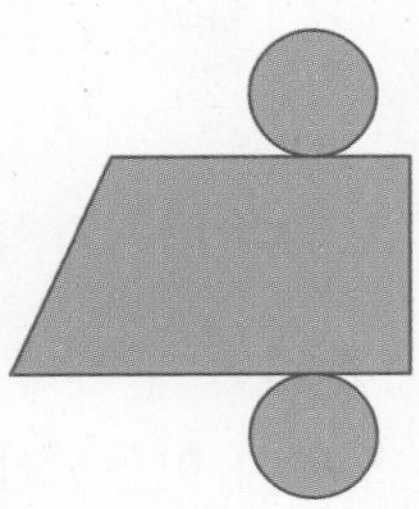

이유 ....

....

4 원기둥의 전개도입니다. 옆면의 가로가 21 cm, 세로가 8 cm일 때, 원기둥의 밑면의 반지름은 몇 cm입니까? (원주율: 3)

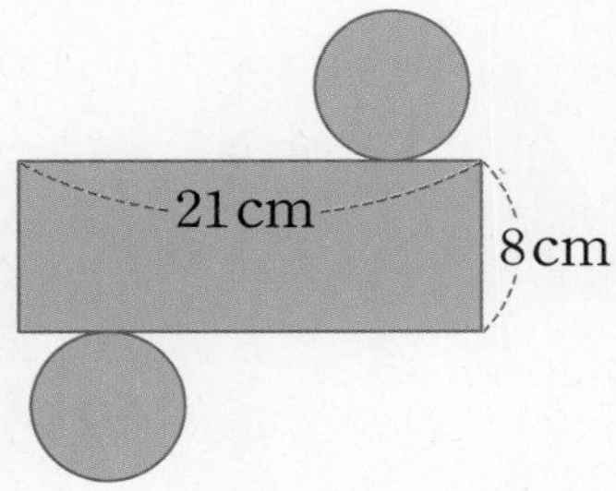

(　　　　　　　　　　　　)

5 원기둥과 원기둥의 전개도입니다. 옆면의 넓이가 96 cm²일 때, 원기둥의 밑면의 둘레는 몇 cm입니까?

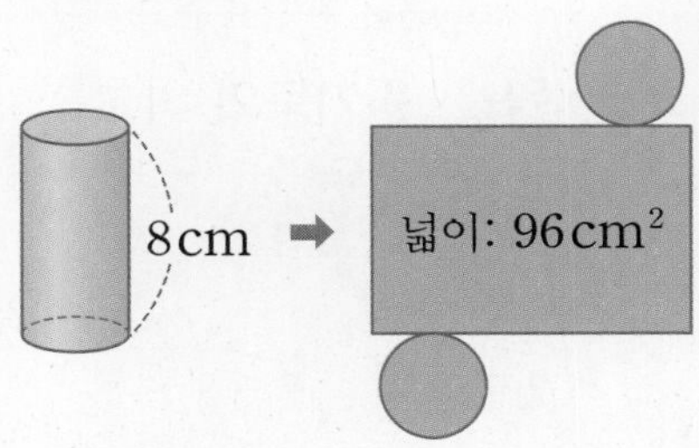

(　　　　　　　　　　　　)

6 연준이는 오른쪽 원기둥의 전개도를 그렸습니다. 연준이가 그린 전개도의 옆면의 둘레는 몇 cm입니까? (원주율: 3.14)

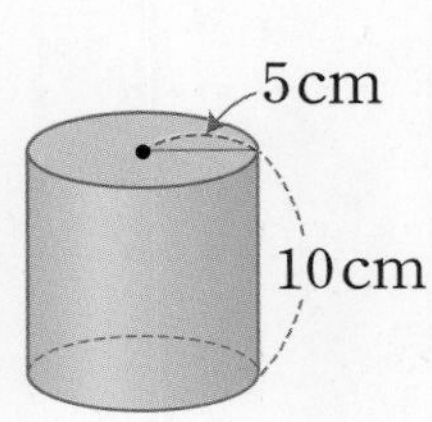

(　　　　　　　　　　　　)

3 원뿔, 구

❶ 원뿔

• 원뿔: 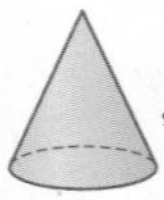, 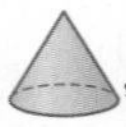, 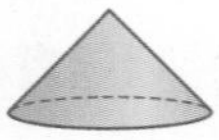 등과 같은 입체도형

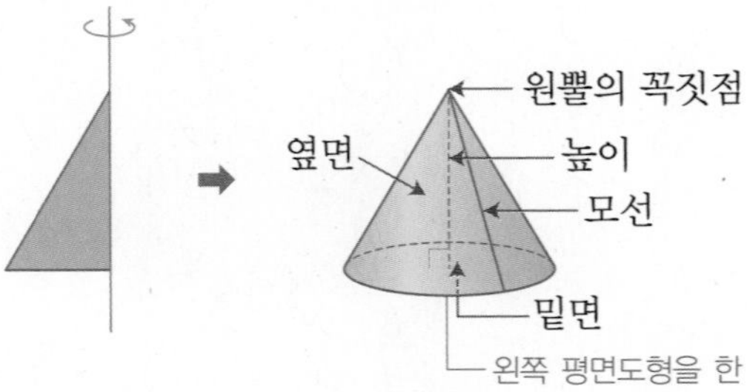

• 밑면: 평평한 면
• 옆면: 옆을 둘러싼 굽은 면
• 원뿔의 꼭짓점: 뾰족한 부분의 점
• 모선: 꼭짓점과 밑면인 원의 둘레의 한 점을 이은 선분
• 높이: 꼭짓점에서 밑면에 수직인 선분의 길이

❷ 구

• 구: , ,  등과 같은 입체도형

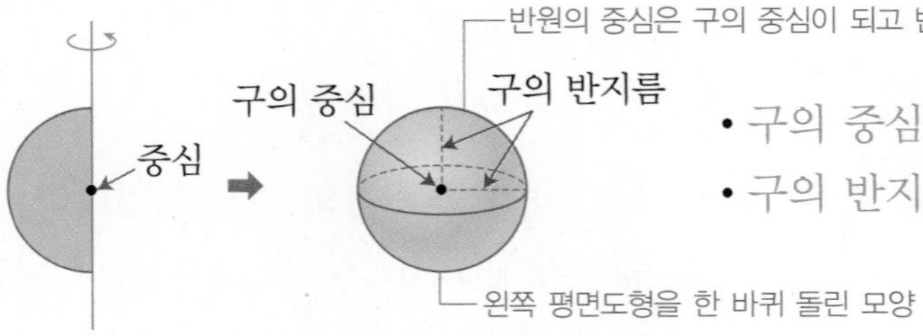

• 구의 중심: 가장 안쪽에 있는 점
• 구의 반지름: 구의 중심에서 구의 겉면의 한 점을 이은 선분

❶ 각뿔, 원뿔, 원기둥의 비교

입체도형	각뿔	원뿔	원기둥
밑면의 모양	다각형	원	원
밑면의 수	1개	1개	2개
위에서 본 모양	다각형	원	원
앞, 옆에서 본 모양	이등변삼각형	이등변삼각형	직사각형

❷ 원기둥, 원뿔, 구의 비교

입체도형	공통점	차이점
	• 굽은 면으로 둘러싸여 있습니다. • 위에서 본 모양이 원으로 모두 같습니다.	• 기둥 모양입니다. • 앞과 옆에서 본 모양이 직사각형입니다.
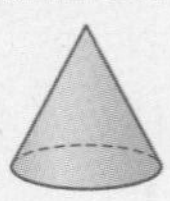		• 뿔 모양입니다. • 뾰족한 부분이 있습니다. • 앞과 옆에서 본 모양이 이등변삼각형입니다.
		• 공 모양입니다. • 앞과 옆에서 본 모양이 원입니다. • 어느 방향에서 보아도 모양이 같습니다.

BASIC TEST

1 다음 중 어느 방향에서 보아도 모양이 같은 입체도형은 어느 것입니까?

원기둥	원뿔	구	각뿔

( )

2 원기둥과 원뿔에 대한 설명으로 옳은 것을 모두 고르시오. ( )

① 밑면은 2개입니다.
② 꼭짓점이 있습니다.
③ 옆면은 굽은 면입니다.
④ 밑면의 모양은 원입니다.
⑤ 전체적인 모양은 뿔 모양입니다.

3 원뿔을 보고 밑면의 지름, 높이, 모선을 나타내는 선분을 모두 찾아 쓰시오.

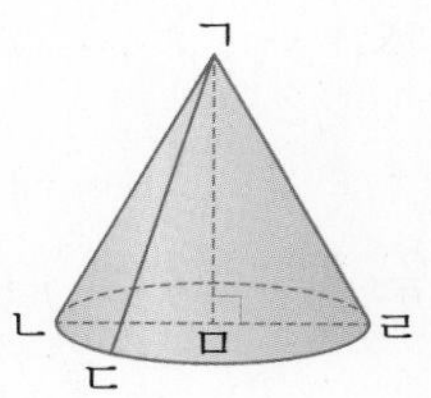

밑면의 지름 ( )
높이 ( )
모선 ( )

4 반원 모양의 종이를 오른쪽과 같이 지름을 기준으로 한 바퀴 돌려 만들 수 있는 도형에 ○표 하고, 그 도형의 반지름은 몇 cm인지 쓰시오.

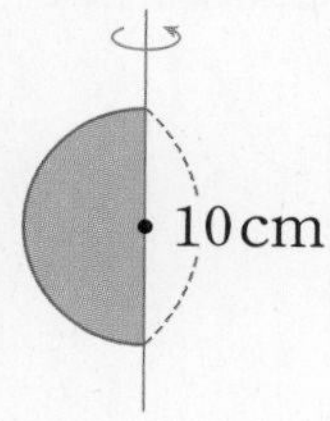

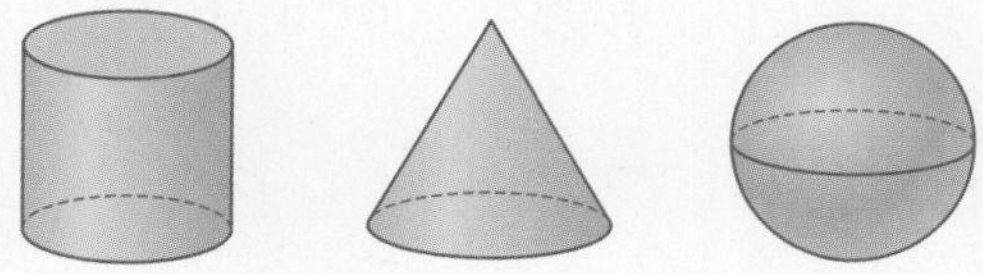

( ) ( ) ( )

( )

5 직각삼각형 모양의 종이를 변 ㄴㄷ을 기준으로 한 바퀴 돌렸습니다. 이때 만들어지는 입체도형의 밑면의 지름과 높이는 몇 cm인지 차례로 쓰시오.

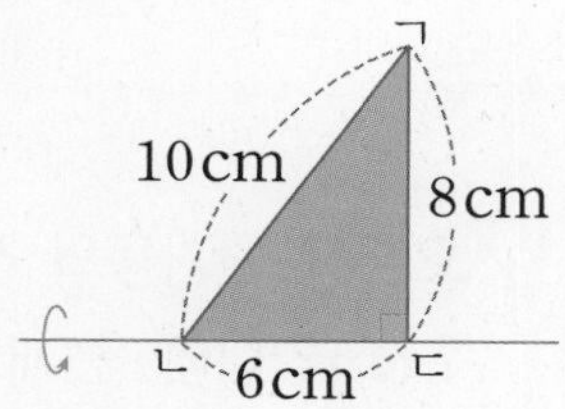

(,)

6 오른쪽 원뿔을 앞에서 본 모양의 넓이는 몇 cm^2입니까?

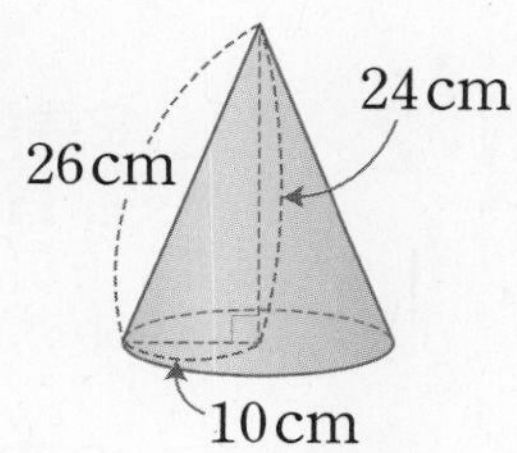

( )

MATH TOPIC 1
심화유형

원기둥의 전개도에서 둘레 구하기

오른쪽 원기둥의 전개도에서 옆면의 둘레가 64 cm이고 세로가 10 cm일 때, 밑면의 둘레는 몇 cm입니까?

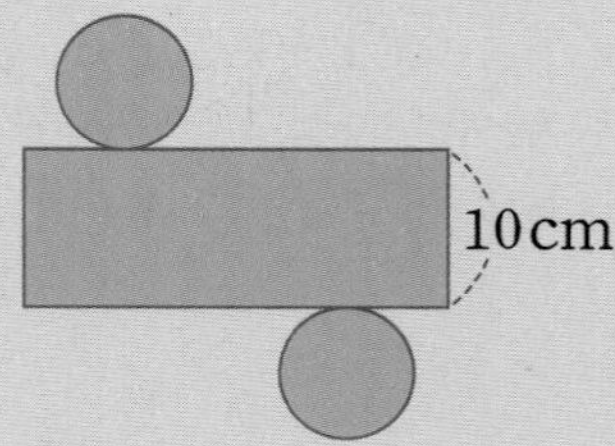

● 생각하기 원기둥의 전개도에서 옆면은 직사각형 모양입니다.

● 해결하기 1단계 원기둥의 전개도에서 밑면의 둘레와 같은 길이의 선분 찾기

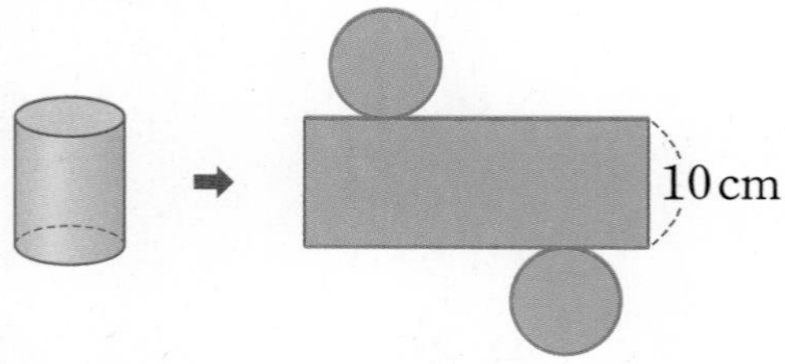

전개도에서 빨간색으로 표시된 길이는 모두 같습니다.
따라서 원기둥의 전개도에서 밑면의 둘레와 같은 길이의 선분은 옆면의 가로입니다.

2단계 밑면의 둘레 구하기
원기둥의 전개도에서 옆면의 둘레가 64 cm이고 세로가 10 cm이므로
(옆면의 가로)$=64\div2-10=32-10=22$ (cm)입니다.
따라서 밑면의 둘레는 옆면의 가로와 길이가 같으므로 22 cm입니다.

답 22 cm

1-1 **오른쪽 원기둥의 전개도에서 옆면의 둘레가 50 cm이고 세로가 7 cm입니다. 전개도의 둘레는 몇 cm입니까?**

( )

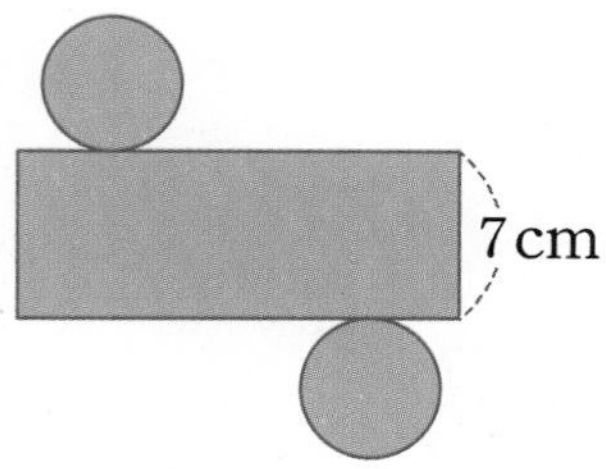

1-2 **오른쪽 원기둥의 전개도에서 밑면의 둘레가 15 cm일 때, 전개도의 둘레는 몇 cm입니까?**

( )

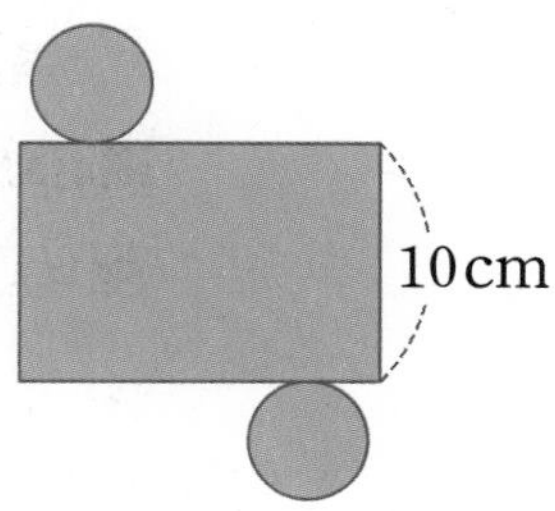

MATH TOPIC

정답과 풀이 76쪽

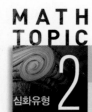

심화유형 2 입체도형을 앞에서 본 모양의 둘레(넓이) 구하기

오른쪽 직각삼각형을 한 변을 기준으로 한 바퀴 돌려 만든 입체도형을 앞에서 본 모양의 둘레는 몇 cm입니까?

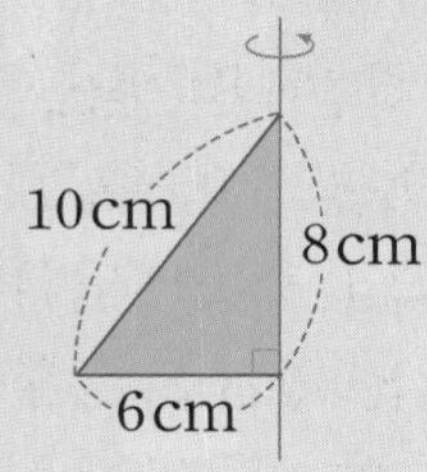

● 생각하기 만들어지는 입체도형은 원뿔이고, 원뿔을 앞에서 본 모양은 이등변삼각형입니다.

● 해결하기 1단계 원뿔을 앞에서 본 모양 알아보기

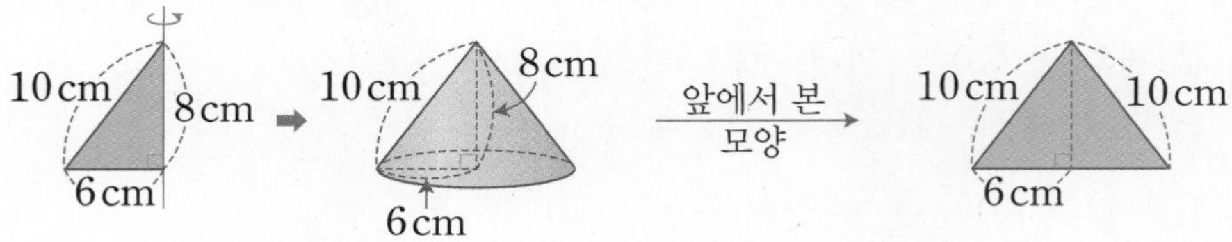

2단계 앞에서 본 모양의 둘레 구하기

원뿔을 앞에서 본 모양은 이등변삼각형입니다.

이등변삼각형의 밑변은 원뿔의 밑면의 지름과 같으므로 $6\times2=12$ (cm)입니다.

따라서 앞에서 본 모양의 둘레는 $10+12+10=32$ (cm)입니다.

답 32 cm

2-1 오른쪽 원기둥을 앞에서 본 모양의 넓이는 몇 cm^2입니까?

(　　　　　　　　)

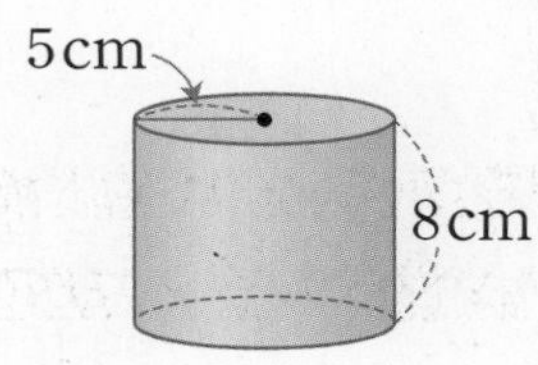

2-2 오른쪽 직사각형을 7 cm인 변을 기준으로 한 바퀴 돌려 만든 입체도형을 앞에서 본 모양의 둘레는 몇 cm입니까?

(　　　　　　　　)

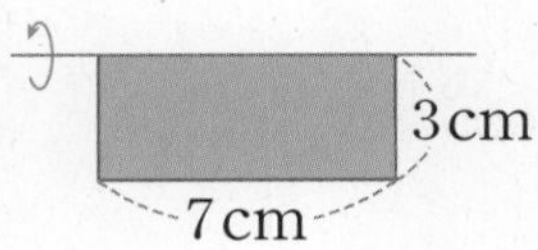

2-3 오른쪽 직각삼각형을 한 변을 기준으로 한 바퀴 돌려 만든 입체도형을 앞에서 본 모양의 넓이는 몇 cm^2입니까?

(　　　　　　　　)

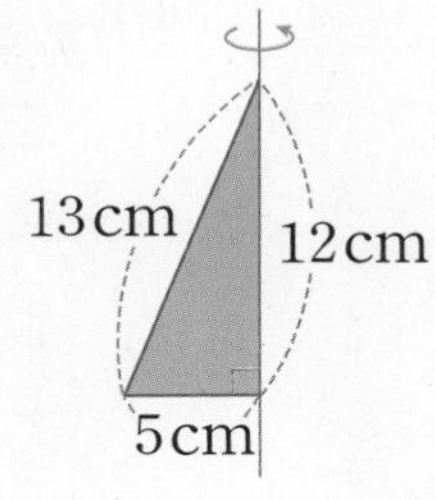

MATH TOPIC 3 심화유형

돌리기 전의 평면도형의 넓이(둘레) 구하기

오른쪽은 어떤 평면도형을 한 변을 기준으로 한 바퀴 돌려 만든 입체도형의 전개도입니다. 전개도에서 옆면의 가로가 18.84 cm일 때, 돌리기 전의 평면도형의 넓이는 몇 cm^2입니까? (원주율: 3.14)

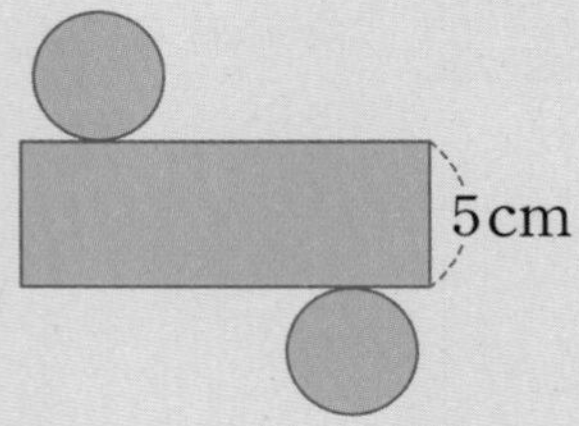

● 생각하기 전개도에서 옆면의 가로는 밑면의 둘레와 길이가 같습니다.

● 해결하기 1단계 밑면의 지름 구하기

주어진 전개도는 원기둥의 전개도이므로 평면도형을 돌려 만든 입체도형은 원기둥입니다.
(밑면의 둘레)=(옆면의 가로)=18.84 cm이므로
(밑면의 지름)=18.84÷3.14=6 (cm)입니다.

2단계 돌리기 전의 평면도형의 넓이 구하기

평면도형을 돌려 만든 입체도형이 원기둥이므로 돌리기 전의 평면도형은 오른쪽과 같은 직사각형입니다.

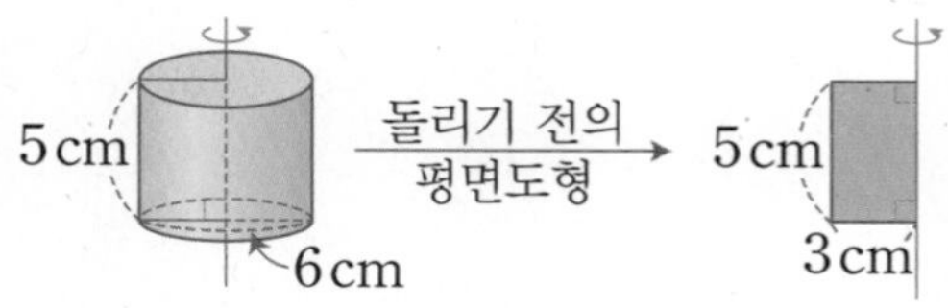

(돌리기 전의 평면도형의 넓이)=3×5=15 (cm^2)

답 15 cm^2

3-1 오른쪽은 어떤 평면도형을 한 변을 기준으로 한 바퀴 돌려 만든 입체도형입니다. 입체도형의 밑면의 둘레가 21 cm이고 높이가 8 cm일 때, 돌리기 전의 평면도형의 넓이는 몇 cm^2입니까? (원주율: 3)

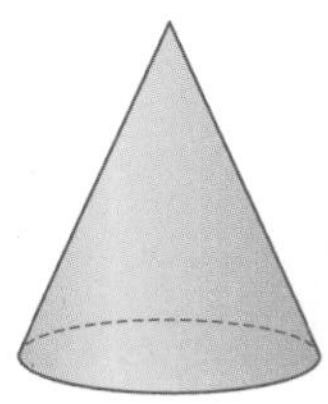

(   )

3-2 오른쪽은 어떤 평면도형을 한 바퀴 돌려 만든 입체도형입니다. 입체도형의 가장 안쪽에 있는 점에서 겉면의 한 점을 이은 선분의 길이가 5 cm일 때, 돌리기 전의 평면도형의 둘레는 몇 cm입니까? (원주율: 3.1)

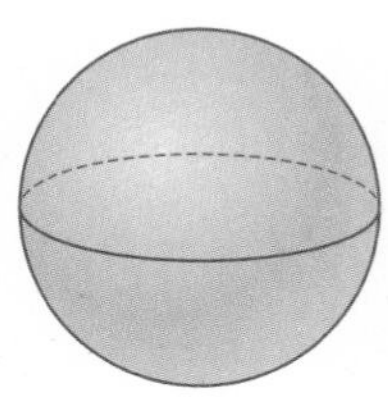

(   )

심화유형 4

원뿔 이해하기

오른쪽 원뿔에서 꼭짓점과 밑면의 둘레에 있는 점 중 두 점을 이어 삼각형을 만들려고 합니다. 만들 수 있는 삼각형 중에서 둘레가 가장 긴 삼각형의 둘레는 몇 cm입니까?

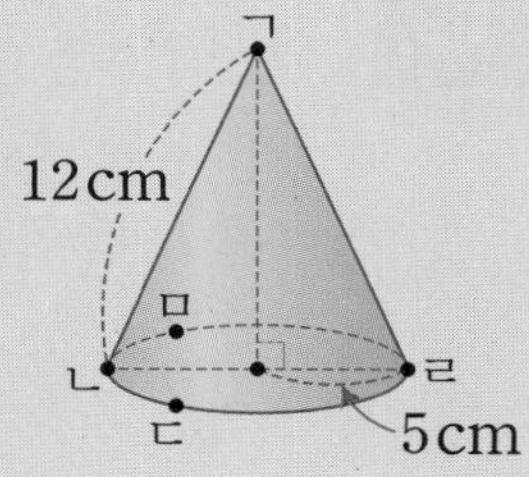

● 생각하기 만들 수 있는 삼각형은 모두 이등변삼각형입니다.

● 해결하기 **1단계** 만들 수 있는 삼각형 찾기

만들 수 있는 삼각형은 삼각형 ㄱㄴㄷ, 삼각형 ㄱㄴㄹ, 삼각형 ㄱㄴㅁ, 삼각형 ㄱㄷㄹ, 삼각형 ㄱㄷㅁ, 삼각형 ㄱㄹㅁ입니다.

2단계 둘레가 가장 긴 삼각형을 찾아 둘레 구하기

원뿔의 모선의 길이는 모두 같으므로 만들 수 있는 삼각형은 모두 이등변삼각형이고
만들 수 있는 이등변삼각형에서 길이가 같은 두 변의 길이는 모두 같습니다.
따라서 나머지 한 변의 길이가 가장 긴 삼각형을 찾으면
둘레가 가장 긴 삼각형은 나머지 한 변이 밑면의 지름인 삼각형 ㄱㄴㄹ입니다.
(삼각형 ㄱㄴㄹ의 둘레)$=12+10+12=34$ (cm)

답 34 cm

4-1 오른쪽 원뿔을 앞에서 본 모양의 둘레는 몇 cm입니까?

( )

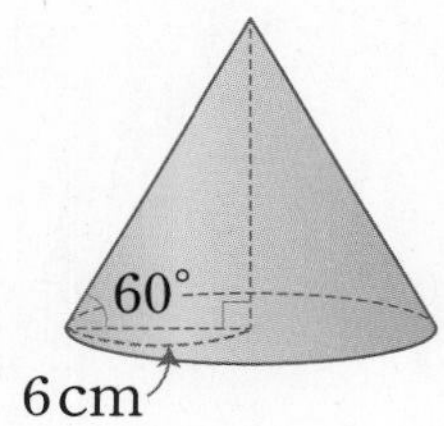

4-2 길이가 113 cm인 철사를 모두 사용하여 오른쪽과 같은 원뿔 모양을 한 개 만들었습니다. 선분 ㄱㅂ의 길이는 몇 cm입니까?

(단, 철사의 굵기는 생각하지 않습니다.) (원주율: 3)

( )

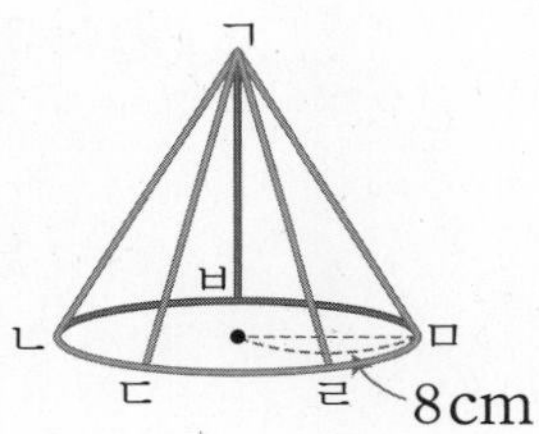

4-3 오른쪽 원뿔에서 점 ㄱ과 밑면의 둘레에 있는 두 점을 이어 삼각형을 만들려고 합니다. 만들 수 있는 이등변삼각형은 모두 몇 개입니까?

( )

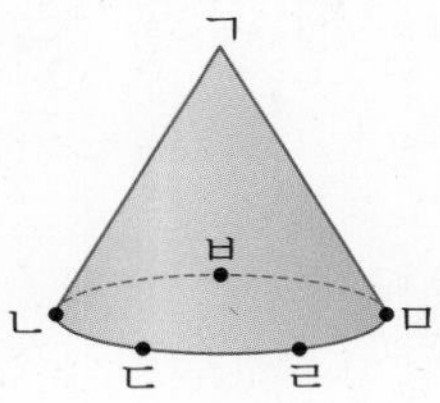

MATH TOPIC

5 심화유형 원기둥의 전개도를 보고 겉넓이 구하기

오른쪽 원기둥의 전개도에서 옆면의 넓이는 471 cm^2입니다. 전개도를 접어 만들 수 있는 원기둥의 겉넓이는 몇 cm^2입니까? (원주율: 3.14)

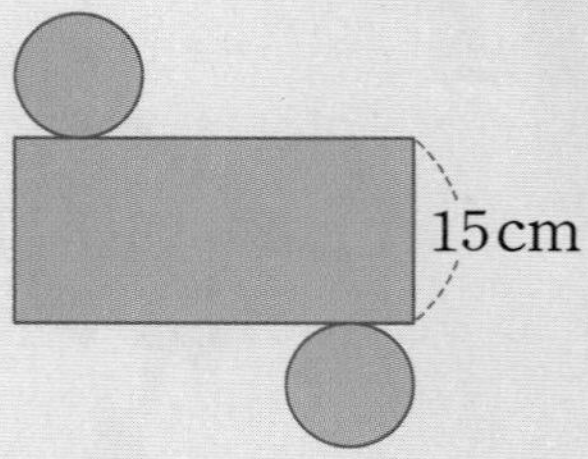

● 생각하기 원기둥의 겉넓이는 전개도의 넓이와 같습니다.

● 해결하기 1단계 밑면의 지름 구하기

(옆면의 가로) $=471\div15=31.4$(cm)

원기둥의 전개도에서 옆면의 가로는 밑면의 둘레와 길이가 같으므로

밑면의 지름을 □cm라 하면 $\square\times3.14=31.4$, $\square=10$

2단계 원기둥의 겉넓이 구하기

(원기둥의 겉넓이) = (전개도의 넓이)

= (밑면인 원의 넓이) × 2 + (옆면인 직사각형의 넓이)

$=5\times5\times3.14\times2+471=157+471=628$ (cm^2)

답 628 cm^2

5-1 오른쪽은 원기둥의 전개도입니다. 전개도를 접어 만들 수 있는 원기둥의 겉넓이는 몇 cm^2입니까? (원주율: 3)

(　　　　　　　　)

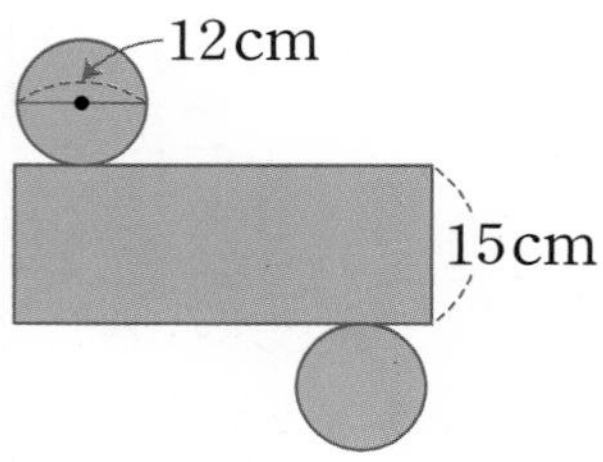

5-2 오른쪽 원기둥의 전개도에서 옆면의 둘레는 52 cm입니다. 전개도를 접어 만들 수 있는 원기둥의 겉넓이는 몇 cm^2입니까? (원주율: 3)

(　　　　　　　　)

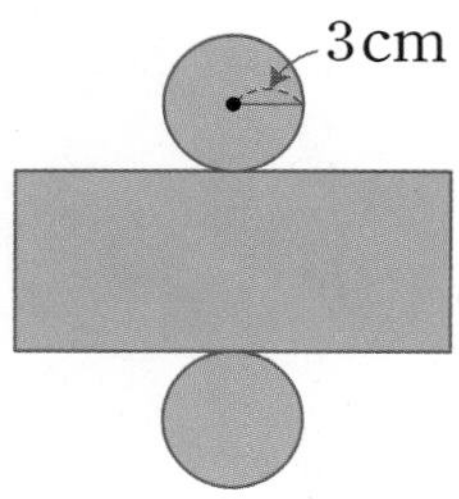

5-3 오른쪽 원기둥의 전개도에서 한 밑면의 넓이는 12.4 cm^2입니다. 전개도를 접어 만들 수 있는 원기둥의 겉넓이는 몇 cm^2입니까? (원주율: 3.1)

(　　　　　　　　)

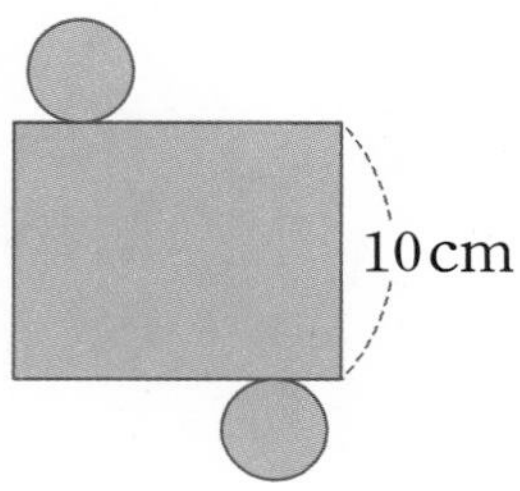

6 심화유형 원기둥의 높이 구하기

오른쪽과 같은 직사각형 모양의 두꺼운 종이에 밑면의 반지름이 3 cm인 원기둥의 전개도를 그리고 오려 붙여 원기둥 모양의 상자를 만들려고 합니다. 최대한 높은 상자를 만든다면 상자의 높이를 몇 cm로 해야 합니까? (원주율: 3)

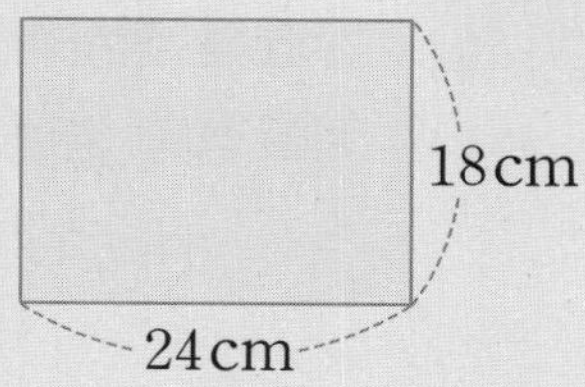

● 생각하기 상자의 높이는 원기둥의 전개도에서 옆면의 세로와 같습니다.

● 해결하기 1단계 옆면의 가로 구하기

(옆면의 가로)=(밑면의 둘레)=(밑면의 반지름)×2×(원주율)=3×2×3=18 (cm)

2단계 상자의 높이 구하기

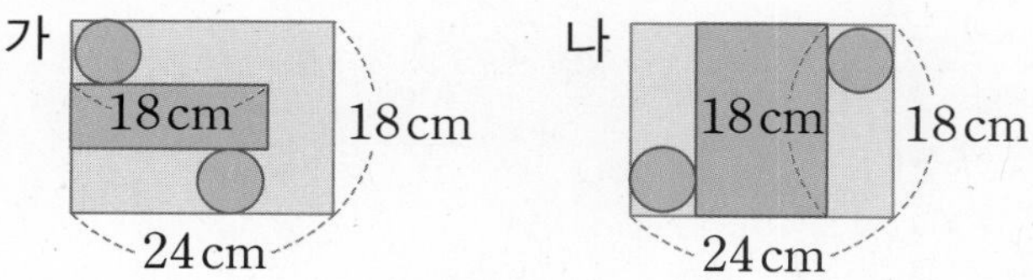

최대한 높은 상자를 만들어야 하므로 나와 같이 만들어야 합니다.

(상자의 높이)=(원기둥의 높이)=(옆면의 세로)

=(종이 한 변의 길이)−(밑면의 지름)×2

=24−6×2=12 (cm)

답 12 cm

6-1 교림이와 희재는 가로 27 cm, 세로 21 cm인 두꺼운 종이에 원기둥의 전개도를 그리고 오려 붙여 원기둥 모양의 상자를 만들려고 합니다. 밑면의 반지름을 교림이는 3.5 cm, 희재는 4.5 cm로 하여 최대한 높은 상자를 만들 때, 두 사람이 만든 상자의 높이의 차는 몇 cm입니까? (원주율: 3)

( )

6-2 가로 36 cm, 세로 24 cm인 두꺼운 종이에 원기둥의 전개도를 그리고 오려 붙여 원기둥 모양의 상자를 만들려고 합니다. 두꺼운 종이를 이용하여 만들 수 있는 원기둥을 찾아 기호를 쓰시오. (원주율: 3)

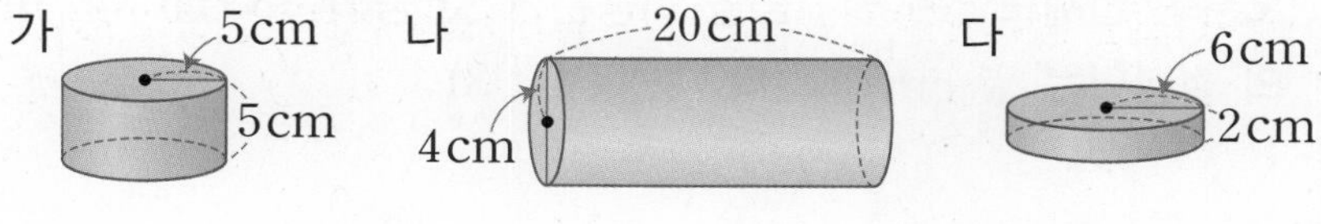

( )

MATH TOPIC 7 심화유형

입체도형의 겉넓이 구하기

오른쪽 직사각형을 세로를 기준으로 한 바퀴 돌렸을 때 만들어지는 입체도형의 겉넓이는 몇 cm^2입니까? (원주율: 3.14)

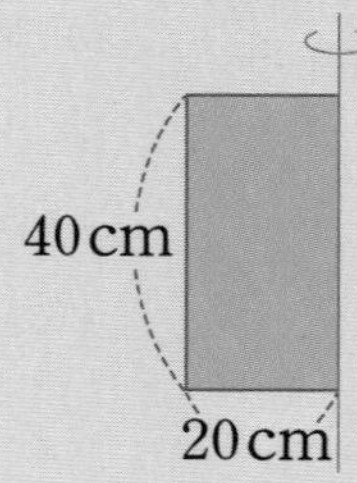

● 생각하기 (원기둥의 겉넓이)=(한 밑면의 넓이)×2+(옆면의 넓이)

● 해결하기 1단계 입체도형 알아보기

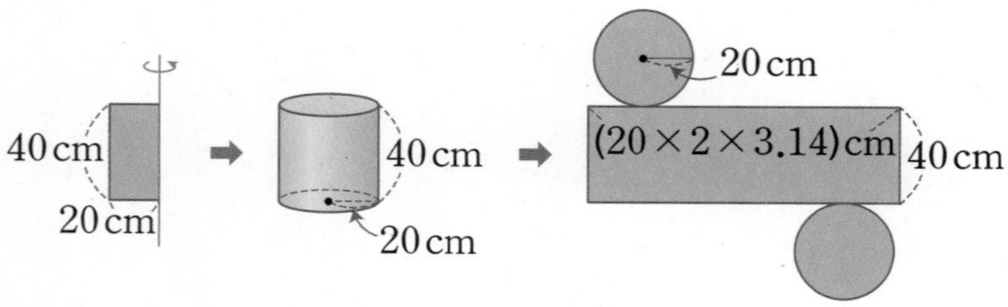

2단계 입체도형의 겉넓이 구하기

(한 밑면의 넓이)$=20\times20\times3.14=1256$ (cm^2)

(옆면의 넓이)$=20\times2\times3.14\times40=5024$ (cm^2)

➡ (겉넓이)=(한 밑면의 넓이)×2+(옆면의 넓이)

$=1256\times2+5024=7536$ (cm^2)

답 7536 cm^2

7-1 오른쪽 원기둥의 겉 부분에 포장지를 붙이려고 합니다. 옆면에 빨간띠를 두르고 띠를 두른 부분을 제외한 곳에 포장지를 붙일 때, 필요한 포장지의 넓이는 최소 몇 cm^2입니까? (원주율: 3.1)

(　　　　　　　)

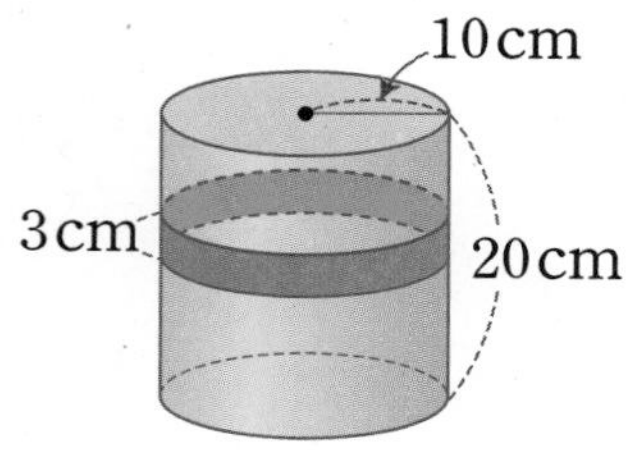

7-2 오른쪽 입체도형은 원기둥을 이등분한 것 중의 하나입니다. 이 입체도형의 겉넓이는 몇 cm^2입니까? (원주율: 3)

(　　　　　　　)

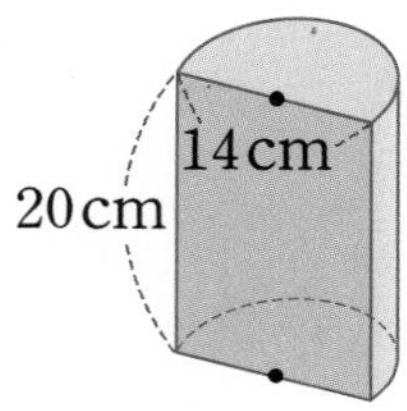

MATH TOPIC

정답과 풀이 76쪽

심화유형 8 입체도형의 부피 구하기

오른쪽은 원기둥의 전개도입니다. 전개도를 접어 만들 수 있는 원기둥의 부피는 몇 cm^3입니까? (원주율: 3.14)

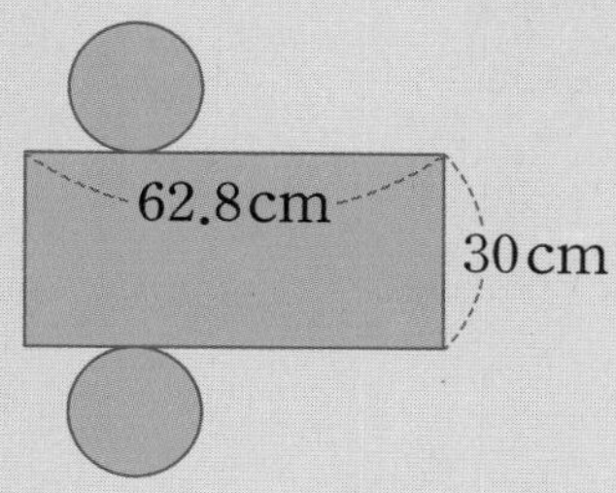

● 생각하기 (원기둥의 부피)=(밑면의 넓이)×(높이)

● 해결하기 **1단계** 밑면의 반지름 구하기

밑면의 반지름을 □ cm라 하면

$\square \times 2 \times 3.14 = 62.8$, $\square \times 6.28 = 62.8$, $\square = 62.8 \div 6.28 = 10$

2단계 원기둥의 부피 구하기

(원기둥의 밑면의 넓이) $= 10 \times 10 \times 3.14 = 314\ (cm^2)$, (높이) $= 30$ cm이므로

(원기둥의 부피)=(밑면의 넓이)×(높이) $= 314 \times 30 = 9420\ (cm^3)$

답 $9420\ cm^3$

8-1 오른쪽 원기둥의 부피는 몇 cm^3입니까? (원주율: 3.1)

(   )

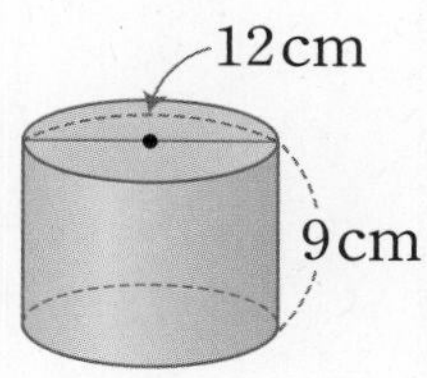

8-2 오른쪽 입체도형은 원기둥을 이등분한 것 중의 하나입니다. 이 입체도형의 부피는 몇 cm^3입니까? (원주율: 3.1)

(   )

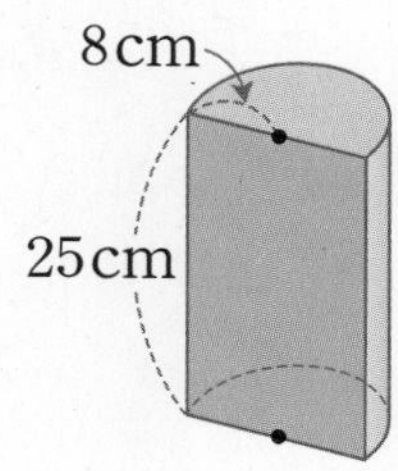

8-3 오른쪽 입체도형은 밑면의 지름이 12 cm인 원기둥을 비스듬하게 잘라낸 것입니다. 이 입체도형의 부피는 몇 cm^3입니까? (원주율: 3)

(   )

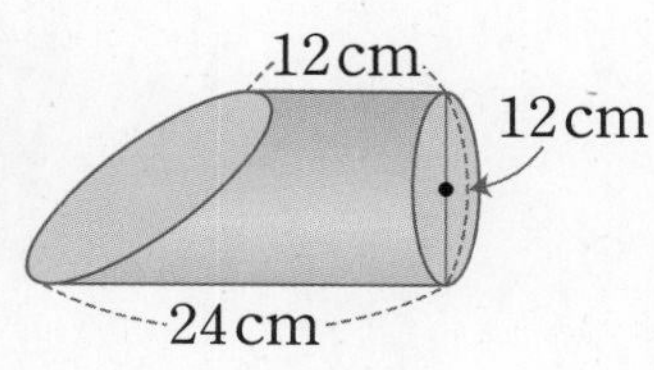

정답과 풀이 76쪽

9 심화유형 원기둥을 활용한 교과통합유형

STEAM형

수학+사회

휴지의 종류에는 둥근 기둥 모양으로 말려있는 것과 직육면체 모양 상자에서 한 장씩 꺼내어 쓸 수 있게 된 것 등이 있습니다. 대부분의 휴지는 한 번 인쇄되어 폐기된 종이를 표백하여 재활용한 재생 펄프로 만든 것입니다. 오른쪽과 같은 두루마리 휴지를 한 바퀴만 풀어 잘라 사용하였습니다. 사용한 두루마리 휴지의 넓이가 $376.8\ cm^2$일 때 두루마리 휴지의 높이는 몇 cm입니까? (원주율: 3.14)

● 생각하기 사용한 휴지는 직사각형 모양입니다.

● 해결하기 **1단계** 사용한 휴지의 가로 구하기

두루마리 휴지의 높이를 ■cm라 하면 사용한 휴지는 원기둥의 옆면과 같습니다.

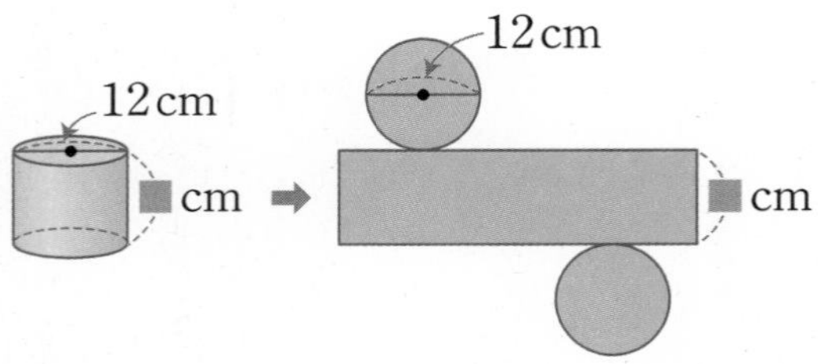

원기둥의 전개도에서 옆면은 직사각형이고 옆면의 가로는 밑면의 둘레와 길이가 같으므로 (사용한 휴지의 가로)=□×3.14=□(cm)입니다.

2단계 두루마리 휴지의 높이 구하기

사용한 휴지의 넓이가 $376.8\ cm^2$이므로

37.68×■=376.8, ■=376.8÷37.68, ■=□(cm)입니다.

따라서 두루마리 휴지의 높이는 □cm입니다.

답 □cm

수학+미술

9-1 재능기부란 개인이 가지고 있는 재능을 사회에 기부하는 것을 말합니다. 어느 마을은 미술을 전공한 학생들이 재능을 기부하여 벽화를 그려서 유명해지기도 하였습니다. 학생들이 오른쪽과 같은 롤러에 페인트를 묻혀 벽화를 그리려고 합니다. 롤러를 화살표 방향으로 똑바로 10바퀴 굴렸을 때, 페인트가 칠해진 부분의 넓이는 몇 cm^2입니까? (원주율: 3.1)

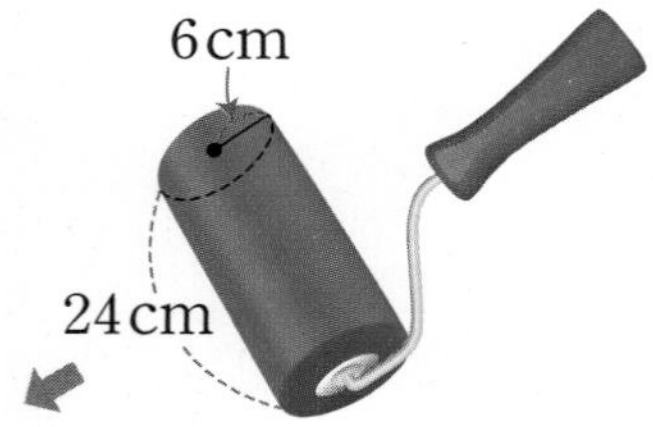

(　　　　　　　)

정답과 풀이 80쪽

문제풀이 동영상

1 지구를 본떠 만든 구 모양의 모형을 지구본이라고 합니다. 지구본에는 지구 표면의 바다와 육지, 산천 등이 표시되어 있습니다. 오른쪽 지구본의 반지름이 15 cm일 때, 지구본을 위에서 본 모양의 넓이는 몇 cm^2입니까? (원주율: 3.14)

(　　　　　　　　　　)

서술형 **2** 높이가 12 cm인 오른쪽과 같은 원기둥을 옆면이 바닥에 닿도록 놓은 후 4바퀴 굴렸습니다. 원기둥이 지나간 부분의 넓이가 892.8 cm^2일 때, 원기둥의 밑면의 반지름은 몇 cm인지 풀이 과정을 쓰고 답을 구하시오. (원주율: 3.1)

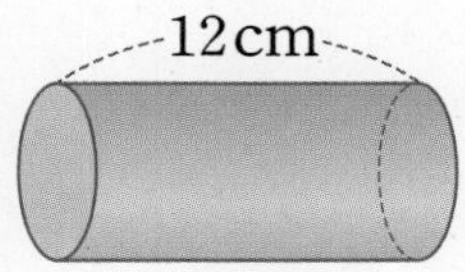

풀이 ....

답 ....

3 오른쪽 원기둥의 전개도에서 전개도의 둘레가 78 cm일 때, 밑면의 둘레는 몇 cm입니까?

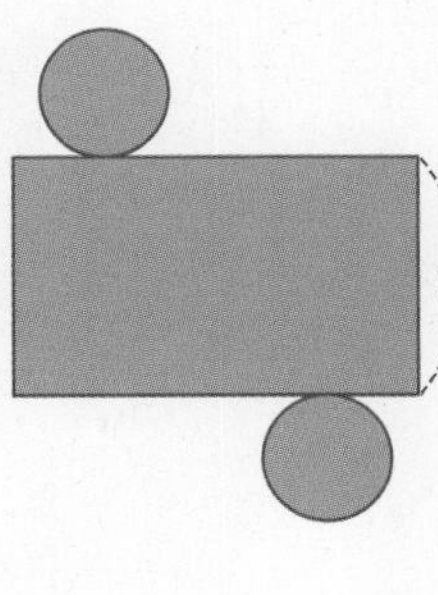

(　　　　　　　　　　)

4 가로가 세로의 2배인 오른쪽 직사각형을 세로를 기준으로 한 바퀴 돌려 입체도형을 만들었습니다. 만들어진 입체도형의 전개도에서 옆면의 가로는 몇 cm입니까? (원주율: 3)

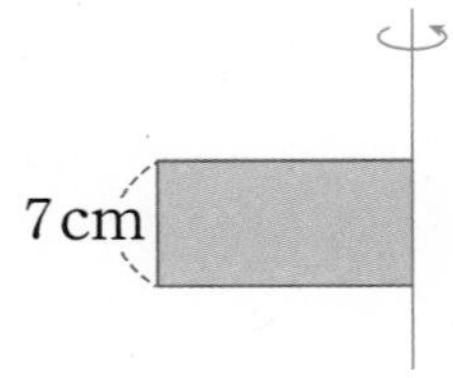

(　　　　　　　　　　)

수학+사회

STEAM형 **5** 적도는 지구의 남극과 북극으로부터 같은 거리에 있는 지구 표면의 점을 이은 선으로 적도의 북쪽은 북반구, 남쪽은 남반구라고 합니다. 지구 적도 둘레는 40000 km입니다. 지구가 완벽한 구 모양이라면, 지구 중심으로부터 적도까지의 거리는 몇 km인지 반올림하여 자연수로 나타내시오. (원주율: 3.14)

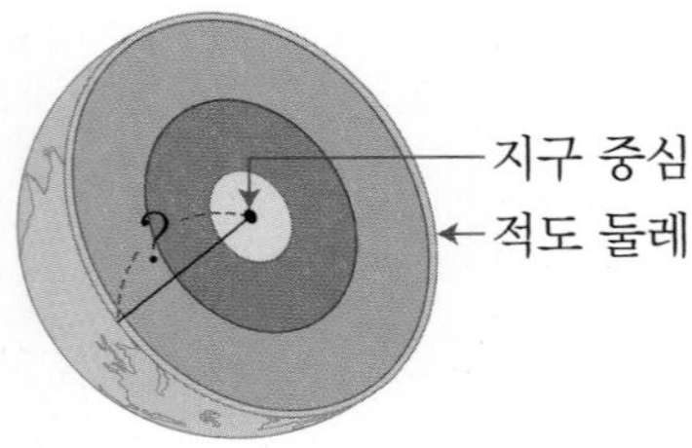

(　　　　　　　　　　)

6 오른쪽과 같은 직각삼각형을 한 변을 기준으로 한 바퀴 돌려 입체도형을 만들었습니다. 만들어진 입체도형을 앞에서 본 모양의 둘레가 48 cm일 때, 앞에서 본 모양의 넓이는 몇 cm^2입니까?

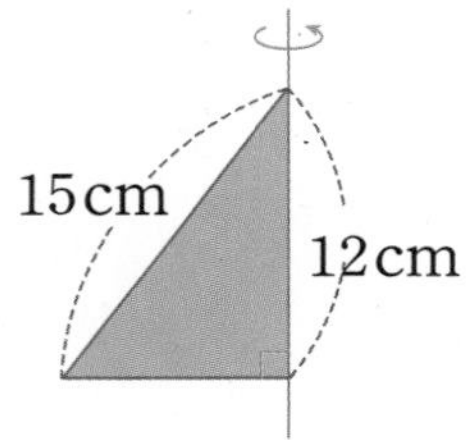

(　　　　　　　　　　)

7 입체도형 가, 나를 앞에서 본 모양의 넓이는 서로 같습니다. 나의 전개도에서 옆면의 가로가 36 cm일 때, 가의 밑면의 지름은 몇 cm입니까? (원주율: 3)

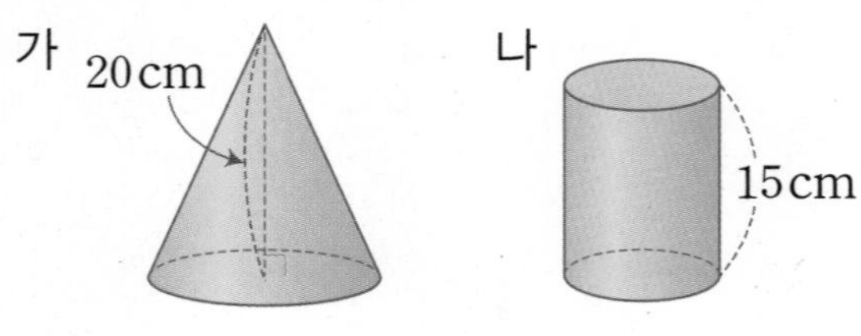

(　　　　　　　　　　)

8 직각삼각형 가와 나를 다음과 같이 한 바퀴 돌려 만든 입체도형을 각각 앞에서 본 모양의 넓이의 차는 몇 cm^2입니까?

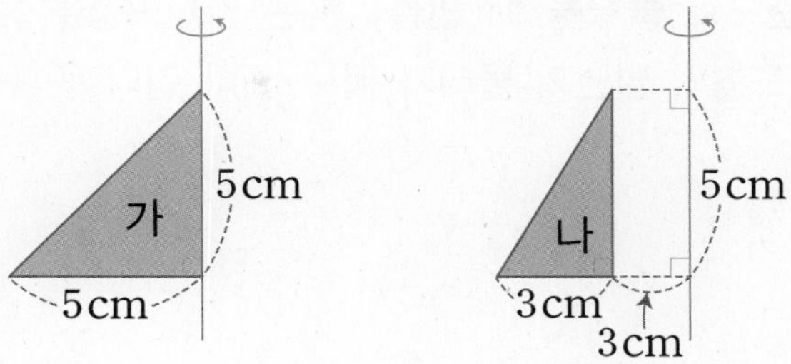

( )

9 오른쪽 두루마리 휴지 모양과 같은 입체도형은 어떤 평면도형을 한 번 돌려 얻을 수 있습니다. 돌리기 전의 평면도형의 둘레는 몇 cm입니까?

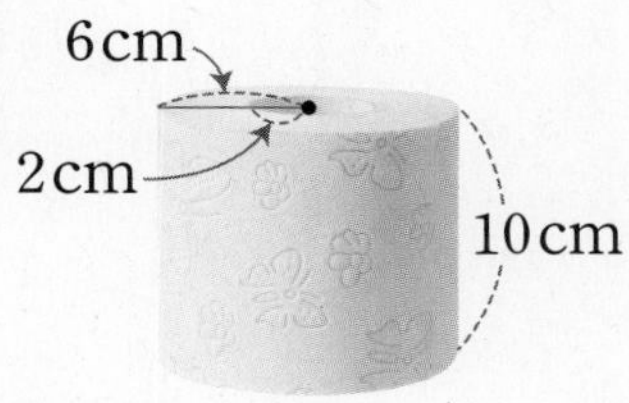

( )

10 오른쪽과 같이 원기둥 안에 구가 꼭맞게 들어 있습니다. 구를 앞에서 본 모양의 넓이가 $78.5\ cm^2$일 때, 원기둥을 앞에서 본 모양의 넓이는 몇 cm^2입니까? (원주율: 3.14)

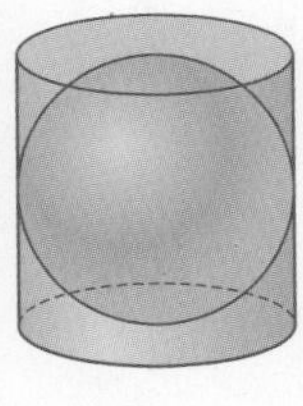

( )

11 오른쪽과 같은 직각삼각형을 한 변을 기준으로 한 바퀴 돌렸습니다. 4 cm인 변을 기준으로 돌렸을 때 만들어지는 입체도형을 가, 3 cm인 변을 기준으로 돌렸을 때 만들어지는 입체도형을 나라 할 때, 가와 나 중 어느 도형의 밑면의 둘레가 몇 cm 더 깁니까? (원주율: 3.1)

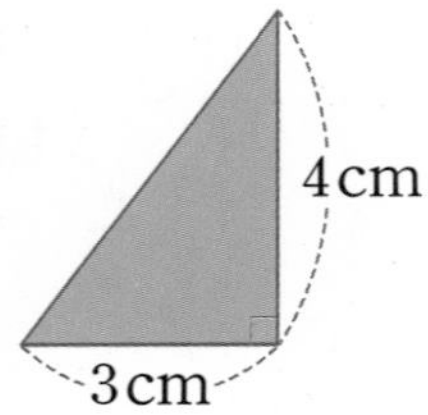

(,)

서술형 **12** 다음 조건 을 모두 만족하는 원기둥의 높이는 몇 cm인지 풀이 과정을 쓰고 답을 구하시오. (원주율: 3.14)

조건
- 전개도에서 옆면의 넓이는 113.04 cm^2입니다.
- 원기둥의 높이와 밑면의 지름은 길이가 같습니다.

풀이

답

13 오른쪽 입체도형의 겉넓이는 몇 cm^2입니까? (원주율: 3)

( )

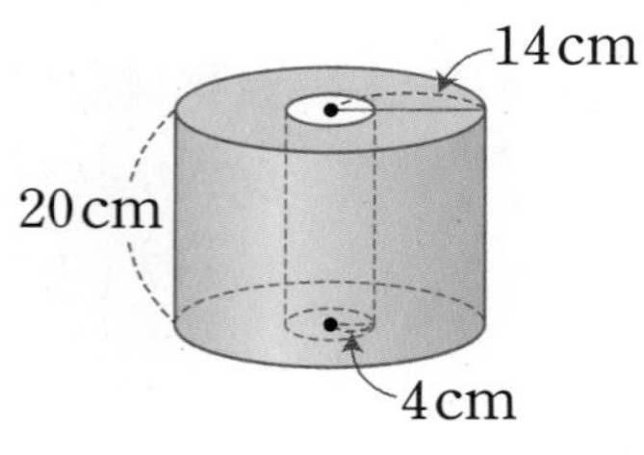

14 왼쪽 직사각형을 가로를 기준으로 한 바퀴 돌렸을 때 만들어지는 입체도형의 전개도를 그리고, 만들어지는 입체도형의 겉넓이를 구하시오. (원주율: 3)

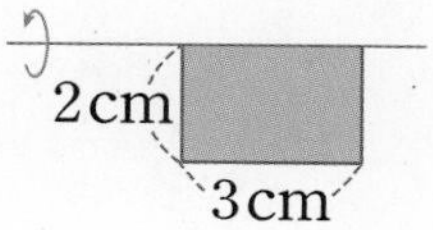

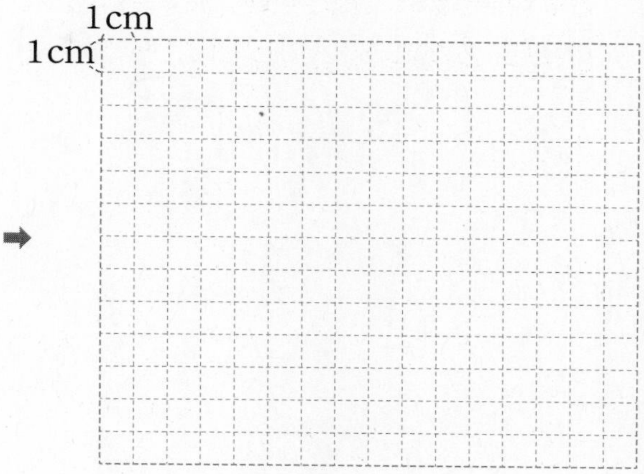

(   )

15 오른쪽 전개도로 만들어지는 입체도형의 겉넓이와 부피를 각각 구하시오. (원주율: 3)

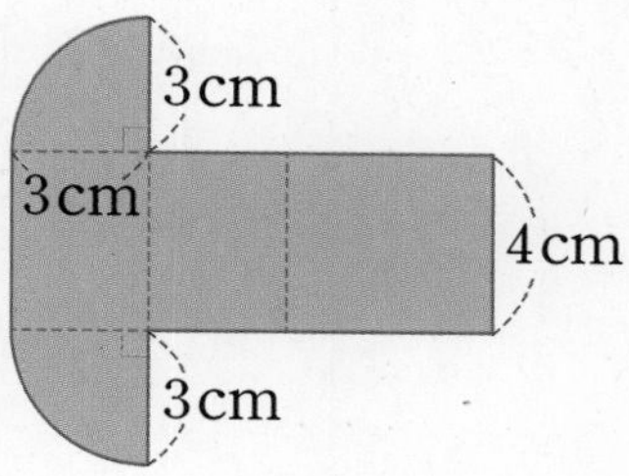

겉넓이 (   )

부피 (   )

16 오른쪽은 어떤 평면도형을 한 변을 기준으로 한 바퀴 돌려 만든 입체도형의 전개도입니다. 전개도의 둘레가 358 cm일 때, 돌리기 전의 평면도형의 넓이는 몇 cm^2입니까? (원주율: 3.1)

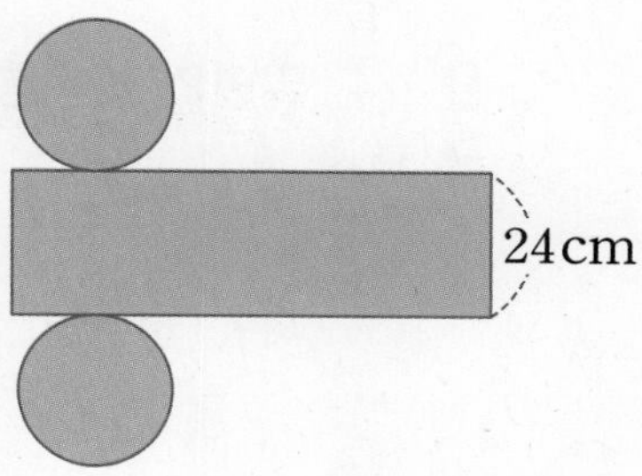

(   )

문제풀이 동영상

1 그림과 같이 원기둥의 한 밑면에 있는 점 ㄱ에서 다른 한 밑면에 있는 점 ㄴ으로 실을 가장 짧게 두 바퀴 감았을 때, 실의 위치를 원기둥의 전개도에 그려 보시오.

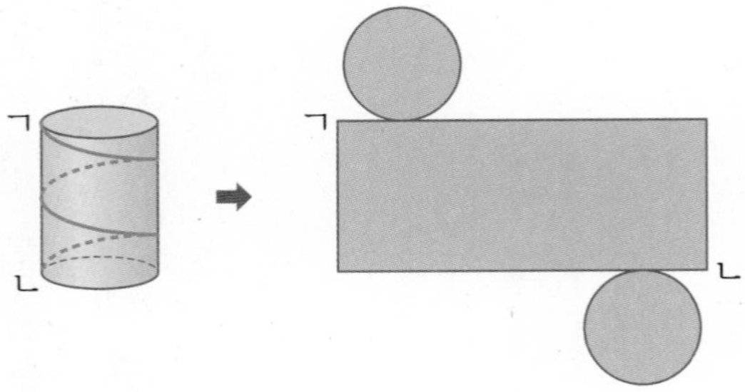

서술형 2 전개도가 오른쪽과 같은 원기둥 모양의 롤러의 옆면에 페인트를 묻힌 후 굴려 색을 칠하려고 합니다. 색칠된 부분의 넓이가 916.8 cm^2가 되게 하려면 롤러를 몇 바퀴 굴려야 하는지 풀이 과정을 쓰고 답을 구하시오.

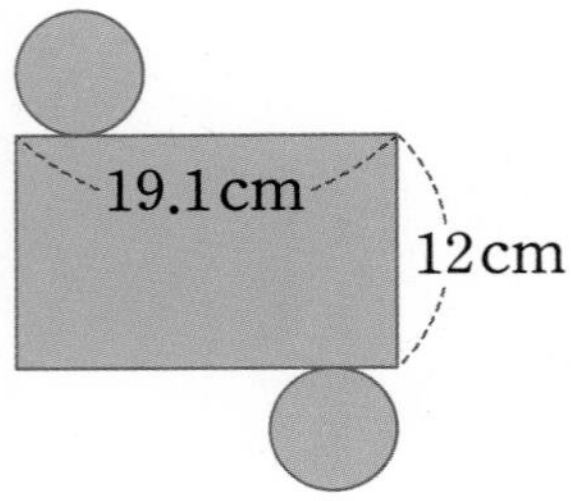

풀이 ....

....

....

....

답 ....

3 밑면의 반지름이 8 cm이고 높이가 12 cm인 원기둥을 오른쪽과 같이 $\frac{1}{4}$만큼 잘라냈습니다. 오른쪽 입체도형의 겉넓이는 몇 cm^2입니까? (원주율: 3)

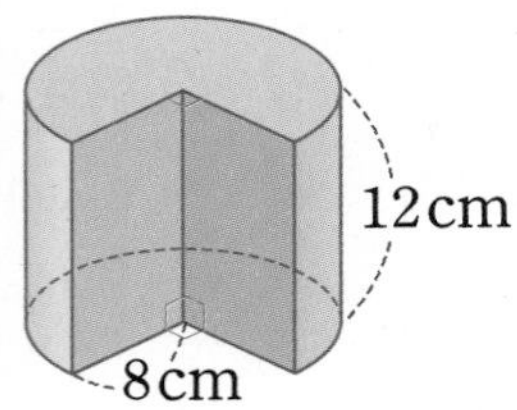

(　　　　　　　　)

4 오른쪽은 정육면체 모양의 한가운데에 원기둥 모양의 구멍을 뚫어 만든 블록입니다. 이 블록을 페인트 통에 완전히 잠기게 넣었다가 꺼냈을 때, 페인트가 묻은 부분의 넓이는 몇 cm^2입니까?

(원주율: 3.14)

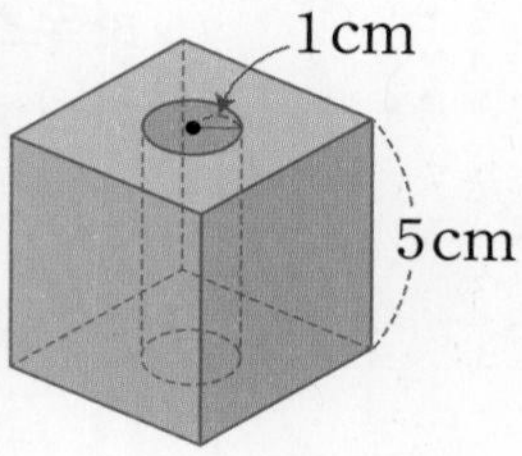

(　　　　　　　　　　)

5 모선의 길이가 24 cm이고, 밑면의 반지름이 6 cm인 원뿔을 오른쪽 그림과 같이 점 ㅇ을 중심으로 원주를 따라 굴리려고 합니다. 굴린 원뿔이 처음의 자리로 오려면 원뿔을 적어도 몇 바퀴 굴려야 합니까? (원주율: 3)

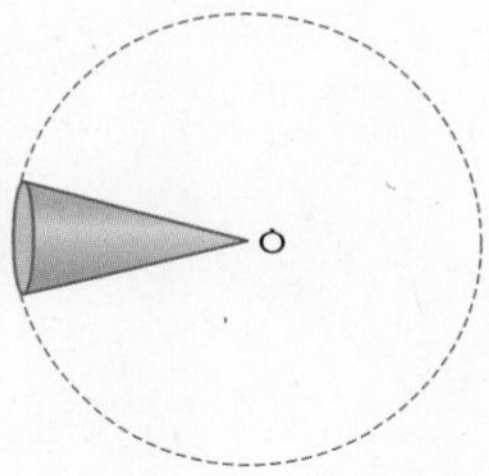

(　　　　　　　　　　)

6 오른쪽과 같이 한 모서리의 길이가 10 cm인 정육면체 모양의 상자에 꼭 맞게 넣을 수 있는 가장 큰 원기둥을 넣었습니다. 이 원기둥의 전개도의 둘레는 몇 cm입니까? (단, 상자의 두께는 생각하지 않습니다.) (원주율: 3.14)

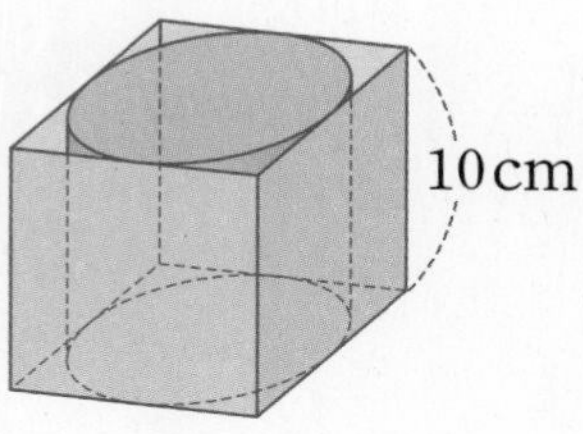

(　　　　　　　　　　)

STEAM형 7

수학+실과

하우스재배는 투명필름을 사용하여 외부와 격리된 공간을 만들어 여러 작물의 성장에 적합한 온실 환경을 만든 다음, 그 속에서 채소류, 화훼류, 과수류 등을 재배하는 것을 말합니다. 다음과 같은 비닐하우스를 만들 때, 필요한 비닐의 넓이는 몇 m^2입니까? (원주율: 3.14)

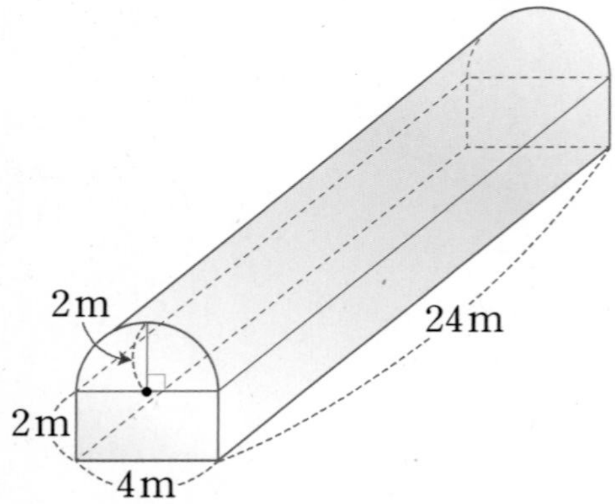

( )

경시 기출 문제 8

가와 나는 모두 크기가 같은 정사각형 3개를 이어 붙인 직사각형을 옆면으로 하는 원기둥의 전개도입니다. 가와 나의 둘레의 비를 가장 간단한 자연수의 비로 나타내시오.

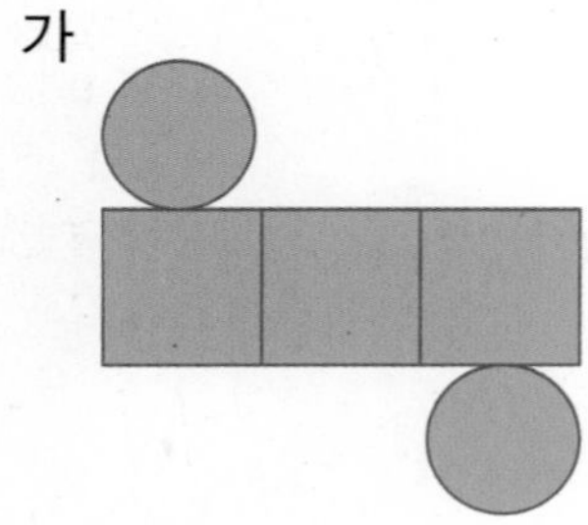

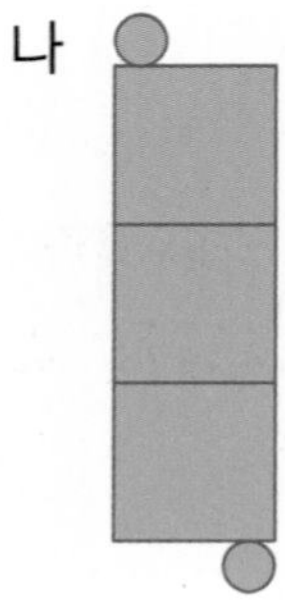

( )

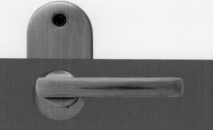

정답과 풀이

초등 6·2

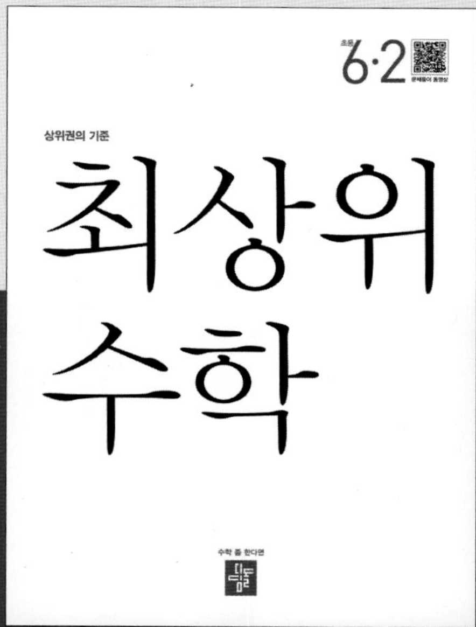

SPEED 정답 체크

1 분수의 나눗셈

BASIC TEST

1 (분수)÷(분수), (자연수)÷(분수) 11쪽

1 ③ **2** ㉢ **3** (1) $\frac{2}{3}$ (2) $2\frac{2}{9}$

4 2개 **5** 161쪽 **6** 100

2 (분수)÷(분수) 계산하기 13쪽

1 방법 1 예 $\frac{3}{4}\div\frac{4}{5}=\frac{15}{20}\div\frac{16}{20}=15\div16=\frac{15}{16}$

방법 2 예 $\frac{3}{4}\div\frac{4}{5}=\frac{3}{4}\times\frac{5}{4}=\frac{15}{16}$

2 잘못된 이유 예 대분수를 가분수로 나타내어 계산하지 않았습니다.

옳은 계산 예 $1\frac{2}{5}\div\frac{2}{3}=\frac{7}{5}\div\frac{2}{3}=\frac{7}{5}\times\frac{3}{2}$

$=\frac{21}{10}=2\frac{1}{10}$

3 $5\frac{1}{3}$ cm **4** $1\frac{2}{3}\div\frac{9}{10}$, $1\frac{2}{3}\div\frac{3}{4}$에 ○표

5 $3\frac{11}{15}$ **6** $\frac{5}{18}$ kg

MATH TOPIC 14~22쪽

1-1 14명 **1-2** $7\frac{1}{2}$ kg **1-3** 20 m

2-1 $1\frac{11}{12}$ cm **2-2** $3\frac{2}{3}$ cm **2-3** $\frac{8}{15}$ m

3-1 $\frac{25}{102}$ **3-2** 5 **3-3** $1\frac{32}{45}$

4-1 2 **4-2** $14\frac{2}{5}$ **4-3** $1\frac{3}{5}$

5-1 $1\frac{1}{5}$배 **5-2** 14 cm^2 **5-3** $\frac{1}{3}$

6-1 $1\frac{3}{4}$시간 **6-2** 2시간 **6-3** $4\frac{1}{5}$ km

7-1 $\frac{8}{9}$시간 **7-2** 13분 **7-3** 14분

8-1 6쌍 **8-2** 1, 2, 4, 8 **8-3** 3, 8

심화 9 198, $39\frac{3}{5}$, $39\frac{3}{5}$ / $39\frac{3}{5}$ **9-1** 정상

LEVEL UP TEST 23~27쪽

1 $1\frac{1}{9}$ **2** $10\frac{5}{16}$ g **3** $7\frac{7}{20}$ m

4 8개, $\frac{2}{15}$ kg **5** 12일 **6** 39 cm

7 $4\frac{1}{5}$ cm^2 **8** 36 km **9** 144명

10 $\frac{9}{10}$ **11** 72점 **12** $1\frac{1}{2}$시간

13 9시간 30분 **14** $5\frac{5}{6}$ **15** 410 g

HIGH LEVEL 28~30쪽

1 12명 **2** $\frac{64}{81}$, $\frac{3}{4}$, $\frac{16}{27}$ **3** 20개

4 $\frac{2}{15}$ **5** 4410명 **6** 60

7 5개 **8** 12개 **9** 18 L

2 소수의 나눗셈

BASIC TEST

1 (소수)÷(소수) 35쪽

1 231 **2** ㉢, ㉠, ㉡, ㉣

3
```
       2.7   또는          2.7
1.4)3.7 8           1.4)3.7 8
    2 8                 2 8 0
    ----                -------
      9 8                 9 8 0
      9 8                 9 8 0
    ----                -------
        0                     0
```

4 4.4 cm **5** 2.7배

6 $42.9\div0.3=143$

2 (자연수)÷(소수), 몫을 반올림하여 나타내기 37쪽

1 (1) 3, 30, 300 (2) 24, 240, 2400

2 ④ **3** 6 **4** (1) > (2) <

5 102배 **6** 87.9 km

3 나누어 주고 남는 양 알아보기 39쪽

1 (위에서부터) 5, 1.5 / 5, 1.5

2 대호 / 예 사람 수는 소수가 아닌 자연수이므로 몫을 자연수까지만 구해야 합니다.

3 8개, 1.8 m　4 14명　5 8통

MATH TOPIC 40~48쪽

1-1 1.5　1-2 4배　1-3 12

2-1 4.36 cm　2-2 1.28 cm　2-3 7.2 cm

3-1 9, 8, 1, 4, 7 / 1.5　3-2 0.24

3-3 36.25

4-1 9　4-2 6　4-3 1

5-1 120000원　5-2 ㉮ 가게　5-3 30240원

6-1 50분 후　6-2 1시간 35분　6-3 36 cm

7-1 9.6 kg　7-2 4.5 kg　7-3 5봉지, 0.5 kg

8-1 3　8-2 5개　8-3 6

심화9 400 / 1 / 1, 399, 399, 798 / 798

9-1 106개

LEVEL UP TEST 49~53쪽

1 1.84배　2 6 cm　3 100배

4 오전 10시 15분　5 2.98배　6 6분 12초

7 6, 5　8 28 cm　9 1020원

10 90　11 15 ℃　12 2.5

13 21.47　14 0.88배　15 0.5

HIGH LEVEL 54~56쪽

1 90576원　2 6　3 6시간

4 1.49　5 1.08배　6 2.7

7 18.75　8 25분 후　9 18장

3 공간과 입체

BASIC TEST

1 여러 방향에서 본 모양, 쌓은 모양과 쌓기나무의 개수 (1) 61쪽

1 (1) 라 (2) 가　2 다　3 다

4 8개　5 라에 ○표

2 쌓은 모양과 쌓기나무의 개수 (2) 63쪽

1 가, 다　2 다　3 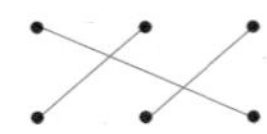

4 예 가 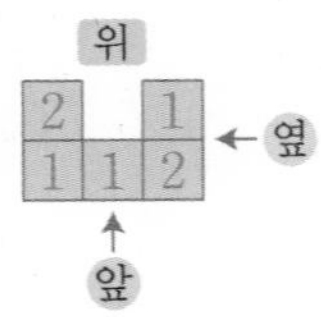

나 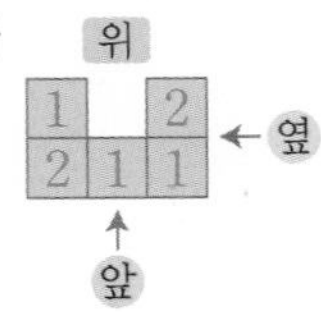

5 8개　6 10개

3 쌓은 모양과 쌓기나무의 개수(3), 여러 가지 모양 만들기 65쪽

1 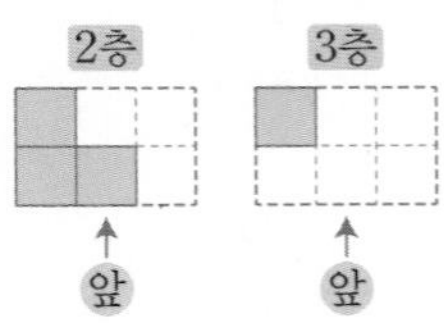

2 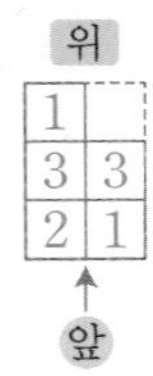

/ 10개

3 나, 다　4 ④

5 (　)(○)(○)

6 

MATH TOPIC 66~74쪽

1-1 (1) 나 (2) 가 (3) 다 (4) 마 (5) 라

2-1 다, 가, 나　2-2 4개

3-1 다, 라　3-2 나, 다, 라

4-1 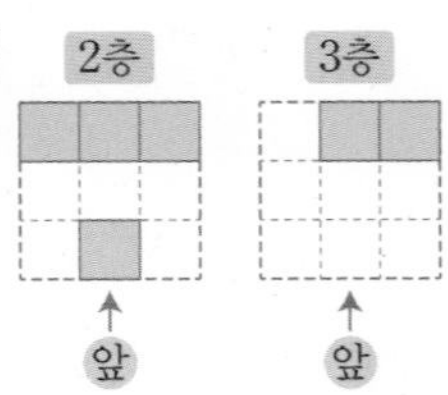

4-2 앞 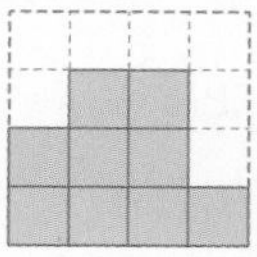 옆 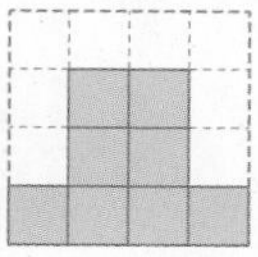

5-1 10개　**5-2** 16개
6-1 125개　**6-2** 12개
7-1 2가지　**7-2** 5가지
8-1 34 cm^2　**8-2** 168 cm^2
심화 9 다 / 다, 라, 다 / 다　**9-1** 2개

LEVEL UP TEST　75~79쪽

1 예
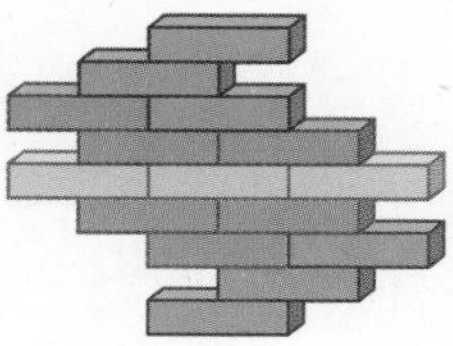

2 옆
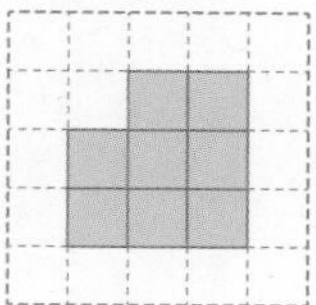

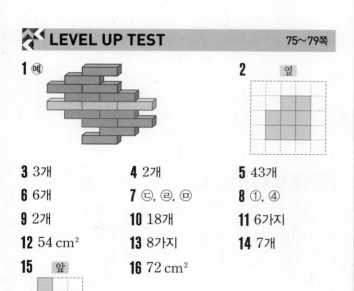

3 3개　**4** 2개　**5** 43개
6 6개　**7** ㉢, ㉣, ㉤　**8** ①, ④
9 2개　**10** 18개　**11** 6가지
12 54 cm^2　**13** 8가지　**14** 7개
15 앞
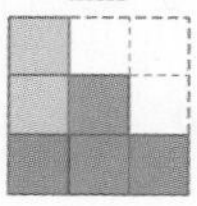

16 72 cm^2

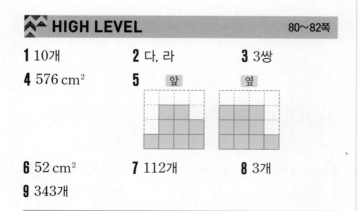

HIGH LEVEL　80~82쪽

1 10개　**2** 다, 라　**3** 3쌍
4 576 cm^2　**5** 앞 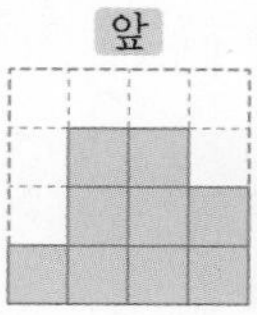 옆 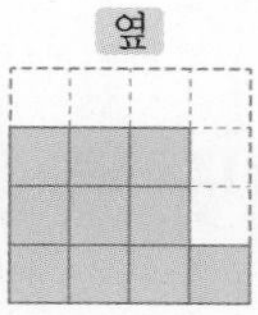

6 52 cm^2　**7** 112개　**8** 3개
9 343개

4 비례식과 비례배분

BASIC TEST

1 비의 성질, 간단한 자연수의 비로 나타내기　87쪽

1 예 2 : 3, 16 : 24
2 (1) 1.5, 17, 15　(2) 17, 17, 15
3 나, 라　**4** (1) 4 : 15　(2) 5 : 4　(3) 15 : 8
5 13 : 12　**6** 1 : 5 / 1 : 5 / 같습니다.

2 비례식　89쪽

1 3 : 4＝15 : 20 (또는 15 : 20＝3 : 4)
2 ①, ④　**3** (1) 5　(2) 8　(3) $\frac{1}{9}$
4 예 2 : 3＝4 : 6 (또는 2 : 4＝3 : 6, 6 : 3＝4 : 2, 6 : 4＝3 : 2, 3 : 2＝6 : 4, 3 : 6＝2 : 4, 4 : 2＝6 : 3, 4 : 6＝2 : 3)
5 28명　**6** 54

3 비례배분　91쪽

1 (1) 14, 49　(2) 57, 38　(3) 160, 100
2 20개, 16개　**3** 54°　**4** 15포기, 25포기
5 슬기, 10장　**6** 780 cm^2

MATH TOPIC　92~100쪽

1-1 15 : 18　**1-2** 12살　**1-3** 64 cm
2-1 65장　**2-2** 72개　**2-3** 1920 kg
3-1 56개　**3-2** 15바퀴　**3-3** 18개
4-1 8 : 7　**4-2** 48 cm^2　**4-3** 37.5 %
5-1 $\frac{1}{2}$ km　**5-2** 5 : 2　**5-3** 5 kg
6-1 3 : 5　**6-2** 9 cm　**6-3** 3 cm
7-1 10장　**7-2** 3개　**7-3** 3명
8-1 32만 원　**8-2** 250만 원　**8-3** 450만 원
심화 9 8.64 / 8.64, 14.04, 28.08 / 28.08
9-1 32 cm

LEVEL UP TEST 101~105쪽

1 5 : 4	2 1.25	3 1.4 km
4 10°	5 ㉮, 7개	6 96 cm^2
7 3700 m	8 21 cm^2	9 오후 4시 56분
10 76.8 cm^2	11 48 cm^2	12 40 g
13 23 : 17	14 130만 원	15 207 cm^2

HIGH LEVEL 106~108쪽

1 57 cm	2 96, 40	3 750원
4 5700원	5 124 m	6 8 : 27
7 4문제	8 54 cm	9 29 : 71

5 원의 넓이

BASIC TEST

1 원주와 원주율 113쪽

1 (1) ○ (2) × (3) ○	2 다
3 18 mm	4 16 cm
5 33.48 m	6 200 m

2 원의 넓이 115쪽

1 (1) <, < (2) 90, 120	2 78.5 cm^2
3 16 cm	4 198.4 cm^2
5 ㉡, ㉢, ㉠	6 111.6 cm^2

3 여러 가지 원의 넓이 117쪽

1 54 cm^2	2 13.5 cm^2
3 72 cm^2	4 220 cm^2
5 251.2 cm^2	6 13.76 m^2

MATH TOPIC 118~126쪽

1-1 20 cm	1-2 15바퀴	1-3 6바퀴
2-1 30.28 cm	2-2 93 cm	2-3 70 cm
3-1 8 cm^2	3-2 57.6 cm^2	3-3 324 cm^2
4-1 48 cm^2	4-2 86 cm^2	4-3 24 cm
5-1 35.98 cm	5-2 112 cm	5-3 88.2 cm
6-1 209.6 cm^2	6-2 832 cm^2	6-3 72.4 cm^2
7-1 33 cm	7-2 25.12 cm	7-3 45.7 cm
8-1 81 cm^2	8-2 47.1 cm^2	8-3 96 cm^2

심화9 4, 314, 86 / 4, 4, 344, 89656 / 89656

9-1 94 cm^2

LEVEL UP TEST 127~131쪽

1 111.6 cm	2 75.36 cm^2	3 24 cm^2
4 72 cm^2	5 56.25 cm	6 155 cm^2
7 31.4 cm	8 115.2 cm^2	9 172 cm^2
10 25 %	11 73 cm	12 53.5 cm^2
13 60 cm^2	14 2 cm	15 320 cm^2
16 32 cm^2	17 28.5 cm^2	

HIGH LEVEL 132~134쪽

1 87.5 cm^2	2 14번	3 90 cm
4 51.24 m	5 3배	6 36 cm
7 76.56 cm^2	8 48 cm^2	9 299 cm^2

6 원기둥, 원뿔, 구

BASIC TEST

1 원기둥 139쪽

1 ㉣ **2** 12 cm

3 예 밑면이 서로 평행하지만 합동이 아니기 때문입니다.

4 원기둥 /

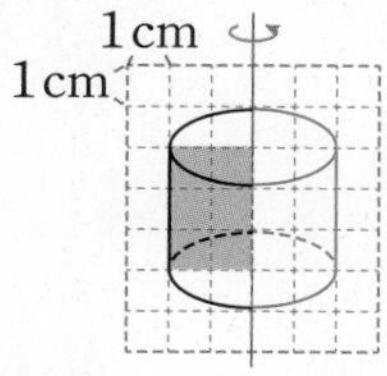

5 10 cm, 10 cm

6 공통점 예 기둥 모양입니다.

차이점 예 가는 밑면이 원, 나는 밑면이 삼각형입니다.

2 원기둥의 전개도 141쪽

1 선분 ㄱㄹ, 선분 ㄴㄷ

2 (위에서부터) 4, 24.8, 9

3 예 옆면이 직사각형이 아니기 때문입니다. 밑면의 둘레와 옆면의 가로의 길이가 다르기 때문입니다.

4 3.5 cm **5** 12 cm **6** 82.8 cm

3 원뿔, 구 143쪽

1 구 **2** ③, ④

3 선분 ㄴㄹ / 선분 ㄱㅁ / 선분 ㄱㄴ, 선분 ㄱㄷ, 선분 ㄱㄹ

4 (　)(　)(○) / 5 cm **5** 16 cm, 6 cm

6 240 cm^2

MATH TOPIC 144~152쪽

1-1 86 cm **1-2** 80 cm

2-1 80 cm^2 **2-2** 26 cm **2-3** 60 cm^2

3-1 14 cm^2 **3-2** 25.5 cm

4-1 36 cm **4-2** 13 cm **4-3** 10개

5-1 756 cm^2 **5-2** 198 cm^2 **5-3** 148.8 cm^2

6-1 10 cm **6-2** 나

7-1 1674 cm^2 **7-2** 847 cm^2

8-1 1004.4 cm^3 **8-2** 2480 cm^3 **8-3** 1944 cm^3

심화 9 12, 37.68 / 10, 10 / 10 **9-1** 8928 cm^2

LEVEL UP TEST 153~157쪽

1 706.5 cm^2 **2** 3 cm **3** 15 cm

4 84 cm **5** 6369 km **6** 108 cm^2

7 18 cm **8** 20 cm^2 **9** 28 cm

10 100 cm^2 **11** 나, 6.2 cm **12** 6 cm

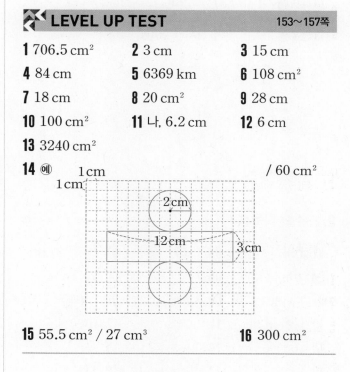

13 3240 cm^2

14 예

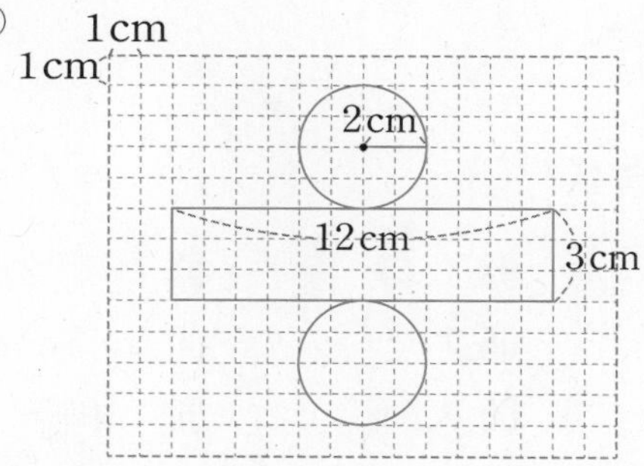

/ 60 cm^2

15 55.5 cm^2 / 27 cm^3 **16** 300 cm^2

HIGH LEVEL 158~160쪽

1

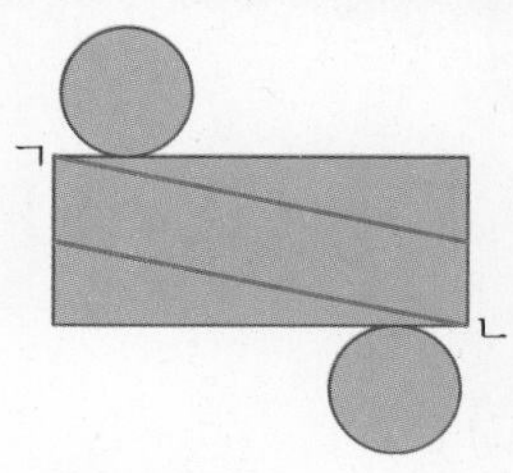

2 4바퀴

3 912 cm^2

4 175.12 cm^2

5 4바퀴

6 145.6 cm

7 275.28 m^2 **8** 7 : 5

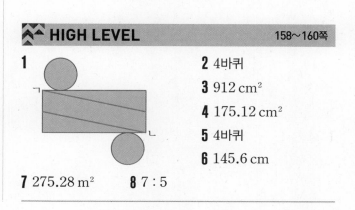

교내 경시 문제

1. 분수의 나눗셈

1~2쪽

01 35	**02** $1\frac{5}{17}$배	**03** 2, 3, 4
04 $\frac{24}{25}$	**05** 8번	**06** ㉣, ㉠, ㉢, ㉡
07 12분	**08** $3\frac{1}{30}$	**09** 2 m
10 750상자	**11** $4\frac{4}{5}$	**12** $\frac{176}{225}$
13 480 cm^2	**14** $\frac{3}{7}$	**15** 20 cm
16 16 L	**17** $1\frac{1}{2}$ cm	**18** 2일
19 18	**20** 2시간 20분	

2. 소수의 나눗셈

3~4쪽

01 4 cm	**02** 1.75	**03** 487.92 km
04 26분	**05** 7	**06** 34.5 cm^2
07 120번	**08** 3.5배	**09** 1.4배
10 1.2 cm	**11** 2.5	**12** 1000원
13 400 cm	**14** 3.9	**15** 15
16 1	**17** 11.252 km	**18** 24
19 1.9 km	**20** 206500원	

3. 공간과 입체

5~6쪽

01 다　**02** ㉰, ㉮, ㉱　**03** ⑤

04 17개　**05** 12개

06

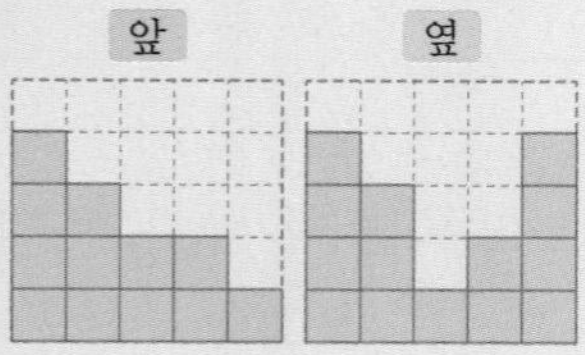

07 8개

08

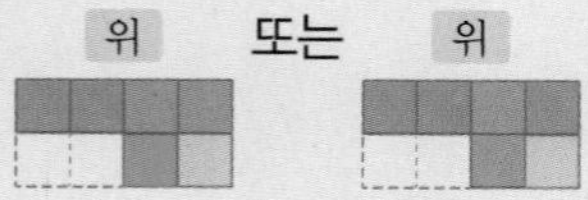

09 26개	**10** 46 cm^2	**11** 12개
12 15개	**13** 9개 이상 11개 이하	
14 7개	**15** 3가지	**16** 19가지
17 6가지	**18** 21개	**19** 46 cm^2
20 17개		

4. 비례식과 비례배분

7~8쪽

01 ㉠ 4 : 3	**02** ㉠ 25 : 81
03 ㉠ 3 : 8, ㉠ 3 : 5, 희우	
04 ㉠ 25 : 16	**05** 12, 8, 12
06 ㉠ 3 : 5=24 : 40, 3 : 8=9 : 24	
07 140 : 150	**08** 110°
09 540 cm^2	**10** ㉠ 5 : 1
11 오후 3시 9분	**12** ㉠ 7 : 4
13 6.4 cm	**14** 3 cm
15 100 cm	**16** 352명
17 1500만 원	**18** 32 cm^2
19 오후 6시 10분	**20** ㉠ 6 : 7

5. 원의 넓이

9~10쪽

01 144 cm	02 4.2 cm	03 40.8 cm
04 162, 324	05 364.5 cm^2	06 10.5 cm^2
07 144 cm^2	08 88.2 cm^2	09 4 m
10 46.5 cm	11 9.6 m	12 72 cm^2
13 147 cm	14 20번	15 24.56 cm
16 4 cm	17 209.6 cm^2	18 143 cm^2
19 63.7 cm	20 198 cm^2	

6. 원기둥, 원뿔, 구

11~12쪽

01 54 cm^2	02 49.6 cm, 198.4 cm^2	
03 43.4 cm	04 15 cm	05 15 cm
06 3 cm	07 77.5 cm^2	08 15개
09 10 cm	10 198 cm^2	11 56 cm
12 36 cm^2	13 251.2 cm	14 520.8 cm^2
15 14.13 m^2	16 9 cm	17 314 cm^2
18 198.4 cm^2	19 $16\frac{1}{2}$ cm (또는 16.5 cm)	
20 461.28 cm^2		

수능형 사고력을 기르는 2학기 TEST

1회

13~14쪽

01 $\frac{5}{28}$	02 2.5	03 150 m
04 20	05 2분 48초 후	06 40.7 m
07 10개	08 136 cm^2	09 14개
10 32 cm^2	11 6000원	12 720개
13 75 cm^2	14 97.2 cm^2	15 100 cm^2
16 12바퀴	17 예 47 : 80	18 32 cm^2
19 $14\frac{2}{3}$ L	20 76개	

2회

15~16쪽

01 $1\frac{13}{25}$	02 4.8	03 35.4 cm^2
04 2.7 cm	05 175.15 m^2	06 $4\frac{1}{5}$
07 15개 이상 21개 이하		08 45개
09 193개	10 예 16 : 15	
11 72 cm, 45 cm	12 22125원	13 50 cm^2
14 200 km	15 1분 20초	16 예 16 : 11
17 10, 6, 9	18 694.4 cm^2	19 3일
20 180 cm		

정답과 풀이

1 분수의 나눗셈

BASIC TEST

1 (분수)÷(분수), (자연수)÷(분수) 11쪽

1 ③	2 ㉢	3 (1) $\frac{2}{3}$ (2) $2\frac{2}{9}$
4 2개	5 161쪽	6 100

1 ① $\frac{1}{4}\div\frac{3}{4}=1\div3=\frac{1}{3}$

② $\frac{4}{5}\div\frac{3}{5}=4\div3=\frac{4}{3}=1\frac{1}{3}$

③ $\frac{4}{7}\div\frac{2}{7}=4\div2=2$

④ $\frac{2}{8}\div\frac{7}{8}=2\div7=\frac{2}{7}$

⑤ $\frac{4}{9}\div\frac{8}{9}=4\div8=\frac{4}{8}=\frac{1}{2}$

보충 개념

분모가 같은 (분수)÷(분수)의 나눗셈에서 분자끼리 나누어 떨어지지 않을 때에는 몫이 분수로 나옵니다.

$\frac{▲}{■}\div\frac{●}{■}=▲\div●=\frac{▲}{●}$

2 나누어지는 수가 같을 때 나누는 수가 작을수록 몫은 커집니다.

$\frac{1}{5}<\frac{1}{4}<\frac{1}{3}<\frac{1}{2}$이므로 몫이 가장 큰 것은 가장 작은 수로 나눈 ㉢입니다.

3 (1) $□\times\frac{9}{10}=\frac{3}{5}$

$□=\frac{3}{5}\div\frac{9}{10}=\frac{6}{10}\div\frac{9}{10}$

$=6\div9=\frac{\overset{2}{\cancel{6}}}{\underset{3}{\cancel{9}}}=\frac{2}{3}$

(2) $\frac{5}{6}\div□=\frac{3}{8}$

$□=\frac{5}{6}\div\frac{3}{8}=\frac{20}{24}\div\frac{9}{24}$

$=20\div9=\frac{20}{9}=2\frac{2}{9}$

4 $9\div7$을 이용하여 계산할 수 있는 분모가 같은 진분수의 나눗셈식은 $\frac{9}{●}\div\frac{7}{●}$과 같은 식입니다.

분모가 12보다 작은 진분수의 나눗셈식이므로 ●가 될 수 있는 수는 9보다 크고 12보다 작은 10, 11입니다.

따라서 조건을 만족하는 분수의 나눗셈식은

$\frac{9}{10}\div\frac{7}{10}$, $\frac{9}{11}\div\frac{7}{11}$로 모두 2개입니다.

5 아직 읽지 않은 쪽수는 전체 쪽수의 $1-\frac{3}{7}=\frac{4}{7}$이므로 위인전의 전체 쪽수를 □쪽이라 하면

$□\times\frac{4}{7}=92$, $□=92\div\frac{4}{7}=(92\div4)\times7=161$

따라서 위인전은 모두 161쪽입니다.

6 어떤 수를 □라 하면

$□\times\frac{3}{10}=9$에서

$□=9\div\frac{3}{10}=(9\div3)\times10=30$입니다.

따라서 바르게 계산하면

$30\div\frac{3}{10}=(30\div3)\times10=100$입니다.

2 (분수)÷(분수) 계산하기 13쪽

1 방법 1 예 $\frac{3}{4}\div\frac{4}{5}=\frac{15}{20}\div\frac{16}{20}=15\div16=\frac{15}{16}$

방법 2 예 $\frac{3}{4}\div\frac{4}{5}=\frac{3}{4}\times\frac{5}{4}=\frac{15}{16}$

2 잘못된 이유 예 대분수를 가분수로 나타내어 계산하지 않았습니다.

옳은 계산 예 $1\frac{2}{5}\div\frac{2}{3}=\frac{7}{5}\div\frac{2}{3}=\frac{7}{5}\times\frac{3}{2}$

$=\frac{21}{10}=2\frac{1}{10}$

3 $5\frac{1}{3}$ cm　　**4** $1\frac{2}{3}\div\frac{9}{10}$, $1\frac{2}{3}\div\frac{3}{4}$에 ○표

5 $3\frac{11}{15}$　　**6** $\frac{5}{18}$ kg

1 방법1 은 분모를 통분하여 분자끼리 나누는 방법입니다.

방법2 는 분수의 곱셈으로 나타내어 계산하는 방법입니다.

2 (대분수)÷(분수)는 대분수를 가분수로 나타내어 계산합니다.

3 (밑변)=(삼각형의 넓이)×2÷(높이)

$=16\frac{2}{3}\times2\div6\frac{1}{4}=\frac{50}{3}\times2\div\frac{25}{4}$

$=\frac{\overset{2}{\cancel{50}}}{3}\times2\times\frac{4}{\underset{1}{\cancel{25}}}=\frac{16}{3}=5\frac{1}{3}$ (cm)

4 어떤 수를 1보다 작은 수로 나누면 그 몫은 어떤 수보다 커집니다. 나누어지는 수가 $1\frac{2}{3}$로 같으므로 나누는 수가 1보다 작은 식을 찾으면 몫이 $1\frac{2}{3}$보다 큰 것은 $1\frac{2}{3}\div\frac{9}{10}$와 $1\frac{2}{3}\div\frac{3}{4}$입니다.

보충 개념
■÷(1보다 작은 수)>■
■÷1=■
■÷(1보다 큰 수)<■

5 몫이 가장 크려면 나누어지는 수는 가장 큰 수, 나누는 수는 가장 작은 수가 되어야 합니다.

가장 큰 수: $3\frac{1}{5}$, 가장 작은 수: $\frac{6}{7}$

➡ $3\frac{1}{5}\div\frac{6}{7}=\frac{16}{5}\div\frac{6}{7}=\frac{\overset{8}{\cancel{16}}}{5}\times\frac{7}{\underset{3}{\cancel{6}}}=\frac{56}{15}=3\frac{11}{15}$

6 (고무관 1 m의 무게)

$=\frac{2}{9}\div\frac{4}{5}=\frac{\overset{1}{\cancel{2}}}{9}\times\frac{5}{\underset{2}{\cancel{4}}}=\frac{5}{18}$ (kg)

다른 풀이
(고무관 $\frac{1}{5}$ m의 무게)=(고무관 $\frac{4}{5}$ m의 무게)÷4
(고무관 1 m의 무게)=(고무관 $\frac{1}{5}$ m의 무게)×5이므로
(고무관 1 m의 무게)=(고무관 $\frac{4}{5}$ m의 무게)÷4×5
$=\frac{2}{9}\div4\times5=\frac{\overset{1}{\cancel{2}}}{9}\times\frac{1}{\underset{2}{\cancel{4}}}\times5=\frac{5}{18}$ (kg)

MATH TOPIC
14~22쪽

1-1 14명	1-2 $7\frac{1}{2}$ kg	1-3 20 m
2-1 $1\frac{11}{12}$ cm	2-2 $3\frac{2}{3}$ cm	2-3 $\frac{8}{15}$ m
3-1 $\frac{25}{102}$	3-2 5	3-3 $1\frac{32}{45}$
4-1 2	4-2 $14\frac{2}{5}$	4-3 $1\frac{3}{5}$
5-1 $1\frac{1}{5}$배	5-2 14 cm²	5-3 $\frac{1}{3}$
6-1 $1\frac{3}{4}$시간	6-2 2시간	6-3 $4\frac{1}{5}$ km
7-1 $\frac{8}{9}$시간	7-2 13분	7-3 14분
8-1 6쌍	8-2 1, 2, 4, 8	8-3 3, 8
심화9 198, $39\frac{3}{5}$, $39\frac{3}{5}$ / $39\frac{3}{5}$		9-1 정상

1-1 하성이네 반 학생을 □명이라 하면 여학생은 (□×$\frac{3}{5}$)명입니다. □×$\frac{3}{5}$=21이므로

□$=21\div\frac{3}{5}=\overset{7}{\cancel{21}}\times\frac{5}{\underset{1}{\cancel{3}}}=35$입니다.

따라서 하성이네 반 남학생은
35−21=14(명)입니다.

1-2 지영이가 처음에 가지고 있던 밀가루를 □kg이라 하면 □$\times(1-\frac{2}{3})\times(1-\frac{2}{5})=1\frac{1}{2}$,

□$\times\frac{1}{\underset{1}{\cancel{3}}}\times\frac{\overset{1}{\cancel{3}}}{5}=1\frac{1}{2}$, □$\times\frac{1}{5}=1\frac{1}{2}$,

□$=1\frac{1}{2}\div\frac{1}{5}=\frac{3}{2}\times5=\frac{15}{2}=7\frac{1}{2}$

다른 풀이
지영이가 처음에 가지고 있던 밀가루의 양을 1이라 하면 빵과 과자를 만들고 남은 밀가루의 양은 처음에 가지고 있던 밀가루의 양의 $(1-\frac{2}{3})\times(1-\frac{2}{5})=\frac{1}{\underset{1}{\cancel{3}}}\times\frac{\overset{1}{\cancel{3}}}{5}=\frac{1}{5}$입니다. 처음에 가지고 있던 밀가루의 양의 $\frac{1}{5}$이 $1\frac{1}{2}$ kg이므로 지영이가 처음에 가지고 있던 밀가루는
$1\frac{1}{2}\div\frac{1}{5}=\frac{3}{2}\times5=\frac{15}{2}=7\frac{1}{2}$ (kg)입니다.

1-3 혜성이가 처음에 가지고 있던 색 테이프의 길이를 □m라 하면 $\square\times(1-\frac{5}{9})\times(1-\frac{6}{7})=2\frac{2}{7}$, $\square\times\frac{4}{9}\times\frac{1}{7}=2\frac{2}{7}$, $\square\times\frac{4}{63}=2\frac{2}{7}$,

$\square=2\frac{2}{7}\div\frac{4}{63}=\frac{16}{7}\times\frac{63}{4}=36$

따라서 혜성이가 근후에게 준 색 테이프는

$36\times\frac{5}{9}=20$ (m)입니다.

2-1 (사다리꼴의 넓이)=((윗변의 길이)+(아랫변의 길이))×(높이)÷2이므로

(아랫변의 길이)

=(넓이)×2÷(높이)−(윗변의 길이)

$=4\frac{3}{8}\times2\div2\frac{1}{3}-1\frac{5}{6}$

$=\frac{35}{8}\times2\div\frac{7}{3}-\frac{11}{6}$

$=\frac{35}{8}\times2\times\frac{3}{7}-\frac{11}{6}$

$=\frac{15}{4}-\frac{11}{6}=\frac{45}{12}-\frac{22}{12}=\frac{23}{12}=1\frac{11}{12}$ (cm)

2-2 밑변의 길이를 처음 길이의 $\frac{1}{4}$만큼 줄였으므로 줄인 밑변의 길이는 처음 길이의 $1-\frac{1}{4}=\frac{3}{4}$입니다.

(줄인 삼각형의 밑변의 길이)

$=8\frac{4}{5}\times\frac{3}{4}=\frac{44}{5}\times\frac{3}{4}=\frac{33}{5}=6\frac{3}{5}$ (cm)

(줄인 삼각형의 높이)

$=12\frac{1}{10}\times2\div6\frac{3}{5}$

$=\frac{121}{10}\times2\times\frac{5}{33}=\frac{11}{3}=3\frac{2}{3}$ (cm)

높이는 변하지 않았으므로 주어진 삼각형의 높이는 $3\frac{2}{3}$ cm입니다.

2-3 (꽃밭의 넓이)

$=8\frac{3}{4}\times5\frac{1}{5}=\frac{35}{4}\times\frac{26}{5}$

$=\frac{91}{2}=45\frac{1}{2}$ (m^2)

가로를 1 m 늘였을 때의 꽃밭의 세로를 □m라 하면 $9\frac{3}{4}\times\square=45\frac{1}{2}$,

$\square=45\frac{1}{2}\div9\frac{3}{4}=\frac{91}{2}\times\frac{4}{39}=\frac{14}{3}=4\frac{2}{3}$

따라서 넓이는 변하지 않게 하고 가로를 1 m 늘이려면 세로는

$5\frac{1}{5}-4\frac{2}{3}=5\frac{3}{15}-4\frac{10}{15}=4\frac{18}{15}-4\frac{10}{15}$

$=\frac{8}{15}$ (m) 줄여야 합니다.

3-1 나눗셈의 몫을 가장 작게 하려면 만들 수 있는 대분수 중에서 가장 작은 수를 가장 큰 수로 나누어야 합니다.

만들 수 있는 가장 작은 대분수는 $1\frac{2}{3}$, 가장 큰 대분수는 $6\frac{4}{5}$이므로 몫이 가장 작은 나눗셈식을 만들어 몫을 구하면

$1\frac{2}{3}\div6\frac{4}{5}=\frac{5}{3}\div\frac{34}{5}=\frac{5}{3}\times\frac{5}{34}=\frac{25}{102}$입니다.

> 해결 전략
> 승철이의 수가 예원이의 수보다 크므로 승철이는 가장 큰 대분수를, 예원이는 가장 작은 대분수를 만듭니다.

3-2 나누어지는 수가 클수록, 나누는 수가 작을수록 몫이 커집니다.

• 나누어지는 수가 가장 큰 경우

$9\div1\frac{4}{5}=9\div\frac{9}{5}=9\times\frac{5}{9}=5$

• 나누는 수가 가장 작은 경우

$5\div1\frac{4}{9}=5\div\frac{13}{9}=5\times\frac{9}{13}=\frac{45}{13}=3\frac{6}{13}$

$5>3\frac{6}{13}$이므로 나올 수 있는 몫 중에서 가장 큰 몫은 5입니다.

3-3 나누어지는 수가 작을수록, 나누는 수가 클수록 몫이 작아집니다.

• 나누어지는 수가 가장 작은 경우

$1\frac{2}{9}\div\frac{5}{7}=\frac{11}{9}\times\frac{7}{5}=\frac{77}{45}=1\frac{32}{45}$

• 나누는 수가 가장 큰 경우

$1\frac{2}{5}\div\frac{7}{9}=\frac{\overset{1}{\cancel{7}}}{5}\times\frac{9}{\underset{1}{\cancel{7}}}=\frac{9}{5}=1\frac{4}{5}$

$1\frac{32}{45}<1\frac{4}{5}=1\frac{36}{45}$이므로 나올 수 있는 몫 중에서 가장 작은 몫은 $1\frac{32}{45}$입니다.

보충 개념

• 만들 수 있는 가장 작은 대분수는 $1\frac{2}{5}, 1\frac{2}{7}, 1\frac{5}{7}, 1\frac{2}{9}, 1\frac{5}{9}, 1\frac{7}{9}$ 중 가장 작은 $1\frac{2}{9}$입니다.

• 만들 수 있는 가장 큰 진분수는 $\frac{1}{2}, \frac{1}{5}, \frac{2}{5}, \frac{1}{7}, \frac{2}{7}, \frac{5}{7}, \frac{1}{9}, \frac{2}{9}, \frac{5}{9}, \frac{7}{9}$ 중 가장 큰 $\frac{7}{9}$입니다.

4-1 어떤 수를 □라 하면 $\frac{3+\square}{5+\square}\times1\frac{4}{5}=1\frac{2}{7}$,

$\frac{3+\square}{5+\square}=1\frac{2}{7}\div1\frac{4}{5}=\frac{9}{7}\div\frac{9}{5}=\frac{\overset{1}{\cancel{9}}}{7}\times\frac{5}{\underset{1}{\cancel{9}}}=\frac{5}{7}$

$\frac{3+\square}{5+\square}=\frac{5}{7}$에서 $3+\square=5$, $5+\square=7$을 만족하는 □는 2입니다.

4-2 어떤 수를 □라 하면 $\square\div\frac{3}{5}-15=\square\times\frac{5}{8}$,

$\square\times\frac{5}{3}-15=\square\times\frac{5}{8}$, $\square\times\frac{5}{3}-\square\times\frac{5}{8}=15$,

$\square\times(\frac{5}{3}-\frac{5}{8})=15$, $\square\times(\frac{40}{24}-\frac{15}{24})=15$,

$\square\times\frac{25}{24}=15$,

$\square=15\div\frac{25}{24}=\overset{3}{\cancel{15}}\times\frac{24}{\underset{5}{\cancel{25}}}=\frac{72}{5}=14\frac{2}{5}$

보충 개념

• '='를 기준으로 한쪽에 있는 수의 +, − 부호를 바꾸어 다른 쪽으로 옮기는 것을 이항이라고 합니다.

예 □×5−3=□×2 ➡ □×5−□×2=3

• 뺄셈과 곱셈이 있는 식 ■×▲−■×●는 ■×(▲−●)와 같이 나타낼 수 있습니다.

4-3 어떤 수를 □라 하면

$(\square+\square\times1\frac{1}{4}-1\frac{1}{5})\times3\frac{1}{8}=7\frac{1}{2}$,

$\square+\square\times1\frac{1}{4}-1\frac{1}{5}=7\frac{1}{2}\div3\frac{1}{8}$

$=\frac{\overset{3}{\cancel{15}}}{\underset{1}{\cancel{2}}}\times\frac{\overset{4}{\cancel{8}}}{\underset{5}{\cancel{25}}}=\frac{12}{5}=2\frac{2}{5}$,

$\square+\square\times1\frac{1}{4}=2\frac{2}{5}+1\frac{1}{5}=3\frac{3}{5}$,

$\square\times(1+1\frac{1}{4})=3\frac{3}{5}$, $\square\times2\frac{1}{4}=3\frac{3}{5}$,

$\square=3\frac{3}{5}\div2\frac{1}{4}=\frac{\overset{2}{\cancel{18}}}{5}\times\frac{4}{\underset{1}{\cancel{9}}}=\frac{8}{5}=1\frac{3}{5}$

다른 풀이

어떤 수에 그 수의 $1\frac{1}{4}$배를 더하면 어떤 수의 $1+1\frac{1}{4}=2\frac{1}{4}$(배)가 됩니다.

따라서 어떤 수를 □라 하면

$(\square\times2\frac{1}{4}-1\frac{1}{5})\times3\frac{1}{8}=7\frac{1}{2}$,

$\square=(7\frac{1}{2}\div3\frac{1}{8}+1\frac{1}{5})\div2\frac{1}{4}$

$=(\frac{\overset{3}{\cancel{15}}}{\underset{1}{\cancel{2}}}\times\frac{\overset{4}{\cancel{8}}}{\underset{5}{\cancel{25}}}+1\frac{1}{5})\div2\frac{1}{4}=(\frac{12}{5}+\frac{6}{5})\div2\frac{1}{4}$

$=\frac{\overset{2}{\cancel{18}}}{5}\times\frac{4}{\underset{1}{\cancel{9}}}=\frac{8}{5}=1\frac{3}{5}$

보충 개념

어떤 수에 그 수의 ■배를 더하면 어떤 수의 (1+■)배를 한 것과 같습니다.

예 $2+2\times4=2+\underbrace{2+2+2+2}_{2\times4}=2\times5$이므로

2에 2의 4배를 더한 것은 2의 (1+4)배, 즉 2의 5배를 한 것과 같습니다.

5-1 ㉡×$\frac{5}{9}$=㉢×$\frac{2}{3}$이므로

㉡=㉢×$\frac{2}{3}\div\frac{5}{9}$=㉢×$\frac{2}{\underset{1}{\cancel{3}}}\times\frac{\overset{3}{\cancel{9}}}{5}$

=㉢×$\frac{6}{5}$=㉢×$1\frac{1}{5}$

따라서 ㉡은 ㉢의 $1\frac{1}{5}$배입니다.

5-2 (가의 넓이)=(나의 넓이)$\times\frac{3}{4}$,

(나의 넓이)=(다의 넓이)$\times\frac{2}{5}$이므로

(가의 넓이)=(다의 넓이)$\times\frac{2}{5}\times\frac{3}{4}$

=(다의 넓이)$\times\frac{3}{10}$

(다의 넓이)=(가의 넓이)$\div\frac{3}{10}$이므로

(다의 넓이)$=4\frac{1}{5}\div\frac{3}{10}=\frac{21}{5}\times\frac{10}{3}=14\,(\text{cm}^2)$

5-3 ㉠$\div$㉡$=\frac{㉠}{㉡}=\frac{5}{6}$, ㉢$\div$㉡$=\frac{㉢}{㉡}=2\frac{1}{2}$

$\frac{㉠}{㉡}\div\frac{㉢}{㉡}$=㉠$\div$㉢이므로

㉠$\div$㉢$=\frac{5}{6}\div2\frac{1}{2}=\frac{5}{6}\div\frac{5}{2}=\frac{5}{6}\times\frac{2}{5}=\frac{1}{3}$

6-1 45분$=\frac{45}{60}$시간$=\frac{3}{4}$시간이므로

재호가 1시간 동안 할 수 있는 숙제의 양은

전체의 $\frac{3}{10}\div\frac{3}{4}=\frac{3}{10}\times\frac{4}{3}=\frac{2}{5}$입니다.

전체 숙제의 양을 1로 생각하면 앞으로 전체 숙제의 $1-\frac{3}{10}=\frac{7}{10}$을 더 해야 합니다.

따라서 $\frac{7}{10}\div\frac{2}{5}=\frac{7}{10}\times\frac{5}{2}=\frac{7}{4}=1\frac{3}{4}$(시간)을 더 해야 숙제를 마칠 수 있습니다.

> **다른 풀이**
> 재호가 1분 동안 할 수 있는 숙제의 양은
> 전체의 $\frac{3}{10}\div45=\frac{3}{10}\times\frac{1}{45}=\frac{1}{150}$입니다.
> 앞으로 전체 숙제의 $1-\frac{3}{10}=\frac{7}{10}$을 더 해야 하므로
> $\frac{7}{10}\div\frac{1}{150}=\frac{7}{10}\times150=105$(분)=1시간 45분
> ➡ $1\frac{3}{4}$시간을 더 해야 숙제를 마칠 수 있습니다.

6-2 전체 일의 양을 1로 생각하면

(1시간 동안 하는 일의 양)

$=1\div$(일을 끝내는 데 걸리는 시간)이므로

(효주가 1시간 동안 하는 일의 양)

$=1\div3\frac{1}{2}=1\div\frac{7}{2}=1\times\frac{2}{7}=\frac{2}{7}$,

(지솔이가 1시간 동안 하는 일의 양)

$=1\div4\frac{2}{3}=1\div\frac{14}{3}=1\times\frac{3}{14}=\frac{3}{14}$입니다.

두 사람이 함께 1시간 동안 하는 일의 양은

$\frac{2}{7}+\frac{3}{14}=\frac{4}{14}+\frac{3}{14}=\frac{7}{14}=\frac{1}{2}$이므로

함께 일을 끝내는 데 $1\div\frac{1}{2}=2$(시간)이 걸립니다.

> **해결 전략**
> (일을 끝내는 데 걸리는 시간)
> =(전체 일의 양)÷(1시간 동안 하는 일의 양)

6-3 민성이네 집에서 할머니 댁까지의 거리를 1로 생각하면 걸어간 거리 $\frac{7}{10}$km는 민성이네 집에서 할머니 댁까지의 거리의

$(1-\frac{5}{12})\times(1-\frac{5}{7})=\frac{7}{12}\times\frac{2}{7}=\frac{1}{6}$입니다.

민성이네 집에서 할머니 댁까지의 거리를 □km라 하면 $□\times\frac{1}{6}=\frac{7}{10}$,

$□=\frac{7}{10}\div\frac{1}{6}=\frac{7}{10}\times6=\frac{21}{5}=4\frac{1}{5}$

따라서 민성이네 집에서 할머니 댁까지의 거리는 $4\frac{1}{5}$km입니다.

> **다른 풀이**
>
> 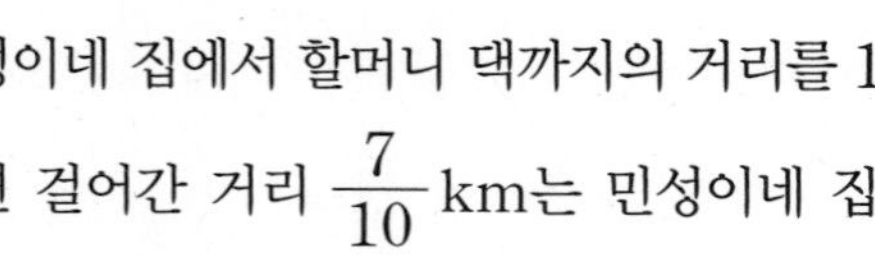
>
>
> 민성이네 집에서 할머니 댁까지의 거리를 □km라 하면
> 걸어서 간 거리는 전체 거리의 $\frac{2}{12}$이므로
> $□\times\frac{2}{12}=\frac{7}{10}$, $□\times\frac{1}{6}=\frac{7}{10}$,
> $□=\frac{7}{10}\div\frac{1}{6}=\frac{7}{10}\times6=\frac{21}{5}=4\frac{1}{5}$

7-1 10분$=\frac{10}{60}$시간$=\frac{1}{6}$시간이므로

(자동차가 1시간 동안 가는 거리)

$=11\frac{1}{4}\div\frac{1}{6}=\frac{45}{\underset{2}{\cancel{4}}}\times\overset{3}{\cancel{6}}=\frac{135}{2}=67\frac{1}{2}$ (km)

따라서 (60 km를 가는 데 걸리는 시간)

$=60\div67\frac{1}{2}=60\div\frac{135}{2}=\overset{4}{\cancel{60}}\times\frac{2}{\underset{9}{\cancel{135}}}=\frac{8}{9}$(시간)

7-2 5분 동안 연소된 알코올의 양은

$60-43\frac{1}{3}=16\frac{2}{3}$ (mL)이므로

1분 동안 연소된 알코올의 양은

$16\frac{2}{3}\div5=\frac{\overset{10}{\cancel{50}}}{3}\times\frac{1}{\underset{1}{\cancel{5}}}=\frac{10}{3}=3\frac{1}{3}$ (mL)입니다.

따라서 남은 알코올 $43\frac{1}{3}$ mL가 모두 연소되는 데 걸리는 시간은

$43\frac{1}{3}\div3\frac{1}{3}=\frac{130}{3}\div\frac{10}{3}=130\div10=13$(분)

입니다.

> **다른 풀이**
> 5분 동안 연소된 알코올의 양은 $16\frac{2}{3}$ mL이므로
> (1 mL가 연소되는 데 걸리는 시간)
> $=5\div16\frac{2}{3}=5\div\frac{50}{3}=\overset{1}{\cancel{5}}\times\frac{3}{\underset{10}{\cancel{50}}}=\frac{3}{10}$(분)
> (남은 알코올 $43\frac{1}{3}$ mL가 모두 연소되는 데 걸리는 시간)
> $=\frac{3}{10}\times43\frac{1}{3}=\frac{\overset{1}{\cancel{3}}}{\underset{1}{\cancel{10}}}\times\frac{\overset{13}{\cancel{130}}}{\underset{1}{\cancel{3}}}=13$(분)

7-3 2분 48초$=2\frac{48}{60}$분$=2\frac{4}{5}$분입니다.

$2\frac{4}{5}$분 동안 탄 양초의 길이는 $3-2\frac{3}{5}=\frac{2}{5}$ (cm)

이므로 1분 동안 타는 양초의 길이는

$\frac{2}{5}\div2\frac{4}{5}=\frac{\overset{1}{\cancel{2}}}{\underset{1}{\cancel{5}}}\times\frac{\overset{1}{\cancel{5}}}{\underset{7}{\cancel{14}}}=\frac{1}{7}$ (cm)입니다.

따라서 처음 양초의 길이의 $\frac{2}{3}$인 $\overset{1}{\cancel{3}}\times\frac{2}{\underset{1}{\cancel{3}}}=2$ (cm)

가 타는 데 $2\div\frac{1}{7}=2\times7=14$(분)이 걸립니다.

8-1 $3\div\frac{●}{4}=3\times\frac{4}{●}=\frac{12}{●}$, $\frac{12}{●}=$▲이므로 $\frac{12}{●}$가 자연수이려면 ●는 12의 약수이어야 합니다.

따라서 주어진 식을 만족하는 ●와 ▲를 (●, ▲)로 나타내면 (1, 12), (2, 6), (3, 4), (4, 3), (6, 2), (12, 1)로 모두 6쌍입니다.

> **다른 풀이**
> $3\div\frac{●}{4}=\frac{12}{4}\div\frac{●}{4}=12\div●$, $12\div●=$▲이므로
> ▲$\times$●$=12$입니다.
> 곱이 12인 두 자연수를 찾으면 1과 12, 2와 6, 3과 4, 4와 3, 6과 2, 12와 1로 모두 6쌍입니다.

8-2 $2\frac{2}{3}\div\frac{□}{9}=\frac{8}{\underset{1}{\cancel{3}}}\times\frac{\overset{3}{\cancel{9}}}{□}=\frac{24}{□}$이므로 몫이 자연수가 되려면 □는 24의 약수이어야 합니다.

24의 약수 1, 2, 3, 4, 6, 8, 12, 24를 $\frac{□}{9}$의 □ 안에 넣으면 $\frac{1}{9}$, $\frac{2}{9}$, $\frac{3}{9}$, $\frac{4}{9}$, $\frac{6}{9}$, $\frac{8}{9}$, $\frac{12}{9}$, $\frac{24}{9}$이고 이 중 기약분수는 $\frac{1}{9}$, $\frac{2}{9}$, $\frac{4}{9}$, $\frac{8}{9}$이므로 □ 안에 들어갈 수 있는 자연수는 1, 2, 4, 8입니다.

8-3 $\frac{3}{8}\div\frac{9}{㉠}\div\frac{1}{㉡}=\frac{\overset{1}{\cancel{3}}}{8}\times\frac{㉠}{\underset{3}{\cancel{9}}}\times㉡=\frac{㉠\times㉡}{24}$,

$\frac{㉠\times㉡}{24}=1$이므로 ㉠$\times$㉡$=24$입니다.

곱이 24인 두 자연수 (1, 24), (2, 12), (3, 8), (4, 6) 중에서 차가 5인 수는 3과 8이고 ㉡$>$㉠이므로 ㉠$=3$, ㉡$=8$입니다.

9-1 (표준 몸무게)$=(150-100)\div1\frac{1}{9}=50\div\frac{10}{9}$

$=\overset{5}{\cancel{50}}\times\frac{9}{\underset{1}{\cancel{10}}}=45$ (kg)이므로

(비만도)$=48\div\frac{45}{100}=\overset{16}{\cancel{48}}\times\frac{\overset{20}{\cancel{100}}}{\underset{\underset{3}{\cancel{9}}}{\cancel{45}}}=\frac{320}{3}$

$=106\frac{2}{3}$입니다.

비만도가 90 이상 110 미만 사이에 있으므로 대호의 비만도는 정상입니다.

LEVEL UP TEST

23~27쪽

1 $\frac{1}{9}$	**2** $10\frac{5}{16}$ g	**3** $7\frac{7}{20}$ m	**4** 8개, $\frac{2}{15}$ kg	**5** 12일	**6** 39 cm
7 $4\frac{1}{5}$ cm²	**8** 36 km	**9** 144명	**10** $\frac{9}{10}$	**11** 72점	**12** $1\frac{1}{2}$시간
13 9시간 30분	**14** $5\frac{5}{6}$	**15** 410 g			

서술형

1 접근 ≫ 먼저 $\frac{1}{2}⊙\frac{3}{4}$의 값을 구합니다.

예 $\frac{1}{2}⊙\frac{3}{4}=(\frac{1}{2}\div\frac{3}{4})\div(\frac{3}{4}\div\frac{1}{2})$

$=(\frac{1}{2}\times\frac{4}{3})\div(\frac{3}{4}\times 2)=\frac{2}{3}\div\frac{3}{2}=\frac{2}{3}\times\frac{2}{3}=\frac{4}{9}$

$(\frac{1}{2}⊙\frac{3}{4})⊙1\frac{1}{3}=\frac{4}{9}⊙1\frac{1}{3}=\frac{4}{9}⊙\frac{4}{3}=(\frac{4}{9}\div\frac{4}{3})\div(\frac{4}{3}\div\frac{4}{9})$

$=(\frac{4}{9}\times\frac{3}{4})\div(\frac{4}{3}\times\frac{9}{4})=\frac{1}{3}\div 3=\frac{1}{3}\times\frac{1}{3}=\frac{1}{9}$

채점 기준	배점
$\frac{1}{2}⊙\frac{3}{4}$의 값을 구했나요?	2점
$(\frac{1}{2}⊙\frac{3}{4})⊙1\frac{1}{3}$의 값을 구했나요?	3점

주의
(   )가 있을 때에는 (   ) 안을 먼저 계산해요.

해결 전략
⊙는 앞의 수를 뒤의 수로 나눈 몫을 뒤의 수를 앞의 수로 나눈 몫으로 나누는 계산이에요.

2 접근 ≫ 1 g인 물건을 매달 때 늘어나는 용수철의 길이를 먼저 구합니다.

1 g인 물건을 매달 때 늘어나는 용수철의 길이는

$\frac{3}{4}\div 4\frac{1}{8}=\frac{3}{4}\div\frac{33}{8}=\frac{3}{4}\times\frac{8}{33}=\frac{2}{11}$ (cm)입니다.

따라서 용수철이 $1\frac{7}{8}$ cm 늘어났을 때 매단 물건의 무게는

$1\frac{7}{8}\div\frac{2}{11}=\frac{15}{8}\div\frac{2}{11}=\frac{15}{8}\times\frac{11}{2}=\frac{165}{16}=10\frac{5}{16}$ (g)입니다.

해결 전략
(1 g을 매달 때 늘어나는 길이)
=(늘어난 길이)
÷(매단 물건의 무게)이므로
(매단 물건의 무게)
=(늘어난 길이)
÷(1 g을 매달 때 늘어나는 길이)

지도 가이드
나누어지는 수와 나누는 수가 분수인 경우에는 학생들이 나눗셈식을 세우기 어렵게 느낄 수 있습니다. 이런 경우에는 분수를 자연수로 바꾸어 생각하면 식 세우기가 쉬워집니다.
예를 들어 2 g을 매달면 4 cm가 늘어난다고 하면 1 g을 매달 때 늘어나는 길이는
4÷2=2 (cm)라는 것을 알 수 있습니다.
따라서 1 g을 매달 때 늘어나는 길이는 늘어난 길이를 매단 물건의 무게로 나누어 구할 수 있다는 것을 지도합니다.

3 접근 ≫ 처음 공을 떨어뜨린 높이를 □m라 하고 튀어오른 높이를 나타내 봅니다.

처음 공을 떨어뜨린 높이를 □m라 하면

(공이 첫 번째로 튀어오른 높이)=(처음 공을 떨어뜨린 높이)$\times\frac{4}{7}$=□$\times\frac{4}{7}$

(공이 두 번째로 튀어오른 높이)=(공이 첫 번째로 튀어오른 높이)$\times\frac{4}{7}$=□$\times\frac{4}{7}\times\frac{4}{7}$

➡ □$\times\frac{4}{7}\times\frac{4}{7}=2\frac{2}{5}$, □$\times\frac{16}{49}=2\frac{2}{5}$, □$=2\frac{2}{5}\div\frac{16}{49}=7\frac{7}{20}$

해결 전략

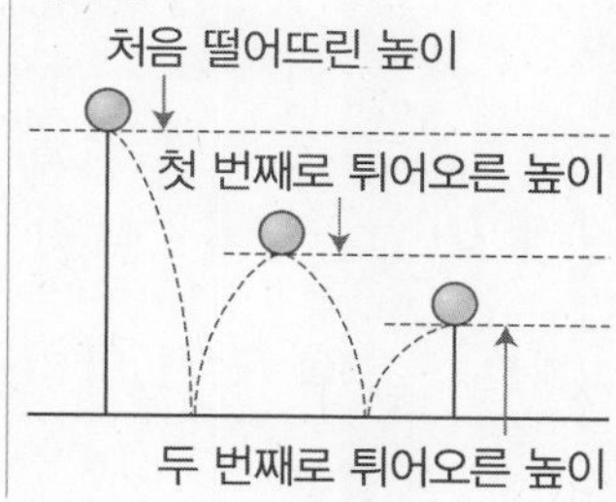

서술형

4 접근 ≫ 인형의 수는 나눗셈의 몫에서 자연수 부분입니다.

예 $3\frac{1}{3}\div\frac{2}{5}=\frac{\overset{5}{\cancel{10}}}{3}\times\frac{5}{\underset{1}{\cancel{2}}}=\frac{25}{3}=8\frac{1}{3}$이므로 인형을 8개까지 만들 수 있고, 남는 지점토는 $\frac{2}{5}$ kg의 $\frac{1}{3}$입니다. 따라서 지점토는 $\frac{2}{5}\times\frac{1}{3}=\frac{2}{15}$ (kg)이 남습니다.

채점 기준	배점
인형을 몇 개까지 만들 수 있는지 구했나요?	2점
지점토는 몇 kg이 남는지 구했나요?	3점

지도 가이드

분수의 나눗셈을 계산하였을 때 계산 결과가 대분수인 경우 자연수 부분과 분수 부분이 의미하는 것이 무엇인지 아는 것이 중요합니다. $3\frac{1}{3}\div\frac{2}{5}=8\frac{1}{3}$이므로 인형 8개를 만들 수 있고 $\frac{1}{3}$ kg이 남는다고 생각하기 쉽지만 실제로 남는 지점토는 $\frac{2}{5}$ kg의 $\frac{1}{3}$이므로 $\frac{2}{15}$ kg임을 알 수 있도록 지도합니다.

주의

$3\frac{1}{3}\div\frac{2}{5}=8\frac{1}{3}$에서 $8\frac{1}{3}$은 $\frac{2}{5}$씩 나눈 양을 나타냅니다.

문제에서는 남는 지점토의 무게를 구하는 것이므로 남은 양을 이용하여 무게를 구해야 해요.

5 19쪽 6번의 변형 심화 유형
접근 ≫ 전체 일의 양을 1로 생각합니다.

전체 일의 양을 1로 생각하면 두 사람이 각각 하루 동안 할 수 있는 일의 양은

의란: $\frac{6}{13}\div12=\frac{\overset{1}{\cancel{6}}}{13}\times\frac{1}{\underset{2}{\cancel{12}}}=\frac{1}{26}$, 길호: $\frac{15}{26}\div10=\frac{\overset{3}{\cancel{15}}}{26}\times\frac{1}{\underset{2}{\cancel{10}}}=\frac{3}{52}$입니다.

의란이가 8일 동안 한 일의 양은 전체의 $\frac{1}{\underset{13}{\cancel{26}}}\times\overset{4}{\cancel{8}}=\frac{4}{13}$이므로

길호가 해야 할 일의 양은 전체의 $1-\frac{4}{13}=\frac{9}{13}$입니다.

따라서 길호는 $\frac{9}{13}\div\frac{3}{52}=\frac{\overset{3}{\cancel{9}}}{\underset{1}{\cancel{13}}}\times\frac{\overset{4}{\cancel{52}}}{\underset{1}{\cancel{3}}}=12$(일) 동안 일해야 합니다.

해결 전략

의란이가 8일 동안 한 일의 양을 구하여 길호가 앞으로 해야 할 일의 양을 구해요.

보충 개념

(일해야 할 날수)
=(해야 할 일의 양)
÷(하루 동안 할 수 있는 일의 양)

6 접근 ≫ 그림으로 그려 봅니다.

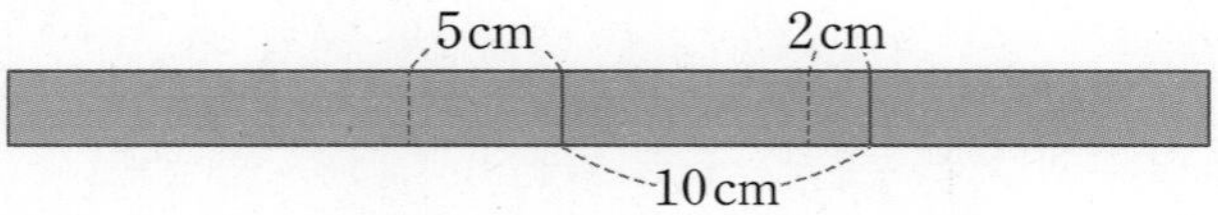

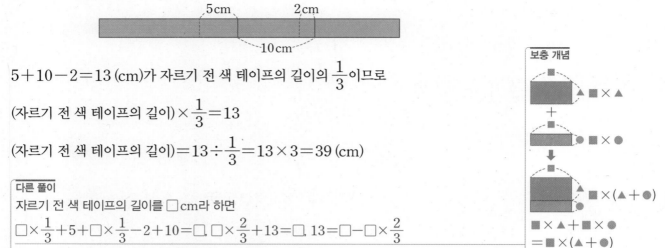

$5+10-2=13$ (cm)가 자르기 전 색 테이프의 길이의 $\frac{1}{3}$이므로

(자르기 전 색 테이프의 길이) $\times \frac{1}{3}=13$

(자르기 전 색 테이프의 길이) $=13 \div \frac{1}{3}=13 \times 3=39$ (cm)

다른 풀이
자르기 전 색 테이프의 길이를 □cm라 하면
$□ \times \frac{1}{3}+5+□ \times \frac{1}{3}-2+10=□$, $□ \times \frac{2}{3}+13=□$, $13=□-□ \times \frac{2}{3}$
$□-□ \times \frac{2}{3}=□ \times 1-□ \times \frac{2}{3}=□ \times (1-\frac{2}{3})=□ \times \frac{1}{3}$이므로
$□ \times \frac{1}{3}=13$, $□=13 \div \frac{1}{3}=13 \times 3=39$

보충 개념

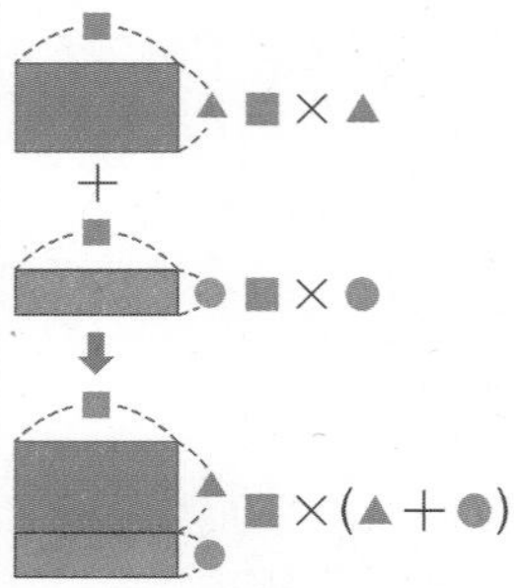

■×▲+■×●
=■×(▲+●)
마찬가지로
■×▲−■×●
=■×(▲−●)

7
15쪽 2번의 변형 심화 유형

접근 ≫ 처음 삼각형의 밑변의 길이와 높이의 곱을 구해 봅니다.

처음 삼각형의 밑변의 길이를 □cm, 높이를 △cm라 하면

$□ \times \frac{4}{5} \times △ \times \frac{5}{7} \div 2=2\frac{2}{5}$, $□ \times \frac{\overset{2}{\cancel{4}}}{\underset{1}{\cancel{5}}} \times △ \times \frac{\overset{1}{\cancel{5}}}{7} \times \frac{1}{\underset{1}{\cancel{2}}}=2\frac{2}{5}$,

$□ \times △ \times \frac{2}{7}=2\frac{2}{5}$, $□ \times △=2\frac{2}{5} \div \frac{2}{7}=\frac{\overset{6}{\cancel{12}}}{5} \times \frac{7}{\underset{1}{\cancel{2}}}=\frac{42}{5}$

(처음 삼각형의 넓이) $=□ \times △ \div 2=\frac{42}{5} \div 2=\frac{\overset{21}{\cancel{42}}}{5} \times \frac{1}{\underset{1}{\cancel{2}}}=\frac{21}{5}=4\frac{1}{5}$ (cm^2)

보충 개념
처음 삼각형의 밑변의 길이와 높이를 구하지 않아도 (밑변의 길이)×(높이)를 이용하면 넓이를 구할 수 있습니다.

8 접근 ≫ 기차가 $8\frac{1}{3}$초 동안 달린 거리를 알아봅니다.

기차의 앞부분이 터널에 들어가서 기차의 끝부분까지 나와야 터널을 완전히 통과한 것입니다.

기차가 $8\frac{1}{3}$초 동안에 달린 거리는 $25\frac{5}{9}+474\frac{4}{9}=500$ (m)이므로

(기차가 1초 동안 달린 거리) $=500 \div 8\frac{1}{3}=500 \div \frac{25}{3}=\overset{20}{\cancel{500}} \times \frac{3}{\underset{1}{\cancel{25}}}=60$ (m)

1분은 60초이므로 10분 동안 $60 \times 60 \times 10=36000$ (m)
➡ 36 km를 달릴 수 있습니다.

해결 전략
기차의 앞부분이 터널에 들어가서 끝부분이 나올 때까지 걸린 시간이 $8\frac{1}{3}$초예요.

보충 개념
기차가 터널을 완전히 통과하려면 (터널의 길이)+(기차의 길이)만큼 달려야 해요.

9 14쪽 1번의 변형 심화 유형

접근 ≫ 남학생 수를 먼저 알아봅니다.

동민이네 학교 남학생을 □명이라 하면 $\square-\square\times\frac{7}{9}=18$입니다.

$\square-\square\times\frac{7}{9}=\square\times1-\square\times\frac{7}{9}=\square\times(1-\frac{7}{9})=\square\times\frac{2}{9}$이므로

$\square\times\frac{2}{9}=18$, $\square=18\div\frac{2}{9}=\overset{9}{\cancel{18}}\times\frac{9}{\underset{1}{\cancel{2}}}=81$

따라서 동민이네 학교 학생은 $81+(81-18)=81+63=144$(명)입니다.

보충 개념
■×▲−■×●
=■×(▲−●)

10 **접근 ≫ 규칙을 찾아봅니다.**

$1\div\frac{1}{2}=1\times2=2$, $1\div\frac{1}{2}\div\frac{2}{3}=1\times\overset{1}{\cancel{2}}\times\frac{3}{\underset{1}{\cancel{2}}}=3$,

$1\div\frac{1}{2}\div\frac{2}{3}\div\frac{3}{4}=1\times\overset{1}{\cancel{2}}\times\frac{\overset{1}{\cancel{3}}}{\underset{1}{\cancel{2}}}\times\frac{4}{\underset{1}{\cancel{3}}}=4$……

주어진 식의 계산 결과는 가장 마지막에 나누는 수의 분모와 같습니다.

$1\div\frac{1}{2}\div\frac{2}{3}\div\frac{3}{4}\div\frac{3}{5}\div\cdots\cdots\div\frac{㉡}{㉠}=10$이므로 ㉠$=10$, ㉡$=10-1=9$입니다.

따라서 주어진 식을 만족하는 $\frac{㉡}{㉠}$의 값은 $\frac{9}{10}$입니다.

해결 전략
앞에서부터 차례로 두 수, 세 수……의 나눗셈을 모두 곱셈으로 고쳐 계산한 후, 계산 결과를 비교하여 규칙을 찾아 봐요.

11 18쪽 5번의 변형 심화 유형

접근 ≫ 과학 점수를 □점이라 하고 수학과 과학 점수를 □를 사용하여 나타내 봅니다.

과학 점수를 □점이라 하면 (수학 점수)$=\square\times1\frac{1}{6}$,

(사회 점수)$=$(수학 점수)$\times1\frac{1}{7}=(\square\times1\frac{1}{6})\times1\frac{1}{7}$

$=\square\times\frac{\overset{1}{\cancel{7}}}{\underset{3}{\cancel{6}}}\times\frac{\overset{4}{\cancel{8}}}{\underset{1}{\cancel{7}}}=\square\times\frac{4}{3}=\square\times1\frac{1}{3}$이므로

(세 과목의 점수의 합)$=\square+\square\times1\frac{1}{6}+\square\times1\frac{1}{3}=\square\times1+\square\times1\frac{1}{6}+\square\times1\frac{1}{3}$

$=\square\times(1+1\frac{1}{6}+1\frac{1}{3})=\square\times3\frac{1}{2}$

보충 개념
●×■+●×▲+●×★
=●×(■+▲+★)

(세 과목의 평균)$=$(세 과목의 점수의 합)$\div3$이므로

$\square\times3\frac{1}{2}\div3=84$, $\square\times3\frac{1}{2}=252$,

$\square=252\div3\frac{1}{2}=252\div\frac{7}{2}=\overset{36}{\cancel{252}}\times\frac{2}{\underset{1}{\cancel{7}}}=72$

따라서 과학 점수는 72점입니다.

12 접근 ≫ 기계 3대를 더 들여왔으므로 기계 8대로 페인트 70 t을 만들어야 합니다.

기계 1대로 1시간 동안 만들 수 있는 페인트는

$43\frac{3}{4}\div5\div1\frac{1}{2}=\frac{175}{4}\div5\div\frac{3}{2}=\frac{\overset{35}{\cancel{175}}}{\underset{2}{\cancel{4}}}\times\frac{1}{\underset{1}{\cancel{5}}}\times\frac{\overset{1}{\cancel{2}}}{3}=\frac{35}{6}=5\frac{5}{6}$ (t)입니다.

똑같은 기계를 3대 더 들여왔으므로 기계 8대로 1시간 동안 만들 수 있는 페인트는

$5\frac{5}{6}\times8=\frac{35}{\underset{3}{\cancel{6}}}\times\overset{4}{\cancel{8}}=\frac{140}{3}=46\frac{2}{3}$ (t)입니다.

따라서 기계 8대로 페인트 70 t을 만들려면

$70\div46\frac{2}{3}=70\div\frac{140}{3}=\overset{1}{\cancel{70}}\times\frac{3}{\underset{2}{\cancel{140}}}=\frac{3}{2}=1\frac{1}{2}$(시간)이 걸립니다.

해결 전략

기계 1대로 $1\frac{1}{2}$시간 동안 만들 수 있는 페인트 양

➡ $(43\frac{3}{4}\div5)$ t

기계 1대로 1시간 동안 만들 수 있는 페인트 양

➡ $(43\frac{3}{4}\div5\div1\frac{1}{2})$ t

13 접근 ≫ 하루는 24시간임을 이용합니다.

낮의 길이를 □시간이라 하면 밤의 길이는 $□\times\frac{19}{29}$입니다.

$□+□\times\frac{19}{29}=24$, $□\times(1+\frac{19}{29})=24$, $□\times1\frac{19}{29}=24$,

$□=24\div1\frac{19}{29}=24\div\frac{48}{29}=\overset{1}{\cancel{24}}\times\frac{29}{\underset{2}{\cancel{48}}}=\frac{29}{2}=14\frac{1}{2}$이므로

밤의 길이는 $24-14\frac{1}{2}=9\frac{1}{2}$(시간) ➡ 9시간 30분입니다.

다른 풀이

밤의 길이를 □시간이라 하면 하루는 24시간이므로 낮의 길이는 (24−□)시간입니다.

밤의 길이는 낮의 길이의 $\frac{19}{29}$이므로 $□=(24-□)\times\frac{19}{29}$입니다.

$□\div\frac{19}{29}=24-□$, $□\times\frac{29}{19}=24-□$, $□\times1\frac{10}{19}+□=24$, $□\times(1\frac{10}{19}+1)=24$,

$□\times2\frac{10}{19}=24$, $□=24\div2\frac{10}{19}=24\div\frac{48}{19}=\overset{1}{\cancel{24}}\times\frac{19}{\underset{2}{\cancel{48}}}=\frac{19}{2}=9\frac{1}{2}$(시간) ➡ 9시간 30분

해결 전략

(낮의 길이)
+(밤의 길이)=24

보충 개념

●+●×▲

=●×1+●×▲ (●×1: ●의 1배, ●×▲: ●의 ▲배)

=●×(1+▲) (●의 (1+▲)배)

➡ ●+●×$\frac{▲}{■}$

=●×$(1+\frac{▲}{■})$

=●×$1\frac{▲}{■}$

14 21쪽 8번의 변형 심화 유형
접근 ≫ 나눗셈을 세우고, 나눗셈을 곱셈으로 바꾸어 생각합니다.

구하는 분수를 $\frac{▲}{■}$라 하면 $\frac{▲}{■}\div\frac{7}{12}=\frac{▲}{■}\times\frac{12}{7}$와 $\frac{▲}{■}\div\frac{5}{6}=\frac{▲}{■}\times\frac{6}{5}$의 계산 결과가 모두 자연수가 되어야 하고 $\frac{▲}{■}$가 가장 작은 분수이어야 하므로 ▲는 7과 5의 최소공배수가, ■는 12와 6의 최대공약수가 되어야 합니다.

따라서 ▲=35, ■=6이므로 $\frac{▲}{■}=\frac{35}{6}=5\frac{5}{6}$입니다.

해결 전략

구하려는 분수를 $\frac{▲}{■}$라 놓고 ■와 ▲가 될 수 있는 수의 조건을 알아봐요.

지도 가이드
계산 결과가 자연수가 되려면 ▲는 7과 5의 공배수, ■는 12와 6의 공약수이면 됩니다.
그런데 $\frac{▲}{■}$가 가장 작은 분수이어야 하므로 구하는 분수의 분모는 가장 큰 수인 최대공약수가 되어야 하고, 분자는 가장 작은 수인 최소공배수가 되어야 합니다.

15 접근 ≫ 물병 전체를 채우는 물의 무게를 알아봅니다.

마신 물의 양은 물병 전체 들이의 $\frac{5}{8}\times\frac{3}{4}=\frac{15}{32}$이고 마신 물의 무게는
650－470＝180 (g)이므로 물병 전체를 채우는 물의 무게를 □g이라 하면
$\square\times\frac{15}{32}=180$, $\square=180\div\frac{15}{32}=\overset{12}{\cancel{180}}\times\frac{32}{\underset{1}{\cancel{15}}}=384$
(넣은 물의 무게)＝(물병 전체를 채우는 물의 무게)×(전체에 대한 넣은 물의 비율)
이므로 (물병에 전체 들이의 $\frac{5}{8}$만큼 넣은 물의 무게)＝$\overset{48}{\cancel{384}}\times\frac{5}{\underset{1}{\cancel{8}}}=240$ (g)입니다.
물병에 전체 들이의 $\frac{5}{8}$만큼 물을 넣고 잰 무게가 650 g이므로
(빈 물병의 무게)＝650－240＝410 (g)입니다.

해결 전략
① 마신 물의 양이 전체의 얼마인지 구해요.
② 마신 물의 무게를 이용하여 물병 전체를 채우는 물의 무게를 구해요.
③ 넣은 물의 무게를 이용하여 빈 물병의 무게를 구해요.

보충 개념
(빈 물병의 무게)
＝(물병에 $\frac{5}{8}$만큼 물을 넣고 잰 무게)
－($\frac{5}{8}$만큼 넣은 물의 무게)

HIGH LEVEL 28~30쪽

1 12명	**2** $\frac{64}{81}$, $\frac{3}{4}$, $\frac{16}{27}$	**3** 20개	**4** $\frac{2}{15}$	**5** 4410명
6 60	**7** 5개	**8** 12개	**9** 18 L	

1
19쪽 6번의 변형 심화 문제
접근 ≫ 남은 일은 전체의 몇 분의 몇인지 알아봅니다.

한 명이 1시간 동안 한 일의 양은 전체의 $\frac{4}{9}\div3\div4=\frac{\overset{1}{\cancel{4}}}{9}\times\frac{1}{3}\times\frac{1}{\underset{1}{\cancel{4}}}=\frac{1}{27}$입니다.
남은 일은 전체의 $1-\frac{4}{9}=\frac{5}{9}$이고 한 명이 전체 일의 $\frac{5}{9}$를 하는 데 걸리는 시간은
$\frac{5}{9}\div\frac{1}{27}=\frac{5}{\underset{1}{\cancel{9}}}\times\overset{3}{\cancel{27}}=15$(시간)입니다.
1시간 15분은 $1\frac{15}{60}$시간＝$1\frac{1}{4}$시간이므로 남은 일을 1시간 15분 동안 끝내려면 사람의 수를 $15\div1\frac{1}{4}=15\div\frac{5}{4}=\overset{3}{\cancel{15}}\times\frac{4}{\underset{1}{\cancel{5}}}=12$(명)으로 늘려야 합니다.

보충 개념
1명이 15시간 동안 해야 끝낼 수 있으므로 2명이 하면 (15÷2)시간, □명이 하면 (15÷□)시간 동안 하면 끝낼 수 있어요.
$15\div\square=1\frac{1}{4}$,
$\square=15\div1\frac{1}{4}$

2 접근 ≫ 주어진 줄의 길이를 이용하여 길이를 구할 수 있는 음계를 찾아봅니다.

'미'는 '시'보다 5도 낮은 음이므로 (미의 길이)$\times\frac{2}{3}$=(시의 길이)

➡ (미의 길이)=(시의 길이)$\div\frac{2}{3}=\frac{128}{243}\div\frac{2}{3}=\frac{\overset{64}{\cancel{128}}}{\underset{81}{\cancel{243}}}\times\frac{\overset{1}{\cancel{3}}}{\underset{1}{\cancel{2}}}=\frac{64}{81}$ (m)

'파'는 '높은 도'보다 5도 낮은 음이므로 (파의 길이)$\times\frac{2}{3}$=(높은 도의 길이)

➡ (파의 길이)=(높은 도의 길이)$\div\frac{2}{3}=\frac{1}{2}\div\frac{2}{3}=\frac{1}{2}\times\frac{3}{2}=\frac{3}{4}$ (m)

'라'는 '레'보다 5도 높은 음이므로

(라의 길이)=(레의 길이)$\times\frac{2}{3}=\frac{8}{9}\times\frac{2}{3}=\frac{16}{27}$ (m)입니다.

보충 개념

낮은 도 　 높은 도

도 레 미 파 솔 라 시 도

1 2 3 4 5 6 7 8

8도 높은 음

미 파 솔 라 시

1 2 3 4 5

5도 높은 음

3 접근 ≫ 전체 구슬의 수를 □개라 하여 흰 구슬과 검은 구슬의 수를 나타내 봅니다.

전체 구슬의 수를 □개라 하면

흰 구슬의 수는 $(\square\times\frac{2}{5}+5)$개, 검은 구슬의 수는 $(\square\times\frac{1}{2}-3)$개입니다.

➡ $\square\times\frac{2}{5}+5+\square\times\frac{1}{2}-3=\square$, $\square\times\frac{4}{10}+\square\times\frac{5}{10}+2=\square$,

$\square\times\frac{9}{10}+2=\square$, $2=\square-\square\times\frac{9}{10}$, $\square\times1-\square\times\frac{9}{10}=2$,

$\square\times(1-\frac{9}{10})=2$, $\square\times\frac{1}{10}=2$, $\square=2\div\frac{1}{10}=2\times10=20$

따라서 주머니에 들어 있는 구슬은 모두 20개입니다.

보충 개념

$\square\times\frac{4}{10}+\square\times\frac{5}{10}$

$=\square\times(\frac{4}{10}+\frac{5}{10})$

$=\square\times\frac{9}{10}$

21쪽 8번의 변형 심화 유형

4 접근 ≫ 구하는 분수를 $\frac{\blacktriangle}{\blacksquare}$라 하여 나눗셈식을 만들어 봅니다.

구하는 분수를 $\frac{\blacktriangle}{\blacksquare}$라 하면

$\frac{2}{5}\div\frac{\blacktriangle}{\blacksquare}=\frac{2}{5}\times\frac{\blacksquare}{\blacktriangle}$, $1\frac{1}{3}\div\frac{\blacktriangle}{\blacksquare}=\frac{4}{3}\div\frac{\blacktriangle}{\blacksquare}=\frac{4}{3}\times\frac{\blacksquare}{\blacktriangle}$, $\frac{8}{15}\div\frac{\blacktriangle}{\blacksquare}=\frac{8}{15}\times\frac{\blacksquare}{\blacktriangle}$의

계산 결과가 모두 자연수가 되어야 합니다. 될 수 있는 대로 큰 분수로 나누어 몫이 모두 자연수가 되게 하려면 $\frac{\blacktriangle}{\blacksquare}$가 가장 큰 분수이어야 하므로 $\frac{\blacksquare}{\blacktriangle}$는 가장 작은 분수가 되어야 합니다.

$\frac{2}{5}\times\frac{\blacksquare}{\blacktriangle}$, $\frac{4}{3}\times\frac{\blacksquare}{\blacktriangle}$, $\frac{8}{15}\times\frac{\blacksquare}{\blacktriangle}$가 모두 자연수가 되게 하려면

■는 5, 3, 15의 최소공배수인 15, ▲는 2, 4, 8의 최대공약수인 2이어야 합니다.

따라서 구하는 분수 $\frac{\blacktriangle}{\blacksquare}$는 $\frac{2}{15}$입니다.

보충 개념

- 세 수의 최대공약수는 세 수의 공통된 약수로 나눠요.

  2) 2 4 8
  　　1 2 4

  ↑ 최대공약수

- 세 수의 최소공배수는 세 수 중 어떤 두 수도 공통으로 나누어지지 않을 때까지 나눠요.

  5) 5 3 15
  3) 1 3 3
  　　1 1 1

  ➡ (최소공배수)$=5\times3=15$

서술형 **5** 14쪽 1번의 변형 심화 유형

접근 ≫ 남은 사람은 전체의 몇 분의 몇인지 알아봅니다.

예 버스와 지하철을 타고 간 사람은 전체의 $\frac{2}{9}+\frac{1}{3}=\frac{5}{9}$, 걸어간 사람은 전체의 $(1-\frac{5}{9})\times\frac{9}{10}=\frac{2}{5}$, 야구장을 떠난 사람은 전체의 $\frac{5}{9}+\frac{2}{5}=\frac{43}{45}$입니다.

아직 야구장에 남은 196명이 전체의 $1-\frac{43}{45}=\frac{2}{45}$이므로

(야구 경기를 보러 온 사람 수)$=196\div\frac{2}{45}=\overset{98}{\cancel{196}}\times\frac{45}{\underset{1}{\cancel{2}}}=4410$(명)입니다.

채점 기준	배점
야구장을 떠난 사람은 전체의 몇 분의 몇인지 구했나요?	3점
야구를 보러 온 사람은 모두 몇 명인지 구했나요?	2점

주의

전체의 $\frac{▲}{■}$가 ●이면

전체는 $●\div\frac{▲}{■}$예요.

21쪽 8번의 변형 심화 유형

6 접근 ≫ $\frac{1}{■}\div\frac{1}{●}=\frac{1}{■}\times●=\frac{●}{■}$

$\frac{1}{2}\div\frac{1}{●}=\frac{1}{2}\times●=\frac{●}{2}$, $\frac{1}{3}\div\frac{1}{●}=\frac{1}{3}\times●=\frac{●}{3}$, $\frac{1}{4}\div\frac{1}{●}=\frac{1}{4}\times●=\frac{●}{4}$ ……이므로 단위분수 $\frac{1}{2}$, $\frac{1}{3}$, $\frac{1}{4}$, $\frac{1}{5}$, $\frac{1}{6}$을 $\frac{1}{●}$로 나누면 계산 결과는 $\frac{●}{2}$, $\frac{●}{3}$, $\frac{●}{4}$, $\frac{●}{5}$, $\frac{●}{6}$가 됩니다.

계산 결과가 모두 자연수이므로 $\frac{●}{2}$, $\frac{●}{3}$, $\frac{●}{4}$, $\frac{●}{5}$, $\frac{●}{6}$가 모두 자연수가 되게 하는 ●의 값이 될 수 있는 수는 2, 3, 4, 5, 6의 공배수이고, 그중에서 가장 작은 수는 2, 3, 4, 5, 6의 최소공배수인 60입니다.

해결 전략

$\frac{●}{■}$가 자연수이면 ●는 ■의 배수, ■는 ●의 약수예요.

보충 개념

2, 3, 4, 5, 6의 최소공배수

```
2) 2 3 4 5 6
3) 1 3 2 5 3
   1 1 2 5 1
```

➡ $2\times3\times1\times1\times2\times5\times1=60$

7 접근 ≫ 먼저 주머니에 들어 있는 구슬의 수를 구합니다.

주머니에 들어 있는 구슬의 수를 □개라 하면

전체의 $\frac{1}{5}$, $\frac{1}{3}$, $\frac{7}{15}$씩 나누어 가질 때 성종이는 시원이보다

전체의 $\frac{7}{15}-\frac{1}{5}=\frac{7}{15}-\frac{3}{15}=\frac{4}{15}$만큼 더 많이 가지게 됩니다.

$□\times\frac{4}{15}=16$이므로 $□=16\div\frac{4}{15}=16\times\frac{15}{4}=60$입니다.

구슬 60개를 전체의 $\frac{1}{4}$, $\frac{1}{3}$, $\frac{5}{12}$씩 나누어 가지면 경인이는 시원이보다

전체의 $\frac{1}{3}-\frac{1}{4}=\frac{4}{12}-\frac{3}{12}=\frac{1}{12}$만큼 더 많이 가지게 되므로 $60\times\frac{1}{12}=5$(개) 더 많이 가지게 됩니다.

해결 전략

주머니에 들어 있는 구슬 수의 $\frac{7}{15}-\frac{1}{5}=\frac{4}{15}$가 16개예요.

16쪽 3번의 변형 심화 유형

8

접근 ≫ $\frac{▲}{■}\div\frac{★}{●}>1$ ➡ $\frac{▲}{■}>\frac{★}{●}$

① 수 카드 3과 4, 5와 7로 만들 수 있는 두 분수는

$\frac{4}{3}$와 $\frac{7}{5}$, $\frac{4}{3}$와 $\frac{5}{7}$, $\frac{3}{4}$과 $\frac{7}{5}$, $\frac{3}{4}$과 $\frac{5}{7}$입니다.

$\frac{4}{3}<\frac{7}{5}$, $\frac{4}{3}>\frac{5}{7}$, $\frac{3}{4}<\frac{7}{5}$, $\frac{3}{4}>\frac{5}{7}$이므로 계산 결과가 1보다 큰 식은

$\frac{7}{5}\div\frac{4}{3}$, $\frac{4}{3}\div\frac{5}{7}$, $\frac{7}{5}\div\frac{3}{4}$, $\frac{3}{4}\div\frac{5}{7}$로 모두 4개입니다.

② 수 카드 3과 5, 4와 7로 만들 수 있는 두 분수의 크기를 비교하면 ①과 마찬가지로 4가지 경우가 생기므로 계산 결과가 1보다 큰 식은 4개입니다.

③ 수 카드 3과 7, 4와 5로 만들 수 있는 계산 결과가 1보다 큰 식도 마찬가지로 4개입니다.

따라서 계산 결과가 1보다 큰 식은 모두 $4\times3=12$(개)입니다.

해결 전략

나눗셈식의 계산 결과가 1보다 크려면 나누어지는 수가 나누는 수보다 커야 해요.

보충 개념

- $\frac{4}{3}=\frac{20}{15}$, $\frac{7}{5}=\frac{21}{15}$이므로 $\frac{4}{3}<\frac{7}{5}$
- (가분수)>(진분수)이므로 $\frac{4}{3}>\frac{5}{7}$, $\frac{3}{4}<\frac{7}{5}$
- $\frac{3}{4}=\frac{21}{28}$, $\frac{5}{7}=\frac{20}{28}$이므로 $\frac{3}{4}>\frac{5}{7}$

9

접근 ≫ 덜어낸 물의 양이 같음을 이용하여 식을 세웁니다.

㉮ 물통에서 덜어낸 물의 양은 ㉮ 물통 들이의 $\frac{3}{4}-\frac{1}{2}=\frac{3}{4}-\frac{2}{4}=\frac{1}{4}$입니다.

㉯ 물통에서 덜어낸 물의 양은 ㉯ 물통 들이의 $\frac{2}{3}-\frac{1}{6}=\frac{4}{6}-\frac{1}{6}=\frac{3}{6}=\frac{1}{2}$입니다.

두 물통에서 같은 양의 물을 덜어내었으므로

(㉮ 물통의 들이)$\times\frac{1}{4}$=(㉯ 물통의 들이)$\times\frac{1}{2}$입니다.

따라서 (㉮ 물통의 들이)=(㉯ 물통의 들이)$\times\frac{1}{2}\div\frac{1}{4}$

=(㉯ 물통의 들이)$\times\frac{1}{\cancel{2}_1}\times\cancel{4}^2$

=(㉯ 물통의 들이)$\times2$

㉯ 물통의 들이를 □L라 하면 ㉮ 물통의 들이는 (□$\times2$)L입니다.

(㉮ 물통의 들이)$\times\frac{3}{4}$+(㉯ 물통의 들이)$\times\frac{2}{3}=39$이므로

$□\times\cancel{2}^1\times\frac{3}{\cancel{4}_2}+□\times\frac{2}{3}=39$, $□\times\frac{3}{2}+□\times\frac{2}{3}=39$, $□\times\frac{13}{6}=39$,

$□=39\div\frac{13}{6}=\cancel{39}^3\times\frac{6}{\cancel{13}_1}=18$입니다.

보충 개념

$□\times\frac{3}{2}+□\times\frac{2}{3}=39$

$□\times(\frac{3}{2}+\frac{2}{3})=39$

$□\times(\frac{9}{6}+\frac{4}{6})=39$

$□\times\frac{13}{6}=39$

2 소수의 나눗셈

BASIC TEST

1 (소수)÷(소수) 35쪽

1 231　　**2** ㉢, ㉠, ㉡, ㉣

3

```
       2.7   또는          2.7
1.4)3.7 8          1.4)3.7 8
     2 8                2 8 0
       9 8                9 8 0
       9 8                9 8 0
         0                    0
```

4 4.4 cm　　**5** 2.7배

6 $42.9 \div 0.3 = 143$

1 $6.93 \div 0.03 = 231$　$693 \div 3 = 231$ (100배, 100배)

2 ㉠ 12 ㉡ 6 ㉢ 17 ㉣ 2
따라서 계산 결과가 큰 것부터 기호를 쓰면 ㉢, ㉠, ㉡, ㉣입니다.

3 나누는 수와 나누어지는 수의 소수점을 각각 오른쪽으로 한 자리씩 또는 두 자리씩 옮겨서 계산하며 몫의 소수점은 옮긴 위치에 찍어야 합니다.

```
       2.7   또는           2.7
1.4)3.7 8          1.40)3.7 8
     2 8                 2 8 0
       9 8                 9 8 0
       9 8                 9 8 0
         0                     0
```

4 (높이)=(평행사변형의 넓이)÷(밑변)
$= 37.18 \div 8.45$
$= 3718 \div 845 = 4.4$ (cm)

5 $22.14 \div 8.2 = 221.4 \div 82 = 2.7$(배)

6 나눗셈에서 나누는 수와 나누어지는 수에 같은 수를 곱하면 몫은 변하지 않습니다. 429와 3을 각각 $\frac{1}{10}$배 하면 42.9와 0.3이 되므로 조건을 만족하는 나눗셈식은 $42.9 \div 0.3 = 143$입니다.

2 (자연수)÷(소수), 몫을 반올림하여 나타내기 37쪽

1 (1) 3, 30, 300 (2) 24, 240, 2400
2 ④　**3** 6　**4** (1) > (2) <
5 102배　**6** 87.9 km

1 (1) 나누어지는 수가 같을 때, 나누는 수가 $\frac{1}{10}$배, $\frac{1}{100}$배가 되면 몫은 10배, 100배가 됩니다.
(2) 나누는 수가 같을 때, 나누어지는 수가 10배, 100배가 되면 몫도 10배, 100배가 됩니다.

2 ① 7.9 ② 7.9 ③ 7.9 ④ 0.79 ⑤ 7.9

다른 풀이
나누는 수가 68이 되도록 소수점을 옮겨 보면 ①, ②, ③, ⑤는 $537.2 \div 68$이고, ④는 $53.72 \div 68$이 되므로 계산 결과가 다른 하나는 ④입니다.

3 $4 \div 15 = 0.2666$……으로 소수 둘째 자리부터 숫자 6이 반복됩니다.
따라서 몫의 소수 10째 자리 숫자는 6입니다.

4 (1) $53 \div 7 = 7.5$……
몫의 소수 첫째 자리 숫자가 5이므로 올림합니다.
따라서 $53 \div 7$의 몫을 반올림하여 자연수로 나타낸 수는 $53 \div 7$보다 큽니다.
(2) $6.5 \div 9 = 0.72$……
몫의 소수 둘째 자리 숫자가 2이므로 버림합니다.
따라서 $6.5 \div 9$의 몫을 반올림하여 소수 첫째 자리까지 나타낸 수는 $6.5 \div 9$보다 작습니다.

보충 개념
- '몫을 반올림하여 ~ 자리까지 나타내는 것'은 나타내려는 자리보다 한 자리 아래 자리에서 반올림합니다.
- '몫을 ~ 자리에서 반올림하는 것'은 ~ 자리에서 반올림합니다.

5 $275 \div 2.7 = 101.8$…… ➡ 102이므로 배구공의 무게는 탁구공의 무게의 102배입니다.

6 1시간 12분 ➡ $1\frac{12}{60}$시간$=1\frac{1}{5}$시간$=1.2$시간
$105.5 \div 1.2 = 87.91$…… ➡ 87.9이므로 자동차는 한 시간에 87.9 km를 달린 셈입니다.

3 나누어 주고 남는 양 알아보기 39쪽

1 (위에서부터) 5, 1.5 / 5, 1.5

2 대호 / ⓔ 사람 수는 소수가 아닌 자연수이므로 몫을 자연수까지만 구해야 합니다.

3 8개, 1.8 m **4** 14명 **5** 8통

1 봉지 수는 소수가 아닌 자연수이므로 나눗셈을 계산할 때 몫을 자연수까지만 구해야 합니다.

2 9.4(전체 물의 양)−8(나누어 주는 물의 양)=1.4이므로 나누어 주고 남는 물의 양은 1.4 L입니다.
따라서 잘못 계산한 사람은 대호입니다.

3

```
      8     ← 묶을 수 있는 선물 상자 수
2)1 7.8
  1 6
    1.8     ← 남는 리본의 길이
```

➡ 선물 상자는 8개를 묶을 수 있고 남는 리본은 1.8 m입니다.

다른 풀이
17.8에서 2씩 빼면
17.8−2−2−2−2−2−2−2−2=1.8입니다.
17.8에서 2를 8번 뺄 수 있고 1.8이 남으므로 선물 상자는 8개를 묶을 수 있고 남는 리본은 1.8 m입니다.

주의
소수의 나눗셈에서 만들 수 있는 개수, 나누어 줄 수 있는 사람 수 등을 구할 때에는 몫을 자연수까지만 구합니다.

4 900 kg까지 실을 수 있는 엘리베이터에 몸무게가 60.3 kg인 사람이 타면
900÷60.3=14.9……이므로
최대 14명까지 탈 수 있습니다.

주의
최대 사람 수를 구하는 것이므로 몫의 일의 자리 미만을 버립니다.

5 (페인트 한 통으로 칠할 수 있는 벽의 넓이)
=8.5×5.6=47.6 (m^2)
358.2÷47.6=7.5……이므로
페인트는 최소 7+1=8(통) 필요합니다.

주의
최소 필요한 양을 구하는 것이므로 몫의 일의 자리 미만을 올립니다.

MATH TOPIC 40~48쪽

1-1 1.5	**1-2** 4배	**1-3** 12
2-1 4.36 cm	**2-2** 1.28 cm	**2-3** 7.2 cm
3-1 9, 8, 1, 4, 7 / 1.5		**3-2** 0.24
3-3 36.25		
4-1 9	**4-2** 6	**4-3** 1
5-1 120000원	**5-2** ㉮ 가게	**5-3** 30240원
6-1 50분 후	**6-2** 1시간 35분	**6-3** 36 cm
7-1 9.6 kg	**7-2** 4.5 kg	**7-3** 5봉지, 0.5 kg
8-1 3	**8-2** 5개	**8-3** 6
심화 9 400 / 1 / 1, 399, 399, 798 / 798		
9-1 106개		

1-1 어떤 수를 □라 하면
□×1.8=4.86
□=4.86÷1.8=2.7
따라서 바르게 계산한 몫은
2.7÷1.8=1.5입니다.

1-2 어떤 수를 □라 하면
□÷2.4×1.2=12
□=12÷1.2×2.4=24이므로
바르게 계산한 값은 24÷1.2×2.4=48입니다.
따라서 바르게 계산한 값은 잘못 계산한 값의
48÷12=4(배)입니다.

1-3 어떤 수를 □라 하면 바르게 계산한 식은 □×25, 잘못 계산한 식은 □×0.25입니다.
바르게 계산한 값과 잘못 계산한 값의 차는 297이므로
□×25−□×0.25=297
□×(25−0.25)=297
□×24.75=297
□=297÷24.75=12

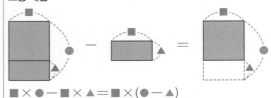

보충 개념

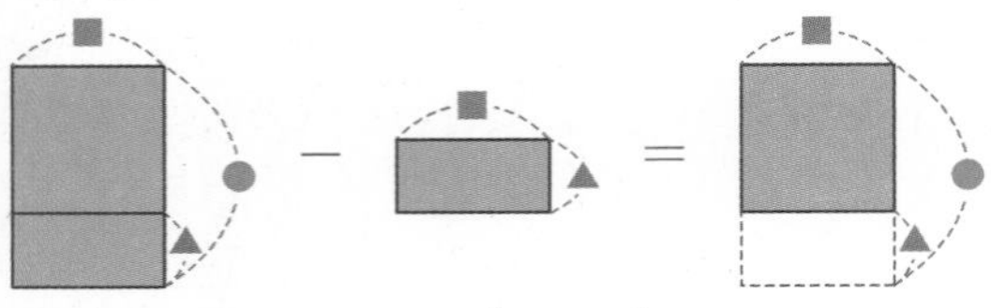

■×●−■×▲=■×(●−▲)

다른 풀이
어떤 수와 25의 곱은 어떤 수와 0.25의 곱의 100배이므로 어떤 수와 0.25의 곱을 ●라 하면 어떤 수와 25의 곱은 ●×100입니다.
●×100−●=297, ●×100−●×1=297,
●×(100−1)=297, ●×99=297,
●=297÷99=3
어떤 수와 0.25의 곱이 3이므로
어떤 수는 3÷0.25=12입니다.

2-1 (마름모의 넓이)=(한 대각선의 길이)×(다른 대각선의 길이)÷2이므로
마름모의 다른 대각선의 길이를 □cm라 하면
6.7×□÷2=14.606
□=14.606×2÷6.7=4.36

2-2 (변 ㄴㄷ의 길이)=7.84×2÷3.5=4.48 (cm)
선분 ㄹㄷ의 길이를 □cm라 하면
□×2.5+□=4.48, □×(2.5+1)=4.48,
□×3.5=4.48, □=4.48÷3.5=1.28

2-3 (하연이가 그린 직사각형의 넓이)
=5.6×4.5=25.2 (cm^2)
(수민이가 그리려는 직사각형의 가로)
=5.6−2.1=3.5 (cm)
따라서 두 사람이 그린 직사각형의 넓이가 같으려면 수민이는 세로를 25.2÷3.5=7.2 (cm)로 그려야 합니다.

3-1 나누어지는 수가 작을수록, 나누는 수가 클수록 몫이 작아집니다. 1<4<7<8<9이므로 나누어지는 수는 만들 수 있는 가장 작은 소수 한 자리 수인 14.7, 나누는 수는 만들 수 있는 가장 큰 소수 한 자리 수인 9.8이어야 합니다.
따라서 몫을 구하면

```
        1.5
9.8 ) 1 4.7
        9 8
        4 9 0
        4 9 0
            0
```

주의
수 카드 5장을 모두 사용해야 하므로 5장 중 3장으로 나누어지는 수를, 나머지 2장으로 나누는 수를 만듭니다.

3-2 2<3<4<5<7<9이므로 나누어지는 수는 2, 3, 4로 만들 수 있는 가장 작은 소수 두 자리 수인 2.34이고, 나누는 수는 나머지 수 9, 7, 5로 만들 수 있는 가장 큰 소수 두 자리 수인 9.75입니다. 따라서 나올 수 있는 몫 중에서 가장 작은 몫은 2.34÷9.75=0.24입니다.

해결 전략
나누어지는 수인 소수 두 자리 수를 가장 작게, 나누는 수인 소수 두 자리 수를 가장 크게 만듭니다.

3-3 나누어지는 수가 클수록, 나누는 수가 작을수록 몫이 커집니다. 2<4<7<8이므로 나누어지는 수는 8, 7로 만들 수 있는 가장 큰 두 자리 자연수인 87이고, 나누는 수는 나머지 수 2, 4로 만들 수 있는 가장 작은 소수 한 자리 수인 2.4입니다.
따라서 나올 수 있는 몫 중에서 가장 큰 몫은 87÷2.4=36.25입니다.

해결 전략
나누어지는 수인 두 자리 자연수를 가장 크게, 나누는 수인 소수 한 자리 수를 가장 작게 만듭니다.

4-1 25÷13.2=250÷132=1.89393……이므로 몫의 소수 첫째 자리 숫자는 8이고 소수 둘째 자리 숫자부터 9, 3이 반복됩니다. 따라서 몫의 소수 첫째 자리를 제외하고 소수점 아래 자릿수가 짝수이면 9, 홀수이면 3인 규칙이 있습니다. 60은 짝수이므로 몫의 소수 60째 자리 숫자는 9입니다.

주의
숫자 9, 3이 반복되므로 소수 60째 자리 숫자를 3이라고 생각할 수 있습니다. 소수 첫째 자리 숫자는 8이고, 숫자 9, 3이 반복되는 것은 소수 둘째 자리부터입니다.

4-2 49.7÷1.85=4970÷185=26.864864……이므로 몫의 소수점 아래 숫자에서 8, 6, 4가 반복됩니다.
110÷3=36…2이므로 몫의 소수 110째 자리 숫자는 반복되는 숫자 중 둘째 숫자인 6입니다.

보충 개념
110÷3=36…2
- 36: (8, 6, 4)가 반복되는 횟수
- 2: 반복되는 숫자 중 둘째 숫자 (8, 6, 4 중 둘째 숫자 → 6)
- 3: 반복되는 숫자(8, 6, 4)의 개수

4-3 $15.6 \div 2.2 = 156 \div 22 = 7.0909\cdots\cdots$이므로 몫의 소수점 아래 숫자에서 0, 9가 반복됩니다.
따라서 몫의 소수점 아래 자릿수가 홀수이면 0, 짝수이면 9인 규칙이 있습니다.
몫을 반올림하여 소수 11째 자리까지 나타내려면 몫을 소수 12째 자리까지 구해야 합니다. 몫의 소수 11째 자리 숫자는 0, 소수 12째 자리 숫자는 9이므로 몫을 반올림하여 소수 11째 자리까지 나타내었을 때 소수 11째 자리 숫자는 $0+1=1$입니다.

보충 개념
몫을 반올림하여 소수 ■째 자리까지 나타내려면 몫의 소수 (■+1)째 자리에서 반올림해야 합니다.
몫의 소수 (■+1)째 자리 숫자가 0, 1, 2, 3, 4이면 몫의 소수 ■째 자리 숫자는 변하지 않고 몫의 소수 (■+1)째 자리 숫자가 5, 6, 7, 8, 9이면 몫의 소수 ■째 자리 숫자는 1 커집니다.

5-1 페인트 1 L로 칠할 수 있는 벽의 넓이는
$4.2 \div 0.8 = 5.25\,(\mathrm{m}^2)$이므로
넓이가 $126\,\mathrm{m}^2$인 벽을 모두 칠하는 데 필요한 페인트의 양은 $126 \div 5.25 = 24\,(\mathrm{L})$입니다.
따라서 필요한 페인트의 값은
$5000 \times 24 = 120000$(원)입니다.

5-2 (㉮ 가게 포도음료 1 L의 가격)
$= 1440 \div 1.5 = 960$(원)
(㉯ 가게 포도음료 1 L의 가격)
$= 780 \div 0.8 = 975$(원)
따라서 같은 양일 때 ㉮ 가게 포도음료가 더 쌉니다.

5-3 (휘발유 1 L로 갈 수 있는 거리)
$= 1.5 \div 0.12 = 12.5\,(\mathrm{km})$
(270 km를 가는 데 필요한 휘발유의 양)
$= 270 \div 12.5 = 21.6\,(\mathrm{L})$
따라서 (270 km를 가는 데 필요한 휘발유의 값)
=(휘발유 21.6 L의 값)
$= 1400 \times 21.6 = 30240$(원)입니다.

6-1 $1.8\,\mathrm{mm} = 0.18\,\mathrm{cm}$
(줄어든 양초의 길이)$= 23.8 - 14.8 = 9\,(\mathrm{cm})$이므로 양초의 길이가 14.8 cm가 될 때까지 걸리는 시간은 $9 \div 0.18 = 50$(분)입니다.

6-2 30분 동안 $20 - 15.2 = 4.8\,(\mathrm{cm})$가 탔으므로
(1분 동안 타는 양초의 길이)
$= 4.8 \div 30 = 0.16\,(\mathrm{cm})$입니다.
길이가 20 cm인 양초가 다 타는 데 걸리는 시간은 $20 \div 0.16 = 125$(분)이고 불을 붙이고 30분이 지났으므로 이 양초가 다 타려면 앞으로
$125 - 30 = 95$(분) ➡ 1시간 35분 동안 더 타야 합니다.

다른 풀이
(1분 동안 타는 양초의 길이)
$= (20 - 15.2) \div 30 = 0.16\,(\mathrm{cm})$
앞으로 양초가 15.2 cm 더 타야 하므로
$15.2 \div 0.16 = 95$(분) ➡ 1시간 35분 동안 더 타야 합니다.

6-3 (18분 동안 줄어든 양초의 길이)
$= 0.8 \times 18 = 14.4\,(\mathrm{cm})$
처음 양초의 길이를 □cm라 하고 탄 양초의 길이를 나타내면
$\square \times (1 - 0.6) = 14.4$, $\square \times 0.4 = 14.4$,
$\square = 14.4 \div 0.4 = 36$입니다.

7-1
```
      1 4
12 ) 1 7 0.4
     1 2
     ----
       5 0
       4 8
     ----
        2.4
```
이므로 땅콩은 12 kg씩 14자루에 담을 수 있고 2.4 kg이 남습니다.
따라서 남김없이 자루에 모두 담아 판매하려면 땅콩은 적어도
$12 - 2.4 = 9.6\,(\mathrm{kg})$ 더 필요합니다.

7-2 쌀
```
     7
4 ) 3 0.6
    2 8
    ---
     2.6 ← 남는 양
```
보리
```
     6
5 ) 3 1.9
    3 0
    ---
     1.9 ← 남는 양
```
➡ $2.6 + 1.9 = 4.5\,(\mathrm{kg})$

7-3
```
    1 2
5 ) 6 4.5
    5
    ---
    1 4
    1 0
    ---
     4.5
```
이므로 쌀은 5 kg씩 12통에 담을 수 있고 남는 쌀은 4.5 kg입니다.
800 g=0.8 kg입니다. 따라서
```
        5
0.8 ) 4.5
      4 0
      ---
      0.5
```
이므로 800 g씩 5봉지에 담을 수 있고 남는 쌀은 0.5 kg입니다.

8-1 반올림하여 일의 자리까지 나타내면 4가 되는 수의 범위는 3.5 이상 4.5 미만이므로
㉠.53÷0.9=3.5, ㉠.53÷0.9=4.5에서
㉠.53의 범위는 3.5×0.9=3.15 이상
4.5×0.9=4.05 미만입니다.
3.15 이상 4.05 미만인 수 중에서 □.53인 수는 3.53뿐이므로 ㉠=3입니다.

8-2 반올림하여 소수 첫째 자리까지 나타내면 5.9가 되는 수의 범위는 5.85 이상 5.95 미만이므로
31.□÷5.3=5.85, 31.□÷5.3=5.95에서
31.□의 범위는 5.85×5.3=31.005 이상
5.95×5.3=31.535 미만입니다.
31.005 이상 31.535 미만인 수 중에서 31.□인 수는 31.1, 31.2, 31.3, 31.4, 31.5이므로 □ 안에 들어갈 수 있는 수는 1, 2, 3, 4, 5로 모두 5개입니다.

해결 전략
반올림하여 소수 첫째 자리까지 나타내면 ■.▲가 되는 수의 범위는 (■.▲−0.05) 이상 (■.▲+0.05) 미만입니다.

8-3 반올림하여 소수 둘째 자리까지 나타내면 0.43이 되는 수의 범위는 0.425 이상 0.435 미만이므로
43.45□÷99.9=0.425, 43.45□÷99.9=0.435에서 43.45□의 범위는 0.425×99.9=42.4575 이상 0.435×99.9=43.4565 미만입니다.
42.4575 이상 43.4565 미만인 수 중에서
43.45□인 수는 43.451, 43.452, 43.453, 43.454, 43.455, 43.456이므로 □ 안에 들어갈 수 있는 수 중에서 가장 큰 수는 6입니다.

해결 전략
반올림하여 소수 둘째 자리까지 나타내면 ●.■▲가 되는 수의 범위는 (●.■▲−0.005) 이상 (●.■▲+0.005) 미만입니다.

9-1 650 m=0.65 km이므로 도로 한쪽의 가로등 사이의 간격의 수는 33.8÷0.65=52(군데)입니다.
도로의 시작 지점부터 끝 지점까지 가로등을 세우므로 도로 한쪽에 필요한 가로등은
(간격의 수)+1=52+1=53(개)입니다.
도로의 양쪽에 가로등을 세우므로 가로등은 모두 53×2=106(개)가 필요합니다.

LEVEL UP TEST

49~53쪽

1 1.84배	**2** 6 cm	**3** 100배	**4** 오전 10시 15분	**5** 2.98배	**6** 6분 12초
7 6, 5	**8** 28 cm	**9** 1020원	**10** 90	**11** 15 ℃	**12** 2.5
13 21.47	**14** 0.88배	**15** 0.5			

서술형 **1** 44쪽 5번의 변형 심화 유형
접근 ≫ 같은 부피의 금과 은의 무게를 알아봅니다.

㉧ (금 1 cm^3의 무게)=57.9÷3=19.3 (g)
(은 1 cm^3의 무게)=99.655÷9.5=10.49 (g)
(금 1 cm^3의 무게)÷(은 1 cm^3의 무게)=19.3÷10.49=1.839…… ➡ 1.84
이므로 같은 부피에서 금의 무게는 은의 무게의 1.84배입니다.

해결 전략
금과 은의 무게를 비교하기 위해서는 금과 은의 부피를 똑같이 만들어 주어야 해요.

채점 기준	배점
금 1 cm^3와 은 1 cm^3의 무게를 각각 구했나요?	2점
같은 부피에서 금의 무게는 은의 무게의 몇 배인지 반올림하여 소수 둘째 자리까지 구했나요?	3점

2
41쪽 2번의 변형 심화 유형

접근 ≫ 먼저 삼각형의 넓이를 구해 봅니다.

(삼각형 ㄱㄴㄷ의 넓이)=(변 ㄱㄷ의 길이)$\times$(선분 ㄴㄹ의 길이)$\div$2

$=7.5\times3.6\div2=27\div2=13.5\,(cm^2)$

(변 ㄴㄷ의 길이)$=13.5\times2\div4.5=27\div4.5=6$ (cm)

다른 풀이

삼각형 ㄱㄴㄷ의 밑변을 변 ㄴㄷ이라 하면 (넓이)=(변 ㄴㄷ의 길이)$\times$(변 ㄱㄴ의 길이)$\div$2

삼각형 ㄱㄴㄷ의 밑변을 변 ㄱㄷ이라 하면 (넓이)=(변 ㄱㄷ의 길이)$\times$(선분 ㄴㄹ의 길이)$\div$2

(변 ㄴㄷ의 길이)$\times$(변 ㄱㄴ의 길이)$\div$2=(변 ㄱㄷ의 길이)$\times$(선분 ㄴㄹ의 길이)$\div$2

(변 ㄴㄷ의 길이)$\times$(변 ㄱㄴ의 길이)=(변 ㄱㄷ의 길이)$\times$(선분 ㄴㄹ의 길이)

따라서 (변 ㄴㄷ의 길이)$\times4.5=7.5\times3.6=27$, (변 ㄴㄷ의 길이)$=27\div4.5=6$ (cm)

해결 전략

삼각형에서 어느 변을 밑변으로 정하는지에 따라 높이가 달라집니다.

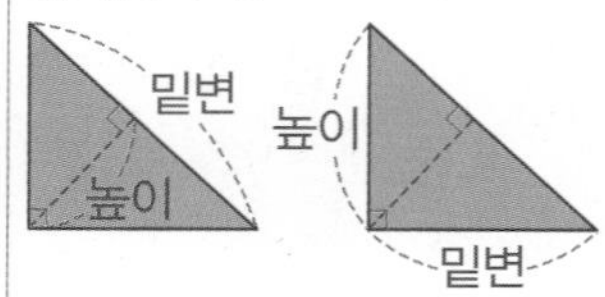

3
접근 ≫ ▲$\div$□=● ➡ □=▲$\div$●

$386.61\div$㉠$=15.78$ ➡ ㉠$=386.61\div15.78=24.5$

$38.661\div$㉡$=157.8$ ➡ ㉡$=38.661\div157.8=0.245$

24.5는 0.245의 100배이므로 ㉠은 ㉡의 100배입니다.

다른 풀이

$386.61\div$㉠$=15.78$

↓ $\frac{1}{10}$배　↓ $\frac{1}{10}$배

$38.661\div$㉠$=1.578$

↓ 100배

$38.661\div$㉡$=157.8$

➡ 나누어지는 수가 같고 몫은 157.8이 1.578의 100배이므로 ㉠은 ㉡의 100배입니다.

보충 개념

	0.	2	4	5
	2.	4	5	
2	4.	5		

10배, 10배 → 100배

4
접근 ≫ KTX가 1분 동안 가는 거리를 알아봅니다.

(1분 동안 가는 거리)$=184.5\div45=4.1$ (km)입니다.

(430.5 km를 가는 데 걸리는 시간(분))$=430.5\div4.1=105$(분) ➡ 1시간 45분

(KTX가 ㉯ 역에 도착한 시각)=오전 8시 30분+1시간 45분=오전 10시 15분

해결 전략

(■ km를 가는 데 걸리는 시간(분))

=■$\div$(1분 동안 가는 거리)

5
접근 ≫ 먼저 1년 전 민주의 몸무게를 알아봅니다.

1년 전 민주의 몸무게를 □kg이라 하면

□$\times1.4=43.75$, □$=43.75\div1.4=31.25$

(1년 전보다 민주의 늘어난 몸무게)$=43.75-31.25=12.5$ (kg)

(1년 전보다 수진이의 늘어난 몸무게)$=42.3-38.1=4.2$ (kg)

$12.5\div4.2=2.976\cdots$ ➡ 2.98이므로

민주의 늘어난 몸무게는 수진이의 늘어난 몸무게의 2.98배입니다.

보충 개념

□$\times$●=▲

➡ □=▲$\div$●

주의

몫을 반올림하여 소수 둘째 자리까지 나타내려면 몫을 소수 셋째 자리까지 구해야 해요.

6 접근 ≫ 각 수도에서 1분 동안 나오는 물의 양을 알아봅니다.

4분 30초는 4.5분이고, 3분 45초는 3.75분이므로 1분 동안 나오는 물의 양은
㉮ 수도: $156.6 \div 4.5 = 34.8$ (L), ㉯ 수도: $175.5 \div 3.75 = 46.8$ (L)입니다.
㉮와 ㉯ 수도를 동시에 틀어서 1분 동안 받을 수 있는 물의 양은
$34.8 + 46.8 = 81.6$(L)입니다.
따라서 ㉮와 ㉯ 수도를 동시에 틀어서 505.92 L의 물을 받으려면
$505.92 \div 81.6 = 6.2$(분) ➡ 6분 12초 동안 물을 받아야 합니다.

다른 풀이
4분 30초는 270초이고, 3분 45초는 225초이므로 1초 동안 나오는 물의 양은
㉮ 수도: $156.6 \div 270 = 0.58$ (L), ㉯ 수도: $175.5 \div 225 = 0.78$ (L)입니다.
㉮와 ㉯ 수도를 동시에 틀어서 1초 동안 받을 수 있는 물의 양은 $0.58 + 0.78 = 1.36$ (L)입니다.
따라서 ㉮와 ㉯ 수도를 동시에 틀어서 505.92 L의 물을 받으려면
$505.92 \div 1.36 = 372$(초) ➡ 6분 12초 동안 물을 받아야 합니다.

해결 전략
(물 ■ L를 받는 데 걸리는 시간(분))＝■÷(1분 동안 나오는 물의 양)

보충 개념
- 4분 30초
➡ $4\frac{30}{60}$분$=4\frac{1}{2}$분$=4.5$분
- 6.2분
➡ $6\frac{2}{10}$분$=6\frac{12}{60}$분
＝6분 12초

7
43쪽 4번의 변형 심화 유형
접근 ≫ 몫의 소수점 아래 숫자에서 반복되는 규칙을 알아봅니다.

$63 \div 14.8 = 4.2567567\cdots\cdots$이므로
몫의 소수 첫째 자리 숫자는 2이고 소수 둘째 자리 숫자부터 5, 6, 7이 반복됩니다.
따라서 몫의 소수 66째 자리 숫자까지 소수점 아래 반복되는 숫자는 소수 첫째 자리 숫자를 뺀 $(66-1)$개입니다.
$(66-1) \div 3 = 21 \cdots 2$이므로
몫의 소수 66째 자리 숫자는 반복되는 숫자 중 둘째 숫자인 6입니다.
또 몫의 소수 77째 자리 숫자까지 소수점 아래 반복되는 숫자는 소수 첫째 자리 숫자를 뺀 $(77-1)$개입니다.
$(77-1) \div 3 = 25 \cdots 1$이므로
몫의 소수 77째 자리 숫자는 반복되는 숫자 중 첫째 숫자인 5입니다.

보충 개념
- $(66-1) \div 3 = 21 \cdots 2$
  - 21: (5, 6, 7)이 반복되는 횟수
  - 3: 반복되는 숫자의 개수 (5, 6, 7 ➡ 3개)
  - 2: 5, 6, 7 중 2째 숫자 ➡ 6
- $(77-1) \div 3 = 25 \cdots 1$
  - 25: (5, 6, 7)이 반복되는 횟수
  - 1: 5, 6, 7 중 1째 숫자 ➡ 5

8
41쪽 2번의 변형 심화 유형
접근 ≫ 먼저 삼각형 ㅁㄴㄹ의 넓이를 알아봅니다.

(삼각형 ㅁㄴㄹ의 넓이)$=2.8 \times 1.8 \div 2 = 5.04 \div 2 = 2.52$ (m^2)
삼각형 ㄱㄴㄷ의 넓이는 삼각형 ㅁㄴㄹ의 넓이의 0.75이므로
(삼각형 ㄱㄴㄷ의 넓이)$=2.52 \times 0.75 = 1.89$ (m^2)
(삼각형 ㄱㄴㄷ의 넓이)＝(선분 ㄴㄷ의 길이)×(선분 ㄱㄴ의 길이)÷2이므로
(선분 ㄴㄷ의 길이)＝(삼각형 ㄱㄴㄷ의 넓이)×2÷(선분 ㄱㄴ의 길이)
$= 1.89 \times 2 \div 1.5 = 3.78 \div 1.5 = 2.52$ (m)
(선분 ㄷㄹ의 길이)$=2.8-2.52=0.28$ (m)
따라서 선분 ㄷㄹ의 길이는 0.28 m＝28 cm입니다.

주의
선분 ㄷㄹ의 길이를 cm 단위로 나타내야 해요.

9 접근 ≫ 동화책을 팔아 한 권당 얼마의 이익을 얻었는지 알아봅니다.

(할인하여 판 동화책 한 권의 이익)$=3060\div12=255$(원)

(할인 금액)$=$(할인 전 이익)$-$(할인 후 이익)$=480-255=225$(원)

(정가)$\times0.15=225$, (정가)$=225\div0.15=1500$(원)이므로

(원가)$=1500-480=1020$(원)입니다.

보충 개념

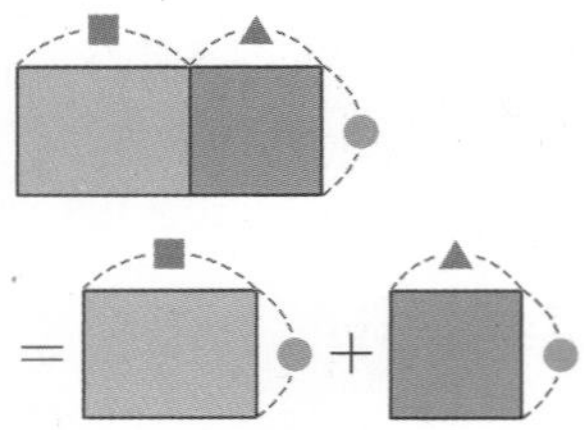

(■+▲)×●

=■×●+▲×●

다른 풀이

(할인하여 판 동화책 한 권의 이익)$=3060\div12=255$(원)

동화책의 원가를 □원이라 하면 정가는 (□$+480$)원, 할인하여 판 가격은 ((□$+480$)$\times0.85$)원 입니다.

(□$+480$)$\times0.85=$□$+255$, □$\times0.85+480\times0.85=$□$+255$,

□$\times0.85+408=$□$+255$, $408-255=$□$-$□$\times0.85$, □$\times(1-0.85)=153$,

□$\times0.15=153$, □$=153\div0.15=1020$

10 접근 ≫ 소수점 아래에서 반복되는 숫자를 찾아봅니다.

43쪽 4번의 변형 심화 유형

$14\div27=0.518518\cdots\cdots$이므로 소수점 아래 숫자에서 5, 1, 8이 반복됩니다.

$20\div3=6\cdots2$이므로 숫자 5, 1, 8이 6번 반복되고

소수 19째 자리에 숫자 5가, 소수 20째 자리에 숫자 1이 나옵니다.

따라서 나타낸 몫의 각 자리의 숫자의 합은

$(5+1+8)\times6+5+1=14\times6+5+1=84+5+1=90$입니다.

보충 개념

$20\div3=6\cdots2$

↑

(5, 1, 8)이 반복되는 횟수

11 접근 ≫ 소리가 1초 동안 이동한 거리를 알아봅니다.

천둥소리가 3초 동안 1021.2 m를 이동했으므로

(소리가 1초 동안 이동한 거리)$=1021.2\div3=340.4$ (m)입니다.

현재 기온을 □℃라 하면 $331.5+0.61\times$□$=340.4$,

$0.61\times$□$=8.9$, □$=8.9\div0.61=14.5\cdots\cdots$입니다.

$14.5\cdots\cdots$를 소수 첫째 자리에서 반올림하면 $14.5\cdots\cdots$ ➡ 15℃입니다.

해결 전략

반올림하여 자연수로 나타내려면 소수 첫째 자리에서 반올림해야 해요.

12 접근 ≫ 어떤 자연수를 □라 하고 잘못 계산한 식을 □를 사용하여 나타내 봅니다.

40쪽 1번의 변형 심화 유형

어떤 자연수를 □라 하면 $158.7<$□$\times6.9<172.5$

$158.7<$□$\times6.9$에서 $158.7\div6.9<$□, $23<$□ ……①

□$\times6.9<172.5$에서 □$<172.5\div6.9$, □<25 ……②

①, ②에 의해서 $23<$□<25

□는 자연수이므로 □가 될 수 있는 수는 24입니다.

따라서 바르게 계산하면 $24\div9.6=2.5$입니다.

해결 전략

▲ <□×●

↓÷● ↓÷●

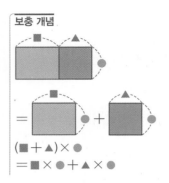

▲÷●< □

지도 가이드

부등호(>, <)를 사용하여 수 또는 식의 대소 관계를 나타낸 식을 부등식이라고 합니다. 부등식의 계산은 중등 과정에서 본격적인 학습을 하게 되므로 최상위 수학에서는 ① 부등식의 양변에 같은 수를 더하거나 양변에서 같은 수를 빼어도 부등호의 방향은 바뀌지 않는다. ② 부등식의 양변에 같은 양수를 곱하거나 같은 양수로 나누어도 부등호의 방향은 바뀌지 않는다는 성질을 이용하여 풀 수 있는 부등식 문제를 출제하였습니다.
부등식을 계산한 후 조건을 모두 만족하는 수를 구해야 한다는 것을 지도해 주세요.

13

47쪽 8번의 변형 심화 유형

접근 ≫ 반올림하여 소수 첫째 자리까지 나타내면 26.8이 되는 수의 범위를 알아봅니다.

반올림하여 소수 첫째 자리까지 나타내면 26.8이 되는 수의 범위는
$26.8-0.05=26.75$ 이상 $26.8+0.05=26.85$ 미만입니다.
어떤 수를 □라 하면 □$\div 0.8$의 몫의 범위는 26.75 이상 26.85 미만입니다.
□$\div 0.8=26.75$, □$\div 0.8=26.85$에서
□의 범위는 $26.75\times 0.8=21.4$ 이상 $26.85\times 0.8=21.48$ 미만입니다.
따라서 □가 될 수 있는 가장 큰 소수 두 자리 수는 21.47입니다.

해결 전략
반올림하여 소수 첫째 자리까지 나타내면 ■.▲가 되는 수의 범위는
(■.▲-0.05) 이상
(■.▲$+0.05$) 미만이에요.

서술형

14

접근 ≫ ■의 10 %를 늘이면 ■의 0.1만큼 늘어나 ■의 1.1이 됩니다.

예 (처음 직사각형의 넓이)$=5.4\times 4.25=22.95\,(cm^2)$
(새로 만든 직사각형의 가로)$=5.4\times 1.1=5.94\,(cm)$
(새로 만든 직사각형의 세로)$=4.25\times 0.8=3.4\,(cm)$
(새로 만든 직사각형의 넓이)$=5.94\times 3.4=20.196\,(cm^2)$
$20.196\div 22.95=0.88$이므로
새로 만든 직사각형의 넓이는 처음 직사각형의 넓이의 0.88배입니다.

채점 기준	배점
처음 직사각형의 넓이를 구했나요?	1점
새로 만든 직사각형의 넓이를 구했나요?	2점
새로 만든 직사각형의 넓이는 처음 직사각형의 넓이의 몇 배인지 구했나요?	2점

보충 개념
처음 가로의 길이를 ■ cm라 하면
(10 % 늘어난 가로의 길이)
$=$■$+$■$\times 0.1$
$=$■$\times(1+0.1)=$■$\times 1.1$
처음 세로의 길이를 ▲ cm라 하면
(20 % 줄어든 세로의 길이)
$=$▲$-$▲$\times 0.2$
$=$▲$\times(1-0.2)=$▲$\times 0.8$

15

접근 ≫ [ ] 안의 수는 소수 첫째 자리, < > 안의 수는 소수 둘째 자리에서 반올림합니다.

$[34.8\div 4.75]=[7.3\cdots\cdots]=7$
(3: 버립니다.)
$<9.42\div 0.65>=<14.49\cdots\cdots>=14.5$
(9: 올립니다.)
따라서 $<[34.8\div 4.75]\div<9.42\div 0.65>>$
$=<7\div 14.5>=<0.48\cdots\cdots>=0.5$입니다.
(8: 올립니다.)

보충 개념
- $34.8\div 4.75$
  $=7.3\cdots\cdots$ ➡ 7
- $9.42\div 0.65$
  $=14.49\cdots\cdots$ ➡ 14.5
- $7\div 14.5$
  $=0.48\cdots\cdots$ ➡ 0.5

HIGH LEVEL

54~56쪽

1 90576원	**2** 6	**3** 6시간	**4** 1.49	**5** 1.08배
6 2.7	**7** 18.75	**8** 25분 후	**9** 18장	

1 접근 ≫ (연비)=(연료 1 L로 갈 수 있는 거리)

(A 자동차의 연비)=405.48÷32.7=12.4 (km/L)
(B 자동차의 연비)=362.5÷25=14.5 (km/L)
(C 자동차의 연비)=633.6÷48=13.2 (km/L)
(D 자동차의 연비)=398.95÷50.5=7.9 (km/L)
7.9<12.4<13.2<14.5이므로 연비가 가장 높은 자동차는 B입니다.
서울에서 부산까지 왕복하려면 443.7×2=887.4 (km)를 가야 합니다.
B 자동차로 887.4 km를 가는 데 필요한 휘발유의 양은
887.4÷14.5=61.2 (L)이므로
필요한 휘발유의 값은 1480×61.2=90576(원)입니다.

보충 개념
- (연비)
=(간 거리)
÷(사용된 휘발유의 양)
- (필요한 휘발유의 양)
=(가야 하는 거리)
÷(휘발유 1 L로 갈 수 있는 거리)

2 접근 ≫ ●에 직접 수를 넣어 봅니다.

●에 1에서 9까지의 수를 하나씩 넣어 보고 나눗셈이 나누어떨어지는지 확인합니다.
1.1÷1.32=0.8……, 2.2÷1.32=1.6……, 3.3÷1.32=2.5,
4.4÷1.32=3.3……, 5.5÷1.32=4.1……, 6.6÷1.32=5(○),
7.7÷ 1.32=5.8……, 8.8÷1.32=6.6……, 9.9÷1.32=7.5

해결 전략
●.●÷1.32의 몫이 한 자리 자연수이므로 ●.●÷1.32는 어떤 한 자리 수로 나누어떨어집니다.

다른 풀이1
나눗셈의 몫이 자연수이므로 ●.●는 1.32의 배수입니다.
또 몫은 한 자리 수이므로 1.32에 1에서 9까지의 수를 곱하면
1.32×1=1.32, 1.32×2=2.64, 1.32×3=3.96,
1.32×4=5.28, 1.32×5=6.6(○), 1.32×6=7.92,
1.32×7=9.24, 1.32×8=10.56, 1.32×9=11.88
➡ 1.32에 5를 곱한 값인 6.6이 ●.●와 형태가 같으므로 ●는 6입니다.

다른 풀이2
●.●÷1.32=★이라 하면 1.32×★=●.●
(소수 두 자리 수)×(자연수)=(소수 한 자리 수)이므로 1.32의 소수 둘째 자리 숫자인 2에 몫을 곱한 값의 끝자리 숫자는 0이 되어야 하고 이를 만족하는 몫은 5뿐입니다.
따라서 ●.●=1.32×5=6.6이므로 ●는 6입니다.

보충 개념

```
  1.3 2
×     ★
  ●.● 0
```

지도 가이드
직접 수들을 대입하는 전략과 나눗셈의 역연산인 곱셈을 이용하는 전략, 곱셈구구의 특성을 이용하는 전략 등으로 문제를 해결 할 수 있습니다. 또한 ●.●÷1.32의 몫과 ●●0÷132의 몫은 같으므로 풀이의 방법보다 계산 부담을 줄인 후 ●에 1에서 9까지의 수를 대입하는 것처럼 각각의 전략에 소수의 나눗셈을 자연수의 나눗셈으로 변경하는 전략을 동시에 적용하여 문제를 해결 할 수도 있습니다.

3 접근 ≫ 배는 강물이 흐르는 방향과 같은 방향으로 갑니다.

배가 강물이 흐르는 방향과 같은 방향으로 가는 경우 배가 가는 거리는 강물이 흐르는 거리만큼 길어지므로 흐르지 않는 물에서 배가 가는 거리에 강물이 흐르는 거리를 더해서 구합니다. 1시간 30분은 1.5시간이므로

(강물이 1시간 동안 흐르는 거리)$=25.5\div1.5=17$ (km)

(배가 강물이 흐르는 방향으로 1시간 동안 가는 거리)$=35.2+17=52.2$ (km)

따라서 이 배가 강물이 흐르는 방향으로 313.2 km를 가는 데

$313.2\div52.2=6$(시간)이 걸립니다.

보충 개념
(강물이 흐르는 반대 방향으로 움직일 때 배가 가는 거리)
=(흐르지 않는 물에서 배가 가는 거리)
−(강물이 흐르는 거리)

서술형

4 접근 ≫ (큰 수)+(작은 수)$=11.36$, (큰 수)−(작은 수)$=2.24$

예 큰 수를 □라 하면 작은 수는 (□-2.24)입니다.

□+□$-2.24=11.36$, □+□$=13.6$, □$=13.6\div2=6.8$

큰 수가 6.8, 작은 수가 $6.8-2.24=4.56$이므로 큰 수를 작은 수로 나눈 몫을 반올림하여 소수 둘째 자리까지 나타내면 $6.8\div4.56=1.491$…… ➡ 1.49입니다.

채점 기준	배점
조건을 만족하는 큰 수와 작은 수를 구했나요?	3점
큰 수를 작은 수로 나눈 몫을 반올림하여 소수 둘째 자리까지 나타냈나요?	2점

보충 개념
합이 ■, 차가 ▲인 두 수 구하기
(큰 수)$=\frac{■+▲}{2}$
(작은 수)$=\frac{■-▲}{2}$

5 접근 ≫ 먼저 세 사람의 몸무게의 합을 구해 봅니다.

(효주와 재호의 몸무게의 합)$=38.6\times2=77.2$ (kg)

(재호와 종욱이의 몸무게의 합)$=40.1\times2=80.2$ (kg)

(종욱이와 효주의 몸무게의 합)$=39\times2=78$ (kg)

(세 사람의 몸무게의 합)$=(77.2+80.2+78)\div2=117.7$ (kg)

(종욱이의 몸무게)$=117.7-77.2=40.5$ (kg)

(효주의 몸무게)$=117.7-80.2=37.5$ (kg)

(재호의 몸무게)$=117.7-78=39.7$ (kg) ➡ $40.5\div37.5=1.08$(배)

보충 개념 1
• (두 사람의 몸무게의 합)
=(두 사람의 몸무게의 평균)×2

보충 개념 2
• (종욱이의 몸무게)
=(세 사람의 몸무게의 합)
−(효주와 재호의 몸무게의 합)

6 접근 ≫ 먼저 ㉠의 값을 구합니다.

㉠×(㉡+㉢)$=5.4$이므로 ㉠$\times4.5=5.4$, ㉠$=5.4\div4.5=1.2$

㉢÷㉡÷㉠$=1.25$이므로 ㉢÷㉡$\div1.2=1.25$, ㉢÷㉡$=1.25\times1.2=1.5$

㉢$=1.5\times$㉡이므로 ㉡+㉢$=4.5$에서 ㉡$+1.5\times$㉡$=4.5$,

$(1+1.5)\times$㉡$=4.5$, $2.5\times$㉡$=4.5$, ㉡$=4.5\div2.5=1.8$

㉡+㉢$=4.5$이므로 $1.8+$㉢$=4.5$, ㉢$=4.5-1.8=2.7$입니다.

보충 개념
■+●×■
=1×■+●×■
=(1+●)×■

7 접근 ≫ 자연수 부분이 ■, 소수 부분이 ●인 소수는 ■+0.●=■.●입니다.

0.5×■+0.5×●=4.74, 0.5×(■+●)=4.74
따라서 ■+●=4.74÷0.5=9.48입니다.
9.48에서 자연수 부분은 9, 소수 부분은 0.48이므로
■=9, ●=0.48입니다.
➡ ■÷●=9÷0.48=18.75

해결 전략
소수는 자연수 부분과 1보다 작은 소수 부분의 합으로 나타낼 수 있습니다.
9.48=9+0.48
(9: 자연수 부분, 0.48: 1보다 작은 소수 부분)

8
45쪽 6번의 변형 심화 유형
접근 ≫ (타고 남은 양초의 길이)=(처음 양초의 길이)−(1분에 타는 길이)×(탄 시간)

동시에 불을 붙인 다음 두 양초의 길이가 같아지는 때를 □분 후라 하면
□분 후에 길이가 24 cm인 양초는 (24−0.28×□) cm가 되고,
길이가 30 cm인 양초는 (30−0.52×□) cm가 됩니다.
두 양초의 길이가 같아지는 때는 24−0.28×□=30−0.52×□,
0.24×□=6, □=6÷0.24=25에서 25분 후입니다.

다른 풀이
두 양초의 길이의 차는 30−24=6 (cm)이고,
길이가 30 cm인 양초가 1분에 0.52−0.28=0.24 (cm) 더 탑니다.
따라서 두 양초의 길이가 같아지는 때는 6÷0.24=25(분) 후입니다.

보충 개념
'='를 기준으로 한쪽에 있는 수의 +, −부호를 바꾸어 다른 쪽으로 옮겨도 식은 성립합니다.
24−0.28×□
=30−0.52×□,
0.52×□−0.28×□
=30−24,
(0.52−0.28)×□=6,
0.24×□=6

9 접근 ≫ (겹쳐지는 부분의 수)=(색 테이프의 수)−1

색 테이프를 한 장씩 더 이을 때마다 길이가 15−1.5=13.5 (cm)씩 늘어납니다.
색 테이프 2장을 이어 붙이면 전체 길이는 (15+13.5) cm,
색 테이프 3장을 이어 붙이면 전체 길이는 (15+13.5×2) cm……
색 테이프 □장을 이어 붙이면 전체 길이는 (15+13.5×(□−1)) cm입니다.
15+13.5×(□−1)=244.5, 13.5×(□−1)=229.5, □−1=17, □=18
따라서 이어 붙인 색 테이프는 모두 18장입니다.

다른 풀이1
겹쳐진 곳을 □군데라 하면 색 테이프의 개수는 (□+1)개입니다.
15×(□+1)−1.5×□=244.5, 15×□+15−1.5×□=244.5,
(15−1.5)×□=244.5−15, 13.5×□=229.5, □=229.5÷13.5=17
따라서 이어 붙인 색 테이프는 모두 17+1=18(장)입니다.

다른 풀이2

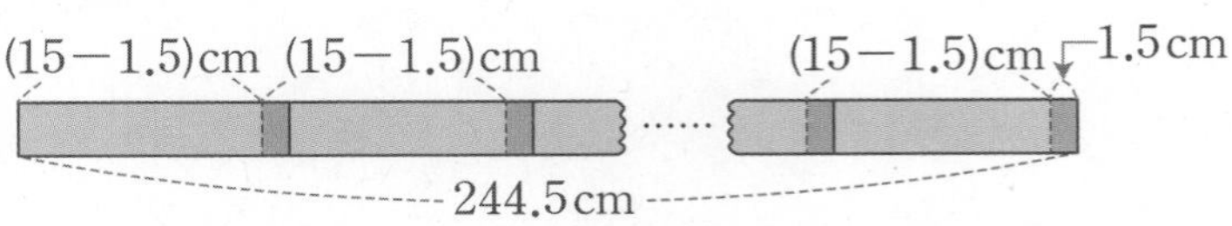

색 테이프는 모두 (244.5−1.5)÷(15−1.5)=243÷13.5=18(장)입니다.

보충 개념

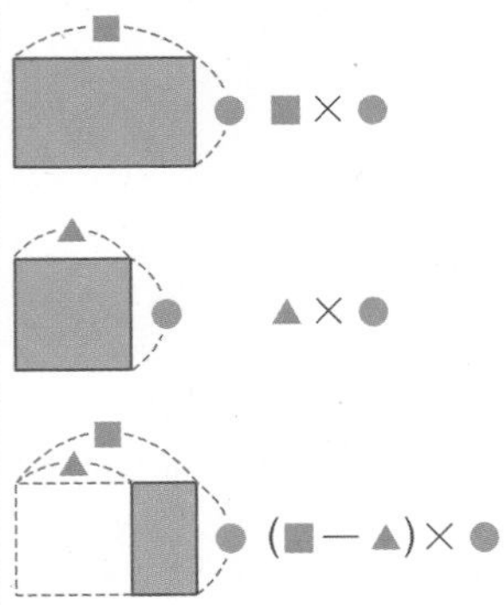

■×●−▲×●
=(■−▲)×●

3 공간과 입체

BASIC TEST

1 여러 방향에서 본 모양, 쌓은 모양과 쌓기나무의 개수 (1) 61쪽

1 (1) 라 (2) 가 **2** 다 **3** 다
4 8개 **5** 라에 ○표

1 (1) 빨간색 컵이 왼쪽에 있으므로 라 방향에서 찍은 것입니다.
(2) 파란색 컵이 왼쪽에 있으므로 가 방향에서 찍은 것입니다.

2

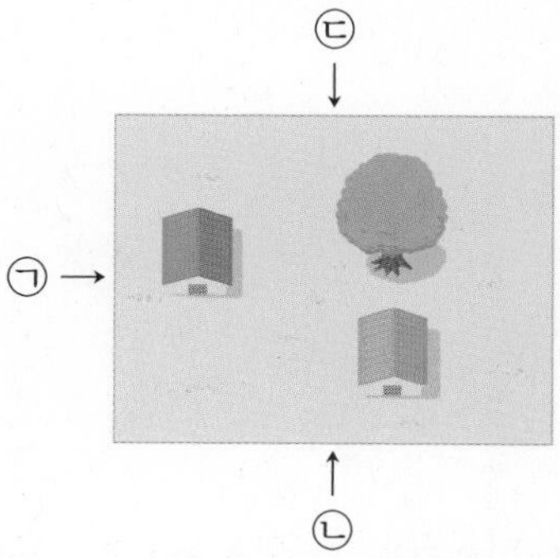

가 사진은 나무가 빨간 지붕 집 왼쪽 뒤에 있으므로 ㉠ 방향에서 찍은 것입니다.
나 사진은 나무 줄기가 파란 지붕 집에 가려서 보이지 않으므로 ㉡ 방향에서 찍은 것입니다.
라 사진은 나무에 파란 지붕 집의 일부가 가려졌으므로 ㉢ 방향에서 찍은 것입니다.

3 다를 앞에서 보면 ○표 한 쌓기나무가 보이게 됩니다.

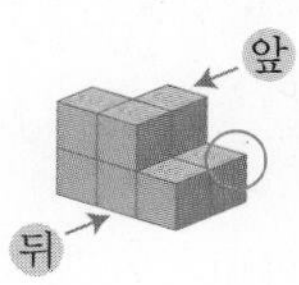

4 위에서 본 모양은 1층의 모양과 같으므로
1층: 5개, 2층: 2개, 3층: 1개
➡ $5+2+1=8$(개)

5 상자와 닿는 모양은  와 같은 모양이므로 가와 나는 답이 아닙니다.
모양을 만들고 있는 빨대가 가운데에서 만나므로 답은 라입니다.

2 쌓은 모양과 쌓기나무의 개수 (2) 63쪽

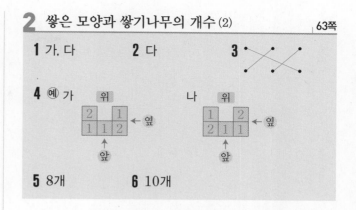

1 가, 다 **2** 다 **3** 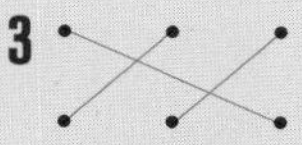

4 예 가

위

2		1
1	1	2

← 옆, ↑ 앞

나

위

1		2
2	1	1

← 옆, ↑ 앞

5 8개 **6** 10개

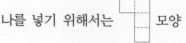

1 나는 옆에서 본 모양이 오른쪽과 같습니다. 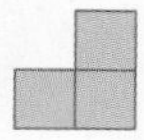

2 가를 넣기 위해서는 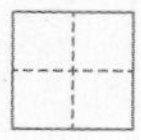 모양의 구멍이 필요하므로 가는 넣을 수 없습니다.
나를 넣기 위해서는 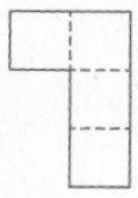 모양 또는 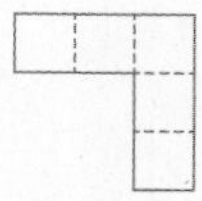 모양의 구멍이 필요하므로 나는 넣을 수 없습니다.

3 위에서 본 모양이 서로 같은 쌓기나무입니다.
위에서 본 모양에 쌓인 쌓기나무의 개수를 세어서 비교합니다.

4 쌓기나무 7개를 사용해야 하는 조건과 위에서 본 모양을 보면 2층 이상에 쌓인 쌓기나무는 2개입니다.
1층에 5개의 쌓기나무를 위에서 본 모양과 같이 놓고 나머지 2개의 위치를 이동하면서 위, 앞, 옆에서 본 모양이 서로 같은 두 모양을 만들어 봅니다.

5 앞, 옆에서 본 모양을 보고 위에서 본 모양에 확실히 알 수 있는 쌓기나무의 개수를 쓰면 다음과 같습니다.

위

1	3	㉠
1		2

쌓기나무의 개수가 가장 적은 경우는 ㉠=1인 경우입니다.
➡ $1+3+1+1+2=8$(개)

6 앞, 옆에서 본 모양을 보고 위에서 본 모양에 확실히 알 수 있는 쌓기나무의 개수를 쓰면 다음과 같습니다.

위

㉠	㉡	
㉢	3	1

쌓기나무의 개수가 가장 많은 경우는 ㉠=2, ㉡=2, ㉢=2인 경우입니다.
➡ $2+2+2+3+1=10$(개)

3 쌓은 모양과 쌓기나무의 개수(3), 여러 가지 모양 만들기 65쪽

1

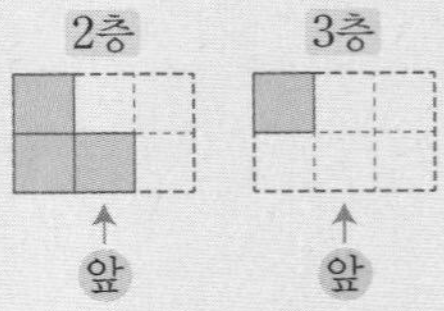

2

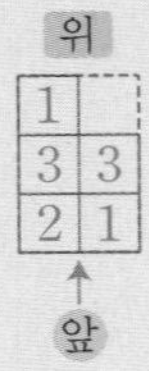

/ 10개

3 나, 다 **4** ④

5 (   )(○)(○)

6

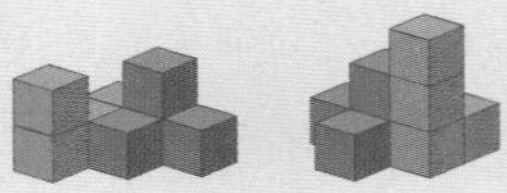

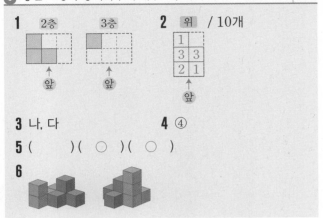

1 1층 모양을 보고 쌓기나무로 쌓은 모양의 뒤에 보이지 않는 쌓기나무가 없다는 것을 알 수 있습니다.
2층에는 쌓기나무 3개, 3층에는 쌓기나무 1개가 있습니다.

2 쌓기나무를 층별로 나타낸 모양에서 1층 모양의 ○ 부분은 쌓기나무가 3층까지 있습니다.
△ 부분은 쌓기나무가 2층까지, 나머지 부분은 1층만 있습니다.
➡ $1+3+3+2+1=10$(개)

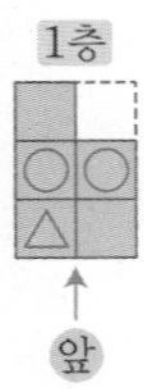

3 2층으로 가능한 모양은 나, 다, 라입니다.
2층에 나를 놓으면 3층에 다를 놓을 수 있습니다.

주의
2층에 다를 놓으면 3층에 놓을 수 있는 모양이 없고, 2층에 라를 놓아도 3층에 놓을 수 있는 모양이 없습니다.

4

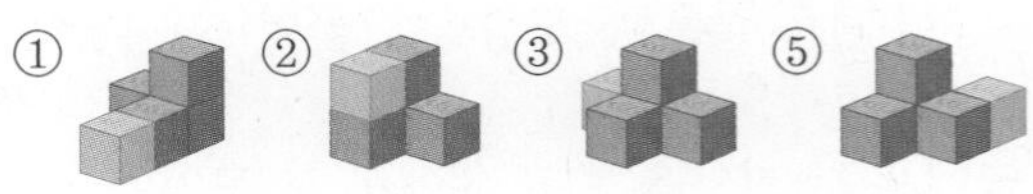

5 새로운 모양에 먼저 가가 들어갈 수 있는 위치를 찾으면 가로 인해서 둘 또는 셋으로 나누어지므로 답이 아닙니다.

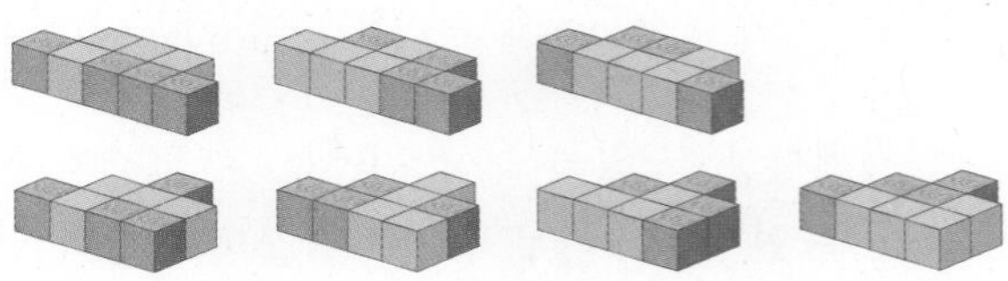

6 두 가지 모양을 다음과 같은 방법으로 연결합니다.

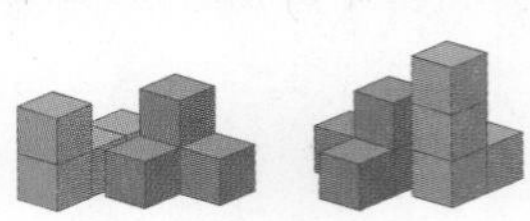

MATH TOPIC 66~74쪽

1-1 (1) 나 (2) 가 (3) 다 (4) 마 (5) 라

2-1 다, 가, 나 **2-2** 4개

3-1 다, 라 **3-2** 나, 다, 라

4-1

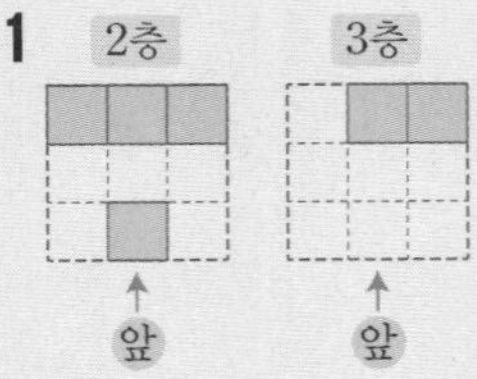

4-2

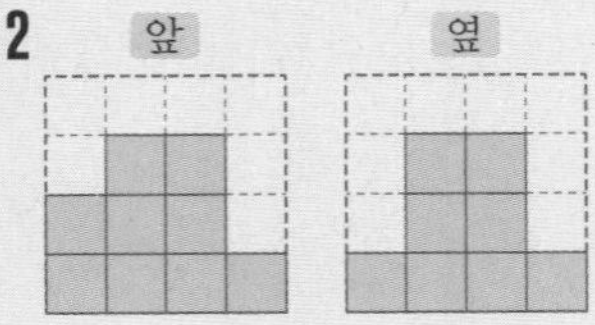

5-1 10개 **5-2** 16개

6-1 125개 **6-2** 12개

7-1 2가지 **7-2** 5가지

8-1 34 cm^2 **8-2** 168 cm^2

심화9 다 / 다, 라, 다 / 다 **9-1** 2개

1-1 (1) 나무가 오른쪽 끝에 있으므로 나 방향에서 찍은 사진입니다.
(2) 작은 건물이 뒷 건물 앞에 보이므로 가 방향에서 찍은 사진입니다.
(3) 건물이 2개 보이고 나무가 가운데 있으므로 다 방향에서 찍은 사진입니다.
(4) 위에서 본 모양이므로 마 방향에서 찍은 사진입니다.
(5) 나무가 왼쪽에 있으므로 라 방향에서 찍은 사진입니다.

2-1 2층에 놓인 쌓기나무는 가 5개, 나 4개, 다 6개입니다.

2-2 가: $3+1+3+3+1+2=13$(개)
나: 1층 6개, 2층 2개, 3층 1개
➡ $6+2+1=9$(개)
따라서 빼낸 쌓기나무는 $13-9=4$(개)입니다.

3-1

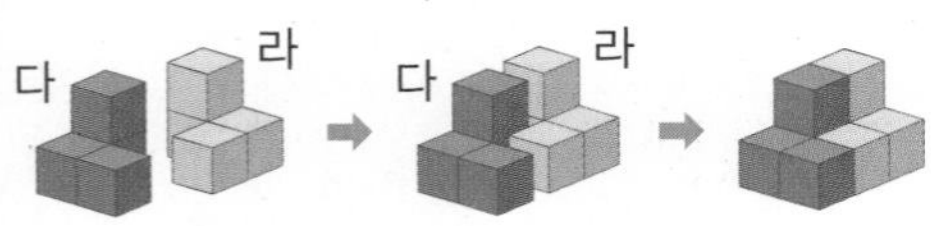

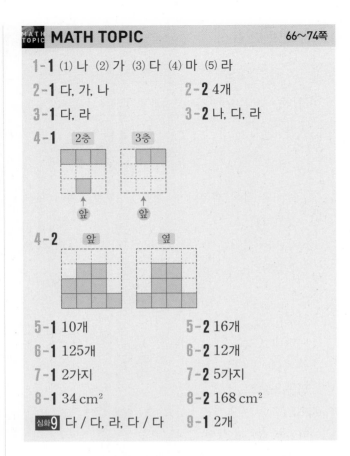

보충 개념

• 가를 사용한 경우

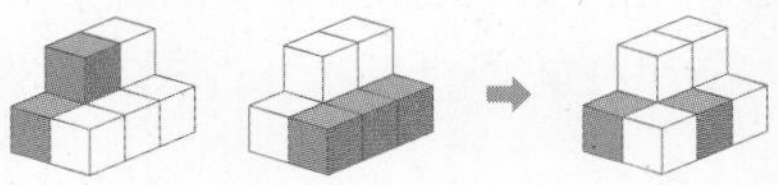

➡ 들어갈 수 있는 모양이 없습니다.

• 나를 사용한 경우

➡ 들어갈 수 있는 모양이 없습니다.

3-2

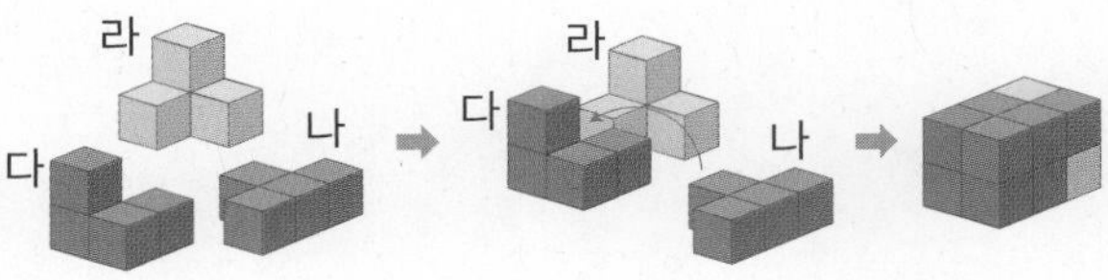

4-1 위에서 본 모양에 수를 쓰는 방법으로 나타내면 오른쪽과 같습니다. 각 자리에 쓴 수가 2 이상인 곳은 쌓기나무가 2층 또는 3층으로 쌓인 곳이고, 3인 곳은 쌓기나무가 3층으로 쌓인 곳입니다.

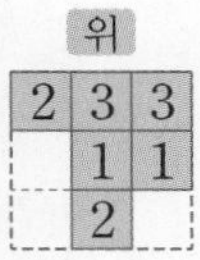

따라서 2층에 놓인 쌓기나무는 2와 3이 쓰인 4곳이고, 3층에 놓인 쌓기나무는 3이 쓰인 2곳입니다.

4-2 쌓기나무를 층별로 나타낸 모양에서 1층의 ○ 부분은 2층까지, △ 부분은 3층까지 쌓여 있으므로 위에 본 모양에 수를 쓰는 방법으로 나타내면 다음과 같습니다.

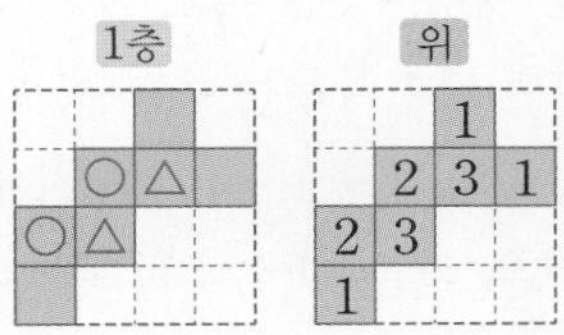

앞과 옆에서 본 모양은 각 줄의 가장 높은 층의 모양과 같으므로 앞에서 본 모양은 왼쪽부터 차례로 2층, 3층, 3층, 1층이고 옆에서 본 모양은 왼쪽부터 차례로 1층, 3층, 3층, 1층입니다.

5-1 위에서 본 모양의 각 자리에 확실히 알 수 있는 쌓기나무의 개수를 쓰면 다음과 같습니다.

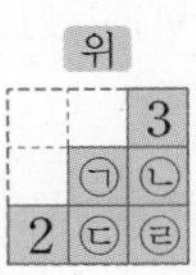

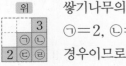

쌓기나무의 개수가 가장 적은 경우는 ㉠=2, ㉡=1, ㉢=1, ㉣=1인 경우이므로 쌓기나무는

3+2+1+2+1+1=10(개)입니다.

보충 개념

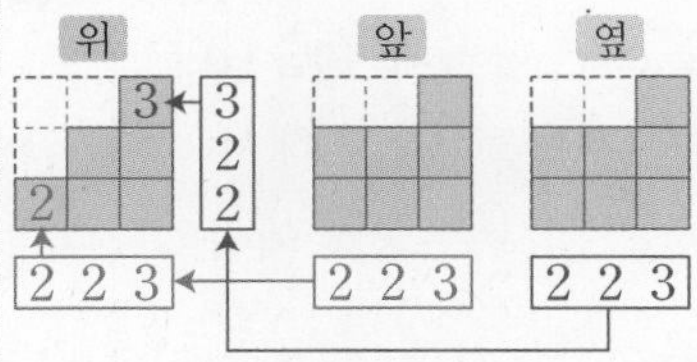

5-2 위에서 본 모양의 각 자리에 확실히 알 수 있는 쌓기나무의 개수를 쓰면 다음과 같습니다.

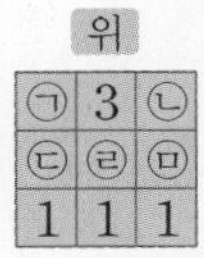

쌓기나무의 개수가 가장 많은 경우는 ㉠=2, ㉡=2, ㉢=2, ㉣=2, ㉤=2인 경우이므로

필요한 쌓기나무의 최대 개수는

2+3+2+2+2+2+1+1+1=16(개)입니다.

보충 개념

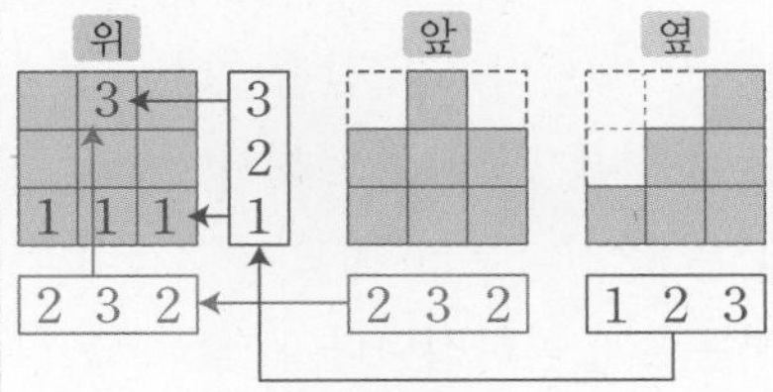

6-1 한 모서리의 길이가 2 cm인 쌓기나무를 쌓아서 한 모서리의 길이가 14 cm인 정육면체를 만들면 오른쪽과 같은 모양이 됩니다. 만든 정육면체의 바깥쪽 면에 파란색을 칠했을 때 한 면도 파란색이 칠해지지 않은 쌓기나무는 정육면체 속의 보이지 않는 쌓기나무로 모두 5×5×5=125(개)입니다.

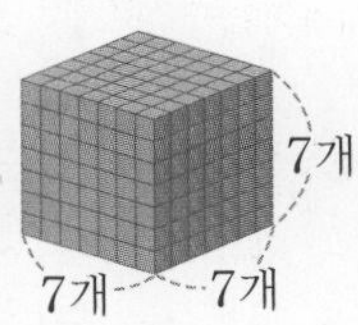

6-2 1+2×2+3×3+4×4+5×5=55(개)이므로 위에서 본 모양은 가와 같습니다.

뒤에는 세 면에 페인트가 칠해진 쌓기나무가 없으므로 세 면에 페인트가 칠해진 쌓기나무는 나에서 진하게 칠해진 부분입니다.

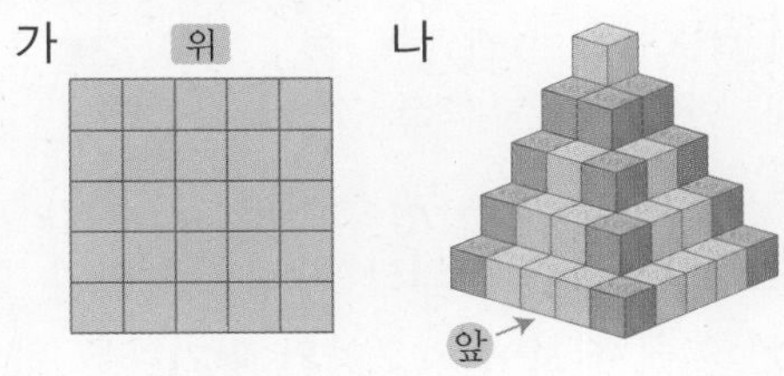

➡ 3×4=12(개)

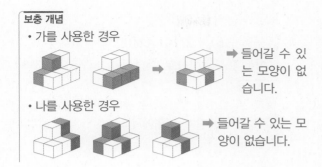

7-1 위에서 본 모양의 각 자리에 확실히 알 수 있는 쌓기나무의 개수를 쓰면 다음과 같습니다.

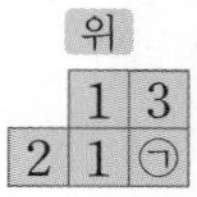

옆에서 본 모양에 의해서 ㉠에 쌓을 수 있는 쌓기나무는 2개 이하입니다.

따라서 다음과 같이 2가지를 만들 수 있습니다.

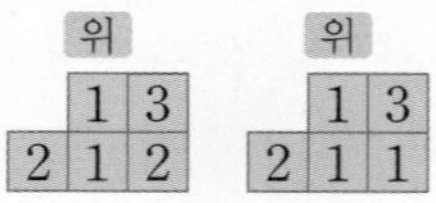

보충 개념

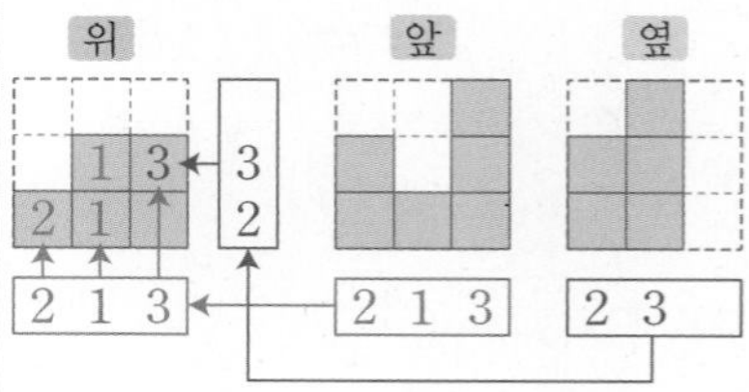

7-2 위에서 본 모양의 각 자리에 확실히 알 수 있는 쌓기나무의 개수를 쓰면 다음과 같습니다.

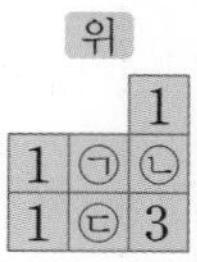

앞에서 본 모양에 의해서 ㉠, ㉢ 중 한 곳은 쌓기나무가 반드시 2개이고 나머지는 2개 이하입니다.

옆에서 본 모양에 의해서 ㉠, ㉡ 중 한 곳은 쌓기나무가 반드시 2개이고 나머지는 2개 이하입니다.

따라서 다음과 같이 5가지를 만들 수 있습니다.

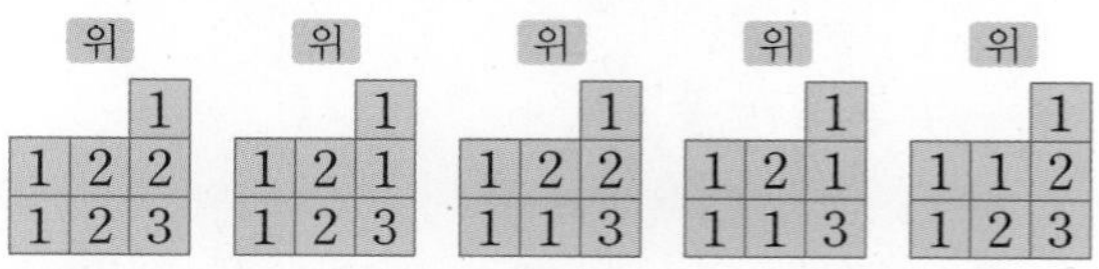

보충 개념

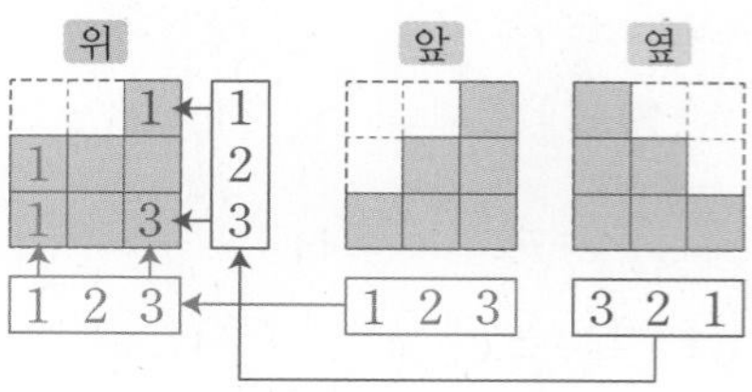

8-1 위, 앞, 옆에서 본 모양을 그리면 다음과 같습니다.

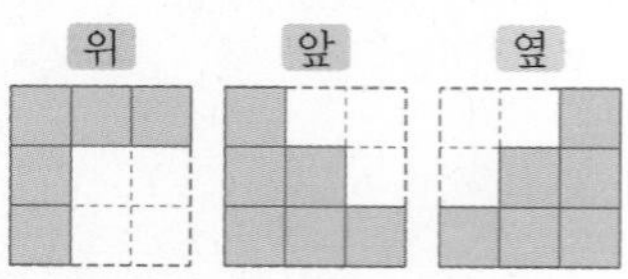

모양을 둘러싼 쌓기나무 면 중 위와 아래, 앞과 뒤, 오른쪽 옆과 왼쪽 옆 어느 방향에서도 보이지 않는 면은 없으므로 모양을 둘러싼 쌓기나무 면의 개수는 위, 앞, 옆에서 보이는 모양의 쌓기나무 면의 개수의 2배입니다.

모양을 둘러싼 쌓기나무 면은

$(5+6+6)\times2=34$(개)이고 쌓기나무 한 면의 넓이는 $1\ cm^2$이므로 겉넓이는 $34\ cm^2$입니다.

보충 개념

쌓기나무 9개로 쌓았으므로 위와 아래, 앞과 뒤, 오른쪽 옆과 왼쪽 옆 어느 방향에서도 보이지 않는 쌓기나무는 없습니다.

8-2 앞과 옆에서 본 모양은 다음과 같습니다.

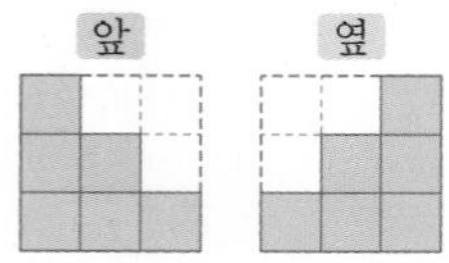

위와 아래, 앞과 뒤, 오른쪽 옆과 왼쪽 옆에서 보이는 쌓기나무 면은 $(8+6+6)\times2=40$(개)입니다.

모양을 둘러싼 쌓기나무 면 중 위와 아래, 앞과 뒤, 오른쪽 옆과 왼쪽 옆 어느 방향에서도 보이지 않는 면은 2개이므로 모양을 둘러싼 쌓기나무 면은 모두 42개입니다.

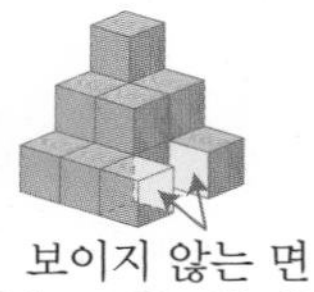

쌓기나무 한 면의 넓이는 $2\times2=4\ (cm^2)$이므로

겉넓이는 $42\times4=168\ (cm^2)$입니다.

9-1 위에서 본 모양의 각 자리에 확실히 알 수 있는 쌓기나무의 개수를 쓰면 오른쪽과 같습니다.

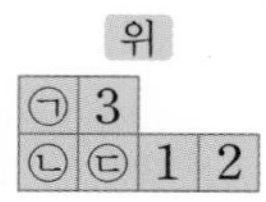

- 가장 많은 경우: ㉠=2, ㉡=2, ㉢=2인 경우로 촬영한 쌓기나무는
  $2+3+2+2+1+2=12$(개)입니다.
- 가장 적은 경우: ㉠=1, ㉡=2, ㉢=1(또는 ㉠=2, ㉡=1, ㉢=1)인 경우로 촬영한 쌓기나무는 $1+3+2+1+1+2=10$(개)입니다.

따라서 그 차는 $12-10=2$(개)입니다.

보충 개념

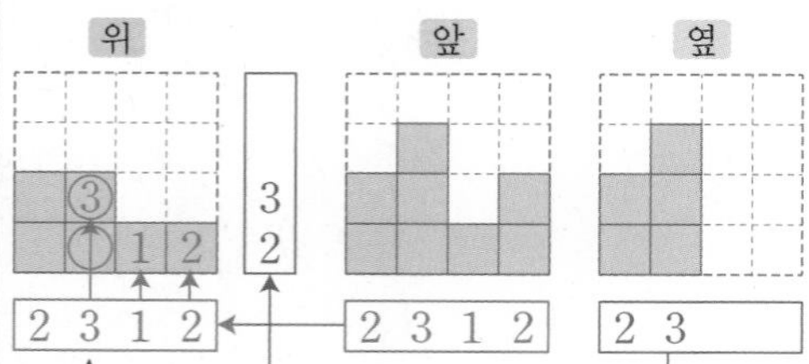

앞에서 본 모양에 의해 ○ 부분 중 반드시 한 곳은 3이어야 하지만 아래 ○ 부분은 옆에서 본 모양에 의해 3이 될 수 없으므로 위 ○ 부분이 3이어야 합니다.

LEVEL UP TEST

75~79쪽

1 예

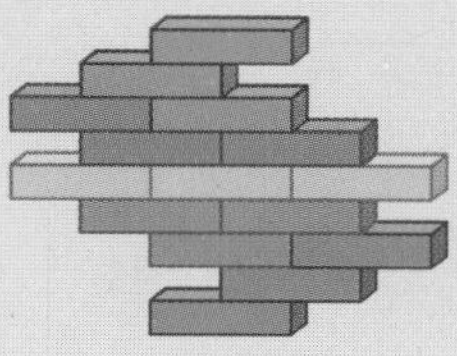

2

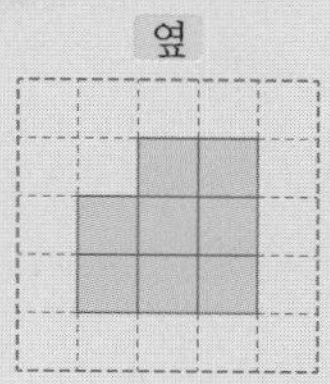

3 3개
4 2개
5 43개
6 6개
7 ㉢, ㉣, ㉤
8 ①, ④
9 2개
10 18개
11 6가지
12 $54\ cm^2$
13 8가지
14 7개

15

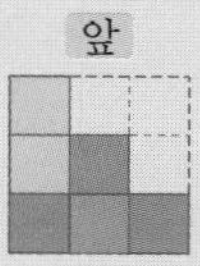

16 $72\ cm^2$

1 접근 ≫ 채울 수 있는 조각부터 색칠합니다.

다섯째 줄에 노란색 조각을 채우면 파란색 조각은 가장 위 또는 아래에 채울 수 없습니다.
따라서 파란색 조각을 채울 수 있는 곳은 ㉠ 또는 ㉡ 부분입니다.

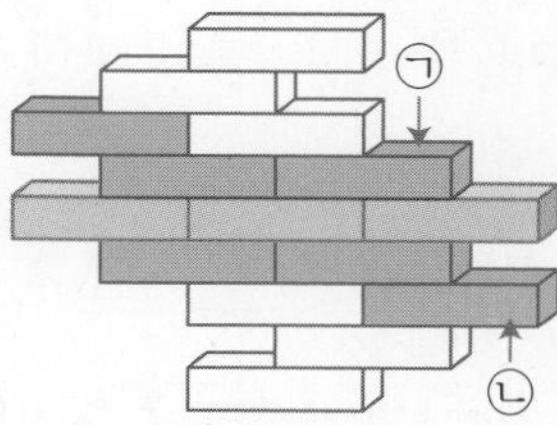

보충 개념
노란색 조각을 채울 수 있는 곳은 다섯째 줄뿐이에요.
파란색 조각은 가장 위 또는 아래에 채울 수 없으므로 노란색, 파란색 조각을 채운 후 나머지 조각들의 위치를 정해요.

• 파란색 조각을 ㉠ 부분에 채우면

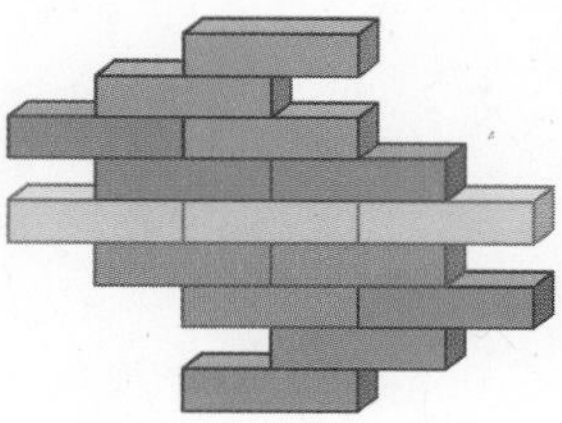

• 파란색 조각을 ㉡ 부분에 채우면

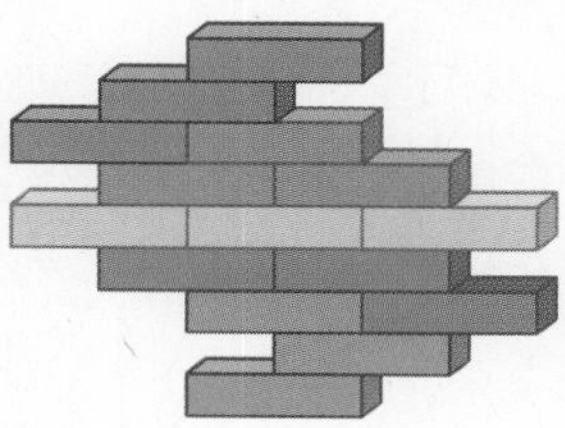

2 접근 ≫ 먼저 위에서 본 모양을 알아봅니다.

쌓은 모양을 보고 위에서 본 모양에 수를 쓰면 가와 같고, 쌓기나무를 ㉠ 자리에 2개, ㉡ 자리에 1개를 더 쌓아 올렸을 때 위에서 본 모양에 수를 쓰면 나와 같습니다.

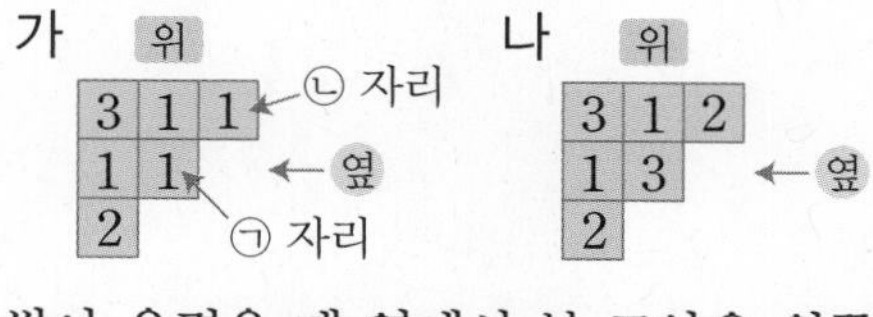

따라서 쌓기나무를 더 쌓아 올렸을 때 옆에서 본 모양은 왼쪽부터 차례로 2층, 3층, 3층입니다.

다른 풀이
쌓은 모양을 옆에서 보면 오른쪽과 같습니다.
㉠ 자리에 쌓기나무 2개를 더 쌓으면 1층이던 곳이 3층이 되므로 옆에서 본 모양도 3층으로 보이게 됩니다. 또 ㉡ 자리에 쌓기나무 1개를 더 쌓으면 1층이던 곳이 2층이 되지만 3층으로 보이고 있으므로 옆에서 본 모양은 변하지 않습니다. 따라서 쌓기나무를 더 쌓아 올렸을 때 옆에서 본 모양은 왼쪽부터 차례로 2층, 3층, 3층입니다.

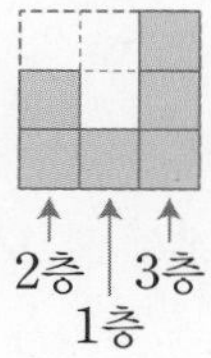

보충 개념

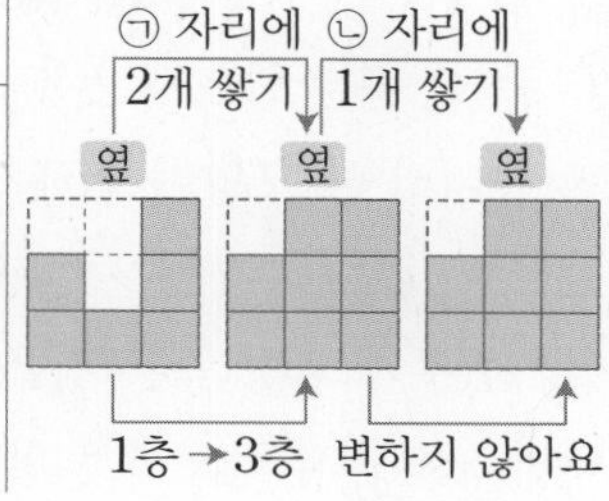

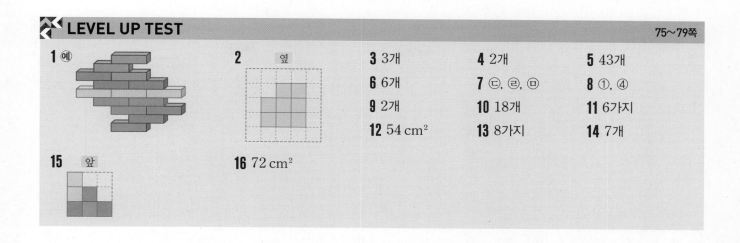

3 접근 ≫ 전체 쌓기나무의 개수를 알아봅니다.

위에서 본 모양의 각 자리에 쌓은 쌓기나무의 개수를 쓰면 오른쪽과 같으므로 (전체 쌓기나무의 개수)$=1+1+1+2+3+1=9$(개)입니다.
앞에서 보았을 때 보이는 쌓기나무의 개수는 앞에서 본 모양의 칸 수와 같으므로 (앞에서 보았을 때 보이는 쌓기나무의 개수)$=1+2+3=6$(개)입니다.
따라서 (앞에서 보았을 때 보이지 않는 쌓기나무의 개수)$=9-6=3$(개)입니다.

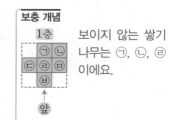

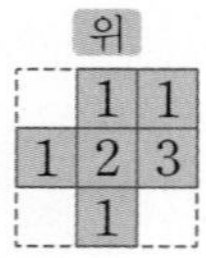

보충 개념

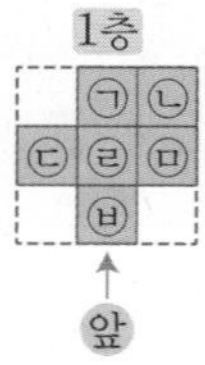

보이지 않는 쌓기나무는 ㉠, ㉡, ㉣이에요.

서술형

67쪽 2번의 변형 심화 유형

4 접근 ≫ ■층에 놓인 쌓기나무의 개수 ➡ ■ 이상의 수가 쓰인 자리의 개수

예 2층에 놓인 쌓기나무의 개수는 위에서 본 모양에 쓴 수가 2 이상인 곳의 개수와 같으므로 7개이고, 3층에 놓인 쌓기나무의 개수는 위에서 본 모양에 쓴 수가 3 이상인 곳의 개수와 같으므로 5개입니다. 따라서 2층에 놓인 쌓기나무는 3층에 놓인 쌓기나무보다 $7-5=2$(개) 더 많습니다.

채점 기준	배점
2층과 3층에 놓인 쌓기나무의 개수를 각각 구했나요?	3점
2층에 놓인 쌓기나무는 3층에 놓인 쌓기나무보다 몇 개 더 많은지 구했나요?	2점

지도 가이드

쌓기나무로 쌓은 모양의 위에서 본 모양에 수를 적는 방법은 쌓은 모양, 쌓은 모양과 위에서 본 모양, 위, 앞, 옆에서 본 모양과는 달리 정확하게 쌓은 모양과 쌓기나무의 개수를 알 수 있습니다.

보충 개념

2층에 놓인 쌓기나무는 색칠한 곳에 놓인 7개예요. 또 3층에 놓인 쌓기나무는 ○표 한 곳에 놓인 5개예요.

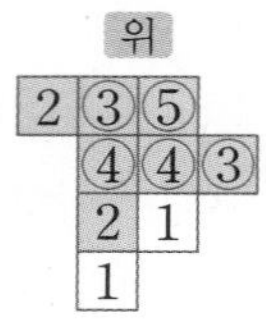

67쪽 2번의 변형 심화 유형

5 접근 ≫ 각 모양의 쌓기나무의 개수를 구합니다.

처음 모양의 쌓기나무는 $3\times5\times4=60$(개)입니다.
새로운 모양의 쌓기나무는 1층 8개, 2층 5개, 3층 3개, 4층이 1개이므로
$8+5+3+1=17$(개)입니다.
따라서 빼낸 쌓기나무는 $60-17=43$(개)입니다.

해결 전략

(빼낸 쌓기나무의 개수)
=(처음 모양의 쌓기나무 개수)
−(새로운 모양의 쌓기나무의 개수)

70쪽 5번의 변형 심화 유형

6 접근 ≫ 위에서 본 모양의 각 자리에 쌓기나무가 가장 적은 경우를 수로 나타냅니다.

앞, 옆에서 모두 2층으로 보이므로 쌓기나무가 가장 적으려면 앞에서 본 모양에 의해 ㉠, ㉢ 중 한 곳은 반드시 2개, 나머지 한 곳은 1개이어야 하고 ㉡, ㉣ 중 한 곳은 반드시 2개, 나머지 한 곳은 1개이어야 합니다.
또 옆에서 본 모양에 의해 ㉠, ㉡ 중 한 곳은 반드시 2개, 나머지 한 곳은 1개이어야 하고 ㉢, ㉣ 중 한 곳은 반드시 2개, 나머지 한 곳은 1개이어야 합니다.
쌓기나무가 가장 적은 경우를 위에서 본 모양의 각 자리에 수로 나타내면 오른쪽과 같으므로 쌓기나무는 적어도 6개가 필요합니다.

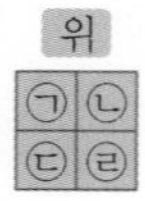

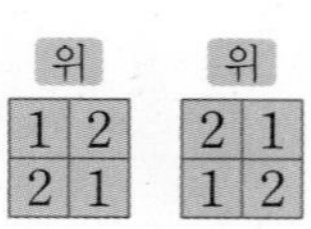

주의

앞에서 보아도, 옆에서 보아도 모두 2층으로 보여야 해요.

7 접근 ≫ 앞과 옆에서 본 모양을 알아봅니다.

위에서 본 모양의 각 자리에 쌓인 쌓기나무의 개수를 세어 위에서 본 모양에 수를 쓰면 오른쪽과 같습니다.
따라서 쌓은 모양을 앞과 옆에서 본 모양은 다음과 같습니다.

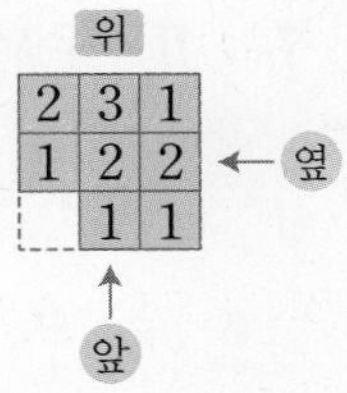

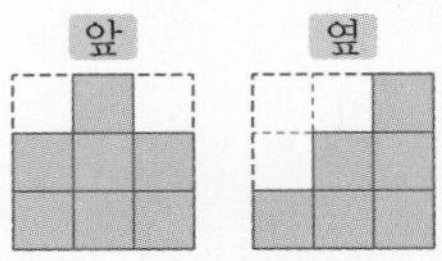

㉠을 빼내면 앞과 옆에서 본 모양이 모두 달라지고, ㉡을 빼내면 앞에서 본 모양이 달라지므로 쌓기나무를 빼내어도 앞과 옆에서 본 모양이 둘다 변하지 않는 쌓기나무는 ㉢, ㉣, ㉤입니다.

보충 개념
㉠을 빼낸 경우

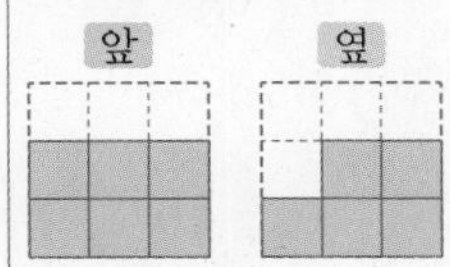

㉡을 빼낸 경우

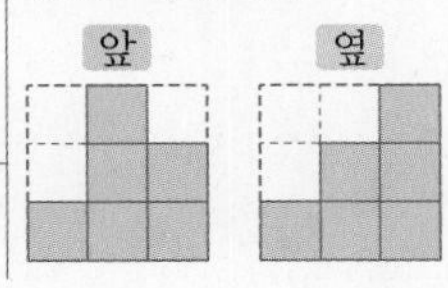

68쪽 3번의 변형 심화 유형

8 접근 ≫ 다 모양에서 가 모양이 들어갈 수 있는 위치를 찾아봅니다.

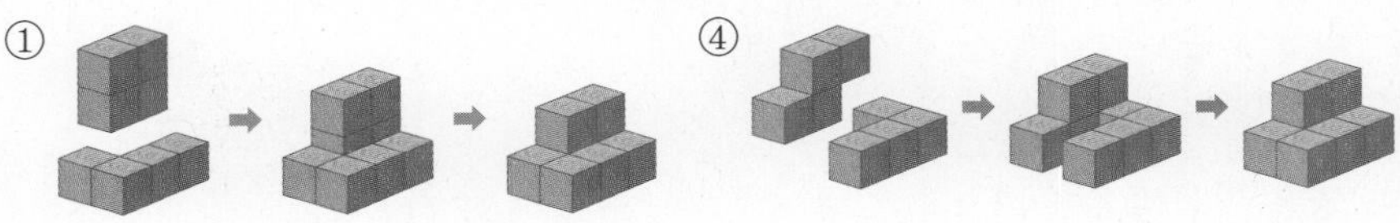

해결 전략
다 모양에 가 모양이 들어갈 위치를 예상한 후, 각 모양이 들어갈 수 있는지 생각해요.

70쪽 5번의 변형 심화 유형

9 접근 ≫ 쌓은 쌓기나무가 가장 많은 경우와 가장 적은 경우로 나누어 생각합니다.

위에서 본 모양의 각 자리에 확실히 알 수 있는 쌓기나무의 개수를 쓰면 오른쪽과 같습니다. 쌓은 쌓기나무가 가장 많은 경우는
㉠=2, ㉡=2, ㉢=2인 경우이므로 쌓은 쌓기나무는 13개입니다.
쌓은 쌓기나무가 가장 적은 경우는 ㉠=1, ㉡=2, ㉢=1인 경우이므로 쌓은 쌓기나무는 11개이므로 개수의 차는 13－11=2(개)입니다.

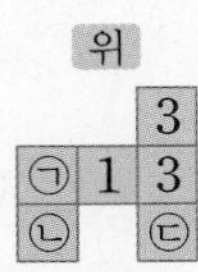

보충 개념

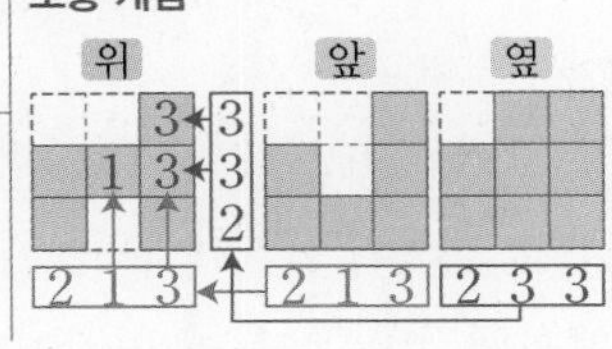

서술형

10 접근 ≫ 될 수 있는 대로 작은 정육면체를 쌓아야 합니다.

예 1층에 6개, 2층에 2개, 3층에 1개를 쌓았으므로 주어진 모양을 쌓는 데 사용한 쌓기나무는 6+2+1=9(개)입니다. 가장 작은 정육면체를 만들어야 하므로 한 모서리가 쌓기나무 3개로 이루어진 정육면체를 만들어야 합니다. 따라서 정육면체를 쌓는 데 필요한 쌓기나무의 개수는 3×3×3=27(개)이므로 쌓기나무는 적어도 27－9=18(개) 더 필요합니다.

채점 기준	배점
쌓인 쌓기나무 개수를 구했나요?	2점
한 모서리의 쌓기나무 개수를 최소로 할 수 있는 정육면체를 찾았나요?	2점
쌓기나무는 적어도 몇 개 더 필요한지 구했나요?	1점

해결 전략
(더 필요한 쌓기나무의 개수)
=(정육면체를 만드는 데 필요한 쌓기나무의 개수)
－(쌓은 쌓기나무의 개수)

11 접근 ≫ 위에서 본 모양의 각 자리에 쌓을 쌓기나무의 개수를 알아봅니다.

3층으로 쌓았으므로 위에서 본 모양의 한 자리에 쌓기나무 3개를 쌓고 남은 쌓기나무 6－3＝3(개)를 남은 자리에 쌓으면 만들 수 있는 모양은 위에서 본 모양이 다음과 같은 6가지입니다.

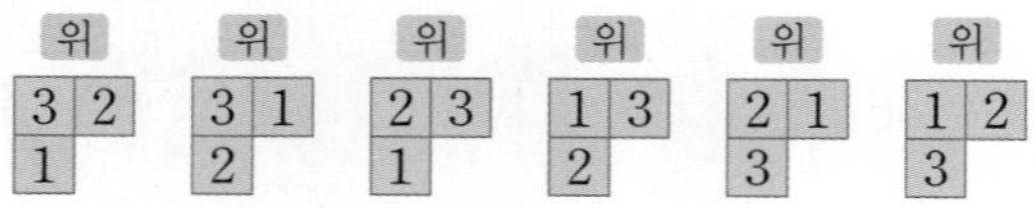

다른 풀이
위에서 본 모양에 의해 1층의 쌓기나무는 3개임을 알 수 있습니다. 각 층의 쌓기나무의 개수가 모두 다르므로 1층에 3개를 쌓고 6－3＝3(개)의 쌓기나무를 2층에 2개, 3층에 1개 쌓으면 됩니다. 따라서 만들 수 있는 모양은 위에서 본 모양이 다음과 같은 6가지입니다.

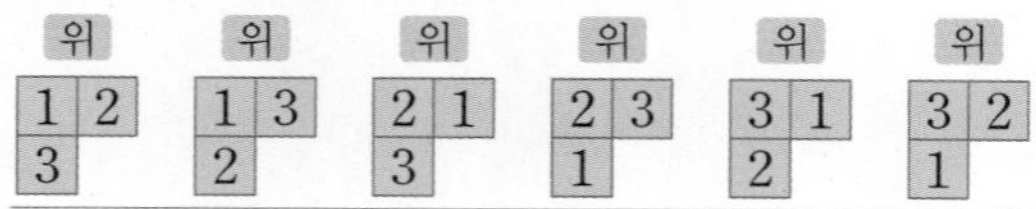

보충 개념
각 층의 쌓기나무의 개수가 모두 다르므로 위에서 본 모양의 각 자리에 1, 2, 3을 위치를 이동하면서 써 봐요.

12

73쪽 8번의 변형 심화 유형

접근 ≫ 쌓은 모양을 위, 앞, 옆에서 본 모양을 알아봅니다.

쌓기나무로 쌓은 모양을 위, 앞, 옆에서 본 모양은 다음과 같습니다.

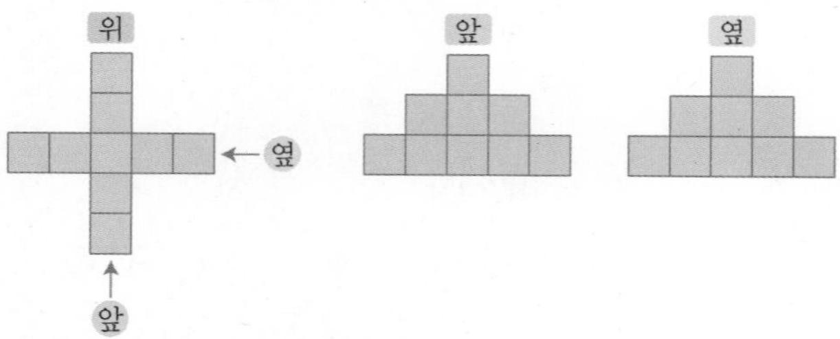

모양을 둘러싼 쌓기나무 면 중 위와 아래, 앞과 뒤, 오른쪽 옆과 왼쪽 옆 어느 방향에서도 보이지 않는 면은 없습니다.
따라서 모양을 둘러싼 쌓기나무 면은 $(9+9+9)\times2=54$(개)이고
쌓기나무 한 면의 넓이는 $1\,cm^2$이므로 쌓은 모양의 겉넓이는 $54\,cm^2$입니다.

해결 전략
모양을 둘러싼 면 중 위와 아래, 앞과 뒤, 오른쪽 옆과 왼쪽 옆 어느 방향에서도 보이지 않는 면이 없으므로 모양을 둘러싼 면은 위, 앞, 옆에서 보이는 면의 수의 2배예요.

13

72쪽 7번의 변형 심화 유형

접근 ≫ 쌓은 쌓기나무의 개수가 몇 개가 될 수 있는지 알아봅니다.

위에서 본 모양의 각 자리에 확실히 알 수 있는 쌓기나무의 개수를 쓰면 오른쪽과 같습니다.

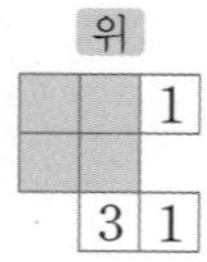

따라서 색칠된 칸에 쌓을 수 있는 쌓기나무 모양은 다음과 같이 모두 8가지입니다.

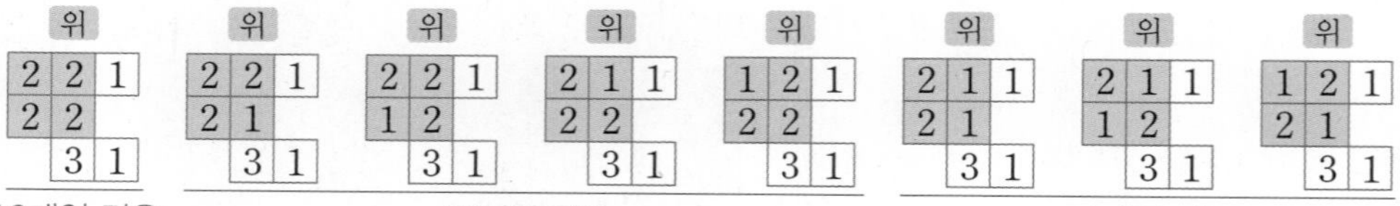

13개인 경우　　12개인 경우　　11개인 경우

보충 개념
• 쌓기나무가 가장 많은 경우　• 쌓기나무가 가장 적은 경우

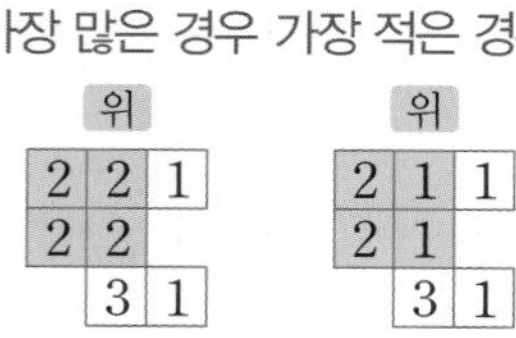

13개　　11개

➡ 11개, 12개, 13개인 경우로 나누어 생각해요.

14 접근 ≫ 먼저 위에서 본 모양을 알아봅니다.

위에서 본 모양의 각 자리에 쌓은 쌓기나무의 개수를 쓰면 ㉠과 같고 위에서 본 모양이 변하지 않고 옆에서 본 모양이 주어진 모양과 같아지도록 하는 최대 쌓기나무 수를 쓰면 ㉡과 같습니다.

㉠ 위

1	1	2
3	1	1
1		

10개

㉡ 위

2	2	2
3	3	3
2		

17개

이곳에 쌓으면 위에서 본 모양이 달라집니다.

따라서 쌓기나무를 최대 $17-10=7$(개)까지 더 쌓을 수 있습니다.

해결 전략
위에서 본 모양은 변하지 않고 옆에서 본 모양이 왼쪽부터 차례로 2층, 3층, 2층이 되도록 쌓아야 해요.

주의
위에서 본 모양은 변하지 않아야 하므로 1층에는 쌓기나무를 더 쌓을 수 없어요.

15
69쪽 4번의 변형 심화 유형
접근 ≫ 위에서 본 모양은 1층의 모양과 같습니다.

위에서 본 모양은 1층의 모양과 같으므로 위에서 본 모양의 각 자리에 쌓은 쌓기나무의 개수를 쓰면

2	2	1
3	2	

이므로 앞에서 본 모양은 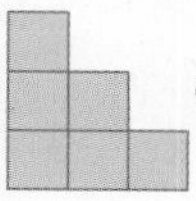 입니다.

앞에서 본 모양을 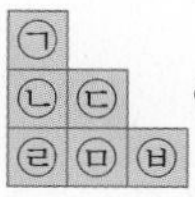

이라고 하면

1층의 모양에서 ㉣은 파란색, ㉤은 빨간색, ㉥은 파란색입니다.
2층의 모양에서 ㉡은 노란색, ㉢은 초록색, 3층의 모양에서 ㉠은 노란색입니다.

보충 개념
쌓은 모양은 다음과 같아요.
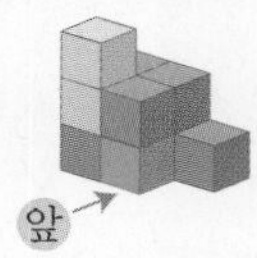

16
73쪽 8번의 변형 심화 유형
접근 ≫ 모양을 둘러싼 면의 개수를 구합니다.

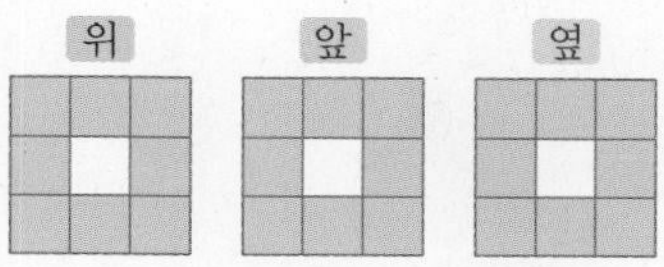

쌓은 모양을 위, 앞, 옆에서 본 모양은 오른쪽과 같으므로 위와 아래, 앞과 뒤, 오른쪽 옆과 왼쪽 옆에서 보이는 쌓기나무 면은 모두 $(8+8+8)\times 2=48$(개)입니다. 위와 아래, 앞과 뒤, 오른쪽 옆과 왼쪽 옆 어느 방향에서도 보이지 않는 쌓기나무 면은 모두 $4\times 6=24$(개)이므로 모양을 둘러싼 쌓기나무 면은 $48+24=72$(개)입니다.
쌓기나무의 한 면의 넓이는 $1\,cm^2$이므로 주어진 모양의 겉넓이는 $72\,cm^2$입니다.

보충 개념
위와 아래, 앞과 뒤, 오른쪽 옆과 왼쪽 옆 어느 방향에서도 보이지 않는 면은 빨간색으로 칠해진 부분이에요.
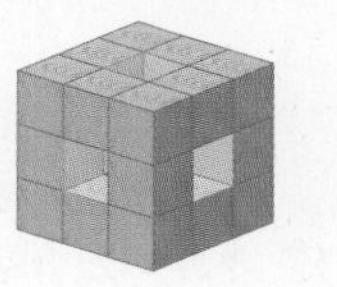

다른 풀이
각 층별 겉넓이를 구한 후 겹쳐지는 부분의 넓이를 뺍니다.
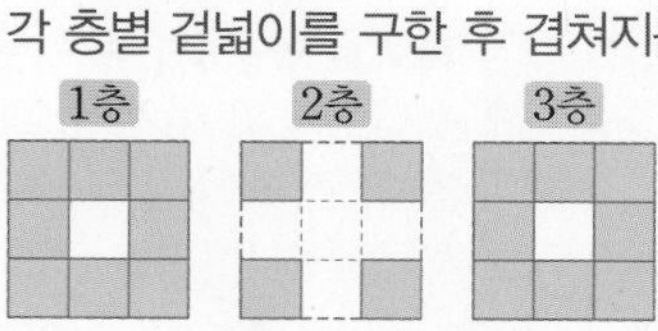

(1층의 겉넓이)$=1\times 8\times 2+1\times 3\times 4+1\times 1\times 4$
$=32\,(cm^2)$
(2층의 겉넓이)$=1\times 6\times 4=24\,(cm^2)$
(3층의 겉넓이)$=$(1층의 겉넓이)$=32\,(cm^2)$
1층과 2층이 만나 겹쳐지는 부분은 빗금 친 부분과 같습니다.
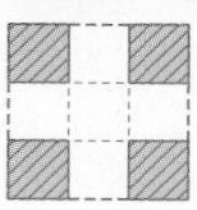
(겹쳐지는 부분의 넓이)$=1\times 4\times 2=8\,(cm^2)$
마찬가지로 2층과 3층이 만나 겹쳐지는 부분의 넓이도 $8\,cm^2$입니다.
따라서 (겉넓이)$=32+24+32-8-8=72\,(cm^2)$

HIGH LEVEL　80~82쪽

1 10개　**2** 다, 라　**3** 3쌍　**4** 576 cm^2　**5**

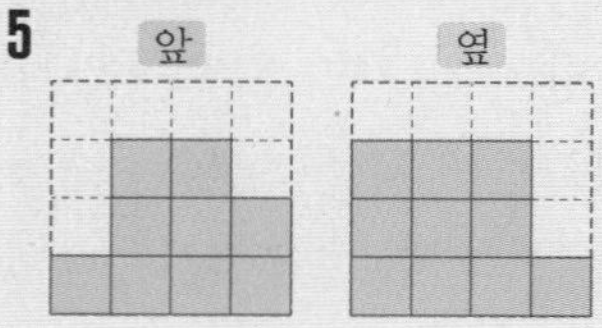

6 52 cm^2　**7** 112개　**8** 3개　**9** 343개

1 접근 ≫ 층별로 나누어 생각합니다.

위와 아래, 앞과 뒤, 오른쪽 옆과 왼쪽 옆의 어느 방향에서도 보이지 않는 쌓기나무는 4층의 쌓기나무 아래에 있는 3층의 쌓기나무 1개(㉠)와 3층의 쌓기나무 아래에 있는 2층의 쌓기나무 9개(㉡)입니다.
따라서 위와 아래, 앞과 뒤, 오른쪽 옆과 왼쪽 옆 어느 방향에서도 보이지 않는 쌓기나무는 $9+1=10$(개)입니다.

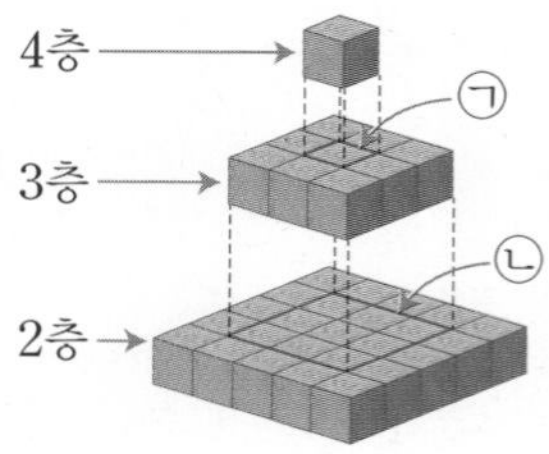

보충 개념
1층과 4층의 쌓기나무 중 위와 아래, 앞과 뒤, 오른쪽 옆과 왼쪽 옆 어느 방향에서도 보이지 않는 쌓기나무는 없어요.

2 68쪽 3번의 변형 심화 유형
접근 ≫ 각 모양에 ② 또는 ⑥ 조각이 들어갈 수 있는 위치를 찾아봅니다.

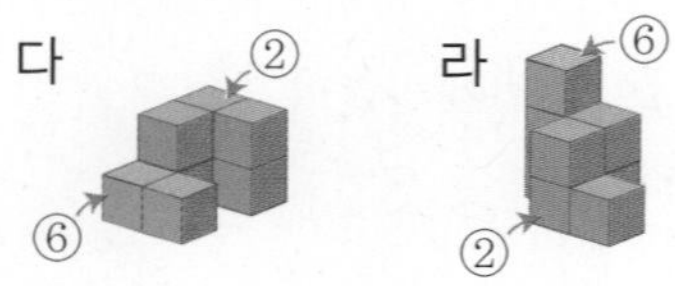

만들 수 있는 모양은 다와 라입니다.
가는 ①과 ⑥ 조각을 이용하여 만들 수 있습니다.

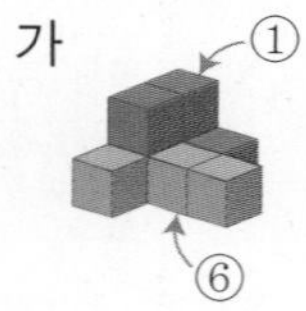

주의
①  모양과
② 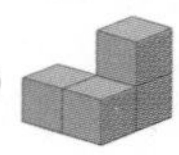 모양은
다른 모양이에요.

3 68쪽 3번의 변형 심화 유형
접근 ≫ 주어진 모양에 보기 의 모양들이 들어갈 수 있는 위치를 찾아봅니다.

가가 들어갈 수 있는 위치를 찾으면 다음과 같습니다.

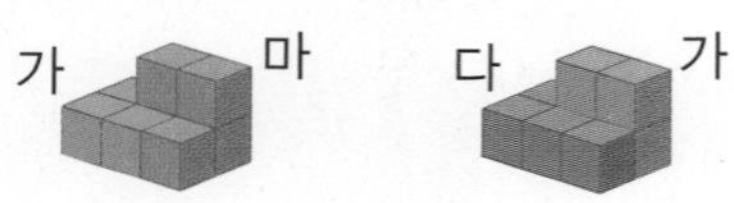

나가 들어갈 위치를 찾으면 다음과 같습니다.

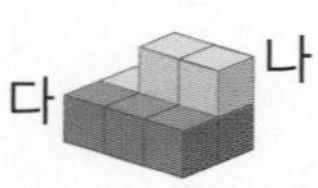

따라서 사용할 수 있는 두 가지 모양은 가와 마, 가와 다, 나와 다로 모두 3쌍입니다.

보충 개념
라가 들어갈 수 있는 위치를 찾으면 다음과 같이 다른 모양이 들어갈 곳이 없으므로 라는 사용할 수 없어요.

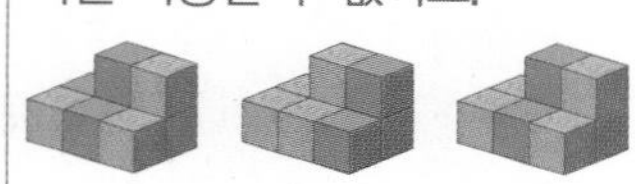

서술형 **4** 71쪽 6번의 변형 심화 유형

접근 ≫ 먼저 쌓기나무의 한 면의 넓이를 알아봅니다.

예 색칠된 쌓기나무 면은 $(5\times2\times4)+(2\times2\times2)=40+8=48$(개)이므로

쌓기나무의 한 면의 넓이는 $384\div48=8\,(cm^2)$입니다.

쌓기나무 20개의 면은 모두 $20\times6=120$(개)이므로

색칠되지 않은 면은 $120-48=72$(개)입니다.

따라서 색칠되지 않은 면의 넓이의 합은 $8\times72=576\,(cm^2)$입니다.

보충 개념
(쌓기나무의 한 면의 넓이)
=(색칠된 면의 넓이의 합)
÷(색칠된 면의 개수)

채점 기준	배점
쌓기나무의 한 면의 넓이를 구했나요?	2점
색칠되지 않은 면의 개수를 구했나요?	2점
색칠되지 않은 면의 넓이의 합을 구했나요?	1점

5 69쪽 4번의 변형 심화 유형

접근 ≫ 위에서 본 모양의 각 자리에 쌓은 쌓기나무의 개수를 써 봅니다.

위에서 본 모양은 1층의 모양과 같으므로 위에서 본 모양의 각 자리에 쌓은 쌓기나무의 개수를 쓰면 오른쪽과 같습니다.

따라서 쌓은 모양을 앞과 옆에서 본 모양은 다음과 같습니다.

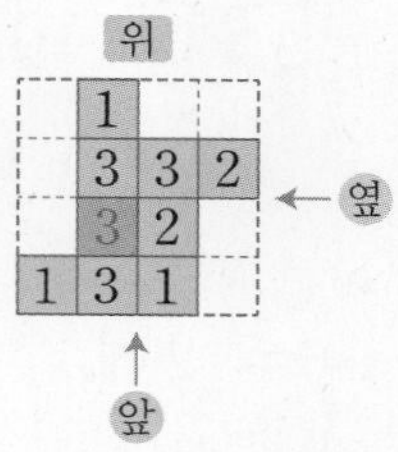

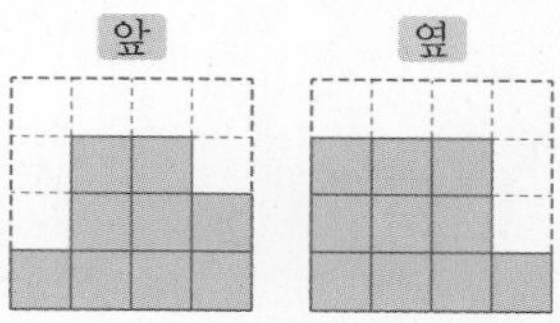

보충 개념
쌓은 모양은 다음과 같아요.

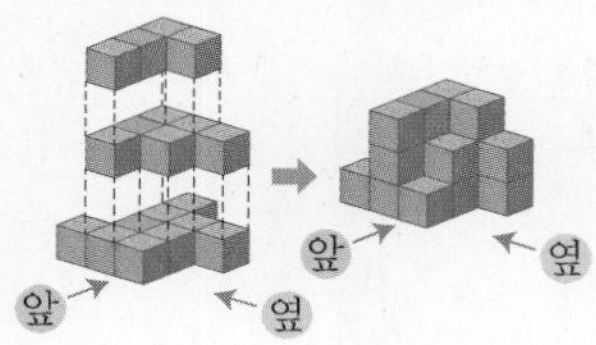

6 73쪽 8번의 변형 심화 유형

접근 ≫ 층별 겉넓이의 합에서 겹쳐지는 부분의 넓이를 뺍니다.

한 면의 넓이가 $1\,cm^2$이므로

(1층의 겉넓이)$=1\times7\times2+1\times3\times4+1\times2\times2=30\,(cm^2)$

(2층의 겉넓이)$=1\times5\times2+1\times3\times4=22\,(cm^2)$

(3층의 겉넓이)$=1\times3\times2+1\times3\times2+1\times2\times2=16\,(cm^2)$

1층과 2층이 만나 겹쳐지는 부분

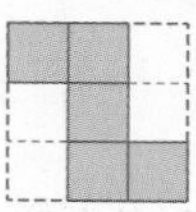

(겹쳐지는 부분의 넓이)$=1\times5\times2=10\,(cm^2)$

2층과 3층이 만나 겹쳐지는 부분

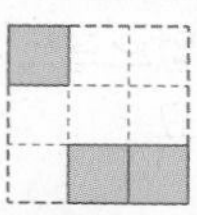

(겹쳐지는 부분의 넓이)$=1\times3\times2=6\,(cm^2)$

따라서 (쌓은 모양의 겉넓이)=(1, 2, 3층의 겉넓이)−(겹쳐지는 부분의 넓이)

$=30+22+16-10-6$

$=52\,(cm^2)$입니다.

보충 개념
1층의 쌓은 모양에서 모양을 둘러싼 쌓기나무 면은
위와 아래: (7×2)개
앞과 뒤, 왼쪽 옆과 오른쪽 옆: (3×4)개
위와 아래, 앞과 뒤, 오른쪽 옆과 왼쪽 옆 어느 방향에서도 보이지 않는 쌓기나무 면: (2×2)개

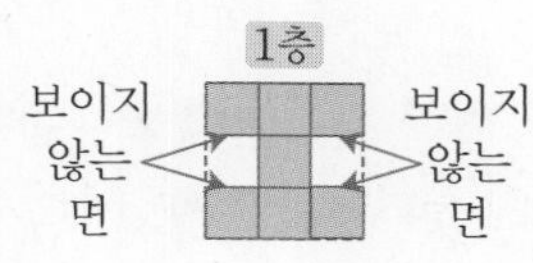

7 접근 ≫ 한 모서리에 쌓기나무를 몇 개씩 쌓았는지 알아봅니다.

$5\times5\times5=125$이므로 한 모서리에 쌓은 쌓기나무는 5개입니다.
1층, 2층, 4층, 5층의 모양은 가와 같고 3층의 모양은 나와 같습니다.

가 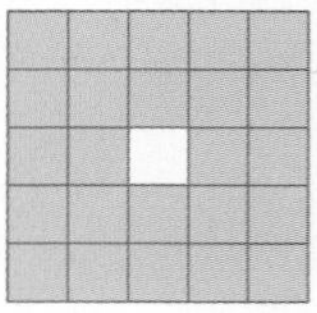 나 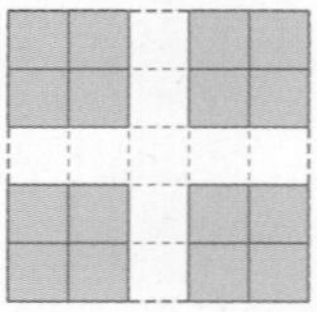

따라서 쌓기나무는
$(5\times5-1)\times4+4\times4$
$=24\times4+16$
$=96+16=112$(개)가 남습니다.

해결 전략
층별 모양을 알아봐요.

8 접근 ≫ 3층부터 차례로 쌓은 쌓기나무의 색을 칠해 봅니다.

같은 색의 면끼리는 맞닿지 않도록 쌓았으므로 각 층의 모양과 쌓기나무의 색은 다음과 같습니다.

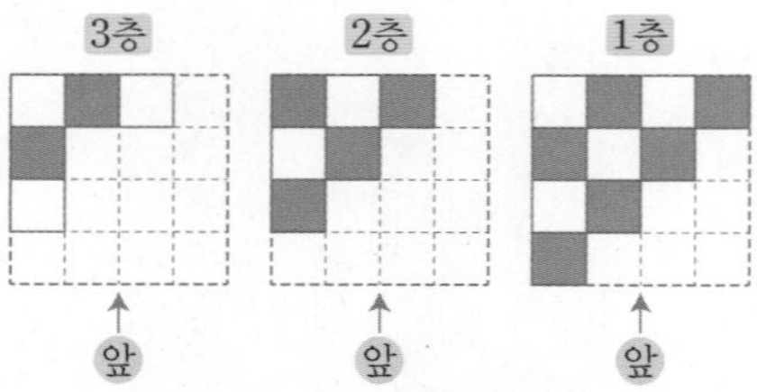

따라서 파란색 쌓기나무는 $2+4+6=12$(개), 흰색 쌓기나무는 $3+2+4=9$(개)이므로 파란색 쌓기나무는 흰색 쌓기나무보다 $12-9=3$(개) 더 많습니다.

해결 전략
1층의 모양은 위에서 본 모양과 같아요.

다른 풀이

위

3	3	3	1
3	2	1	
3	1		
1			

흰색과 파란색 쌓기나무가 번갈아 있으므로 위에서 보았을 때 그 자리에 쌓인 쌓기나무가 짝수 개이면 흰색과 파란색 쌓기나무가 똑같은 개수만큼 있고, 홀수 개이면 가장 위에 있는 색깔의 쌓기나무가 1개 더 많습니다. 위에서 본 모양의 각 자리에 쌓인 쌓기나무의 개수는 왼쪽과 같으므로 흰색 쌓기나무는 9개, 파란색 쌓기나무는 12개입니다. ➡ $12-9=3$(개)

보충 개념
위에서 본 모양의 각 자리에 쌓인 흰색과 파란색 쌓기나무의 수를 쓰면 다음과 같아요.

흰색 쌓기나무

위

2	1	2	0
1	1	0	
2	0		
0			

9개

파란색 쌓기나무

위

1	2	1	1
2	1	1	
1	1		
1			

12개

9 71쪽 6번의 변형 심화 유형
접근 ≫ 한 모서리의 쌓기나무 개수와 두 면만 칠해진 쌓기나무 개수의 관계를 알아봅니다.

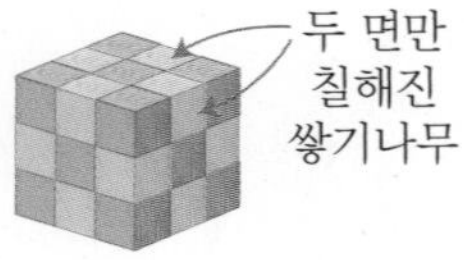

한 모서리에 있는 쌓기나무가 3개일 때,
두 면만 칠해진 쌓기나무는 한 모서리마다 $(3-2)$개 있고,
모서리는 12개이므로 두 면만 칠해진 쌓기나무는
$(3-2)\times12=12$(개)입니다.
즉, 한 모서리에 있는 쌓기나무의 개수를 □개라 하면
두 면만 칠해진 쌓기나무는 한 모서리마다 (□-2)개 있으므로
두 면만 칠해진 쌓기나무는 ((□$-2)\times12$)개입니다.
➡ (□$-2)\times12=60$, □$-2=5$, □$=7$
한 모서리에 있는 쌓기나무의 개수가 7개이므로 쌓기나무 $7\times7\times7=343$(개)로 정육면체를 쌓아야 합니다.

해결 전략
두 면만 칠해진 쌓기나무는

 ➡ $(3-2)\times12$

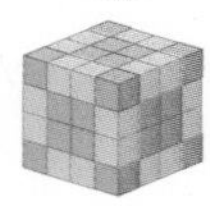 ➡ $(4-2)\times12$

 ➡ $(5-2)\times12$

4 비례식과 비례배분

BASIC TEST

1 비의 성질, 간단한 자연수의 비로 나타내기 87쪽

1 예 2 : 3, 16 : 24

2 (1) 1.5, 17, 15 (2) 17, 17, 15

3 나, 라

4 (1) 4 : 15 (2) 5 : 4 (3) 15 : 8

5 13 : 12

6 1 : 5 / 1 : 5 / 같습니다.

1 $8:12 \xrightarrow{\times 2} 16:24$ $\quad 8:12 \xrightarrow{\div 4} 2:3$

비의 전항과 후항에 0이 아닌 같은 수를 곱하거나 0이 아닌 같은 수로 나누어서 나타낸 비는 모두 정답입니다.

2 (1) 후항 $1\frac{1}{2}$을 소수로 바꾸면

$1\frac{1}{2}=1\frac{5}{10}=1.5$입니다.

(2) 전항 1.7을 분수로 바꾸면 $\frac{17}{10}$입니다.

3 나의 가로와 세로의 비 12 : 9의 전항과 후항을 3으로 나누면 4 : 3이 되고, 라의 가로와 세로의 비 20 : 15의 전항과 후항을 5로 나누면 4 : 3이 되므로 가로와 세로의 비가 4 : 3과 비율이 같은 직사각형은 나, 라입니다.

4 (1) 비의 전항과 후항에 10을 곱합니다.

(2) 비의 전항과 후항을 8로 나눕니다.

(3) 비의 전항과 후항에 30을 곱합니다.

5 여학생은 225－117＝108(명)입니다.

(남학생 수) : (여학생 수)＝117 : 108 ➡ 13 : 12

6 의란 0.5 : 2.5 ➡ 5 : 25 ➡ 1 : 5

길호 $\frac{3}{10}:1\frac{1}{2}$ ➡ $\frac{3}{10}:\frac{3}{2}$ ➡ 3 : 15 ➡ 1 : 5

따라서 두 꿀물의 진하기는 같습니다.

2 비례식 89쪽

1 3 : 4＝15 : 20 (또는 15 : 20＝3 : 4)

2 ①, ④

3 (1) 5 (2) 8 (3) $\frac{1}{9}$

4 예 2 : 3＝4 : 6 (또는 2 : 4＝3 : 6, 6 : 3＝4 : 2, 6 : 4＝3 : 2, 3 : 2＝6 : 4, 3 : 6＝2 : 4, 4 : 2＝6 : 3, 4 : 6＝2 : 3)

5 28명

6 54

1 • 2 : 3의 비율: $\frac{2}{3}$ • 3 : 4의 비율: $\frac{3}{4}$

• 12 : 9의 비율: $\frac{12}{9}(=\frac{4}{3})$

• 15 : 20의 비율: $\frac{15}{20}(=\frac{3}{4})$

따라서 비율이 같은 두 비를 찾아 비례식을 세우면 3 : 4＝15 : 20 또는 15 : 20＝3 : 4입니다.

2 외항의 곱과 내항의 곱이 같은 것을 찾습니다.

3 (1) □×48＝4×60, □×48＝240, □＝5

(2) 0.4×10＝0.5×□, 0.5×□＝4, □＝8

(3) $\frac{1}{6}$×2＝□×3, □×3＝$\frac{1}{3}$, □＝$\frac{1}{9}$

4 두 수의 곱이 같은 카드를 찾아서 외항과 내항에 각각 놓아 비례식을 세웁니다.

2×6＝12, 3×4＝12이므로 2와 6을 외항, 3과 4를 내항에 놓거나 2와 6을 내항, 3과 4를 외항에 놓습니다. 이때 비율이 같은 두 비를 서로 같다고 놓아야 합니다.

5 건창이네 반 학생 수를 □명이라 하고 비례식을 세우면 25 : 7＝100 : □입니다.

➡ 25×□＝7×100, 25×□＝700, □＝28

따라서 건창이네 반 학생은 모두 28명입니다.

6 ㉠과 ㉡의 곱이 300보다 작은 9의 배수이고 5×□＝㉠×㉡이므로 ㉠×㉡는 5의 배수입니다.

5와 9의 최소공배수는 45이므로 ㉠×㉡과 5×□는 300보다 작은 45의 배수 45, 90, 135, 180, 225, 270이 됩니다. 따라서 □ 안에 들어갈 수 있는 수는 9, 18, 27, 36, 45, 54이므로 □ 안에 들어갈 수 있는 수 중에서 가장 큰 수는 54입니다.

다른 풀이
5×□=㉠×㉡입니다. 5×□는 300보다 작은 9의 배수이고 5의 배수이므로 300보다 작은 45의 배수입니다.
300÷45=6⋯30이므로 300보다 작은 45의 배수 중 가장 큰 수는 45×6=270입니다.
따라서 5×□=270, □=270÷5=54입니다.

3 비례배분 91쪽

1 (1) 14, 49 (2) 57, 38 (3) 160, 100
2 20개, 16개 **3** 54° **4** 15포기, 25포기
5 슬기, 10장 **6** 780 cm²

1 (1) $63\times\frac{2}{2+7}=63\times\frac{2}{9}=14$

$63\times\frac{7}{2+7}=63\times\frac{7}{9}=49$

(2) $95\times\frac{3}{3+2}=95\times\frac{3}{5}=57$

$95\times\frac{2}{3+2}=95\times\frac{2}{5}=38$

(3) $260\times\frac{8}{8+5}=260\times\frac{8}{13}=160$

$260\times\frac{5}{8+5}=260\times\frac{5}{13}=100$

2 효주: $36\times\frac{5}{5+4}=36\times\frac{5}{9}=20$(개)

지솔: $36\times\frac{4}{5+4}=36\times\frac{4}{9}=16$(개)

3 ㉠+㉡=180°−90°=90°

㉡=$90°\times\frac{3}{2+3}=90°\times\frac{3}{5}=54°$

4 병호네 가족: $40\times\frac{3}{3+5}=40\times\frac{3}{8}=15$(포기)

정후네 가족: $40\times\frac{5}{3+5}=40\times\frac{5}{8}=25$(포기)

5 색종이는 10×13=130(장) 있으므로

슬기: $130\times\frac{7}{7+6}=130\times\frac{7}{13}=70$(장)

예린: $130\times\frac{6}{7+6}=130\times\frac{6}{13}=60$(장)

➡ 슬기가 70−60=10(장) 더 많이 가졌습니다.

다른 풀이
색종이는 10×13=130(장) 있습니다.
슬기는 전체의 $\frac{7}{7+6}=\frac{7}{13}$, 예린이는 전체의 $\frac{6}{7+6}=\frac{6}{13}$을 가졌으므로 슬기가 예린이보다 전체의 $\frac{7}{13}-\frac{6}{13}=\frac{1}{13}$만큼 더 많이 가졌습니다.
➡ 슬기가 $130\times\frac{1}{13}=10$(장) 더 많이 가졌습니다.

6 직사각형의 둘레가 112 cm이므로

(가로)+(세로)는 112÷2=56 (cm)입니다.

(가로)=$56\times\frac{13}{13+15}=56\times\frac{13}{28}=26$ (cm)

(세로)=$56\times\frac{15}{13+15}=56\times\frac{15}{28}=30$ (cm)

➡ (직사각형의 넓이)=26×30=780 (cm²)

MATH TOPIC 92~100쪽

1-1 15 : 18	**1-2** 12살	**1-3** 64 cm
2-1 65장	**2-2** 72개	**2-3** 1920 kg
3-1 56개	**3-2** 15바퀴	**3-3** 18개
4-1 8 : 7	**4-2** 48 cm²	**4-3** 37.5 %
5-1 $\frac{1}{2}$ km	**5-2** 5 : 2	**5-3** 5 kg
6-1 3 : 5	**6-2** 9 cm	**6-3** 3 cm
7-1 10장	**7-2** 3개	**7-3** 3명
8-1 32만 원	**8-2** 250만 원	**8-3** 450만 원
심화9 8.64 / 8.64, 14.04, 28.08 / 28.08		
9-1 32 cm		

1-1 5 : 6 (×2) 10 : 12 ➡ 10+12=22 (×)

5 : 6 (×3) 15 : 18 ➡ 15+18=33 (○)

따라서 구하는 비는 15 : 18입니다.

다른 풀이
5 : 6의 전항과 후항의 합은 5+6=11이고
33=11×3이므로 5 : 6의 전항과 후항에 3을 곱하면 구하는 비는 15 : 18입니다.

1-2 $3:10$ ⇒(×2) $6:20$ ➡ $6+20=26$ (×)

$3:10$ ⇒(×3) $9:30$ ➡ $9+30=39$ (×)

$3:10$ ⇒(×4) $12:40$ ➡ $12+40=52$ (○)

따라서 시원이는 12살입니다.

> **다른 풀이**
> 시원이의 나이: $52\times\frac{3}{3+10}=52\times\frac{3}{13}=12$(살)

1-3 $3:5$ ⇒(×2) $6:10$ ➡ $10-6=4$ (×)

$3:5$ ⇒(×3) $9:15$ ➡ $15-9=6$ (×)

$3:5$ ⇒(×4) $12:20$ ➡ $20-12=8$ (○)

가로는 12 cm, 세로는 20 cm이므로

(둘레)$=(12+20)\times2=32\times2=64$ (cm)

2-1 희재와 교림이 가진 색종이 수의 비를 가장 간단한 자연수의 비로 나타내면

(희재) : (교림)$=2\frac{1}{7}:2.5$ ➡ $\frac{15}{7}:\frac{5}{2}$

➡ $30:35$ ➡ $6:7$입니다.

교림이가 가진 색종이 수를 □장이라 하면

$6:7=30:□$, $6\times□=7\times30$,

$6\times□=210$, $□=210\div6=35$

➡ (처음에 있던 색종이 수)$=30+35=65$(장)

> **다른 풀이**
> 색종이 수의 비를 가장 간단한 자연수의 비로 나타내면
> (희재) : (교림)$=2\frac{1}{7}:2.5$ ➡ $6:7$
> 처음에 있던 색종이 수를 □장이라 하면
> $□\times\frac{6}{6+7}=30$, $□\times\frac{6}{13}=30$, $□=65$

2-2 떨어지지 않은 감은 처음에 감나무에 달려 있던 감의 $100-25=75$ (%)이므로

처음에 달려 있던 감의 수를 □개라 하면

$75:100=54:□$, $75\times□=100\times54$,

$75\times□=5400$, $□=5400\div75=72$

2-3 $\frac{(\text{무 생산량})}{(\text{배추 생산량})}=\frac{3}{5}$이므로

(무 생산량) : (배추 생산량)$=3:5$입니다.

무 생산량을 □kg이라 하면

$3:5=□:1200$, $3\times1200=5\times□$,

$5\times□=3600$, $□=3600\div5=720$

따라서 지영이네 집에서 생산한 배추와 무는 모두

$1200+720=1920$ (kg)입니다.

> **다른 풀이**
> (무 생산량) : (배추 생산량)$=3:5$이므로 전체 생산량을 □kg이라 하면 $□\times\frac{5}{3+5}=1200$, $□\times\frac{5}{8}=1200$,
> $□=1200\div\frac{5}{8}=1200\times\frac{8}{5}=1920$

3-1 ㉮와 ㉯의 회전수의 비는 $16:28$ ➡ $4:7$이므로

㉮와 ㉯의 톱니 수의 비는 $7:4$입니다.

㉮의 톱니 수를 □개라 하면

$7:4=□:32$, $7\times32=4\times□$,

$4\times□=224$, $□=224\div4=56$

따라서 ㉮의 톱니는 56개입니다.

3-2 ㉮와 ㉯의 톱니 수의 비가 $20:12$ ➡ $5:3$이므로

㉮와 ㉯의 회전수의 비는 $3:5$입니다.

㉯가 25바퀴를 도는 동안 ㉮는 □바퀴를 돈다고 하면 $3:5=□:25$, $3\times25=5\times□$,

$5\times□=75$, $□=75\div5=15$

따라서 ㉮는 15바퀴를 돕니다.

3-3 1분 동안 ㉮는 $24\div4=6$(바퀴),

㉯는 $24\div3=8$(바퀴)를 돌므로

㉮와 ㉯의 회전수의 비는 $6:8$ ➡ $3:4$입니다.

㉮와 ㉯의 톱니 수의 비는 $4:3$이므로

㉯의 톱니 수를 □개라 하면

$4:3=24:□$, $4\times□=3\times24$,

$4\times□=72$, $□=72\div4=18$

따라서 ㉯의 톱니는 18개입니다.

4-1 삼각형의 넓이를 □, 사다리꼴의 넓이를 △라 하면

$□\times\frac{1}{4}=△\times\frac{2}{7}$, $□:△=\frac{2}{7}:\frac{1}{4}$ ➡ $8:7$

4-2 25 % ➡ $\frac{25}{100}=\frac{1}{4}$입니다.

원의 넓이를 □, 정사각형의 넓이를 △라 하면

$\square\times\frac{1}{4}=\triangle\times\frac{1}{3}$, $\square:\triangle=\frac{1}{3}:\frac{1}{4}$ ➡ $4:3$

원의 넓이가 64 cm^2이므로

$4:3=64:\triangle$, $4\times\triangle=3\times64$,

$4\times\triangle=192$, $\triangle=192\div4=48$

따라서 정사각형의 넓이는 48 cm^2입니다.

4-3 겹쳐진 부분의 넓이를 원 나의 넓이의 □만큼이라 하면 (가의 넓이)$\times\frac{2}{5}$=(나의 넓이)$\times\square$,

(가의 넓이) : (나의 넓이)=$\square:\frac{2}{5}$ ➡ $15:16$

$\square:\frac{2}{5}=15:16$이므로 $\square\times16=\frac{2}{5}\times15$,

$\square\times16=6$, $\square=0.375$

따라서 겹쳐진 부분의 넓이는 나의 넓이의 $0.375\times100=37.5$ (%)입니다.

5-1 (걸어서 간 거리)=(버스로 간 거리)$\times\frac{1}{11}$이므로

(걸어서 간 거리) : (버스로 간 거리)

$=\frac{1}{11}:1$ ➡ $1:11$입니다.

따라서 걸어서 간 거리는

$6\times\frac{1}{1+11}=6\times\frac{1}{12}=\frac{1}{2}$ (km)입니다.

5-2 (상우의 나이)=(동생의 나이)×2이므로

(상우의 나이) : (동생의 나이)=2 : 1입니다.

(동생의 나이)$=18\times\frac{1}{2+1}=18\times\frac{1}{3}=6$(살),

(상우의 나이)$=6\times2=12$(살),

(형의 나이)$=12+3=15$(살)이므로

형과 동생의 나이의 비는 15 : 6 ➡ 5 : 2입니다.

5-3 (고구마의 무게)=(감자의 무게)$\times1\frac{1}{4}$,

(감자의 무게)=(당근의 무게)$\times1\frac{1}{3}$이므로

(고구마의 무게)=(당근의 무게)$\times1\frac{1}{3}\times1\frac{1}{4}$

└ 감자의 무게

=(당근의 무게)$\times1\frac{2}{3}$입니다.

(고구마의 무게) : (감자의 무게)

$=1\frac{1}{4}:1$ ➡ $\frac{5}{4}:1$ ➡ $5:4$

(고구마의 무게) : (당근의 무게)

$=1\frac{2}{3}:1$ ➡ $\frac{5}{3}:1$ ➡ $5:3$

고구마의 무게를 (5×□) kg이라 하면 감자의 무게는 (4×□) kg, 당근의 무게는 (3×□) kg이므로

$5\times\square+4\times\square+3\times\square=12$,

$12\times\square=12$, $\square=12\div12=1$

따라서 고구마의 무게는 $5\times1=5$ (kg)입니다.

보충 개념

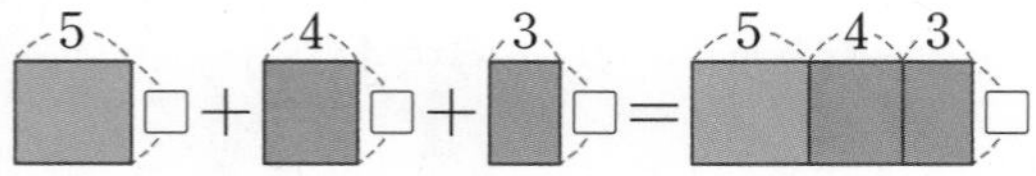

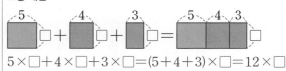

$5\times\square+4\times\square+3\times\square=(5+4+3)\times\square=12\times\square$

6-1 두 삼각형의 높이가 같으므로 가와 나의 밑변의 길이를 각각 □cm, △ cm라 하면

(가의 넓이) : (나의 넓이)

=(□×(높이)÷2) : (△×(높이)÷2)=□ : △

즉 높이가 같은 두 삼각형의 넓이의 비는 밑변의 길이의 비와 같으므로 삼각형 가와 나의 밑변의 길이의 비는 3 : 5입니다.

보충 개념

(□×(높이)÷2) : (△×(높이)÷2)

↓ 비의 전항과 후항에 2를 곱합니다.

=□×(높이) : △×(높이)

↓ 비의 전항과 후항을 (높이)로 나눕니다.

=□ : △

6-2 높이가 같은 두 삼각형의 넓이의 비는 밑변의 길이의 비와 같으므로

(선분 ㄴㄹ) : (선분 ㄹㄷ)=3 : 4

(변 ㄴㄷ)$=168\times2\div16=21$ (cm)이므로

(선분 ㄴㄹ)$=21\times\frac{3}{3+4}=21\times\frac{3}{7}=9$ (cm)

6-3 사다리꼴의 윗변과 아랫변의 길이의 합을 □cm라 하면

(삼각형의 넓이) : (사다리꼴의 넓이)

=(8×(높이)÷2) : (□×(높이)÷2)=8 : □

두 도형의 넓이의 비가 4 : 5이므로

$8:\square=4:5$, $8\times5=\square\times4$,

$\square\times4=40$, $\square=40\div4=10$

㉠$=10-7=3$ (cm)

7-1 은정이가 처음에 가지고 있던 카드는 40장이고 현미에게 카드를 준 후 가지고 있는 카드는

$80\times\frac{3}{3+5}=80\times\frac{3}{8}=30$(장)입니다.

따라서 은정이는 현미에게 카드를

$40-30=10$(장) 주었습니다.

> 주의
> 두 사람의 카드 수의 합은 변하지 않습니다.

7-2 먹고 남은 딸기맛 사탕은 $45\times\frac{4}{4+5}=20$(개),

포도맛 사탕은 $45\times\frac{5}{4+5}=25$(개)입니다.

딸기맛 사탕 수는 변하지 않았으므로

처음에 있던 포도맛 사탕 수를 □개라 하면

$5:7=20:\square$, $5\times\square=7\times20$,

$5\times\square=140$, $\square=28$

따라서 먹은 포도맛 사탕은 $28-25=3$(개)입니다.

> 다른 풀이
> 먹고 남은 딸기맛 사탕은 $45\times\frac{4}{4+5}=20$(개),
> 포도맛 사탕은 $45\times\frac{5}{4+5}=25$(개)입니다.
> 처음에 있던 딸기맛 사탕 수를 ($5\times\square$)개, 포도맛 사탕 수를 ($7\times\square$)개라 하면 딸기맛 사탕 수는 변하지 않았으므로 $5\times\square=20$, $\square=20\div5=4$
> 따라서 처음에 있던 포도맛 사탕은 $7\times4=28$(개)이므로 먹은 포도맛 사탕은 $28-25=3$(개)입니다.

7-3 이번 달의 남학생 수는 $198\times\frac{5}{5+6}=90$(명),

여학생 수는 $198-90=108$(명)입니다.

남학생 수는 변하지 않았으므로

지난달 여학생 수를 □명이라 하면

$6:7=90:\square$, $6\times\square=7\times90$,

$6\times\square=630$, $\square=630\div6=105$

따라서 이번 달에 전학을 온 여학생은

$108-105=3$(명)입니다.

8-1 두 사람이 투자한 금액의 비를 가장 간단한 자연수의 비로 나타내면

(갑) : (을)$=$42만 : 70만 ➡ 3 : 5입니다.

전체 이익금을 □만 원이라 하면

$\square\times\frac{5}{3+5}=20$, $\square\times\frac{5}{8}=20$, $\square=32$이므로

전체 이익금은 32만 원입니다.

8-2 처음 두 회사의 투자한 금액의 비를 가장 간단한 자연수의 비로 나타내면

(㉮ 회사) : (㉯ 회사)$=$150만 : 100만 ➡ 3 : 2이므로 150만 원을 투자했을 때의 ㉮ 회사의 이익금은

50만$\times\frac{3}{3+2}=$50만$\times\frac{3}{5}=$30만 (원)입니다.

㉮ 회사가 다시 투자해야 하는 금액을 □만 원이라 하면 투자한 금액에 대한 이익금의 비율은 항상 일정하므로

$150:\square=30:50$, $150\times50=\square\times30$,

$\square\times30=7500$, $\square=7500\div30=250$

따라서 이익금이 50만 원이 되려면

㉮ 회사는 250만 원을 다시 투자해야 합니다.

8-3 (갑의 이익금)$=$270만$-$240만$=$30만 (원)

갑과 을의 투자한 금액의 비를 간단한 자연수의 비로 나타내면

240만 : 400만 ➡ 3 : 5입니다.

을의 이익금을 □만 원이라 하면 이익금의 비는 투자한 금액의 비와 같으므로

$30:\square=3:5$, $30\times5=\square\times3$,

$\square\times3=150$, $\square=150\div3=50$

을의 이익금이 50만 원이므로 을이 돌려받을 금액은 400만$+$50만$=$450만 (원)입니다.

9-1 (하체의 길이)$=84\frac{1}{2}\times\frac{8}{5+8}$

$=84\frac{1}{2}\times\frac{8}{13}=52$ (cm)이므로

(㉠ 부분의 길이)$=52\times\frac{8}{8+5}$

$=52\times\frac{8}{13}=32$ (cm)입니다.

LEVEL UP TEST

101~105쪽

1 5 : 4	**2** 1.25	**3** 1.4 km	**4** 10°	**5** ㉮, 7개	**6** 96 cm^2
7 3700 m	**8** 21 cm^2	**9** 오후 4시 56분	**10** 76.8 cm^2	**11** 48 cm^2	**12** 40 g
13 23 : 17	**14** 130만 원	**15** 207 cm^2			

서술형

1 **접근 ≫ 일을 하는 데 ■일이 걸릴 때 하루에 하는 일의 양은 전체 일의 $\frac{1}{■}$입니다.**

예 전체 일의 양을 1이라 하면 승철이와 예원이가 하루에 하는 일의 양은 각각 전체 일의 $\frac{1}{16}$, $\frac{1}{20}$입니다. 따라서 두 사람이 하루에 하는 일의 양의 비를 가장 간단한 자연수의 비로 나타내면 (승철) : (예원)$=\frac{1}{16}:\frac{1}{20}$ ➡ 5 : 4입니다.

채점 기준	배점
두 사람이 하루에 하는 일의 양을 각각 구했나요?	2점
두 사람이 하루에 하는 일의 양의 비를 가장 간단한 자연수의 비로 나타냈나요?	3점

보충 개념

$\frac{1}{16}:\frac{1}{20}$ ➡ 5 : 4 (×80, ×80)

2 **접근 ≫ ㉮와 ㉯의 관계를 곱셈식으로 나타내어 봅니다.**

60 % ➡ $\frac{60}{100}=0.6$입니다.

㉮$\times 0.6=$㉯$\times 0.75$이므로 ㉮ : ㉯$=0.75:0.6$ ➡ $75:60$ ➡ $5:4$입니다. (×100, ÷15)

따라서 ㉯에 대한 ㉮의 비율은 ㉮ : ㉯ ➡ $\frac{㉮}{㉯}=\frac{5}{4}=1.25$입니다.

해결 전략

㉮ × ●＝㉯ × ▲
➡ ㉮ : ㉯＝▲ : ●

3 **접근 ≫ 지도에서 공원 입구에서 식물원을 거쳐 편의점까지의 거리를 자로 재어 봅니다.**

지도에서 공원 입구에서 식물원까지의 거리를 자로 재면 4 cm, 식물원에서 편의점까지의 거리를 자로 재면 3 cm이므로 지도에서 공원 입구에서 식물원을 거쳐 편의점까지의 거리는 $4+3=7$ (cm)입니다.

근후의 이동 거리를 □cm라 하면

$1:20000=7:□$, $1\times□=20000\times 7$, $□=140000$

따라서 근후의 이동 거리는 140000 cm＝1.4 km입니다.

해결 전략

(지도에서의 거리) : (실제 거리)
$=1:20000$

보충 개념

실제 거리를 지도상에서 축소하였을 때의 축소 비율을 축척이라고 합니다.

지도 가이드

사회 교과뿐아니라 실생활과 수학을 연계하여 안내 지도에 나타난 장소 사이의 실제 직선거리를 구해 보는 활동을 통해 창의·융합, 정보 처리 능력 등을 기를 수 있습니다. 지도에서 두 지점 사이의 거리와 축척을 알면 비의 성질, 비례식의 성질을 활용하여 실제 거리를 구할 수 있습니다. 1 km＝1000 m＝100000 cm의 관계를 통해 이동 거리를 구할 수 있도록 지도합니다.

4 접근 ≫ 시계의 바늘이 시계를 한 바퀴 돌면 360°를 움직인 것입니다.

1시간(=60분) 동안 시침은 360°÷12=30°를 움직입니다.
시계에서 분침이 20분 움직이는 동안 시침이 움직인 각도를 □°라 하면
60 : 30=20 : □, 60×□=30×20, □=10입니다.

해결 전략
20분 동안 시침이 움직이는 각도를 구합니다.

서술형
5
94쪽 3번의 변형 심화 유형
접근 ≫ ㉮와 ㉯의 톱니 수의 비를 알아봅니다.

예 ㉮와 ㉯의 회전수의 비는 28 : 42 ➡ 2 : 3이므로 ㉮와 ㉯의 톱니 수의 비는 3 : 2입니다. ㉯의 톱니 수를 □개라 하면
3 : 2=21 : □, 3×□=2×21, 3×□=42, □=14입니다.
따라서 ㉯의 톱니가 14개이므로 ㉮의 톱니가 21−14=7(개) 더 많습니다.

채점 기준	배점
㉮와 ㉯의 톱니 수의 비를 구했나요?	2점
㉯의 톱니 수를 구했나요?	2점
㉮와 ㉯ 중 어느 것의 톱니가 몇 개 더 많은지 구했나요?	1점

보충 개념
㉮와 ㉯의 회전수의 비가 ■ : ▲이면
㉮와 ㉯의 톱니 수의 비는 ▲ : ■예요.

6 접근 ≫ ㉢의 길이를 이용하여 ㉠, ㉡의 길이를 차례로 구해 봅니다.

㉠의 길이를 □cm라 하면
□ : 20=3 : 5, □×5=20×3, □×5=60, □=60÷5=12
㉡의 길이를 △ cm라 하면
12 : △=3 : 4, 12×4=△×3, △×3=48, △=48÷3=16
따라서 (삼각형의 넓이)=12×16÷2=96 (cm^2)입니다.

다른 풀이
㉠의 길이를 (3×□) cm라 하면 ㉡의 길이는 (4×□) cm, ㉢의 길이는 (5×□) cm이므로
5×□=20에서 □=4입니다.
따라서 (㉠의 길이)=3×4=12 (cm), (㉡의 길이)=4×4=16 (cm)
➡ (삼각형의 넓이)=12×16÷2=96 (cm^2)

보충 개념
㉠ : ㉡=3 : 4
㉠ : ㉢=3 : 5
이므로 ㉠의 길이를 (3×□) cm라 하면
㉡의 길이는 (4×□) cm,
㉢의 길이는 (5×□) cm
라 할 수 있어요.

7 접근 ≫ 기온이 0 ℃인 곳이 21 ℃인 곳보다 □m 높은 곳이라 하고 비례식을 세워 봅니다.

기온이 0 ℃인 곳이 기온이 21 ℃인 곳보다 □m 더 높은 곳이라 하면

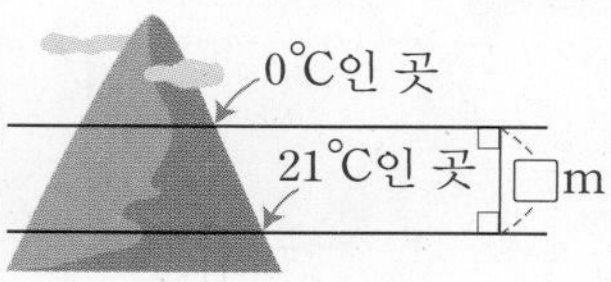

0 ℃인 곳과 21 ℃인 곳의 기온 차: 21 ℃
0 ℃인 곳과 21 ℃인 곳의 높이 차: □m
➡ 100 : 0.6=□ : 21, 100×21=0.6×□,
0.6×□=2100, □=2100÷0.6=3500
따라서 기온이 0 ℃가 되는 곳은 해발 고도가 200+3500=3700 (m)인 곳입니다.

주의
기온이 0 ℃가 되는 곳은 기온 21 ℃인 곳보다 3500 m 더 높은 곳이므로 해발고도가 200 m인 곳보다 3500 m 더 높은 곳이에요.

8

95쪽 4번의 변형 심화 유형

접근 ≫ 두 도형에서 겹쳐진 부분의 넓이는 같습니다.

(가의 넓이) $\times \frac{4}{9}$ = (나의 넓이) $\times \frac{25}{100}$이므로

(가의 넓이) : (나의 넓이) $= \frac{25}{100} : \frac{4}{9}$ ➡ 9 : 16입니다.

따라서 (가의 넓이) $= 75 \times \frac{9}{9+16} = 75 \times \frac{9}{25} = 27\ (cm^2)$,

(나의 넓이) $= 75 \times \frac{16}{9+16} = 75 \times \frac{16}{25} = 48\ (cm^2)$입니다.

따라서 가와 나의 넓이의 차는 $48 - 27 = 21\ (cm^2)$입니다.

해결 전략

●×■=▲×★
➡ ● : ▲=★ : ■

보충 개념

$\frac{25}{100} : \frac{4}{9}$ ➡ $\frac{1}{4} : \frac{4}{9}$ ➡ 9 : 16 (×36)

기약분수로 나타내기

9

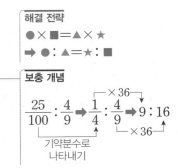

접근 ≫ 내일 오후 5시까지 늦어지는 시간을 알아봅니다.

오늘 오전 9시부터 내일 오후 5시까지는 32시간입니다.

32시간 동안 □분 늦어진다고 하면 24 : 3 = 32 : □, 24 × □ = 3 × 32, □ = 4

따라서 내일 오후 5시까지 4분이 늦어지므로 내일 오후 5시에 이 시계는 오후 4시 56분을 가리킵니다.

주의

시계가 늦어지는 경우는 시계가 가리키는 시각에서 늦어지는 시간만큼 빼 주어야 해요.

10

접근 ≫ 가와 나의 넓이의 비를 구해 봅니다.

두 정사각형 가와 나의 한 변의 길이의 비가 4 : 5이므로 정사각형 가의 한 변의 길이를 (4 × △) cm라고 하면 나의 한 변의 길이는 (5 × △) cm입니다.

따라서 (가의 넓이) : (나의 넓이) = (4 × △ × 4 × △) : (5 × △ × 5 × △)

➡ (16 × △ × △) : (25 × △ × △) ➡ (16 × △) : (25 × △) ➡ 16 : 25 (÷△)

가의 넓이를 □ cm^2라 하면 □ : 120 = 16 : 25, □ × 25 = 120 × 16,

□ × 25 = 1920, □ = 76.8이므로 가의 넓이는 76.8 cm^2입니다.

해결 전략

한 변의 길이의 비가 ■ : ▲인 두 정사각형의 넓이의 비

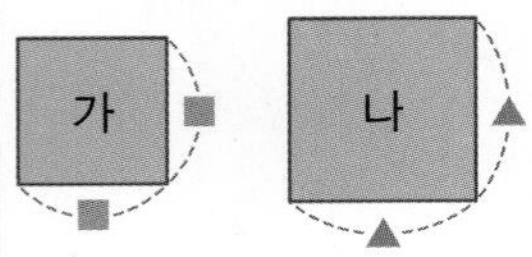

(가의 넓이) : (나의 넓이)
= (■ × ■) : (▲ × ▲)

11

97쪽 6번의 변형 심화 유형

접근 ≫ 먼저 삼각형 ㄱㄴㅁ의 넓이를 구해 봅니다.

(선분 ㄴㅁ의 길이) : (선분 ㅁㄷ의 길이) = 3 : 2이므로

(삼각형 ㄱㄴㅁ의 넓이) : (삼각형 ㄱㅁㄷ의 넓이) = 3 : 2입니다.

(삼각형 ㄱㄴㅁ의 넓이) = (삼각형 ㄱㄴㄷ의 넓이) $\times \frac{3}{3+2} = 180 \times \frac{3}{5} = 108\ (cm^2)$

또 (선분 ㄴㄹ의 길이) : (선분 ㄹㅁ의 길이) = 4 : 5이므로

(삼각형 ㄱㄴㄹ의 넓이) : (삼각형 ㄱㄹㅁ의 넓이) = 4 : 5입니다.

(삼각형 ㄱㄴㄹ의 넓이) = (삼각형 ㄱㄴㅁ의 넓이) $\times \frac{4}{4+5} = 108 \times \frac{4}{9} = 48\ (cm^2)$

해결 전략

높이가 같은 삼각형에서 넓이의 비는 밑변의 길이의 비와 같아요.

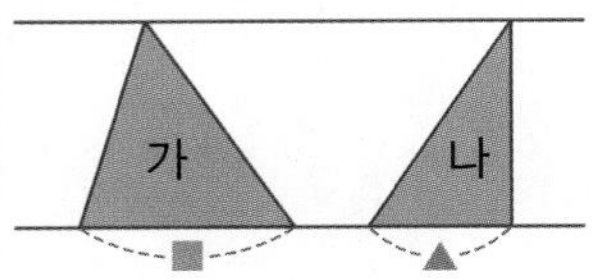

(가의 넓이) : (나의 넓이)
= ■ : ▲

12 접근 ≫ 증발하기 전과 증발한 후의 소금의 양을 비교해 봅니다.

물만 증발한 것이므로 소금의 양은 변하지 않습니다.

(소금의 양)$=200\times\frac{1}{4+1}=200\times\frac{1}{5}=40$ (g)

증발하고 남은 소금물의 양을 □g이라 하면

$\square\times\frac{1}{3+1}=40$, $\square\times\frac{1}{4}=40$, $\square=40\div\frac{1}{4}=40\times4=160$입니다.

따라서 (증발한 물의 양)$=200-160=40$ (g)입니다.

보충 개념 1
(증발한 물의 양)
=(처음 소금물의 양)
−(증발하고 남은 소금물의 양)

다른 풀이
(소금의 양)$=200\times\frac{1}{4+1}=200\times\frac{1}{5}=40$ (g)
(처음에 들어 있던 물의 양)$=200-40=160$(g)
증발하고 남은 물의 양을 □g이라 하면 $3:1=\square:40$, $3\times40=1\times\square$, $\square=120$입니다.
따라서 (증발한 물의 양)$=160-120=40$(g)입니다.

보충 개념 2
(증발한 물의 양)
=(처음에 들어 있던 물의 양)
−(증발하고 남은 물의 양)

13 접근 ≫ ㉮를 15 % 할인한 금액과 ㉯를 15 % 인상한 금액이 같음을 이용합니다.

㉮ 상품의 정가를 □원, ㉯ 상품의 정가를 △원이라 하면

$\square-\square\times0.15=\triangle+\triangle\times0.15$입니다.

$\square-\square\times0.15=\square\times1-\square\times0.15=\square\times(1-0.15)=\square\times0.85$,

$\triangle+\triangle\times0.15=\triangle\times1-\triangle\times0.15=\triangle\times(1+0.15)=\triangle\times1.15$이므로

$\square\times0.85=\triangle\times1.15$입니다.

따라서 $\square:\triangle=1.15:0.85$ ➡ $115:85$ ➡ $23:17$

다른 풀이
㉮ 상품을 정가의 15 %만큼 할인한 금액은 ㉮ 상품 정가의 85 % ➡ 0.85와 같고
㉯ 상품을 정가의 15 %만큼 인상한 금액은 ㉯ 상품 정가의 115 % ➡ 1.15와 같습니다.
따라서 (㉮ 상품의 정가)$\times0.85=$(㉯ 상품의 정가)$\times1.15$
➡ (㉮ 상품의 정가) : (㉯ 상품의 정가)$=1.15:0.85$ ➡ $115:85$ ➡ $23:17$입니다.

보충 개념
●원을 ■ % 할인한 금액
➡ $●-●\times\frac{■}{100}$
$=●\times1-●\times\frac{■}{100}$
$=●\times(1-\frac{■}{100})$
▲원을 ■ % 인상한 금액
➡ $▲+▲\times\frac{■}{100}$
$=▲\times1+▲\times\frac{■}{100}$
$=▲\times(1+\frac{■}{100})$

14 99쪽 8번의 변형 심화 유형
접근 ≫ 투자한 금액의 비를 구하여 전체 이익금을 알아봅니다.

투자한 금액은 갑이 240만 원, 을이 $240만\times1\frac{1}{6}=280만$ (원)이므로

투자한 금액의 비는 (갑) : (을)$=240만:280만$ ➡ $6:7$입니다.

(을의 이익금)=(돌려받을 금액)−(투자한 금액)

$=350만-280만=70만$ (원)이므로

(전체 이익금)$\times\frac{7}{6+7}=70만$, (전체 이익금)$\times\frac{7}{13}=70만$,

(전체 이익금)$=70만\div\frac{7}{13}=70만\times\frac{13}{7}=130만$ (원)입니다.

보충 개념
$240만:280만$ ➡ $6:7$ (÷40만)

해결 전략
(돌려받을 금액)
=(투자한 금액)+(이익금)

15 접근 ≫ 나의 넓이는 전체 넓이의 몇 %인지 알아봅니다.

나와 다의 넓이의 합은 전체 넓이의 55 %이므로

나의 넓이는 전체 넓이의 $55\times\frac{4}{4+7}=20\ (\%)$입니다.

전체 넓이를 □ cm^2라 하면

$\square\times0.2=92$, $\square=92\div0.2=460\ (cm^2)$

따라서 (가의 넓이)$=460\times0.45=207\ (cm^2)$입니다.

해결 전략
나의 넓이가 차지하는 비율을 이용하여 전체 넓이를 구해요.

다른 풀이
나와 다의 넓이의 합을 □ cm^2라 하면
$\square\times\frac{4}{4+7}=92$, $\square\times\frac{4}{11}=92$, $\square=92\div\frac{4}{11}=92\times\frac{11}{4}=253$입니다.
나와 다의 넓이의 합은 전체 넓이의 55 %이므로
(전체 넓이)$\times0.55=253$, (전체 넓이)$=253\div0.55=460\ (cm^2)$
(가의 넓이)=(전체 넓이)−(나와 다의 넓이의 합)
$=460-253=207\ (cm^2)$입니다.

HIGH LEVEL

106~108쪽

1 57 cm	2 96, 40	3 750원	4 5700원	5 124 m
6 8 : 27	7 4문제	8 54 cm	9 29 : 71	

1 접근 ≫ 만든 직사각형의 가로는 이어 붙인 직사각형의 가로, 세로의 몇 배인지 알아봅니다.

이어 붙인 작은 직사각형의 짧은 변을 가로, 긴 변을 세로라 하면 만든 직사각형의 가로는 이어 붙인 작은 직사각형의 (가로)$\times4=$(세로)$\times3$이므로 이어 붙인 작은 직사각형의 (가로) : (세로)$=3:4$입니다.

이어 붙인 작은 직사각형의

가로는 $21\times\frac{3}{3+4}=21\times\frac{3}{7}=9\ (cm)$, 세로는 $21\times\frac{4}{7}=12\ (cm)$이므로

만든 직사각형의 가로는 $9\times4=36\ (cm)$, 세로는 $12+9=21\ (cm)$입니다.

따라서 만든 직사각형의 가로와 세로의 합은 $36+21=57\ (cm)$입니다.

보충 개념
이어 붙인 작은 직사각형의 가로를 ●, 세로를 ▲라 하면

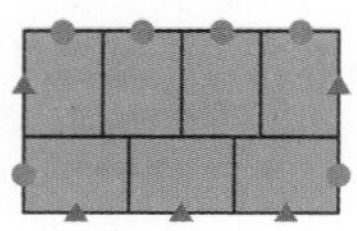

●×4=▲×3
➡ 만든 직사각형의 가로는 이어 붙인 작은 직사각형의 가로의 4배이고 세로의 3배예요.

다른 풀이
이어 붙인 작은 직사각형의 짧은 변을 가로, 긴 변을 세로라 하면 이어 붙인 작은 직사각형의 (가로)$\times4=$(세로)$\times3$이므로 이어 붙인 작은 직사각형의 (가로) : (세로)$=3:4$입니다.
이어 붙인 작은 직사각형의 가로를 $(3\times\square)$ cm, 세로를 $(4\times\square)$ cm라 하면
$3\times\square+4\times\square=21$, $7\times\square=21$, $\square=21\div7=3$입니다.
따라서 이어 붙인 작은 직사각형의 가로는 $3\times3=9\ (cm)$, 세로는 $4\times3=12\ (cm)$입니다.
만든 직사각형의 가로는 $9\times4=36\ (cm)$, 세로는 $9+12=21\ (cm)$이므로
가로와 세로의 합은 $36+21=57\ (cm)$입니다.

2 접근 ≫ 두 수 ㉠과 ㉡의 비를 알아봅니다.

㉠$\times\frac{1}{4}=$㉡$\times\frac{3}{5}$이므로 ㉠ : ㉡$=\frac{3}{5}:\frac{1}{4}$ ➡ 12 : 5입니다. (×20, ×20)

㉠과 ㉡의 평균이 68이므로 ㉠+㉡$=68\times2=136$입니다.

따라서 ㉠$=136\times\frac{12}{12+5}=136\times\frac{12}{17}=96$,

㉡$=136\times\frac{5}{12+5}=136\times\frac{5}{17}=40$입니다.

해결 전략

두 수의 평균: ■

➡ (두 수의 합) ➡ ■×2

보충 개념

$\frac{㉠+㉡}{2}=68$,

㉠+㉡$=68\times2$

다른 풀이

㉠$\times\frac{1}{4}=$㉡$\times\frac{3}{5}$이므로 ㉠ : ㉡$=\frac{3}{5}:\frac{1}{4}$ ➡ 12 : 5입니다.

㉠$=12\times$□, ㉡$=5\times$□라 하면 $12\times$□$+5\times$□$=68\times2$, $17\times$□$=136$, □$=8$

따라서 ㉠$=12\times8=96$, ㉡$=5\times8=40$입니다.

보충 개념 2

$12\times$□$+5\times$□

$=(12+5)\times$□

$=17\times$□

서술형

3 접근 ≫ 산 사과와 배의 개수를 구해 봅니다.

예 (산 사과의 개수)$=20\times\frac{3}{3+2}=20\times\frac{3}{5}=12$(개),

(산 배의 개수)$=20-12=8$(개)이므로

사과 한 개의 가격을 $(5\times$□$)$원, 배 한 개의 가격을 $(8\times$□$)$원이라 하면

$(5\times$□$)\times12+(8\times$□$)\times8=18600$, $60\times$□$+64\times$□$=18600$,

$(60+64)\times$□$=18600$, $124\times$□$=18600$, □$=150$

따라서 사과 한 개의 가격은 $5\times150=750$(원)입니다.

보충 개념

$(5\times$□$)\times12+(8\times$□$)\times8$

곱셈에서 곱하는 순서를 바꾸어 곱하여도 곱은 같습니다.

$=5\times12\times$□$+8\times8\times$□

$=60\times$□$+64\times$□

채점 기준	배점
산 사과와 배의 개수를 각각 구했나요?	2점
사과 한 개의 가격을 구했나요?	3점

4 접근 ≫ 학용품의 가격을 □원이라 하고 우영이가 받게 되는 용돈을 알아봅니다.

학용품의 가격을 □원이라 하면

우영이가 12일 동안 일을 하고 받게 되는 용돈은 (□+5100)원이고

7일 동안 일을 하고 받게 되는 용돈은 (□+600)원입니다.

$12:7=($□$+5100):($□$+600)$, $12\times($□$+600)=7\times($□$+5100)$,

$12\times$□$+12\times600=7\times$□$+7\times5100$,

$12\times$□$+7200=7\times$□$+35700$, $12\times$□$-7\times$□$=35700-7200$,

$(12-7)\times$□$=28500$, $5\times$□$=28500$, □$=28500\div5=5700$

따라서 학용품의 가격은 5700원입니다.

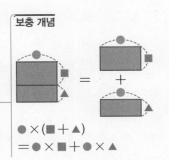

보충 개념

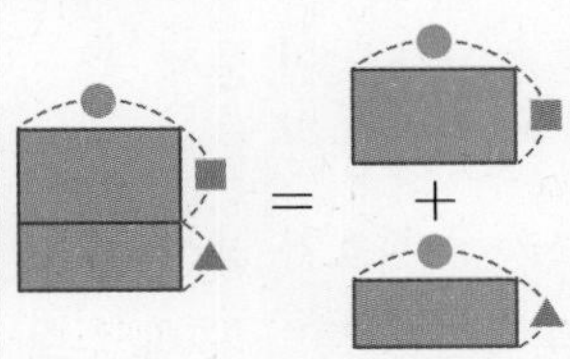

●×(■+▲)

=●×■+●×▲

5 접근 ≫ 기차가 터널을 완전히 통과하려면 얼마나 가야 하는지 생각해 봅니다.

기차가 터널을 완전히 통과하려면 (터널의 길이)+(기차의 길이)만큼 달려야 합니다.

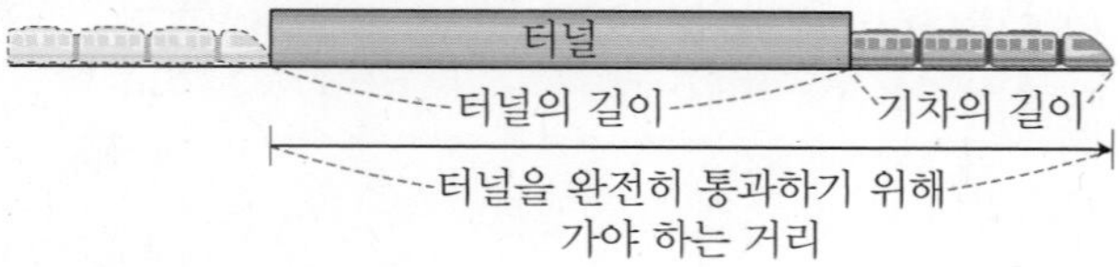

> **주의**
> 기차의 끝 부분까지 터널을 빠져 나와야 터널을 완전히 통과한 것이에요.

기차의 길이를 $\square$m라 하면

$11:31=(250+\square):(930+\square)$, $11\times(930+\square)=31\times(250+\square)$,

$11\times930+11\times\square=31\times250+31\times\square$,

$10230+11\times\square=7750+31\times\square$, $10230-7750=31\times\square-11\times\square$,

$2480=(31-11)\times\square$, $20\times\square=2480$, $\square=2480\div20=124$

따라서 기차의 길이는 124 m입니다.

> **보충 개념**
> $\bullet\times(\blacksquare+\blacktriangle)$
> $=\bullet\times\blacksquare+\bullet\times\blacktriangle$

6
97쪽 6번의 변형 심화 유형

접근 ≫ 두 사다리꼴의 넓이의 비와 윗변과 아랫변의 길이의 합의 비와 같음을 이용합니다.

두 사다리꼴의 높이가 같으므로 가와 나의 넓이의 비는 가와 나의 윗변과 아랫변의 길이의 합의 비와 같습니다.

직사각형의 가로는 7 cm이므로

사다리꼴 가의 윗변의 길이를 $\square$cm라 하면 나의 윗변의 길이는 $(7-\square)$ cm입니다.

$(\square+4):(7-\square+3)=2:3$, $(\square+4):(10-\square)=2:3$

$(\square+4)\times3=(10-\square)\times2$, $\square\times3+4\times3=10\times2-\square\times2$,

$\square\times3+12=20-\square\times2$, $\square\times3+\square\times2=20-12$,

$\square\times(3+2)=8$, $\square\times5=8$, $\square=8\div5=1.6$

가의 윗변의 길이는 1.6 cm, 나의 윗변의 길이는 $7-1.6=5.4$ (cm)이므로

가와 나의 윗변의 길이의 비를 가장 간단한 자연수의 비로 나타내면

$1.6:5.4 \Rightarrow 16:54 \Rightarrow 8:27$입니다. (전항과 후항에 각각 $\times10$, $\div2$)

> **보충 개념**

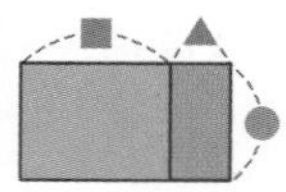

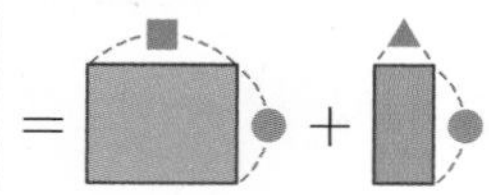

> $(\blacksquare+\blacktriangle)\times\bullet$
> $=\blacksquare\times\bullet+\blacktriangle\times\bullet$

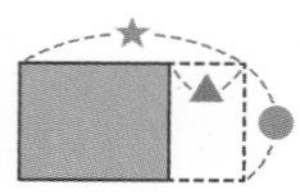

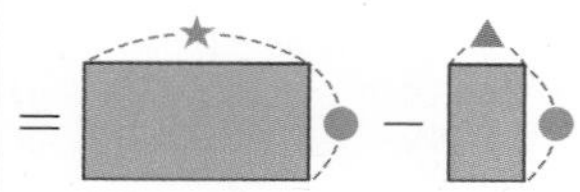

> $(\bigstar-\blacktriangle)\times\bullet$
> $=\bigstar\times\bullet-\blacktriangle\times\bullet$

7 접근 ≫ 종욱이가 맞힌 문제 수를 □문제라 하여 비례식을 세워 봅니다.

종욱이가 맞힌 문제 수를 $\square$문제라 하면

$3:4=12:\square$, $3\times\square=4\times12$, $3\times\square=48$, $\square=48\div3=16$

따라서 재호가 맞힌 문제는 12문제, 종욱이가 맞힌 문제는 16문제입니다.

두 사람의 틀린 문제 수의 비가 $2:1$이므로

재호가 틀린 문제 수를 $(2\times\triangle)$문제, 종욱이가 틀린 문제 수를 $\triangle$문제라 하면

$12+2\times\triangle=16+\triangle$, $2\times\triangle-\triangle=16-12$, $(2-1)\times\triangle=4$, $\triangle=4$

따라서 종욱이가 틀린 문제는 4문제입니다.

> **해결 전략**
> 서로 푼 문제 수는 같습니다.
> • (재호의 맞힌 문제 수) +(재호의 틀린 문제 수) $=12+2\times\triangle$
> • (종욱이의 맞힌 문제 수) +(종욱이의 틀린 문제 수) $=16+\triangle$

8 접근 ≫ 선분 ㄷㄹ의 길이를 이용합니다.

선분 ㄱㄴ의 길이를 □cm라 하면

점 ㄷ은 선분 ㄱㄴ을 5 : 4로 나눈 점이므로

(선분 ㄱㄷ의 길이)$=\square\times\frac{5}{5+4}=\square\times\frac{5}{9}$

점 ㄹ은 선분 ㄱㄴ을 11 : 7로 나눈 점이므로

(선분 ㄱㄹ의 길이)$=\square\times\frac{11}{11+7}=\square\times\frac{11}{18}$

(선분 ㄷㄹ의 길이)$=\square\times\frac{11}{18}-\square\times\frac{5}{9}=\square\times\frac{1}{18}$

$\square\times\frac{1}{18}=3$이므로 $\square=3\div\frac{1}{18}=3\times18=54$입니다.

따라서 선분 ㄱㄴ의 길이는 54 cm입니다.

해결 전략

(선분 ㄷㄹ의 길이)

=(선분 ㄱㄹ의 길이)

−(선분 ㄱㄷ의 길이)

보충 개념

$\square\times\frac{11}{18}-\square\times\frac{5}{9}$

$=\square\times\left(\frac{11}{18}-\frac{5}{9}\right)$

$=\square\times\left(\frac{11}{18}-\frac{10}{18}\right)$

$=\square\times\frac{1}{18}$

다른 풀이

(선분 ㄱㄷ의 길이) : (선분 ㄷㄴ의 길이)=5 : 4 ➡ 10 : 8이고

(선분 ㄱㄹ의 길이) : (선분 ㄹㄴ의 길이)=11 : 7이므로

(선분 ㄷㄹ의 길이) : (선분 ㄹㄴ의 길이)=1 : 7입니다.

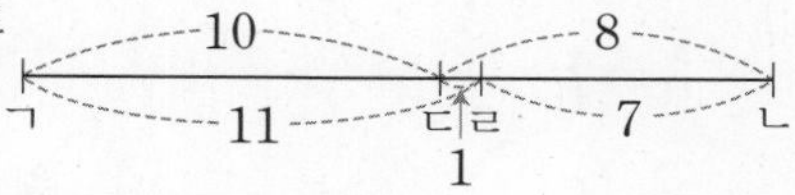

(선분 ㄷㄹ의 길이)=3 cm이므로

선분 ㄹㄴ의 길이를 □cm라 하면 3 : □=1 : 7, 3×7=□×1, □=21

(선분 ㄱㄹ의 길이) : (선분 ㄹㄴ의 길이)=11 : 7이므로 선분 ㄱㄹ의 길이를 △ cm라 하면

△ : 21=11 : 7, △×7=21×11, △×7=231, △=231÷7=33

(선분 ㄱㄴ의 길이)=(선분 ㄱㄹ의 길이)+(선분 ㄹㄴ의 길이)=33+21=54 (cm)

9 접근 ≫ 육반구와 수반구의 육지와 바다의 넓이의 합은 서로 같음을 이용합니다.

육반구에서 육지의 넓이를 12×□라 하면 바다의 넓이는 13×□이고,

수반구에서 육지의 넓이를 △라 하면 바다의 넓이는 9×△입니다.

육반구의 육지와 바다의 넓이의 합과 수반구의 육지와 바다의 넓이의 합은 서로 같으므로

12×□+13×□=△+9×△, (12+13)×□=(1+9)×△,

25×□=10×△, △=25×□÷10=2.5×□입니다.

보충 개념

$\triangle=25\times\square\div10$

$=25\times\square\times\frac{1}{10}$

$=\frac{25}{10}\times\square$

$=2.5\times\square$

지구 전체의 육지의 넓이는 육반구와 수반구의 육지의 넓이를 더한 것이므로

(지구 전체의 육지의 넓이)=12×□+△=12×□+2.5×□=14.5×□

지구 전체의 바다의 넓이는 육반구와 수반구의 바다의 넓이를 더한 것이므로

(지구 전체의 바다의 넓이)=13×□+9×△=13×□+9×2.5×□

=13×□+22.5×□=35.5×□

따라서 지구 전체에서 육지와 바다의 넓이의 비를 가장 간단한 자연수의 비로 나타내면

(육지의 넓이) : (바다의 넓이)

=(14.5×□) : (35.5×□) ➡ 14.5 : 35.5 ➡ 145 : 355 ➡ 29 : 71

(÷□, ×10, ÷5)

5 원의 넓이

BASIC TEST

1 원주와 원주율 113쪽

1 (1) ○ (2) × (3) ○	2 다
3 18 mm	4 16 cm
5 33.48 m	6 200 m

1 (2) 원의 지름이 커지면 원주도 커집니다.

2 지름이 2 cm인 원의 원주는 지름의 3배인 6 cm보다 길고, 지름의 4배인 8 cm보다 짧으므로 원주와 가장 비슷한 것은 다입니다.

3 (10원짜리 동전의 둘레)$=18\times3=54$ (mm)
(100원짜리 동전의 둘레)$=24\times3=72$ (mm)
➡ $72-54=18$ (mm)

4 (원주가 50.24 cm인 원의 지름)
$=50.24\div3.14=16$ (cm)이므로 상자의 밑면의 한 변의 길이는 적어도 16 cm이어야 합니다.

주의
상자의 밑면의 한 변의 길이가 시계의 지름보다 짧으면 안 됩니다.

5 (훌라후프가 한 바퀴 굴러간 거리)
$=45\times2\times3.1=279$ (cm)
(훌라후프가 12바퀴 굴러간 거리)
$=279\times12=3348$ (cm)$=33.48$ (m)

해결 전략
훌라후프가 한 바퀴 움직인 거리는 훌라후프의 원주와 같습니다.

6 (트랙의 직선 부분의 거리)$=64\times2=128$ (m)
(트랙의 곡선 부분의 거리)
$=$(지름이 24 m인 원의 원주)$=24\times3=72$ (m)
(지호가 달린 거리)$=$(트랙의 둘레)
$=$(트랙의 직선 부분의 거리)
$+$(트랙의 곡선 부분의 거리)
$=128+72=200$ (m)

2 원의 넓이 115쪽

1 (1) <, < (2) 90, 120	2 78.5 cm^2
3 16 cm	4 198.4 cm^2
5 ㉡, ㉢, ㉠	6 111.6 cm^2

1 원 안에 있는 정육각형의 넓이는 삼각형 ㄹㅇㅂ 6개의 넓이와 같으므로 $15\times6=90$ (cm^2)입니다.
원 밖에 있는 정육각형의 넓이는 삼각형 ㄱㅇㄷ 6개의 넓이와 같으므로 $20\times6=120$ (cm^2)입니다.
원의 넓이는 원 안에 있는 정육각형의 넓이보다 크고, 원 밖에 있는 정육각형의 넓이보다 작으므로 90 cm^2보다 크고, 120 cm^2보다 작습니다.

2 지름이 10 cm인 원이므로
반지름은 $10\div2=5$ (cm)입니다.
➡ (원의 넓이)$=5\times5\times3.14=78.5$ (cm^2)

3 원의 반지름을 □cm라 하면
□×□×3=192, □×□=64,
8×8=64이므로 □=8입니다.
➡ (원의 지름)$=8\times2=16$ (cm)

4 만들어진 원의 원주는 49.6 cm이므로
(원의 지름)$=49.6\div3.1=16$ (cm)
(원의 반지름)$=16\div2=8$ (cm)
➡ (원의 넓이)$=8\times8\times3.1=198.4$ (cm^2)

해결 전략
만들어진 원의 원주는 끈의 길이와 같습니다.

5 (㉠의 넓이)$=6\times6\times3=108$ (cm^2)
(㉡의 반지름)$=54\div3\div2=9$ (cm)
(㉡의 넓이)$=9\times9\times3=243$ (cm^2)
(㉢의 반지름)$=14\div2=7$ (cm)
(㉢의 넓이)$=7\times7\times3=147$ (cm^2)
➡ $243>147>108$이므로 넓이가 넓은 것부터 차례로 기호를 쓰면 ㉡, ㉢, ㉠입니다.

다른 풀이
지름이 길수록 원의 넓이가 넓습니다.
(㉠의 지름)$=6\times2=12$ (cm)
(㉡의 지름)$=54\div3=18$ (cm)
(㉢의 지름)$=14$ cm
➡ $18>14>12$이므로 ㉡>㉢>㉠입니다.

6 가로가 18 cm, 세로가 12 cm일 때 그릴 수 있는 가장 큰 원의 지름은 12 cm입니다.
지름이 12 cm인 원의 반지름은 6 cm이므로 원주율이 3.1일 때 원의 넓이를 구하면
$6 \times 6 \times 3.1 = 111.6\ (cm^2)$입니다.

보충 개념
그릴 수 있는 가장 큰 원의 지름은 직사각형의 가로와 세로 중 짧은 변의 길이와 같습니다.

3 여러 가지 원의 넓이 117쪽

1 $54\ cm^2$	**2** $13.5\ cm^2$
3 $72\ cm^2$	**4** $220\ cm^2$
5 $251.2\ cm^2$	**6** $13.76\ m^2$

1 주어진 도형은 반지름이 12 cm인 원의 $\frac{45^\circ}{360^\circ} = \frac{1}{8}$ 입니다.
(도형의 넓이)$= 12 \times 12 \times 3 \times \frac{1}{8} = 54\ (cm^2)$

해결 전략
주어진 도형이 원의 몇 분의 몇인지 알아봅니다.

2 (반지름이 6 cm인 원의 넓이)$\times \frac{1}{4}$
$= 6 \times 6 \times 3 \times \frac{1}{4} = 27\ (cm^2)$
(반지름이 3 cm인 원의 넓이)$\times \frac{1}{2}$
$= 3 \times 3 \times 3 \times \frac{1}{2} = 13.5\ (cm^2)$
(색칠한 부분의 넓이)$= 27 - 13.5 = 13.5\ (cm^2)$

보충 개념
(색칠한 부분의 넓이)
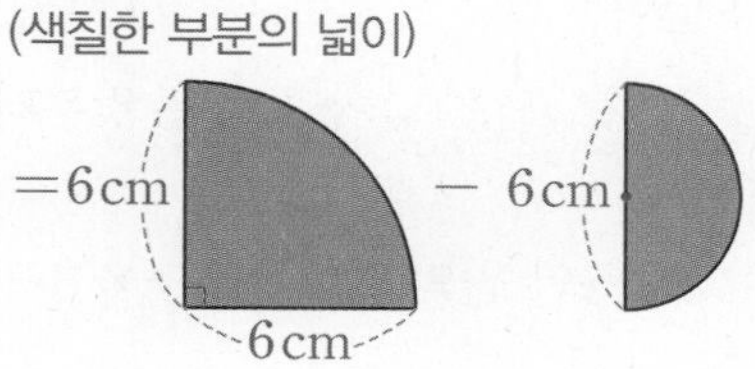

3 잘라내고 남은 도형의 중심각은 $360^\circ - 120^\circ = 240^\circ$입니다.
따라서 잘라내고 남은 도형은 반지름이 6 cm인 원의 $\frac{240^\circ}{360^\circ} = \frac{2}{3}$입니다.
(도형의 넓이)$= 6 \times 6 \times 3 \times \frac{2}{3} = 72\ (cm^2)$

다른 풀이
잘라낸 도형은 반지름이 6 cm인 원의 $\frac{120^\circ}{360^\circ} = \frac{1}{3}$입니다.
(잘라낸 도형의 넓이)$= 6 \times 6 \times 3 \times \frac{1}{3} = 36\ (cm^2)$
(원의 넓이)$= 6 \times 6 \times 3 = 108\ (cm^2)$
(도형의 넓이)=(원의 넓이)−(잘라낸 도형의 넓이)
$= 108 - 36 = 72\ (cm^2)$

4 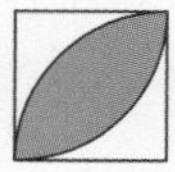 의 넓이는  ×2입니다.
 = 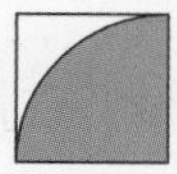 − 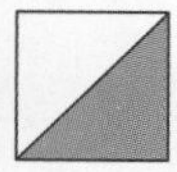
$= (20 \times 20 \times 3.1 \times \frac{1}{4}) - (20 \times 20 \div 2)$
$= 310 - 200 = 110\ (cm^2)$
따라서 색칠한 부분의 넓이는
$110 \times 2 = 220\ (cm^2)$입니다.

5 (파란색이 차지하는 부분의 넓이)
=(반지름이 12 cm인 원의 넓이)
−(반지름이 8 cm인 원의 넓이)
$= 12 \times 12 \times 3.14 - 8 \times 8 \times 3.14$
$= 452.16 - 200.96 = 251.2\ (cm^2)$

6 소가 움직일 수 있는 부분의 넓이는 오른쪽의 색칠한 부분과 같습니다.
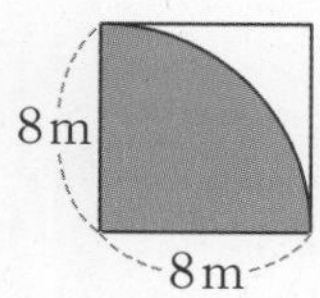

(소가 움직일 수 없는 부분의 넓이)
=(한 변이 8 m인 정사각형의 넓이)
−(반지름이 8 m인 원의 넓이)$\times \frac{1}{4}$
$= 8 \times 8 - (8 \times 8 \times 3.14 \times \frac{1}{4})$
$= 64 - 50.24 = 13.76\ (m^2)$

보충 개념
(소가 움직일 수 없는 부분의 넓이)
=(울타리 안쪽의 넓이)
−(소가 움직일 수 있는 부분의 넓이)

MATH TOPIC 118~126쪽

1-1 20 cm	**1-2** 15바퀴	**1-3** 6바퀴
2-1 30.28 cm	**2-2** 93 cm	**2-3** 70 cm
3-1 8 cm^2	**3-2** 57.6 cm^2	**3-3** 324 cm^2
4-1 48 cm^2	**4-2** 86 cm^2	**4-3** 24 cm
5-1 35.98 cm	**5-2** 112 cm	**5-3** 88.2 cm
6-1 209.6 cm^2	**6-2** 832 cm^2	**6-3** 72.4 cm^2
7-1 33 cm	**7-2** 25.12 cm	**7-3** 45.7 cm
8-1 81 cm^2	**8-2** 47.1 cm^2	**8-3** 96 cm^2

심화9 4, 314, 86 / 4, 4, 344, 89656 / 89656

9-1 94 cm^2

1-1

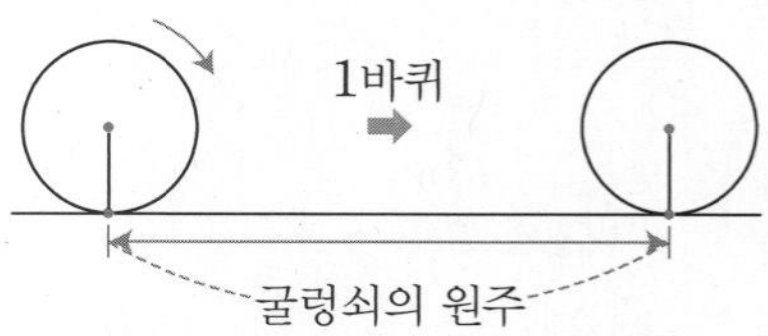

4바퀴 반은 4.5바퀴이므로 굴렁쇠가 굴러간 거리는 굴렁쇠의 원주의 4.5배입니다.
굴렁쇠의 지름을 □cm라 하면
□×3.1×4.5=558, □×13.95=558,
□=558÷13.95=40입니다.
따라서 굴렁쇠의 반지름은 40÷2=20 (cm)입니다.

1-2 25 mm=2.5 cm이므로
고리를 □바퀴 굴렸다고 하면
2.5×2×3.14×□=235.5,
15.7×□=235.5, □=235.5÷15.7=15
따라서 고리는 15바퀴 굴렀습니다.

1-3 (바퀴가 한 바퀴 도는 길이)
=(바퀴의 원주)=25×3=75 (cm)입니다.
바퀴 한 개가 24바퀴 도는 길이는
75×24=1800 (cm) ➡ 18 m이므로 바퀴 한 개가 24바퀴 돌 때 벨트는 18÷3=6(바퀴) 돕니다.

보충 개념
바퀴 한 개가 24바퀴 돌 때
(벨트가 도는 바퀴 수)
=(바퀴 한 개가 24바퀴 도는 길이)÷(벨트의 길이)

2-1 피자의 둘레는 지름이 24 cm인 원의 원주와 같으므로 24×3.14=75.36 (cm)입니다.

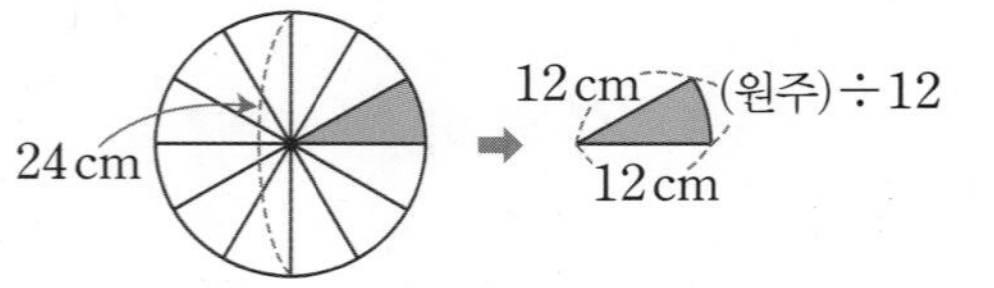

피자를 똑같이 12조각으로 나누었으므로 원주도 조각의 수만큼 나누어지게 됩니다.
(피자 한 조각의 둘레)
=(75.36÷12)+(12×2)
  [(원주)÷12] [반지름]
=6.28+24=30.28 (cm)

해결 전략
■등분한 원주의 한 부분의 길이 ➡ 원주의 $\frac{1}{■}$

2-2 (색칠한 부분의 둘레)
=(반지름이 15 cm인 원의 원주)×$\frac{1}{2}$
+(지름이 15 cm인 원의 원주)
=(15×2×3.1×$\frac{1}{2}$)+15×3.1
=46.5+46.5=93 (cm)

2-3 (색칠한 부분의 둘레)
=(반지름이 14 cm인 원의 원주)×$\frac{1}{2}$+(14×2)
=14×2×3×$\frac{1}{2}$+28=42+28=70 (cm)

보충 개념

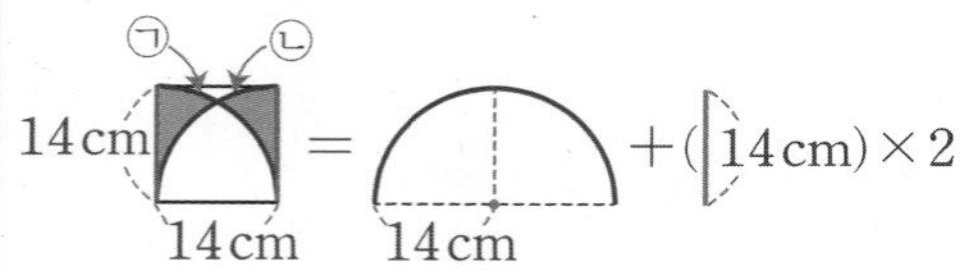

(㉠+㉡)의 길이는 반지름이 14 cm인 원의 원주의 $\frac{1}{2}$과 같습니다.

3-1 (색칠한 부분의 넓이)
=(반지름이 8 cm인 원의 넓이)×$\frac{1}{4}$
−(반지름이 4 cm인 원의 넓이)×$\frac{1}{4}$×2
−(한 변이 4 cm인 정사각형의 넓이)
=(8×8×3×$\frac{1}{4}$)−(4×4×3×$\frac{1}{2}$)−(4×4)
=48−24−16=8 (cm^2)

3-2

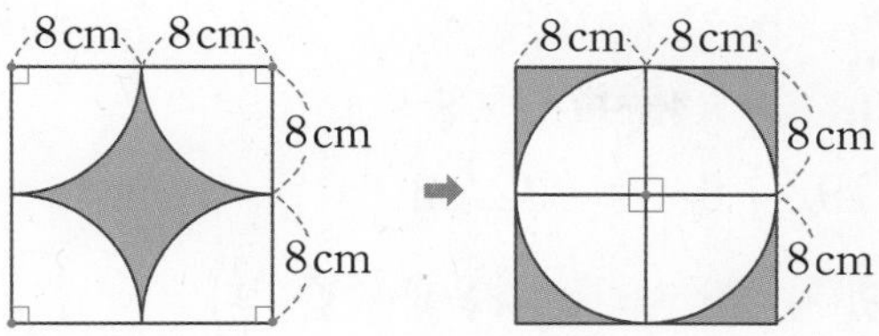

(색칠한 부분의 넓이)

=(한 변이 16 cm인 정사각형의 넓이)

 −(반지름이 8 cm인 원의 넓이)

$=(16\times16)-(8\times8\times3.1)$

$=256-198.4=57.6\ (\text{cm}^2)$

> **해결 전략**
> 정사각형 안의 원의 일부를 반지름이 만나도록 모두 붙여 봅니다.

3-3 색칠한 부분의 아래쪽을 옆으로 뒤집으면 오른쪽과 같습니다.

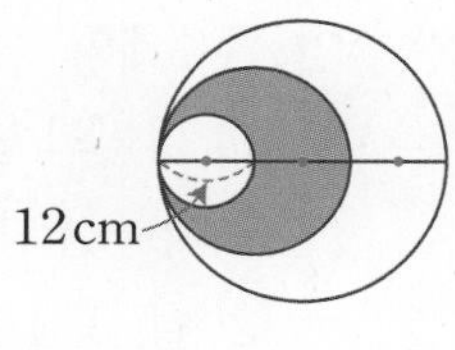

(색칠한 부분의 넓이)

=(반지름이 12 cm인 원의 넓이)

 −(반지름이 6 cm인 원의 넓이)

$=(12\times12\times3)-(6\times6\times3)$

$=432-108=324\ (\text{cm}^2)$

> **해결 전략**
> 색칠한 부분의 위쪽 또는 아래쪽을 옆으로 뒤집어 넓이를 구하기 쉬운 모양으로 만들어 봅니다.

4-1 큰 원의 지름을 □cm라 하면

□×3=36, □=12

큰 원의 지름이 12 cm이므로

작은 원의 지름은 20−12=8 (cm), 반지름은 4 cm입니다.

(작은 원의 넓이)$=4\times4\times3=48\ (\text{cm}^2)$

4-2 (원의 지름)$=31.4\div3.14=10$ (cm)이므로

(정사각형의 한 변)$=10\times2=20$ (cm)

(색칠한 부분의 넓이)

=(정사각형의 넓이)−(원의 넓이)×4

$=20\times20-5\times5\times3.14\times4$

$=400-314=86\ (\text{cm}^2)$

4-3

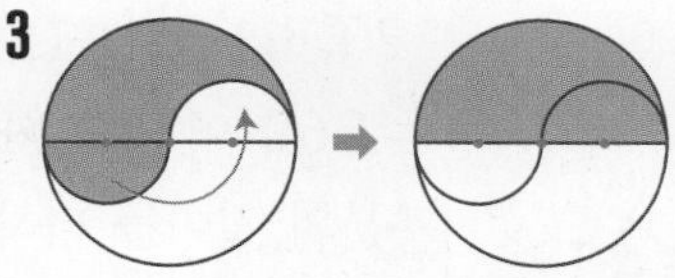

작은 반원 부분을 옮기면 색칠한 부분의 넓이는 큰 반원의 넓이와 같습니다.

큰 원의 반지름을 □cm라 하면

(색칠한 부분의 넓이)

=(반지름이 □cm인 원의 넓이)$\times\frac{1}{2}$이므로

$□\times□\times3\times\frac{1}{2}=24$, □×□=16,

4×4=16이므로 □=4입니다.

큰 원의 반지름이 4 cm이므로

(색칠한 부분의 둘레)

=(지름이 8 cm인 원의 원주)$\times\frac{1}{2}$

 +(지름이 4 cm인 원의 원주)

$=8\times3\times\frac{1}{2}+4\times3=12+12=24$ (cm)

> **보충 개념**
> 일부분이 비어 있는 도형의 둘레와 넓이를 구할 때
> • 둘레: 비어 있는 부분의 둘레의 길이도 더합니다.
> • 넓이: 비어 있는 부분의 넓이를 뺍니다.

5-1 (곡선 부분의 길이)

=(지름이 7 cm인 원의 원주)

$=7\times3.14=21.98$ (cm)

(직선 부분의 길이)$=7\times2=14$ (cm)

(필요한 테이프의 길이)$=21.98+14$

$=35.98$ (cm)

> **보충 개념**
> 직선 부분 한 곳의 길이는 원의 지름과 같습니다.

5-2 각 원의 중심에서 끈까지 수선을 그으면

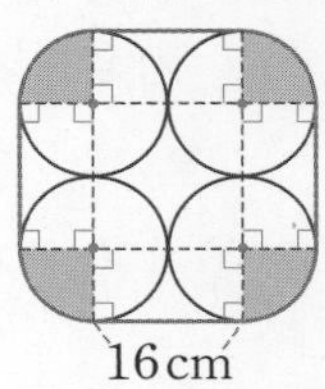

$90°+90°+90°+90°=360°$이므로 곡선 부분의 길이를 더하면 지름이 $8\times2=16$ (cm)인 원의 원주와 같습니다.

(사용한 끈의 길이)

=(곡선 부분의 길이)+(직선 부분의 길이)

$=16\times3+16\times4=48+64=112$ (cm)

5-3

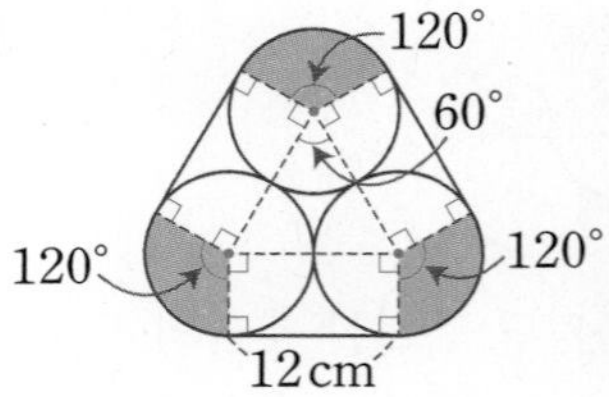

$120^\circ+120^\circ+120^\circ=360^\circ$이므로 곡선 부분의 길이를 더하면 지름이 12 cm인 원의 원주와 같습니다.

(사용한 끈의 길이)
$=$(곡선 부분의 길이)$+$(직선 부분의 길이)
$+$(매듭의 길이)
$=12\times3.1+12\times3+15$
$=37.2+36+15=88.2$ (cm)

보충 개념
각 원의 중심에서 끈까지 수선을 그으면

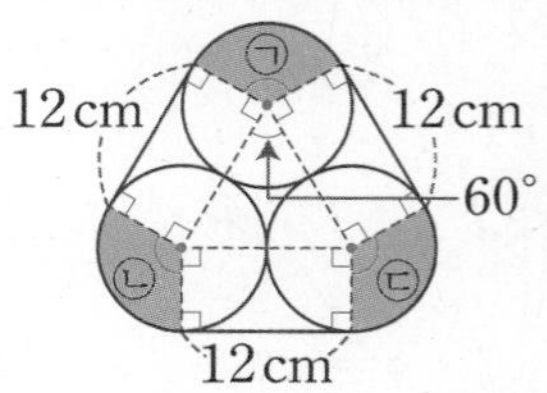

도형 안의 삼각형은 세 변의 길이가 모두 12 cm이므로 정삼각형이고 한 각의 크기는 60°입니다.
따라서 ㉠$=$㉡$=$㉢$=360^\circ-90^\circ-60^\circ-90^\circ=120^\circ$

6-1 원이 지나간 자리는 다음과 같습니다.

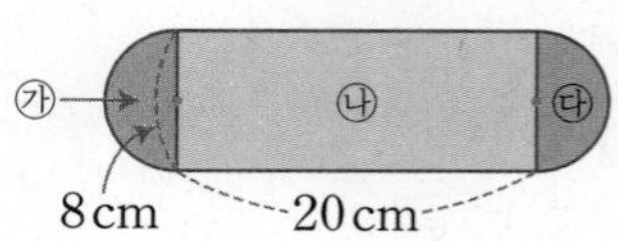

(㉮와 ㉰의 넓이의 합)
$=$(반지름이 4 cm인 원의 넓이)
$=4\times4\times3.1=49.6$ (cm²)
(직사각형 ㉯의 넓이)$=20\times8=160$ (cm²)
➡ (원이 지나간 자리의 넓이)
$=$(반지름이 4 cm인 원의 넓이)
$+$(직사각형의 넓이)
$=49.6+160=209.6$ (cm²)

6-2 원이 지나간 자리는 다음과 같습니다.

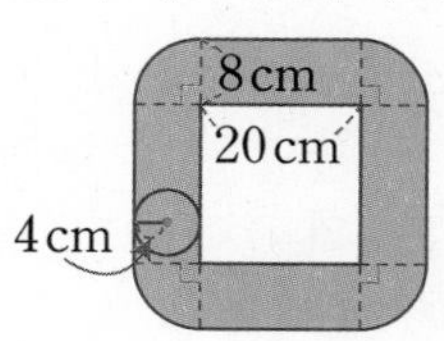

$90^\circ+90^\circ+90^\circ+90^\circ=360^\circ$이므로 정사각형의 꼭짓점을 중심으로 하는 원의 일부분 4개를 붙이면 반지름이 8 cm인 한 개의 원이 됩니다.
따라서 원이 지나간 자리의 넓이는 반지름이 8 cm인 원 1개와 가로 20 cm, 세로 8 cm인 직사각형 4개의 넓이의 합과 같습니다.
(원이 지나간 자리의 넓이)
$=(8\times8\times3)+20\times8\times4$
$=192+640=832$ (cm²)

6-3 원이 지나간 자리는 다음과 같습니다.

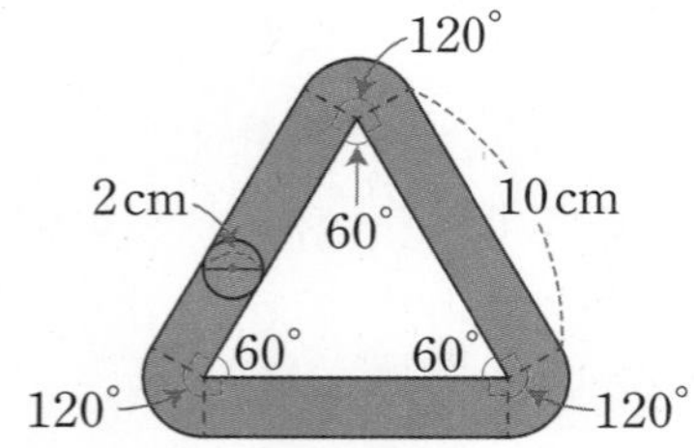

$120^\circ+120^\circ+120^\circ=360^\circ$이므로
삼각형의 꼭짓점을 중심으로 하는 원의 일부분 3개를 붙이면 반지름이 2 cm인 한 개의 원이 됩니다.
따라서 원이 지나간 자리의 넓이는 반지름이 2 cm인 원 1개와 가로 10 cm, 세로 2 cm인 직사각형 3개의 넓이의 합과 같습니다.
(원이 지나간 자리의 넓이)
$=(2\times2\times3.1)+10\times2\times3$
$=12.4+60=72.4$ (cm²)

7-1 ㉠은 반지름이 6 cm인 원의 원주의 $\frac{120^\circ}{360^\circ}=\frac{1}{3}$이고
(㉡$+$㉢)은 반지름이 3 cm인 원의 원주의 $\frac{1}{2}$입니다.

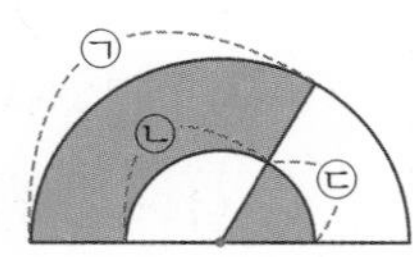

(색칠한 부분의 둘레)
$=6\times2\times3\times\frac{1}{3}+3\times2\times3\times\frac{1}{2}+3\times4$
$=12+9+12=33$ (cm)

7-2

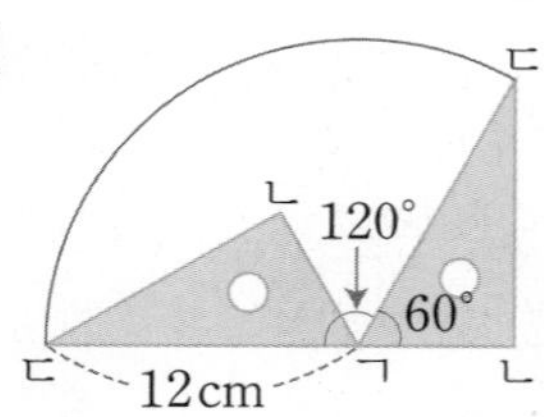

변 ㄱㄷ의 길이는 12 cm이고 점 ㄱ을 중심으로 $180^\circ-60^\circ=120^\circ$를 회전하였으므로 점 ㄷ은 반지름이 12 cm인 원의 원주의 $\frac{120^\circ}{360^\circ}=\frac{1}{3}$을 움직인 것입니다. 따라서 점 ㄷ이 움직인 거리는
$12\times2\times3.14\times\frac{1}{3}=25.12$ (cm)입니다.

7-3 정삼각형의 한 각의 크기는 60°이므로 곡선 부분의 길이의 합은 반지름이 5 cm인 원의 원주의 $\frac{60°+60°+60°}{360°}=\frac{180°}{360°}=\frac{1}{2}$과 같습니다.

(곡선 부분의 길이)$=5\times2\times3.14\times\frac{1}{2}$

$=15.7$ (cm)

(정삼각형의 한 변)$=5\times2=10$ (cm)이므로

(직선 부분의 길이)$=10\times3=30$ (cm)

➡ (색칠한 부분의 둘레)$=15.7+30=45.7$ (cm)

보충 개념

도형에서 곡선 부분의 길이는 반지름이 5 cm인 원의 원주의 $\frac{1}{2}$과 같습니다.

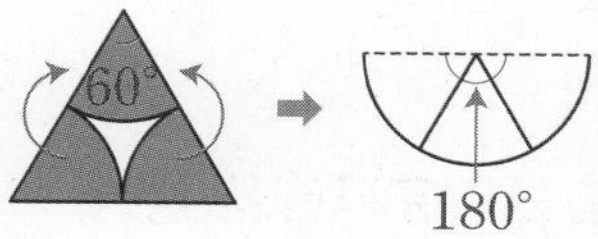

8-1

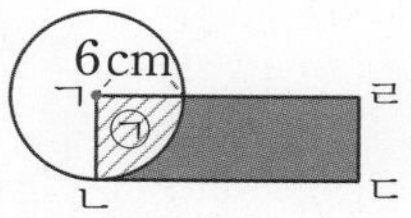

직사각형 ㄱㄴㄷㄹ의 넓이와 반지름이 6 cm인 원의 넓이가 같고 ㉠의 넓이는 원의 넓이의 $\frac{1}{4}$이므로 색칠한 부분의 넓이는 원의 넓이의 $\frac{3}{4}$과 같습니다.

➡ (색칠한 부분의 넓이)$=6\times6\times3\times\frac{3}{4}$

$=81$ (cm^2)

다른 풀이

(원의 넓이)$=6\times6\times3=108$ (cm^2)

(㉠의 넓이)$=$(원의 넓이)$\times\frac{1}{4}=108\times\frac{1}{4}=27$ (cm^2)

(색칠한 부분의 넓이)

$=$(직사각형 ㄱㄴㄷㄹ의 넓이)$-$(㉠의 넓이)

$=$(원의 넓이)$-$(㉠의 넓이)$=108-27=81$ (cm^2)

8-2 정삼각형의 한 각의 크기는 60°, 정사각형의 한 각의 크기는 90°입니다.

60°는 360°의 $\frac{60°}{360°}=\frac{1}{6}$,

90°는 360°의 $\frac{90°}{360°}=\frac{1}{4}$이므로

(정삼각형과 원이 겹쳐진 부분의 넓이)

$=$(반지름이 6 cm인 원의 넓이의 $\frac{1}{6}$)

$=6\times6\times3.14\times\frac{1}{6}=18.84$ (cm^2)

(정사각형과 원이 겹쳐진 부분의 넓이)

$=$(반지름이 6 cm인 원의 넓이의 $\frac{1}{4}$)

$=6\times6\times3.14\times\frac{1}{4}=28.26$ (cm^2)

➡ (색칠한 부분의 넓이)$=18.84+28.26$

$=47.1$ (cm^2)

8-3 가에서 색칠한 부분의 일부를 옮기면 나와 같은 도형이 됩니다.

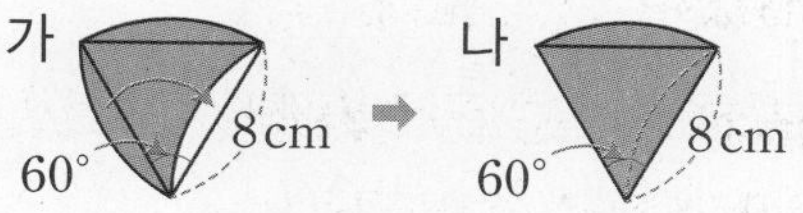

나는 반지름이 8 cm인 원의 $\frac{60°}{360°}=\frac{1}{6}$입니다.

색칠한 부분은 가와 같은 도형이 3개이므로 색칠한 부분의 넓이는 나의 넓이의 3배와 같습니다.

➡ (색칠한 부분의 넓이)

$=$(반지름이 8 cm인 원의 넓이)$\times\frac{1}{6}\times3$

$=8\times8\times3\times\frac{1}{6}\times3=96$ (cm^2)

보충 개념

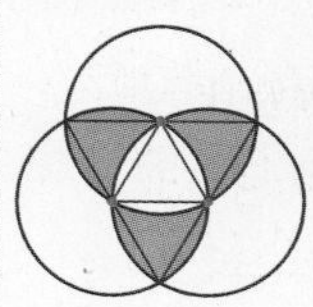

원 안의 작은 삼각형 4개는 각 변이 모두 지름이 16 cm인 원의 반지름으로 같으므로 합동인 정삼각형입니다.

9-1

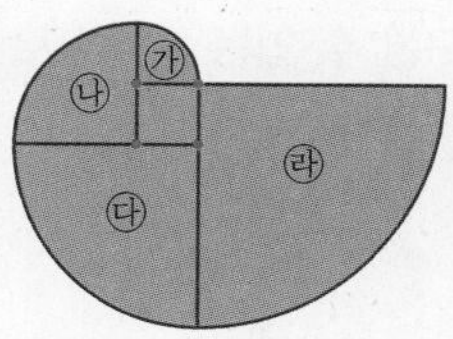

㉮, ㉯, ㉰, ㉱는 각각 반지름이 2 cm, 4 cm, 6 cm, 8 cm인 원의 $\frac{1}{4}$입니다.

(도형의 넓이)

$=$(㉮의 넓이)$+$(㉯의 넓이)$+$(㉰의 넓이)

$+$(㉱의 넓이)$+$(정사각형의 넓이)

$=2\times2\times3\times\frac{1}{4}+4\times4\times3\times\frac{1}{4}$

$+6\times6\times3\times\frac{1}{4}+8\times8\times3\times\frac{1}{4}+2\times2$

$=3+12+27+48+4=94$ (cm^2)

LEVEL UP TEST

127~131쪽

1 111.6 cm	**2** 75.36 cm^2	**3** 24 cm^2	**4** 72 cm^2	**5** 56.25 cm	**6** 155 cm^2
7 31.4 cm	**8** 115.2 cm^2	**9** 172 cm^2	**10** 25 %	**11** 73 cm	**12** 53.5 cm^2
13 60 cm^2	**14** 2 cm	**15** 320 cm^2	**16** 32 cm^2	**17** 28.5 cm^2	

1 119쪽 2번의 변형 심화 유형

접근 ≫ 곡선 부분이 원의 몇 분의 몇인지 알아봅니다.

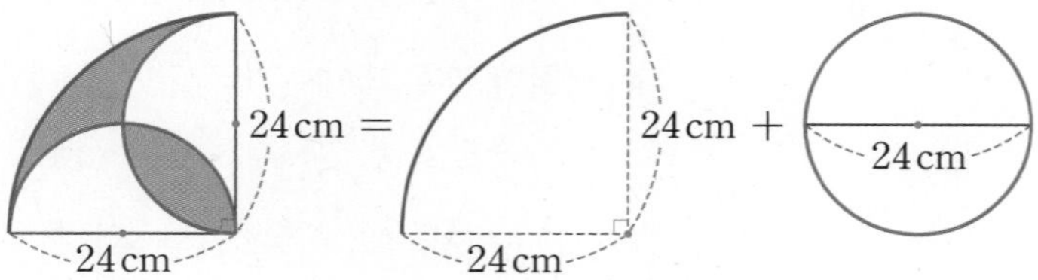

(색칠한 부분의 둘레)

$=$(반지름이 24 cm인 원의 원주)$\times\frac{1}{4}+$(지름이 24 cm인 원의 원주)

$=(24\times2\times3.1\times\frac{1}{4})+(24\times3.1)=37.2+74.4=111.6$ (cm)

보충 개념

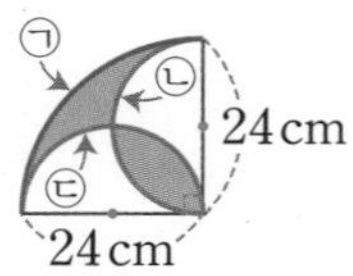

㉠의 길이는 반지름이 24 cm인 원의 원주의 $\frac{1}{4}$과 같아요. 또 (㉡+㉢)의 길이는 지름이 24 cm인 원의 원주와 같아요.

2 120쪽 3번의 변형 심화 유형

접근 ≫ 각 반원의 반지름을 알아봅니다.

반지름이 10 cm인 반원의 넓이에서 반지름이 4 cm, 반지름이 6 cm인 반원의 넓이를 각각 뺍니다.

(색칠한 부분의 넓이)

$=(10\times10\times3.14\times\frac{1}{2})-(4\times4\times3.14\times\frac{1}{2})-(6\times6\times3.14\times\frac{1}{2})$

$=157-25.12-56.52=75.36$ (cm^2)

보충 개념

가장 큰 반원의 지름은 $8+12=20$ (cm)이므로 반지름은 10 cm예요.

3 120쪽 3번의 변형 심화 유형

접근 ≫ 주어진 도형을 넓이를 구할 수 있는 부분으로 나누어 봅니다.

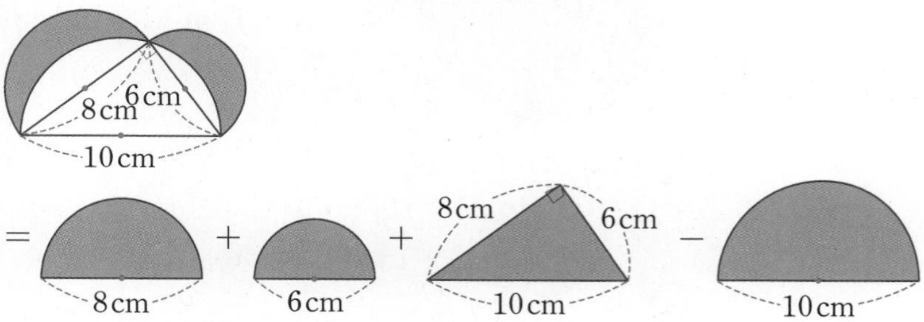

(색칠한 부분의 넓이)

$=(4\times4\times3\times\frac{1}{2})+(3\times3\times3\times\frac{1}{2})+(8\times6\div2)-(5\times5\times3\times\frac{1}{2})$

$=24+13.5+24-37.5=24$ (cm^2)

보충 개념

(반원의 넓이)

$=$(원의 넓이)$\times\frac{1}{2}$

4 120쪽 3번의 변형 심화 유형

접근 ≫ 구하려는 부분의 일부를 옮겨 넓이를 구하기 쉬운 도형으로 바꿔 봅니다.

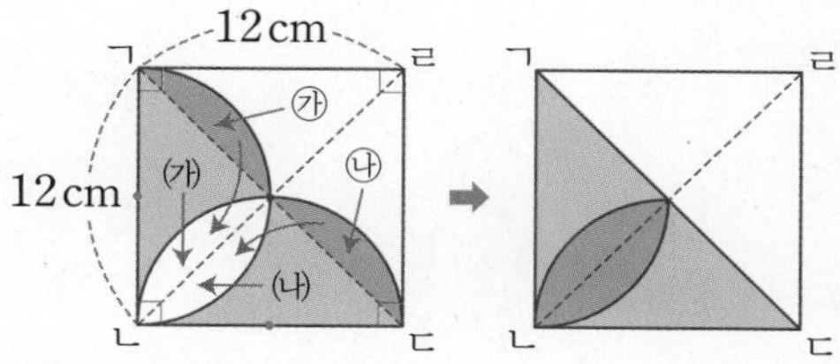

대각선 ㄱㄷ과 ㄴㄹ을 그은 후 ㉮ 부분을 (가) 부분으로, ㉯ 부분을 (나) 부분으로 옮기면 색칠한 부분의 넓이는 삼각형 ㄱㄴㄷ의 넓이와 같습니다.

(색칠한 부분의 넓이)$=12\times12\div2=72$ (cm^2)

다른 풀이

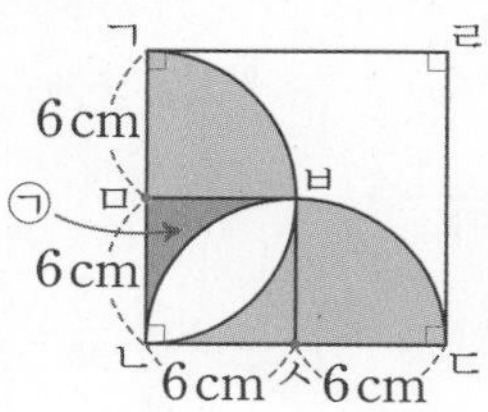

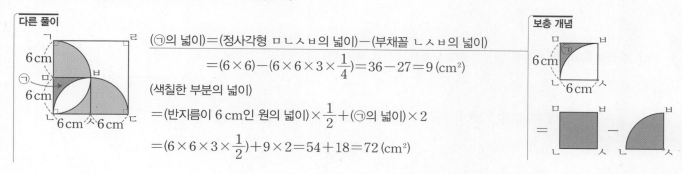

(㉠의 넓이)=(정사각형 ㅁㄴㅅㅂ의 넓이)−(부채꼴 ㄴㅅㅂ의 넓이)

$=(6\times6)-(6\times6\times3\times\frac{1}{4})=36-27=9$ (cm^2)

(색칠한 부분의 넓이)

=(반지름이 6 cm인 원의 넓이)$\times\frac{1}{2}$+(㉠의 넓이)$\times2$

$=(6\times6\times3\times\frac{1}{2})+9\times2=54+18=72$ (cm^2)

보충 개념

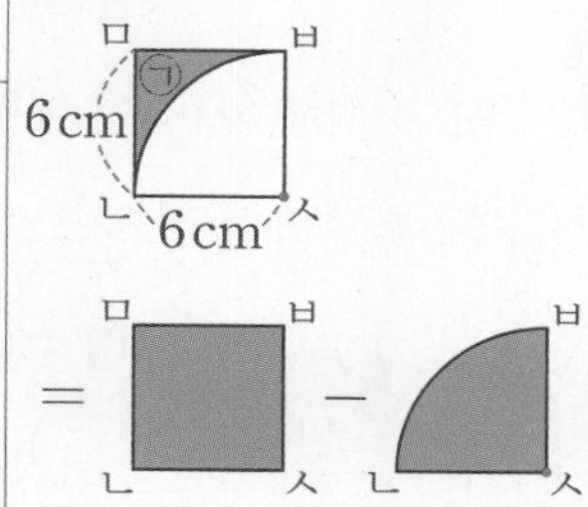

서술형 **5** 125쪽 8번의 변형 심화 유형

접근 ≫ 겹쳐진 부분은 원의 몇 분의 몇인지 알아봅니다.

예 직사각형의 네 각은 모두 90°이므로 겹쳐진 부분의 넓이는 원의 넓이의

$\frac{90°}{360°}=\frac{1}{4}$입니다.

(겹쳐진 부분의 넓이)$=20\times20\times3\times\frac{1}{4}=300$ (cm^2)이고

겹쳐진 부분의 넓이가 직사각형의 넓이의 $\frac{4}{15}$이므로

(직사각형의 넓이)$=300\div\frac{4}{15}=300\times\frac{15}{4}=1125$ (cm^2)입니다.

따라서 (직사각형의 가로)$=1125\div20=56.25$(cm)입니다.

채점 기준	배점
겹쳐진 부분의 넓이를 구했나요?	2점
직사각형의 가로를 구했나요?	3점

보충 개념

(겹쳐진 부분의 넓이)

=(직사각형의 넓이)$\times\frac{4}{15}$

➡ (직사각형의 넓이)

=(겹쳐진 부분의 넓이)

$\div\frac{4}{15}$

6 **접근 ≫ 밝은 부분은 원의 몇 분의 몇인지 알아봅니다.**

가장 큰 원의 반지름을 □cm라 하면 □$\times2\times3.1=124$, □$\times6.2=124$, □$=20$

(가장 큰 원의 넓이)$=20\times20\times3.1=1240$ (cm^2)

부채꼴의 넓이는 원의 넓이의 $\frac{45°}{360°}=\frac{1}{8}$이므로

(밝은 부분의 넓이)=(가장 큰 원의 넓이)$\times\frac{1}{8}=1240\times\frac{1}{8}=155$ (cm^2)입니다.

보충 개념

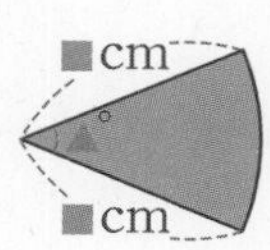

(넓이)

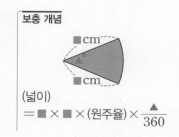

$=$■$\times$■$\times$(원주율)$\times\frac{▲}{360}$

지도 가이드

부채꼴의 넓이를 구하는 문제는 중등 과정에서 배우게 되지만 초등 과정에서도 반원이나 사분원의 넓이는 원의 넓이의 $\frac{1}{2}$, 원의 넓이의 $\frac{1}{4}$임을 이용하여 구하고 있습니다. 반원의 중심각은 180°이므로 반원의 넓이는 원의 넓이의 $\frac{180^\circ}{360^\circ}=\frac{1}{2}$, 사분원의 중심각은 90°이므로 사분원의 넓이는 원의 넓이의 $\frac{90^\circ}{360^\circ}=\frac{1}{4}$임을 이해시켜 자연스럽게 부채꼴의 넓이를 구할 수 있도록 지도합니다.

7 접근 ≫ 색칠하지 않은 부분은 반원과 직각삼각형이 겹쳐지는 곳입니다.

㉮와 ㉯의 넓이가 같으므로 반원의 넓이와 직각삼각형의 넓이는 같습니다.

(삼각형 ㄱㄴㄷ의 넓이)=(반원의 넓이)$=20\times20\times3.14\times\frac{1}{2}=628$ (cm²)

변 ㄱㄷ의 길이를 □cm라 하면

$40\times\square\div2=628$, $20\times\square=628$, $\square=628\div20=31.4$

따라서 변 ㄱㄷ의 길이는 31.4 cm입니다.

보충 개념

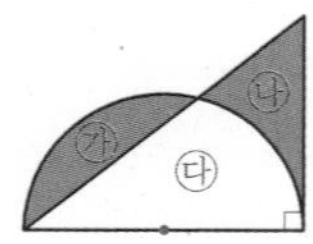

(㉮의 넓이)=(㉯의 넓이)
➡ (㉮의 넓이)+(㉰의 넓이)
=(㉯의 넓이)+(㉰의 넓이)

서술형

8 접근 ≫ 먼저 원의 반지름을 구합니다.

예 (원의 지름)$=24.8\div3.1=8$ (cm)이므로 원의 반지름은 4 cm입니다.

(원 8개의 넓이)$=(4\times4\times3.1)\times8=49.6\times8=396.8$ (cm²)

(직사각형의 넓이)=(원의 지름의 4배)×(원의 지름의 2배)$=32\times16=512$ (cm²)

따라서 (색칠하지 않은 부분의 넓이)$=512-396.8=115.2$ (cm²)입니다.

채점 기준	배점
원의 반지름을 구하여 원 8개의 넓이와 직사각형의 넓이를 구했나요?	3점
색칠하지 않은 부분의 넓이를 구했나요?	2점

보충 개념

(색칠하지 않은 부분의 넓이)
=(직사각형의 넓이)
−(원 8개의 넓이)

9 접근 ≫ 도형을 넓이를 구할 수 있는 도형으로 나누어 봅니다.

(색칠한 부분의 넓이)=  10 cm, 10 cm ×4=(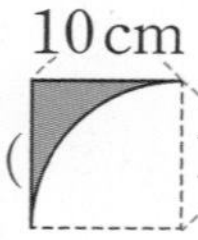 10 cm, 10 cm)×2×4

=(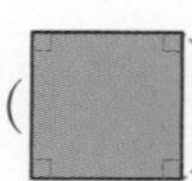 10 cm, 10 cm − 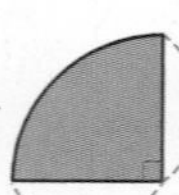 10 cm, 10 cm)×8

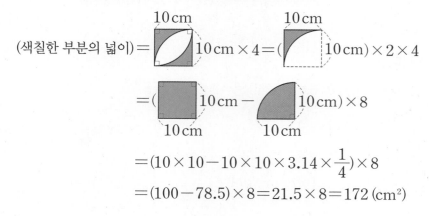

$=(10\times10-10\times10\times3.14\times\frac{1}{4})\times8$

$=(100-78.5)\times8=21.5\times8=172$ (cm²)

해결 전략

복잡한 도형의 넓이를 구할 때에는 넓이를 구할 수 있는 도형으로 나누어 생각해요.

10 접근 ≫ 정사각형의 한 변의 길이를 □cm라 하고 넓이를 나타내 봅니다.

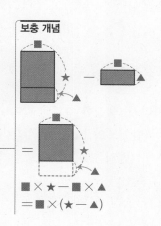

정사각형의 한 변의 길이를 □cm라 하면 원의 지름도 □cm이므로

(정사각형의 넓이)$=\square\times\square$, (원의 넓이)$=\square\times\frac{1}{2}\times\square\times\frac{1}{2}\times 3=\square\times\square\times\frac{3}{4}$

정사각형의 넓이를 $\square\times\square=\bullet$라 하면 원의 넓이는 $\bullet\times\frac{3}{4}$이므로 색칠한 부분의

넓이는 $\bullet-\bullet\times\frac{3}{4}=\bullet\times 1-\bullet\times\frac{3}{4}=\bullet\times(1-\frac{3}{4})=\bullet\times\frac{1}{4}$입니다.

즉 색칠한 부분의 넓이는 정사각형의 넓이의 $\frac{1}{4}$이므로

색칠한 부분의 넓이는 정사각형의 넓이의 $\frac{1}{4}\times 100=25$ (%)입니다.

보충 개념

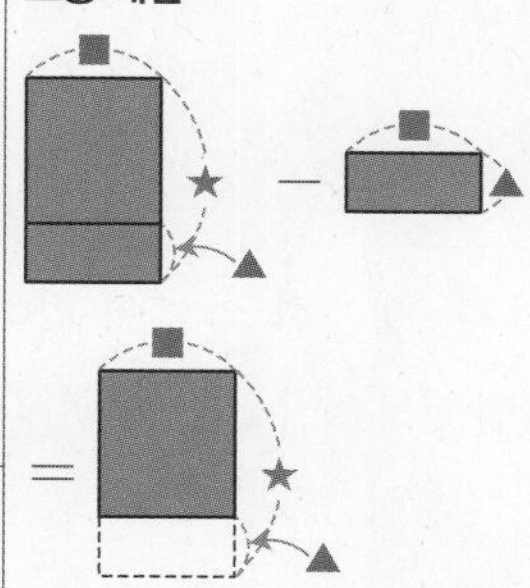

■×★−■×▲
=■×(★−▲)

122쪽 5번의 변형 심화 유형

11 접근 ≫ 곡선 부분과 직선 부분으로 나누어 생각합니다.

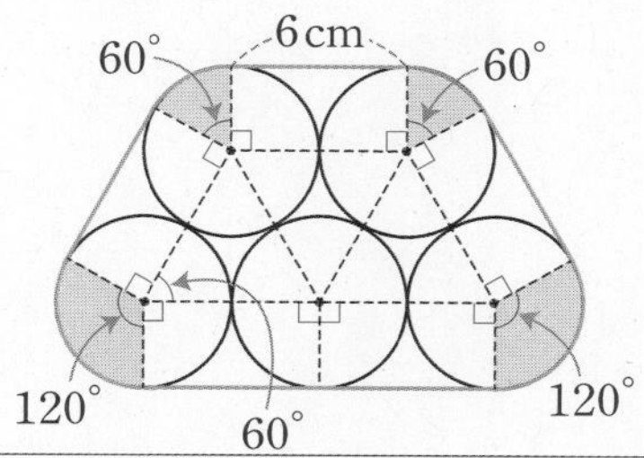

$60°+60°+120°+120°=360°$이므로 곡선 부분의 길이를 더하면 지름이 6 cm인 원의 원주와 같습니다.

(사용한 끈의 길이)=(곡선 부분의 길이)+(직선 부분의 길이)+(매듭의 길이)

$=6\times 3+6\times 5+25$

$=18+30+25=73$ (cm)

보충 개념

원의 중심에서 끈에 수선을 그으면 삼각형은 모두 정삼각형이에요.

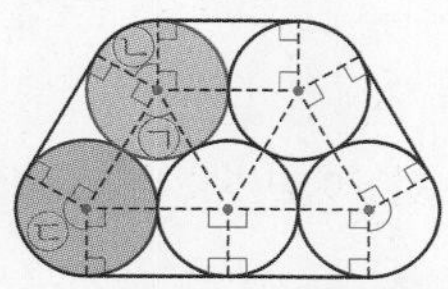

㉠$=60°$이고 빨간색 원에서
㉡$+90°+60°+60°+90°$
$=360°$이므로 ㉡$=60°$
또 파란색 원에서
$90°+$㉢$+90°+60°$
$=360°$이므로 ㉢$=120°$

12 접근 ≫ 먼저 원의 반지름을 구해 봅니다.

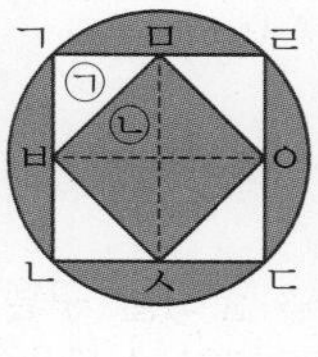

원의 반지름을 □cm라 하면

$\square\times\square\times 3.14=78.5$, $\square\times\square=25$, $5\times 5=25$이므로 $\square=5$

색칠한 부분의 넓이는 원의 넓이에서 색칠하지 않은 부분의 넓이를 빼면 됩니다. ㉠과 ㉡의 넓이는 같으므로 색칠하지 않은 부분의 넓이는 사각형 ㅁㅂㅅㅇ의 넓이와 같습니다.

따라서 (색칠한 부분의 넓이)=(원의 넓이)−(사각형 ㅁㅂㅅㅇ의 넓이)입니다.

(사각형 ㅁㅂㅅㅇ의 넓이)=(사각형 ㄱㄴㄷㄹ의 넓이)$\times\frac{1}{2}$

$=(10\times 10\div 2)\times\frac{1}{2}=25$ (cm^2)이므로

(색칠한 부분의 넓이)$=78.5-25=53.5$ (cm^2)입니다.

보충 개념

큰 정사각형의 대각선은 원의 지름과 같으므로
$5\times 2=10$ (cm)예요.

13 접근 ≫ 색칠한 부분을 이루고 있는 부채꼴의 중심각의 크기를 알아봅니다.

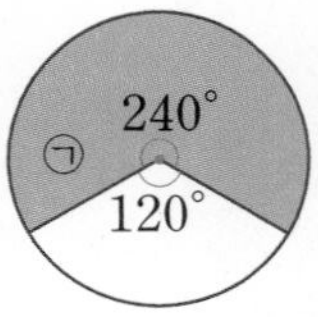

정육각형의 한 각은 120°이므로

부채꼴 ㉠의 중심각은 $360°-120°=240°$입니다.

㉠의 넓이는 원의 넓이의 $\frac{240°}{360°}=\frac{2}{3}$입니다.

따라서 (색칠한 부분의 넓이)

$=$(반지름이 1 cm, 중심각이 240°인 부채꼴의 넓이)$\times 3$

$+$(반지름이 3 cm, 중심각이 240°인 부채꼴의 넓이)$\times 3$

$=1\times1\times3\times\frac{2}{3}\times3+3\times3\times3\times\frac{2}{3}\times3=6+54=60\,(cm^2)$입니다.

보충 개념

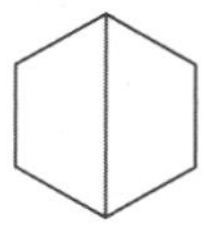

정육각형은 두 개의 사각형으로 나누어지고 사각형의 네 각의 크기의 합은 360°이므로 정육각형의 모든 각의 크기의 합은 $360°\times2=720°$예요.
따라서 정육각형의 한 각은 $720°\div6=120°$예요.

14 접근 ≫ 새로 그린 원의 반지름을 구해 봅니다.

새로 그린 원의 반지름을 □cm라 하면

$\square\times\square\times3.1=77.5$, $\square\times\square=25$, $\square=5$

처음에 그린 원의 반지름을 △ cm라 하면

새로 그린 원과 처음에 그린 원의 원주의 차는

$5\times2\times3.1-\triangle\times2\times3.1=12.4$, $31-\triangle\times6.2=12.4$,

$\triangle\times6.2=18.6$, $\triangle=3$

따라서 두 원의 반지름의 차는 $5-3=2$ (cm)입니다.

다른 풀이

처음에 그린 원의 반지름을 □cm, 두 원의 반지름의 차를 △ cm라 하면
새로 그린 원의 반지름은 (□+△) cm입니다.

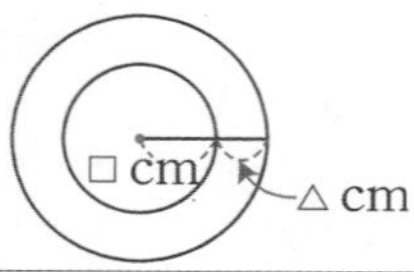

$(\square+\triangle)\times2\times3.1-\square\times2\times3.1=12.4$

$(\square+\triangle)\times6.2-\square\times6.2=12.4$

$\square\times6.2+\triangle\times6.2-\square\times6.2=12.4$

$\triangle\times6.2=12.4$

$\triangle=2$

보충 개념

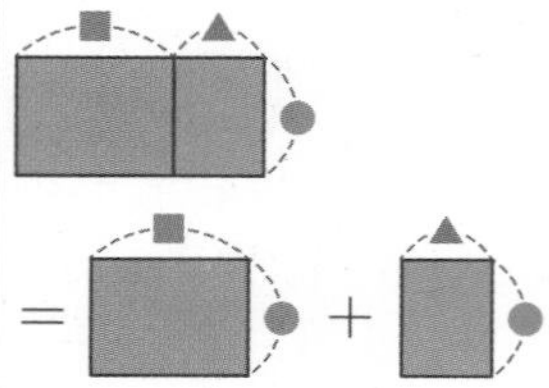

$(■+▲)\times●$
$=■\times●+▲\times●$
➡ $(\square+\triangle)\times6.2$
$=\square\times6.2+\triangle\times6.2$

15 접근 ≫ 색칠한 부분을 부채꼴과 삼각형 모양으로 나누어 생각해 봅니다.

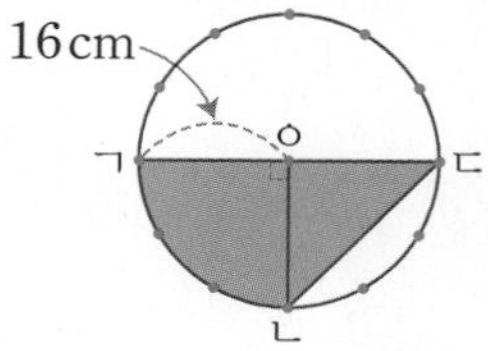

원을 12등분하였으므로

(각 ㄱㅇㄴ)$=$(각 ㄴㅇㄷ)$=90°$입니다.

따라서 색칠한 부분은 중심각이 90°인 부채꼴 ㄱㅇㄴ과 직각삼각형 ㄴㄷㅇ으로 이루어져 있습니다.

(색칠한 부분의 넓이)$=$(부채꼴 ㄱㅇㄴ의 넓이)$+$(삼각형 ㄴㄷㅇ의 넓이)

$=(16\times16\times3\times\frac{1}{4})+(16\times16\div2)$

$=192+128=320\,(cm^2)$

보충 개념

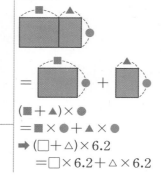

원주를 12등분 하였으므로
(각 ㄱㅇㄴ)
$=$(각 ㄴㅇㄷ)
$=360°\div12\times3=90°$

16 접근 ≫ ㉮와 ㉯의 넓이를 구하는 것이 아니라 그 차를 구하는 것입니다.

㉮와 ㉯의 넓이를 구할 수 없으므로 넓이가 같은 ㉰와 ㉱의 넓이를 이용하여 넓이의 차를 구합니다.

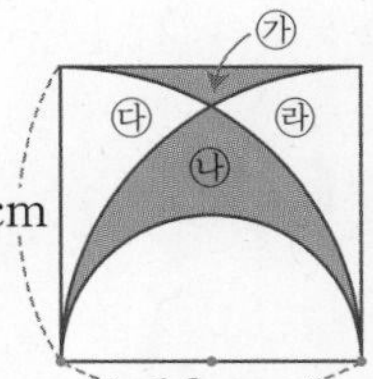

(㉮와 ㉯의 넓이의 차)

$=$(㉯의 넓이)$-$(㉮의 넓이)

$=$((㉯의 넓이)$+$(㉰의 넓이))$-$((㉮의 넓이)$+$(㉰의 넓이))

$=$((㉯의 넓이)$+$(㉰의 넓이))$-$((㉮의 넓이)$+$(㉱의 넓이))

$=(16\times16\times3\times\frac{1}{4}-8\times8\times3\times\frac{1}{2})-(16\times16-16\times16\times3\times\frac{1}{4})$

$=(192-96)-(256-192)=96-64=32\,(\text{cm}^2)$

보충 개념

(㉯의 넓이)$+$(㉰의 넓이)

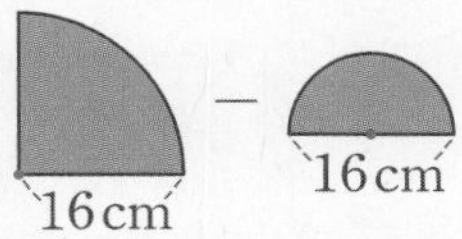

(㉮의 넓이)$+$(㉱의 넓이)

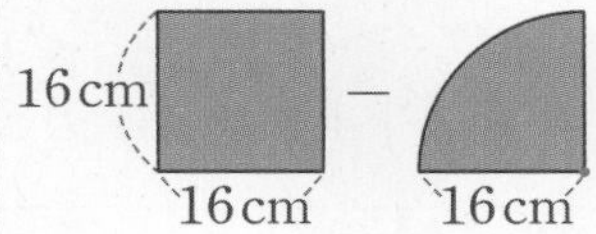

17 120쪽 3번의 변형 심화 유형

접근 ≫ 부채꼴 ㄴㄱㅂ의 중심각의 크기를 알아봅니다.

삼각형 ㄱㄴㄷ은 이등변삼각형이므로

(각 ㄴㄱㄷ)$=$(각 ㄴㄷㄱ)$=45°$입니다.

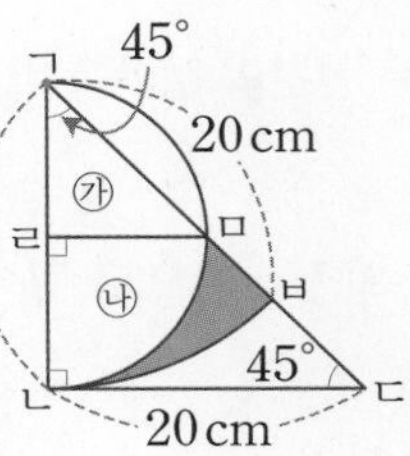

(색칠한 부분의 넓이)

$=$(부채꼴 ㄴㄱㅂ의 넓이)$-$(㉮의 넓이)$-$(㉯의 넓이)

$=20\times20\times3.14\times\frac{1}{8}-10\times10\div2$

$\quad-10\times10\times3.14\times\frac{1}{4}$

$=157-50-78.5=28.5\,(\text{cm}^2)$

보충 개념

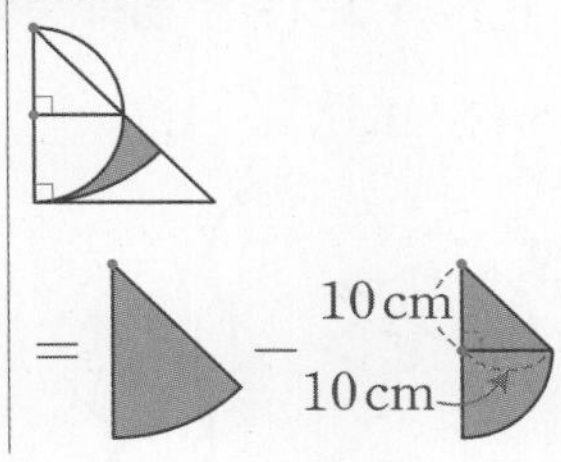

HIGH LEVEL

132~134쪽

1 87.5 cm²	**2** 14번	**3** 90 cm	**4** 51.24 m	**5** 3배
6 36 cm	**7** 76.56 cm²	**8** 48 cm²	**9** 299 cm²	

1 120쪽 3번의 변형 심화 유형

접근 ≫ 넓이를 구할 수 있는 도형으로 나누어 봅니다.

(색칠한 부분의 넓이)

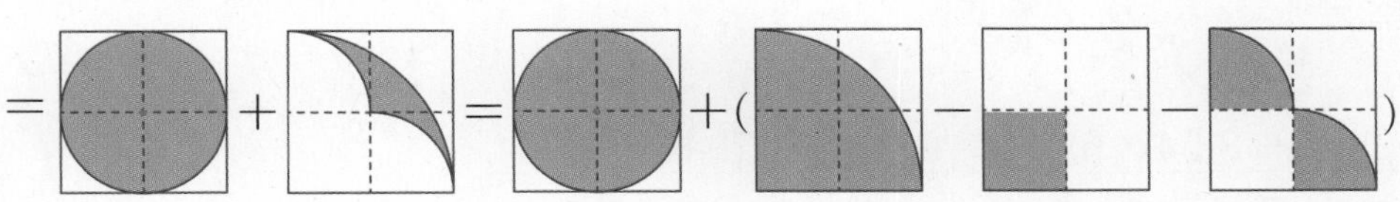

$=(5\times5\times3)+(10\times10\times3\times\frac{1}{4}-5\times5-5\times5\times3\times\frac{1}{4}\times2)$

$=75+(75-25-37.5)=75+12.5=87.5\,(\text{cm}^2)$

보충 개념

직사각형이 6개의 합동인 정사각형으로 나누어져 있으므로 부채꼴의 중심각은 모두 90°예요.

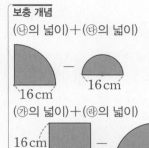

서술형

2 접근 ≫ 두 바퀴의 회전수의 비를 알아봅니다.

예 작은 바퀴와 큰 바퀴의 반지름의 비가 21 : 35 ➡ 3 : 5이므로 원주의 비는 3 : 5, 회전수의 비는 5 : 3입니다.
작은 바퀴의 회전수를 (5×□)번, 큰 바퀴의 회전수를 (3×□)번이라 하면
(5×□)+(3×□)=80, 8×□=80, □=10이므로 두 바퀴의 회전수의 합이 80번일 때 작은 바퀴는 5×10=50(번), 큰 바퀴는 3×10=30(번) 돕니다.
큰 바퀴가 30번 회전할 때 움직인 길이는 35×2×3×30=6300 (cm)이고 벨트의 길이가 4.5 m=450 cm이므로 벨트의 회전수는 6300÷450=14(번)입니다.

채점 기준	배점
작은 바퀴와 큰 바퀴의 회전 수를 구했나요?	3점
벨트의 회전수를 구했나요?	2점

해결 전략
반지름의 비가 ■ : ▲이면
원주의 비는 ■ : ▲,
회전수의 비는 ▲ : ■예요.

보충 개념

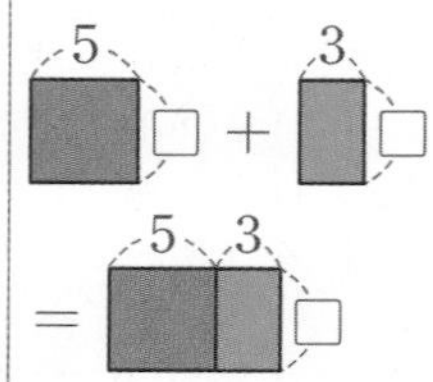

5×□+3×□
=(5+3)×□

3 접근 ≫ 이웃하는 원의 중심을 이은 선분의 길이를 비교해 봅니다.

124쪽 7번의 변형 심화 유형

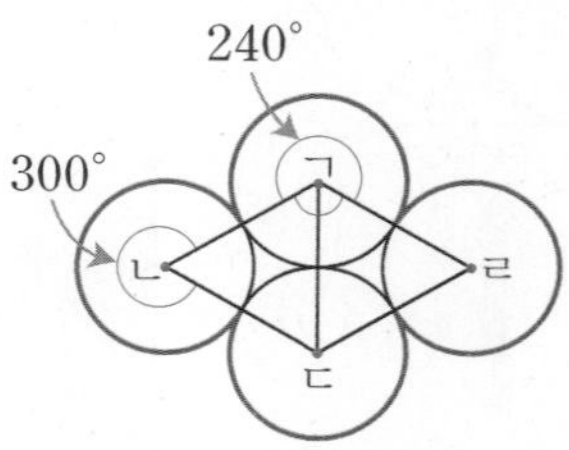

변 ㄱㄴ, 변 ㄴㄷ, 변 ㄷㄹ, 변 ㄹㄱ, 변 ㄱㄷ은 모두 원의 반지름의 2배이므로 길이가 같습니다.
따라서 삼각형 ㄱㄴㄷ, 삼각형 ㄱㄷㄹ은 정삼각형입니다.
정삼각형의 한 각은 60°이므로 빨간색 선으로 표시된 부분의 길이는 원 한 개의 둘레의
$\frac{240^\circ}{360^\circ}=\frac{2}{3}$인 것 2개와 원 한 개의 둘레의 $\frac{300^\circ}{360^\circ}=\frac{5}{6}$인 것 2개의 합과 같습니다.

(빨간색 선으로 표시된 부분의 길이)$=30\times\frac{2}{3}\times2+30\times\frac{5}{6}\times2$
$=40+50=90$ (cm)

보충 개념

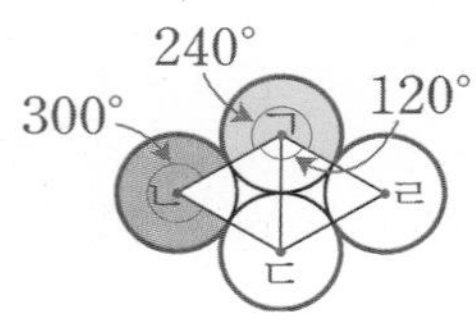

(각 ㄴㄱㄹ)=120°이므로
노란색 부채꼴의 중심각은
360°−120°=240°,
(각 ㄱㄴㄷ)=60°이므로
파란색 부채꼴의 중심각은
360°−60°=300°예요.

4 접근 ≫ 모든 레인의 직선 구간의 거리는 같습니다.

1번 레인의 곡선 구간인 반원의 반지름을 □m라 하면
1번 레인의 곡선 구간의 거리는 □×2×3=□×6입니다.
2번 레인은 1번 레인보다 곡선 구간의 반지름이 1.22 m만큼 늘어나므로
(2번 레인의 곡선 구간의 거리)=(□+1.22)×2×3입니다. 같은 방법으로
(3번 레인의 곡선 구간의 거리)=(□+1.22×2)×2×3이고,
(8번 레인의 곡선 구간의 거리)=(□+1.22×7)×2×3=(□+8.54)×6
=□×6+8.54×6=□×6+51.24입니다.
즉, 8번 레인의 곡선 구간은 1번 레인의 곡선 구간보다 51.24 m만큼 깁니다.
직선 구간의 거리는 모두 같으므로 8번 레인의 출발선은 1번 레인의 출발선보다 51.24 m 앞에 그려야 합니다.

보충 개념
각 레인별 곡선 구간인
반원의 반지름은
1번 레인: □라 하면
2번 레인: □+1.22
3번 레인: □+1.22×2
4번 레인: □+1.22×3
⋮
규칙: □+
1.22×((레인 번호)−1)
➡ 8번 레인: □+1.22×7

지도 가이드
1번 레인과 2번 레인의 곡선 구간인 반원의 반지름의 차가 얼마나 나는지 확인하여 규칙을 찾아 문제를 해결하도록 합니다. 그리고 직선 구간의 거리는 같기 때문에 문제를 해결할 때 고려하지 않아도 된다는 것을 이해하도록 지도합니다.

5 접근 ≫ 가장 큰 원의 지름의 길이를 임의로 정해 봅니다.

예를 들어 큰 원의 지름을 24 cm라 하면 (선분 ㄱㄷ의 길이)=12 cm이므로
(선분 ㄱㄴ의 길이)=8 cm, (선분 ㄴㄷ의 길이)=4 cm입니다.

(㉮의 넓이)$=12\times12\times3.1\times\frac{1}{2}=223.2\,(cm^2)$

(㉯의 넓이)$=(2\times2\times3.1\times\frac{1}{2})+(12\times12\times3.1\times\frac{1}{2})-(10\times10\times3.1\times\frac{1}{2})$
$=6.2+223.2-155=74.4\,(cm^2)$

따라서 ㉮의 넓이는 ㉯의 넓이의 $223.2\div74.4=3$(배)입니다.

지도 가이드
주어진 도형에 길이가 주어져 있지 않으므로 임의로 가장 큰 원의 지름을 정하고 그 길이에 맞게 나머지 원들의 지름의 길이를 정하도록 합니다.
이때 (선분 ㄱㄴ) : (선분 ㄴㄷ)=2 : 1, (지름)=(반지름)×2이므로 가장 큰 원의 지름의 길이를 정할 때 2+1=3의 배수이며 2의 배수인 6 cm, 12 cm, 18 cm, 24 cm…… 중에서 정하는 것이 계산하기 편리합니다.

보충 개념
큰 원의 지름을 24 cm라 하면
㉮의 넓이

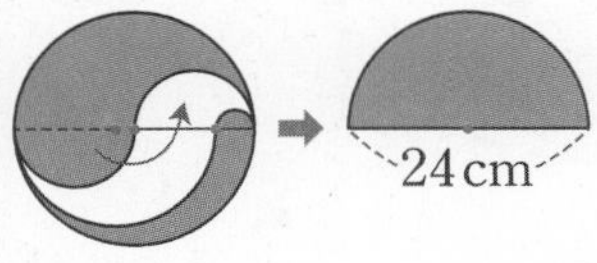

㉯의 넓이

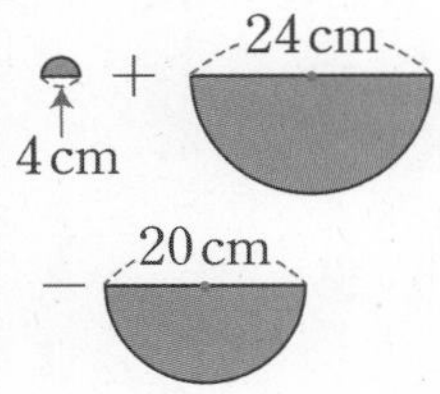

124쪽 7번의 변형 심화 유형

6 접근 ≫ 실이 회전한 모양을 나타내 봅니다.

삼각형 ㄱㄴㄷ이 정삼각형이므로
(각 ㄷㄱㄴ)=60°, (각 ㄹㄱㄴ)=180°−60°=120°입니다.
실이 삼각형의 한 변인 변 ㄱㄴ과 닿도록 회전한 모양은 반지름이 9 cm이고 중심각이 120°인 부채꼴 모양이 됩니다.
따라서 같은 방법으로 실이 삼각형을 한 바퀴 감으면 나머지 부채꼴의 중심각도 120°이므로 다음과 같이 됩니다.

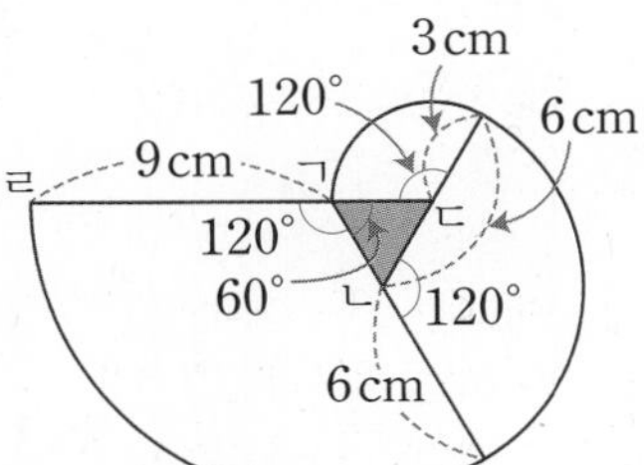

중심각이 120°인 원의 일부는 반지름이 같은 원의 $\frac{120°}{360°}=\frac{1}{3}$이므로 각 부채꼴의 호의 길이는 반지름이 같은 원의 원주의 $\frac{1}{3}$입니다.

따라서 (점 ㄹ이 움직인 길이)
$=9\times2\times3\times\frac{1}{3}+6\times2\times3\times\frac{1}{3}+3\times2\times3\times\frac{1}{3}=18+12+6=36\,(cm)$

보충 개념

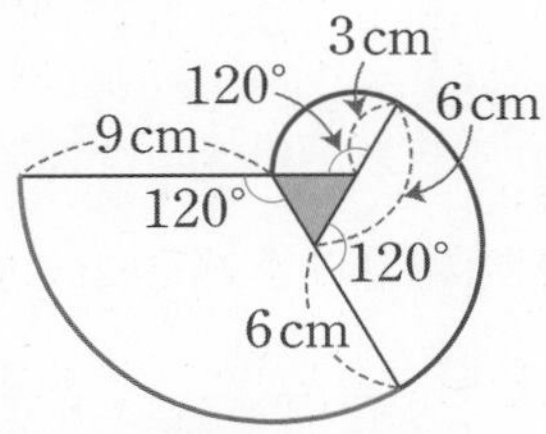

(빨간색 선의 길이)
=(반지름 9 cm인 원의 원주) $\times\frac{1}{3}$
(파란색 선의 길이)
=(반지름 6 cm인 원의 원주) $\times\frac{1}{3}$
(초록색 선의 길이)
=(반지름 3 cm인 원의 원주) $\times\frac{1}{3}$

7 접근 ≫ 색칠한 부분의 둘레는 원주의 몇 배인지 알아봅니다.

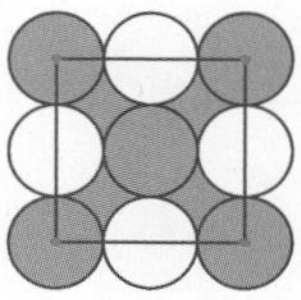

색칠한 부분의 둘레는  $\times 4 +$  $\times 4$와 같으므로 (원주)$\times 5$와 같습니다.

(원주)$\times 5 = 62.8$, (원주)$= 62.8 \div 5 = 12.56$이므로

(지름)$= 12.56 \div 3.14 = 4$ (cm)입니다.

색칠한 부분을 모아 보면

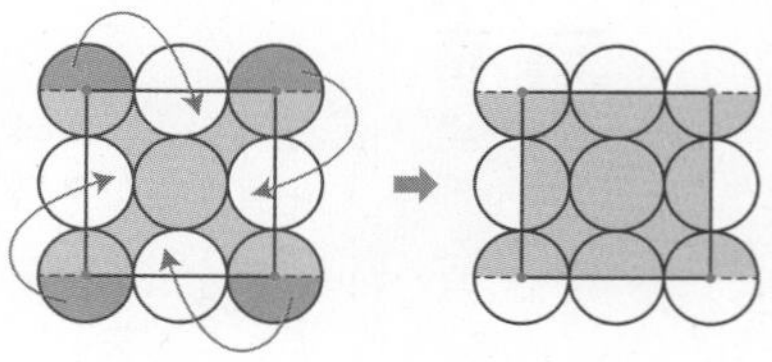

(색칠한 부분의 넓이)

$=$(정사각형의 넓이)$+$(원 1개의 넓이)

$=(8 \times 8) + (2 \times 2 \times 3.14)$

$= 64 + 12.56 = 76.56$ (cm^2)

보충 개념

 $\times 4 +$  $\times 4$는  $\times 20$과 같아요.

원주는  $\times 4$이므로  $\times 20$은 원주의 5배와 같아요.

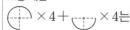

8 접근 ≫ 반지름이 ㉠ cm, ㉡ cm인 원의 원주와 넓이를 각각 나타내어 봅니다.

(큰 원의 원주)$=$㉡$\times 2 \times 3 =$㉡$\times 6$, (작은 원의 원주)$=$㉠$\times 2 \times 3 =$㉠$\times 6$이므로

㉡$\times 6 -$㉠$\times 6 = 12$, (㉡$-$㉠)$\times 6 = 12$, ㉡$-$㉠$= 2$, ㉡$= 2 +$㉠……①

(큰 원의 넓이)$=$㉡$\times$㉡$\times 3$, (작은 원의 넓이)$=$㉠$\times$㉠$\times 3$이므로

㉡$\times$㉡$\times 3 -$㉠$\times$㉠$\times 3 = 60$, (㉡$\times$㉡$-$㉠$\times$㉠)$\times 3 = 60$,

㉡$\times$㉡$-$㉠$\times$㉠$= 20$……②

②에서 ㉡$\times$㉡> 20이므로 ㉡> 4입니다.

㉡$= 5$이면 ①에서 ㉠$= 3$ ➡ ②에 ㉠, ㉡의 값을 넣으면 $5 \times 5 - 3 \times 3 = 16$(×)

㉡$= 6$이면 ①에서 ㉠$= 4$ ➡ ②에 ㉠, ㉡의 값을 넣으면 $6 \times 6 - 4 \times 4 = 20$(○)

따라서 ㉠$= 4$, ㉡$= 6$이므로 (작은 원의 넓이)$= 4 \times 4 \times 3 = 48$ (cm^2)입니다.

보충 개념

㉡$\times$㉡$\times 3 -$㉠$\times$㉠$\times 3$에서 ㉡$\times$㉡을 ●, ㉠$\times$㉠을 ▲라 하면

㉡$\times$㉡$\times 3 -$㉠$\times$㉠$\times 3$

$=$●$\times 3 -$▲$\times 3$

$=$(●$-$▲)$\times 3$

$=$(㉡$\times$㉡$-$㉠$\times$㉠)$\times 3$

9

123쪽 6번의 변형 심화 유형

접근 ≫ 원이 지나간 자리를 그려 봅니다.

원이 지나간 자리를 그려 보면 다음과 같습니다.

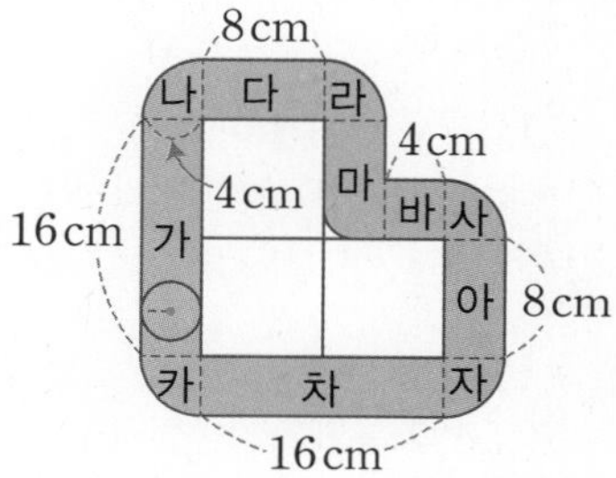

(가의 넓이)$=$(차의 넓이)$= 16 \times 4 = 64$ (cm^2)

(나의 넓이)$=$(라의 넓이)$=$(사의 넓이)

$=$(자의 넓이)$=$(카의 넓이)

$= 4 \times 4 \times 3 \times \frac{1}{4} = 12$ (cm^2)

(다의 넓이)$=$(아의 넓이)$= 4 \times 8 = 32$ (cm^2)

(마의 넓이)$= 4 \times 8 - (2 \times 2 - 2 \times 2 \times 3 \times \frac{1}{4}) = 32 - 1 = 31$ (cm^2)

(바의 넓이)$= 4 \times 4 = 16$ (cm^2)

따라서 (원이 지나간 자리의 넓이)$= 64 \times 2 + 12 \times 5 + 32 \times 2 + 31 + 16$

$= 128 + 60 + 64 + 31 + 16 = 299$ (cm^2)

주의

원이 직사각형의 변과 닿지 않는 부분이 있습니다.

보충 개념

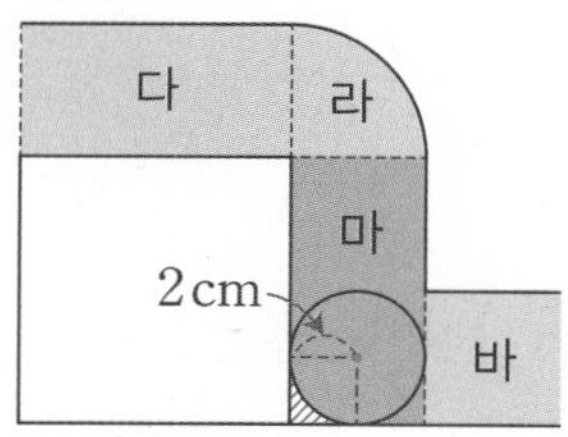

(마의 넓이)

$=$(가로 4 cm, 세로 8 cm인 직사각형의 넓이)

$-$(빗금 친 부분의 넓이)

6 원기둥, 원뿔, 구

BASIC TEST

1 원기둥 139쪽

1 ㉣ 2 12 cm

3 예 밑면이 서로 평행하지만 합동이 아니기 때문입니다.

4 원기둥 /

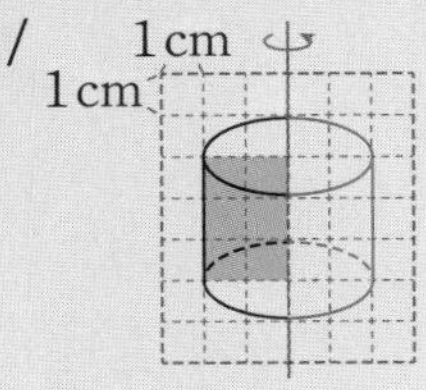

5 10 cm, 10 cm

6 공통점 예 기둥 모양입니다.
차이점 예 가는 밑면이 원, 나는 밑면이 삼각형입니다.

1 ㉣ 두 밑면에 수직인 선분의 길이는 높이입니다.

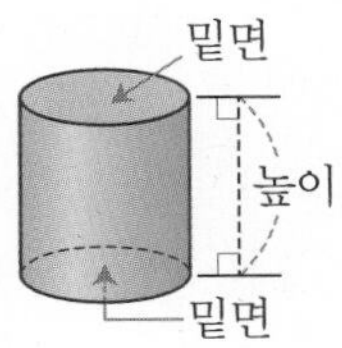

2 높이는 두 밑면에 수직인 선분의 길이이므로 원기둥의 높이는 12 cm입니다.

3 원기둥의 밑면은 서로 합동이고 평행합니다.

4 직사각형 모양의 종이를 한 변을 기준으로 돌리면 원기둥이 됩니다. 모눈 한 칸의 길이가 1 cm이므로 밑면의 반지름이 2 cm, 높이가 3 cm인 원기둥을 완성합니다.

보충 개념
돌리기 전의 직사각형의 가로는 원기둥의 밑면의 반지름과 같고, 직사각형의 세로는 원기둥의 높이와 같습니다.

5 위에서 본 모양은 원기둥의 밑면의 모양과 같습니다.
지름은 반지름의 2배이므로
(밑면의 지름)=$5\times2=10$ (cm)입니다.
앞에서 본 모양이 정사각형이므로 원기둥의 높이와 밑면의 지름은 길이가 같습니다.
따라서 높이는 10 cm입니다.

6 가는 원기둥, 나는 각기둥입니다.
공통점 예 밑면이 2개입니다.
밑면이 서로 평행하고 합동입니다.
앞과 옆에서 본 모양이 직사각형입니다.
차이점 예 가는 꼭짓점과 모서리가 없고 나는 꼭짓점과 모서리가 있습니다.
가는 굽은 면이 있고 나는 굽은 면이 없습니다.
가는 위에서 본 모양이 원이고 나는 삼각형입니다.

2 원기둥의 전개도 141쪽

1 선분 ㄱㄹ, 선분 ㄴㄷ

2 (위에서부터) 4, 24.8, 9

3 예 옆면이 직사각형이 아니기 때문입니다. 밑면의 둘레와 옆면의 가로의 길이가 다르기 때문입니다.

4 3.5 cm 5 12 cm 6 82.8 cm

1 원기둥의 전개도에서 밑면의 둘레와 같은 길이의 선분은 옆면인 직사각형의 가로입니다.

2 밑면의 반지름은 4 cm입니다.
옆면의 가로는 밑면의 둘레와 길이가 같으므로
(옆면의 가로)=(밑면의 둘레)
=(밑면의 반지름)$\times2\times$(원주율)
$=4\times2\times3.1=24.8$ (cm)입니다.
옆면의 세로는 높이와 같으므로 9 cm입니다.

3 원기둥의 전개도에서 두 원은 합동이고 옆면은 직사각형입니다. 주어진 그림은 두 밑면이 평행하고 합동이지만 옆면이 직사각형이 아니므로 원기둥을 만들 수 없습니다.

4 (옆면의 가로)=(밑면의 둘레)
=(밑면의 지름)$\times$(원주율)이므로
(밑면의 지름)$=21\div3=7$ (cm)
(밑면의 반지름)$=7\div2=3.5$ (cm)

5 원기둥의 높이는 8 cm이므로 원기둥의 전개도에서 옆면의 세로는 8 cm입니다.
(옆면의 넓이)=(옆면의 가로)$\times$(옆면의 세로),
(옆면의 가로)$=96\div8=12$ (cm)
따라서 밑면의 둘레는 옆면의 가로와 길이가 같으므로 12 cm입니다.

6 원기둥의 전개도에서 옆면의 가로는 원기둥의 밑면의 둘레와 길이가 같으므로
$5 \times 2 \times 3.14 = 31.4$ (cm)입니다.
또 옆면의 세로는 원기둥의 높이와 같으므로 10 cm입니다.
따라서 옆면의 둘레는
$(31.4 + 10) \times 2 = 82.8$ (cm)입니다.

보충 개념
연준이가 그린 전개도는 다음과 같습니다.

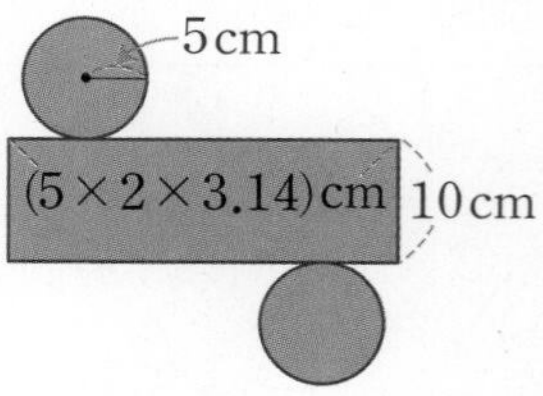

3 원뿔, 구 143쪽

1 구 **2** ③, ④
3 선분 ㄴㄹ / 선분 ㄱㅁ / 선분 ㄱㄴ, 선분 ㄱㄷ, 선분 ㄱㄹ
4 ( )( )(○) / 5 cm **5** 16 cm, 6 cm
6 240 cm²

1 원기둥, 원뿔, 각뿔은 보는 방향에 따라 모양이 다릅니다.

보충 개념

입체도형	위에서 본 모양	앞에서 본 모양	옆에서 본 모양
원기둥	원	직사각형	직사각형
원뿔	원	이등변삼각형	이등변삼각형
구	원	원	원

2 ① 원기둥의 밑면은 2개이고, 원뿔의 밑면은 1개입니다.
② 원기둥은 꼭짓점이 없습니다.
⑤ 원기둥은 기둥 모양이고, 원뿔은 뿔 모양입니다.

3 • 높이: 꼭짓점에서 밑면에 수직인 선분의 길이
• 모선: 꼭짓점과 밑면인 원의 둘레의 한 점을 이은 선분

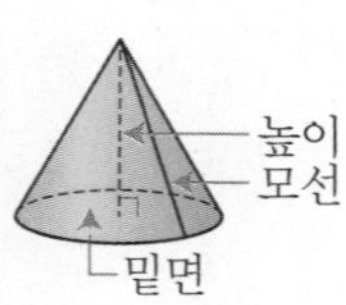

4 반원 모양의 종이를 지름을 기준으로 한 바퀴 돌리면 구가 만들어집니다.
이때 반원의 지름은 구의 지름이 됩니다.
따라서 반지름은 $10 \div 2 = 5$ (cm)입니다.

5 만들어지는 입체도형은 오른쪽과 같은 원뿔입니다. 따라서 밑면의 지름은 $8 \times 2 = 16$ (cm), 높이는 6 cm입니다.

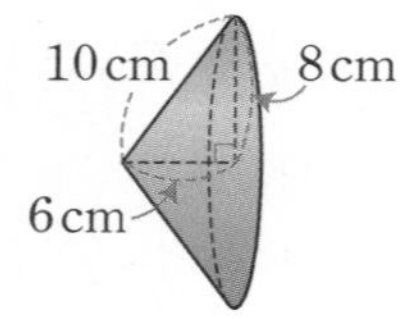

6 원뿔을 앞에서 본 모양은 다음과 같이 밑변의 길이가 $10 \times 2 = 20$ (cm), 높이가 24 cm인 삼각형입니다.

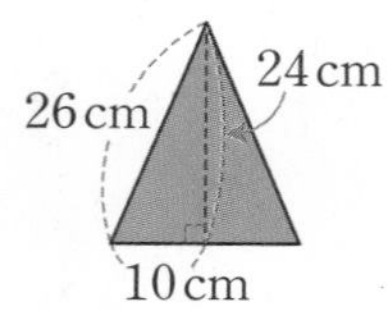

따라서 원뿔을 앞에서 본 모양의 넓이는
$20 \times 24 \div 2 = 240$ (cm²)입니다.

MATH TOPIC 144~152쪽

1-1 86 cm **1-2** 80 cm
2-1 80 cm² **2-2** 26 cm **2-3** 60 cm²
3-1 14 cm² **3-2** 25.5 cm
4-1 36 cm **4-2** 13 cm **4-3** 10개
5-1 756 cm² **5-2** 198 cm² **5-3** 148.8 cm²
6-1 10 cm **6-2** 나
7-1 1674 cm² **7-2** 847 cm²
8-1 1004.4 cm³ **8-2** 2480 cm³ **8-3** 1944 cm³
심화9 12, 37.68 / 10, 10 / 10 **9-1** 8928 cm²

1-1 (옆면의 가로)$=50 \div 2 - 7 = 18$ (cm)
옆면의 가로와 밑면의 둘레는 길이가 같으므로 밑면의 둘레는 18 cm입니다.
(전개도의 둘레)
=(밑면의 둘레)×2+(옆면의 둘레)
$= 18 \times 2 + 50 = 86$ (cm)입니다.

보충 개념
(직사각형의 둘레)=((가로)+(세로))×2
➡ (가로)=(직사각형의 둘레)÷2−(세로)
(세로)=(직사각형의 둘레)÷2−(가로)

1-2 밑면의 둘레는 옆면의 가로와 길이가 같으므로 옆면의 가로는 15 cm입니다.
(옆면의 둘레)=(15+10)×2=50 (cm)
(전개도의 둘레)
=(밑면의 둘레)×2+(옆면의 둘레)
=15×2+50=30+50=80 (cm)

2-1 원기둥을 앞에서 본 모양은 가로가 원기둥의 밑면의 지름이고 세로가 원기둥의 높이와 같은 직사각형입니다.

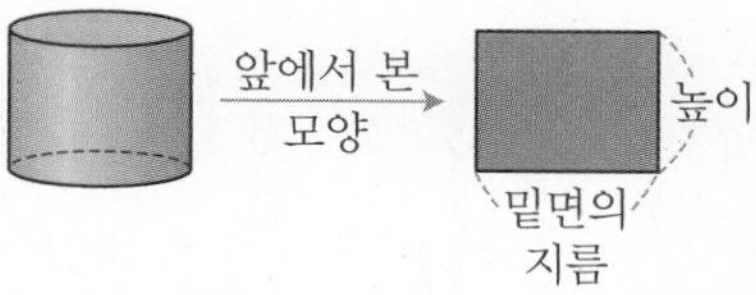

(원기둥의 밑면의 지름)=5×2=10 (cm),
(원기둥의 높이)=8 cm이므로 원기둥을 앞에서 본 모양의 넓이는 10×8=80 (cm^2)입니다.

2-2 만들어지는 입체도형은 원기둥입니다.

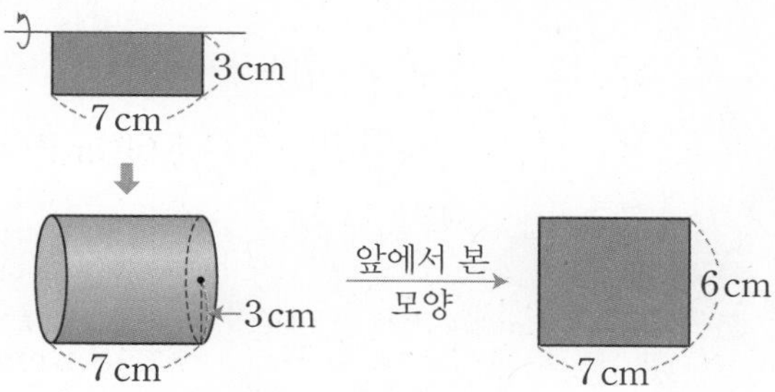

(앞에서 본 모양의 둘레)
=(7+6)×2=13×2=26 (cm)

2-3 만들어지는 입체도형은 원뿔입니다.

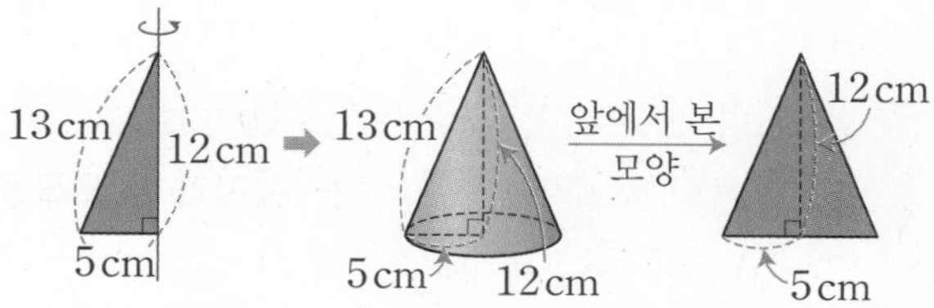

원뿔을 앞에서 본 모양은 밑변이 5×2=10 (cm)이고 높이가 12 cm인 이등변삼각형이므로
넓이는 10×12÷2=60 (cm^2)입니다.

보충 개념
직사각형, 직각삼각형, 반구의 한 변을 기준으로 한 바퀴 돌려 만든 원기둥, 원뿔, 구를 앞에서 본 모양의 넓이는 돌리기 전 평면도형의 넓이의 2배입니다.

3-1 평면도형을 돌려 만든 입체도형은 원뿔입니다.
(밑면의 지름)=21÷3=7 (cm)
평면도형을 한 변을 기준으로 한 바퀴 돌려 만든 입체도형이 원뿔이므로 돌리기 전의 평면도형은 직각삼각형입니다.

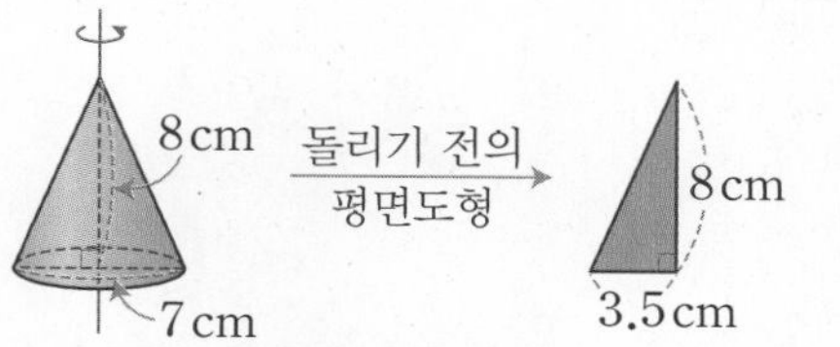

(돌리기 전의 평면도형의 넓이)
=3.5×8÷2=14 (cm^2)

3-2 평면도형을 돌려 만든 입체도형은 구입니다.
구에서 가장 안쪽에 있는 점은 구의 중심이고, 구의 중심에서 구의 겉면의 한 점을 이은 선분은 구의 반지름이므로 구의 반지름은 5 cm입니다.

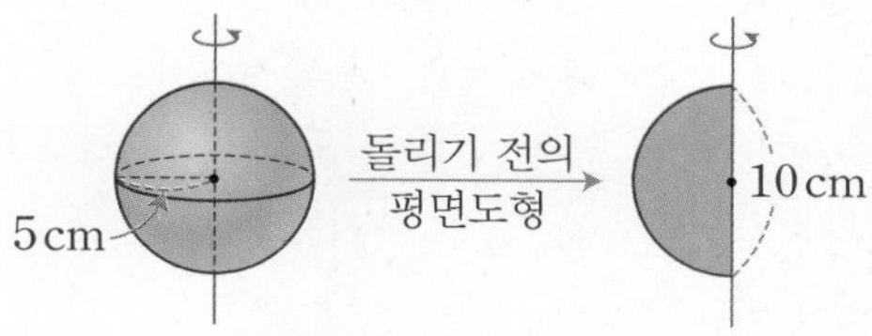

(돌리기 전의 평면도형의 둘레)
$=10\times3.1\times\frac{1}{2}+10$
$=15.5+10=25.5$ (cm)

4-1 주어진 원뿔을 앞에서 본 모양은 다음과 같습니다.

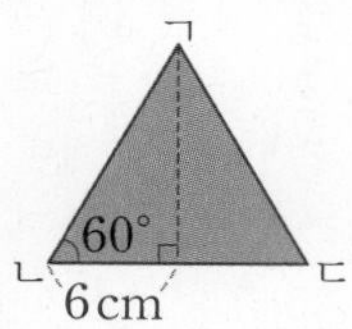

삼각형 ㄱㄴㄷ은 이등변삼각형이므로
(각 ㄱㄷㄴ)=(각 ㄱㄴㄷ)=60°,
(각 ㄴㄱㄷ)=180°−(60°+60°)=60°입니다.
따라서 삼각형 ㄱㄴㄷ은 정삼각형이므로 주어진 원뿔을 앞에서 본 모양의 둘레는
(6×2)×3=12×3=36 (cm)입니다.

4-2 선분 ㄱㄴ, 선분 ㄱㄷ, 선분 ㄱㄹ, 선분 ㄱㅁ, 선분 ㄱㅂ은 모두 원뿔의 모선입니다.
(밑면에 사용한 철사의 길이)
=(밑면의 둘레)
$=8\times2\times3=48$ (cm)이므로
(모선에 사용한 철사의 길이)
$=113-48=65$ (cm)입니다.
모선의 길이는 모두 같으므로
(선분 ㄱㅂ의 길이)$=65\div5=13$ (cm)입니다.

보충 개념
한 원뿔에서 모선은 셀 수 없이 많고 길이는 모두 같습니다.

4-3 만들 수 있는 이등변삼각형은
삼각형 ㄱㄴㄷ, 삼각형 ㄱㄴㄹ, 삼각형 ㄱㄴㅁ,
삼각형 ㄱㄴㅂ, 삼각형 ㄱㄷㄹ, 삼각형 ㄱㄷㅁ,
삼각형 ㄱㄷㅂ, 삼각형 ㄱㄹㅁ, 삼각형 ㄱㄹㅂ,
삼각형 ㄱㅁㅂ으로 모두 10개입니다.

다른 풀이
원뿔의 모선의 길이는 모두 같으므로 밑면의 둘레에 있는 2점을 골라 꼭짓점과 이으면 이등변삼각형을 만들 수 있습니다.
5개의 점 중 2개의 점을 고르는 경우는
$5\times4\div2=10$(가지)이므로 만들 수 있는 이등변삼각형은 모두 10개입니다.

보충 개념
밑면의 둘레에 있는 5개의 점인 점 ㄴ, 점 ㄷ, 점 ㄹ, 점 ㅁ, 점 ㅂ 중 2개의 점을 고르는 방법
- 점 ㄴ을 골랐을 때 나머지 한 점이 될 수 있는 점은 4개(점 ㄷ, 점 ㄹ, 점 ㅁ, 점 ㅂ)입니다.
- 점 ㄷ을 골랐을 때 나머지 한 점이 될 수 있는 점은 4개(점 ㄴ, 점 ㄹ, 점 ㅁ, 점 ㅂ)입니다.

마찬가지로 점 ㄹ, 점 ㅁ, 점 ㅂ을 골랐을 때 나머지 한 점이 될 수 있는 점은 각각 4개입니다.
그런데 (점 ㄴ, 점 ㄷ)을 고르는 경우와 (점 ㄷ, 점 ㄴ)을 고르는 경우는 같으므로 5개의 점 중 2개의 점을 고르는 경우는 모두 $5\times4\div2=10$(가지)입니다.

5-1 원기둥의 전개도는 합동인 2개의 원과 가로가 밑면의 둘레, 세로가 원기둥의 높이와 길이가 같은 직사각형으로 이루어져 있습니다.
(밑면인 원의 넓이)$=6\times6\times3=108$ (cm^2)
(옆면의 가로)=(밑면의 둘레)
$=12\times3=36$ (cm)이므로
(옆면인 직사각형의 넓이)$=36\times15=540$ (cm^2)
➡ (원기둥의 겉넓이)
=(전개도의 넓이)
=(밑면인 원의 넓이)×2
+(옆면인 직사각형의 넓이)
$=108\times2+540=216+540=756$ (cm^2)

5-2 (옆면의 가로)$=3\times2\times3=18$ (cm)이므로
(옆면의 세로)$=52\div2-18$
$=26-18=8$ (cm)
(원기둥의 겉넓이)$=(3\times3\times3)\times2+18\times8$
$=54+144=198$ (cm^2)

5-3 밑면의 반지름을 □cm라 하면
$□\times□\times3.1=12.4$, $□\times□=4$,
$2\times2=4$이므로 □=2
(옆면의 가로)$=2\times2\times3.1=12.4$ (cm)
(옆면의 넓이)$=12.4\times10=124$ (cm^2)
(원기둥의 겉넓이)
$=12.4\times2+124$
$=24.8+124=148.8$ (cm^2)

6-1

	옆면의 가로의 길이 (밑면의 반지름)×2 ×(원주율)	옆면의 세로의 길이(=높이) (종이 한 변의 길이) −(밑면의 지름)×2
교림	$3.5\times2\times3=21$ (cm)	$27-7\times2=13$ (cm)
희재	$4.5\times2\times3=27$ (cm)	$21-9\times2=3$ (cm)

➡ $13-3=10$ (cm)

해결 전략
원기둥의 전개도에서 옆면의 가로와 세로의 길이를 구하는 식을 세워서 문제를 해결합니다.

6-2

	옆면의 가로의 길이 (밑면의 반지름)×2 ×(원주율)	최대 높이 (종이 한 변의 길이) −(밑면의 지름)×2
가	$5\times2\times3=30$ (cm)	$24-10\times2=4$ (cm)
나	$4\times2\times3=24$ (cm)	$36-8\times2=20$ (cm)
다	$6\times2\times3=36$ (cm)	$24-12\times2=0$ (cm)

가: 밑면의 반지름이 5 cm일 때 최대 높이가 4 cm입니다. 가의 높이는 5 cm이므로 가와 같은 원기둥은 만들 수 없습니다.
다: 밑면의 반지름이 6 cm일 때 최대 높이가 0 cm이므로 원기둥을 만들 수 없습니다.

7-1 포장지를 붙일 부분은 원기둥 나의 겉넓이와 같습니다.

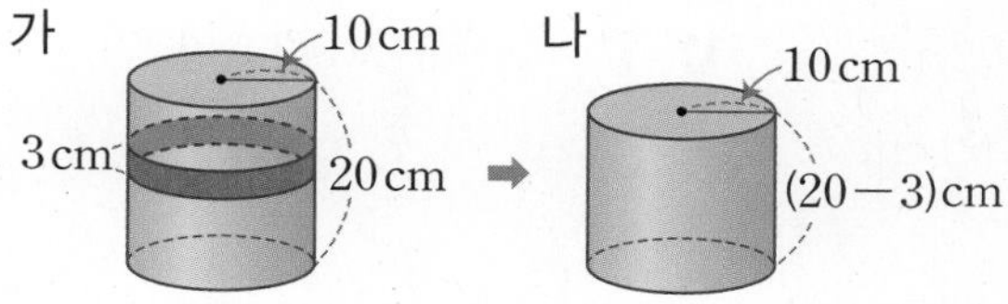

(나의 한 밑면의 넓이)

$=10\times10\times3.1=310\ (cm^2)$

(나의 옆면의 넓이)

$=10\times2\times3.1\times17=1054\ (cm^2)$

(나의 겉넓이)$=310\times2+1054=1674\ (cm^2)$

이므로 필요한 포장지의 넓이는 최소 $1674\ cm^2$입니다.

7-2 (한 밑면의 넓이)$=7\times7\times3\times\frac{1}{2}=73.5\ (cm^2)$

(옆면의 넓이)$=14\times20+14\times3\times\frac{1}{2}\times20$

$=280+420=700\ (cm^2)$

➡ (겉넓이)=(한 밑면의 넓이)×2+(옆면의 넓이)

$=73.5\times2+700$

$=147+700=847\ (cm^2)$

보충 개념

(입체도형의 옆면의 넓이)

=(가로 14 cm, 세로 20 cm인 직사각형의 넓이)

+(지름이 14cm인 원주의 $\frac{1}{2}$)×(높이)

다른 풀이

입체도형의 전개도를 그려 보면 다음과 같습니다.

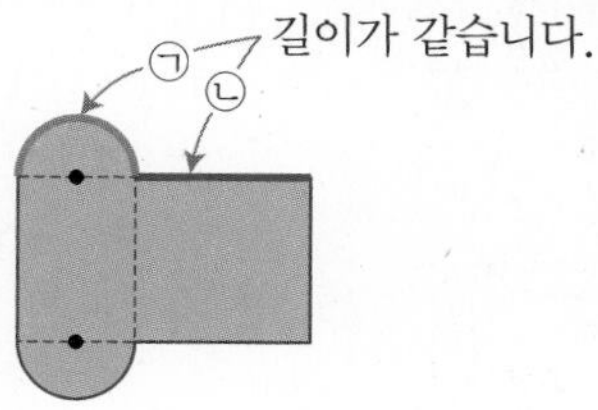

(㉠의 길이)=(㉡의 길이)$=14\times3\times\frac{1}{2}=21\ (cm)$

(입체도형의 겉넓이)

=(전개도의 넓이)

=(지름이 14 cm인 원의 넓이)

+(가로가 35 cm, 세로가 20 cm인 직사각형의 넓이)

(35 cm: 14 cm+㉡의 길이)

$=7\times7\times3+35\times20$

$=147+700=847\ (cm^2)$

8-1 원기둥의 밑면의 반지름이 $12\div2=6\ (cm)$이므로

(원기둥의 밑면의 넓이)$=6\times6\times3.1$

$=111.6\ (cm^2)$

(원기둥의 부피)=(밑면의 넓이)×(높이)

$=111.6\times9=1004.4\ (cm^3)$

8-2 (부피)=(원기둥의 부피)$\times\frac{1}{2}$

$=(8\times8\times3.1\times25)\times\frac{1}{2}$

$=4960\times\frac{1}{2}=2480\ (cm^3)$

다른 풀이

(부피)=(밑면의 넓이)×(높이)

$=(8\times8\times3.1\times\frac{1}{2})\times25$

$=99.2\times25=2480\ (cm^3)$

8-3 다음과 같이 입체도형 2개를 이어 붙이면 밑면의 지름이 12 cm이고 높이가 36 cm인 원기둥이 됩니다.

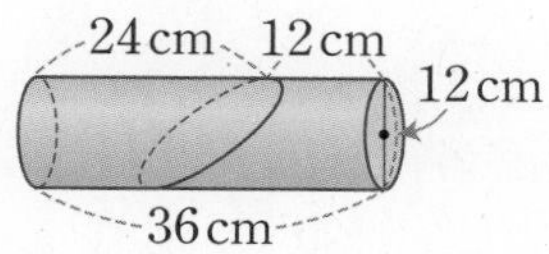

(입체도형의 부피)=(원기둥의 부피)÷2

$=(6\times6\times3\times36)\div2$

$=3888\div2=1944\ (cm^3)$

다른 풀이

(입체도형의 부피)

=(높이가 12 cm인 원기둥의 부피)

+(높이가 12 cm인 원기둥의 부피)$\times\frac{1}{2}$

$=6\times6\times3\times12+6\times6\times3\times12\times\frac{1}{2}$

$=1296+648=1944\ (cm^3)$

9-1 롤러를 한 바퀴 굴렸을 때 페인트가 칠해진 부분의 넓이는 원기둥의 옆면의 넓이와 같습니다.

원기둥의 전개도에서

옆면의 가로는 $6\times2\times3.1=37.2\ (cm)$이고,

세로는 24 cm이므로

(옆면의 넓이)$=37.2\times24=892.8\ (cm^2)$입니다.

따라서 롤러를 10바퀴 굴렸을 때 페인트가 칠해진 부분의 넓이는 $892.8\times10=8928\ (cm^2)$입니다.

LEVEL UP TEST

153~157쪽

1 706.5 cm² **2** 3 cm **3** 15 cm **4** 84 cm **5** 6369 km **6** 108 cm²

7 18 cm **8** 20 cm² **9** 28 cm **10** 100 cm² / 60 cm² **11** 나, 6.2 cm **12** 6 cm

13 3240 cm² **14** 예

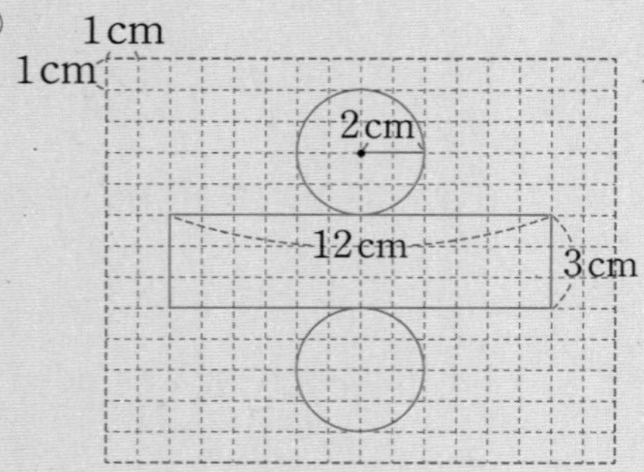

15 55.5 cm² / 27 cm³

16 300 cm²

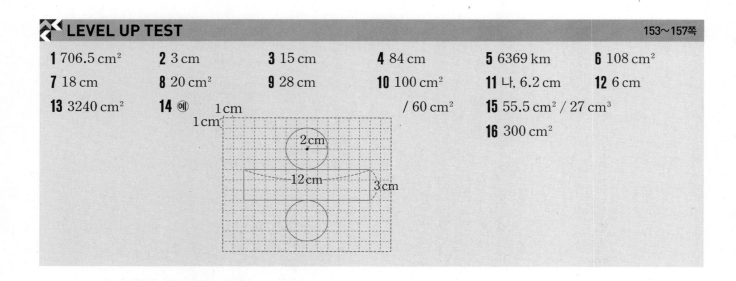

1 접근 » 구를 위에서 본 모양을 알아봅니다.

지구본은 구 모양이므로 지구본을 위에서 본 모양은 반지름이 15 cm인 원입니다.
따라서 지구본을 위에서 본 모양의 넓이는
(반지름이 15 cm인 원의 넓이)$=15\times15\times3.14=706.5$ (cm²)입니다.

보충 개념
구는 어느 방향에서 보아도 모양이 같아요.

서술형

2 접근 » 원기둥이 지나간 부분의 넓이는 옆면의 넓이의 몇 배인지 알아봅니다.

예 원기둥이 지나간 부분의 넓이는 원기둥의 옆면의 넓이의 4배입니다.
원기둥의 전개도에서 옆면은 가로가 밑면의 둘레, 세로가 원기둥의 높이와 길이가 같은 직사각형 모양입니다.
(옆면의 넓이)$=892.8\div4=223.2$ (cm²)이므로
(옆면의 가로)$=223.2\div12=18.6$ (cm)입니다.
따라서 (밑면의 지름)$=18.6\div3.1=6$ (cm),
(밑면의 반지름)$=6\div2=3$ (cm)입니다.

채점 기준	배점
옆면의 넓이를 구했나요?	2점
밑면의 반지름은 몇 cm인지 구했나요?	3점

보충 개념
원기둥을 한 바퀴 굴렸을 때 원기둥이 지나간 부분의 넓이는 원기둥의 옆면의 넓이와 같으므로 원기둥을 4바퀴 굴렸을 때 원기둥의 지나간 부분의 넓이는 원기둥의 옆면의 넓이의 4배와 같아요.

3 144쪽 1번의 변형 심화 유형
접근 » 밑면의 둘레와 같은 길이의 선분을 찾아 봅니다.

(원기둥의 전개도의 둘레)
$=$(밑면의 둘레)$\times2+$(옆면의 둘레)
$=$(밑면의 둘레)$\times2+$(옆면의 가로)$\times2+$(옆면의 세로)$\times2$
 └ (밑면의 둘레)$\times2$
$=$(밑면의 둘레)$\times4+$(옆면의 세로)$\times2$

해결 전략
원기둥의 전개도에서 밑면의 둘레는 옆면의 가로와 길이가 같아요.

밑면의 둘레를 □cm라 하면

□×4＋9×2＝78, □×4＋18＝78, □×4＝60, □＝15

따라서 밑면의 둘레는 15 cm입니다.

145쪽 2번의 변형 심화 유형

4 **접근 ≫ 직사각형을 세로를 기준으로 한 바퀴 돌렸을 때 만들어지는 도형을 알아봅니다.**

가로가 세로의 2배이므로 직사각형의 가로는 7×2＝14 (cm)입니다.

직사각형을 세로를 기준으로 한 바퀴 돌리면 밑면의 반지름이 14 cm이고 높이가 7 cm인 원기둥이 만들어집니다.

만들어진 원기둥의 전개도는 다음과 같으므로

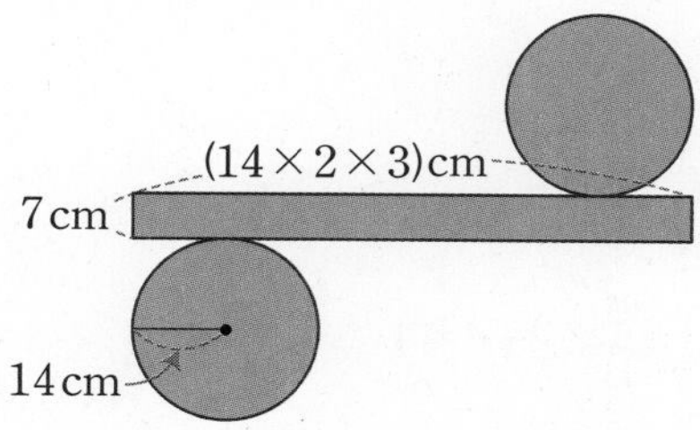

(옆면의 가로)＝14×2×3＝84 (cm)입니다.

보충 개념

(옆면의 가로)
＝(밑면의 둘레)
＝(밑면의 지름)×(원주율)
＝(밑면의 반지름)×2×(원주율)

5 **접근 ≫ 구하는 거리를 □km라 하고 둘레를 □를 사용하여 나타내 봅니다.**

지구 적도 둘레가 40000 km이므로

지구 중심으로부터 적도까지의 거리를 □km라 하면

□×2×3.14＝40000, □×6.28＝40000,

□＝40000÷6.28＝6369.4…… ➡ 6369 km입니다.

해결 전략

반올림하여 자연수로 나타내려면 몫의 소수 첫째 자리에서 반올림해요.

145쪽 2번의 변형 심화 유형

6 **접근 ≫ 직각삼각형을 한 변을 기준으로 한 바퀴 돌렸을 때 만들어지는 도형을 알아봅니다.**

만들어진 입체도형은 가와 같은 원뿔이고 이 원뿔을 앞에서 본 모양은 나와 같은 이등변삼각형입니다.

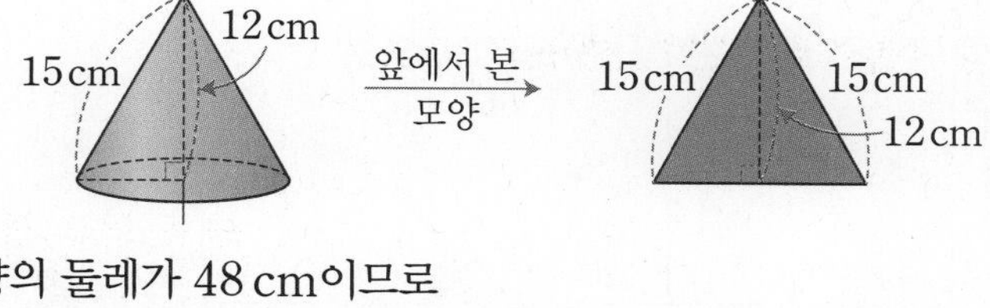

앞에서 본 모양의 둘레가 48 cm이므로

나의 밑변은 48－15×2＝18 (cm)입니다.

따라서 (앞에서 본 모양의 넓이)＝18×12÷2＝108 (cm^2)입니다.

보충 개념

도형을 한 변을 기준으로 한 바퀴 돌려 만든 입체도형을 앞에서 본 모양의 넓이는 돌리기 전 도형의 넓이의 2배예요.

7 접근 ≫ 먼저 나의 밑면의 지름의 길이를 알아봅니다.

나의 전개도에서 옆면의 가로가 36 cm이므로 나의 밑면의 둘레도 36 cm입니다.
따라서 나의 밑면의 지름은 $36 \div 3 = 12$ (cm)입니다.
원뿔의 밑면의 지름을 □cm라 하면 가와 나를 앞에서 본 모양은 다음과 같습니다.

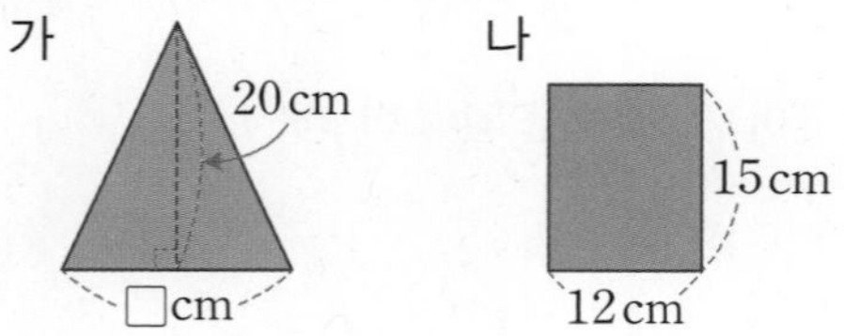

$\square \times 20 \div 2 = 12 \times 15$, $\square \times 20 \div 2 = 180$, $\square \times 20 = 360$, $\square = 18$
따라서 가의 밑면의 지름은 18 cm입니다.

보충 개념
(나의 밑면의 지름)
=(밑면의 둘레)÷(원주율)
=(옆면의 가로)÷(원주율)

8
145쪽 2번의 변형 심화 유형
접근 ≫ 가와 나를 한 바퀴 돌렸을 때 만들어지는 도형을 알아봅니다.

가를 돌려 만든 입체도형과 입체도형을 앞에서 본 모양은 다음과 같습니다.

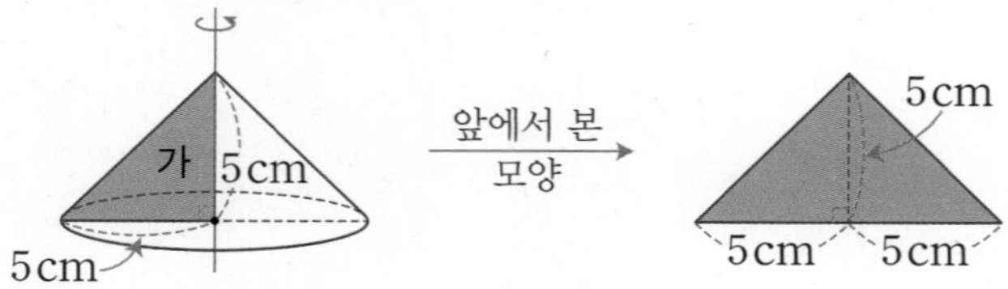

(넓이)$= 10 \times 5 \div 2 = 25$ (cm^2)
나를 돌려 만든 입체도형과 입체도형을 앞에서 본 모양은 다음과 같습니다.

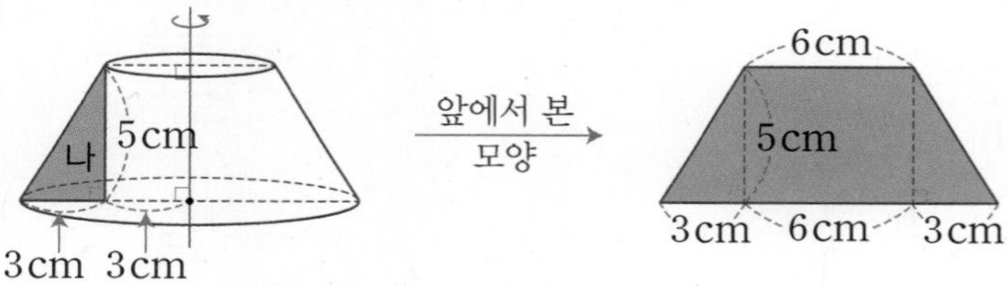

(넓이)$= (6 + 12) \times 5 \div 2 = 45$ (cm^2)
따라서 넓이의 차는 $45 - 25 = 20$ (cm^2)입니다.

보충 개념
평면도형이 돌릴 때 기준이 되는 직선에서 떨어져 있으면 속이 빈 입체도형이 만들어져요.

주의
나를 앞에서 본 모양의 넓이를 돌리기 전의 평면도형의 넓이의 2배라고 생각해서는 안돼요.

9
146쪽 3번의 변형 심화 유형
접근 ≫ 어디를 기준으로 한 바퀴 돌렸을 때 나오는 입체도형인지 표시해 봅니다.

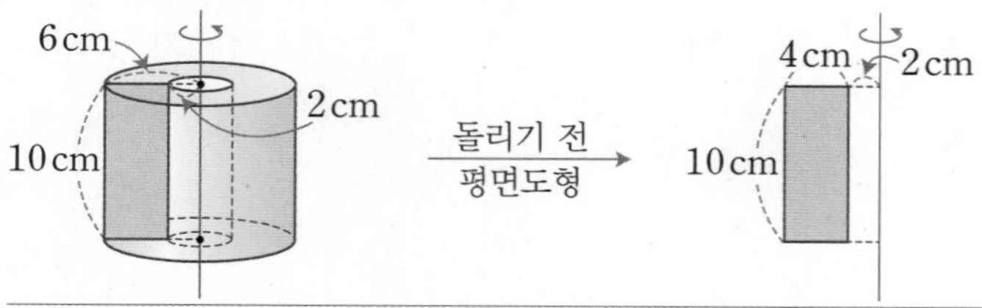

돌리기 전의 평면도형은 가로가 4 cm, 세로가 10 cm인 직사각형입니다.
➡ (평면도형의 둘레)$= (4 + 10) \times 2 = 14 \times 2 = 28$ (cm)

보충 개념
속이 빈 입체도형이므로 돌리기 전의 평면도형은 돌릴 때 기준이 되는 직선과 2 cm 떨어져 있는 도형이에요.

10 접근 ≫ 구를 앞에서 본 모양을 알아봅니다.

구를 앞에서 본 모양은 원입니다.

원의 반지름을 □cm라 하면

□×□×3.14=78.5, □×□=25, 5×5=25이므로 □=5입니다.

구의 지름과 원의 지름은 같고 구의 지름은 원기둥의 밑면의 지름, 높이와도 길이가 같으므로 원기둥을 앞에서 본 모양은 한 변의 길이가 10 cm인 정사각형입니다.

따라서 원기둥을 앞에서 본 넓이는 10×10=100 (cm^2)입니다.

보충 개념

구를 앞에서 본 모양 | 원기둥을 앞에서 본 모양

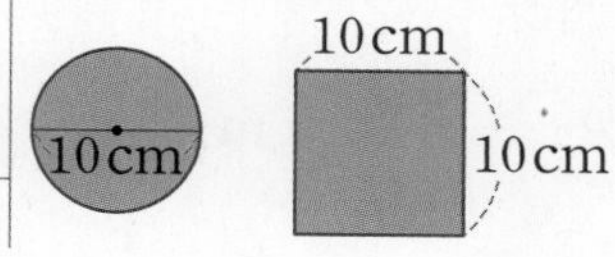

11 145쪽 2번의 변형 심화 유형
접근 ≫ 한 변을 기준으로 한 바퀴 돌릴 때 만들어지는 입체도형을 알아봅니다.

직각삼각형을 4 cm인 변을 기준으로 돌리면 다음과 같습니다.

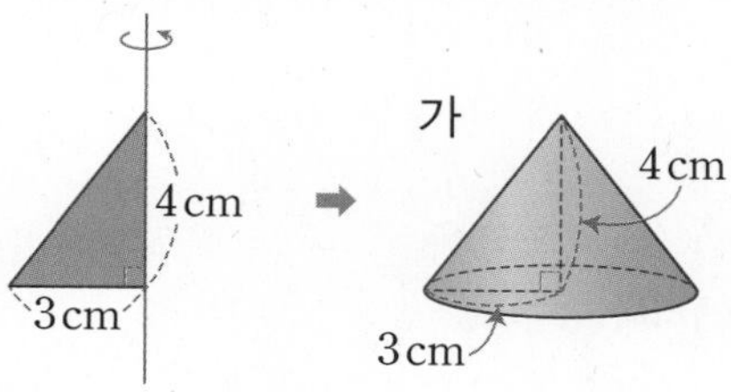

(가의 밑면의 둘레)=6×3.1=18.6 (cm)

직각삼각형을 3 cm인 변을 기준으로 돌리면 다음과 같습니다.

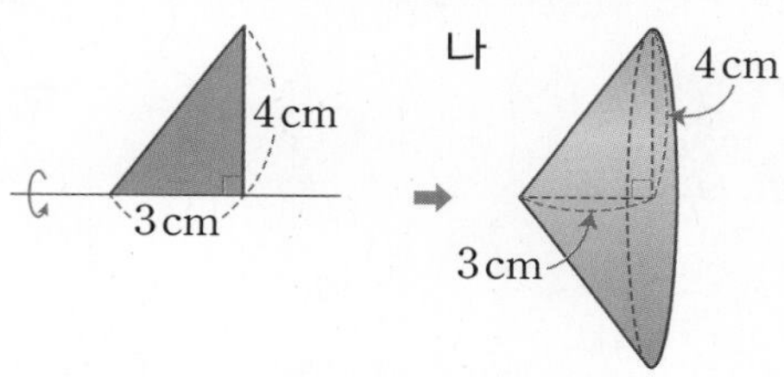

(나의 밑면의 둘레)=8×3.1=24.8 (cm)

따라서 나의 밑면의 둘레가 24.8−18.6=6.2 (cm) 더 깁니다.

해결 전략

4 cm인 변을 기준으로 돌리면 3 cm인 변이 밑면의 반지름, 4 cm인 변이 높이가 되는 원뿔이 만들어지고, 3 cm인 변을 기준으로 돌리면 4 cm인 변이 밑면의 반지름, 3 cm인 변이 높이가 되는 원뿔이 만들어져요.

서술형

12 접근 ≫ 밑면인 원의 지름을 □cm라 하고 옆면의 넓이를 □를 사용하여 나타내 봅니다.

예 밑면인 원의 지름을 □cm라 하면 옆면의 가로는 밑면의 둘레와 길이가 같으므로 (□×3.14) cm입니다.

(옆면의 넓이)=(옆면의 가로)×(옆면의 세로)이고

(옆면의 세로)=(원기둥의 높이)=(밑면의 지름)=□cm이므로

옆면의 넓이는 □×3.14×□=113.04, □×□=36, □=6입니다.

밑면의 지름이 6 cm이므로 원기둥의 높이도 6 cm입니다.

채점 기준	배점
원기둥의 밑면의 지름을 구했나요?	4점
원기둥의 높이를 구했나요?	1점

보충 개념

(옆면의 넓이)
=(옆면의 가로)
×(옆면의 세로)
=(밑면의 둘레)×(높이)

13

150쪽 7번의 변형 심화 유형

접근 ≫ 보이는 모든 면을 찾아봅니다.

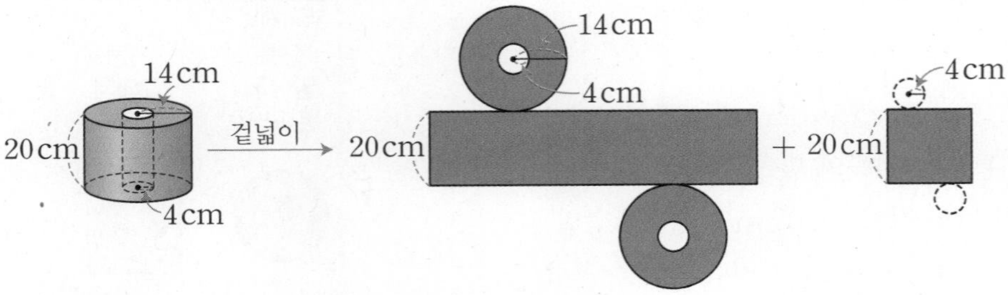

(밑면의 넓이)=(반지름이 14 cm인 원의 넓이)−(반지름이 4 cm인 원의 넓이)

$=14\times14\times3-4\times4\times3=588-48=540\ (\mathrm{cm}^2)$

(반지름이 14 cm인 원기둥의 옆면의 넓이)$=14\times2\times3\times20=1680\ (\mathrm{cm}^2)$

(반지름이 4 cm인 원기둥의 옆면의 넓이)$=4\times2\times3\times20=480\ (\mathrm{cm}^2)$

➡ (겉넓이)$=540\times2+1680+480=3240\ (\mathrm{cm}^2)$

해결 전략
속이 뚫린 원기둥의 겉넓이는 보이는 모든 면의 넓이를 더하여 구해요.

보충 개념
(겉넓이)
=(한 밑면의 넓이)×2
+(큰 원기둥의 옆면의 넓이)
+(작은 원기둥의 옆면의 넓이)

14

150쪽 7번의 변형 심화 유형

접근 ≫ 만들어지는 원기둥의 밑면의 반지름, 높이를 알아봅니다.

직사각형을 가로를 기준으로 한 바퀴 돌리면 밑면의 반지름이 2 cm, 높이가 3 cm인 원기둥이 만들어집니다.

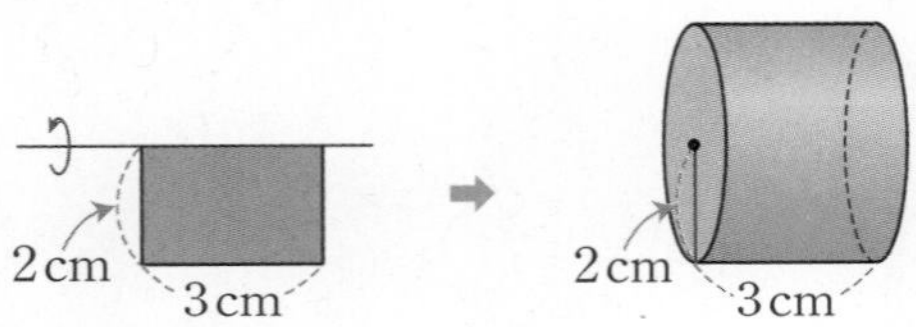

〈원기둥의 전개도를 그리는 방법〉

① 밑면의 지름과 높이를 이용하여 옆면의 가로와 세로를 구합니다. 이때 옆면의 가로는 밑면의 둘레와 길이가 같으므로 $2\times2\times3=12$ (cm)이고, 옆면의 세로는 높이와 같으므로 3 cm입니다.

② 모눈종이에 밑면을 그릴 공간을 남겨두고, 가로 12 cm, 세로 3 cm인 직사각형을 그립니다.

③ 컴퍼스를 이용하여 직사각형의 위와 아래에 반지름이 2 cm인 원을 그리고 밑면의 반지름과 옆면의 가로, 세로의 길이를 전개도에 나타냅니다.

(밑면의 넓이)$=2\times2\times3=12\ (\mathrm{cm}^2)$

(옆면의 넓이)$=12\times3=36\ (\mathrm{cm}^2)$

따라서 (겉넓이)$=12\times2+36=60\ (\mathrm{cm}^2)$입니다.

지도 가이드
최상위 수학에서는 원기둥의 전개도를 이해하고 직육면체의 겉넓이 구하기를 배운 것과 관련하여 중등 과정인 원기둥의 겉넓이 구하기의 일부를 다루었습니다. 원기둥의 전개도에서 옆면인 직사각형의 가로는 밑면의 둘레와 길이가 같고 세로는 원기둥의 높이와 같다는 것과 (각기둥의 겉넓이)=(한 밑면의 넓이)×2+(옆면의 넓이)임을 이용하여 문제를 해결하도록 지도해 주세요.

해결 전략
(겉넓이)
=(한 밑면의 넓이)×2
+(옆면의 넓이)

주의
직사각형을 세로가 아닌 가로를 기준으로 한 바퀴 돌렸을 때 만들어지는 입체도형의 전개도를 그려야 해요.

15
150쪽 7번, 151쪽 8번의 변형 심화 유형

접근 ≫ 전개도를 접었을 때 만들어지는 도형을 알아봅니다.

주어진 전개도로 만들어지는 입체도형은 밑면의 반지름이 3 cm이고 높이가 4 cm인 원기둥의 $\frac{1}{4}$입니다.

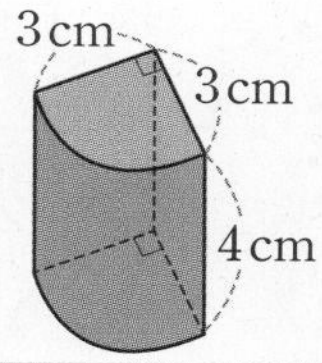

(겉넓이)$=(3\times3\times3\times\frac{1}{4})\times2+(3+3+3\times2\times3\times\frac{1}{4})\times4$

$=13.5+10.5\times4=13.5+42=55.5\,(cm^2)$

(부피)$=$(밑면의 넓이)$\times$(높이)$=3\times3\times3\times\frac{1}{4}\times4=27\,(cm^3)$

지도 가이드

최상위 수학에서는 원의 넓이 구하기와 직육면체의 부피 구하기를 배운 것과 관련하여 중등 과정인 입체도형의 부피 구하기의 일부를 다루었습니다. 밑면이 평행하고 합동인 기둥 모양의 부피는 각기둥의 부피를 구하는 방법인 (밑면의 넓이)×(높이)를 이용하여 문제를 해결할 수 있도록 지도해 주세요.

보충 개념

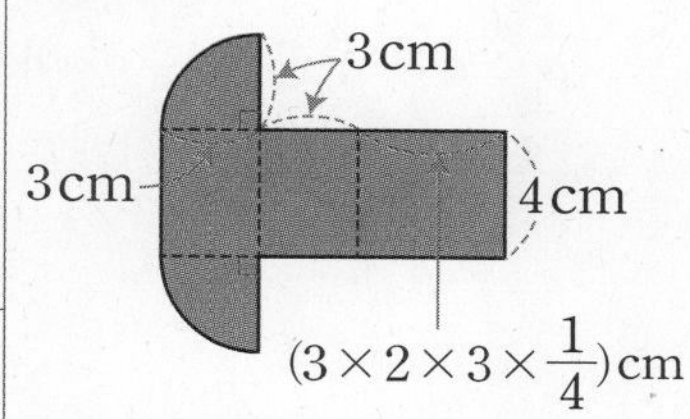

(밑면의 넓이)
$=$(반지름이 3 cm인 원의 넓이) $\times\frac{1}{4}$

(옆면의 넓이)
$=$(옆면의 가로)$\times$(높이)

16
146쪽 3번의 변형 심화 유형

접근 ≫ 한 바퀴 돌렸을 때 원기둥이 만들어지는 평면도형을 알아봅니다.

(전개도의 둘레)$=$(밑면의 둘레)$\times2+$(옆면의 둘레)
$=$(밑면의 둘레)$\times2+$(옆면의 가로)$\times2+$(옆면의 세로)$\times2$
$=$(밑면의 둘레)$\times4+$(옆면의 세로)$\times2$
$=$(밑면의 둘레)$\times4+24\times2$

(밑면의 둘레)$\times4+48=358$, (밑면의 둘레)$\times4=310$,
(밑면의 둘레)$=310\div4=77.5$ (cm), (밑면의 지름)$=77.5\div3.1=25$(cm)

원기둥의 전개도이므로 원기둥과 돌리기 전의 평면도형은 다음과 같습니다.

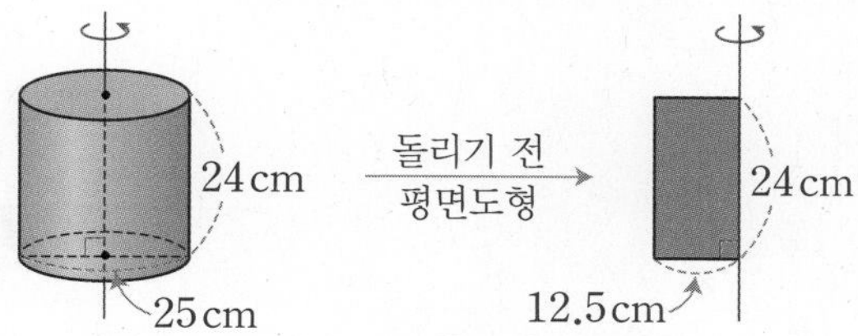

(돌리기 전의 평면도형의 넓이)$=12.5\times24=300\,(cm^2)$

보충 개념

돌리기 전의 직사각형의 가로는 원기둥의 밑면의 반지름과 같고, 세로는 원기둥의 높이와 같아요.

HIGH LEVEL
158~160쪽

1

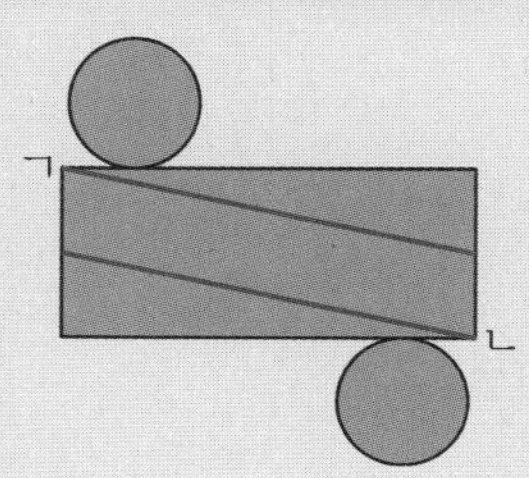

2 4바퀴 **3** $912\,cm^2$ **4** $175.12\,cm^2$ **5** 4바퀴
6 145.6 cm **7** $275.28\,m^2$ **8** 7 : 5

1 접근 ≫ 원기둥의 전개도에서 옆면은 직사각형임을 이용합니다.

점 ㄱ과 점 ㄴ 사이에 실이 지나가는 위치에 있는 점을 점 ㄷ이라 하면 점 ㄱ에서 점 ㄷ까지 가장 짧게 한 바퀴 감았고, 다시 점 ㄷ에서 점 ㄴ까지 가장 짧게 한 바퀴 감았으므로 원기둥의 전개도에서는 다음과 같이 2개의 직선으로 표시됩니다.

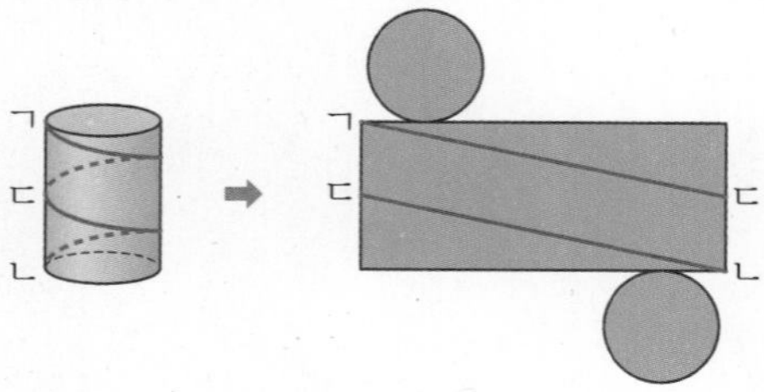

보충 개념
원기둥의 한 밑면에 있는 점에서 겉면을 따라 다른 밑면에 있는 점에 이르는 가장 가까운 거리는 전개도에서 두 점을 잇는 선분의 길이와 같아요.

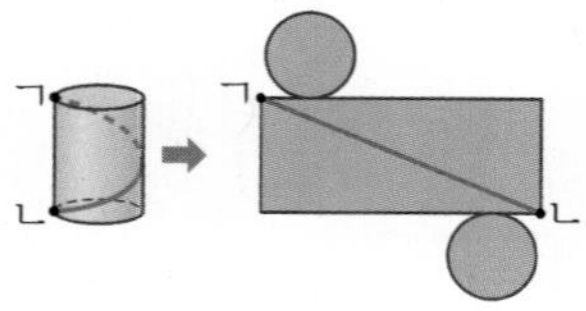

서술형

2 접근 ≫ 전개도에서 롤러가 한 바퀴 돌 때 색칠되는 부분을 알아봅니다.

예 원기둥의 전개도에서 직사각형의 넓이는 원기둥의 옆면의 넓이와 같습니다.
따라서 롤러에 페인트를 묻혀 한 바퀴 굴렸을 때 칠할 수 있는 부분의 넓이는 원기둥의 전개도에서 직사각형의 넓이와 같습니다.
롤러를 한 바퀴 굴렸을 때 색칠되는 넓이는 $19.1 \times 12 = 229.2\,(cm^2)$이므로
색칠된 부분의 넓이가 $916.8\,cm^2$가 되게 하려면 롤러를
$916.8 \div 229.2 = 4$(바퀴) 굴려야 합니다.

채점 기준	배점
롤러를 한 번 굴렸을 때 색칠되는 부분의 넓이를 구했나요?	2점
롤러를 몇 바퀴 굴려야 하는지 구했나요?	3점

보충 개념
(롤러가 한 바퀴 돌 때 색칠되는 넓이)=(옆면의 넓이)
이므로 색칠된 부분의 넓이가 ■ cm^2가 되게 하려면
(■÷(옆면의 넓이))바퀴 굴려야 해요.

3 150쪽 7번의 변형 심화 유형
접근 ≫ 입체도형은 원기둥의 몇 분의 몇인지 알아봅니다.

(밑면의 넓이)$=8 \times 8 \times 3 \times \frac{3}{4} = 144\,(cm^2)$

(밑면의 둘레)$=8+8+8 \times 2 \times 3 \times \frac{3}{4} = 16+36 = 52\,(cm)$

입체도형의 높이는 $12\,cm$이므로 (옆면의 넓이)$=52 \times 12 = 624\,(cm^2)$

(겉넓이)=(밑면의 넓이)$\times 2+$(옆면의 넓이)$=144 \times 2+624 = 912\,(cm^2)$

다른 풀이

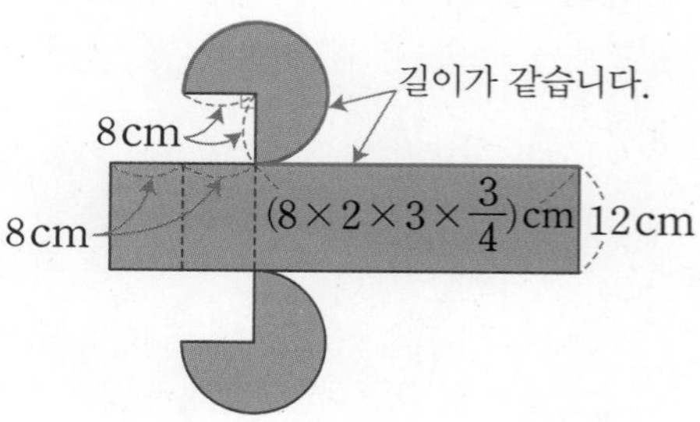

(밑면의 넓이)$=8 \times 8 \times 3 \times \frac{3}{4} = 144\,(cm^2)$
(옆면의 넓이)
$=8 \times 12+8 \times 12+8 \times 2 \times 3 \times \frac{3}{4} \times 12$
$=96+96+432 = 624\,(cm^2)$
(겉넓이)$=144 \times 2+624$
$=288+624 = 912\,(cm^2)$

보충 개념
밑면은 오른쪽과 같은 부채꼴이고

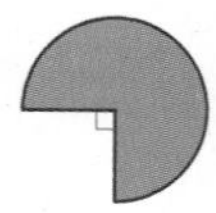

부채꼴의 중심각은 $360° - 90° = 270°$이므로 밑면의 넓이는 반지름이 $8\,cm$인 원의 넓이의 $\frac{270°}{360°} = \frac{3}{4}$이에요.

4

150쪽 7번의 변형 심화 유형

접근 ≫ 페인트가 묻은 부분을 모두 찾아봅니다.

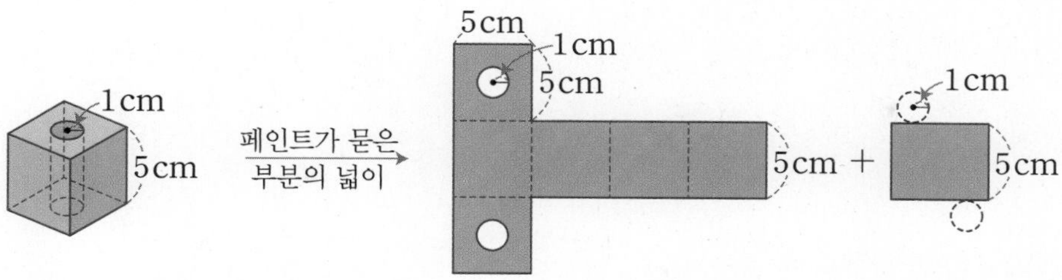

(밑면의 넓이)$=5\times5-1\times1\times3.14=25-3.14=21.86\,(\text{cm}^2)$

(정육면체의 옆면의 넓이)$=(5\times5)\times4=25\times4=100\,(\text{cm}^2)$

(원기둥의 옆면의 넓이)$=(1\times2\times3.14)\times5=6.28\times5=31.4\,(\text{cm}^2)$

따라서 (페인트가 묻은 부분의 넓이)$=$(블록의 겉넓이)

$=21.86\times2+100+31.4$

$=43.72+100+31.4$

$=175.12\,(\text{cm}^2)$입니다.

주의
한가운데에 뚫린 원기둥 모양에서 원기둥의 옆면의 넓이도 블록의 겉넓이에 포함돼요.

보충 개념
블록의 겉넓이는 한 변의 길이가 5 cm인 정사각형에서 반지름이 1 cm인 원을 뺀 도형의 넓이의 2배와 한 변의 길이가 5 cm인 정사각형 4개의 넓이, 한가운데에 뚫린 원기둥 모양에서 원기둥의 옆면의 넓이의 합과 같아요.

5

접근 ≫ 큰 원의 원주는 원뿔의 밑면의 원주의 몇 배가 되는지 알아봅니다.

원뿔의 모선의 길이가 24 cm이므로 원뿔의 밑면인 원이 점 ㅇ을 중심으로 반지름이 24 cm인 원주를 따라 회전하는 것과 같습니다.

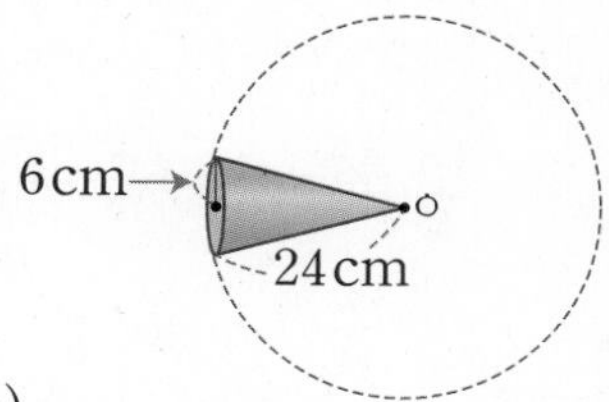

(원뿔의 밑면의 둘레)$=6\times2\times3=36\,(\text{cm})$

(반지름이 24 cm인 원의 원주)$=24\times2\times3=144\,(\text{cm})$

따라서 굴린 원뿔이 처음의 자리로 오려면 원뿔을 적어도 $144\div36=4$(바퀴) 굴려야 합니다.

해결 전략
큰 원의 반지름은 원뿔의 모선의 길이와 같아요.

다른 풀이
원뿔이 처음의 자리로 오려면 원뿔을 □바퀴 굴려야 한다고 하면
(원뿔의 밑면의 둘레)×□=(반지름이 24 cm인 원의 원주)
$6\times2\times3\times\square=24\times2\times3$, $36\times\square=144$, $\square=144\div36=4$

6

접근 ≫ 원기둥의 지름과 높이를 먼저 구합니다.

넣을 수 있는 원기둥은 밑면의 지름이 10 cm, 높이가 10 cm입니다.

원기둥의 전개도에서 (옆면의 가로)$=$(밑면의 둘레)$=10\times3.14=31.4\,(\text{cm})$이고 옆면의 세로는 원기둥의 높이와 같으므로 10 cm입니다.

따라서 (전개도의 둘레)$=$(밑면의 둘레)$\times2+$(옆면의 둘레)

$=31.4\times2+(31.4+10)\times2$

$=62.8+41.4\times2=62.8+82.8=145.6\,(\text{cm})$입니다.

보충 개념
위에서 본 모양은

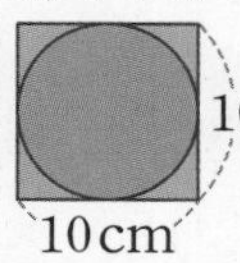

10 cm이므로 원의 지름은 정육면체의 모서리의 길이와 같아요.

다른 풀이
(옆면의 가로)=(밑면의 둘레)$=10\times3.14=31.4$ (cm)
(전개도의 둘레)=(밑면의 둘레)$\times4+$(높이)$\times2$
$=31.4\times4+10\times2=125.6+20=145.6$ (cm)

7 접근 ≫ 직육면체와 원기둥의 $\frac{1}{2}$인 부분으로 나누어 생각해 봅니다.

(필요한 비닐의 넓이)

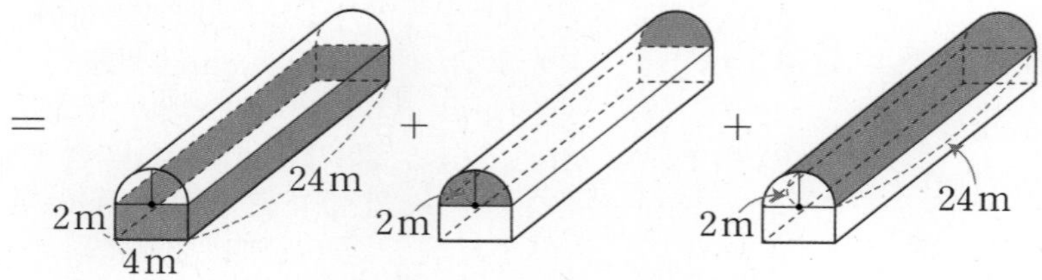

=(직사각형 모양의 네 면의 넓이)+(반원 2개의 넓이)+(윗부분의 굽은 면의 넓이)
(직사각형 모양의 네 면의 넓이)
$=(4\times2+24\times2)\times2=(8+48)\times2=56\times2=112$ (m^2)
(반원 2개의 넓이)$=2\times2\times3.14\times\frac{1}{2}\times2=12.56$ (m^2)
(윗부분의 굽은 면의 넓이)$=2\times2\times3.14\times\frac{1}{2}\times24=150.72$ (m^2)
따라서 (필요한 비닐의 넓이)$=112+12.56+150.72=275.28$ (m^2)입니다.

주의
바닥면에는 비닐을 깔지 않으므로 바닥면의 넓이는 구하지 않아도 돼요.

8 접근 ≫ 가의 옆면의 세로를 □cm라 하고 전개도의 길이를 □를 사용하여 나타내 봅니다.

가의 옆면의 세로를 □cm라 하면 가의 옆면의 가로는 (□×3) cm,
나의 옆면의 가로는 □cm, 옆면의 세로는 (□×3) cm입니다.
원기둥의 전개도에서 옆면의 가로와 밑면의 둘레는 길이가 같으므로
(전개도의 둘레)
=(밑면의 둘레)×2+(옆면의 가로)×2+(옆면의 세로)×2
=(옆면의 가로)×4+(옆면의 세로)×2입니다.
따라서 가의 둘레는 □×3×4+□×2=□×12+□×2=□×14
(□×3: 옆면의 가로, □: 옆면의 세로)

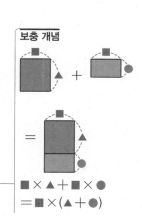

나의 둘레는 □×4+□×3×2=□×4+□×6=□×10
(□: 옆면의 가로, □×3: 옆면의 세로)

따라서 가와 나의 둘레의 비는
가 : 나=(□×14) : (□×10) ➡ 14 : 10 ➡ 7 : 5입니다.
(전항과 후항을 ÷□, ÷2)

보충 개념

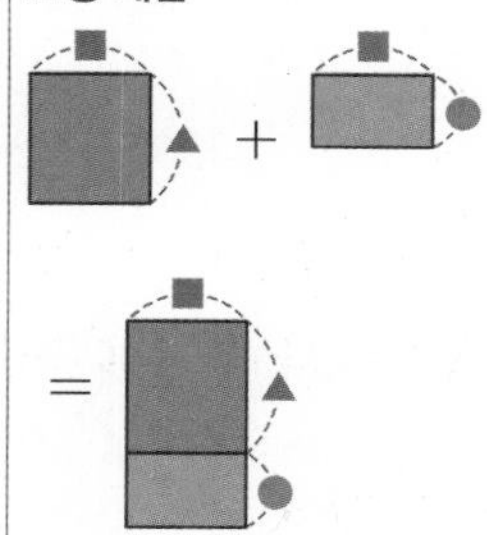

■×▲+■×●
=■×(▲+●)

교내 경시 1단원 분수의 나눗셈

01 35	**02** $1\frac{5}{17}$배	**03** 2, 3, 4	**04** $\frac{24}{25}$	**05** 8번	**06** ㉣, ㉠, ㉢, ㉡
07 12분	**08** $3\frac{1}{30}$	**09** 2 m	**10** 750상자	**11** $4\frac{4}{5}$	**12** $\frac{176}{225}$
13 480 cm²	**14** $\frac{3}{7}$	**15** 20 cm	**16** 16 L	**17** $1\frac{1}{2}$ cm	**18** 2일
19 18	**20** 2시간 20분				

01 접근 ≫ 곱셈식을 보고 △를 구하는 나눗셈식으로 나타내어 봅니다.

$2\frac{1}{2}\times\triangle=2$ ➡ $\triangle=2\div2\frac{1}{2}=2\div\frac{5}{2}=2\times\frac{2}{5}=\frac{4}{5}$

$20\div\triangle=20\div\frac{4}{5}=(20\div4)\times5=25$이므로

$\square\times\frac{5}{7}=25$, $\square=25\div\frac{5}{7}=(25\div5)\times7=35$

해결 전략
곱셈식을 보고 나눗셈식으로 나타내어 해결해요.

02 접근 ≫ 수직선에서 ㉮, ㉯가 나타내는 수를 알아봅니다.

㉮$=2\frac{5}{6}$, ㉯$=3\frac{4}{6}=3\frac{2}{3}$

➡ ㉯÷㉮$=3\frac{2}{3}\div2\frac{5}{6}=\frac{11}{3}\div\frac{17}{6}=\frac{11}{\cancel{3}_{1}}\times\frac{\cancel{6}^{2}}{17}=\frac{22}{17}=1\frac{5}{17}$(배)

다른 풀이
㉮$=2\frac{5}{6}$, ㉯$=3\frac{4}{6}$ ➡ ㉯÷㉮$=3\frac{4}{6}\div2\frac{5}{6}=\frac{22}{6}\div\frac{17}{6}=22\div17=\frac{22}{17}=1\frac{5}{17}$(배)

보충 개념
수직선에서 작은 눈금 한 칸은 $\frac{1}{6}$이므로
㉮$=2+\frac{5}{6}=2\frac{5}{6}$
㉯$=3+\frac{4}{6}=3\frac{4}{6}=3\frac{2}{3}$

03 접근 ≫ 나눗셈식을 곱셈식으로 나타내고 계산하여 식을 간단히 나타냅니다.

$9\div\frac{3}{2}=(9\div3)\times2=6$, $5\div\frac{1}{\square}=5\times\square$, $16\div\frac{2}{3}=(16\div2)\times3=24$이므로 $6<5\times\square<24$입니다.

$5\times1=5$, $5\times2=10$, $5\times3=15$, $5\times4=20$, $5\times5=25$이므로
□ 안에 들어갈 수 있는 자연수는 2, 3, 4입니다.

다른 풀이
$6<5\times\square<24$에서 각각 5로 나누면 $\frac{6}{5}<\square<\frac{24}{5}$입니다.
$1\frac{1}{5}<\square<4\frac{4}{5}$ ➡ □ 안에 들어갈 수 있는 자연수는 2, 3, 4입니다.

보충 개념
$6 \quad < 5\times\square < \quad 24$
↓÷5 ↓÷5 ↓÷5
$6\div5<\square<24\div5$
$\frac{6}{5}<\square<\frac{24}{5}$

04 접근 ≫ 분모는 분모끼리, 분자는 분자끼리 각각 규칙을 찾아봅니다.

늘어놓은 수의 규칙을 알아보면 분모는 3부터 3씩 커지고, 분자는 1부터 2씩 커집니다.

$㉠=\frac{7+2}{12+3}=\frac{9}{15}$, $㉡=\frac{13+2}{21+3}=\frac{15}{24}$

➡ $㉠\div㉡=\frac{9}{15}\div\frac{15}{24}=\frac{\overset{3}{\cancel{9}}}{\underset{5}{\cancel{15}}}\times\frac{\overset{8}{\cancel{24}}}{\underset{5}{\cancel{15}}}=\frac{24}{25}$

해결 전략
분자: 1 3 5 7 (+2 +2 +2)
➡ 2씩 커져요.
분모: 3 6 9 12 (+3 +3 +3)
➡ 3씩 커져요.

05 접근 ≫ 더 채워야 할 물의 양을 먼저 알아봅니다.

수조에 더 채워야 할 물의 양은

$11\frac{5}{6}-2\frac{1}{2}=11\frac{5}{6}-2\frac{3}{6}=9\frac{2}{6}=9\frac{1}{3}$ (L)입니다.

➡ $9\frac{1}{3}\div1\frac{1}{6}=\frac{28}{3}\div\frac{7}{6}=\frac{\overset{4}{\cancel{28}}}{\underset{1}{\cancel{3}}}\times\frac{\overset{2}{\cancel{6}}}{\underset{1}{\cancel{7}}}=8$(번)

따라서 물을 적어도 8번 부어야 합니다.

주의
(수조의 들이)÷(그릇의 들이)
$=11\frac{5}{6}\div1\frac{1}{6}$
으로 계산하여 붓는 횟수를 구하지 않도록 주의해요.

06 접근 ≫ 식을 모두 곱셈식으로 나타내고 곱하는 수의 크기를 비교해 봅니다.

$㉡\times1\frac{1}{3}=㉡\times\frac{4}{3}$, $㉢\div\frac{4}{5}=㉢\times\frac{5}{4}$, $㉣\div1\frac{1}{4}=㉣\div\frac{5}{4}=㉣\times\frac{4}{5}$이므로

$㉠\times\frac{5}{6}=㉡\times\frac{4}{3}=㉢\times\frac{5}{4}=㉣\times\frac{4}{5}$입니다.

계산 결과가 모두 같을 때, 곱하는 수가 작을수록 곱해지는 수는 큰 수입니다.

따라서 곱하는 수의 크기가 $\frac{4}{5}<\frac{5}{6}<\frac{5}{4}<\frac{4}{3}$이므로

곱해지는 수의 크기는 ㉣>㉠>㉢>㉡입니다.

보충 개념
㉮×■=㉯×★일 때
㉮>㉯이면 ■<★이에요.
예 $4\times6=3\times8$ ($4>3$, $6<8$)

07 접근 ≫ 1분 동안 채워지는 물의 양을 먼저 구합니다.

(1분 동안 채워지는 물의 양) $=2\frac{3}{4}+2\frac{2}{5}=2\frac{15}{20}+2\frac{8}{20}$

$=4+\frac{23}{20}=5\frac{3}{20}$ (L)

따라서 욕조에 물을 가득 채우는 데 걸리는 시간은

$61\frac{4}{5}\div5\frac{3}{20}=\frac{309}{5}\div\frac{103}{20}=\frac{\overset{3}{\cancel{309}}}{\underset{1}{\cancel{5}}}\times\frac{\overset{4}{\cancel{20}}}{\underset{1}{\cancel{103}}}=12$(분)입니다.

해결 전략
(욕조에 물을 가득 채우는 데 걸리는 시간)
=(욕조의 들이)÷(1분 동안 채워지는 물의 양)

08 접근 ≫ 몫이 가장 크게 되는 조건을 알아봅니다.

몫이 가장 크게 되려면 가장 큰 대분수를 가장 작은 대분수로 나누어 몫을 구합니다.

만들 수 있는 가장 큰 대분수는 $7\frac{4}{5}$, 가장 작은 대분수는 $2\frac{4}{7}$입니다.

➡ $7\frac{4}{5}\div2\frac{4}{7}=\frac{39}{5}\div\frac{18}{7}=\frac{\overset{13}{\cancel{39}}}{5}\times\frac{7}{\underset{6}{\cancel{18}}}=\frac{91}{30}=3\frac{1}{30}$

따라서 가장 큰 몫은 $3\frac{1}{30}$입니다.

보충 개념
수 카드로 가장 큰 대분수와 가장 작은 대분수 만들기
- 가장 큰 대분수: 가장 큰 수를 자연수 부분에 놓고, 나머지 수로 가장 큰 진분수를 만들어요.
- 가장 작은 대분수: 가장 작은 수를 자연수 부분에 놓고, 나머지 수로 가장 작은 진분수를 만들어요.

09 접근 ≫ 칠판의 가로 길이를 □라고 하여 식으로 나타내어 알아봅니다.

칠판의 가로를 □m라고 하면

$\square\times\frac{1}{6}-\square\times\frac{1}{7}=\frac{1}{21}$, $\square\times(\frac{1}{6}-\frac{1}{7})=\frac{1}{21}$, $\square\times(\frac{7}{42}-\frac{6}{42})=\frac{1}{21}$

$\square\times\frac{1}{42}=\frac{1}{21}$이므로 $\square=\frac{1}{21}\div\frac{1}{42}=\frac{1}{\underset{1}{\cancel{21}}}\times\overset{2}{\cancel{42}}=2$입니다.

따라서 칠판의 가로는 2 m입니다.

보충 개념
□×▲−□×★
=□×(▲−★)

10 접근 ≫ 현재 실은 상자의 무게의 합을 알아보고 더 실을 수 있는 무게를 구합니다.

트럭에 실은 상자의 무게의 합은 $9\frac{3}{8}\times80=\frac{75}{\underset{1}{\cancel{8}}}\times\overset{10}{\cancel{80}}=750$ (kg)입니다.

2 t=2000 kg이므로 트럭에 더 실을 수 있는 무게는
2000−750=1250 (kg)입니다.

➡ (더 실을 수 있는 상자 수)$=1250\div1\frac{2}{3}=1250\div\frac{5}{3}$
$=(1250\div5)\times3=750$(상자)

해결 전략
(더 실을 수 있는 무게)
=(트럭에 실을 수 있는 무게)−(트럭에 실은 무게)
(더 실을 수 있는 상자 수)
=(더 실을 수 있는 무게)
÷(한 상자의 무게)

11 접근 ≫ 분수를 기호를 사용하여 나타내고, 식을 만들어 봅니다.

구하는 분수를 $\frac{ㄴ}{ㄱ}$이라고 하면

$\frac{ㄴ}{ㄱ}\div\frac{8}{15}=\frac{ㄴ}{ㄱ}\times\frac{15}{8}$, $\frac{ㄴ}{ㄱ}\div\frac{12}{25}=\frac{ㄴ}{ㄱ}\times\frac{25}{12}$의 계산 결과가 항상 자연수가 되어야 하고, $\frac{ㄴ}{ㄱ}$은 가장 작은 분수이어야 하므로

㉠은 15와 25의 최대공약수, ㉡은 8과 12의 최소공배수가 되어야 합니다.
15와 25의 최대공약수는 5, 8과 12의 최소공배수는 24입니다.

따라서 ㉠=5, ㉡=24이므로 $\frac{ㄴ}{ㄱ}=\frac{24}{5}=4\frac{4}{5}$입니다.

보충 개념
$\frac{ㄴ}{ㄱ}\times\frac{15}{8}$, $\frac{ㄴ}{ㄱ}\times\frac{25}{12}$
➡ 자연수
분모가 모두 약분이 되어 1이 되어야 하므로
㉠은 15의 약수이고 25의 약수 → 15와 25의 공약수
㉡은 8의 배수이고, 12의 배수 → 8과 12의 공배수

12 접근 ≫ 나눗셈을 곱셈으로 나타내어 봅니다.

$$(\frac{1}{2}\div\frac{2}{3})\div(\frac{3}{4}\div\frac{4}{5})\times(\frac{5}{6}\div\frac{6}{7})\div(\frac{7}{8}\div\frac{8}{9})\times(\frac{9}{10}\div\frac{10}{11})$$
$$=(\frac{1}{2}\times\frac{3}{2})\div(\frac{3}{4}\times\frac{5}{4})\times(\frac{5}{6}\times\frac{7}{6})\div(\frac{7}{8}\times\frac{9}{8})\times(\frac{9}{10}\times\frac{11}{10})$$
$$=(\frac{1\times3}{2\times2})\div(\frac{3\times5}{4\times4})\times(\frac{5\times7}{6\times6})\div(\frac{7\times9}{8\times8})\times(\frac{9\times11}{10\times10})$$
$$=\frac{1\times3}{2\times2}\times\frac{4\times4}{3\times5}\times\frac{5\times7}{6\times6}\times\frac{8\times8}{7\times9}\times\frac{9\times11}{10\times10}=\frac{4\times4\times11}{3\times3\times5\times5}=\frac{176}{225}$$

해결 전략
① 괄호 안의 나눗셈을 곱셈으로 나타내기
② 괄호 안을 분자끼리, 분모끼리 곱한 식으로 나타내기
③ 괄호 밖의 나눗셈을 곱셈으로 나타내기
④ 약분한 다음 계산하기

13 접근 ≫ 물감을 칠하지 않은 부분은 전체의 얼마만큼인지 알아봅니다.

물감을 칠하지 않은 부분은 전체의

$(1-\frac{5}{8})\times(1-\frac{1}{3})=\frac{3}{8}\times\frac{2}{3}=\frac{1}{4}$입니다.

도화지 전체의 넓이를 □cm^2라고 하면 □$\times\frac{1}{4}=120$이므로

□$=120\div\frac{1}{4}=120\times4=480$입니다. ➡ 480 cm^2

해결 전략
전체를 1이라고 할 때
(노란색 물감을 칠하고 남은 부분)$=1-\frac{5}{8}$
(초록색을 칠한 부분)
$=(1-\frac{5}{8})\times\frac{1}{3}$
(노란색과 초록색을 칠하고 남은 부분)
$=(1-\frac{5}{8})\times(1-\frac{1}{3})$

14 접근 ≫ ㉮, ㉯ 대신에 각각 분수를 넣어 계산해 봅니다.

$$\frac{2}{3}\star\frac{1}{2}=(\frac{2}{3}-\frac{1}{2})\div(\frac{2}{3}+\frac{1}{2})=(\frac{4}{6}-\frac{3}{6})\div(\frac{4}{6}+\frac{3}{6})$$
$$=\frac{1}{6}\div\frac{7}{6}=1\div7=\frac{1}{7}$$
$$➡\ \frac{5}{14}\star\frac{1}{7}=(\frac{5}{14}-\frac{1}{7})\div(\frac{5}{14}+\frac{1}{7})=(\frac{5}{14}-\frac{2}{14})\div(\frac{5}{14}+\frac{2}{14})$$
$$=\frac{3}{14}\div\frac{7}{14}=3\div7=\frac{3}{7}$$

해결 전략
괄호 안의 식 $\frac{2}{3}\star\frac{1}{2}$을 먼저 계산한 다음 $\frac{5}{14}\star(\frac{2}{3}\star\frac{1}{2})$에서 $\frac{2}{3}\star\frac{1}{2}$ 대신에 계산한 값을 넣어 계산해요.

15 접근 ≫ $\frac{9}{10}$시간 동안 탄 양초의 길이를 먼저 구합니다.

($\frac{9}{10}$시간 동안 탄 양초의 길이)$=26-20=6$ (cm)

(1시간 동안 타는 양초의 길이)$=6\div\frac{9}{10}=6\times\frac{10}{9}=\frac{20}{3}=6\frac{2}{3}$ (cm)

(3시간 동안 타는 양초의 길이)$=6\frac{2}{3}\times3=\frac{20}{3}\times3=20$ (cm)

해결 전략
(1시간 동안 타는 양초의 길이)
=(★시간 동안 타는 양초의 길이)÷★
(3시간 동안 타는 양초의 길이)
=(1시간 동안 타는 양초의 길이)×3

16 접근 ≫ 덜어낸 물의 양은 빨간색 물통과 파란색 물통에서 얼마만큼인지 알아봅니다.

덜어낸 물의 양은 빨간색 물통에서 전체의 $\frac{5}{8}-\frac{7}{24}=\frac{8}{24}=\frac{1}{3}$,

파란색 물통에서 전체의 $\frac{3}{4}-\frac{7}{12}=\frac{2}{12}=\frac{1}{6}$이고,

덜어낸 물의 양이 서로 같으므로

(빨간색 물통의 들이)$\times\frac{1}{3}=$(파란색 물통의 들이)$\times\frac{1}{6}$

➡ (빨간색 물통의 들이)$\times 2=$(파란색 물통의 들이)

빨간색 물통의 들이를 □L라 하면, 파란색 물통의 들이는 (□$\times$2) L이고,

처음에 두 물통에 담긴 물의 양의 합이 34 L이므로

$\square\times\frac{5}{8}+(\square\times 2)\times\frac{3}{4}=34$, $\square\times\frac{5}{8}+\square\times\frac{3}{2}=34$, $\square\times(\frac{5}{8}+\frac{3}{2})=34$,

$\square\times\frac{17}{8}=34$, $\square=34\div\frac{17}{8}$, $\square=34\times\frac{8}{17}$, $\square=16$입니다.

따라서 빨간색 물통의 들이는 16 L입니다.

해결 전략

덜어낸 물의 양이 같음을 이용하여 식을 만들어 해결해요.

(덜어낸 물의 양)
=(물통에 들어 있던 물의 양)−(덜어내고 남은 물의 양)

17 접근 ≫ 변 ㄷㄹ의 길이를 먼저 구하고 색칠한 삼각형의 넓이를 구해 봅니다.

(변 ㄷㄹ)$=8\frac{1}{6}\div 3\frac{1}{2}=\frac{49}{6}\div\frac{7}{2}=\frac{49}{6}\times\frac{2}{7}=\frac{7}{3}=2\frac{1}{3}$ (cm)

(삼각형 ㄹㅁㄷ의 넓이)$=8\frac{1}{6}\times\frac{3}{14}=\frac{49}{6}\times\frac{3}{14}=\frac{7}{4}=1\frac{3}{4}$ (cm^2)

선분 ㄷㅁ의 길이를 □cm라고 하면 $\square\times 2\frac{1}{3}\div 2=1\frac{3}{4}$이므로

$\square=1\frac{3}{4}\times 2\div 2\frac{1}{3}=\frac{7}{4}\times 2\div\frac{7}{3}=\frac{7}{4}\times 2\times\frac{3}{7}=\frac{3}{2}=1\frac{1}{2}$입니다.

따라서 선분 ㄷㅁ의 길이는 $1\frac{1}{2}$ cm입니다.

보충 개념

(직사각형 ㄱㄴㄷㄹ의 넓이)
=(가로)×(세로)
=(변 ㄴㄷ)×(변 ㄷㄹ)
➡ (변 ㄷㄹ)
=(직사각형 ㄱㄴㄷㄹ의 넓이)÷(변 ㄴㄷ)

(삼각형 ㄹㅁㄷ의 넓이)
=(밑변의 길이)×(높이)÷2
=(변 ㄷㅁ)×(변 ㄷㄹ)÷2
➡ (변 ㄷㅁ)
=(삼각형 ㄹㅁㄷ의 넓이)×2÷(변 ㄷㄹ)

18 접근 ≫ 전체 일의 양을 1이라 하고 각각 한 일의 양을 분수로 나타내어 봅니다.

전체 일의 양을 1이라고 하면

현수, 지아, 선호가 하루에 할 수 있는 일의 양은 각각 $\frac{1}{6}$, $\frac{1}{12}$, $\frac{1}{9}$입니다.

따라서 현수와 선호가 함께 3일 동안 한 일의 양은

$(\frac{1}{6}+\frac{1}{9})\times 3=(\frac{3}{18}+\frac{2}{18})\times 3=\frac{5}{18}\times 3=\frac{5}{6}$이므로

지아가 나머지 일을 끝내는 데 걸리는 시간은

$(1-\frac{5}{6})\div\frac{1}{12}=\frac{1}{6}\div\frac{1}{12}=\frac{1}{6}\times 12=2$(일)입니다.

해결 전략

(현수와 선호가 함께 하루에 할 수 있는 일의 양)
$=\frac{1}{6}+\frac{1}{9}$

(지아가 해야 할 일의 양)
=1−(현수와 선호가 함께 3일 동안 한 일의 양)

다른 풀이

지아가 일 한 날수를 □일이라고 하면

(현수와 선호가 3일 동안 한 일의 양)+(지아가 □일 동안 한 일의 양)=1

➡ $(\frac{1}{6}+\frac{1}{9})\times3+\frac{1}{12}\times\square=1$

$\frac{5}{18}\times3+\frac{1}{12}\times\square=1$, $\frac{5}{6}+\frac{1}{12}\times\square=1$, $\frac{1}{12}\times\square=1-\frac{5}{6}$, $\frac{1}{12}\times\square=\frac{1}{6}$

➡ $\square=\frac{1}{6}\div\frac{1}{12}=\frac{1}{\cancel{6}_1}\times\cancel{12}^2=2$

19 접근 ≫ 나눗셈식을 곱셈식으로 나타내어 봅니다.

예 $10\div\frac{5}{12}=(10\div5)\times12=24$이므로

$12\div\frac{2}{㉠}=24$, $(12\div2)\times㉠=24$, $6\times㉠=24$, $㉠=4$입니다.

$㉠\div\frac{1}{7}=4\div\frac{1}{7}=4\times7=28$이므로

$㉡\div\frac{1}{2}=28$, $㉡\times2=28$, $㉡=14$입니다.

따라서 $㉠+㉡=4+14=18$입니다.

채점 기준	배점
㉠과 ㉡의 값을 각각 구했나요?	3점
㉠+㉡의 값을 구했나요?	2점

해결 전략

① 왼쪽 식을 계산하여 ㉠의 값 구하기

② 오른쪽 식에 ㉠ 대신에 ①에서 구한 값을 넣어 식을 계산하여 ㉡의 값 구하기

③ ㉠과 ㉡의 합 구하기

20 접근 ≫ 40분을 시간으로 나타내고 나눗셈식을 만들어 봅니다.

예 $40분=\frac{40}{60}시간=\frac{2}{3}시간$이므로

(수영이가 한 시간 동안 걷는 거리)=(수영이가 $\frac{2}{3}$시간 동안 걷는 거리)$\div\frac{2}{3}$

$=1\frac{5}{9}\div\frac{2}{3}=\frac{14}{9}\div\frac{2}{3}=\frac{\cancel{14}^7}{\cancel{9}_3}\times\frac{\cancel{3}^1}{\cancel{2}_1}=\frac{7}{3}=2\frac{1}{3}$ (km)입니다.

따라서 수영이가 $5\frac{4}{9}$ km를 가는 데 걸리는 시간은

(가는 거리)÷(수영이가 한 시간 동안 걷는 거리)

$=5\frac{4}{9}\div2\frac{1}{3}=\frac{49}{9}\div\frac{7}{3}=\frac{\cancel{49}^7}{\cancel{9}_3}\times\frac{\cancel{3}^1}{\cancel{7}_1}=\frac{7}{3}=2\frac{1}{3}$(시간)

$2\frac{1}{3}$시간$=2\frac{20}{60}$시간=2시간 20분입니다.

채점 기준	배점
수영이가 한 시간 동안 걷는 거리를 구했나요?	3점
수영이가 $5\frac{4}{9}$ km를 가는 데 걸리는 시간은 몇 시간 몇 분인지 구했나요?	2점

보충 개념

1시간=60분이므로

$1분=\frac{1}{60}시간$

➡ ★분$=(\frac{1}{60}\times★)$시간

$=\frac{★}{60}$시간

예 $40분=\frac{40}{60}시간$

교내 경시 2단원 소수의 나눗셈

01 4 cm	**02** 1.75	**03** 487.92 km	**04** 26분	**05** 7	**06** 34.5 cm^2
07 120번	**08** 3.5배	**09** 1.4배	**10** 1.2 cm	**11** 2.5	**12** 1000원
13 400 cm	**14** 3.9	**15** 15	**16** 1	**17** 11.252 km	**18** 24
19 1.9 km	**20** 206500원				

01 접근 ≫ 사다리꼴의 높이를 □라고 하여 넓이 구하는 식을 써 봅니다.

사다리꼴의 높이를 □cm라고 하면
(4.2＋6.4)×□÷2＝21.2에서 10.6×□÷2＝21.2,
□＝21.2×2÷10.6, □＝42.4÷10.6＝4입니다.
따라서 사다리꼴의 높이는 4 cm입니다.

보충 개념
(사다리꼴의 넓이)
＝((윗변의 길이)＋(아랫변의 길이))×(높이)÷2

02 접근 ≫ 가 대신에 □를, 나 대신에 2.4를 넣어 식을 써 봅니다.

가 대신에 □를, 나 대신에 2.4를 넣어 식을 다시 쓰면
□×2.4＋2.4÷1.5＝5.8, □×2.4＋1.6＝5.8, □×2.4＝4.2
□＝4.2÷2.4, □＝1.75

주의
계산 순서를 바꾸어 계산하지 않도록 주의해요.

03 접근 ≫ 2시간 30분을 시간 단위로 나타냅니다.

2시간 30분＝2시간＋0.5시간＝2.5시간이므로
비행기가 한 시간 동안 이동한 거리는 1219.8÷2.5＝487.92 (km)입니다.

해결 전략
60분＝1시간이므로
30분＝$\frac{30}{60}$시간＝0.5시간
이에요.

04 접근 ≫ 단위를 m로 맞추고 1분 동안 갈 수 있는 거리를 먼저 구합니다.

65 cm＝0.65 m
(연우가 1분 동안 갈 수 있는 거리)＝0.65×42＝27.3 (m)
(연우가 도서관까지 가는 데 걸리는 시간)＝709.8÷27.3＝26(분)

해결 전략
(연우가 도서관까지 가는 데 걸리는 시간)
＝(연우네 집에서 도서관까지 거리)÷(연우가 1분에 갈 수 있는 거리)

05 접근 ≫ 작은 눈금 한 칸의 크기가 각각 얼마인지 먼저 알아봅니다.

왼쪽 수직선은 눈금 한 칸의 크기가 0.01이므로 ㉠은 15.75이고
오른쪽 수직선은 눈금 한 칸의 크기가 1÷4＝0.25이므로 ㉡은 2.25입니다.
➡ ㉠÷㉡＝15.75÷2.25＝7

보충 개념
왼쪽 수직선은 0.1을 똑같이 10으로 나누었으므로 눈금 한 칸은 0.01을 나타내요.
오른쪽 수직선은 1을 똑같이 4로 나누었으므로 눈금 한 칸은 $\frac{1}{4}$＝0.25를 나타내요.

06 접근 ≫ 삼각형의 넓이를 이용하여 변 ㄴㄷ의 길이를 먼저 구합니다.

변 ㄴㄷ의 길이를 □cm라고 하면

(삼각형 ㄱㄴㄷ의 넓이)$=\square\times6.24\div2=37.44$에서

$\square=37.44\times2\div6.24=74.88\div6.24=12$

(삼각형 ㄹㄴㄷ의 넓이)$=12\times5.75\div2=69\div2=34.5(cm^2)$

해결 전략
삼각형 ㄱㄴㄷ의 넓이를 이용하여 변 ㄴㄷ의 길이를 구한 다음 삼각형 ㄹㄴㄷ의 넓이를 구해요.

07 접근 ≫ 한 번 뛸 때 몇 m를 따라 잡을 수 있는지 알아봅니다.

한 번 뛸 때마다 타조가 얼룩말보다 $3.7-2.95=0.75$ (m)를 더 갑니다.

따라서 타조가 얼룩말을 따라 잡기 위해서는 $90\div0.75=120$(번)을 뛰어야 합니다.

해결 전략
한 번 뛸 때마다 타조가 얼룩말보다 몇 m씩 몇 번을 더 뛰어야 하는지 구해요.

08 접근 ≫ 성현이가 마시고 남은 주스의 양을 먼저 구해 봅니다.

(성현이가 마시고 남은 주스의 양)$=400.4-254.8=145.6$ (mL)

(민서가 마신 주스의 양)$=145.6\div2=72.8$ (mL)

➡ (성현이가 마신 주스의 양)÷(민서가 마신 주스의 양)$=254.8\div72.8=3.5$(배)

해결 전략
(민서가 마신 주스의 양)
=(성현이가 마시고 남은 주스의 양)÷2

09 접근 ≫ 형의 몸무게를 이용하여 지수의 몸무게를 먼저 구해 봅니다.

(지수의 몸무게)$=42.6\times0.8=34.08$ (kg)

(동생의 몸무게)$=34.08\times0.75=25.56$ (kg)입니다.

(지수와 동생의 몸무게의 합)$=34.08+25.56=59.64$ (kg)

➡ $59.64\div42.6=1.4$(배)

해결 전략
((지수의 몸무게)+(동생의 몸무게))÷(형의 몸무게)를 구하면 몇 배인지 구할 수 있어요.

10 접근 ≫ 정사각형의 넓이를 구하고 직사각형의 넓이도 같음을 이용합니다.

(정사각형의 넓이)$=2.8\times2.8=7.84$ (cm^2)

직사각형의 가로는 $2.8+2.1=4.9$ (cm)이고 넓이는 7.84 cm^2이므로

세로는 $7.84\div4.9=1.6$ (cm)로 해야 합니다.

따라서 직사각형의 세로는 정사각형의 한 변의 길이에서 $2.8-1.6=1.2$ (cm)만큼 줄인 것입니다.

보충 개념
직사각형의 세로의 길이를 구해서 정사각형의 한 변에서 몇 cm만큼 줄인 것인지 구해요.
(직사각형의 세로)
=(직사각형의 넓이)
÷(직사각형의 가로)

11 접근 ≫ 어떤 소수를 □라 하고, 소수점을 옮긴 수를 □를 사용하여 나타내어 봅니다.

어떤 소수를 □라고 할 때 □의 소수점을 왼쪽으로 한 자리 옮기면 $\frac{1}{10}$배가 되므로

소수점을 옮긴 수는 $\square\times\frac{1}{10}=\square\times0.1$입니다.

$\square-\square\times0.1=2.25$, $\square\times(1-0.1)=2.25$, $\square\times0.9=2.25$

➡ $\square=2.25\div0.9=2.5$

따라서 처음의 소수는 2.5입니다.

보충 개념
소수에서 소수점을 오른쪽으로 한 자리 옮기면 10배가 되고, 왼쪽으로 한 자리 옮기면 $\frac{1}{10}$배가 돼요.
■.▲★ ➡ ■▲.★ ➡ 10배
■▲.★ ➡ ■.▲★ ➡ $\frac{1}{10}$배

12 접근 ≫ 판매 가격을 먼저 구하고, 원래 가격을 알아봅니다.

할인 후 가격은 판매 가격의 85 %이므로

(할인 후 가격)＝(판매 가격)×0.85＝1020(원)이고

(판매 가격)＝1020÷0.85＝1200(원)입니다.

판매 가격은 원가의 1.2배이므로 (판매 가격)＝(원가)×1.2＝1200(원)이고

(원가)＝1200÷1.2＝1000(원)입니다.

> **해결 전략**
> 15 % 할인하였으므로 100－15＝85에서 판매 가격의 85 %의 가격으로 판매한 것이에요.

13 접근 ≫ 공을 처음 떨어뜨린 높이를 □라고 하여 곱셈식을 만들어 봅니다.

공을 떨어뜨린 높이를 □cm라고 하면

(공 ㉮가 두 번째 튀어오른 높이)＝□×0.7×0.7＝□×0.49 (cm)이고

(공 ㉯가 두 번째 튀어오른 높이)＝□×0.6×0.6＝□×0.36 (cm)입니다.

□×0.49－□×0.36＝52, □×0.13＝52, □＝52÷0.13＝400

따라서 공을 떨어뜨린 높이는 400 cm입니다.

> **해결 전략**
> 공 ㉮와 공 ㉯가 튀어오른 높이를 □를 사용하여 각각 나타낸 다음 높이의 차를 알아봐요.

14 접근 ≫ 선분 ㄱㄷ의 길이를 구하고, 선분 ㄴㄷ의 길이를 □라고 하여 나타냅니다.

(선분 ㄱㄷ)＝2.7－1.3＝1.4

선분 ㄴㄷ의 길이를 □라고 하면 선분 ㄱㄴ의 길이는 □×2.5로 나타낼 수 있습니다.

□×2.5＋□＝1.4, □×3.5＝1.4 ➡ □＝1.4÷3.5＝0.4

선분 ㄷㄹ의 길이는 선분 ㄴㄷ의 길이의 3배이므로 (선분 ㄷㄹ)＝0.4×3＝1.2

따라서 ㉮＝2.7＋1.2＝3.9입니다.

> **보충 개념**
> □＝□×1이므로
> □×2.5＋□＝1.4
> ➡ □×2.5＋□×1＝1.4
> ➡ □×(2.5＋1)＝1.4
> ➡ □×3.5＝1.4

15 접근 ≫ 어떤 수를 □라고 하고 잘못된 식을 이용하여 식을 만듭니다.

어떤 수를 □라고 하면

잘못 계산한 식 (□－0.7)÷2.5＝122.44에서

□－0.7＝122.44×2.5＝306.1, □＝306.1＋0.7＝306.8입니다.

따라서 바르게 계산하면 (306.8＋0.7)÷20.5＝307.5÷20.5＝15입니다.

> **해결 전략**
> ① 어떤 수를 □라고 하여 잘못 계산한 식 만들기
> ② 식을 계산하여 어떤 수 □의 값 구하기
> ③ 바르게 계산한 값 구하기

16 접근 ≫ 나눗셈을 하여 소수점 아래로 반복되는 숫자를 찾습니다.

32÷11＝2.909090……이므로 소수점 아래로 9, 0이 반복됩니다.

소수점 아래 홀수째 자리 숫자는 9, 짝수째 자리 숫자는 0이므로 소수 20째 자리 숫자는 0, 소수 21째 자리 숫자는 9입니다.

반올림하여 소수 20째 자리까지 나타내면 소수 21째 자리 숫자가 9이므로 올림합니다. 따라서 소수 20째 자리 숫자는 0에서 1 커져서 1이 됩니다.

> **해결 전략**
> 반올림하여 소수 ★째 자리까지 나타내려면 소수 (★＋1)째 자리 숫자를 알아야 해요.

17 접근 ≫ 3시간 45분을 시간으로 나타낸 다음 나눗셈식을 만듭니다.

45분$=\frac{45}{60}$시간$=0.75$시간이므로 3시간 45분은 3.75시간입니다.

성민이 삼촌이 한 시간에 달린 거리는 $42.195 \div 3.75 = 11.252$ (km)입니다.

해결 전략
(성민이 삼촌이 한 시간에 달린 거리)
=(마라톤 거리)÷(걸린 시간)

18 접근 ≫ 반올림하여 4.7, 3.2가 되는 수의 범위를 알아봅니다.

반올림하여 소수 첫째 자리까지 나타내어 4.7이 되는 수는 4.65 이상 4.75 미만인 수이므로 8□÷18의 몫은 4.65 이상 4.75 미만인 수입니다. 이때 8□의 범위는 $4.65 \times 18 = 83.7$, $4.75 \times 18 = 85.5$에서 83.7 이상 85.5 미만인 수입니다.

➡ □ 안에 들어갈 수 있는 수는 4 또는 5입니다.

반올림하여 소수 첫째 자리까지 나타내어 3.2가 되는 수는 3.15 이상 3.25 미만인 수이므로 8□÷26의 몫은 3.15 이상 3.25 미만인 수입니다. 이때 8□의 범위는 $3.15 \times 26 = 81.9$, $3.25 \times 26 = 84.5$에서 81.9 이상 84.5 미만인 수입니다.

➡ □ 안에 들어갈 수 있는 수는 2 또는 3 또는 4입니다.

따라서 □ 안에 공통으로 들어갈 수 있는 수는 4이므로 8□는 84이고, $84 \div 3.5 = 24$입니다.

보충 개념
반올림하여 소수 첫째 자리까지 나타내어 ■.▲가 되는 수의 범위
➡ (■.▲−0.05) 이상 (■.▲+0.05) 미만인 수

19 접근 ≫ 기차가 완전히 통과하는 데 가는 거리를 알아봅니다.

㉠ 기차의 길이는 70 m$=0.07$ km이므로 기차가 터널을 완전히 통과하려면 $2.78 + 0.07 = 2.85$ (km)를 달려야 합니다.

1분 30초$=1\frac{30}{60}$분$=1.5$분이므로 기차가 1분 동안 달린 거리는 $2.85 \div 1.5 = 1.9$ (km)입니다.

채점 기준	배점
기차가 터널을 완전히 통과하는 데 달린 거리를 구했나요?	2점
기차가 1분 동안 달린 거리를 구했나요?	3점

해결 전략
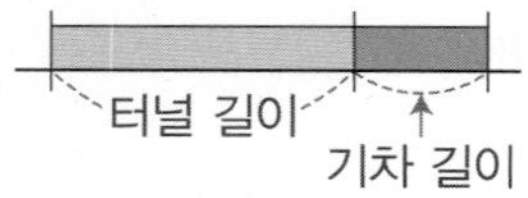

기차가 완전히 통과하려면 터널 길이만큼 움직이고, 기차 길이만큼 더 가야 해요.

20 접근 ≫ 팔 수 있는 고구마 수와 감자 수를 알아봅니다.

㉠ $95.4 \div 5.5$의 몫을 자연수까지 구하면 17이고 남는 수는 1.9이므로 팔 수 있는 고구마는 17상자이고, $87.2 \div 3.5$의 몫을 자연수까지 구하면 24이고 남는 수는 3.2이므로 팔 수 있는 감자는 24상자입니다. 따라서 고구마와 감자를 판 돈은 모두 $6500 \times 17 + 4000 \times 24 = 110500 + 96000 = 206500$(원)입니다.

채점 기준	배점
팔 수 있는 고구마와 감자의 상자 수를 각각 구했나요?	3점
고구마와 감자를 판 돈은 모두 얼마인지 구했나요?	2점

해결 전략
한 상자를 채울 수 없으면 팔 수 없어요. 따라서 몫을 자연수 부분까지만 구해야 해요.

교내 경시 3단원 공간과 입체

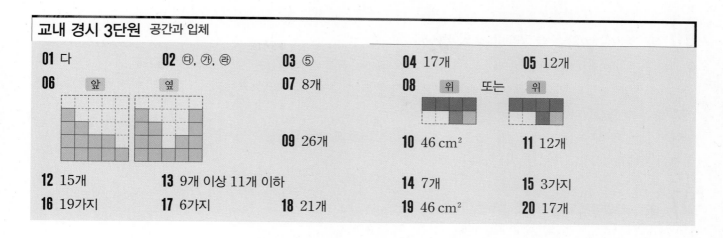

01 다　**02** ㉰, ㉮, ㉱　**03** ⑤　**04** 17개　**05** 12개

06 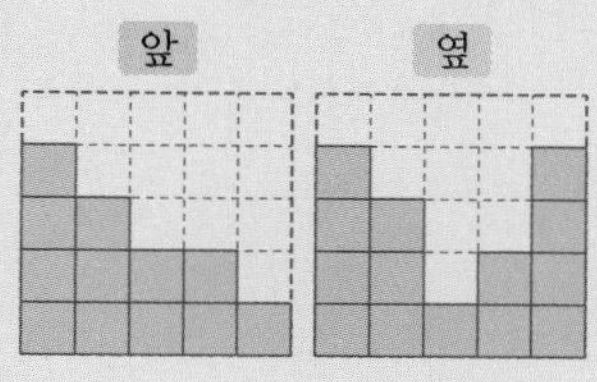

07 8개　**08** 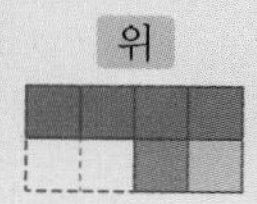

또는 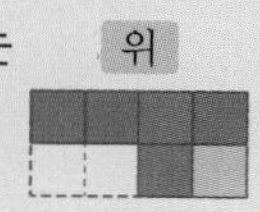

09 26개　**10** 46 cm²　**11** 12개

12 15개　**13** 9개 이상 11개 이하　**14** 7개　**15** 3가지

16 19가지　**17** 6가지　**18** 21개　**19** 46 cm²　**20** 17개

01 접근 ≫ 각 도형의 위치를 생각하여 보이는 모양을 알아봅니다.

초록색 도형과 노란색 도형이 빨간색 도형보다 가까운 곳에 위치해야 하므로 가, 나는 잘못된 것입니다.

> **해결 전략**
> 도형의 색깔과 위치를 생각해서 보아야 해요.

02 접근 ≫ 각 방향에서 보았을 때 앞에서 보이는 도형과 뒤로 가리는 도형을 알아봅니다.

㉮ 방향에서 보면 왼쪽부터 초록색, 노란색, 빨간색 도형이 보이고 앞에 파란색 도형이 보입니다.

㉰ 방향에서 보면 왼쪽부터 빨간색, 노란색, 초록색 도형이 보이고 뒤쪽으로 파란색 도형이 보입니다.

㉱ 방향에서 보면 왼쪽으로 노란색 도형이 보이고 오른쪽으로 초록색, 뒤쪽으로 파란색 도형이 보입니다.

> **해결 전략**
> 각 방향에서 보았을 때, 앞쪽으로 보이는 색깔과 뒤쪽으로 보이는 색깔을 비교하여 먼저 알아봐요.

03 접근 ≫ 쌓기나무를 각 면에 붙였을 때 어떤 모양이 되는지 생각해 봅니다.

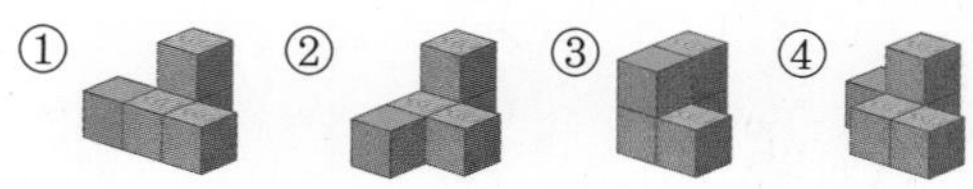

> **해결 전략**
> [보기]의 모양의 각 면에 쌓기나무를 놓았을 때 어떤 모양이 되는지 알아봐요.

04 접근 ≫ 정육면체임을 이용하여 1층에 놓이는 쌓기나무의 수를 알아봅니다.

처음 정육면체 모양의 쌓기나무의 개수는 한 층에 $3\times3=9$(개)씩 3층이므로 $9\times3=27$(개)이고, 빼낸 후의 쌓기나무의 개수는 3층 1개, 2층 3개, 1층 6개로 $1+3+6=10$(개)입니다. 따라서 빼낸 쌓기나무는 $27-10=17$(개)입니다.

> **해결 전략**
> 왼쪽 모양은 정육면체 모양으로 쌓은 것이므로 한 줄에 쌓기나무를 3개씩 놓은 것이에요.

05 접근 ≫ 뒤쪽으로 보이지 않을 수 있는 쌓기나무 수를 알아봅니다.

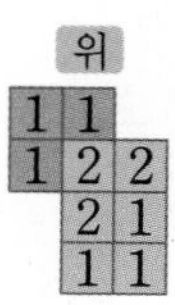

보는 방향에 따라 보이지 않는 부분이 있기 때문에 보이지 않는 부분을 생각하여 쌓기나무가 가장 많이 사용될 때의 개수를 세어 보면 $1+1+1+2+2+2+1+1+1=12$(개)입니다.

> **해결 전략**
> 쌓기나무가 가장 적을 때　쌓기나무가 가장 많을 때

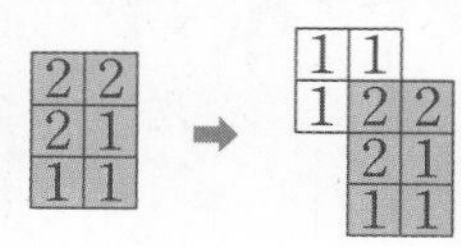

06 접근 ≫ 가장 높게 보이는 쌓기나무를 알아봅니다.

위에서 본 모양의 각 자리에 쓰여진 수는 그 위에 쌓은 쌓기나무의 개수입니다.
앞, 옆에서 본 모양은 위에서 본 모양에서 각 줄의 가장 큰 수로 보이는 쌓기나무의 개수를 알 수 있습니다.
앞에서 보면 왼쪽부터 차례대로 4층, 3층, 2층, 2층, 1층으로 보이고 옆에서 보면 왼쪽부터 차례대로 4층, 3층, 1층, 2층, 4층으로 보입니다.

해결 전략
각 방향에서 보았을 때, 각 줄에서 가장 큰 수를 찾으면 돼요.

07 접근 ≫ 1층까지 있는 위치를 먼저 알아봅니다.

앞, 옆에서 본 모양을 보고 위에서 본 모양의 각 자리에 쌓을 쌓기나무의 개수를 쓰면 오른쪽과 같습니다.
따라서 쌓기나무는 모두 $1+2+3+2=8$(개)가 필요합니다.

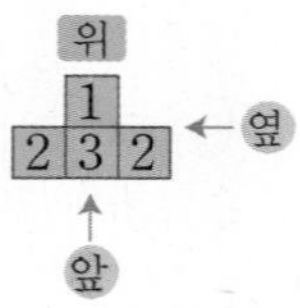

해결 전략

앞에서 본 모양에서
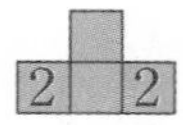

옆에서 본 모양에서
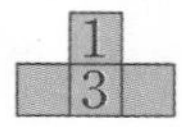

08 접근 ≫ 가려서 보이지 않는 부분을 생각하여 위치를 알아봅니다.

파란색 쌓기나무는 4개인데 앞에서 보았을 때 2개만 보이므로 뒤쪽에 놓이고 그 앞으로 빨간색, 노란색 쌓기나무를 놓은 것입니다.
옆에서 본 모양을 보면 파란색 쌓기나무 위로 초록색 쌓기나무를 놓았습니다.

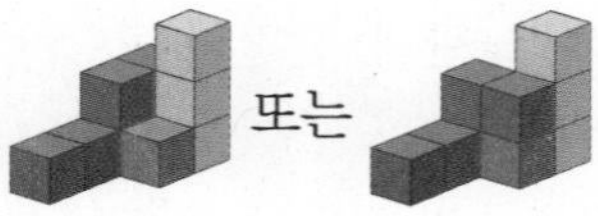

보충 개념
앞에서 본 모양에서　옆에서 본 모양에서

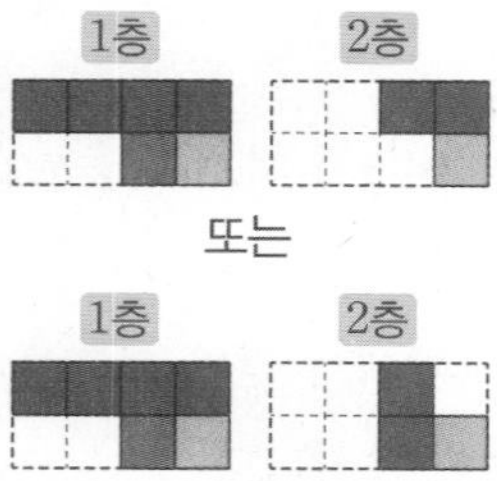

09 접근 ≫ 여러 방향에서 보았을 때 보이는 쌓기나무 면이 몇 개인지 알아봅니다.

쌓기나무는 10개이고 쌓기나무 1개의 면은 6개씩이므로 쌓기나무를 떼어 놓았을 때 전체 쌓기나무 면의 수는 $6\times10=60$(개)입니다. 이 중에서 페인트가 칠해진 쌓기나무 면의 수는 34개이므로 페인트가 칠해지지 않은 면은 $60-34=26$(개)입니다.

해결 전략
(페인트가 칠해진 쌓기나무 면의 수)
$=5\times2+6\times2+6\times2$
$=34$(개)

10 접근 ≫ 쌓기나무 13개를 사용한 것을 보고 1층의 쌓기나무의 개수를 알아봅니다.

위, 앞, 옆에서 보이는 쌓기나무 면의 수에 2배를 하고, 보이지 않는 쌓기나무 면의 수를 더합니다.

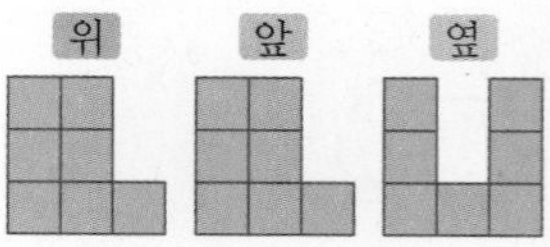

➡ $(7+7+7)\times2=42$(개)
어느 방향에서도 보이지 않는 면의 수가 4개이므로 겉으로 둘러싼 모든 면의 수는 $42+4=46$(개)입니다.
쌓기나무 한 면의 넓이가 1 cm^2이므로 이 모양의 겉넓이는 46 cm^2입니다.

보충 개념
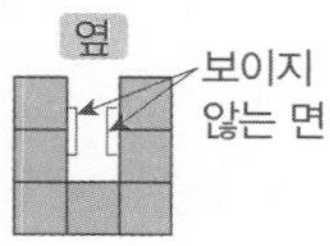

11 접근 ≫ 앞에서 본 모양에서 1층으로 놓이는 자리를 먼저 알아봅니다.

앞, 옆에서 본 모양을 보고 위에서 본 모양의 각 자리에 쌓은 쌓기나무의 개수를 확실하게 알 수 있는 곳에 쌓기나무의 개수를 쓰면 다음과 같습니다.

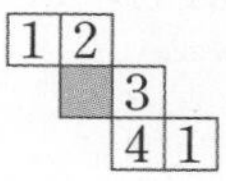

쌓기나무의 개수가 가장 적을 때는 색칠한 자리에 1개를 쌓은 경우입니다.
➡ $1+2+1+3+4+1=12$(개)

보충 개념
색칠한 면에는 2개 이하의 쌓기나무를 놓을 수 있어요.

12 접근 ≫ 앞쪽에 쌓인 쌓기나무에 가려서 뒤쪽으로 보이지 않는 쌓기나무가 있습니다.

옆에서 볼 때 보이지 않는 쌓기나무의 개수를 위에서 본 모양의 각 자리에 쓰면 다음과 같습니다.

	1	0	
4	2	0	
4	3	1	0

따라서 옆에서 볼 때 보이지 않는 쌓기나무의 개수는
1+4+2+4+3+1=15(개)입니다.

보충 개념
옆에서 볼 때 보이는 쌓기나무의 개수

	1	1	
1	0	4	
2	0	3	1

13 접근 ≫ 쌓기나무를 가장 적게 사용할 때의 모양을 먼저 알아봅니다.

앞, 옆에서 본 모양을 보고, 위에서 본 모양의 각 자리에 쌓은 쌓기나무의 개수를 확실히 알 수 있는 곳에 쌓기나무의 개수를 쓰면 다음과 같습니다.

㉠	3	2
㉡	㉢	

쌓기나무의 개수가 최소일 때는 ㉠=1, ㉡=2, ㉢=1로 9개이고,
쌓기나무의 개수가 최대일 때는 ㉠=2, ㉡=2, ㉢=2로 11개입니다.
➡ 9개 이상 11개 이하

해결 전략
㉠, ㉡, ㉢의 자리에는 쌓기나무를 2개까지 놓을 수 있어요.

14 접근 ≫ 위에서 본 모양의 각 자리에 몇 개씩 쌓여 있는지 알아봅니다.

㉠에서 0개, ㉡에서 2개, ㉢에서 2개, ㉣에서 0개, ㉤에서 2개, ㉥에서 1개 (또는 ㉠에서 2개, ㉡에서 2개, ㉢에서 0개, ㉣에서 0개, ㉤에서 2개, ㉥에서 1개)를 뺄 수 있으므로 최대한 7개를 빼내었습니다.

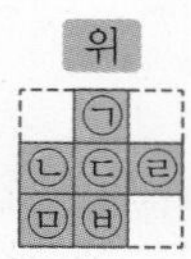

해결 전략
가장 높은 줄의 쌓기나무의 개수가 변하면 앞 또는 옆에서 본 모양이 변할 수 있어요. 따라서 가장 높은 줄의 쌓기나무의 개수는 변하지 않도록 빼내야 해요.

15 접근 ≫ 위에서 본 모양에 쌓기나무의 개수가 확실한 곳부터 채웁니다.

위에서 본 모양의 각 자리에 쌓은 쌓기나무의 개수를 확실히 알 수 있는 곳에 쌓기나무의 개수를 씁니다.
➡ 색칠된 자리에 쌓을 수 있는 쌓기나무는 아래와 같이 3가지입니다.

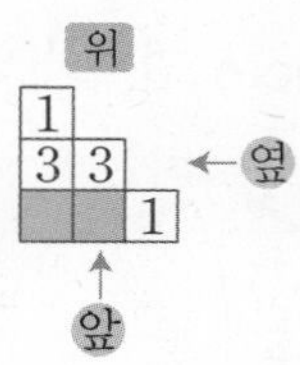

1		
3	3	
2	2	1

1		
3	3	
1	2	1

1		
3	3	
2	1	1

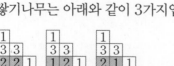

해결 전략
색칠한 칸에는 쌓기나무를 2개 이하로 놓을 수 있어요.

16 접근 ≫ 1층인 자리부터 차례로 알아봅니다.

		2
㉠	㉡	㉢
1	1	1

㉠, ㉡, ㉢에 1개 이상의 쌓기나무를 쌓고 적어도 한 곳에는 3개를 쌓아야 합니다.

① ㉠, ㉡, ㉢ 중 한 곳만 3개를 쌓는 경우 ➡ 4×3=12(가지)

② ㉠, ㉡, ㉢ 중 2곳에 3개를 쌓는 경우 ➡ 2×3=6(가지)

③ ㉠, ㉡, ㉢ 모두 3개를 쌓는 경우 ➡ 1가지

따라서 가능한 모양은 모두 12+6+1=19(가지)입니다.

보충 개념
㉠에 3개를 쌓는 경우
(㉠, ㉡, ㉢)
➡ (3, 1, 1), (3, 1, 2), (3, 2, 1), (3, 2, 2)
➡ 4가지
㉡, ㉢에 3개를 쌓는 경우도 4가지씩이므로 모두 4×3=12(가지)예요.

17 접근 ≫ 쌓기나무가 반드시 놓여야 하는 곳의 위치를 먼저 찾습니다.

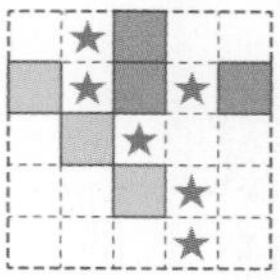

1층에 12개, 2층에 3개, 3층에 4개를 놓은 것이므로
23－12－3－4＝4(개)를 더 놓아야 합니다.
왼쪽 그림에서 진하게 색칠한 부분에는 3층에 쌓기나무가 있으므로 2층에는 반드시 쌓기나무가 있어야 합니다.
따라서 쌓기나무 3개를 놓고 나머지 1개를 놓을 수 있는 곳은 ★이 있는 곳이므로 모두 6가지입니다.

해결 전략
3층 아래에는 반드시 2층도 있어야 해요.

18 접근 ≫ 쌓기나무의 개수가 변하는 위치와 변하지 않는 위치를 각각 알아봅니다.

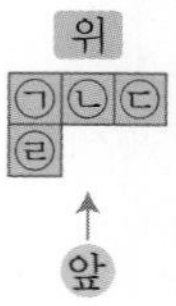

각 자리의 규칙을 살펴봅니다.
㉠: 1, 2, 3, 4……이므로 여섯 번째에는 6입니다.
㉡: 2, 3, 4, 5……이므로 여섯 번째에는 7입니다.
㉢: 2, 2, 2, 2……이므로 여섯 번째에는 2입니다.
㉣: 2, 4, 6, 8……이므로 여섯 번째에는 12입니다.

따라서 여섯 번째에 올 모양은 6 7 2 / 12 이므로 앞에서 보이는 쌓기나무는
12＋7＋2＝21(개)입니다.

해결 전략
각 자리의 쌓기나무의 개수가 변하는 규칙을 각각 알아보아요.

19 접근 ≫ 위, 앞, 옆에서 본 모양을 알아봅니다.

예 위, 앞, 옆에서 본 모양을 그리면 다음과 같습니다.

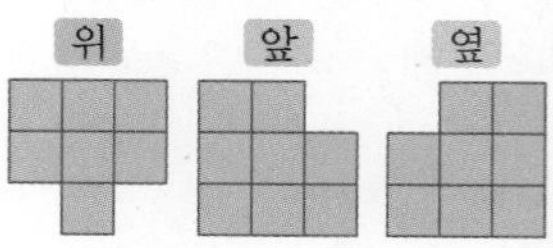

위, 앞, 옆에서 본 모양의 면의 수에 2배를 하면
(7＋8＋8)×2＝46(개)입니다.
쌓기나무 한 면의 넓이가 1 cm^2이므로 이 모양의 겉넓이는 46 cm^2입니다.

채점 기준	배점
위, 앞, 옆에서 본 모양을 그렸나요?	2점
쌓기나무로 쌓은 모양의 겉넓이를 구했나요?	3점

해결 전략
위와 아래, 앞과 뒤, 왼쪽과 오른쪽 옆에서 보이는 모양은 겉으로 둘러싼 면을 나타내요.

20 접근 ≫ 정육면체의 한 모서리에 놓이는 쌓기나무의 개수를 알아봅니다.

예 한 모서리에 쌓기나무가 3개 놓이는 정육면체를 만들어야 하므로 쌓기나무는
3×3×3＝27(개) 필요합니다.

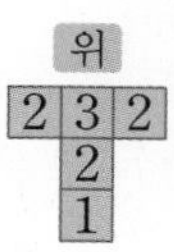

위에서 본 모양의 각 자리에 쌓은 쌓기나무의 개수를 쓰면 왼쪽과 같으므로 모두 2＋3＋2＋2＋1＝10(개)입니다. 따라서 정육면체를 만들려면 쌓기나무가 최소한 27－10＝17(개) 더 필요합니다.

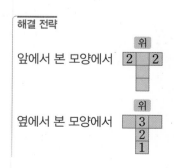

채점 기준	배점
정육면체를 만들 때 필요한 쌓기나무의 개수를 구했나요?	2점
더 필요한 쌓기나무의 개수를 구했나요?	3점

해결 전략
앞에서 본 모양에서

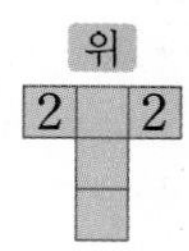

옆에서 본 모양에서

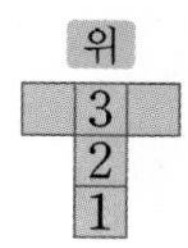

교내 경시 4단원 비례식과 비례배분

01 예 4 : 3	**02** 예 25 : 81	**03** 예 3 : 8, 예 3 : 5, 희우		**04** 예 25 : 16
05 12, 8, 12	**06** 예 3 : 5=24 : 40, 3 : 8=9 : 24	**07** 140 : 150	**08** 110°	**09** 540 cm²
10 예 5 : 1	**11** 오후 3시 9분	**12** 예 7 : 4	**13** 6.4 cm	**14** 3 cm
15 100 cm	**16** 352명	**17** 1500만 원	**18** 32 cm²	**19** 오후 6시 10분
20 예 6 : 7				

01 접근 ≫ 전체 일의 양을 1이라 하고 하루 동안 하는 일의 양을 수로 나타내어 봅니다.

전체 일의 양을 1이라고 할 때 지원이가 하루 동안 하는 일의 양은 $\frac{1}{9}$이고, 수진이가 하루 동안 하는 일의 양은 $\frac{1}{12}$입니다.

➡ (지원) : (수진)$=\frac{1}{9}:\frac{1}{12}$ ➡ 4 : 3 (×36)

> 해결 전략
> ■일이 걸리는 일의 전체 일의 양을 1이라 할 때 하루에 하는 일의 양은 $\frac{1}{■}$이에요.

02 접근 ≫ 곱셈식을 외항의 곱과 내항의 곱으로 생각하여 비례식을 만듭니다.

$㉠\times2.7=㉡\times\frac{5}{6}$ ➡ $㉠:㉡=\frac{5}{6}:2.7$ ➡ $\frac{5}{6}:\frac{27}{10}$ ➡ 25 : 81 (×30)

> 보충 개념
> 곱셈식을 보고 비례식으로 나타내기
> ㉠×■=㉡×▲
> ➡ ㉠ : ㉡=▲ : ■

03 접근 ≫ 딸기 원액의 양과 물의 양을 구한 다음 비로 나타내어 봅니다.

우진: $0.3:\frac{4}{5}$ ➡ $3:8\rightarrow\frac{3}{8}$ (×10)

희우: (딸기 원액의 양)$=1.2-\frac{3}{4}=1.2-0.75=0.45$ (L)

➡ 0.45 : 0.75 ➡ 45 : 75 ➡ $3:5\rightarrow\frac{3}{5}$ (÷15)

$\frac{3}{8}<\frac{3}{5}$이므로 희우의 주스가 더 진합니다.

> 해결 전략
> 물의 양에 대한 원액의 양의 비율이 클수록 더 진한 음료예요.

04 접근 ≫ 외항의 곱과 내항의 곱의 관계를 이용하여 곱셈식으로 나타내어 봅니다.

6 : ㉠=8 : 5 ➡ 6×5=㉠×8, ㉠×8=30, $㉠=\frac{30}{8}=\frac{15}{4}=3\frac{3}{4}$

15 : 4=9 : ㉡ ➡ 15×㉡=4×9, 15×㉡=36, $㉡=\frac{36}{15}=\frac{12}{5}=2\frac{2}{5}$

$㉠:㉡=3\frac{3}{4}:2\frac{2}{5}$ ➡ $\frac{15}{4}:\frac{12}{5}$ ➡ 75 : 48 ➡ 25 : 16 (×20, ÷3)

> 해결 전략
> 비례식을 보고 곱셈식으로 나타내고, 비를 자연수의 비로 나타내요.

05 접근 ≫ 비례식의 두 비에서 비율을 구하여 비교해 봅니다.

㉠ : 18=㉡ : ㉢에서 ㉠ : 18의 비율이 $\frac{2}{3}$이므로 $\frac{㉠}{18}=\frac{2}{3}$에서 ㉠=12입니다.

12 : 18=㉡ : ㉢에서 외항의 곱이 144이므로 12×㉢=144, ㉢=12입니다.

㉡ : 12의 비율이 $\frac{2}{3}$이므로 $\frac{㉡}{12}=\frac{2}{3}$에서 ㉡=8입니다.

해결 전략
비례식에서 비를 보고 비율로 나타내요.

06 접근 ≫ 비의 성질 또는 비례식의 성질을 이용하여 비율이 같은 비를 만듭니다.

곱이 같은 두 수를 찾아보면 3×40=5×24=120, 3×24=8×9=72이므로 곱이 같은 두 곱셈식을 외항과 내항의 곱으로 하는 비례식을 만듭니다.

해결 전략
계산 결과가 같은 곱셈식을 보고 외항과 내항의 곱으로 생각하여 비례식을 만들어 보아요.

07 접근 ≫ 비의 성질을 이용하여 비의 전항과 후항에 □를 곱해서 나타냅니다.

×□

14 : 15 ➡ (14×□) : (15×□)에서

×□

(14×□)+(15×□)=290, 29×□=290, □=10

×10

따라서 구하는 비는 14 : 15 ➡ 140 : 150입니다.

×10

보충 개념
비의 전항과 후항에 0이 아닌 같은 수를 곱하거나 0이 아닌 같은 수로 나누어도 비율은 같아요.

08 접근 ≫ 비례배분을 이용하여 ㉠, ㉡의 각도를 구해 봅니다.

㉠과 ㉡의 합은 180°이므로 180°를 29 : 7로 나누면

$㉠=180°\times\frac{29}{29+7}=180°\times\frac{29}{36}=145°$

$㉡=180°\times\frac{7}{29+7}=180°\times\frac{7}{36}=35°$

➡ ㉠−㉡=145°−35°=110°

보충 개념
한 직선을 이루는 각도는 180°예요.

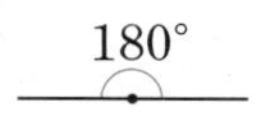

09 접근 ≫ 직사각형의 가로, 세로의 길이의 합을 먼저 구합니다.

직사각형의 가로와 세로의 길이의 합은 96÷2=48 (cm)입니다.

가로: $48\times\frac{3}{3+5}=18$ (cm), 세로: $48\times\frac{5}{3+5}=30$ (cm)

➡ (직사각형의 넓이)=18×30=540 (cm^2)

다른 풀이
가로를 (3×□) cm, 세로를 (5×□) cm라고 하면
(3×□)+(5×□)=96÷2=48, 8×□=48, □=6입니다.
따라서 가로는 3×6=18 (cm)이고, 세로는 5×6=30 (cm)이므로
직사각형의 넓이는 18×30=540 (cm^2)입니다.

보충 개념
(직사각형의 둘레)
=((가로)+(세로))×2
➡ (가로)+(세로)
=(직사각형의 둘레)÷2

10 접근 ≫ 남학생 수와 여학생 수의 비율을 각각 분수로 나타내어 봅니다.

전체 학생 수를 1이라고 하면

남학생 수는 전체의 $\frac{60}{100}=\frac{3}{5}$, 여학생 수는 전체의 $1-\frac{3}{5}=\frac{2}{5}$입니다.

이 중 안경을 쓴 여학생 수는 전체의 $\frac{2}{5}\times\frac{3}{10}=\frac{3}{25}$이므로

(남학생 수) : (안경을 쓴 여학생 수) $=\frac{3}{5}:\frac{3}{25}$ ➡ $15:3$ ➡ $5:1$

(×25, ×25; ÷3, ÷3)

해결 전략
비율을 분수로 나타내고 분수의 비를 간단한 자연수의 비로 나타내요.

11 접근 ≫ 시계를 맞춘 시각부터 오늘 오후 3시까지의 시간을 24시간과 비교해 봅니다.

하루는 24시간이고 어제 낮 12시부터 오늘 오후 3시까지는 27시간입니다.

27시간 동안 빨라지는 시간을 □분이라고 하면

$24:8=27:\square$, $24\times\square=8\times27$, $\square=216\div24=9$입니다.

따라서 9분 빨라지므로 오늘 오후 3시에 시계가 가리키는 시각은 오후 3시 9분입니다.

해결 전략
하루는 24시간임을 이용하여 비례식을 만들어요.

12 접근 ≫ 회전 수와 톱니 수의 곱이 일정함을 이용합니다.

가 톱니바퀴가 ㉠번 회전할 때 맞물리는 톱니 수: (24 × ㉠)개

나 톱니바퀴가 ㉡번 회전할 때 맞물리는 톱니 수: (42 × ㉡)개

두 톱니바퀴가 회전할 때 맞물리는 톱니의 수는 같으므로

24 × ㉠ = 42 × ㉡ ➡ ㉠ : ㉡ = 42 : 24 ➡ 7 : 4

(÷6, ÷6)

따라서 톱니바퀴 가와 나의 회전수의 비는 7 : 4입니다.

해결 전략
맞물려 돌아가는 두 톱니바퀴는 맞물리는 톱니 수가 같아요.

13 접근 ≫ 직사각형 가의 세로와 사다리꼴 나의 높이가 같음을 이용하여 식을 만듭니다.

사다리꼴 나의 빨간색 변을 윗변으로 생각하고 윗변의 길이를 □cm라고 하면

$(16\times(\text{세로})):((16+\square)\times(\text{높이})\div2)=10:7$

직사각형 가의 세로와 사다리꼴 나의 높이는 같으므로

$16:(16+\square)\div2=10:7$, $16\times7=(16+\square)\div2\times10$

$(16+\square)\div2\times10=112$, $16+\square=112\div10\times2=22.4$,

$\square=22.4-16=6.4$

따라서 사다리꼴 나의 윗변의 길이는 6.4 cm입니다.

보충 개념
(사다리꼴의 넓이)
=((윗변)+(아랫변))
×(높이)÷2

14 접근 ≫ 삼각형 가의 넓이를 먼저 구해 봅니다.

(삼각형 가의 넓이)$=12\times5\div2=30$ (cm^2)
사다리꼴 나의 넓이를 □cm^2라고 하면
$5:11=30:\square$, $5\times\square=11\times30$, $\square=330\div5=66$입니다.
(직사각형 ㄱㄴㄷㄹ의 넓이)$=30+66=96$ (cm^2)에서
(선분 ㄹㄷ)$=96\div12=8$ (cm)이므로
(선분 ㅁㄷ)$=8-5=3$ (cm)입니다.

해결 전략
넓이의 비를 이용하여 비례식을 만들어요.

15 접근 ≫ 두 막대의 물이 닿은 부분의 길이가 같음을 이용하여 식을 만들어 봅니다.

물 속에 들어간 막대의 길이는 같으므로
가$\times(1-\frac{5}{7})=$나$\times(1-\frac{3}{5})$, 가$\times\frac{2}{7}=$나$\times\frac{2}{5}$ ➡ 가 : 나$=\frac{2}{5}:\frac{2}{7}=7:5$
가 막대와 나 막대의 길이의 합은 600 cm이므로
가 막대의 길이는 $600\times\frac{7}{7+5}=600\times\frac{7}{12}=350$ (cm)입니다.
따라서 연못의 깊이는 $350\times\frac{2}{7}=100$ (cm)입니다.

해결 전략
깊이가 일정한 연못에 넣은 것이므로 두 막대에서 물에 들어간 부분의 길이가 같아요.

16 접근 ≫ 여학생 수는 변함이 없음을 이용하여 여학생 수를 먼저 구합니다.

2학기 때 여학생 수는 $345\times\frac{11}{12+11}=165$(명)이고,
이것은 1학기 때의 여학생 수와 같습니다.
1학기 때 남학생 수를 □명이라고 하면
$17:15=\square:165$에서
$17\times165=15\times\square$, $\square=2805\div15=187$
따라서 1학기 때 6학년 학생 수는 $187+165=352$(명)입니다.

해결 전략
여학생 수에는 변화가 없으므로 2학기 때의 학생 수를 이용하여 여학생 수를 먼저 구해요.

17 접근 ≫ 투자한 금액의 비로 이익금을 비례배분함을 이용하여 비를 먼저 구합니다.

가, 나 두 회사가 투자한 금액의 비는 500만 : 700만$=5:7$이므로
가 회사가 받는 이익금은 720만$\times\frac{5}{5+7}=$720만$\times\frac{5}{12}=$300만(원)입니다.
500만 원 투자했을 때 300만 원의 이익금을 얻었으므로 이익금이 900만 원이 되려면 투자할 금액을 □만 원이라고 할 때
$500:300=\square:900$, $\square=1500$입니다.

해결 전략
비례배분을 이용하여 이익금을 나누고, 투자할 금액을 □라고 하여 비례식을 만들어요.

18 접근 ≫ 가로, 세로가 같은 경우를 찾아 넓이의 비와의 관계를 알아봅니다.

가와 나의 세로는 같으므로 가로의 비는 넓이의 비와 같습니다.

(가의 가로) : (나의 가로)$=21:12 \Rightarrow 7:4$ (전항과 후항을 각각 $\div 3$)

다와 라도 세로가 같으므로 넓이의 비는 가로의 비와 같고, 다와 라의 가로는 가와 나의 가로와 같습니다.

(다의 넓이) : (라의 넓이)$=$(다의 가로) : (라의 가로)$=7:4$

따라서 라의 넓이를 $\square\,cm^2$라고 하면

$7:4=56:\square$, $7\times\square=4\times56$, $\square=224\div7=32$입니다.

따라서 라의 넓이는 $32\,cm^2$입니다.

> **해결 전략**
> 직사각형 가와 다, 직사각형 나와 라는 가로가 서로 같음을 이용해요.

19 접근 ≫ 하루는 24시간이므로 24시간을 15 : 17의 비로 나눕니다.

예 하루는 24시간이므로 24시간을 $15:17$로 나누면

(낮 시간)$=24\times\frac{15}{15+17}=\overset{3}{\cancel{24}}\times\frac{15}{\underset{4}{\cancel{32}}}=\frac{45}{4}=11.25$(시간)

0.25시간$=(0.25\times60)$분$=15$분이므로 11.25시간은 11시간 15분입니다.

따라서 해가 뜬 시각이 오전 6시 55분이면 해가 진 시각은

6시 55분$+$11시간 15분$=$18시 10분으로 오후 6시 10분입니다.

채점 기준	배점
24시간을 비례배분하여 낮의 길이를 구했나요?	3점
낮의 길이를 더하여 해가 진 시각을 구했나요?	2점

> **보충 개념**
> 하루는 24시간이에요.
> (낮의 길이)$+$(밤의 길이)$=24$

20 접근 ≫ 겹치는 부분의 넓이를 식으로 나타냅니다.

예 (가의 넓이)$\times\frac{7}{24}=$(나의 넓이)$\times\frac{1}{4}$이므로

(가의 넓이) : (나의 넓이)$=\frac{1}{4}:\frac{7}{24}$입니다.

따라서 $\frac{1}{4}:\frac{7}{24}$을 간단한 자연수의 비로 나타내면

$\frac{1}{4}:\frac{7}{24} \Rightarrow 6:7$ (전항과 후항에 각각 $\times 24$)

채점 기준	배점
비례식의 성질을 이용하여 가와 나의 넓이의 비를 알맞게 나타냈나요?	3점
가와 나의 넓이의 비를 간단한 자연수의 비로 나타냈나요?	2점

> **보충 개념**
> 겹치는 부분의 넓이가 같음을 이용하여 비례식을 만들어 보아요.

교내 경시 5단원 원의 넓이

01 144 cm	02 4.2 cm	03 40.8 cm	04 162, 324	05 364.5 cm^2	06 10.5 cm^2
07 144 cm^2	08 88.2 cm^2	09 4 m	10 46.5 cm	11 9.6 m	12 72 cm^2
13 147 cm	14 20번	15 24.56 cm	16 4 cm	17 209.6 cm^2	18 143 cm^2
19 63.7 cm	20 198 cm^2				

01 접근 ≫ 원의 반지름을 각각 알아봅니다.

가장 큰 원의 반지름은 10 cm, 중간 원의 반지름은 $18-10=8$ (cm),
가장 작은 원의 반지름은 $14-8=6$ (cm)입니다.

(세 원의 원주의 합)$=(10\times2\times3)+(8\times2\times3)+(6\times2\times3)$
$=60+48+36=144$ (cm)

보충 개념
한 원에서 반지름의 길이는 항상 일정해요.

02 접근 ≫ 정육각형의 한 변의 길이와 원의 지름의 관계를 알아봅니다.

정육각형은 정삼각형 6개로 이루어져 있으므로 정육각형의 한 변은 15 cm입니다.

(원의 원주)$=30\times3.14=94.2$ (cm)

(정육각형의 둘레)$=15\times6=90$ (cm)

➡ $94.2-90=4.2$ (cm)

해결 전략
정육각형을 나눈 삼각형은 정삼각형이므로 원의 지름은 정육각형의 두 변의 길이의 합과 같아요.

03 접근 ≫ 원의 일부분을 이용하여 곡선 부분의 길이를 알아봅니다.

두 곡선의 길이의 합은 반지름이 8 cm인 원의 원주의 $\frac{1}{2}$입니다.

(색칠한 부분의 둘레)$=(8\times2\times3.1\times\frac{1}{2})+8+8$
$=24.8+8+8=40.8$ (cm)

해결 전략
곡선의 한 부분은 원의 원주의 $\frac{1}{4}$이에요.

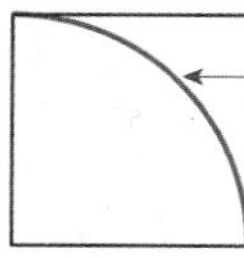

04 접근 ≫ 원의 넓이를 두 사각형의 넓이와 비교합니다.

(원 안의 정사각형의 넓이)$=18\times18\div2=162$ (cm^2)

(원 밖의 정사각형의 넓이)$=18\times18=324$ (cm^2)

따라서 원의 넓이를 어림해 보면

162 cm^2 < (원의 넓이), (원의 넓이) < 324 cm^2입니다.

보충 개념
원의 넓이는 원 안의 정사각형의 넓이보다 크고, 원 밖의 정사각형의 넓이보다 작아요.

05 접근 ≫ 피자의 지름을 구해 봅니다.

(피자의 지름)$=108\div3=36$ (cm)
(피자의 반지름)$=36\div2=18$ (cm)
(피자의 넓이)$=18\times18\times3=972$ (cm^2)
(피자 한 조각의 넓이)$=972\div8=121.5$ (cm^2)
(남은 피자의 넓이)$=121.5\times3=364.5$ (cm^2)

해결 전략
피자 한 조각의 넓이를 구한 다음, 남은 피자의 넓이를 구해요.

06 접근 ≫ 반원의 넓이에서 삼각형의 넓이를 빼어 구합니다.

색칠한 부분의 넓이는 반원의 넓이에서 삼각형 ㄴㄷㄹ의 넓이를 뺀 것과 같습니다.
원의 반지름은 $6\div2=3$ (cm)이므로
(반원의 넓이)$=3\times3\times3\times\frac{1}{2}=13.5$ (cm^2)
선분 ㄱㄴ의 길이는 선분 ㄴㅇ의 길이의 2배이므로
(선분 ㄱㄴ) : (선분 ㄴㅇ)$=2:1$
➡ (선분 ㄴㅇ)$=3\times\frac{1}{3}=1$ (cm)
(삼각형 ㄴㄷㄹ의 넓이)$=6\times1\div2=3$ (cm^2)
따라서 색칠한 부분의 넓이는 $13.5-3=10.5$ (cm^2)입니다.

보충 개념
㉮의 길이가 ㉯의 길이의 ★배
➡ ㉮$=$㉯$\times$★
➡ ㉮ : ㉯$=$★ : 1

07 접근 ≫ 원의 지름과 작은 사각형의 대각선, 큰 사각형의 한 변의 관계를 알아봅니다.

색칠한 부분의 넓이는 지름이 24 cm인 원의 넓이에서 대각선의 길이가 각각 24 cm인 마름모의 넓이를 뺀 것과 같습니다.
(색칠한 부분의 넓이)$=(12\times12\times3)-(24\times24\div2)$
$=432-288=144$ (cm^2)

해결 전략
한 원에서 원의 지름은 일정하므로 원 안에 있는 마름모의 두 대각선의 길이는 원의 지름과 같아요.

08 접근 ≫ 원의 지름을 먼저 구합니다.

(원의 지름)$=43.4\div3.1=14$ (cm)
직사각형의 가로는 원의 지름의 2배와 같으므로
직사각형의 가로는 $14\times2=28$ (cm), 세로는 14 cm입니다.
(직사각형의 넓이)$=28\times14=392$ (cm^2)
(원의 넓이)$=7\times7\times3.1=151.9$ (cm^2)
➡ (색칠한 부분의 넓이)$=392-151.9\times2$
$=392-303.8=88.2$ (cm^2)

해결 전략
(색칠한 부분의 넓이)
$=$(직사각형의 넓이)
$-$(원의 넓이)$\times2$

09 접근 ≫ 직선 부분과 곡선 부분으로 나누어 길이를 알아봅니다.

(산책로 안쪽의 둘레)$=30\times3+50\times2=190$ (m)

(산책로 바깥쪽의 둘레)$=$(산책로 안쪽의 둘레)$+24=190+24=214$ (m)

산책로의 폭을 $\square$ m라고 하면

$(30+2\times\square)\times3+50\times2=214$에서 $(30+2\times\square)\times3=214-100=114$,

$30+2\times\square=114\div3=38$, $2\times\square=8$, $\square=4$

따라서 산책로의 폭은 4 m입니다.

해결 전략
(바깥쪽 반원의 반지름)
$=$(안쪽 반원의 반지름)
$+$(산책로의 폭)

10 접근 ≫ 색칠한 부분의 둘레와 원의 둘레 사이의 관계를 알아봅니다.

색칠한 부분의 둘레는 지름이 5 cm인 원 2개의 원주와 반지름이 5 cm인 원의 원주의 $\frac{1}{2}$의 합과 같습니다.

(색칠한 부분의 둘레)$=(5\times3.1\times2)+(5\times2\times3.1\times\frac{1}{2})$

$=31+15.5=46.5$ (cm)

해결 전략
빨간색 부분을 붙이면 지름이 5 cm인 원이 되고, 파란색 부분은 반지름이 5 cm인 원의 $\frac{1}{4}$이에요.

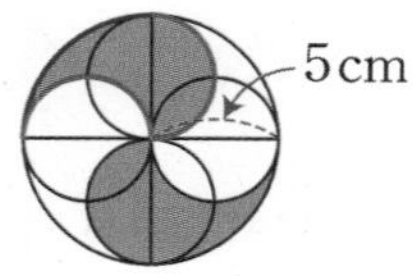

11 접근 ≫ 지구에서 한 바퀴 돈 길이는 원의 둘레와 같습니다.

지구의 반지름을 $\square$ m라고 하면 한 방향으로 곧게 걸어 지구를 한 바퀴 돌았을 때

(발끝이 움직인 거리)$=$(지구의 원주)$=\square\times2\times3=\square\times6$

(머리끝이 움직인 거리)$=(\square+1.6)\times2\times3$

$=(\square+1.6)\times6$

$=\square\times6+1.6\times6$

$=\square\times6+9.6=$(발끝이 움직인 거리)$+9.6$

따라서 발끝과 머리끝이 움직인 거리의 차는 9.6 m입니다.

해결 전략
발끝이 움직인 원주와 머리끝이 움직인 원주는 반지름이 키만큼 차이가 있어요.
지구의 반지름을 $\square$라고 하고 원주를 각각 나타내요.

12 접근 ≫ 도형을 같은 모양으로 나누어 봅니다.

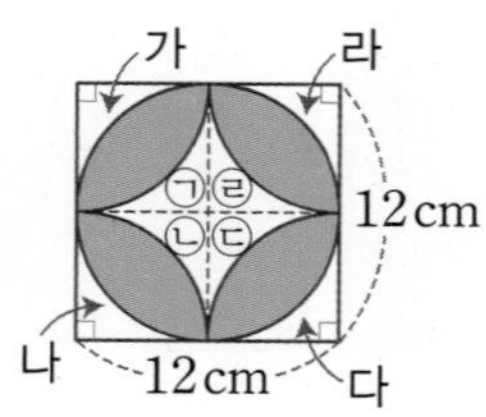

가와 ㉠, 나와 ㉡, 다와 ㉢, 라와 ㉣의 넓이가 같으므로 원 안쪽의 색칠하지 않은 부분의 넓이 (㉠+㉡+㉢+㉣)은 정사각형의 넓이에서 원의 넓이를 뺀 넓이 (가+나+다+라)와 같습니다.

(가+나+다+라)$=12\times12-6\times6\times3=144-108$

$=36$ (cm²)

(색칠한 부분의 넓이)

$=$(원의 넓이)$-$(㉠+㉡+㉢+㉣)$=$(원의 넓이)$-$(가+나+다+라)

$=6\times6\times3-36=108-36=72$ (cm²)

해결 전략
원의 넓이에서 색칠하지 않은 부분의 넓이를 빼어 구해요.

13 접근 ≫ 작은 세 원의 원주의 합과 큰 원의 원주의 관계를 알아봅니다.

작은 세 원의 지름을 각각 ㉠ cm, ㉡ cm, ㉢ cm라고 하면
㉠＋㉡＋㉢＝49 (cm)입니다.
(작은 세 원의 원주의 합)
＝㉠×3＋㉡×3＋㉢×3＝(㉠＋㉡＋㉢)×3
＝49×3＝147 (cm)

보충 개념
큰 원 안의 작은 세 원의 지름의 합과 가장 큰 원의 지름이 같고
(원주)＝(지름)×(원주율)이므로
(작은 세 원의 원주의 합)
＝(큰 원의 원주)

14 접근 ≫ 반지름은 달라도 움직인 길이는 같음을 이용합니다.

㉮ 바퀴가 돈 횟수와 ㉯ 바퀴가 돈 횟수는 다르지만 ㉮ 바퀴를 따라 돈 벨트의 길이와 ㉯ 바퀴를 따라 돈 벨트의 길이는 같습니다.
두 바퀴가 움직인 거리가 같으므로
㉮ 바퀴가 10번 돌 때 ㉯ 바퀴가 돈 횟수를 □번이라고 하면
$14\times2\times3.1\times10=7\times2\times3.1\times\square$, $868=43.4\times\square$, $\square=20$입니다.
따라서 ㉯ 바퀴는 20번 돕니다.

해결 전략
두 바퀴가 움직인 거리가 같음을 이용하여 식을 만들어서 돈 횟수를 구해요.

15 접근 ≫ 직선 부분과 곡선 부분으로 나누어 구해 봅니다.

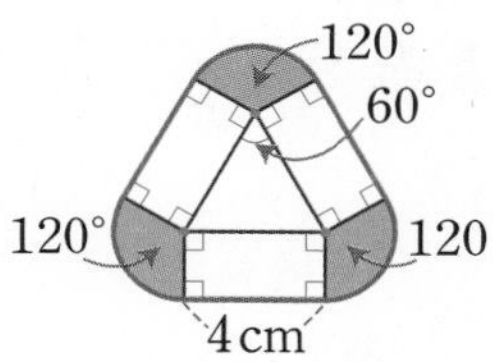

120°＋120°＋120°＝360°이므로 곡선 부분의 길이를 합하면 지름이 4 cm인 원의 원주와 같습니다.
직선 부분은 원의 (반지름의 길이)×2의 3배와 같으므로 지름의 3배와 같습니다.
(필요한 끈의 길이)＝4×3.14＋4×3
＝12.56＋12＝24.56 (cm)

해결 전략
(필요한 끈의 길이)
＝(곡선 부분의 길이)
＋(직선 부분의 길이)

16 접근 ≫ 겹친 부분은 넓이가 같음을 이용합니다.

㉮와 ㉯의 넓이가 같으므로 반지름이 16 cm인 원의 넓이의 $\frac{1}{4}$과 사다리꼴 ㄴㄷㄹㅁ의 넓이가 같습니다.
선분 ㄴㄷ의 길이를 □cm라고 하면
$16\times16\times3\times\frac{1}{4}=(\square+20)\times16\div2$
$192=(\square+20)\times8$, $\square+20=192\div8=24$, $\square=4$입니다.
따라서 선분 ㄴㄷ의 길이는 4 cm입니다.

보충 개념
㉮와 ㉯ 부분의 넓이가 같고, 겹친 부분의 넓이가 같으므로 원의 $\frac{1}{4}$과 사다리꼴 ㄴㄷㄹㅁ의 넓이가 같아요.

17 접근 ≫ 원이 꼭짓점 부분을 지날 때에는 어떤 모양으로 돌게 되는지 알아봅니다.

원이 한 바퀴 돌 때 지나간 부분은 오른쪽 그림과 같습니다.
$90°+90°+90°+90°=360°$이므로 곡선 부분의 넓이를 합하면 반지름이 4 cm인 원의 넓이와 같습니다.

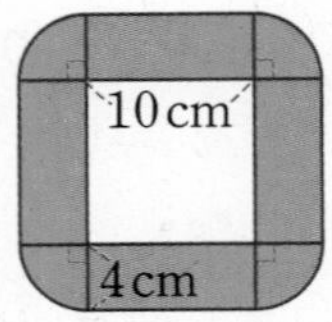

(원이 지나간 부분의 넓이)$=(10\times4)\times4+(4\times4\times3.1)$
$=160+49.6=209.6\ (cm^2)$

해결 전략
(원이 지나간 부분의 넓이)
$=$(직사각형의 넓이)$\times4$
$+$(원의 $\frac{1}{4}$의 넓이)$\times4$

18 접근 ≫ 가운데 비어 있는 부분을 반으로 나누어 생각해 봅니다.

(①의 넓이)$=$(원의 넓이)$\times\frac{1}{4}-$(삼각형 ㄱㄴㄷ의 넓이)

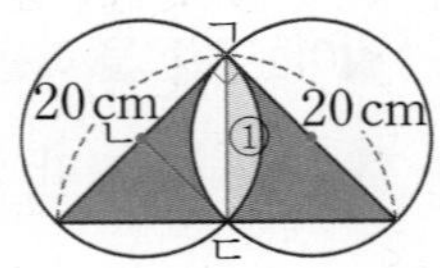

$=10\times10\times3.14\times\frac{1}{4}-10\times10\div2$
$=78.5-50=28.5\ (cm^2)$
(색칠한 부분의 넓이)$=$(직각삼각형의 넓이)$-$(①의 넓이)$\times2$
$=20\times20\div2-28.5\times2=200-57=143\ (cm^2)$

해결 전략
큰 직각삼각형 안의 색칠하지 않은 부분을 반으로 나누면 반지름이 10 cm인 원의 $\frac{1}{4}$에서 작은 직각삼각형을 뺀 부분이 돼요.

서술형 19 접근 ≫ 곡선 부분끼리 모아서 생각해 봅니다.

예 곡선 부분의 길이의 합은 반지름이 7 cm인 원의 원주의 $\frac{1}{2}$과 같으므로
$7\times2\times3.1\times\frac{1}{2}=21.7\ (cm)$이고 직선 부분은 반지름의 6배입니다.
따라서 도형의 둘레는 $21.7+7\times6=21.7+42=63.7\ (cm)$입니다.

채점 기준	배점
도형의 곡선 부분의 길이의 합을 구했나요?	3점
도형의 둘레를 구했나요?	2점

해결 전략
(도형의 둘레)
$=$(곡선 부분의 합)
$+$(직선 부분의 합)
↑ 반지름의 6배

서술형 20 접근 ≫ 원의 넓이를 먼저 구합니다.

예 색칠한 부분의 넓이는 큰 원에서 작은 원을 뺀 부분의 넓이의 $\frac{1}{2}$과 같습니다.
큰 원의 반지름은 $16\div2+6=14\ (cm)$, 작은 원의 반지름은 $16\div2=8\ (cm)$입니다.
(큰 원의 넓이)$=14\times14\times3=588\ (cm^2)$
(작은 원의 넓이)$=8\times8\times3=192\ (cm^2)$
(색칠한 부분의 넓이)$=(($큰 원의 넓이$)-($작은 원의 넓이$))\times\frac{1}{2}$
$=(588-192)\times\frac{1}{2}=396\times\frac{1}{2}=198\ (cm^2)$

채점 기준	배점
큰 원의 넓이와 작은 원의 넓이를 각각 구했나요?	3점
색칠한 부분의 넓이를 구했나요?	2점

해결 전략

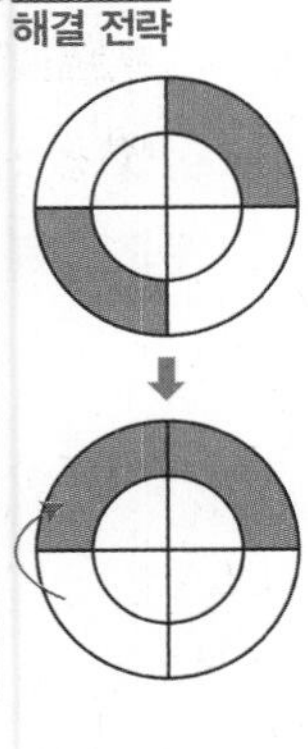

교내 경시 6단원 원기둥, 원뿔, 구

01 54 cm²	**02** 49.6 cm, 198.4 cm²		**03** 43.4 cm	**04** 15 cm	**05** 15 cm
06 3 cm	**07** 77.5 cm²	**08** 15개	**09** 10 cm	**10** 198 cm²	**11** 56 cm
12 36 cm²	**13** 251.2 cm	**14** 520.8 cm²	**15** 14.13 m²	**16** 9 cm	**17** 314 cm²
18 198.4 cm²	**19** $16\frac{1}{2}$ cm (또는 16.5 cm)		**20** 461.28 cm²		

01 접근 ≫ 돌리기 전 직사각형의 가로, 세로 길이를 알아봅니다.

돌리기 전 직사각형은 가로 6 cm, 세로 9 cm이므로
넓이는 $6 \times 9 = 54$ (cm²)입니다.

해결 전략
돌리기 전 직사각형의 가로는 밑면인 원의 반지름과 길이가 같아요.

02 접근 ≫ 반원을 한 바퀴 돌려서 만들어지는 입체도형을 알아봅니다.

반원을 한 바퀴 돌려서 만들어지는 입체도형은 지름이 16 cm, 반지름이 8 cm인 구입니다.
구를 위에서 본 모양은 지름이 16 cm, 반지름이 8 cm인 원입니다.
➡ (둘레) $= 16 \times 3.1 = 49.6$ (cm), (넓이) $= 8 \times 8 \times 3.1 = 198.4$ (cm²)

해결 전략
구는 어느 방향에서 보아도 같은 모양이에요.

03 접근 ≫ 밑면의 지름은 몇 cm인지 알아봅니다.

원기둥의 밑면의 지름은 앞에서 본 모양의 가로와 같고, 앞에서 본 모양이 정사각형이므로 가로도 14 cm입니다.
따라서 밑면의 둘레는 $14 \times 3.1 = 43.4$ (cm)입니다.

해결 전략

원기둥에서 앞에서 보이는 면은 그림과 같은 정사각형이므로 밑면의 지름이 정사각형의 한 변의 길이와 같아요.

04 접근 ≫ 밑면의 둘레와 옆면의 가로의 관계를 알아봅니다.

옆면의 가로는 밑면의 둘레와 길이가 같으므로
옆면의 가로는 $(78 - 9 \times 2) \div 4 = 60 \div 4 = 15$ (cm)입니다.

보충 개념
(원기둥의 전개도의 둘레)
$=$ (밑면의 둘레) $\times 4$
$+$ (높이) $\times 2$
$=$ (옆면의 가로) $\times 4$
$+$ (옆면의 세로) $\times 2$

05 접근 ≫ 앞에서 본 모양은 어떤 도형인지 알아봅니다.

앞에서 본 모양은 밑변이 $7 \times 2 = 14$ (cm)인 이등변삼각형입니다.
원뿔의 모선의 길이를 □cm라고 하면
□$+7+7+$□$=44$, □$+$□$=30$, □$=15$입니다.
따라서 원뿔의 모선의 길이는 15 cm입니다.

보충 개념
원뿔에서 모선은 원뿔의 꼭짓점과 밑면인 원 둘레의 한 점을 이은 선분이에요. 한 원뿔에서 모선은 수없이 많고, 그 길이는 모두 같아요.

06 접근 ≫ 옆면의 가로가 몇 cm인지 알아봅니다.

옆면의 넓이가 144 cm^2이므로
옆면의 가로는 $144 \div 8 = 18$ (cm)입니다.
밑면의 둘레도 18 cm이므로
(밑면의 반지름) $\times 2 \times 3 = 18$, (밑면의 반지름) $= 3$ (cm)

해결 전략
원기둥의 전개도에서 밑면의 둘레는 옆면의 가로와 길이가 같으므로 옆면의 가로를 구하면 밑면의 반지름을 구할 수 있어요.

07 접근 ≫ 직각삼각형을 한 바퀴 돌려서 만들어지는 입체도형을 알아봅니다.

직각삼각형의 둘레가 30 cm이므로 직각삼각형의 가장 짧은 변의 길이는
$30 - 13 - 12 = 5$ (cm)입니다.
이 직각삼각형을 돌려서 만든 입체도형은 밑면의 반지름이 5 cm인 원뿔입니다.
따라서 밑면의 넓이는 $5 \times 5 \times 3.1 = 77.5$ (cm^2)입니다.

해결 전략
밑면의 반지름이 5 cm, 높이가 12 cm인 원뿔이 만들어져요.

08 접근 ≫ 원뿔에서 모선의 성질을 이용하여 이등변삼각형을 만듭니다.

원뿔의 모선의 길이는 모두 같으므로 밑면의 둘레 위의 6개의 점 중에서 2개의 점을 고르면 이등변삼각형을 만들 수 있습니다.
6개의 점 중에서 2개의 점을 고르는 방법은 $6 \times 5 \div 2 = 15$(가지)이므로
이등변삼각형은 모두 15개 만들 수 있습니다.

해결 전략
원뿔의 꼭짓점과 원 둘레 위의 두 점을 이어 만든 삼각형은 모두 이등변삼각형이 돼요.

09 접근 ≫ 직사각형의 가로는 몇 cm인지 먼저 구합니다.

밑면의 반지름이 4 cm이므로 밑면의 둘레는 $4 \times 2 \times 3 = 24$ (cm)입니다.
밑면의 둘레와 직사각형의 가로는 길이가 같으므로 직사각형의 가로도 24 cm입니다.
전개도에서 옆면의 세로는 원기둥의 높이와 같고
전개도의 둘레는 116 cm이므로
$24 \times 4 +$ (높이) $\times 2 = 116$
$96 +$ (높이) $\times 2 = 116$, (높이) $\times 2 = 20$, (높이) $= 10$ (cm)

보충 개념
(원기둥의 전개도의 둘레)
$=$(밑면의 둘레)$\times 2$
$+$(옆면의 둘레)
$=$(밑면의 둘레)$\times 4$
$+$(옆면의 세로)$\times 2$

10 접근 ≫ 도형을 한 바퀴 돌려서 만들어지는 입체도형을 알아봅니다.

오른쪽 도형을 한 바퀴 돌리면 원기둥의 가운데 뚫린 모양입니다.
앞에서 보았을 때 보이는 모양은
가로가 $(7+2) \times 2 = 18$ (cm), 세로가 11 cm인 직사각형 모양입니다.

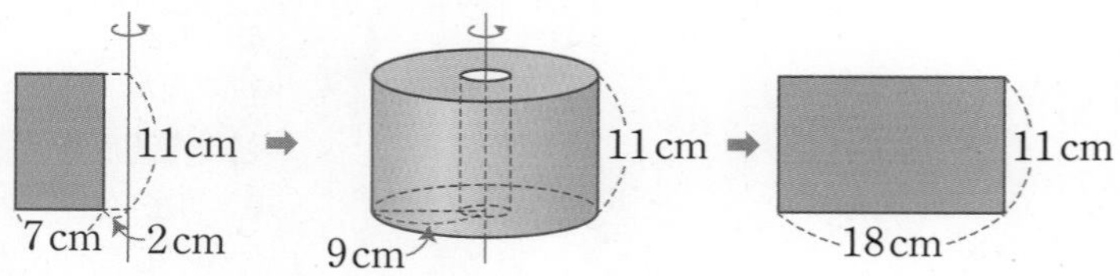

따라서 넓이는 $18 \times 11 = 198$ (cm^2)입니다.

해결 전략
만든 입체도형에서 가운데 뚫린 부분은 바깥쪽에서 보이지 않아요.

11 접근 ≫ 앞에서 본 모양의 각 변의 길이를 알아봅니다.

앞에서 본 모양은 오른쪽과 같으므로 둘레는
$13\times2+10\times3=56$ (cm)입니다.

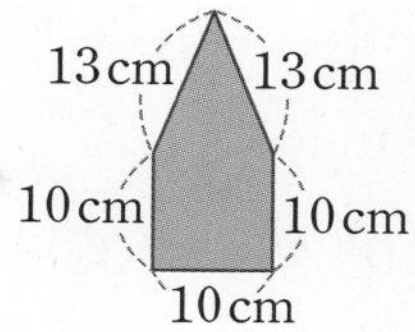

해결 전략
원뿔과 원기둥을 붙여서 만든 입체도형이므로 앞에서 보이는 모양은 이등변삼각형과 직사각형을 붙여 놓은 모양이에요.

12 접근 ≫ 앞에서 보이는 모양을 알아봅니다.

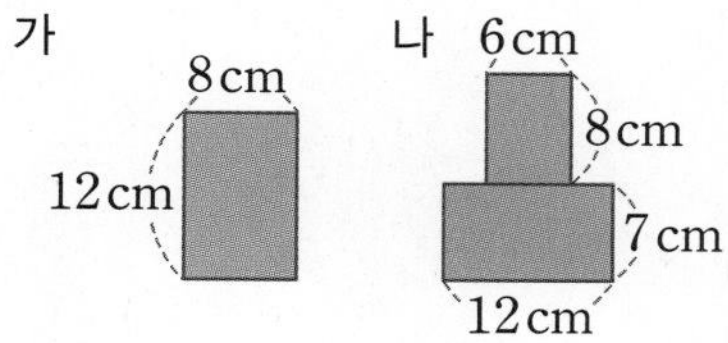

앞에서 본 도형의 넓이를 각각 구하면
가: $8\times12=96$ (cm^2)
나: $6\times8+12\times7=132$ (cm^2)
➡ (두 넓이의 차)$=132-96=36$ (cm^2)

해결 전략
입체도형 나는 원기둥 2개를 붙여 놓은 모양이므로 앞에서 본 모양은 직사각형 2개를 붙여 놓은 모양과 같아요.

13 접근 ≫ 도형을 한 바퀴 돌렸을 때 만들어지는 입체도형을 먼저 알아봅니다.

도형을 한 바퀴 돌렸을 때 만들어지는 입체도형은 밑면의 반지름이 9 cm이고 높이가 14 cm인 원기둥입니다.
이 원기둥의 전개도에서 밑면의 둘레는 $9\times2\times3.1=55.8$ (cm)이고
직사각형의 세로는 14 cm이므로 전개도의 둘레는
$55.8\times4+14\times2=223.2+28=251.2$ (cm)입니다.

보충 개념
원기둥의 전개도에서 옆면의 가로는 밑면의 둘레와 길이가 같으므로
(원기둥의 전개도의 둘레)
=(밑면의 둘레)×4
+(옆면의 세로)×2

14 접근 ≫ 만든 입체도형은 어떤 모양인지 알아봅니다.

도형을 한 바퀴 돌렸을 때 만들어지는 입체도형은 밑면의 반지름이 7cm이고 높이가 5 cm인 원기둥입니다.
(밑면의 넓이)$=7\times7\times3.1=151.9$ (cm^2)
(밑면의 둘레)$=7\times2\times3.1=43.4$ (cm)
(옆면의 넓이)$=43.4\times5=217$ (cm^2)
(겉넓이)$=151.9\times2+217=303.8+217=520.8$ (cm^2)

보충 개념
(원기둥의 겉넓이)
=(밑면의 넓이)×2
+(옆면의 넓이)

15 접근 ≫ 롤러를 한 바퀴 굴렸을 때의 모양은 원기둥의 전개도와 어떤 관계인지 알아봅니다.

롤러를 한 바퀴 굴렸을 때의 모양은 원기둥의 전개도의 옆면과 같습니다.
따라서 10바퀴 굴렸을 때의 넓이는 옆면의 넓이의 10배와 같습니다.
45 cm$=$0.45 m ➡ (넓이)$=3.14\times0.45\times10=14.13$ (m^2)

해결 전략
롤러를 굴리면 옆면이 굴러가는 것이므로 한 바퀴 굴린 넓이는 옆면의 넓이와 같아요.

16 접근 ≫ 만들어지는 입체도형을 알아봅니다.

(가로 만든 원뿔을 앞에서 본 모양의 넓이)$=(9\times12\div2)\times2=108$ (cm^2)
나의 세로를 □cm라고 하면
(나로 만든 원기둥을 앞에서 본 모양의 넓이)$=(6\times\square)\times2=108$, $\square=9$

해결 전략
두 입체도형을 앞에서 본 도형의 넓이는 각각 직각삼각형 가와 직사각형 나의 넓이의 2배와 같아요.

17 접근 ≫ 비례배분을 이용하여 직사각형의 가로와 세로를 먼저 구합니다.

직사각형의 둘레가 70 cm이므로 가로와 세로의 합은 $70 \div 2 = 35$ (cm)입니다.
35 cm를 5 : 2로 나누면
(변 ㄱㄹ)$= 35 \times \frac{5}{7} = 25$ (cm), (변 ㄹㄷ)$= 35 - 25 = 10$ (cm)입니다.
변 ㄱㄹ을 기준으로 한 바퀴 돌렸을 때 만들어지는 입체도형은 밑면의 반지름이 10 cm, 높이가 25 cm인 원기둥이므로 한 밑면의 넓이는
$10 \times 10 \times 3.14 = 314$ (cm^2)입니다.

해결 전략
직사각형의 둘레는 (가로)+(세로)의 2배예요.

18 접근 ≫ 옆면이 바닥에 닿게 놓아서 굴린 모양입니다.

원뿔을 굴렸을 때 물감이 묻은 부분은 반지름이 8 cm인 원 모양이 됩니다.
따라서 넓이는 $8 \times 8 \times 3.1 = 198.4$ (cm^2)입니다.

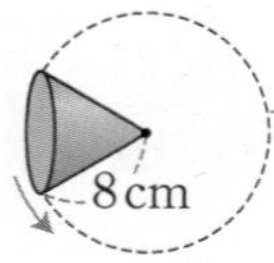

해결 전략
원뿔을 옆면이 닿게 바닥에 놓고 굴리면 모선의 길이가 반지름인 원 모양이 돼요.

19 접근 ≫ 직사각형의 가로를 □라고 하고 알아봅니다.

예 세로를 기준으로 돌리기 전의 직사각형의 가로를 □cm라고 하면
$\square \times \square \times 3.1 = 111.6$, $\square \times \square = 36$, $\square = 6$이므로
돌리기 전의 직사각형의 가로는 6 cm이고, 세로는 $6 \times \frac{3}{8} = \frac{9}{4} = 2\frac{1}{4}$ (cm)입니다.
따라서 돌리기 전의 직사각형의 둘레는 $(6 + 2\frac{1}{4}) \times 2 = 16\frac{1}{2}$ (cm)입니다.

채점 기준	배점
돌리기 전의 직사각형의 가로를 구했나요?	2점
돌리기 전의 직사각형의 둘레를 구했나요?	3점

해결 전략
돌리기 전의 직사각형의 가로는 원기둥의 반지름과 같아요. 따라서 직사각형의 가로가 □ cm이면 반지름도 □cm예요.

20 접근 ≫ 밑면의 둘레와 옆면의 가로의 관계를 이용합니다.

예 밑면의 반지름이 6 cm이므로 밑면의 둘레는 $6 \times 2 \times 3.1 = 37.2$ (cm)입니다.
옆면의 가로도 37.2 cm이고 가로는 세로의 3배이므로 옆면의 세로는
$37.2 \div 3 = 12.4$ (cm)입니다.
따라서 옆면의 넓이는 $37.2 \times 12.4 = 461.28$ (cm^2)입니다.

채점 기준	배점
밑면의 둘레를 구했나요?	2점
옆면의 가로, 세로를 구했나요?	1점
옆면의 넓이를 구했나요?	2점

해결 전략
원기둥의 전개도에서 옆면의 가로는 밑면의 둘레와 길이가 같아요.

수능형 사고력을 기르는 2학기 TEST – 1회

01 $\frac{5}{28}$	**02** 2.5	**03** 150 m	**04** 20	**05** 2분 48초 후	**06** 40.7 m
07 10개	**08** 136 cm^2	**09** 14개	**10** 32 cm^2	**11** 6000원	**12** 720개
13 75 cm^2	**14** 97.2 cm^2	**15** 100 cm^2	**16** 12바퀴	**17** 예 47 : 80	**18** 32 cm^2
19 $14\frac{2}{3}$ L	**20** 76개				

1단원

01 접근 ≫ 가 대신에 $1\frac{2}{7}$를, 나 대신에 □를 넣어 식을 써 봅니다.

$1\frac{2}{7}$◈□를 구하기 위해 가 대신에 $1\frac{2}{7}$, 나 대신에 □를 넣어 식을 쓰면

$1\frac{2}{7}$◈$\square=(1\frac{2}{7}\div\square)\times\frac{5}{9}=4$입니다.

$1\frac{2}{7}\div\square=4\div\frac{5}{9}$에서 $4\div\frac{5}{9}=4\times\frac{9}{5}=\frac{36}{5}=7\frac{1}{5}$ ➡ $1\frac{2}{7}\div\square=7\frac{1}{5}$

$\square=1\frac{2}{7}\div7\frac{1}{5}=\frac{9}{7}\div\frac{36}{5}=\frac{\overset{1}{\cancel{9}}}{7}\times\frac{5}{\underset{4}{\cancel{36}}}=\frac{5}{28}$

다른 풀이

$1\frac{2}{7}$◈$\square=(1\frac{2}{7}\div\square)\times\frac{5}{9}=\frac{\overset{1}{\cancel{9}}}{7}\times\frac{1}{\square}\times\frac{5}{\underset{1}{\cancel{9}}}=\frac{5}{7}\times\frac{1}{\square}$,

$\frac{5}{7}\times\frac{1}{\square}=4$, $\frac{1}{\square}=4\div\frac{5}{7}=4\times\frac{7}{5}=\frac{28}{5}$, $\square=\frac{5}{28}$

보충 개념

가 대신에 $1\frac{2}{7}$를 넣고, 나 대신에 □를 넣어서 계산해야 해요. 이와 같이 기호 대신 넣는 것을 대입이라고 해요.

2단원

02 접근 ≫ 괄호 안의 식을 간단한 식으로 나타내어 봅니다.

2.6×㉠+1.4×㉠−0.8×㉠=(2.6+1.4−0.8)×㉠=3.2×㉠이므로

(2.6×㉠+1.4×㉠−0.8×㉠)×3.6=28.8 ➡ 3.2×㉠×3.6=28.8

➡ ㉠=28.8÷3.2÷3.6=2.5

보충 개념

■×㉠+▲×㉠+★×㉠
=(■+▲+★)×㉠

1단원

03 접근 ≫ 준호가 가지고 있던 색 테이프의 길이를 □라 하고 식을 만들어 봅니다.

준호가 처음에 가지고 있던 색 테이프의 길이를 □m라고 하면

사용하고 남은 길이는 $\square\times(1-\frac{2}{5})\times(1-\frac{3}{4})\times(1-\frac{1}{3})=15$

$\square\times\frac{\overset{1}{\cancel{3}}}{5}\times\frac{1}{\underset{2}{\cancel{4}}}\times\frac{\overset{1}{\cancel{2}}}{\underset{1}{\cancel{3}}}=15$, $\square\times\frac{1}{10}=15$, $\square=15\div\frac{1}{10}=15\times10=150$

따라서 준호가 처음에 가지고 있던 색 테이프의 길이는 150 m입니다.

해결 전략

전체를 1이라고 할 때 ■를 주고 남은 부분은 1−■로 나타내요.

04 1단원

접근 ≫ 괄호 안의 식을 하나의 식으로 생각합니다.

$(\frac{3}{4}\times\square)\div\frac{1}{(\frac{3}{4}\times\square)}=(\frac{3}{4}\times\square)\times(\frac{3}{4}\times\square)=225$

$15\times15=225$이므로

$\frac{3}{4}\times\square=15$, $\square=15\div\frac{3}{4}=(15\div3)\times4=20$

다른 풀이

$\frac{3}{4}\times\square=\triangle$라고 하면 $\triangle\div\frac{1}{\triangle}=225$, $\triangle\times\frac{\triangle}{1}=\triangle\times\triangle=225$

$15\times15=225$ ➡ $\triangle=15$

$\frac{3}{4}\times\square=15$ ➡ $\square=15\div\frac{3}{4}=(15\div3)\times4=20$

해결 전략

$\frac{3}{4}\times\square$를 하나의 식으로 보고 나눗셈식을 곱셈식으로 나타내요.

05 2단원

접근 ≫ 사다리꼴의 높이를 먼저 구해 봅니다.

사다리꼴의 높이를 $\square$cm라 하면 넓이는

$(7.2+9.6)\times\square\div2=50.4$, $16.8\times\square\div2=50.4$,

$\square=50.4\times2\div16.8=100.8\div16.8=6$

넓이 $50.4\,cm^2$의 0.1배는 $50.4\times0.1=5.04\,(cm^2)$이므로

변 ㄴㅁ의 길이를 △ cm라 할 때 삼각형 ㄱㄴㅁ의 넓이는

$\triangle\times6\div2=5.04$, $\triangle=5.04\times2\div6=1.68$

0.6 cm씩 ☆분 이동하여 1.68 cm를 갔으므로

$0.6\times☆=1.68$, $☆=1.68\div0.6=2.8$

2.8분=2분+0.8분=2분+$\frac{8}{10}$분=2분+($\frac{8}{10}\times60$)초=2분 48초

➡ 2분 48초 후

해결 전략

사다리꼴과 삼각형의 높이가 변 ㄱㄴ의 길이로 같으므로 변 ㄱㄴ의 길이를 □라고 하고 사다리꼴의 넓이를 구하는 식을 만들어요.

06 2단원

접근 ≫ 가와 나 사이의 거리를 □라 하고 길이를 표현해 봅니다.

가와 나 사이의 거리를 $\square$m라고 하면 다음과 같이 나타낼 수 있습니다.

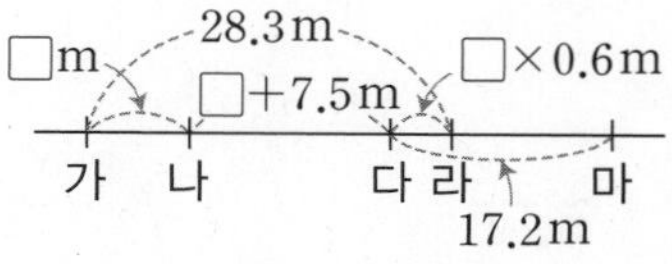

$\square+\square+7.5+\square\times0.6=28.3$

$\square\times2.6+7.5=28.3$, $\square\times2.6=20.8$, $\square=20.8\div2.6=8$

(다와 라 사이의 거리)$=8\times0.6=4.8$ (m)

(가와 마 사이의 거리)$=28.3+17.2-4.8=40.7$ (m)

해결 전략

수직선에 가, 나, 다, 라, 마 사이의 거리를 나타내어 보면 쉽게 알 수 있어요.

07 3단원

접근 ≫ 위에서 본 모양으로 1층의 모양을 알아봅니다.

1층의 모양은 위에서 본 모양과 같으므로 1층의 쌓기나무는 6개입니다.
앞과 옆에서 본 모양에서 ○ 부분에는 쌓기나무를 1개씩 놓고, △ 부분에는 쌓기나무를 2개씩 놓습니다.
가운데 부분에 쌓기나무를 3개 놓습니다.
따라서 필요한 쌓기나무는 $2+3+2+1+1+1=10$(개)입니다.

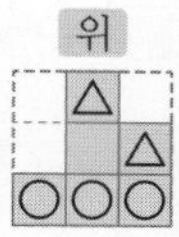

해결 전략
1층으로 놓아야 하는 부분을 먼저 찾아서 표시하고 2층, 3층으로 놓는 부분을 찾아요.

08 6단원

접근 ≫ 돌리기 전 평면도형을 그려 봅니다.

돌리기 전 평면도형은 오른쪽과 같으므로
평면도형의 넓이는
$5\times8+8\times12=40+96=136\,(cm^2)$입니다.

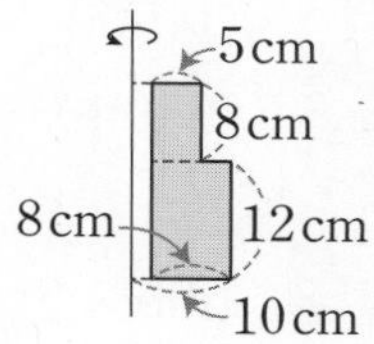

주의
원기둥 2개를 붙여 놓은 모양이므로 돌리기 전의 도형은 직사각형 2개를 붙여 놓은 모양이에요.
이때 가운데가 뚫린 모양이므로 직사각형이 직선에서 떨어진 모양임에 주의해요.

09 3단원

접근 ≫ 층별로 물감이 칠해지지 않은 쌓기나무의 수를 세어 봅니다.

겉면의 쌓기나무를 모두 빼어 보면 물감이 칠해지지 않은 쌓기나무는
2층에 $2+4+2=8$(개), 3층에 4개, 4층, 5층에 1개씩입니다.

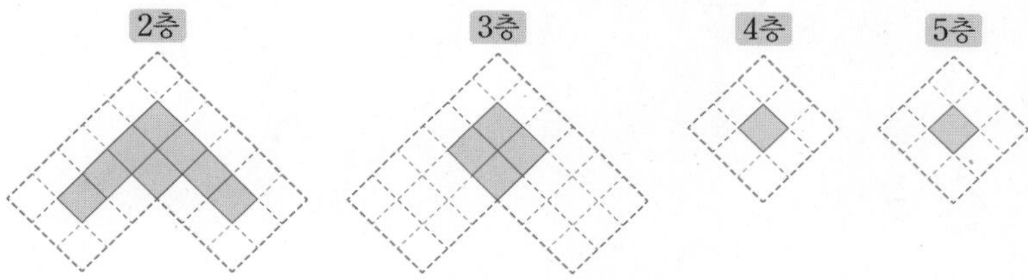

따라서 모두 $8+4+1+1=14$(개)입니다.

해결 전략
1층의 모든 면은 물감이 칠해졌으므로 2층부터 차례대로 물감이 칠해지지 않은 쌓기나무의 개수를 알아봐요.

10 3단원

접근 ≫ 쌓기나무로 만든 모양을 면끼리 붙였을 때 어떤 모양이 되는지 먼저 확인합니다.

쌓기나무를 쌓은 모양을 각 방향에서 보았을 때 가장 적게 보이는 방법으로 쌓으면 다음과 같은 모양이 됩니다.

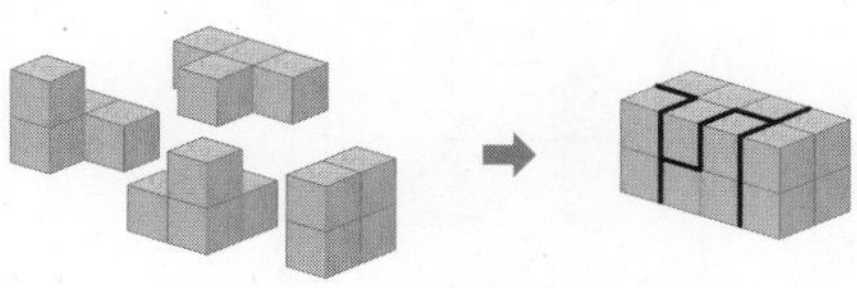

따라서 앞에서 본 모양은 쌓기나무 면이 8개 보이므로 넓이는
$2\times2\times8=32\,(cm^2)$입니다.

해결 전략
위에서 보았을 때 8개가 보이도록 도형을 쌓으면 어떤 모양이 되는지 생각해 보세요.

11

1단원 + 4단원

접근 ≫ 두 사람이 가지고 있던 돈의 합을 □라 하고 비례배분하여 나타내어 봅니다.

두 사람이 가지고 있던 돈의 합을 □원이라 하면 금액의 차가 2700원이므로

$\square\times\frac{8}{5+8}-\square\times\frac{5}{5+8}=\square\times\frac{8}{13}-\square\times\frac{5}{13}=\square\times\frac{3}{13}=2700$

$\square=2700\div\frac{3}{13}=(2700\div3)\times13=11700$

(하늘이가 가지고 있던 돈)$=11700\times\frac{5}{13}=4500$(원)

(형이 가지고 있던 돈)$=11700\times\frac{8}{13}=7200$(원)

하늘이와 형이 각각 낸 금액을 △원이라 하면

(하늘이에게 남은 돈)=4500−△, (형에게 남은 돈)=7200−△

(4500−△):(7200−△)=5:14 ➡ (4500−△)×14=(7200−△)×5

63000−△×14=36000−△×5, 63000−36000=△×14−△×5,

△×9=27000, △=3000

따라서 하늘이와 형이 산 선물의 값은 3000×2=6000(원)입니다.

해결 전략
가지고 있던 돈의 비로 나누어 금액의 차를 나타내고, 금액의 차를 이용하여 전체 금액을 구해요.

12

1단원 + 4단원

접근 ≫ 전체 공의 수를 □라 하고 비례배분해 봅니다.

가와 나 상자에 들어 있는 공의 수를 □개라고 할 때

(가 상자의 공의 수)$=\square\times\frac{5}{5+3}=\square\times\frac{5}{8}$

(나 상자의 공의 수)$=\square\times\frac{3}{5+3}=\square\times\frac{3}{8}$

(가 상자의 빨간 공의 수)$=(\square\times\frac{5}{8})\times\frac{2}{2+3}=\square\times\frac{5}{8}\times\frac{2}{5}=\square\times\frac{1}{4}$

(나 상자의 빨간 공의 수)$=(\square\times\frac{3}{8})\times\frac{4}{4+5}=\square\times\frac{3}{8}\times\frac{4}{9}=\square\times\frac{1}{6}$

(빨간 공의 수)$=\square\times\frac{1}{4}+\square\times\frac{1}{6}=\square\times\frac{5}{12}=300$

➡ $\square=300\div\frac{5}{12}=(300\div5)\times12=720$

따라서 가와 나 상자에 들어 있는 공은 모두 720개입니다.

해결 전략
전체 공의 수를 □개라 하고 각각의 공의 수를 □를 사용하여 나타내요.

13

4단원 + 5단원

접근 ≫ 정사각형의 넓이의 비를 알아봅니다.

정사각형 ㉡의 넓이는 정사각형 ㉠의 넓이의 반이고,
정사각형 ㉢의 넓이는 정사각형 ㉡의 넓이의 반입니다.

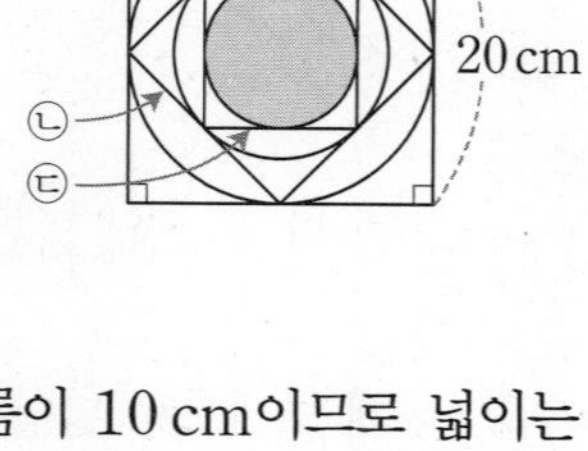

따라서 ㉢의 넓이는 ㉠의 넓이의 $\frac{1}{4}$입니다.

㉠의 넓이가 $20\times20=400\,(cm^2)$이므로

㉢의 넓이는 $400\times\frac{1}{4}=100\,(cm^2)$입니다.

따라서 ㉢의 한 변의 길이는 10 cm이고 색칠한 원은 지름이 10 cm이므로 넓이는 $5\times5\times3=75\,(cm^2)$입니다.

해결 전략
정사각형의 한 변의 길이가 원의 지름과 같아요.

14 5단원

접근 ≫ 직사각형의 가로를 알아보고 반원끼리 모아 봅니다.

직사각형의 가로는 지름의 3배와 같으므로 $12\times3=36$ (cm)입니다.

반원끼리 모으면 원 3개가 됩니다.

(색칠한 부분의 넓이)$=36\times12-6\times6\times3.1\times3$

$=432-334.8=97.2$ (cm^2)

해결 전략

반원 2개를 지름이 맞닿게 모으면 원이 돼요.
따라서 직사각형의 세로는 원의 지름과 같음을 알 수 있어요.

15 5단원

접근 ≫ 원에서 색칠한 부분을 옮겨 보며 생각해 봅니다.

원에서 색칠한 부분을 오른쪽과 같이 옮기면 색칠한 부분의 넓이는

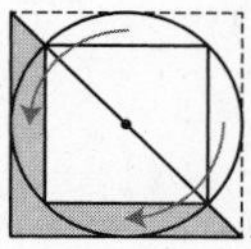

(큰 직각삼각형의 넓이)$-$(작은 직각삼각형의 넓이)

$=$(밑변 20 cm, 높이 20 cm인 삼각형의 넓이)

$-$(두 대각선이 각각 20 cm인 마름모의 넓이)$\div2$

$=20\times20\div2-20\times20\div2\div2$

$=200-100=100$ (cm^2)

해결 전략

원에서 색칠한 부분을 삼각형 쪽으로 옮겨서 색칠해 보면 쉽게 알 수 있어요.

16 5단원 + 6단원

접근 ≫ 롤러가 닿는 면을 생각해 봅니다.

롤러를 한 바퀴 굴린 거리는 롤러의 밑면의 둘레와 같으므로

(한 바퀴 굴린 거리)$=2\times2\times3=12$ (cm)

(굴린 바퀴 수)$=144\div12=12$(바퀴)

해결 전략

롤러가 굴러간 면은 롤러의 옆면이 닿는 부분이에요.

17 4단원

접근 ≫ 삼각형 ㄱㄴㄷ의 넓이를 1이라 하고 각 넓이를 알아봅니다.

삼각형 ㄱㄴㄷ의 넓이를 1이라고 하면

(삼각형 ㄱㄹㅅ의 넓이)$=\frac{1}{5}\times\frac{3}{4}=\frac{3}{20}$

(삼각형 ㄹㄴㅁ의 넓이)$=\frac{1}{4}\times\frac{1}{4}=\frac{1}{16}$

(삼각형 ㅅㅂㄷ의 넓이)$=\frac{4}{5}\times\frac{1}{4}=\frac{1}{5}$이므로

색칠하지 않은 부분의 넓이는 $\frac{3}{20}+\frac{1}{16}+\frac{1}{5}=\frac{12}{80}+\frac{5}{80}+\frac{16}{80}=\frac{33}{80}$이고,

사각형 ㄹㅁㅂㅅ의 넓이는 $1-\frac{33}{80}=\frac{47}{80}$입니다.

따라서 삼각형 ㄱㄴㄷ의 넓이에 대한 사각형 ㄹㅁㅂㅅ의 넓이의 비를 간단한 자연수의 비로 나타내면 $\frac{47}{80}:1=47:80$입니다.

보충 개념

삼각형 ㄱㄴㄷ의 넓이를 1이라고 하면

(삼각형 ㄱㄴㅅ의 넓이)

$=1\times\frac{1}{5}=\frac{1}{5}$

(삼각형 ㄱㄹㅅ의 넓이)

$=$(삼각형 ㄱㄴㅅ의 넓이)

$\times\frac{3}{4}$

$=\frac{1}{5}\times\frac{3}{4}$

18 6단원 접근 ≫ 한 바퀴 돌렸을 때 만들어지는 입체도형을 앞에서 본 모양을 알아봅니다.

돌려서 만든 입체도형을 앞에서 본 모양은 오른쪽 그림과 같습니다.

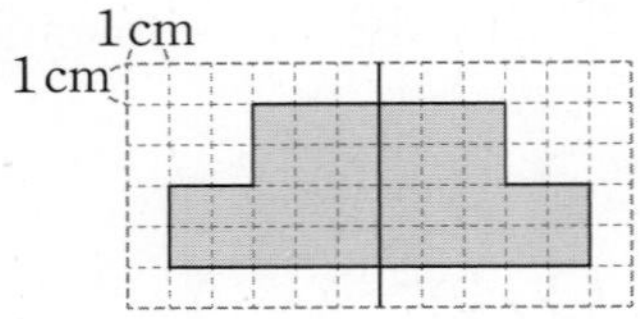

(넓이)$=6\times2+10\times2$

$=12+20=32\,(cm^2)$

해결 전략
직사각형 2개를 한 바퀴 돌렸을 때 만들어지는 입체도형을 생각해요.

서술형 19 1단원 접근 ≫ 채우고 남은 부분을 분수로 나타내어 봅니다.

예 수조에 물을 $\frac{5}{8}$만큼 넣고 남은 부분은 $1-\frac{5}{8}=\frac{3}{8}$이고,

$\frac{3}{8}$의 $\frac{1}{3}$을 채우고 남은 부분은 $\frac{3}{8}\times(1-\frac{1}{3})=\frac{3}{8}\times\frac{2}{3}=\frac{1}{4}$입니다.

$2\frac{1}{5}$ L의 물을 모두 넣어서 $1-\frac{9}{10}=\frac{1}{10}$이 남았으므로 $2\frac{1}{5}$ L는 수조 들이의

$\frac{1}{4}-\frac{1}{10}=\frac{5}{20}-\frac{2}{20}=\frac{3}{20}$입니다.

수조 들이를 □L라고 하면

$\square\times\frac{3}{20}=2\frac{1}{5}$, $\square=2\frac{1}{5}\div\frac{3}{20}=\frac{11}{5}\times\frac{20}{3}=\frac{44}{3}=14\frac{2}{3}$ (L)입니다.

따라서 수조의 들이는 $14\frac{2}{3}$ L입니다.

채점 기준	배점
수조를 채우고 남은 부분을 분수로 구했나요?	2점
$2\frac{1}{5}$ L는 수조 전체의 얼마만큼인지 구했나요?	1점
수조의 들이는 몇 L인지 구했나요?	2점

해결 전략
수조의 □만큼을 채우고 남은 부분은 1－□로 나타낼 수 있어요.

서술형 20 3단원 접근 ≫ 각 층에 있는 검은색 쌓기나무의 개수를 알아봅니다.

예 쌓기나무는 모두 $5\times5\times5=125$(개)입니다.

1층, 5층의 검은색 쌓기나무는 5개씩입니다.

2층(4층)과 3층의 검은색 쌓기나무 위치는 오른쪽과 같으므로 각각 9개, 21개입니다.

2층(4층)

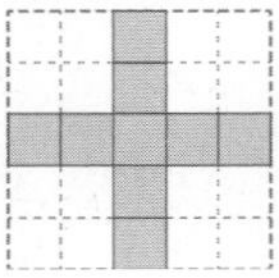

3층

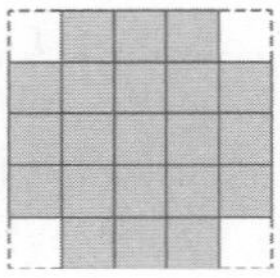

따라서 검은색 쌓기나무는

$5+9+21+9+5=49$(개)이므로

검은색이 아닌 쌓기나무는 $125-49=76$(개)입니다.

채점 기준	배점
각 층별로 검은색 쌓기나무의 개수를 구했나요?	3점
검은색이 아닌 쌓기나무의 개수를 구했나요?	2점

해결 전략
층별로 검은색 쌓기나무가 놓이는 부분을 각각 알아봐요.

수능형 사고력을 기르는 2학기 TEST - 2회

01 $1\frac{13}{25}$	**02** 4.8	**03** $35.4\,cm^2$	**04** 2.7 cm	**05** $175.15\,m^2$	**06** $4\frac{1}{5}$
07 15개 이상 21개 이하		**08** 45개	**09** 193개	**10** 예 16 : 15	**11** 72 cm, 45 cm
12 22125원	**13** $50\,cm^2$	**14** 200 km	**15** 1분 20초	**16** 예 16 : 11	**17** 10, 6, 9
18 $694.4\,cm^2$	**19** 3일	**20** 180 cm			

01 1단원

접근 ≫ 분수의 곱셈과 나눗셈을 먼저 계산하여 간단하게 나타냅니다.

$\frac{5}{6}\times9=\frac{15}{2}=7\frac{1}{2}$, $2\frac{3}{8}\times\frac{4}{5}=\frac{19}{8}\times\frac{4}{5}=\frac{19}{10}=1\frac{9}{10}$

$\rightarrow \left[\frac{5}{6}\times9, 1\frac{2}{5}, 2\frac{3}{8}\times\frac{4}{5}\right]=\left[7\frac{1}{2}, 1\frac{2}{5}, 1\frac{9}{10}\right]=1\frac{9}{10}$

$3\div\frac{1}{6}=3\times6=18$, $\frac{1}{4}\div\frac{1}{5}=\frac{1}{4}\times5=\frac{5}{4}=1\frac{1}{4}$

$\frac{4}{5}\div\frac{2}{3}=\frac{4}{5}\times\frac{3}{2}=\frac{6}{5}=1\frac{1}{5}$

$\rightarrow \left[3\div\frac{1}{6}, \frac{1}{4}\div\frac{1}{5}, \frac{4}{5}\div\frac{2}{3}\right]=\left[18, 1\frac{1}{4}, 1\frac{1}{5}\right]=1\frac{1}{4}$

➡ $1\frac{9}{10}\div1\frac{1}{4}=\frac{19}{10}\div\frac{5}{4}=\frac{19}{10}\times\frac{4}{5}=\frac{38}{25}=1\frac{13}{25}$

해결 전략
[ ] 안의 식을 각각 계산하여 알맞은 수를 찾아봐요.

02 2단원

접근 ≫ 어떤 소수를 □라고 하여 식을 만들어 봅니다.

어떤 소수를 □라고 하면 바르게 계산한 결과는 27.5×□이고 잘못 계산한 결과는 27.5×□×0.1=2.75×□입니다.
두 계산 결과의 차는 118.8이므로 27.5×□−2.75×□=118.8,
24.75×□=118.8, □=118.8÷24.75, □=4.8

해결 전략
어떤 소수를 □라고 하고 잘못된 식을 나타내어 어떤 소수를 구해요.

03 5단원+6단원

접근 ≫ 입체도형을 앞에서 보이는 면은 평면으로 보입니다.

(위에서 본 모양의 넓이)=9×9×3.1−3×3×3.1
=251.1−27.9=223.2 (cm^2)
(앞에서 본 모양의 넓이)
=(반원의 넓이)+(정사각형의 넓이)
+(사다리꼴의 넓이)
=6×6×3.1÷2+6×6+(18+6)×8÷2
=55.8+36+96=187.8 (cm^2)
➡ (넓이의 차)=223.2−187.8=35.4 (cm^2)

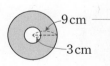

주의
기준이 되는 직선에서 떨어진 모양이므로 만들어지는 입체도형도 가운데 부분이 뚫린 모양임에 주의해요.

04

2단원

접근 ≫ 나누어진 직각삼각형의 넓이가 어떤 관계인지 생각해 봅니다.

(삼각형 ㄱㄴㄷ의 넓이)=(삼각형 ㄱㄹㄷ의 넓이),
(삼각형 ㄱㅂㅈ의 넓이)=(삼각형 ㄱㅁㅈ의 넓이),
(삼각형 ㅈㅅㄷ의 넓이)=(삼각형 ㅈㅇㄷ의 넓이)이므로
(사각형 ㅂㄴㅅㅈ의 넓이)=(사각형 ㅁㅈㅇㄹ의 넓이)
선분 ㄱㅁ의 길이를 □cm라 하면
□×(3.2−1.8)=2.1×1.8, □×1.4=3.78 ➡ □=3.78÷1.4=2.7
따라서 선분 ㄱㅁ의 길이는 2.7 cm입니다.

해결 전략
직사각형 ㅂㄴㅅㅈ과 직사각형 ㅁㅈㅇㄹ의 넓이가 서로 같음을 이용해요.

05

5단원

접근 ≫ 염소가 갈 수 있는 부분을 나타내어 봅니다.

염소가 움직일 수 있는 부분을 색칠해 보면 다음 그림과 같습니다.

$(\text{반지름이 } 8\text{ m인 원의 넓이})\times\frac{3}{4}+(\text{반지름이 } 3\text{ m인 원의 넓이})\times\frac{1}{4}$

$+(\text{반지름이 } 5\text{ m인 원의 넓이})\times\frac{1}{4}$

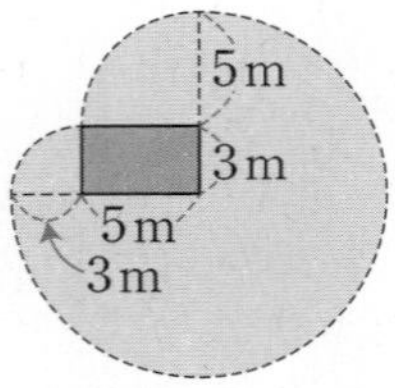

$=8\times8\times3.1\times\frac{3}{4}+3\times3\times3.1\times\frac{1}{4}+5\times5\times3.1\times\frac{1}{4}$

$=148.8+6.975+19.375=175.15\,(\text{m}^2)$

해결 전략
염소가 묶여 있는 끈의 길이를 반지름으로 하는 원을 그리며 움직일 수 있어요.

06

1단원

접근 ≫ 선분 ㄷㄹ의 길이를 □라고 하여 생각해 봅니다.

선분 ㄷㄹ의 길이를 □라고 하면 선분 ㄱㄴ은 □×3, 선분 ㄴㄷ은 $\square\times\frac{1}{2}$입니다.

(선분 ㄱㄷ)$=\square\times3+\square\times\frac{1}{2}=\square\times3\frac{1}{2}$이고

(선분 ㄱㄷ)$=4\frac{1}{2}-2\frac{2}{5}=4\frac{5}{10}-2\frac{4}{10}=2\frac{1}{10}$

$\square\times3\frac{1}{2}=2\frac{1}{10}$, $\square=2\frac{1}{10}\div3\frac{1}{2}=\frac{21}{10}\div\frac{7}{2}=\frac{21}{10}\times\frac{2}{7}=\frac{3}{5}$

(선분 ㄴㄷ)$=\frac{3}{5}\times\frac{1}{2}=\frac{3}{10}$이므로 점 ㄴ은

$4\frac{1}{2}-\frac{3}{10}=4\frac{5}{10}-\frac{3}{10}=4\frac{2}{10}=4\frac{1}{5}$입니다.

해결 전략
선분 ㄷㄹ의 길이를 □라고 하고 각 부분을 □를 사용하여 나타내요.

07

3단원

접근 ≫ 2층의 모양을 1층, 3층과 비교해 봅니다.

1층에 놓은 쌓기나무는 9개이고 3층에 놓은 쌓기나무는 3개이므로 2층에 놓을 수 있는 쌓기나무는 3개 이상 9개 이하입니다.
따라서 사용된 쌓기나무는 9+3+3=15(개), 9+9+3=21(개)에서
15개 이상 21개 이하입니다.

해결 전략
3층이 있는 부분에는 반드시 2층에도 쌓기나무가 있어야 해요.
또, 2층의 쌓기나무는 1층의 쌓기나무 위에 놓일 수 있어요.

08 3단원

접근 ≫ 1층의 쌓기나무의 개수를 먼저 알아봅니다.

앞과 옆에서 본 모양은 정사각형 모양으로 보이므로 위에서 본 모양도 정사각형 모양입니다.

➡ 1층에 놓은 쌓기나무는 16개입니다.

2층에 놓은 쌓기나무는 최소 $16-4=12$(개),

3층에 놓은 쌓기나무는 최소 $16-6=10$(개)이고

4층의 쌓기나무는 7개입니다.

따라서 필요한 쌓기나무는 최소 $16+12+10+7=45$(개)입니다.

해결 전략

위, 앞, 옆에서 보이는 모양이 모두 같으므로 위에서 보이는 모양도 정사각형임을 알 수 있어요.

09 3단원

접근 ≫ 위에서 본 모양의 각 자리에 쌓기나무를 몇 개씩 놓는지 알아봅니다.

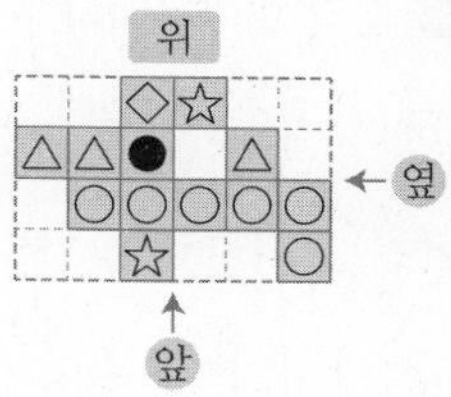

위에서 본 모양은 1층의 모양과 같으므로 각 자리에 놓는 쌓기나무의 개수를 알아봅니다.

앞과 옆에서 본 모양에서

○ 부분에 쌓기나무를 1개 놓아야 하므로

△ 부분에는 쌓기나무를 2개 놓고,

☆ 부분에는 쌓기나무를 3개 놓아야 합니다.

여기 ◇ 부분에는 쌓기나무를 4개 놓아야 합니다.

이때 ● 부분에는 쌓기나무를 2개 이하를 놓아야 하는 데 쌓기나무를 가장 적게 사용하였으므로 1개입니다.

이 모양에 사용된 쌓기나무는

$4+3+2+2+1+2+1+1+1+1+1+3+1=23$(개)입니다.

이 모양에 쌓기나무를 더 쌓아 만들 수 있는 정육면체의 한 모서리는 쌓기나무가 최소 6개이므로 $6\times6\times6=216$(개) 필요합니다.

따라서 더 필요한 쌓기나무는 $216-23=193$(개)입니다.

해결 전략

위, 앞, 옆에서 보이는 모양에서 쌓기나무를 1개 놓는 자리를 먼저 알아보고 2개, 3개, 4개 놓는 자리를 차례대로 알아봐요.

10 4단원

접근 ≫ 비를 이용하여 직사각형의 가로, 세로를 나타내어 봅니다.

직사각형 가의 가로와 세로를 $3\times㉠$, $4\times㉠$이라 하고, 직사각형 나의 가로와 세로를 $9\times㉡$, $5\times㉡$이라 하면 둘레가 같으므로

$(\underbrace{3\times㉠+4\times㉠}_{7\times㉠})\times2=(\underbrace{9\times㉡+5\times㉡}_{14\times㉡})\times2$입니다.

$7\times㉠=14\times㉡$, $㉠=2\times㉡$입니다.

가와 나의 넓이의 비는

$(3\times㉠\times4\times㉠):(9\times㉡\times5\times㉡)=(12\times㉠\times㉠):(45\times㉡\times㉡)$

➡ $(12\times\underbrace{2\times㉡}_{㉠}\times\underbrace{2\times㉡}_{㉠}):(45\times㉡\times㉡)=(48\times㉡\times㉡):(45\times㉡\times㉡)$

$=48:45=16:15$

해결 전략

비를 이용하여 직사각형의 가로와 세로를 각각 나타내어 보고 비교해 보세요.

11 4단원

접근 ≫ □를 사용하여 처음 실의 길이를 나타내어 봅니다.

㉮ 실과 ㉯ 실의 길이를 각각 $(9\times\square)$ cm, $(5\times\square)$ cm라고 하면 자른 후의 길이는 $(9\times\square-36)$ cm, $5\times\square\times(1-\frac{1}{4})=5\times\square\times\frac{3}{4}=\frac{15}{4}\times\square$ (cm)입니다.

$(9\times\square-36):(\frac{15}{4}\times\square)=8:5$이므로 $(9\times\square-36)\times5=\frac{15}{4}\times\square\times8$

$45\times\square-180=30\times\square$, $15\times\square=180$, $\square=12$

따라서 자른 후의 실의 길이는

㉮ 실이 $9\times12-36=72$ (cm), ㉯ 실이 $\frac{15}{4}\times12=45$ (cm)입니다.

해결 전략
비를 이용하여 처음 실의 길이를 나타내어 보고, 자른 후의 실의 길이도 나타내어 비교해요.

12 4단원

접근 ≫ 비에 따른 1 g 당 가격을 각각 알아봅니다.

구리와 금의 비가 5 : 2일 때 1 g 당 가격이

(구리 $\frac{5}{7}$ g)+(금 $\frac{2}{7}$ g)=15000(원) ➡ (구리 5 g)+(금 2 g)=105000(원)

구리와 금의 비가 4 : 3일 때 1 g 당 가격이

(구리 $\frac{4}{7}$ g)+(금 $\frac{3}{7}$ g)=18000(원) ➡ (구리 4 g)+(금 3 g)=126000(원)

→ (구리 15 g)+(금 6 g)=315000(원), (구리 8 g)+(금 6 g)=252000(원)

→ (구리 7 g)=63000원, (구리 1 g)=9000원

(구리 5 g)=45000원 ➡ (금 2 g)=105000−45000=60000(원),

(금 1 g)=30000원

➡ 구리와 금의 비가 3 : 5일 때

(구리 $\frac{3}{8}$ g)+(금 $\frac{5}{8}$ g)$=9000\times\frac{3}{8}+30000\times\frac{5}{8}$

$=3375+18750=22125$(원)

해결 전략
구리와 금의 무게를 비례배분하여 식으로 나타내어 봐요.

13 5단원

접근 ≫ 색칠한 부분은 선분 ㄱㄴ을 지름으로 하는 반원의 일부입니다.

점 ㄷ이 원의 중심인 원의 일부분의 넓이는 $10\times10\times3\times\frac{1}{4}=75$ (cm²)입니다.

선분 ㄱㄴ의 길이를 □cm라 하면 한 변이 10 cm인 정사각형의 넓이는 한 대각선이 □cm인 마름모의 넓이와 같으므로

$10\times10=\square\times\square\div2$, $\square\times\square=100\times2=200$입니다.

선분 ㄱㄴ이 지름인 반원의 넓이는

$\frac{\square}{2}\times\frac{\square}{2}\times3\times\frac{1}{2}=\frac{\square\times\square\times3}{8}=\frac{200\times3}{8}=75$ (cm²)입니다.

따라서 색칠한 부분의 넓이는 $75-(75-10\times10\div2)=50$ (cm²)입니다.

해결 전략
반원의 넓이에서 $\frac{1}{4}$원의 넓이와 삼각형의 넓이의 차를 빼어 보면 색칠한 부분의 넓이를 구할 수 있어요.

14 1단원
접근 ≫ 열차가 한 시간에 가는 거리를 알아봅니다.

가 도시와 나 도시 사이의 거리를 $\square$km라고 하면 1시간에 가는 거리는

㉠ 열차가 $\frac{\square}{4}$km, ㉡ 열차가 $\frac{\square}{4}\div\frac{5}{6}=\frac{\square}{4}\times\frac{6}{5}=\frac{\square\times6}{20}$(km)입니다.

두 열차가 1시간 45분$=1\frac{45}{60}$시간$=1\frac{3}{4}$시간 동안 달린 거리는

$\left(\frac{\square}{4}+\frac{\square\times6}{20}\right)\times1\frac{3}{4}=\left(\frac{\square\times5}{20}+\frac{\square\times6}{20}\right)\times1\frac{3}{4}=\frac{\square\times11}{20}\times\frac{7}{4}=\square\times\frac{77}{80}$

➡ $\square\times\frac{77}{80}+7\frac{1}{2}=\square$, $\square\times\frac{3}{80}=7\frac{1}{2}$, $\square=\frac{15}{2}\div\frac{3}{80}=\frac{15}{2}\times\frac{80}{3}=200$

따라서 가 도시와 나 도시 사이의 거리는 200 km입니다.

해결 전략
가 도시와 나 도시 사이의 거리를 ㉡ 열차로 가는 데 걸리는 시간은 ㉠ 열차로 가는 시간의 $\frac{5}{6}$배이므로
(㉡ 열차로 1시간에 가는 거리)
$=$(㉠ 열차로 1시간에 가는 거리)$\div\frac{5}{6}$
예요.

15 2단원 + 5단원
접근 ≫ 만나게 될 때 지성이는 민준이보다 몇 m 더 이동하게 되는지 알아봅니다.

한 쪽의 곡선 부분의 거리는 $12\times3\div2=18$ (m)이므로

두 사람이 만날 때 지성이는 민준이보다 $30+18=48$ (m)를 더 가게 됩니다.

$\square$초 후에 만난다고 하면 지성이는 $(5.4\times\square)$ m, 민준이는 $(4.8\times\square)$ m 갑니다.

➡ $5.4\times\square=4.8\times\square+48$, $5.4\times\square-4.8\times\square=48$, $0.6\times\square=48$,
$\square=48\div0.6=80$

따라서 80초$=$1분 20초 후에 만나게 됩니다.

해결 전략
두 사람이 만나기 위해서는 뒤쪽에 있는 지성이가 더 빠르게 가야 해요.
이때 두 사람의 거리의 차만큼 지성이가 더 가야 만날 수 있어요.

16 4단원
접근 ≫ 정사각형의 한 변의 길이를 정하고 둘레와 넓이를 알아봅니다.

정사각형의 한 변의 길이를 8이라 하면 그림에서 삼각형 ㄱㄴㄷ과 삼각형 ㄱㄹㄷ은 합동이므로 (선분 ㄱㄴ)$=$(선분 ㄱㄹ)입니다.

따라서 ㉮의 둘레는 정사각형의 둘레와 같으므로 $8\times4=32$입니다.

(㉯의 넓이) : (㉮의 넓이)$=3:5$이므로

(㉯의 넓이)$=$(정사각형의 넓이)$\times\frac{3}{8}=8\times8\times\frac{3}{8}=24$입니다.

$8\times$(선분 ㄱㄹ)$\div2=24\div2=12$이므로 (선분 ㄱㄹ)$=$(선분 ㄱㄴ)$=3$입니다.

따라서 ㉯의 둘레는 $8+8+3+3=22$이므로

㉮와 ㉯의 둘레의 비는 $32:22=16:11$입니다.

해결 전략

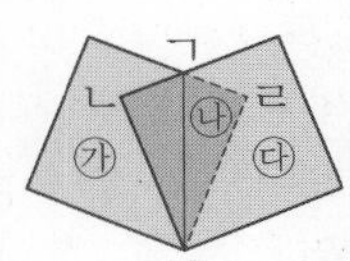

(선분 ㄱㄴ)$=$(선분 ㄱㄹ)
(선분 ㄴㄷ)$=$(선분 ㄹㄷ)
이므로 ㉮의 둘레는 정사각형의 둘레와 같아요.

17 4단원 + 6단원
접근 ≫ 원뿔의 밑면의 반지름을 먼저 구합니다.

밑면의 지름이 18 cm인 원뿔 2개를 붙인 모양이므로 ㉢$=18\div2=9$ (cm)입니다.

앞에서 보이는 면의 넓이는

$18\times$㉠$\div2+18\times$㉡$\div2=9\times$㉠$+9\times$㉡$=9\times$(㉠$+$㉡)$=144$,

㉠$+$㉡$=144\div9=16$ (cm)

㉠과 ㉡의 비가 $5:3$이므로 ㉠$=16\times\frac{5}{8}=10$ (cm), ㉡$=16\times\frac{3}{8}=6$ (cm)

해결 전략
직각삼각형 2개를 붙여 놓은 모양이므로 만든 입체도형은 원뿔을 2개 붙여 놓은 모양이 돼요.

18 2단원 + 5단원 접근 ≫ 밑면의 반지름을 먼저 구합니다.

원기둥의 밑면의 둘레가 $248 \div 5 = 49.6$ (cm)이므로
(밑면의 반지름)$= 49.6 \div 3.1 \div 2 = 8$ (cm)
밑면의 반지름과 높이의 비가 $4:9$이고, 밑면의 반지름은 8 cm이므로
원기둥의 높이를 □cm라고 하면 $4:9=8:□$, $□=18$입니다.
(밑면의 넓이)$= 8 \times 8 \times 3.1 = 198.4$ (cm^2)
(옆면의 넓이)$= 49.6 \times 18 = 892.8$ (cm^2)
➡ (옆면의 넓이)$-$(밑면의 넓이)$= 892.8 - 198.4 = 694.4$ (cm^2)

해결 전략
원기둥에서 밑면의 둘레는 한 바퀴 굴러간 거리와 같아요.

서술형 19 1단원 접근 ≫ 각자 한 일의 양과 하루에 할 수 있는 일의 양을 알아봅니다.

예 전체 일의 양을 1이라고 하면 한 일은
(주원)$+$(경민)$=\frac{1}{3}+\frac{1}{6}=\frac{1}{2}$, (정민)$=\frac{1}{2}\times\frac{1}{3}=\frac{1}{6}$
하루에 할 수 있는 일의 양은
(주원)$=\frac{1}{3}\times\frac{1}{6}=\frac{1}{18}$, (경민)$=\frac{1}{6}\times\frac{1}{4}=\frac{1}{24}$, (정민)$=\frac{1}{6}\times\frac{1}{3}=\frac{1}{18}$이므로
세 사람이 하루에 할 수 있는 일의 양은 $\frac{1}{18}+\frac{1}{24}+\frac{1}{18}=\frac{11}{72}$입니다.
남은 일의 양은 전체의 $1-\frac{1}{2}-\frac{1}{6}=\frac{1}{3}$이고
$\frac{1}{3}\div\frac{11}{72}=\frac{1}{3}\times\frac{72}{11}=\frac{24}{11}=2\frac{2}{11}$(일)이므로 3일을 더 해야 끝마치게 됩니다.

채점 기준	배점
한 일의 양을 분수로 나타냈나요?	1점
세 사람이 하루에 할 수 있는 일의 양을 구했나요?	2점
모두 끝마치는 날 수를 구했나요?	2점

해결 전략
주원, 경민, 정민이가 한 일의 양을 각각 분수로 나타내어 보고 남은 일의 양을 구해요.

서술형 20 4단원 + 5단원 접근 ≫ 각 원의 반지름을 구합니다.

예 큰 원의 지름이 30 cm이므로 반지름은 15 cm입니다.
(선분 ㄱㄴ)$:$(선분 ㄴㄷ)$=3:2$이므로
(선분 ㄱㄴ)$=15\times\frac{3}{5}=9$ (cm), (선분 ㄴㄷ)$=15\times\frac{2}{5}=6$ (cm)
(㉮의 둘레)$=30\times3\div2+15\times3\div2\times2=90$ (cm),
(㉯의 둘레)$=(15+9)\times3\div2+30\times3\div2+6\times3\div2=90$ (cm)
따라서 둘레의 합은 $90+90=180$ (cm)입니다.

채점 기준	배점
각 원의 반지름을 구했나요?	2점
㉮와 ㉯의 둘레의 합을 구했나요?	3점

해결 전략
선분 ㄱㄴ, 선분 ㄴㄷ의 길이를 구해서 각 원의 반지름, 지름이 몇 cm인지 알아봐요.

교내 경시 1단원 분수의 나눗셈

이름 점수

01 다음 두 식을 만족하는 □ 안에 알맞은 수를 구하시오.

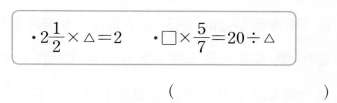

$\cdot 2\frac{1}{2} \times \triangle = 2$ $\cdot \square \times \frac{5}{7} = 20 \div \triangle$

( )

02 수직선에서 ㉯가 나타내는 수는 ㉮가 나타내는 수의 몇 배입니까?

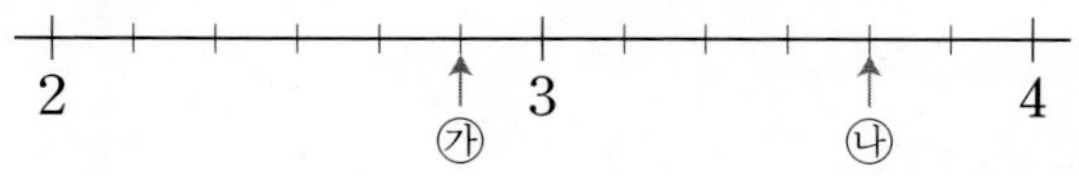

( )

03 □ 안에 들어갈 수 있는 자연수를 모두 구하시오.

$9 \div \frac{3}{2} < 5 \div \frac{1}{\square} < 16 \div \frac{2}{3}$

( )

04 규칙에 따라 수를 늘어놓았습니다. ㉠과 ㉡에 알맞은 수를 찾아 ㉠÷㉡의 몫을 구하시오.

$\frac{1}{3}$, $\frac{3}{6}$, $\frac{5}{9}$, $\frac{7}{12}$, ㉠, $\frac{11}{18}$, $\frac{13}{21}$, ㉡, $\frac{17}{27}$ ……

( )

05 $11\frac{5}{6}$ L 들이 수조에 물이 $2\frac{1}{2}$ L 들어 있습니다. 이 수조에 물을 가득 채우려면 $1\frac{1}{6}$ L 들이 그릇으로 최소 몇 번 부어야 합니까?

( )

06 다음을 계산한 결과가 모두 같을 때 ㉠, ㉡, ㉢, ㉣을 큰 수부터 차례대로 기호를 쓰시오.

㉠$\times\frac{5}{6}$ ㉡$\times 1\frac{1}{3}$ ㉢$\div\frac{4}{5}$ ㉣$\div 1\frac{1}{4}$

( )

07 $61\frac{4}{5}$ L 들이의 욕조에 물을 받으려고 합니다. 찬물은 1분에 $2\frac{3}{4}$ L씩 나오고 따뜻한 물은 1분에 $2\frac{2}{5}$ L씩 나올 때, 찬물과 따뜻한 물을 동시에 틀어 욕조에 물을 가득 채우는 데 걸리는 시간은 몇 분입니까?

( )

08 수 카드 중에서 3장을 골라 한 번씩 사용하여 대분수를 만들려고 합니다. 이 대분수로 만들 수 있는 (대분수)÷(대분수) 중 몫이 가장 큰 나눗셈식의 몫을 구하시오.

2 4 5 7

( )

09 직사각형 모양의 칠판이 있습니다. 칠판의 가로의 $\frac{1}{6}$과 가로의 $\frac{1}{7}$의 차가 $\frac{1}{21}$ m라면 이 칠판의 가로는 몇 m입니까?

( )

10 짐을 2 t까지 실을 수 있는 트럭에 한 상자의 무게가 $9\frac{3}{8}$ kg인 상자를 80상자 실었습니다. 이 트럭에 한 상자의 무게가 $1\frac{2}{3}$ kg인 상자를 몇 상자까지 더 실을 수 있습니까?

( )

11 $\frac{8}{15}$로 나누어도, $\frac{12}{25}$로 나누어도 계산 결과가 항상 자연수가 되는 분수 중에서 가장 작은 분수를 구하시오.

( )

12 계산해 보시오.

$(\frac{1}{2}\div\frac{2}{3})\div(\frac{3}{4}\div\frac{4}{5})\times(\frac{5}{6}\div\frac{6}{7})\div(\frac{7}{8}\div\frac{8}{9})\times(\frac{9}{10}\div\frac{10}{11})$

(　　　　　　)

13 도화지에 전체의 $\frac{5}{8}$에는 노란색 물감을 칠하고, 나머지의 $\frac{1}{3}$에는 초록색 물감을 칠했습니다. 물감을 칠하지 않은 부분의 넓이가 $120\,cm^2$라면 도화지 전체의 넓이는 몇 cm^2입니까?

(　　　　　　)

14 ㉮★㉯=(㉮−㉯)÷(㉮+㉯)라고 할 때 다음을 계산하시오.

$\frac{5}{14}★(\frac{2}{3}★\frac{1}{2})$

(　　　　　　)

15 길이가 26 cm인 양초에 불을 붙이고 $\frac{9}{10}$시간이 지난 후에 양초의 길이를 재어 보니 20 cm였습니다. 양초가 같은 빠르기로 3시간 동안 타는 길이는 몇 cm입니까?

(　　　　　　)

16 빨간색 물통에는 전체의 $\frac{5}{8}$만큼, 파란색 물통에는 전체의 $\frac{3}{4}$만큼 물이 들어 있고 두 물통에 담긴 물의 양의 합은 34 L입니다. 두 물통에서 같은 양의 물을 덜어내면 빨간색 물통에는 전체의 $\frac{7}{24}$만큼, 파란색 물통에는 전체의 $\frac{7}{12}$만큼 물이 남는다고 할 때, 빨간색 물통의 들이는 몇 L입니까?

(　　　　　　)

17 오른쪽 직사각형 ㄱㄴㄷㄹ의 넓이는 $8\frac{1}{6}\,cm^2$입니다. 삼각형 ㄹㅁㄷ의 넓이가 직사각형 ㄱㄴㄷㄹ의 넓이의 $\frac{3}{14}$일 때, 선분 ㄷㅁ의 길이는 몇 cm입니까?

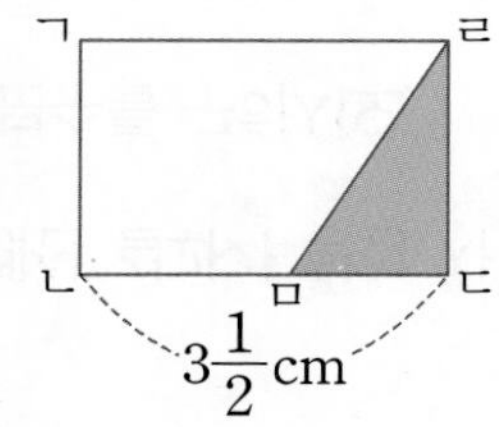

(　　　　　　)

18 어떤 일을 현수가 혼자서 하면 6일, 지아가 혼자서 하면 12일, 선호가 혼자서 하면 9일이 걸린다고 합니다. 이 일을 현수와 선호가 함께 3일 동안 한 다음 나머지를 지아가 혼자서 해서 일을 모두 끝냈습니다. 지아는 모두 며칠 동안 일했습니까? (단, 현수, 지아, 선호가 각각 하루에 하는 일의 양은 일정합니다.)

(　　　　　　)

19 서술형 ㉠+㉡의 값은 얼마인지 풀이 과정을 쓰고 답을 구하시오.

$10\div\frac{5}{12}=12\div\frac{2}{㉠}$　　$㉠\div\frac{1}{7}=㉡\div\frac{1}{2}$

풀이

답

20 서술형 수영이는 일정한 빠르기로 40분 동안 $1\frac{5}{9}$ km를 걷습니다. 같은 빠르기로 걸을 때 $5\frac{4}{9}$ km를 가는 데 걸리는 시간은 몇 시간 몇 분인지 풀이 과정을 쓰고 답을 구하시오.

풀이

답

교내 경시 2단원 소수의 나눗셈

이름 점수

01 오른쪽 사다리꼴의 넓이는 $21.2\ cm^2$ 입니다. 이 사다리꼴의 높이는 몇 cm 입니까?

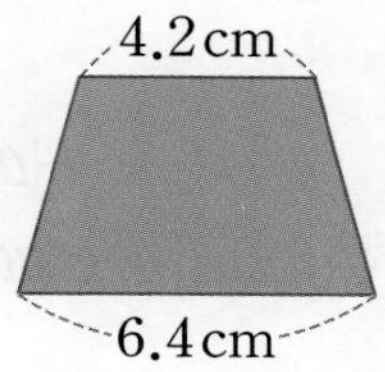

(　　　　　　　)

02 가◈나＝가×나＋나÷1.5로 약속할 때, 다음 식을 만족하는 □의 값을 구하시오.

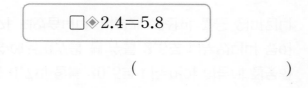

□◈2.4＝5.8

(　　　　　　　)

03 비행기로 인천국제공항에서 일본의 도쿄에 있는 나리타 공항까지 가는 데 2시간 30분이 걸렸습니다. 두 공항 사이의 비행 거리가 1219.8 km이고 비행기가 일정한 빠르기로 날아갈 때 이 비행기가 한 시간 동안 이동한 거리는 몇 km입니까?

(　　　　　　　)

04 연우의 한 걸음은 65 cm입니다. 연우가 1분 동안 42걸음을 가는 빠르기로 집에서 709.8 m 떨어진 도서관까지 걸어서 가는 데 몇 분이 걸리겠습니까?

(　　　　　　　)

05 ㉠을 ㉡으로 나눈 몫을 구하시오.

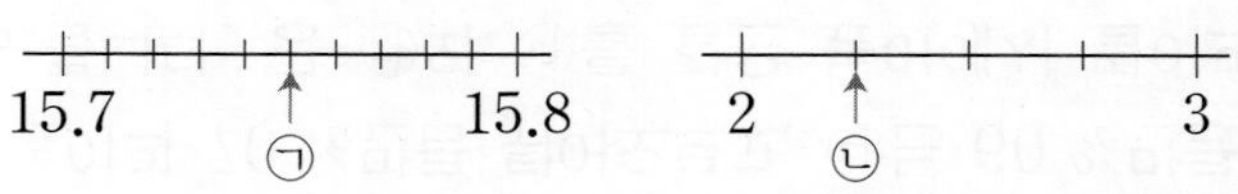

(　　　　　　　)

06 삼각형 ㄱㄴㄷ의 넓이가 $37.44\ cm^2$일 때, 삼각형 ㄹㄴㄷ의 넓이는 몇 cm^2입니까?

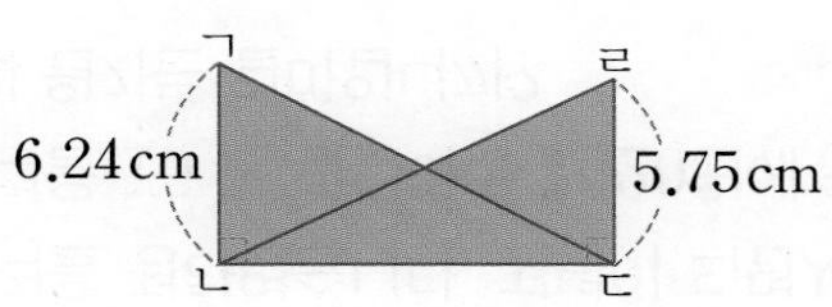

(　　　　　　　)

07 90 m 앞에 있는 얼룩말을 따라 가는 타조가 있습니다. 한 번 뛸 때 타조는 3.7 m를 가고 얼룩말은 2.95 m를 간다고 합니다. 얼룩말이 한 번 뛸 때 타조도 한 번만 뛴다면 타조가 얼룩말을 따라 잡기 위해서는 최소 몇 번을 뛰어야 합니까?

(　　　　　　　)

08 병에 주스가 400.4 mL 들어 있습니다. 성현이가 이 중에서 254.8 mL를 마셨고, 나머지의 반을 민서가 마셨습니다. 성현이가 마신 주스의 양은 민서가 마신 주스의 양의 몇 배입니까?

(　　　　　　　)

09 지수의 몸무게는 형의 몸무게의 0.8배이고 동생의 몸무게는 지수의 몸무게의 0.75배입니다. 형의 몸무게가 42.6 kg일 때, 지수의 몸무게와 동생의 몸무게의 합은 형의 몸무게의 몇 배입니까?

(　　　　　　　)

10 한 변의 길이가 2.8 cm인 정사각형이 있습니다. 이 정사각형의 가로를 2.1 cm 더 늘이고 세로를 줄여서 직사각형을 만들었습니다. 정사각형과 만든 직사각형의 넓이가 같을 때 직사각형의 세로는 정사각형의 한 변의 길이에서 몇 cm만큼 줄인 것입니까?

(　　　　　　　)

11 어떤 소수의 소수점을 왼쪽으로 한 자리 옮긴 수를 처음 소수에서 뺐더니 2.25가 되었습니다. 처음의 소수를 구하시오.

(　　　　　　　)

12 어느 마트에서 고등어의 원가의 0.2만큼의 이익을 붙여서 판매 가격을 정하였습니다. 저녁이 되면서 이 고등어의 판매 가격을 15 % 할인하여 1020원에 팔려고 한다면 고등어의 원가는 얼마입니까?

( )

13 두 개의 공 ㉮와 ㉯를 똑바로 떨어뜨리면 ㉮는 떨어진 높이의 70 %만큼 튀어오르고, ㉯는 60 %만큼 튀어오릅니다. 공 ㉮와 ㉯를 같은 높이에서 떨어뜨렸을 때, 두 번째에 튀어오른 높이의 차가 52 cm였다면 공을 떨어뜨린 높이는 몇 cm입니까?

(단, 공은 바닥에서 수직으로 튀어오릅니다.)

( )

14 수직선에서 선분 ㄱㄴ의 길이는 선분 ㄴㄷ의 길이의 2.5배이고, 선분 ㄷㄹ의 길이는 선분 ㄴㄷ의 길이의 3배입니다. ㉮에 알맞은 수를 구하시오.

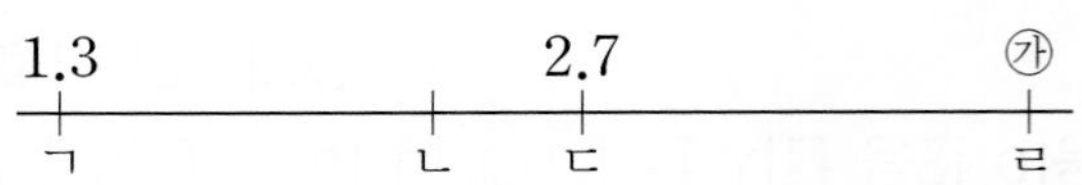

( )

15 어떤 수와 0.7의 합을 20.5로 나누어야 하는데 잘못하여 어떤 수에서 0.7을 뺀 수를 2.5로 나누었더니 몫이 122.44가 되었습니다. 바르게 계산한 값은 얼마입니까?

( )

16 다음 나눗셈의 몫을 반올림하여 소수 20째 자리까지 나타내면 소수 20째 자리 숫자는 무엇입니까?

32÷11

( )

17 성민이 삼촌이 마라톤 대회에 참가하여 42.195 km를 3시간 45분에 달렸습니다. 성민이 삼촌이 일정한 빠르기로 달렸다면 한 시간에 몇 km를 달린 셈인지 구하시오.

( )

18 두 자리 수 8□를 18로 나눈 몫을 반올림하여 소수 첫째 자리까지 나타내면 4.7이고, 8□를 26으로 나눈 몫을 반올림하여 소수 첫째 자리까지 나타내면 3.2입니다. 8□를 3.5로 나눈 몫을 구하시오.

( )

19 서술형 길이가 70 m인 기차가 2.78 km인 터널을 완전히 통과하는 데 1분 30초가 걸렸습니다. 기차가 1분 동안 달린 거리는 몇 km인지 풀이 과정을 쓰고 답을 구하시오.

풀이

답

20 서술형 고구마 95.4 kg을 한 상자에 5.5 kg씩 나누어 담고, 감자 87.2 kg을 한 상자에 3.5 kg씩 나누어 담았습니다. 고구마는 한 상자에 6500원, 감자는 한 상자에 4000원을 받고 모두 팔았다면 고구마와 감자를 팔아서 번 돈은 모두 얼마인지 풀이 과정을 쓰고 답을 구하시오.

풀이

답

교내 경시 3단원 공간과 입체

이름 점수

[01~02] 여러 도형을 놓고 각 방향에서 사진을 찍었습니다. 물음에 답하시오.

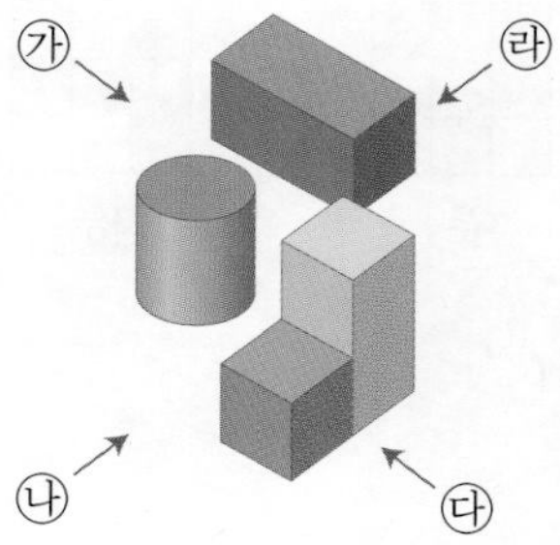

01 위에서 본 모양이 될 수 있는 것을 찾아 기호를 쓰시오.

가  나 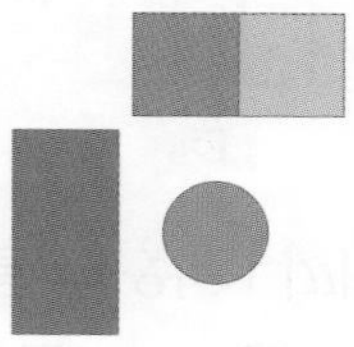 다 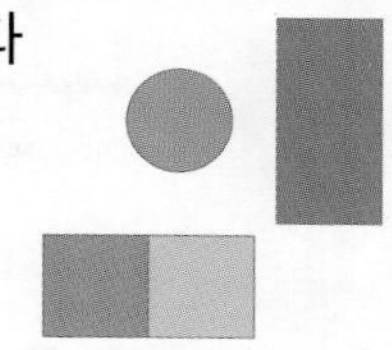

( )

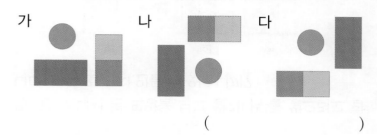

02 어느 방향에서 사진을 찍은 것인지 기호를 쓰시오.

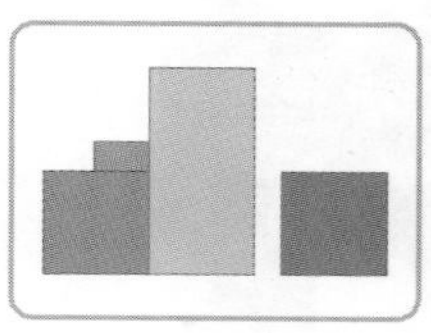 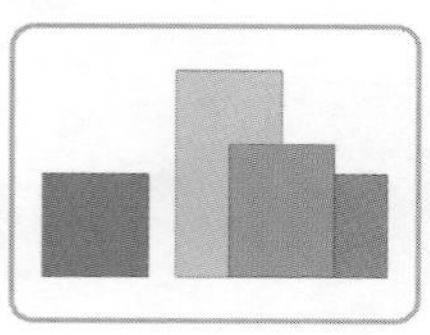 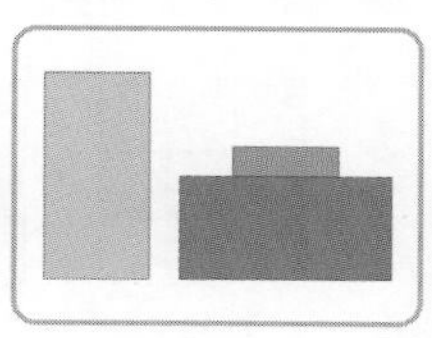

( ) ( ) ( )

03 보기 의 모양에 쌓기나무 1개를 더 붙여서 만들 수 없는 모양은 어느 것입니까? ( )

보기 

①  ② 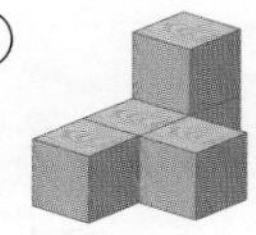

③  ④  ⑤ 

04 정육면체 모양에서 쌓기나무를 몇 개 빼내었더니 오른쪽과 같은 모양이 되었습니다. 빼낸 쌓기나무는 몇 개입니까?

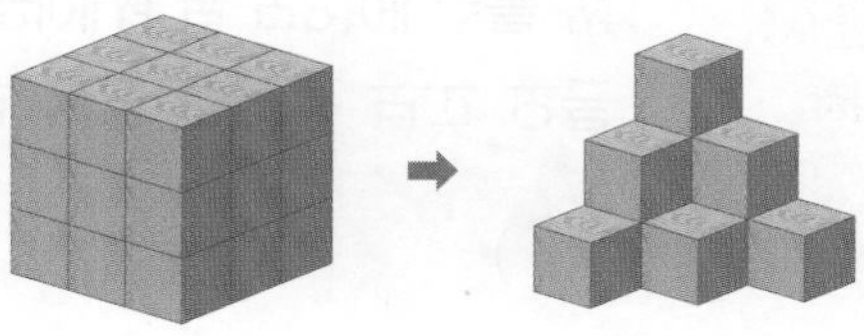

( )

05 오른쪽과 같은 모양을 만들려고 합니다. 쌓기나무가 가장 많이 사용될 때의 개수는 몇 개입니까?

( )

06 쌓기나무로 쌓은 모양을 보고 위에서 본 모양에 수를 썼습니다. 쌓은 모양을 앞과 옆에서 본 모양을 각각 그리시오.

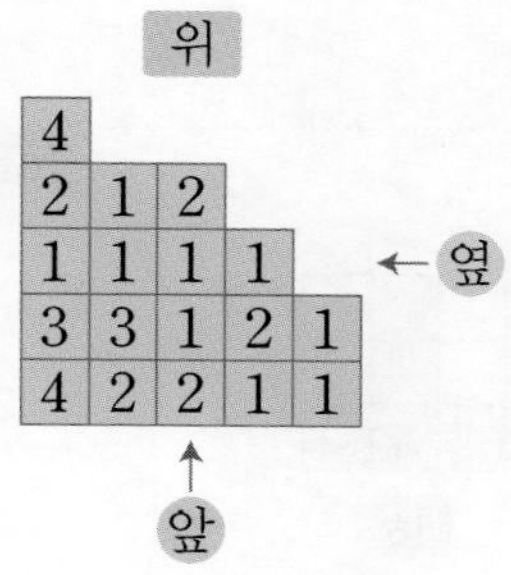

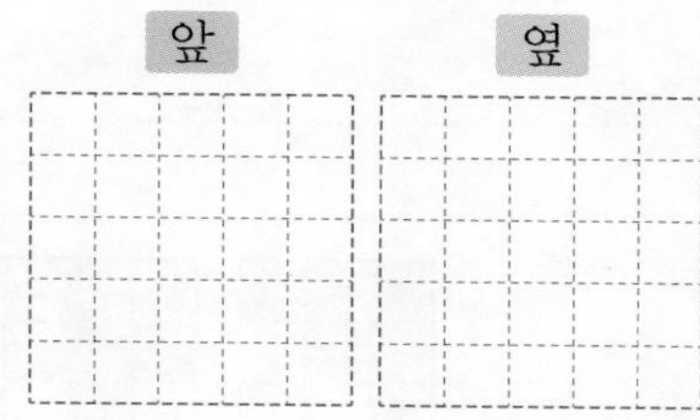

07 위, 앞, 옆에서 본 모양이 각각 오른쪽과 같을 때 쌓기나무는 모두 몇 개가 필요합니까?

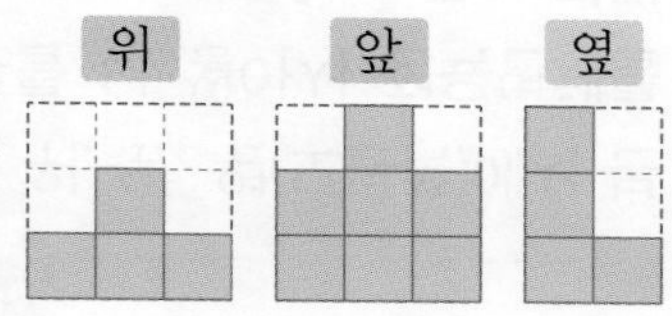

( )

08 다음은 네 가지 색의 쌓기나무를 같은 색끼리 붙여서 만든 모양들을 모두 사용하여 만든 입체도형의 앞과 옆에서 본 모양을 그린 것입니다. 위에서 본 모양을 그리고 색칠하시오.

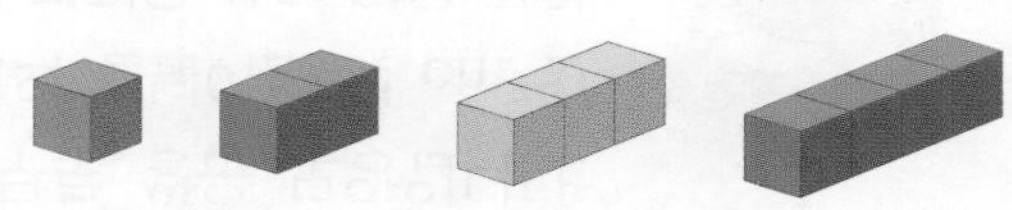

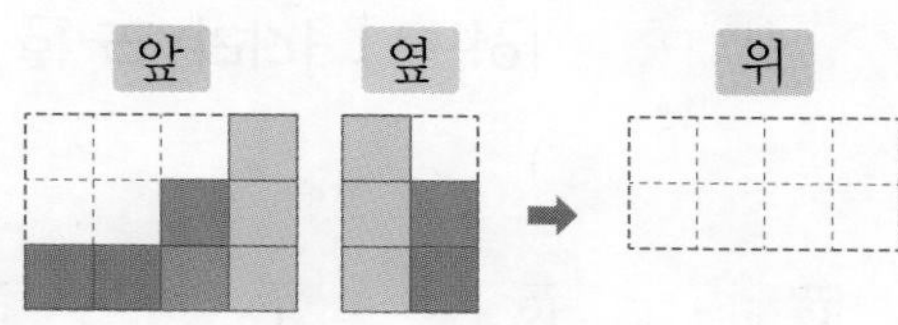

09 오른쪽과 같이 쌓기나무로 만든 모양에 바닥을 포함하여 모든 바깥 면에 페인트를 칠했습니다. 쌓기나무를 떼어 놓았을 때, 페인트가 칠해지지 않은 면은 몇 개입니까?

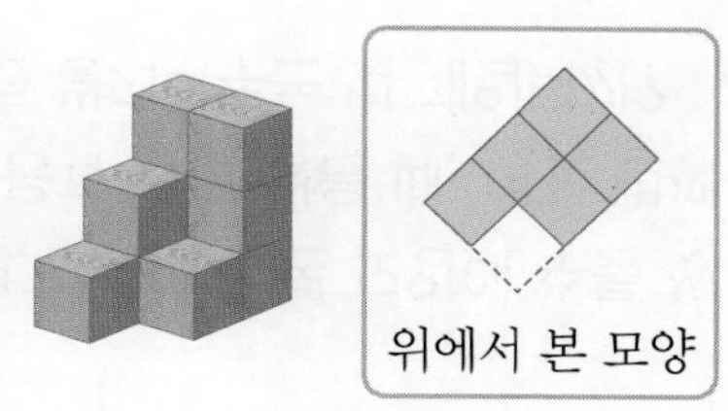

( )

10 오른쪽 그림은 한 모서리가 1 cm인 쌓기나무 13개를 쌓은 모양입니다. 이 모양의 겉넓이는 몇 cm^2입니까?

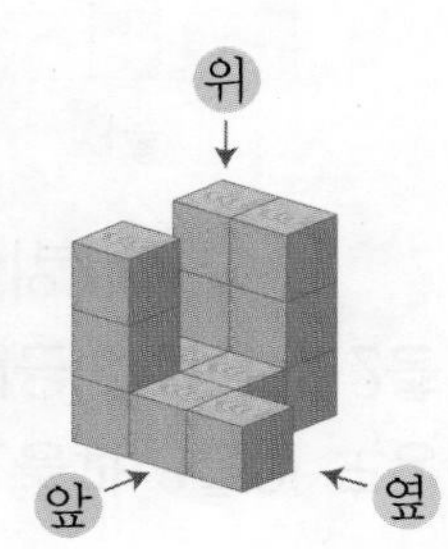

( )

11 위, 앞, 옆에서 본 모양이 다음과 같도록 쌓기나무를 쌓을 때, 쌓은 쌓기나무가 가장 적은 경우의 개수를 구하시오.

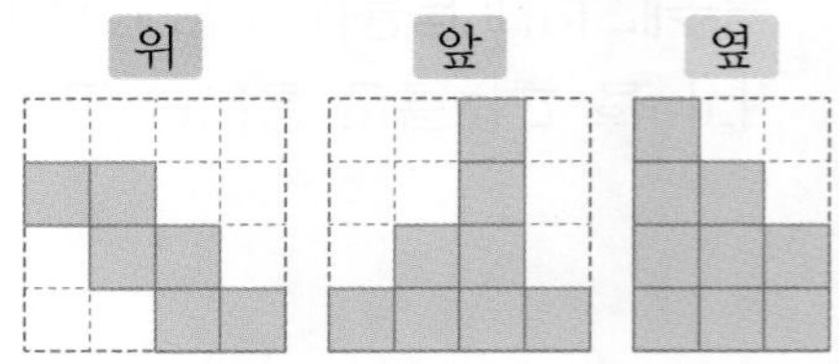

(　　　　　　　　)

12 쌓기나무로 쌓은 모양을 보고 오른쪽과 같이 위에서 본 모양에 수를 썼습니다. 만든 모양을 옆에서 볼 때 보이지 않는 쌓기나무는 몇 개입니까?

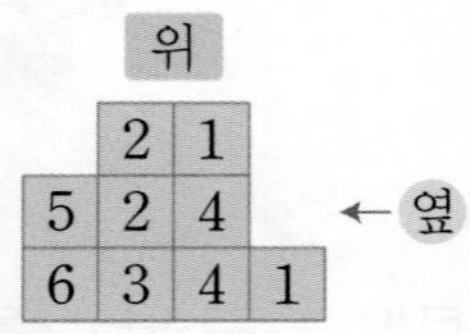

(　　　　　　　　)

13 오른쪽은 쌓기나무로 쌓은 모양을 위, 앞, 옆에서 본 모양입니다. 똑같이 쌓는 데 필요한 쌓기나무의 개수의 범위를 이상과 이하를 사용하여 나타내시오.

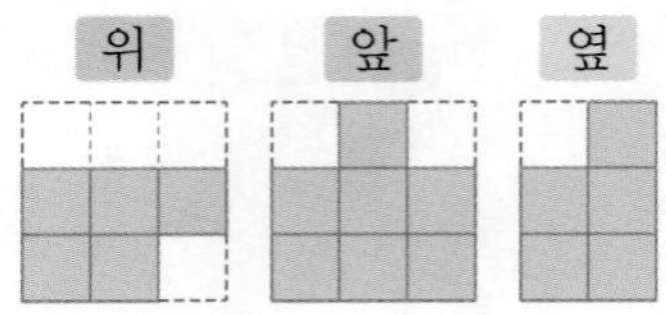

(　　　　　　　　)

14 왼쪽의 모양에서 쌓기나무를 몇 개 빼낸 후 위와 앞에서 보았더니 오른쪽과 같았습니다. 쌓기나무를 최대한 몇 개 빼내었습니까? (단, 위에서 본 모양은 변화가 없습니다.)

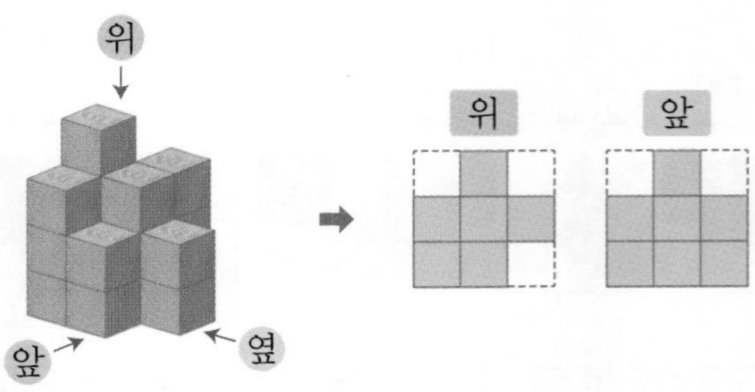

(　　　　　　　　)

15 위, 앞, 옆에서 본 모양을 보고 쌓기나무를 쌓으려고 합니다. 모두 몇 가지 만들 수 있습니까?

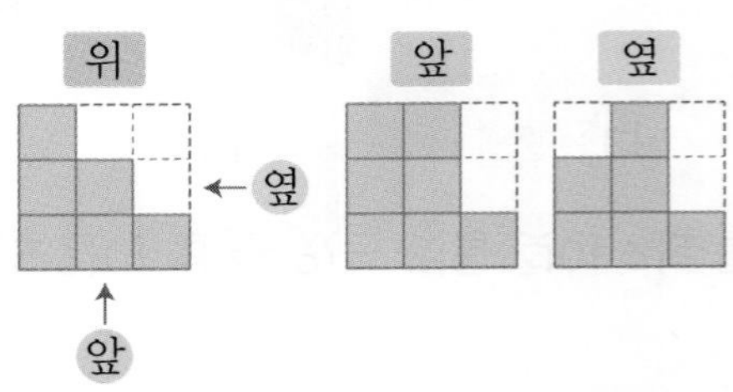

(　　　　　　　　)

16 위와 옆에서 본 모양을 보고 쌓기나무를 쌓으려고 합니다. 모두 몇 가지 만들 수 있습니까?

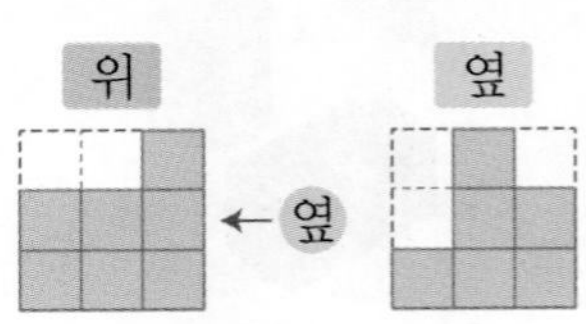

(　　　　　　　　)

17 쌓기나무 23개로 만든 모양을 보고 1층과 3층의 모양을 나타내고 2층의 모양은 완성되지 않은 것입니다. 2층의 모양이 될 수 있는 것은 모두 몇 가지입니까?

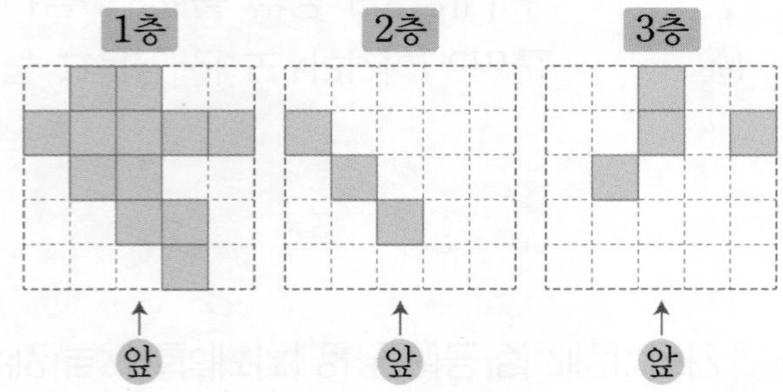

(　　　　　　　　)

18 쌓기나무로 쌓은 모양을 보고 위에서 본 모양에 수를 썼습니다. 이 규칙에 따라 다음과 같이 쌓을 때, 여섯 번째에 올 모양의 앞에서 보이는 쌓기나무는 몇 개입니까?

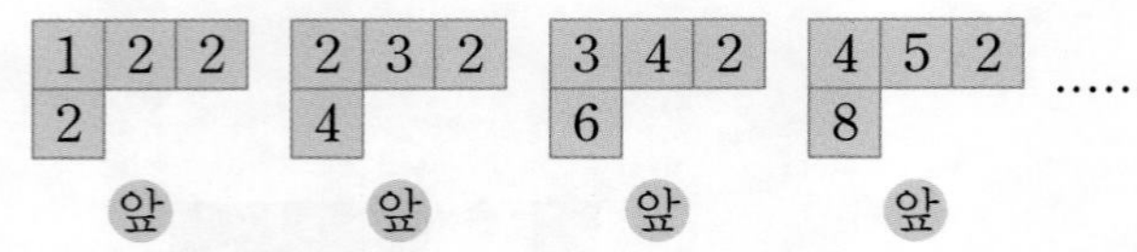

(　　　　　　　　)

19 서술형 오른쪽은 한 모서리가 1 cm인 쌓기나무로 쌓은 모양입니다. 이 모양의 겉넓이는 몇 cm^2인지 풀이 과정을 쓰고 답을 구하시오.

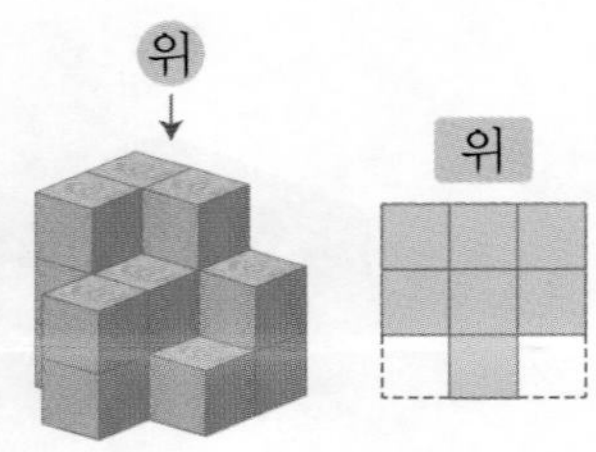

풀이 ……………………………………

답 ……………………

20 서술형 쌓기나무를 쌓아 만든 모양을 위, 앞, 옆(오른쪽)에서 본 모양입니다. 여기에 쌓기나무를 더 쌓아서 정육면체를 만들려면 쌓기나무가 최소 몇 개 더 필요한지 풀이 과정을 쓰고 답을 구하시오.

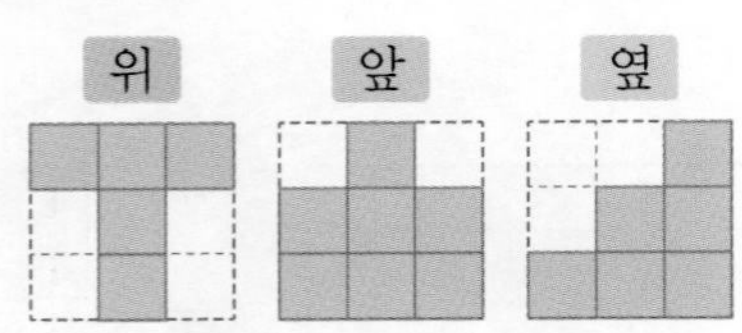

풀이 ……………………………………

답 ……………………

교내 경시 4단원 비례식과 비례배분

이름 점수

01 어떤 일을 혼자 하여 끝마치는 데 지원이는 9일, 수진이는 12일이 걸린다고 합니다. 지원이와 수진이가 하루 동안 하는 일의 양을 간단한 자연수의 비로 나타내시오.

(지원) : (수진) = (   )

02 다음 식을 보고 ㉠ : ㉡을 간단한 자연수의 비로 나타내시오.

$$㉠\times 2.7=㉡\times \frac{5}{6}$$

(   )

03 우진이와 희우는 다음과 같이 물에 딸기 원액을 넣어 딸기 주스를 만들었습니다. 물의 양에 대한 딸기 원액의 양의 비를 간단한 자연수의 비로 각각 나타내고, 누구의 주스가 더 진한지 구하시오.

> 우진: 물 $\frac{4}{5}$ L에 딸기 원액 0.3 L를 넣었어.
>
> 희우: 물 $\frac{3}{4}$ L에 딸기 원액을 넣었더니 딸기 주스 1.2 L가 되었어.

우진 (   ), 희우 (   )

(   )(이)가 만든 주스가 더 진합니다.

04 두 비례식을 만족하는 ㉠과 ㉡의 비를 간단한 자연수의 비로 나타내시오.

6 : ㉠ = 8 : 5, 15 : 4 = 9 : ㉡

(   )

05 조건에 맞게 비례식을 완성하시오.

> **조건**
> • 비율은 $\frac{2}{3}$입니다.
> • 외항의 곱은 144입니다.

☐ : 18 = ☐ : ☐

06 다음의 수 카드 중에서 4장을 골라 비례식을 2가지 만들어 보시오. (단, 전항과 후항의 순서만 바꾸는 식은 한 가지로 생각합니다.)

| 3 | 40 | 8 | 9 | 5 | 24 |

(   ), (   )

07 전항과 후항의 합이 290이고, 간단한 자연수의 비로 나타내면 14 : 15인 비를 구하시오.

(   )

08 ㉠과 ㉡의 각도의 비는 29 : 7입니다. ㉠과 ㉡의 각도의 차를 구하시오.

(   )

09 96 cm의 끈을 모두 사용하여 겹치는 부분 없이 가로와 세로의 비가 3 : 5인 직사각형을 1개 만들었습니다. 이 직사각형의 넓이는 몇 cm^2입니까?

(   )

10 지효네 반 학생의 60 %는 남학생이고, 여학생의 $\frac{3}{10}$은 안경을 썼습니다. 지효네 반 남학생 수와 안경을 쓴 여학생의 수의 비를 간단한 자연수의 비로 나타내시오.

(   )

11 하루에 8분씩 빨리 가는 시계가 있습니다. 이 시계를 어제 낮 12시에 정확하게 맞추어 놓았습니다. 오늘 오후 3시에 이 시계가 가리키는 시각은 몇 시 몇 분입니까?

(   )

12 오른쪽과 같이 2개의 톱니바퀴 가, 나가 맞물려 돌아가고 있습니다. 가의 톱니 수가 24개이고 나의 톱니 수가 42개일 때, 가와 나의 회전수의 비를 간단한 자연수의 비로 나타내시오.

(　　　　　　　　)

13 직사각형 가의 세로와 사다리꼴 나의 높이가 같고 넓이의 비가 $10:7$일 때, 나의 빨간색 변의 길이는 몇 cm입니까?

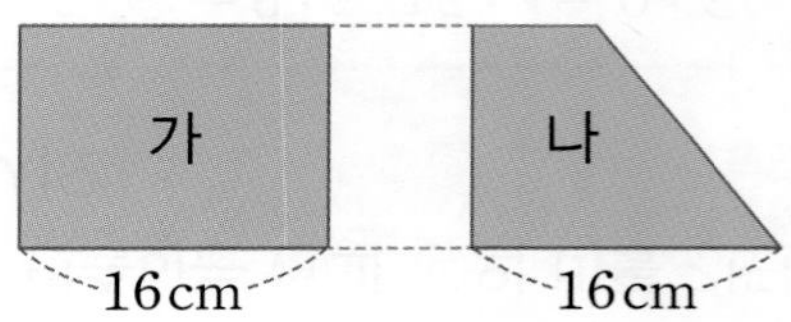

(　　　　　　　　)

14 직사각형 ㄱㄴㄷㄹ을 넓이의 비가 $5:11$이 되도록 삼각형 가와 사다리꼴 나로 나누었습니다. 선분 ㅁㄷ의 길이는 몇 cm입니까?

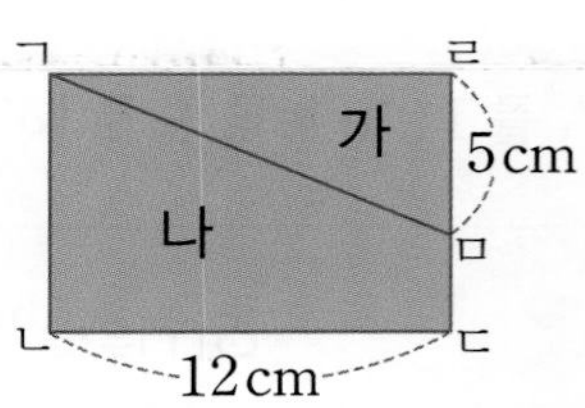

(　　　　　　　　)

15 바닥이 고른 연못의 깊이를 재기 위하여 두 막대를 각각 물 속에 넣어 수직으로 세웠더니 물 밖으로 나온 부분이 가 막대 길이의 $\frac{5}{7}$, 나 막대 길이의 $\frac{3}{5}$이었습니다. 두 막대 가와 나의 길이의 합이 600 cm일 때, 이 연못의 깊이는 몇 cm입니까?

(　　　　　　　　)

16 재민이네 학교 6학년은 1학기 때 남학생 수와 여학생 수의 비가 $17:15$였는데 2학기 때 남학생 몇 명이 전학을 가서 남학생 수와 여학생 수의 비가 $12:11$이 되었습니다. 2학기 때 재민이네 학교 6학년 학생 수가 345명일 때, 1학기 때 6학년 학생 수를 구하시오. (단, 여학생 수는 변화가 없습니다.)

(　　　　　　　　)

17 가, 나 두 회사가 각각 500만 원, 700만 원을 투자하여 이익금으로 720만 원을 얻어서 두 회사가 투자한 금액의 비로 나누었습니다. 같은 비로 다시 투자하여 가 회사가 받을 수 있는 이익금이 900만 원이 되려면 가 회사는 얼마를 투자해야 합니까? (단, 이익금의 비율은 일정합니다.)

(　　　　　　　　)

18 오른쪽 그림에서 가, 나, 다, 라는 모두 직사각형입니다. 가, 나, 다의 넓이가 각각 $21\ cm^2$, $12\ cm^2$, $56\ cm^2$라면 라의 넓이는 몇 cm^2입니까?

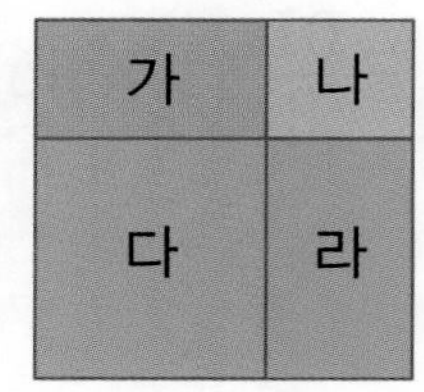

(　　　　　　　　)

19 서술형
어느 날 낮과 밤의 길이의 비가 $15:17$이었습니다. 해가 뜬 시각이 오전 6시 55분이었다면 해가 진 시각은 몇 시 몇 분인지 풀이 과정을 쓰고 답을 구하시오.

풀이 ……………………………………

답 ……………………

20 서술형
오른쪽과 같이 삼각형 가와 사각형 나가 겹쳐 있고 겹쳐진 부분의 넓이는 각각 가의 $\frac{7}{24}$, 나의 $\frac{1}{4}$입니다. 가와 나의 넓이의 비를 간단한 자연수의 비로 나타내면 얼마인지 풀이 과정을 쓰고 답을 구하시오.

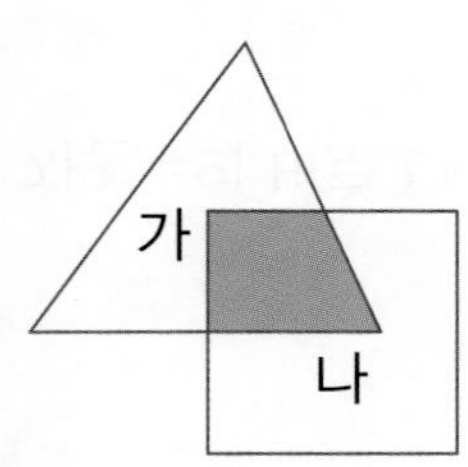

풀이 ……………………………………

답 ……………………

최상위 수학

교내 경시 5단원 원의 넓이

이름　　　　　　점수

01 세 원의 원주의 합은 몇 cm입니까? (원주율: 3)

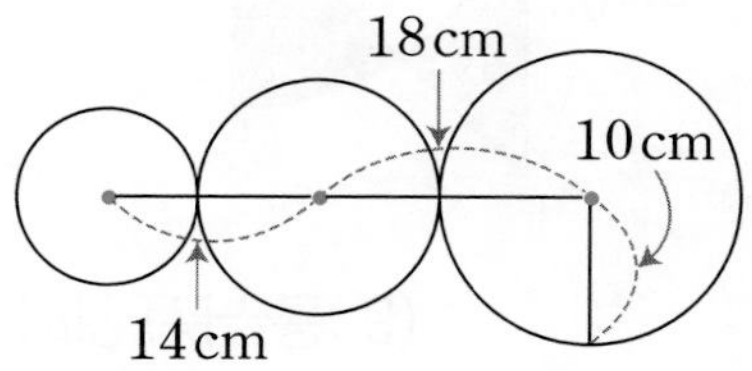

(　　　　　　　　　　)

02 오른쪽 도형에서 원과 정육각형의 둘레의 차는 몇 cm입니까? (원주율: 3.14)

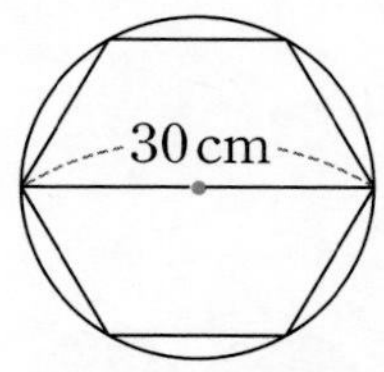

(　　　　　　　　　　)

03 오른쪽 도형에서 색칠한 부분의 둘레는 몇 cm입니까?
(원주율: 3.1)

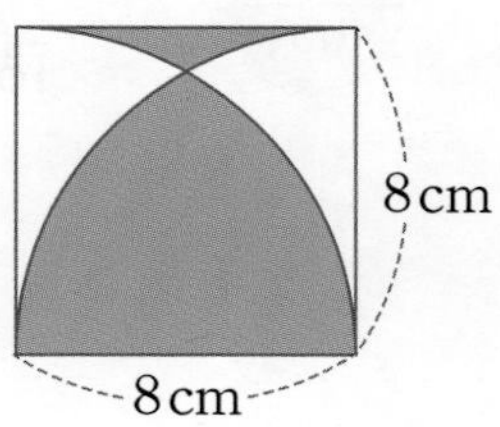

(　　　　　　　　　　)

04 오른쪽 도형에서 원 안의 정사각형의 넓이와 원 밖의 정사각형의 넓이를 이용하여 원의 넓이를 어림하여 나타내려고 합니다. □ 안에 알맞은 수를 써넣으시오.

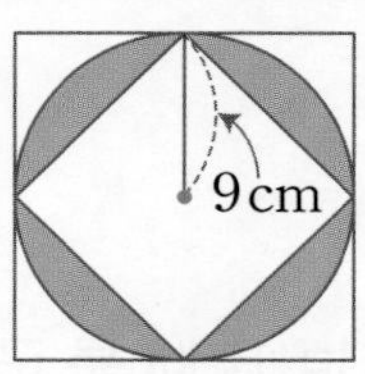

□ cm^2 < (원의 넓이)
(원의 넓이) < □ cm^2

05 둘레가 108 cm인 원 모양의 피자를 똑같이 8조각으로 나누어 그중 5조각을 먹었습니다. 남은 피자의 넓이는 몇 cm^2입니까? (원주율: 3)

(　　　　　　　　　　)

06 오른쪽 도형에서 점 ㅇ은 원의 중심이고 선분 ㄱㄴ의 길이는 선분 ㄴㅇ의 길이의 2배입니다. 색칠한 부분의 넓이는 몇 cm^2입니까?
(원주율: 3)

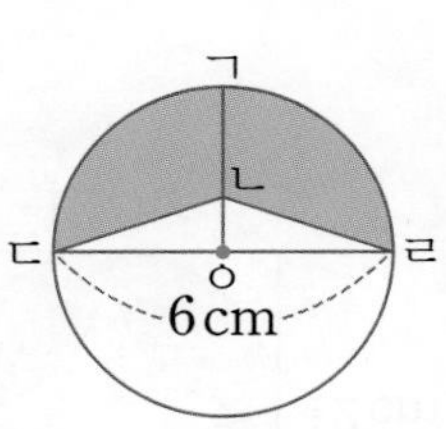

(　　　　　　　　　　)

07 오른쪽 도형에서 색칠한 부분의 넓이는 몇 cm^2입니까?
(원주율: 3)

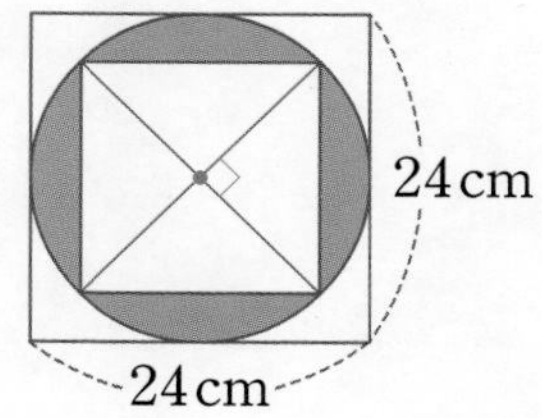

(　　　　　　　　　　)

08 오른쪽 도형에서 원 한 개의 원주는 43.4 cm입니다. 색칠한 부분의 넓이는 몇 cm^2입니까? (원주율: 3.1)

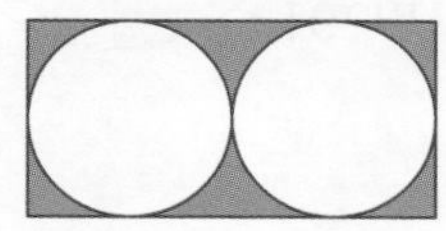

(　　　　　　　　　　)

09 다음은 어느 공원의 산책로를 나타낸 것입니다. 산책로의 폭은 일정하며 산책로의 안쪽과 바깥쪽의 둘레의 차는 24 m라고 합니다. 산책로의 폭은 몇 m입니까?
(원주율: 3)

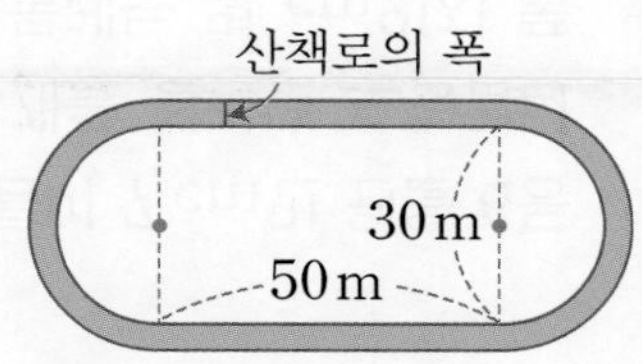

(　　　　　　　　　　)

10 오른쪽은 반지름이 5 cm인 원 안에 크기가 같은 원 4개를 그린 것입니다. 색칠한 부분의 둘레는 몇 cm입니까? (원주율: 3.1)

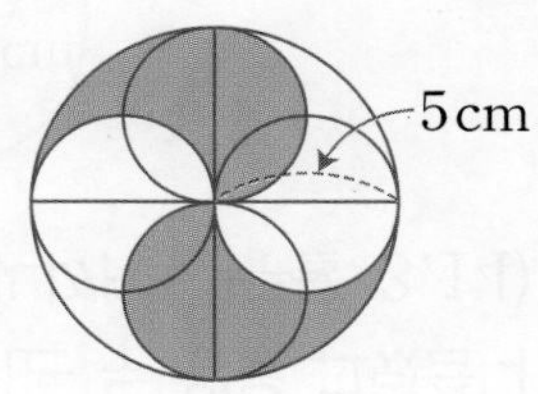

(　　　　　　　　　　)

11 키가 1.6 m인 사람이 한 방향으로 곧게 걸어 지구를 한 바퀴 돌았습니다. 지구가 완전한 구라고 생각하면 이 사람의 발끝과 머리끝이 움직인 거리의 차는 몇 m입니까?
(원주율: 3)

(　　　　　　　　　　)

12 오른쪽 도형에서 색칠한 부분의 넓이는 몇 cm^2입니까? (원주율: 3)

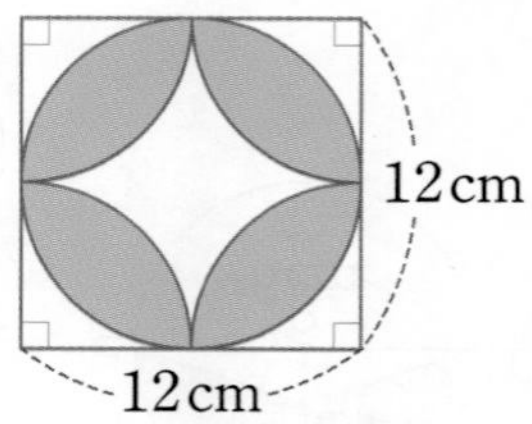

(　　　　　　)

13 오른쪽과 같이 지름이 49 cm인 원 안에 크기가 다른 작은 원 3개가 들어 있습니다. 세 원의 중심이 모두 큰 원의 지름 위에 있을 때, 작은 세 원의 원주의 합은 몇 cm입니까? (원주율: 3)

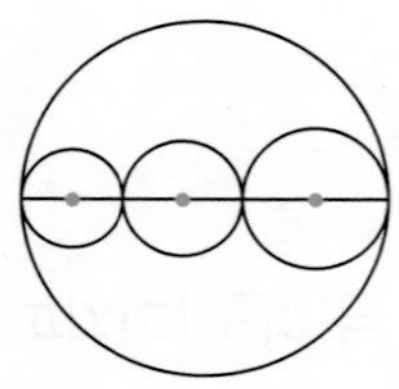

(　　　　　　)

14 그림과 같이 반지름이 각각 14 cm, 7 cm인 두 바퀴가 벨트로 연결되어 있습니다. ㉮ 바퀴가 10번 돌 때 ㉯ 바퀴는 몇 번 돌겠습니까? (원주율: 3.1)

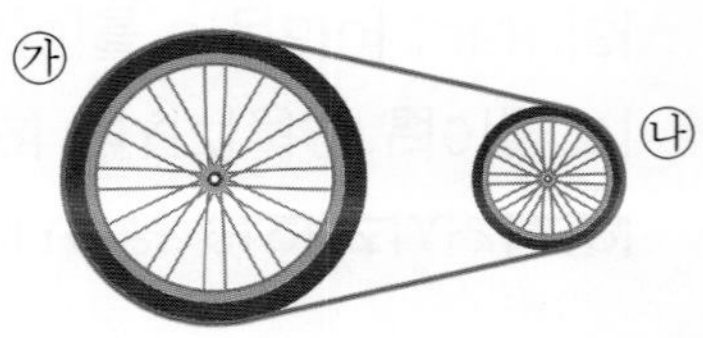

(　　　　　　)

15 오른쪽과 같이 밑면의 지름이 4 cm인 원통 3개를 끈으로 묶을 때, 필요한 끈의 길이는 최소 몇 cm입니까? (단, 매듭의 길이는 생각하지 않습니다.) (원주율: 3.14)

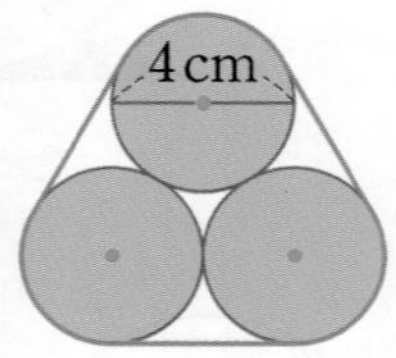

(　　　　　　)

16 다음에서 ㉮와 ㉯의 넓이가 같을 때, 선분 ㄴㄷ의 길이는 몇 cm입니까? (원주율: 3)

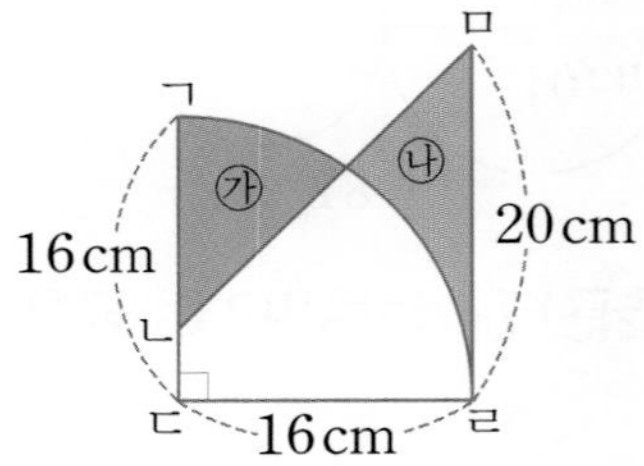

(　　　　　　)

17 오른쪽과 같이 한 변이 10 cm인 정사각형의 둘레를 지름이 4 cm인 원이 한 바퀴 돌 때, 원이 지나간 부분의 넓이는 몇 cm^2입니까? (원주율: 3.1)

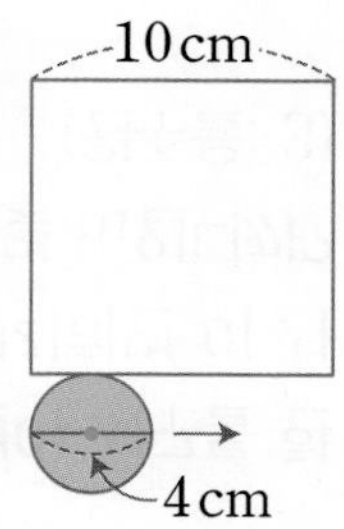

(　　　　　　)

18 그림과 같이 밑변과 높이가 각각 20 cm인 직각삼각형의 밑변과 높이를 각각 지름으로 하는 두 원을 그렸습니다. 색칠한 부분의 넓이는 몇 cm^2입니까? (원주율: 3.14)

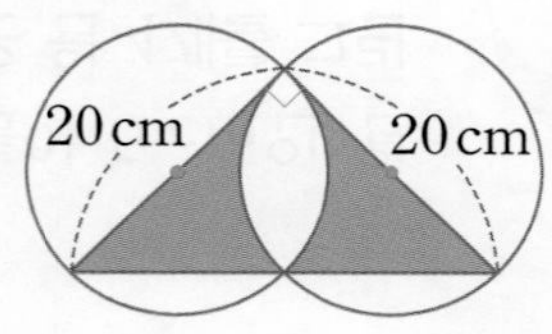

(　　　　　　)

19 서술형 오른쪽은 반지름이 7 cm인 원을 6등분하여 그중 3개를 잘라낸 도형입니다. 이 도형의 둘레는 몇 cm인지 풀이 과정을 쓰고 답을 구하시오. (원주율: 3.1)

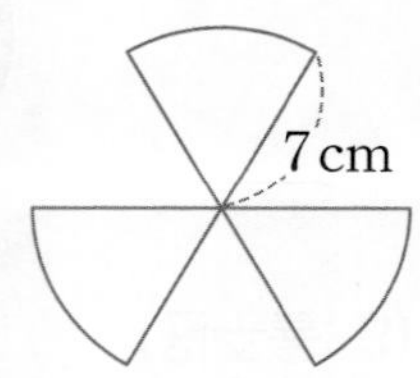

풀이

답

20 서술형 오른쪽 도형에서 색칠한 부분의 넓이는 몇 cm^2인지 풀이 과정을 쓰고 답을 구하시오. (원주율: 3)

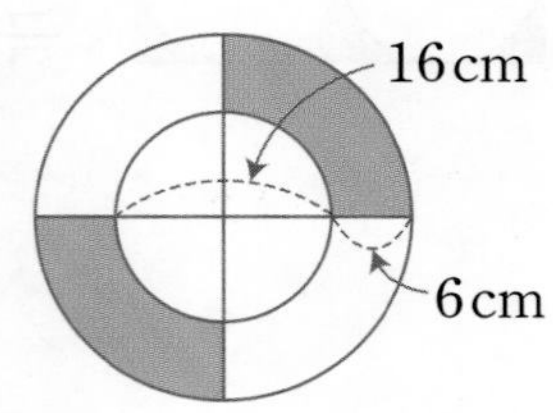

풀이

답

교내 경시 6단원 원기둥, 원뿔, 구

이름 점수

01 직사각형을 한 변을 기준으로 한 바퀴 돌려서 오른쪽 입체도형이 되었습니다. 돌리기 전의 직사각형의 넓이는 몇 cm^2입니까?

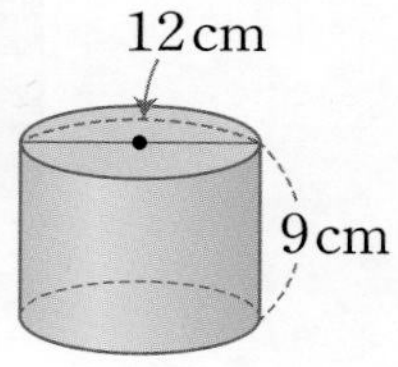

( )

02 오른쪽 도형을 한 바퀴 돌렸을 때 만들어지는 입체도형을 위에서 본 모양의 둘레와 넓이를 각각 구하시오. (원주율: 3.1)

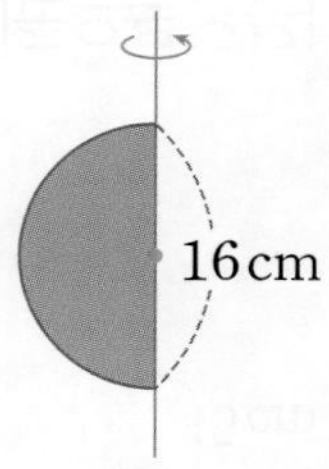

둘레 ( )

넓이 ( )

03 원기둥을 앞에서 본 모양이 오른쪽과 같은 정사각형입니다. 이 원기둥의 밑면의 둘레는 몇 cm입니까? (원주율: 3.1)

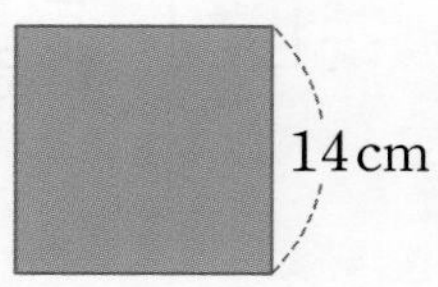

( )

04 오른쪽 원기둥의 전개도의 둘레가 78 cm일 때, 옆면의 가로는 몇 cm입니까?

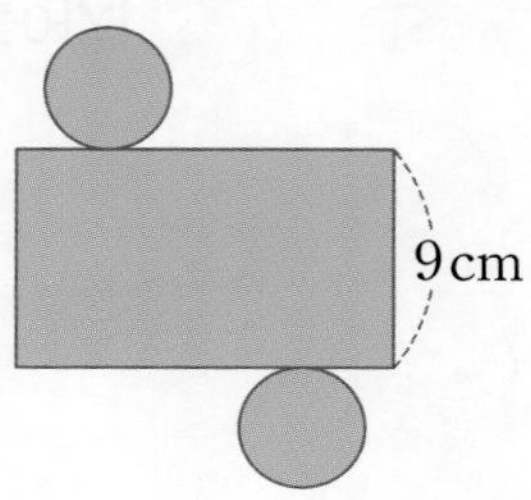

( )

05 오른쪽 원뿔을 앞에서 본 도형의 둘레는 44 cm입니다. 이 원뿔의 모선의 길이는 몇 cm입니까?

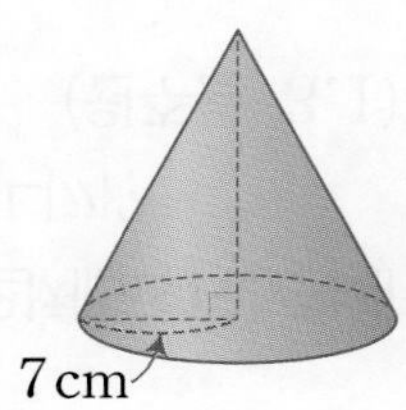

( )

06 원기둥의 전개도에서 옆면의 넓이가 144 cm^2일 때, 밑면의 반지름은 몇 cm입니까? (원주율: 3)

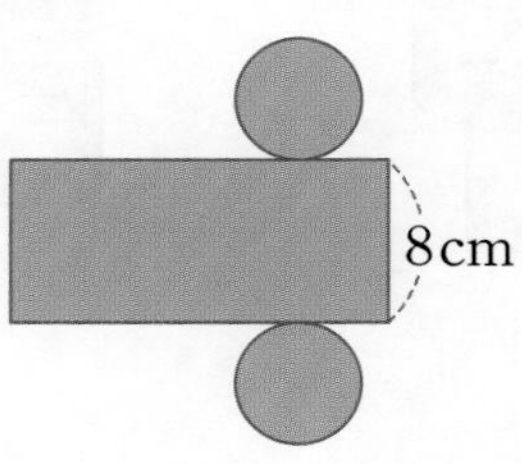

( )

07 직각삼각형을 한 변을 기준으로 한 바퀴 돌려서 입체도형을 만들었습니다. 직각삼각형의 둘레가 30 cm일 때, 입체도형의 밑면의 넓이는 몇 cm^2입니까? (원주율: 3.1)

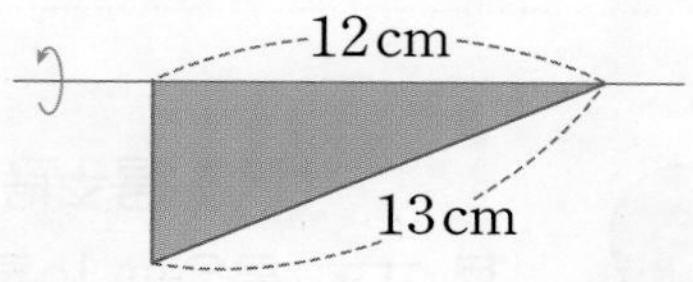

( )

08 오른쪽 원뿔 위의 7개의 점 중에서 꼭짓점과 밑면의 둘레 위의 두 점을 이어 삼각형을 만든다고 할 때, 이등변삼각형은 모두 몇 개 만들 수 있습니까?

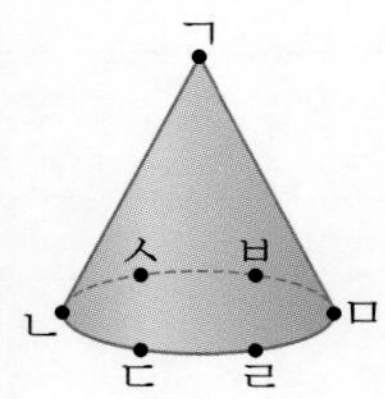

( )

09 오른쪽 원기둥의 전개도의 둘레가 116 cm일 때 원기둥의 높이는 몇 cm입니까? (원주율: 3)

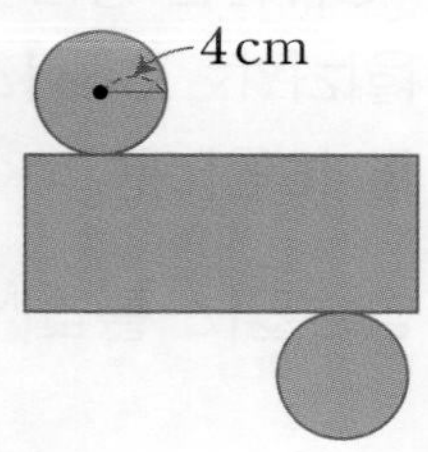

( )

10 오른쪽 직사각형을 한 바퀴 돌려서 만들어지는 입체도형을 앞에서 본 모양의 넓이는 몇 cm^2입니까? (원주율: 3.1)

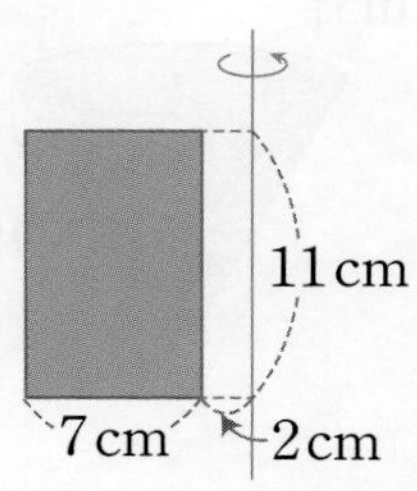

( )

11 밑면의 넓이가 같은 원뿔과 원기둥을 겹쳐 놓은 모양입니다. 이 입체도형을 앞에서 본 도형의 둘레는 몇 cm입니까?

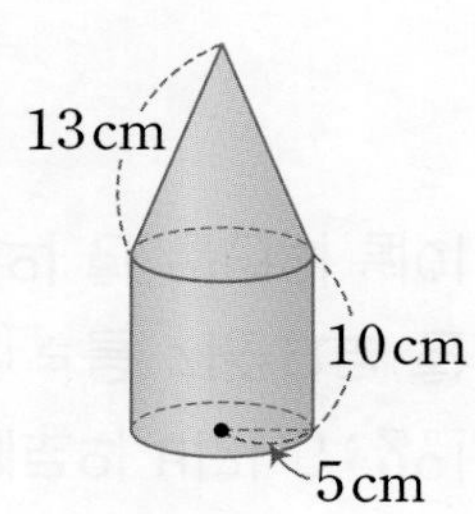

( )

12 입체도형 가와 나를 각각 앞에서 본 모양의 넓이의 차는 몇 cm^2입니까?

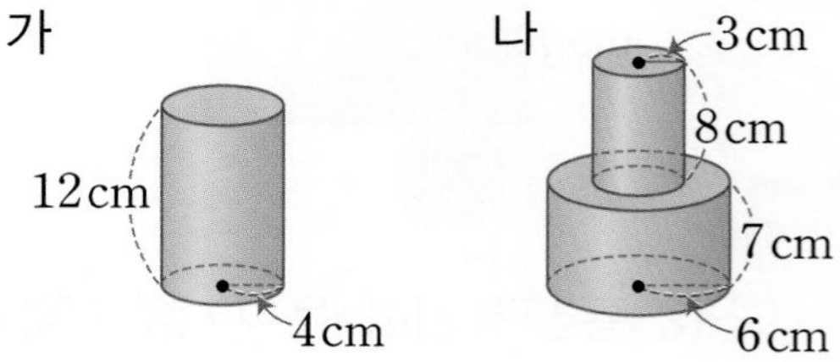

(　　　　　　　)

13 도형을 한 바퀴 돌렸을 때 만들어지는 입체도형의 전개도를 그릴 때, 전개도의 둘레는 몇 cm입니까? (원주율: 3.1)

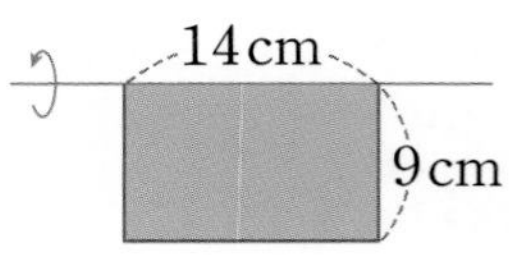

(　　　　　　　)

14 오른쪽 도형을 한 바퀴 돌려서 만들어지는 입체도형의 겉넓이는 몇 cm^2입니까? (원주율: 3.1)

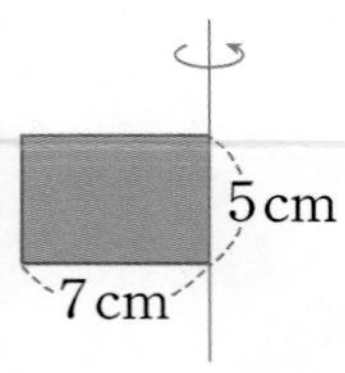

(　　　　　　　)

15 밑면의 둘레가 3.14 m인 원기둥 모양의 롤러로 벽을 색칠하려고 합니다. 이 롤러를 10바퀴 굴리면 몇 m^2의 벽을 색칠할 수 있겠습니까?

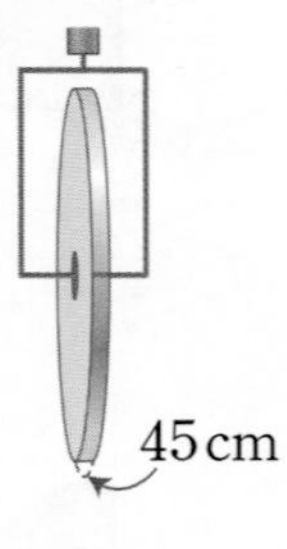

(　　　　　　　)

16 직각삼각형 가와 직사각형 나를 직선을 기준으로 각각 한 바퀴 돌렸습니다. 이때 만들어지는 두 입체도형을 앞에서 본 도형의 넓이는 같습니다. 직사각형 나의 세로는 몇 cm입니까?

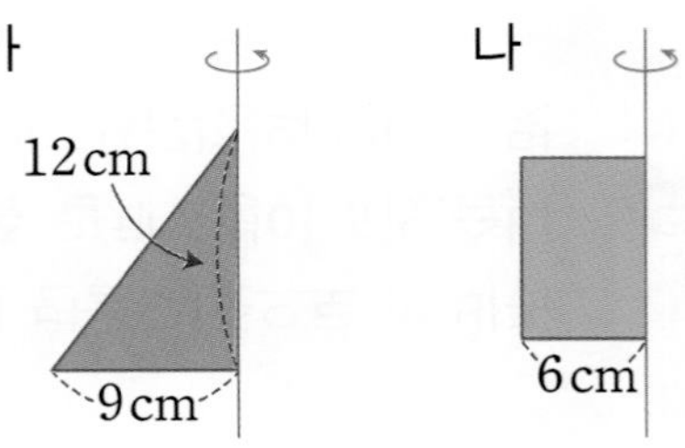

(　　　　　　　)

17 도형은 둘레가 70 cm이고 가로와 세로의 비가 5 : 2인 직사각형입니다. 이 직사각형을 변 ㄱㄹ을 기준으로 한 바퀴 돌렸을 때 만들어지는 입체도형의 한 밑면의 넓이는 몇 cm^2입니까? (원주율: 3.14)

(　　　　　　　)

18 오른쪽 원뿔의 겉면에 물감을 묻히고, 종이 위에 옆면이 닿게 놓은 다음 굴렸습니다. 이 원뿔이 처음의 위치로 돌아올 때까지 돌렸을 때 물감이 묻은 부분의 넓이는 몇 cm^2입니까? (원주율: 3.1)

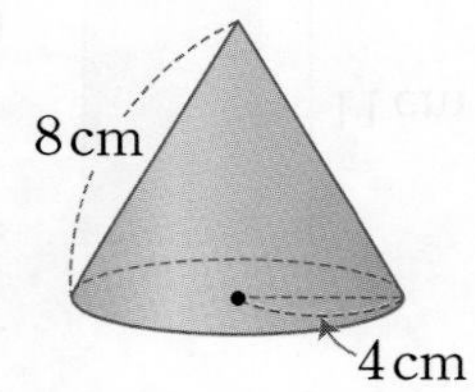

(　　　　　　　)

19 서술형 세로가 가로의 $\frac{3}{8}$배인 직사각형을 세로를 기준으로 한 바퀴 돌려 원기둥을 만들었습니다. 이 원기둥의 한 밑면의 넓이가 111.6 cm^2일 때, 돌리기 전의 직사각형의 둘레는 몇 cm인지 풀이 과정을 쓰고 답을 구하시오. (원주율 : 3.1)

풀이 ……………………

답 ……………………

20 서술형 원기둥의 전개도에서 옆면의 가로는 세로의 3배이고, 밑면의 반지름은 6 cm입니다. 옆면의 넓이는 몇 cm^2인지 풀이 과정을 쓰고 답을 구하시오. (원주율: 3.1)

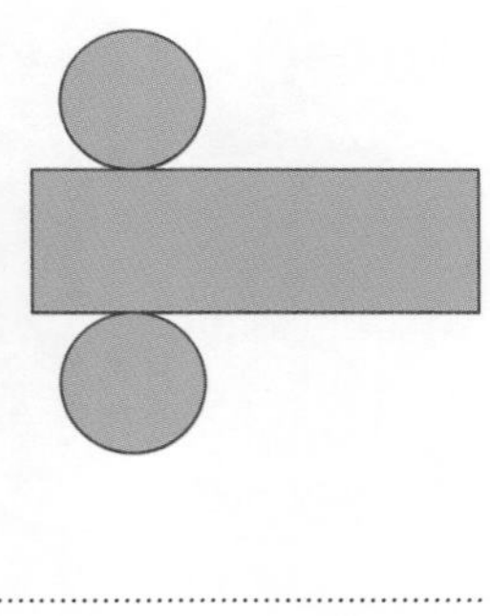

풀이 ……………………

답 ……………………

최상위 수학

수능형 사고력을 기르는 2학기 TEST－1회

점수

이름

01 가◈나$=$(가$\div$나)$\times\frac{5}{9}$라고 약속할 때, 다음 식에서 □ 안에 알맞은 수를 구하시오.

$$1\frac{2}{7}◈□=4$$

(　　　　　　　　)

02 다음 식을 만족하는 ㉠의 값을 구하시오.

$$(2.6\times㉠+1.4\times㉠-0.8\times㉠)\times3.6=28.8$$

(　　　　　　　　)

03 준호는 가지고 있는 색 테이프의 $\frac{2}{5}$를 형에게 주고, 나머지의 $\frac{3}{4}$을 동생에게 주었습니다. 그런 다음 나머지의 $\frac{1}{3}$을 사용했더니 15 m가 남았습니다. 준호가 처음에 가지고 있던 색 테이프의 길이는 몇 m입니까?

(　　　　　　　　)

04 다음 식에서 □ 안에 들어갈 수 있는 수를 구하시오.

$$\left(\frac{3}{4}\times□\right)\div\frac{1}{\left(\frac{3}{4}\times□\right)}=225$$

(　　　　　　　　)

05 오른쪽과 같이 넓이가 50.4 cm^2인 사다리꼴 ㄱㄴㄷㄹ의 변 ㄴㄷ 위를 점 ㅁ이 점 ㄴ에서 출발하여 점 ㄷ의 방향으로 움직이고 있습니다. 1분에 0.6 cm를 가는 빠르기로 움직인다면 삼각형 ㄱㄴㅁ의 넓이가 처음으로 사다리꼴 ㄱㄴㄷㄹ의 넓이의 0.1배가 되는 때는 점 ㅁ이 출발한 지 몇 분 몇 초 후입니까?

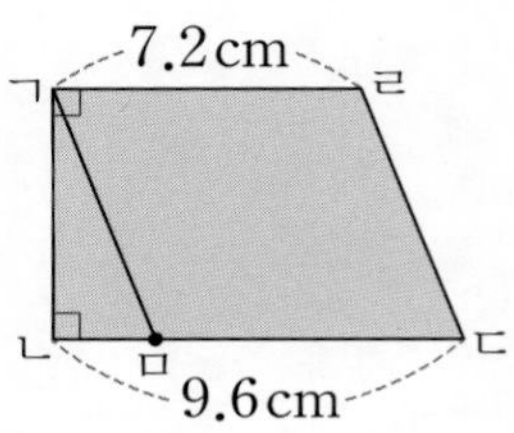

(　　　　　　　　)

06 직선 위에 다섯 개의 점 가, 나, 다, 라, 마가 순서대로 있습니다. 나와 다 사이의 거리는 가와 나 사이의 거리보다 7.5 m 더 길고, 다와 라 사이의 거리는 가와 나 사이의 거리의 0.6배입니다. 가와 라 사이의 거리가 28.3 m이고, 다와 마 사이의 거리가 17.2 m일 때, 가와 마 사이의 거리는 몇 m입니까?

(　　　　　　　　)

07 위, 앞, 옆(오른쪽)에서 본 모양이 모두 오른쪽과 같은 모양이 되도록 쌓기나무를 쌓으려고 합니다. 필요한 쌓기나무는 몇 개입니까?

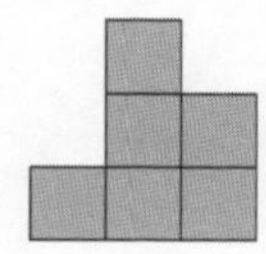

(　　　　　　　　)

08 어떤 평면도형을 한 바퀴 돌렸더니 오른쪽과 같은 입체도형이 되었습니다. 돌리기 전 도형의 넓이는 몇 cm^2입니까?

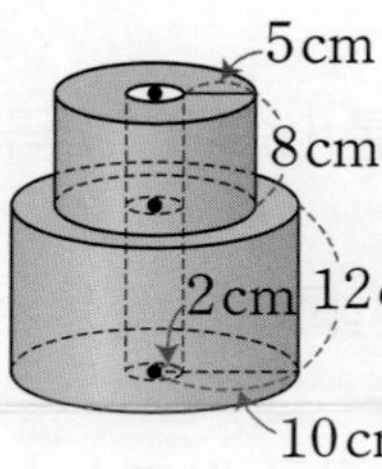

(　　　　　　　　)

09 쌓기나무를 가장 적게 사용하여 오른쪽 모양으로 빈틈없이 쌓았습니다. 쌓은 모양의 겉면에 모두 물감을 칠했을 때 한 면도 물감이 칠해지지 않는 쌓기나무는 몇 개입니까?

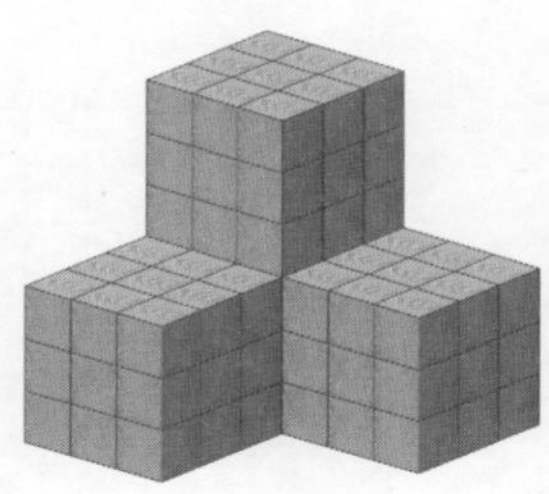

(　　　　　　　　)

10 한 모서리의 길이가 2 cm인 쌓기나무로 만든 모양이 4개 있습니다. 이 모양을 면끼리 붙여서 위, 앞, 옆에서 본 모양이 가장 적게 되도록 쌓은 후 위에서 본 모양은 오른쪽과 같습니다. 앞에서 본 모양의 넓이는 몇 cm^2입니까?

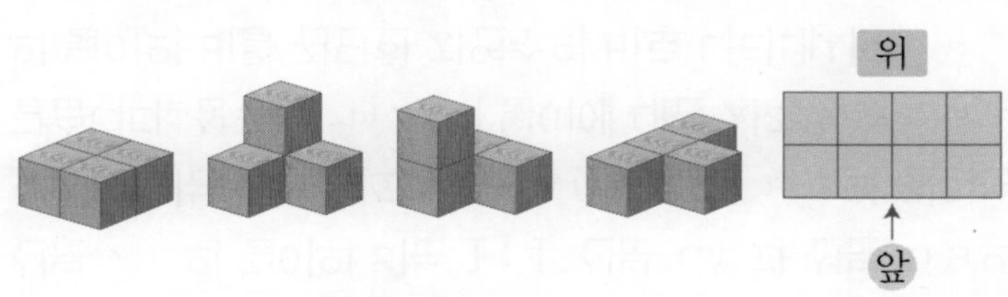

(　　　　　　　　)

11 하늘이와 형이 가지고 있던 돈의 비는 5 : 8이고 형이 2700원 더 많습니다. 두 사람이 똑같은 금액의 돈을 내서 어머니께 드릴 선물을 샀더니 남은 돈의 비가 5 : 14가 되었습니다. 하늘이와 형이 산 선물의 값은 얼마입니까?

(　　　　　　)

12 가, 나 상자에 파란 공과 빨간 공이 들어 있습니다. 가 상자에 들어 있는 파란 공의 수에 대한 빨간 공의 수의 비는 2 : 3이고, 나 상자에 들어 있는 파란 공의 수에 대한 빨간 공의 수의 비는 4 : 5입니다. 가와 나 상자에 들어 있는 공의 수의 비는 5 : 3이고, 가와 나 상자에 들어 있는 빨간 공이 모두 300개일 때, 가와 나 상자에 들어 있는 공은 모두 몇 개입니까?

(　　　　　　)

13 오른쪽과 같이 정사각형과 원을 번갈아 가며 그렸습니다. 색칠한 원의 넓이는 몇 cm^2입니까? (원주율: 3)

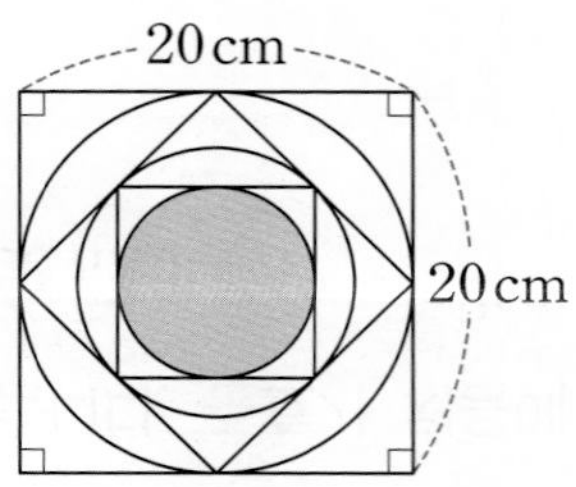

(　　　　　　)

14 색칠한 부분의 넓이는 몇 cm^2입니까? (원주율: 3.1)

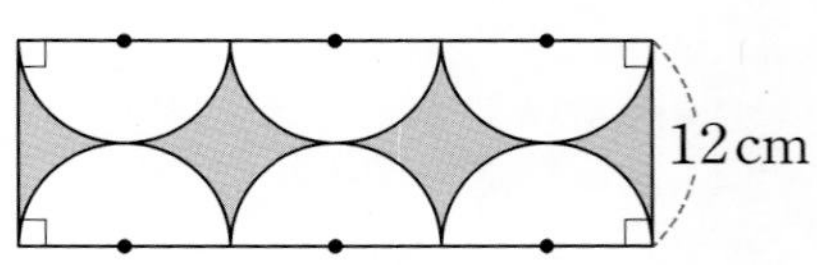

(　　　　　　)

15 오른쪽 그림에서 원의 지름이 20 cm일 때 색칠한 부분의 넓이는 몇 cm^2입니까? (원주율: 3)

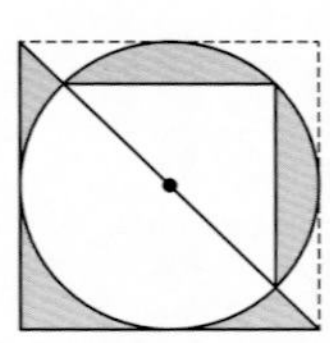

(　　　　　　)

16 오른쪽과 같은 롤러에 페인트를 묻혀 굴렸습니다. 굴러간 거리가 144 cm일 때 몇 바퀴 굴린 것입니까? (원주율: 3)

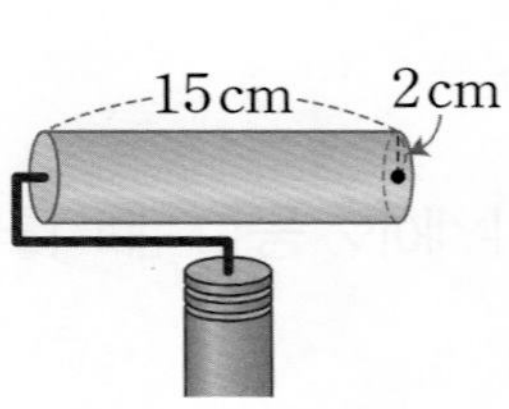

(　　　　　　)

17 선분 ㄱㄹ과 선분 ㄹㄴ의 길이의 비는 3 : 1, 선분 ㄱㅅ과 선분 ㅅㄷ의 길이의 비는 1 : 4, 선분 ㄴㅁ과 선분 ㅁㅂ의 길이의 비는 1 : 2이고 선분 ㄴㅁ과 선분 ㅂㄷ의 길이는 같습니다. 삼각형 ㄱㄴㄷ의 넓이에 대한 사각형 ㄹㅁㅂㅅ의 넓이의 비를 간단한 자연수의 비로 나타내시오.

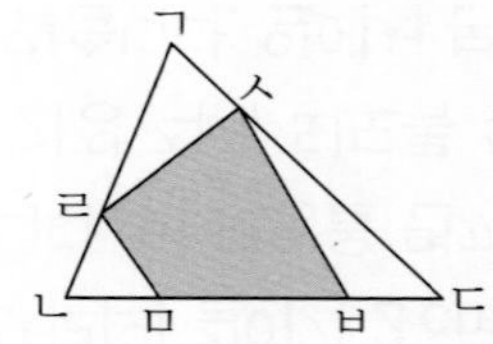

(　　　　　　)

18 평면도형을 직선 ㄱㄴ을 기준으로 하여 한 바퀴 돌려서 입체도형을 만들었습니다. 이 입체도형을 앞에서 본 모양의 넓이는 몇 cm^2입니까?

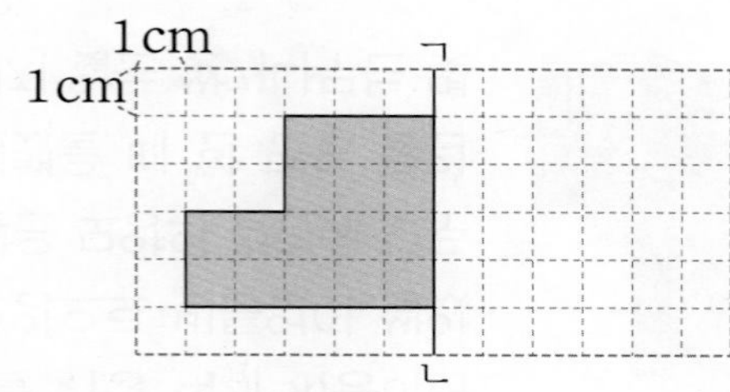

(　　　　　　)

19 서술형 수조에 물이 $\frac{5}{8}$만큼 들어 있습니다. 이 수조에 남은 부분의 $\frac{1}{3}$만큼 더 넣고 $2\frac{1}{5}$ L의 물을 더 넣었더니 전체의 $\frac{9}{10}$가 채워졌습니다. 이 수조의 들이는 몇 L인지 풀이 과정을 쓰고 답을 구하시오.

풀이

답

20 서술형 오른쪽과 같이 쌓기나무로 정육면체 모양이 되도록 쌓았습니다. 검은색 쌓기나무가 있는 줄은 모두 검은색 쌓기나무입니다. 검은색이 아닌 쌓기나무는 모두 몇 개인지 풀이 과정을 쓰고 답을 구하시오.

풀이

답

수능형 사고력을 기르는 2학기 TEST 2회

점수

이름

01 [㉮, ㉯, ㉰]는 ㉮, ㉯, ㉰ 중에서 가장 크지도 않고 가장 작지도 않은 수입니다. 다음을 계산해 보시오.

$$\left[\frac{5}{6}\times 9,\ 1\frac{2}{5},\ 2\frac{3}{8}\times\frac{4}{5}\right]\div\left[3\div\frac{1}{6},\ \frac{1}{4}\div\frac{1}{5},\ \frac{4}{5}\div\frac{2}{3}\right]$$

(　　　　　　　　)

02 소수 27.5에 어떤 소수를 곱해야 하는 데 소수점의 위치를 잘못 보고 그 소수의 0.1배인 수를 곱했더니 바르게 계산했을 때보다 118.8 작은 수가 되었습니다. 어떤 소수를 구하시오.

(　　　　　　　　)

03 오른쪽 평면도형을 한 바퀴 돌려서 입체도형을 만들었습니다. 만들어지는 입체도형을 위와 앞에서 본 모양의 넓이의 차는 몇 cm^2입니까?
(원주율: 3.1)

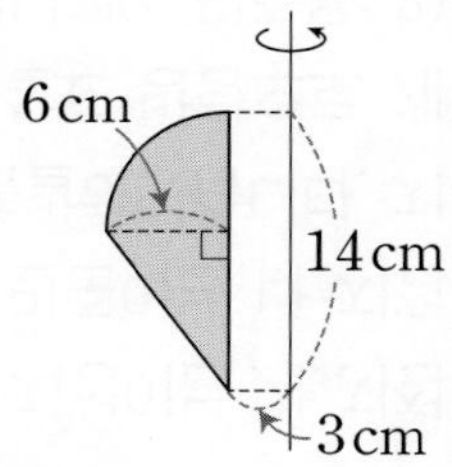

(　　　　　　　　)

04 오른쪽 직사각형 ㄱㄴㄷㄹ에서 선분 ㄱㅁ의 길이는 몇 cm입니까?

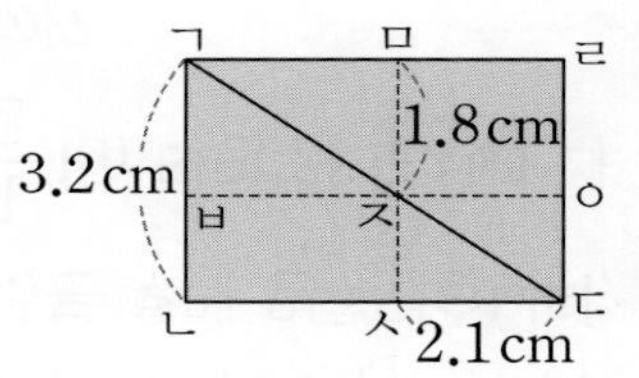

(　　　　　　　　)

05 직사각형 모양의 밭에 울타리를 세우고 한 꼭짓점에 8 m 길이의 끈을 이용하여 오른쪽과 같이 염소를 묶어 놓았습니다. 밭의 바깥쪽에서 염소가 움직일 수 있는 부분의 넓이는 몇 m^2입니까? (원주율: 3.1)

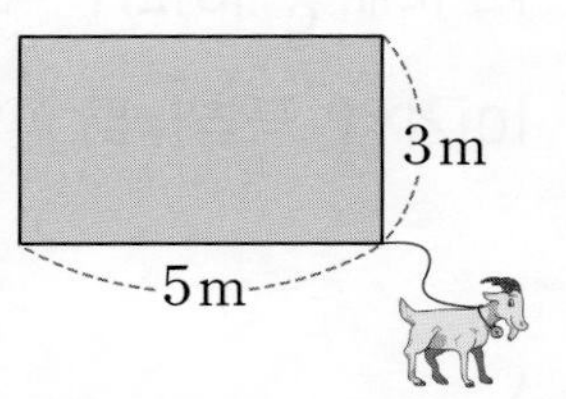

(　　　　　　　　)

06 수직선에서 선분 ㄱㄴ의 길이는 선분 ㄷㄹ의 길이의 3배이고, 선분 ㄴㄷ의 길이는 선분 ㄷㄹ의 길이의 $\frac{1}{2}$입니다. 이때 점 ㄴ에 알맞은 수를 분수로 나타내시오.

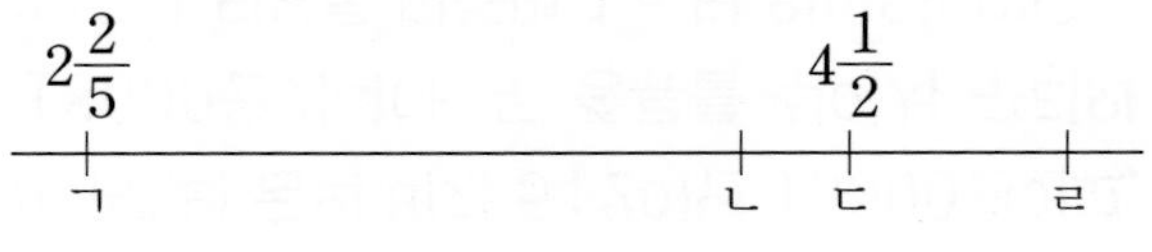

(　　　　　　　　)

07 쌓기나무로 3층까지 쌓은 모양에서 1층과 3층의 모양이 오른쪽과 같습니다. 이 모양에 사용된 쌓기나무의 개수의 범위를 이상과 이하를 사용하여 나타내시오.

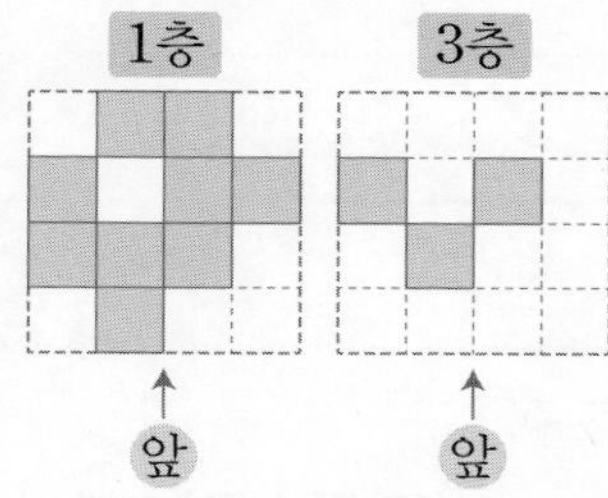

(　　　　　　　　)

08 쌓기나무로 오른쪽과 같이 쌓았습니다. 위, 앞, 옆에서 본 모양이 모두 같을 때 오른쪽 모양을 쌓는 데 필요한 쌓기나무는 최소 몇 개입니까?

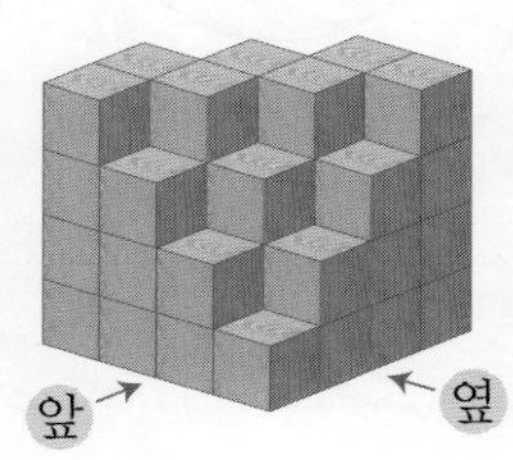

(　　　　　　　　)

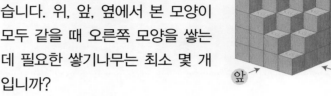

09 쌓기나무를 가장 적게 사용하여 쌓은 모양을 위, 앞, 옆에서 본 모양입니다. 이 모양에 쌓기나무를 더 쌓아 정육면체 모양을 만들려고 합니다. 쌓기나무는 최소 몇 개 필요합니까?

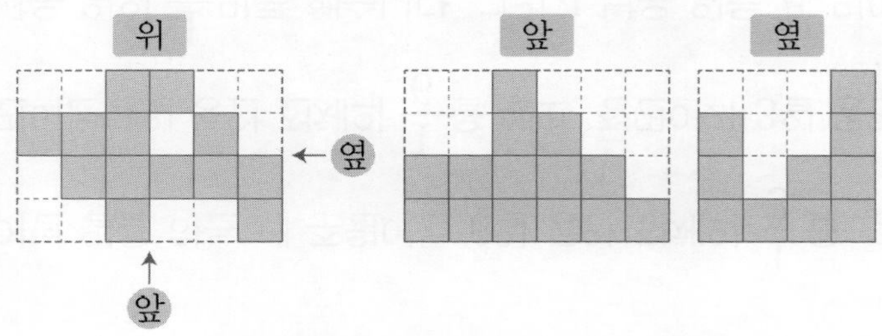

(　　　　　　　　)

10 철사를 구부려서 가로와 세로의 비가 3 : 4인 직사각형 가를 만들고 같은 길이의 철사로 가로와 세로의 비가 9 : 5인 직사각형 나를 만들었습니다. 직사각형 가와 나의 넓이의 비를 간단한 자연수의 비로 나타내시오.

(　　　　　　　　)

11 길이의 비가 9 : 5인 ㉮ 실과 ㉯ 실이 있습니다. ㉮ 실에서 36 cm만큼 잘라내고, ㉯ 실의 $\frac{1}{4}$만큼 잘라내었더니 남은 실의 길이의 비가 8 : 5가 되었습니다. 잘라낸 후의 두 실의 길이를 각각 구하시오.

㉮ 실 (　　　　　　　　), ㉯ 실 (　　　　　　　　)

12 금이 포함된 정도에 따라 가격을 정하고 있습니다. 1 g 당 가격이 구리와 금의 비가 5 : 2이면 15000원이고, 4 : 3이면 18000원입니다. 두 종류를 섞어서 구리와 금의 비가 3 : 5가 되도록 만들면 1 g 당 얼마입니까?

(　　　　　　)

13 오른쪽은 점 ㄷ을 원의 중심으로 하는 원의 일부분과 선분 ㄱㄴ을 지름으로 하는 반원을 그린 것입니다. 색칠한 부분의 넓이는 몇 cm^2입니까? (원주율: 3)

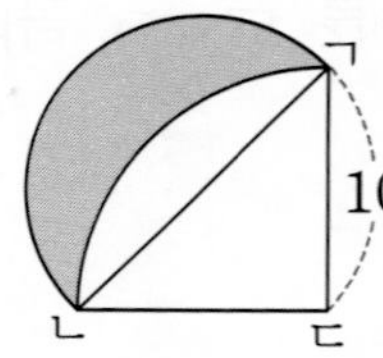

(　　　　　　)

14 가 도시에서 나 도시까지 가는 데 ㉠ 열차로는 4시간이 걸리고, ㉡ 열차로는 ㉠ 열차로 가는 시간의 $\frac{5}{6}$배가 걸립니다. ㉠ 열차와 ㉡ 열차가 각각 가, 나 도시에서 마주 보고 동시에 출발하여 1시간 45분 후에 멈추었습니다. 이때 두 열차 사이의 거리가 $7\frac{1}{2}$ km라면 가 도시와 나 도시 사이의 거리는 몇 km입니까?

(　　　　　　)

15 그림과 같은 운동장 트랙이 있습니다. 지성이는 가 지점에서 1초에 5.4 m를 가는 빠르기로, 민준이는 나 지점에서 1초에 4.8 m를 가는 빠르기로 출발하였습니다. 지성이와 민준이가 동시에 출발하여 화살표 방향으로 계속 달릴 때 몇 분 몇 초 후에 만나게 됩니까? (원주율: 3)

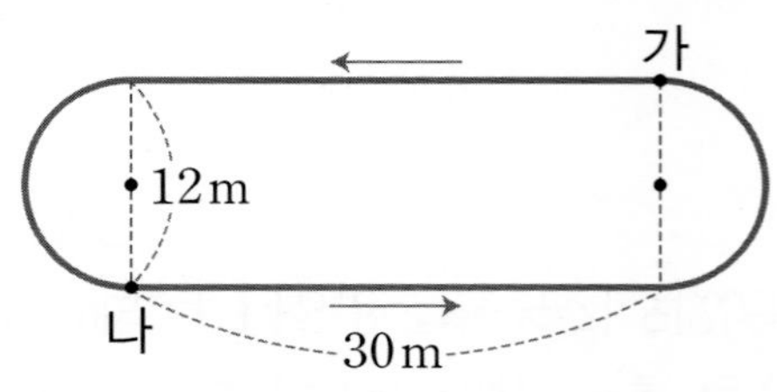

(　　　　　　)

16 같은 크기의 정사각형 2개를 오른쪽과 같이 삼각형 ㄱㄴㄷ과 삼각형 ㄱㄹㄷ이 합동이 되도록 겹쳐 놓았습니다. ㉮의 넓이에 대한 ㉯의 넓이의 비율이 $\frac{3}{5}$일 때 ㉮와 ㉯의 둘레의 비를 간단한 자연수의 비로 나타내시오.

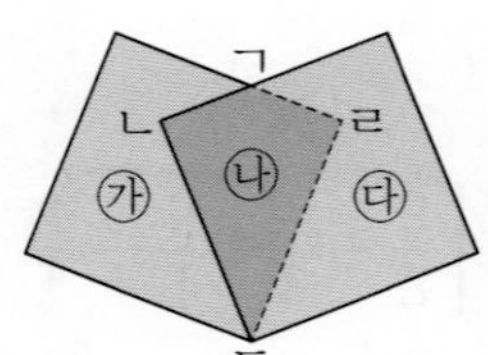

(　　　　　　)

17 오른쪽 평면도형을 한 바퀴 돌렸더니 밑면의 지름이 18 cm인 원뿔 2개를 붙인 모양의 입체도형이 되었습니다. 이 입체도형을 앞에서 본 모양의 넓이가 144 cm^2이고 ㉡에 대한 ㉠의 비가 5 : 3일 때 ㉠, ㉡, ㉢에 알맞은 수를 각각 구하시오. (원주율: 3.1)

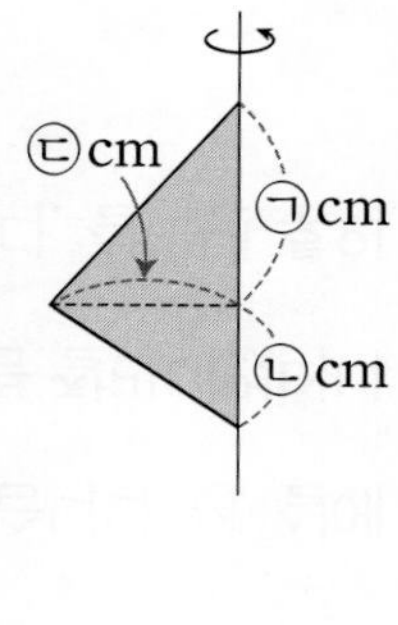

㉠ (　　　　), ㉡ (　　　　), ㉢ (　　　　)

18 밑면의 반지름과 높이의 비가 4 : 9인 원기둥을 옆면으로 5바퀴를 굴렸을 때 굴러간 거리는 248 cm입니다. 이 원기둥의 옆면과 한 밑면의 넓이의 차를 구하시오. (원주율: 3.1)

(　　　　　　)

19 서술형

어떤 일을 하는 데 주원이는 6일 동안 전체의 $\frac{1}{3}$을, 경민이는 4일 동안 전체의 $\frac{1}{6}$을 했고, 정민이가 3일 동안 남은 일의 $\frac{1}{3}$만큼 했습니다. 그리고 남은 일을 세 명이 함께 할 때 최소 며칠을 더 해야 모두 끝마치게 되는지 풀이 과정을 쓰고 답을 구하시오.

풀이

답

20 서술형

오른쪽 그림에서 큰 원의 중심은 점 ㄱ이고 지름은 30 cm입니다. 선분 ㄱㄴ과 선분 ㄴㄷ의 길이의 비가 3 : 2일 때, ㉮와 ㉯의 둘레의 합은 몇 cm인지 풀이 과정을 쓰고 답을 구하시오. (원주율: 3)

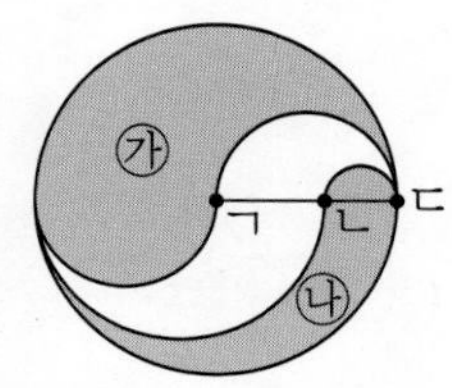

풀이

답